프로그래밍&가공

CNC 선반/머시닝센터

실기/실습

하종국 · 이학재 · 김상훈 공저

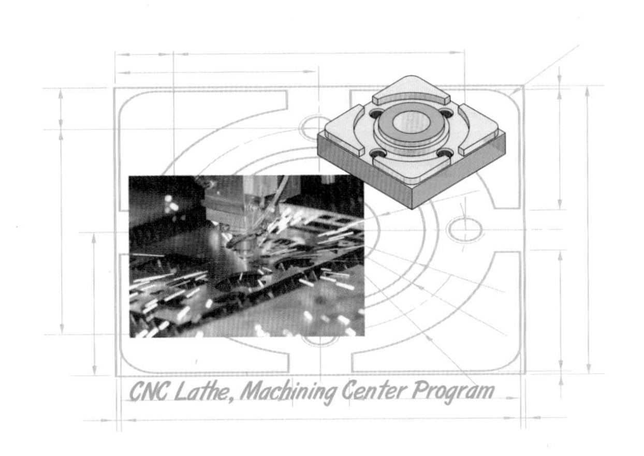

일진사

머리말

preface

날로 치열해져가는 생산 현장에서 국제경쟁력을 갖추기 위해서는 생산제품의 정밀성과 생산원가의 절감에 따르는 생산성 향상만이 문제점을 해결해 주는 유일한 방법이라 하겠다. 이와 같은 맥락에서 가공분야에서도 종래의 범용 공작기계에서 CNC 공작기계로 급속히 바뀌어 가고 있는 실정이다. 이에 즈음하여 본 저자는 산업 현장에서 CNC를 담당하고 있는 현장 실무자나 CNC 분야에 관심 있는 공학도에게 큰 도움이 되고자 우리나라 CNC의 초창기인 1980년대부터 CNC를 강의한 경험을 토대로 이제까지 저술한 CNC 관련 교재의 미비점을 NCS 기준에 따라 보완하여 본 교재를 출간하게 되었다.

본 교재는 다음과 같은 특징으로 구성하였다.

첫째, NCS 기준에 의한 CNC 선반 및 머시닝 센터 매뉴얼 프로그래밍, 조작에서 꼭 필요한 중요 내용만 집필하여, 본 교재만 충분히 이해하면 CNC 선반 및 머시닝 센터 프로그래밍은 물론 가공까지 스스로 할 수 있도록 구성하였다.

둘째, 기초에서부터 응용에 이르기까지 예제 프로그램을 들어 산업 현장에서 많이 사용되는 위주로 상세하게 설명하였으며, 강의 시간에 실제로 가공한 도면을 수록하였다. 예제 도면만 이해하여도 CNC 선반 및 머시닝 센터 프로그램 작성과 가공에 전혀 어려움이 없도록 하였다.

셋째, CNC 선반 및 머시닝 센터 가공 시 기본이 되는 CNC 이론을 체계적으로 정리하였으며, 산업 현장에서는 물론 교육 기관에서도 많이 사용하는 FANUC-0 Series를 중심으로 설명하여 현장 실무 능력을 높일 수 있도록 하였다.

넷째, 부록에는 선반 및 밀링 공구는 물론 절삭에 따른 기술자료를 수록함으로써 실제 산업 현장에서 CNC 프로그래밍 시 재질에 따른 절삭 데이터를 참고할 수 있도록 하였다.

이 책을 통하여 습득한 내용이 CNC 선반과 머시닝 센터 프로그래밍 및 가공에 도움이 된다면 그보다 더 큰 보람이 없으리라 생각되며, 이 책이 나오기까지 실제 가공을 담당한 기계시스템과 학생들과 도서출판 **일진사** 직원 여러분께 깊은 감사를 드린다.

저자 씀

차 례

제1편 CNC 이론

1장 CNC 공작기계의 개요

2장 CNC 선반의 개요

3장 머시닝 센터의 개요

제2편 NCS 기준에 의한 CNC 선반

1장 CNC 선반 프로그램 작성하기

2장 CNC 선반 조작하기

3장 CNC 선반 가공하기

차 례

제3편 NCS 기준에 의한 머시닝 센터

1장 머시닝 센터 프로그램 작성 준비하기

2장 머시닝 센터 프로그램 작성하기

3장 머시닝 센터 조작하기

4장 머시닝 센터 가공하기

부록

제 1 편

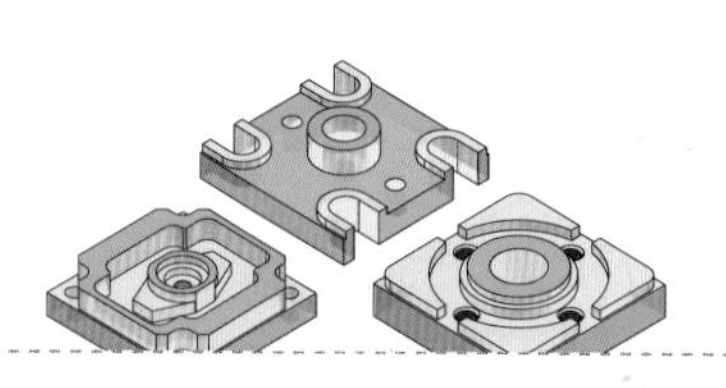

CNC 이론

1장 CNC 공작기계의 개요

1. CNC의 개요

1-1 CNC의 정의

NC란 Numerical Control의 약어로서 '수치(numerical)로 제어(control)한다'는 의미로 KS B 0125에 규정되어 있으며, 범용 공작기계에 수치 제어를 적용한 기계를 NC 공작기계라고 한다. 또한 미니컴퓨터를 조립해 넣은 NC가 출현했는데, 컴퓨터를 내장한 NC이므로 computerize NC 또는 computer NC라 부르며, 이것을 일반적으로 CNC라 부르는데 최근 생산되는 NC는 모두 CNC이다.

다음 그림은 CNC 공작기계의 정보 흐름을 나타낸 것이다.

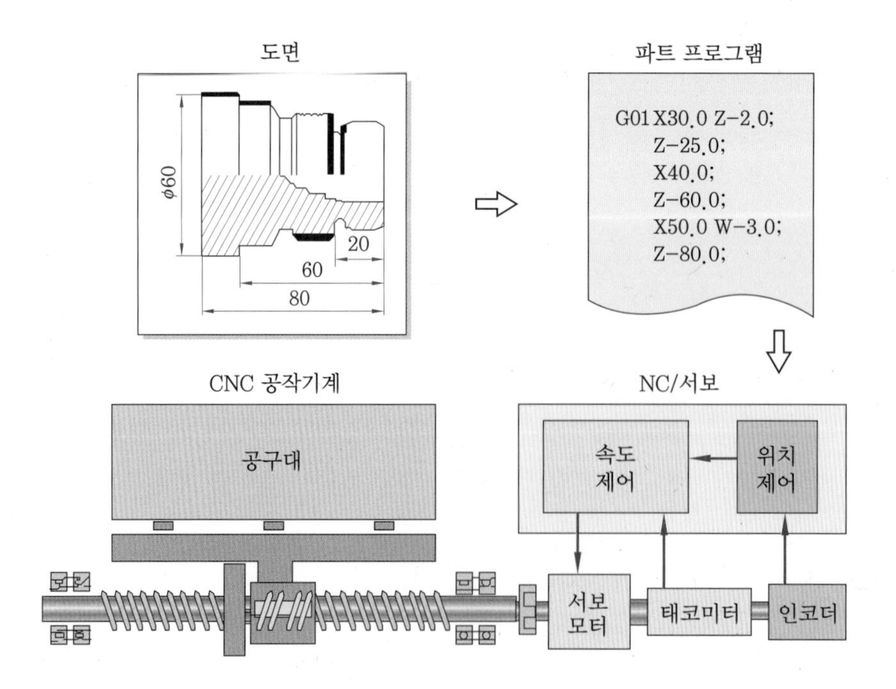

CNC 공작기계의 정보 흐름

범용 공작기계는 사람이 손으로 핸들을 조작하여 기계를 운동시키며 가공하였으나, CNC 공작기계는 사람의 손 대신 펄스(pulse) 신호에 의하여 서보 모터(servo motor)를 제어하여 모터에 결합되어 있는 이송기구인 볼 스크루(ball screw)를 회전시킴으로써 요구하는 위치와 속도로 테이블이나 주축 헤드를 이동시켜 공작물과 공구의 상대 위치를 제어하면서 가공이 이루어진다. 또한 2축, 3축을 동시에 제어할 수 있어 복잡한 형상도 정밀하게 단시간 내에 가공할 수 있다.

예전에는 범용 선반이나 밀링 작업에서 작업자가 도면을 해독하여 절삭 조건과 공구 경로 등을 머리 속에서 생각한 후 수동 또는 자동 조작으로 공작물과 공구를 상대운동시켜 부품을 가공하였다.

CNC 공작기계에서는 앞의 그림에서 알 수 있듯이 작업자가 도면을 해독하여 제품의 치수와 가공조건 등을 정해진 약속에 따라 프로그래밍을 하여 정보처리회로에 입력만 시켜 주면 그 다음은 자동적으로 CNC 공작기계가 가공을 완료하게 된다.

1-2 CNC 공작기계의 역사

초기의 공작기계는 18세기말 영국의 산업혁명의 결과로 영국에서부터 발달하기 시작했으며, 제2차 세계대전 전후의 공작기계 발전의 방향은 인력을 적게 들이고도 정밀도가 높은 가공을 하는 것이 주요 관심사였다.

이때, 파슨스(John. C. Parsons)는 자신이 고안한 NC 개념의 공작기계에 대한 개발을 제안하였으며, 그 결과 1948년 미 공군은 파슨스 회사와 NC의 가능성 조사 연구에 관한 계약을 체결하게 되었고, 1949년에는 MIT 공과대학의 연구팀이 참여하여 약 3년간의 연구 끝에 1952년에 NC 밀링 머신의 개발을 시작으로 NC 드릴링 머신, NC 선반 등이 개발되었다.

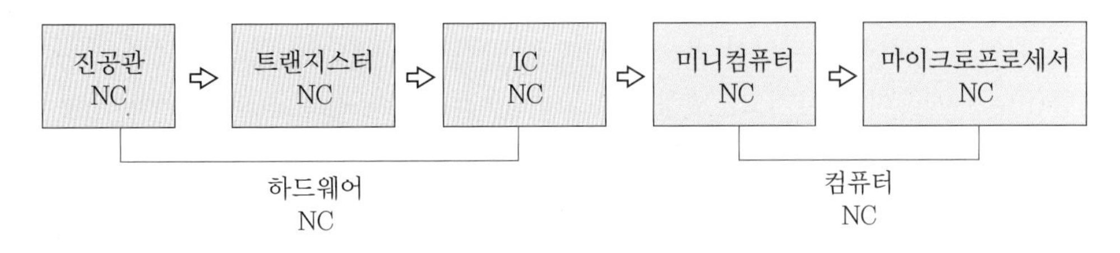

NC 장치의 발달 과정

특히, 1960년에 Kearney and Tracjer사에서 머시닝 센터가 개발되었는데, 여러 공구를 한 기계에서 사용할 수 있도록 했으며 공구의 교환을 자동적으로 바꿀 수 있는 특징을 갖춘 공작기계는 단시일 내에 전 세계에 파급되었다.

이와 같이 만들어진 CNC 공작기계는 NC 장치의 발달, 즉 전자 분야의 핵심인 마이크로프로세스(microprocess)의 발달과 더불어 급속한 발전을 거듭하게 되었다.

NC의 발달 과정을 5단계로 분류하면 다음과 같다.

단계	구분	내용
제1단계	NC	공작기계 1대를 NC 장치 1대로 단순 제어하는 단계
제2단계	CNC	• 1대의 공작기계가 ATC에 의하여 몇 종류의 가공 실행 • 머시닝 센터(복합 기능 수행 단계)
제3단계	DNC	• 1대의 컴퓨터로 몇 대의 공작기계를 자동적으로 제어 • 공장자동화, 무인화를 진행하기 위한 도구
제4단계	FMS	• 여러 종류의 다른 공작기계를 제어 • 생산관리도 컴퓨터로 실시하여 기계공장 전체를 자동화
제5단계	CIM	4단계인 FMS에서 생산관리, 경영관리까지 총괄 제어

NC의 발달 과정

1-3 CNC 공작기계의 특징 및 응용

(1) CNC 공작기계의 특징

범용 공작기계는 작업자가 제품의 도면을 보면서 작업 공정, 절삭 조건 및 공구 등을 선정하여 작업을 행하나 CNC 공작기계는 작업자가 제품의 도면을 보고 공정 순서, 위치 등을 정하고, 제반 절삭 조건 및 공구를 선정하여 프로그래밍한 후 작업을 행한다. 특히 근래에는 소비자의 다양한 욕구와 급속히 발전하는 기술의 변화로 제품의 라이프사이클(life cycle)이 짧아지고, 제품의 고급화로 인하여 부품은 더욱 고정밀도를 요구하며 복잡한 형상들로 이루어진 다품종 소량 생산 방식이 요구되고 있다. 또한 급속한 경제성장과 더불어 노동인구 및 기술자의 부족에 따른 인건비의 상승으로 생산체계의 자동화가 급속히 이루어지고 있는데, 이에 필요한 기계가 CNC 공작기계이다.

CNC 공작기계가 범용 공작기계에 비해 상대적으로 유리한 특징은 다음과 같다.

① 부품의 소량 내지는 중량 생산에 유리하며 치수 변경이 용이하다.

② 정밀도가 향상되고 제품의 균일화로 품질 관리가 용이하다.

③ 형상이 복잡하거나 다공정 부품 가공에 유리하다.
④ 특수 공구 제작이 불필요해 공구관리비를 절감할 수 있다.
⑤ 한 사람이 여러 대의 기계를 관리할 수 있어 제조원가 및 인건비를 절약할 수 있다.
⑥ 작업자의 피로를 줄일 수 있으며, 쾌적한 작업환경 유지로 생산성을 향상할 수 있다.

(2) CNC 공작기계의 응용

오늘날 CNC 공작기계는 기계가공을 비롯한 모든 산업 분야에 널리 쓰이는데, 초창기에는 복잡한 형상의 제품을 높은 정밀도로 가공하기 위해 개발되었고, 최근에는 생산성 향상을 목적으로 CNC 공작기계를 사용하는 경우가 많아졌다.

특히 기계가공의 경우 선반, 밀링, 머시닝 센터, 와이어 컷 방전 가공기, 드릴링, 보링, 그라인딩 등의 작업에 이용되고 있으며, CNC 공작기계에 적합한 작업이 있는 반면에 적합하지 않은 작업도 있다.

CNC 공작기계로 수행하기에 알맞은 작업의 경우는 다음과 같다.

① 부품이 다품종 소량 · 중량생산이고 기계가동률이 높아야 할 때
② 부품 형상이 복잡하고 부품에 많은 작업이 수행될 때
③ 제품의 설계가 비슷하게 변경되는 가공물일 때
④ 가공물의 오차가 적어야 하고 부품이 비싸서 가공물의 오차가 허용되지 않는 가공물일 때
⑤ 부품의 완전 검사가 필요한 가공물일 때

1-4 CNC 공작기계의 발전 방향

최근 시장 경쟁력 확보 관점에서 가격 대비 성능의 극대화를 위한 CNC 공작기계의 기반 기술 확충이 다음과 같이 활발히 추진되고 있다.

① **고속 · 지능화** : 가공시간 단축으로 생산성 향상 및 고품질화
② **다기능 · 복잡화** : 생산공정 합리화와 단일장비 기능의 다양화
③ **개방화** : open NC의 적용으로 수요자의 다양화 요구에 부응
④ **네트워크화** : 부품 조달, A/S 등 네트워크(network) 대응형 공작기계 개발
⑤ **환경친화적** : 유독성 화학성분인 절삭유 감축으로 환경오염 방지

이에 따라 고속주축계, 고송이송계 및 고속 · 고정밀도 디지털 제어 분야의 발전에 힘입은 고속가공기, 다축가공기 및 복합가공기 등의 개발이 주류를 이루고 있다.

(1) 고속가공기

고속가공이란 절삭속도를 증가시켜 단위시간당 소재가 절삭되는 비율인 소재 제거율(MRR : Material Removal Rate)을 향상시킴으로써 생산비용과 생산시간을 단축시키는 가공기술로 기존의 머시닝 센터에 비해 황삭, 중삭 및 정삭 등의 전 공정에 초고속 초정밀 가공을 하는 것을 의미한다. 고속가공의 장점과 적용 분야는 다음과 같다.

고속가공의 장점과 적용 분야

장점	적용 분야	적용 예
단위시간당 절삭량 증가	경합금	항공기
	강, 주강	공구
표면조도 향상	정밀 가공	광학, 사출 금형
	특수 형상 부품	스파이럴 압축기
절삭력 감소	박판 가공	항공기, 자동차
높은 주파수	고정밀 가공	반도체 장비 및 잉크젯 프린터 노즐
칩에 의한 열 발생	휨이 없어야 하는 정밀 가공	정밀 부품
	열 발생이 없어야 하는 정밀 가공	마그네슘 합금

위와 같은 특징으로 전체의 공정 기간 단축의 효과로 원가 절감, 생산성 향상 및 간접 비용 절감의 효과를 극대화할 수 있다. 이와 같은 고속가공을 행하기 위해서는 고속에서 장시간 견딜 수 있는 신소재 공구와 이 공구를 제대로 작동할 수 있는 고속가공용 소프트웨어, 이러한 툴들을 이용해 가공품을 최적화된 환경에서 가공할 수 있는 지능형 공작기계의 개발이 필수적이다. 다음 그림은 고속가공기와 가공 예를 나타낸 것이다.

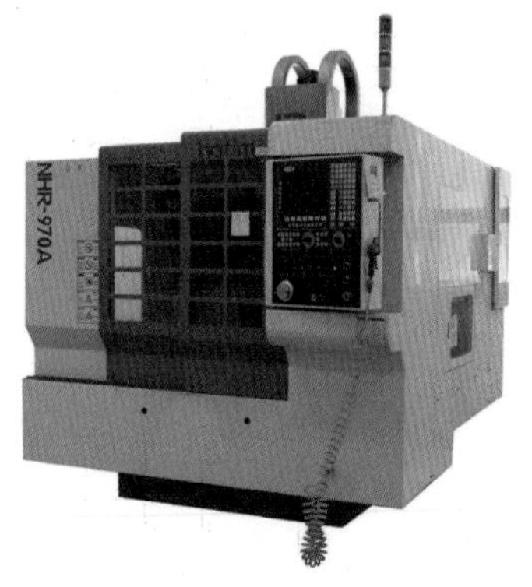

고속가공기

고속가공기 기공 예

(2) 다축가공기

다축가공기의 가장 대표적인 방식은 아래 그림(왼쪽)과 같이 기존의 안정적인 동시 3축(X, Y, Z축) 제어에 의한 절삭가공 방식과 회전축과 선회축으로 부가된 2축 제어의 위치 결정을 조합한 5축 제어 가공 방식으로, 3축 기계에서는 가공이 어려운 형상을 정밀하게 가공할 수 있을 뿐 아니라 공작물의 장착 횟수를 줄일 수 있으며 가공면의 품질을 높일 수 있기 때문에 생산성을 높일 수 있는 가공 기술이다.

앞으로 5축 가공은 공구 경로의 생성, 효율적인 공구 위치, 충돌 및 간섭 방지 등 전통적인 5축 가공에서 탈피하여 5축 가공의 효율과 가공면의 품질을 높이는 방향으로 발전하게 될 것이다.

다음 그림은 5축 가공과 가공 예를 나타낸 것이다.

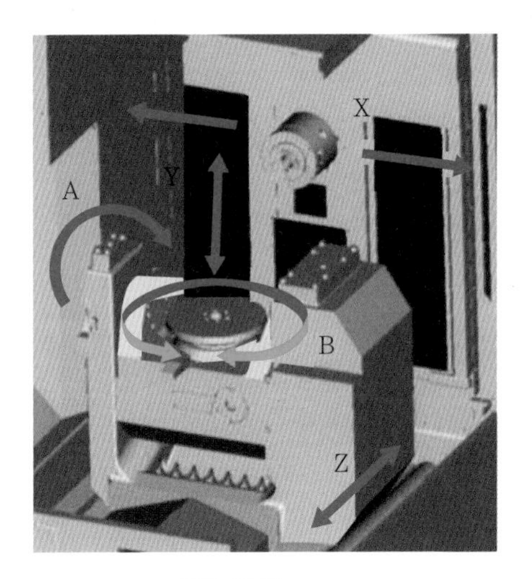

5축 가공

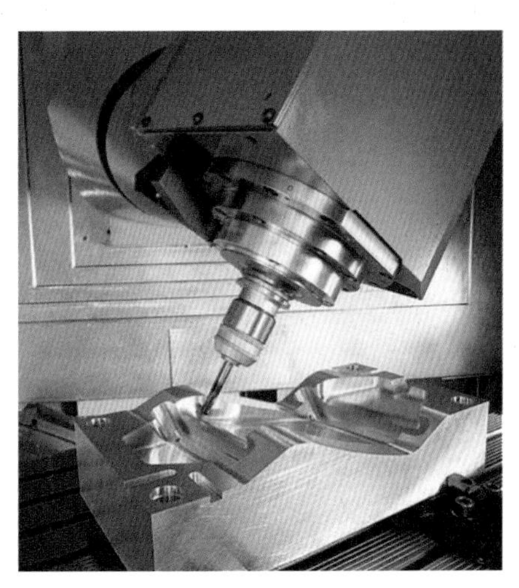
5축 가공 예

(3) 복합가공기

복합가공기란 필요한 공구를 자동적으로 선택하고 교체하여 부품 전체를 가공하는 방식으로 복잡한 형상의 가공물을 단일 기계 셋업에 의해 선삭, 밀링, 경사각의 밀링 및 윤곽 밀링 가공을 마칠 수 있으며, 큰 지름 및 작은 지름의 가공도 가능하다.

다음 그림과 같이 CNC 선반에 밀링 축을 부가시켜 한 번의 처킹으로 선반, 밀링 두 공정을 연속 가공하는 것은 물론 분리된 공정을 양쪽 주축에서 동시 가공하는 복합 가공을 할 수 있는 가공기로 생산성이 크게 향상되고 기계가 차지하는 면적이 좁아 공간 활용의 효율성을 높일 수 있다.

CNC 선반에 밀링 축을 부가한 복합가공

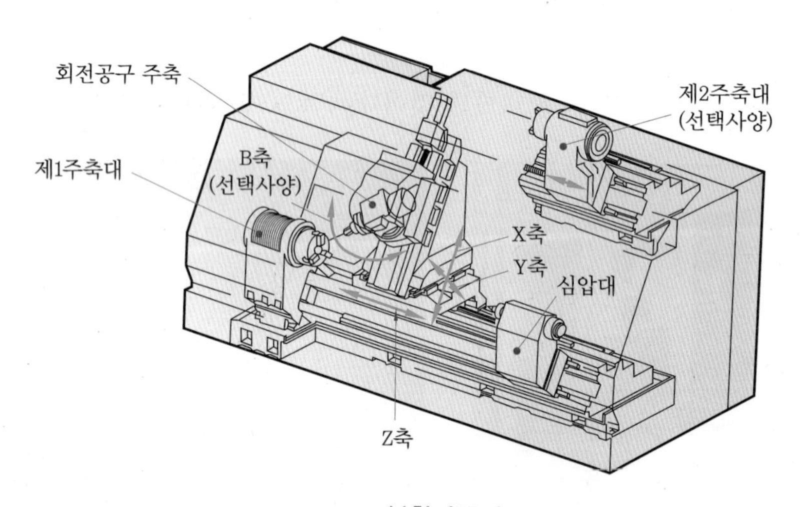

복합가공기

CNC 공작기계와 복합가공기의 차이점

작업 요소	CNC 공작기계	복합가공기	장점
경사면 가공	단계적인 소량 절삭	공구의 경사에 의하여 단 한 번으로 완성 가공	• 가공시간 단축 • 표면 품질 향상 • 수작업 시간 단축
고정 방법	여러 종류의 고정구가 필요하다.	고정구의 사용 빈도가 줄어든다.	• 시간 및 비용 절약 • 정밀도 향상
볼 엔드밀 가공	수직으로 회전하여 접촉되므로 공구 중심부는 절삭속도가 0에 가까운 시점으로 인하여 절삭 불량 및 표면 거칠기 저하가 일어난다.	공구를 기울여 접촉시킴으로써 요구하는 절삭속도를 얻을 수 있다.	• 공구 중심부의 긁힘 현상이 없다. • 가공 능률 향상
사용 공구	많은 공구가 필요하다.	적은 종류의 공구로 가능하다.	• 공구 비용의 감소

2. CNC 시스템의 구성

2-1 CNC 시스템의 구성

CNC 시스템은 하드웨어(hardware)와 소프트웨어(software)로 구성되어 있다. 하드웨어는 CNC 공작기계 본체와 서보(servo) 기구, 검출 기구, 제어용 컴퓨터 및 인터페이스(interface) 회로 등이 해당된다.

이에 대하여 소프트웨어는 CNC 공작기계를 운전하여 제품을 생산하기 위해 필요로 하는 CNC 데이터(data) 작성에 관한 모든 사항을 말한다.

(1) 서보 기구와 서보 모터

서보 기구란 설정 대상의 위치나 자세 등에 관한 기계적인 변위를 미리 설정한 목표값에 이르도록 자동적으로 제어하는 장치이다. 마이크로컴퓨터(microcomputer)에서 번역 연산된 정보는 다시 인터페이스 회로를 거쳐서 펄스화되고, 이 펄스화된 정보는 서보 기구에 전달되어 서보 모터를 작동시킨다.

서보 모터는 펄스의 지령으로 각각에 대응하는 회전운동을 하며 저속에서도 큰 토크(torque)를 내고 가속성, 응답성이 우수해야 한다.

(2) 리졸버(resolver)

리졸버는 CNC 공작기계의 움직임을 전기적인 신호로 표시하는 일종의 회전 피드백(feedback) 장치이다.

(3) 볼 스크루(ball screw)

볼 스크루는 서보 모터에 연결되어 있어 서보 모터의 회전운동을 받아 NC 공작기계의 테이블을 직선운동시키는 일종의 나사이다. NC 공작기계에서는 높은 정밀도가 요구되는데 보통 스크루(screw)와 너트(nut)는 면과 면의 접촉으로 이루어지기 때문에 마찰이 커지고 회전 시 큰 힘이 필요하다. 따라서 부하에 따른 마찰열에 의해 열팽창이 커지므로 정밀도가 떨어진다.

이러한 단점을 해소하기 위하여 개발된 볼 스크루는 마찰이 적고, 너트를 조정함으로써 백래시(backlash)를 거의 0에 가깝도록 할 수 있다.

(4) 컨트롤러(controller)

절삭가공에 필요한 가공 정보, 즉 프로그램을 받아 저장, 편집, 삭제 등을 하고 또 이것을 펄스(pulse) 데이터로 변환하여 서보장치를 제어하고 구동시키는 역할을 한다.

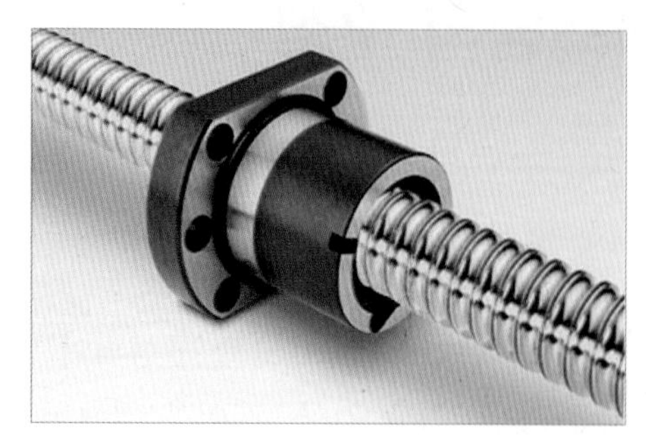
볼 스크루

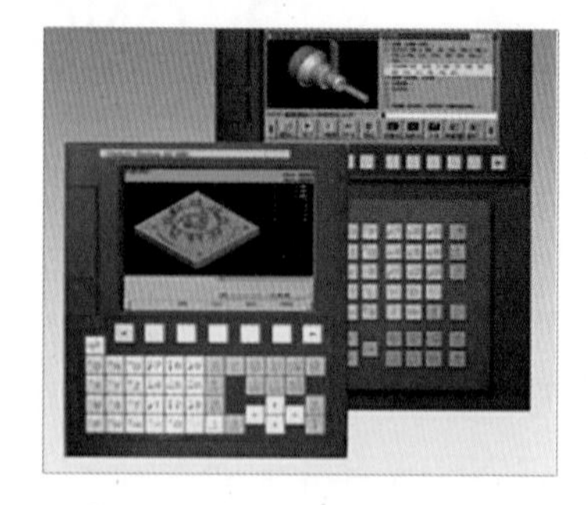
컨트롤러

2-2 서보 기구

서보 기구란 구동 모터의 회전에 따른 속도와 위치를 피드백시켜 입력된 양과 출력된 양이 같아지도록 제어할 수 있는 구동 기구를 말한다. 인간에 비유했을 때 손과 발에 해당하는 서보 기구는 머리에 해당되는 정보처리회로의 명령에 따라 공작기계의 테이블 등을 움직이는 역할을 담당하며, 정보처리회로에서 지령한 대로 정확히 동작한다. 또한, NC 서보 기구에 필요한 기능은 기계의 속도와 위치를 동시에 제어하는 것이다. 다음 그림은 NC 서보 기구를 나타낸 것이다.

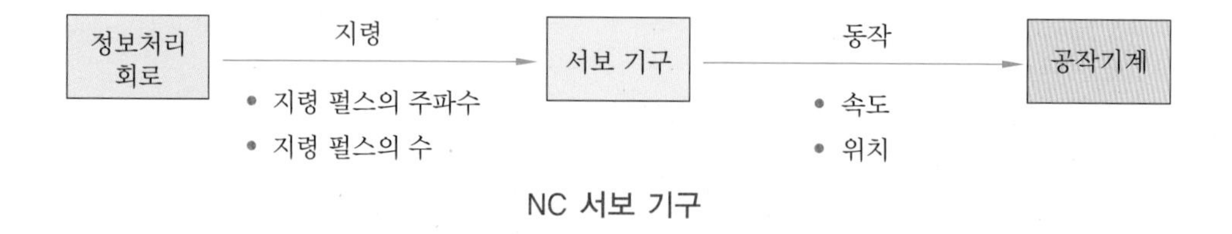

NC 서보 기구

또한 서보 기구의 형식은 피드백 장치의 유무와 검출 위치에 따라 개방회로방식(open loop system), 반폐쇄회로방식(semi-closed loop system), 폐쇄회로방식(closed loop system), 복합회로 서보방식(hybrid servo system)으로 분류할 수 있다.

(1) 개방회로방식

개방회로방식은 다음 그림과 같이 피드백 장치 없이 스테핑 모터를 사용한 방식으로 실용화되었으나, 피드백 장치가 없기 때문에 가공 정밀도에 문제가 있어 현재는 거의 사용되지 않는다.

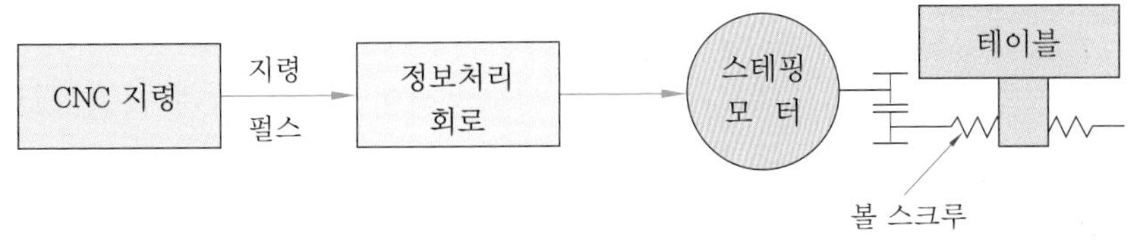

개방회로방식

(2) 반폐쇄회로방식

반폐쇄회로방식은 다음 그림과 같이 서보 모터에 내장된 디지털형 검출기인 로터리 인코더에서 위치정보를 피드백하고, 태코 제너레이터 또는 펄스 제너레이터에서 전류를 피드백하여 속도를 제어하는 방식으로, 볼 스크루의 피치 오차나 백래시(back lash)에 의한 오차는 보정할 수 없지만, 최근에는 높은 정밀도의 볼 스크루가 개발되었기 때문에 정밀도를 충분히 해결할 수 있으므로 현재 CNC 공작기계에 가장 많이 사용되는 방식이다.

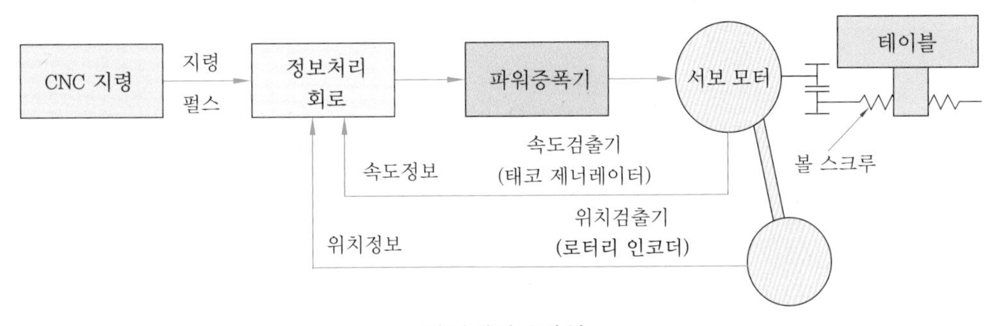

반폐쇄회로방식

(3) 폐쇄회로방식

폐쇄회로방식은 다음 그림과 같이 기계의 테이블에 위치 검출 스케일(광학 스케일, 인덕토신 스케일, 레이저 측정기 등)을 부착하여 위치정보를 피드백시키는 방식이다. 이 방식은 볼 스크루의 피치 오차나 백래시에 의한 오차도 보정할 수 있어 정밀도를 향상시킬 수 있으나, 테이블에 놓이는 가공물의 위치와 중량에 따라 백래시의 크기가 달라질 뿐만 아니라 볼 스크루의 누적 피치 오차는 온도 변화에 상당히 민감하므로 고정밀도를 필요로 하는 대형 기계에 주로 사용된다.

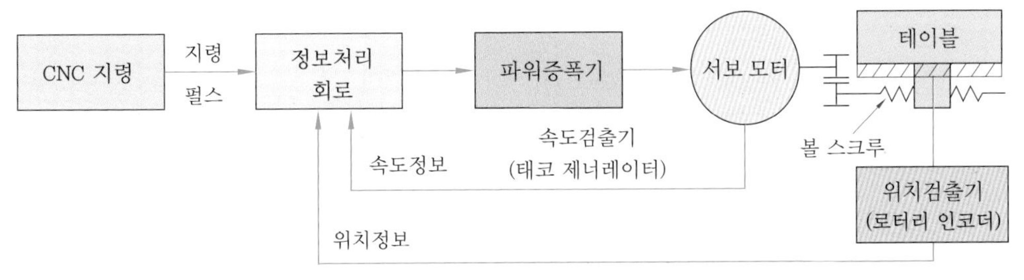

폐쇄회로방식

(4) 복합회로 서보방식

복합회로 서보방식은 하이브리드(hybrid) 서보방식이라고도 하며 다음 그림과 같이 반폐쇄회로방식과 폐쇄회로방식을 결합하여 고정밀도로 제어하는 방식이다. 가격이 고가이므로 고정밀도를 요구하는 기계에 사용한다.

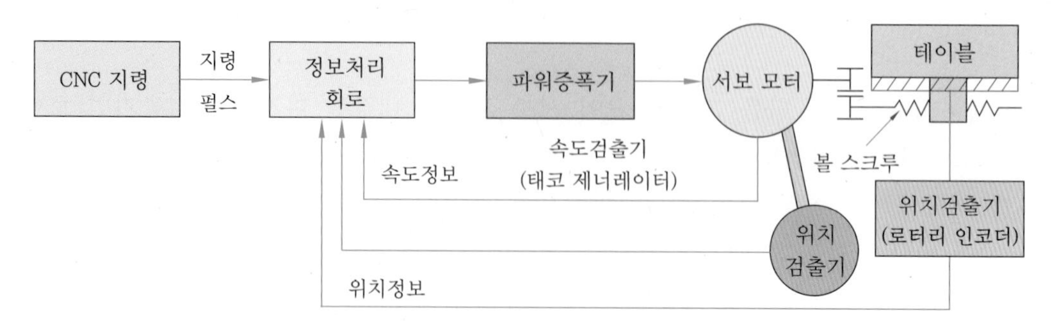

복합회로 서보방식

3. 절삭제어방식

3-1 위치결정제어방식

위치결정제어방식은 가장 간단한 제어방식으로 가공물의 위치만을 찾아 제어하므로 정보처리가 매우 간단하다. 이동 중에는 가공을 하지 않기 때문에 PTP(Point To Point) 제어라고도 하며, 드릴링 머신, 스폿(spot) 용접기, 펀치 프레스 등에 사용된다. 다음 그림은 위치결정제어방식을 나타낸 것이다.

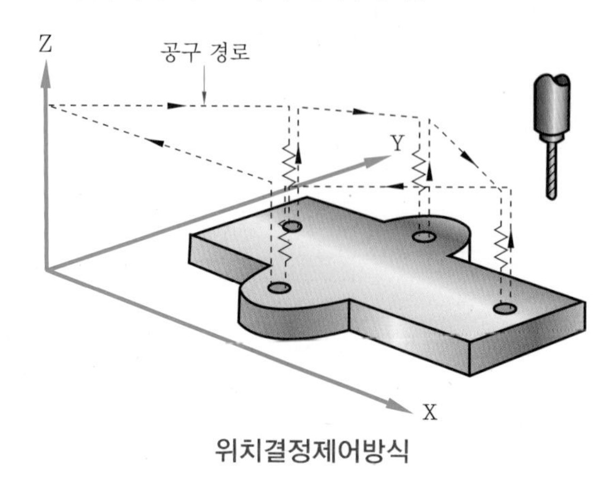

위치결정제어방식

3-2 직선절삭제어방식

직선절삭제어방식은 절삭공구가 현재의 위치에서 지정한 다른 위치로 직선 이동하면서 동시에 절삭하도록 제어하는 기능이다. 주로 선반, 밀링, 보링 머신 등에 사용된다. 다음 그림은 직선절삭제어방식을 나타낸 것이다.

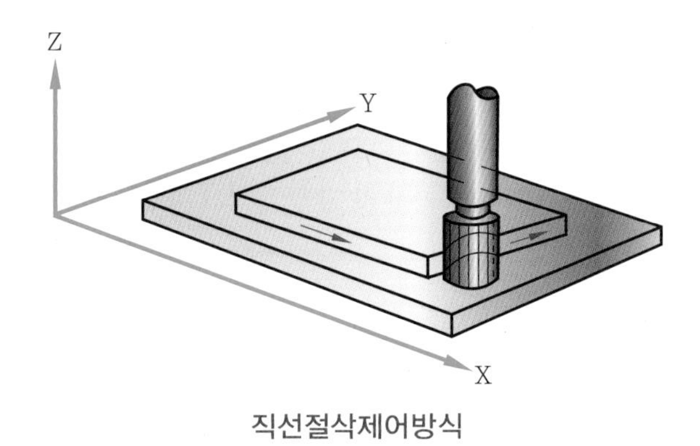

직선절삭제어방식

3-3 윤곽절삭제어방식

곡선 등의 복잡한 형상을 연속적으로 윤곽 제어할 수 있는 시스템으로 점과 점의 위치 결정과 직선절삭 작업을 할 수 있으며, 3축의 움직임도 동시에 제어할 수 있다.

다음 그림은 윤곽절삭제어방식을 표시하고 있는데, 일반적으로 밀링작업이 윤곽절삭제어방식의 가장 대표적인 경우이며, 최근의 CNC 공작기계에는 대부분 이 방식을 적용한다.

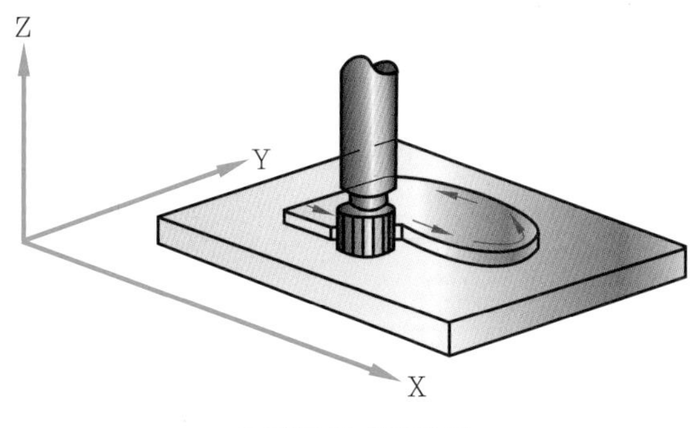

윤곽절삭제어방식

3-4 CNC의 펄스 분배방식

윤곽절삭제어를 할 때 펄스를 분배하는 방식에는 MIT 방식, DDA 방식, 대수연산방식의 3가지가 있으며, 이 중에서 DDA 방식을 많이 사용한다.

(1) MIT 방식

시작점에서 출발하여 목표점에 도달하고자 할 때 두 점을 연결한 직선이나 원의 방정식을 풀면서 X축, Y축에 적당한 시간 간격으로 펄스를 발생시켜 직선이나 원에 근사하게 이동할 수 있도록 하는 방법으로, 2차원 또는 $2\frac{1}{2}$차원의 보간은 가능하지만 3차원의 보간은 불가능한 방식이다.

(2) DDA 방식

DDA란 계수형 미분해석기(Digital Differential Analyzer)의 약어로 DDA 회로를 CNC에 이용한 것이다. 이 방식은 직선보간의 경우에 우수한 성능을 가지고 있어 현재 주류를 이루고 있다.

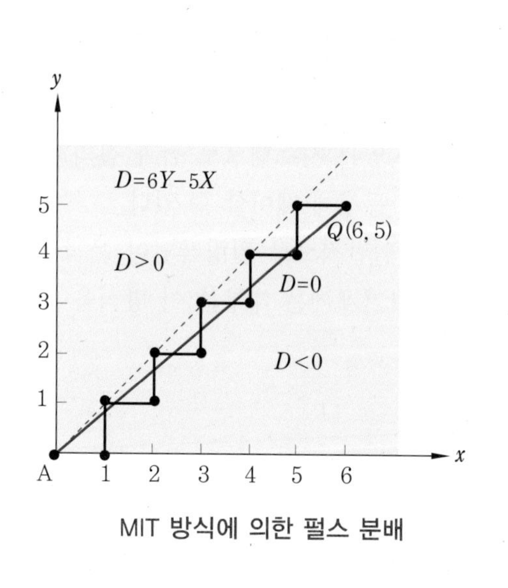

MIT 방식에 의한 펄스 분배

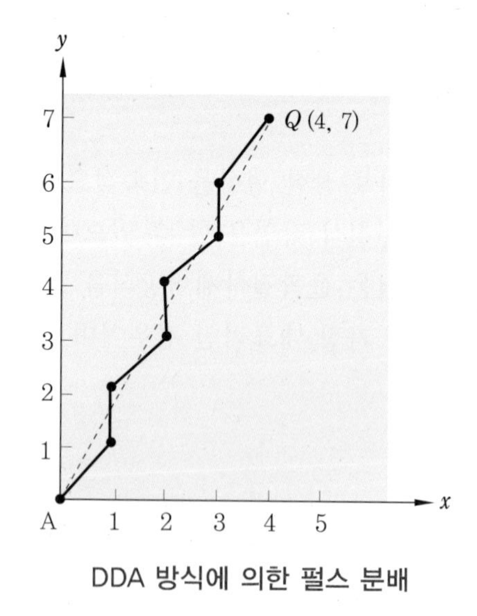

DDA 방식에 의한 펄스 분배

(3) 대수연산방식

직선이나 곡선의 대수방정식이 그 선상에 없는 좌표값에 대해서는 정(+) 또는 부(−)가 되는 성질을 이용한 연산방식으로 원호보간의 경우에는 유리하나 직선보간의 경우에는 DDA 방식이 유리하다.

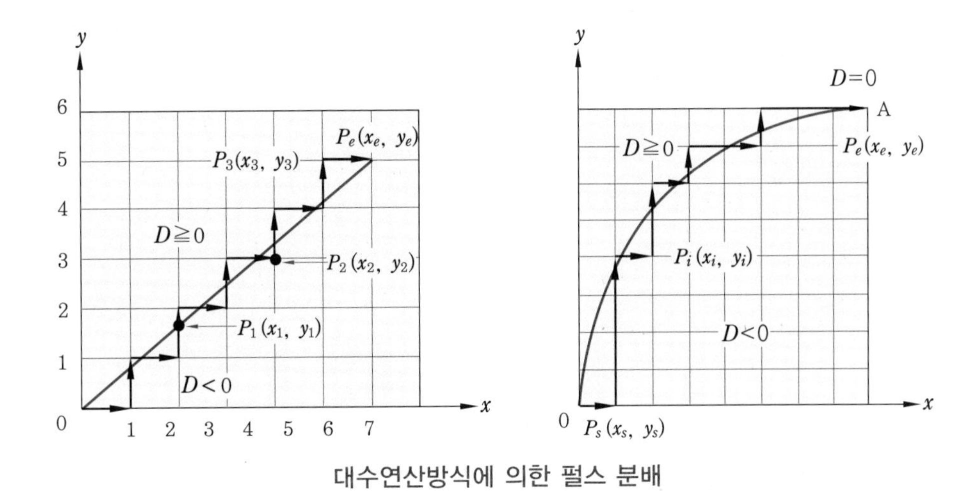

대수연산방식에 의한 펄스 분배

4. 자동화와 CNC 공작기계

산업 현장에서 생산 형태는 다품종 소량 내지는 중량 생산으로 급속히 이동하고 있다. 또한 제품의 고정밀화 및 부족한 기술인력으로 인한 인건비의 상승에 대처하기 위하여 유연성 있는 생산설비로 자동화시키려는 경향이 두드러지고 있다. 자동 가공시스템에서 고능률적으로 가공하기 위해서는 CNC 공작기계를 중심으로 한 자동화가 필수 요건이다.

4-1 DNC

DNC란 직접 수치 제어(Direct Numerical Control)의 약어로 CNC 기계가 외부의 컴퓨터에 의해 제어되는 시스템을 말한다. 외부의 컴퓨터에서 작성한 NC 프로그램을 CNC 기계에 내장되어 있는 메모리를 이용하지 않고 외부의 컴퓨터와 기계에 통신기기를 연결하여 프로그램을 송·수신하면서 동시에 NC 프로그램을 실행하여 가공하는 방식이다.

또한, 분배 수치 제어(Distributed Numerical Control)의 약어로서 DNC의 의미는 다음 그림과 같이 컴퓨터와 CNC 기계들을 근거리 통신망(LAN : Local Area Network)으로 연결하여 1대의 컴퓨터에서 여러 대의 CNC 공작기계에 데이터를 분배하여 전송함으로써 동시에 여러 대의 CNC 공작기계를 운전할 수 있는 방식을 의미하기도 하는데, 보통 다음의 4가지 기본 요소로 구성된다.

① 컴퓨터
② NC 프로그램을 저장하는 기억장치
③ 통신선
④ CNC 공작기계

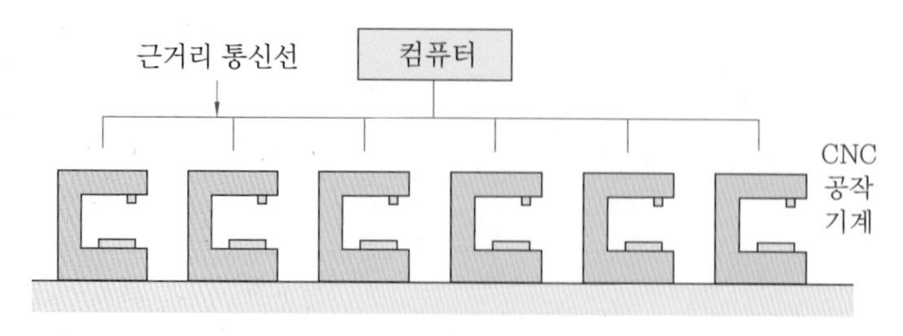

DNC 시스템의 기본적인 구조

4-2 FMC

FMC(Flexible Manufacturing Cell : 유연성 있는 가공 셀)는 FMS의 특징을 살리면서 저비용으로 중소기업에서도 도입이 가능하도록 소규모화함으로써 인건비 절감은 물론 기계가동률을 향상시켜 생산성 향상에 기여할 수 있는 시스템이다.

즉 FMC는 CNC 공작기계의 무인 운전 시 필요한 양의 공작물을 격납시키고 공급하는 자동 공작물 공급장치(APC : Automatic Pallet Changer)와 로봇(robot) 및 치공구 등을 이용한 공작물 자동이동장치, 많은 종류의 가공물을 가공하는 데 필요한 공구를 공급하는 자동 공구 교환장치(ATC : Automatic Tool Changer)를 갖추어 장시간 무인에 가까운 자동운전을 하며 공작물을 가공할 수 있는 기계라고 할 수 있다. 다음 그림은 FMC의 가공 예를 보여주고 있다.

FMC의 가공 예

4-3 FMS

FMS(Flexible Manufacturing System : 유연성 있는 생산 시스템)는 CNC 공작기계와 로봇, APC, ATC, 무인운반차(AGV : Automated Guided Vehicle) 등의 자동이송장치 및 자동창고 등을 중앙 컴퓨터로 제어하면서 공작물의 공급에서부터 가공, 조립, 출고까지를 관리하는 시스템으로 제품과 시장 수요의 변화에 빠르게 대응할 수 있는 유연성을 갖추고 있어 다품종 소량 생산에 적합한 생산 시스템이다. 다음 그림은 실제 생산 현장의 FMS 라인을 보여주고 있다.

FMS 라인

또한 미래의 FMS는 여러 대의 CNC 공작기계나 검사기계, 용접기, 방전가공기(EDM : Electric Discharge Machine)와 같은 독립형 시스템을 제어하는 로봇으로 구성된 생산 셀의 조합으로 이루어질 것이다. 물론 생산 셀과 생산 셀의 연결은 각종 이송 시스템으로 이루어지며, 중앙 컴퓨터에는 공구, 공작물, 또는 생산 조건이 데이터베이스화되어 있어 최적의 절삭 조건을 선택할 수 있는 기능도 제공될 수 있다.

이와 같은 FMS의 장점을 열거하면 다음과 같다.

① 생산성 향상
② 생산 준비기간 단축
③ 재고품 감소
④ 임금 절약
⑤ 제품 품질 향상
⑥ 생산기술자의 적극적인 참여
⑦ 작업 안전도 향상

다음 그림은 FMS로 이루어진 자동화 공정을 보여주고 있다.

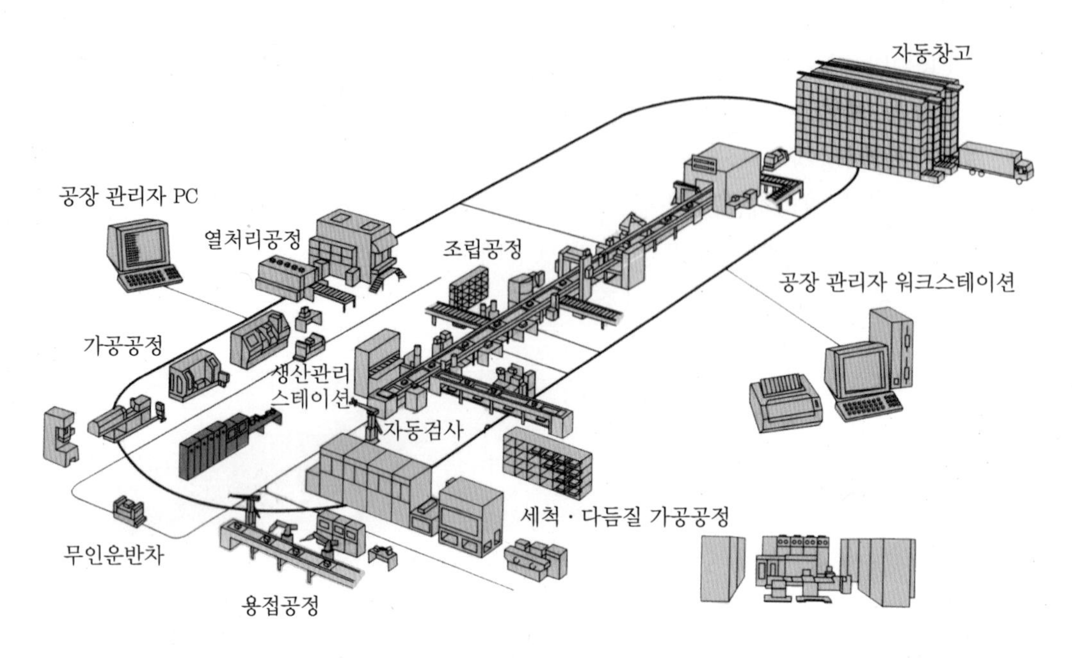

FMS로 이루어진 자동화 공정

4-4 CIMS

CIMS(Computer Integrated Manufacturing System : 컴퓨터에 의한 통합 가공 시스템)는 제품의 설계, 제조, 생산관리, 재고관리, 판매관리용으로 사용되는 컴퓨터 및 지능기기를 LAN(local area network)에 의거 통합시킴으로써 제품에 관한 품질, MIS(Management Information System : 경영 정보 시스템), 원가 등 그 제품에 관한 데이터베이스를 각 기기가 공유하는 통합적인 생산시스템을 말한다.

그러므로 효율적인 CIMS는 전체 생산 조직이 공유하는 단일 데이터베이스를 공유하는데, 궁극적인 목적은 설계, 제조 및 생산 관리 등 모든 부문을 컴퓨터로 통합하여 생산 능력과 관리 효율을 극대화하려는 데 있다.

CIMS의 이점은 다음과 같다.

① 더욱 짧은 제품 수명 주기와 시장의 수요에 즉시 대응할 수 있다.

② 더 좋은 공정 제어를 통하여 품질의 균일성을 향상시킨다.

③ 재료, 기계, 인원을 효율적으로 활용할 수 있고 재고를 줄임으로써 생산성을 향상시킨다.

④ 생산과 경영관리를 잘 할 수 있으므로 제품 비용을 낮출 수 있다.

5. CNC 프로그래밍

5-1 CNC 프로그래밍

범용 공작기계는 사람이 기계 조작을 하기 때문에 기계만 있으면 충분히 그 기능을 발휘할 수 있으나 CNC 공작기계는 자동으로 조작되기 때문에 도면의 형상 치수, 가공 기호 등의 정보를 CNC 장치가 이해할 수 있는 표현 형식으로 바꾸는 작업이 필요하다.

이와 같이 CNC 공작기계가 알아 들을 수 있도록 프로그램을 작성하는 작업을 프로그래밍(programming)이라 하고, 작성하는 사람을 프로그래머(programmer)라고 한다. 다음 그림은 범용 공작기계와 CNC 공작기계 가공 순서도의 차이점을 나타낸 것이다.

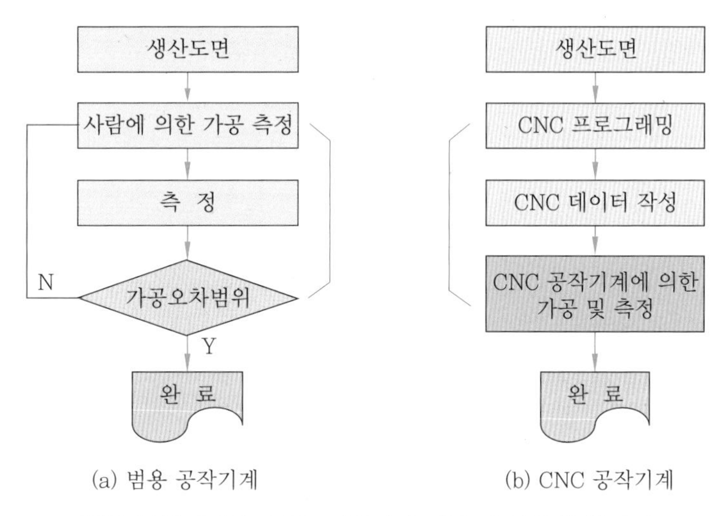

범용 공작기계와 CNC 공작기계 가공 순서도의 차이점

5-2 CNC 프로그래밍 방법

CNC 프로그래밍 방법에는 수동(manual) 프로그래밍과 자동(automatic) 프로그래밍이 있다.

(1) 수동 프로그래밍

수동 프로그래밍이란 간단한 부품의 경우 도면을 보고 프로그래머가 직접 손으로 작성하는 것으로, 부품 도면은 설계된 도면을 CNC로 가공하기 위하여 현장에서 얻어온 설계도를 말한다. 부품 도면이 주어지면 CNC 가공에 대한 프로그램을 작성하기 위하여 다음과 같은 가공계획을 수립해야 한다.

① CNC로 가공하는 범위와 CNC 공작기계 선정
② 가공물을 기계에 고정시키는 방법 및 필요한 치공구의 선정
③ 가공순서 결정
④ 가공할 공구 선정
⑤ 절삭 조건 결정 : 주축 회전수, 이송속도, 절삭깊이 등

(2) 자동 프로그래밍

수동 프로그래밍의 단점을 보완하기 위해 공구 위치, 부품 도면의 좌표 등을 컴퓨터를 이용하여 프로그래밍하는 방법으로 CAM(Computer Aided Manufacturing) 소프트웨어의 발달로 인하여 점차 증가하고 있으며, 자동 프로그래밍에는 다음과 같은 이점이 있다.

① NC 프로그램 작성에 시간과 노력이 줄어든다.
② 신뢰성이 높은 NC 프로그램을 작성할 수 있다.
③ 인간의 능력으로는 불가능한 복잡한 계산을 요하는 형상에 대한 프로그래밍도 가능하다.
④ 프로그램 검증이 용이하고 프로그램상의 오류를 줄일 수 있다.

5-3 프로그래밍 기초

프로그래머가 가공물에 대한 공구의 위치와 이동방향을 결정할 수 있도록 CNC 공작기계의 좌표축과 운동의 기호에 대하여 KS B 0126으로 설정되어 있다.

이들 규격에는 공구가 공작물에 접근하는 것인지 또는 공작물이 공구에 접근하는 것인지를 모르더라도 프로그래밍하는 사람은 공작물에 대하여 공구가 운동하는 것으로 프로그래밍할 수 있도록 되어 있다.

(1) CNC 선반의 좌표계

CNC 선반의 경우 회전하는 가공물체에 대해 공구를 움직이는 데 필요한 두 개의 축이 있는데, X축은 공구의 이동축이고 Z축은 가공물의 회전축으로 다음 그림 선반의 좌표계에 표시되어 있다.

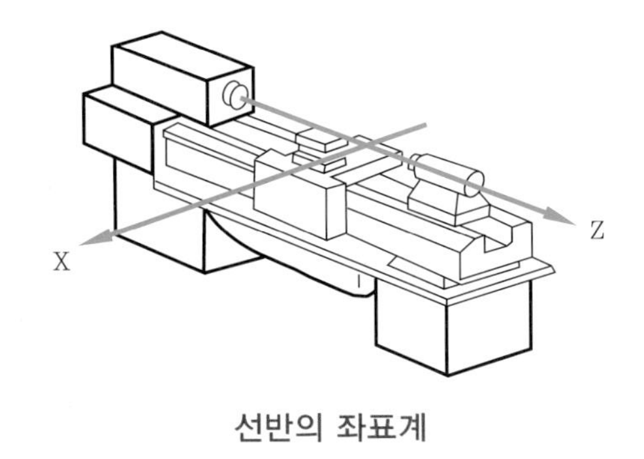

선반의 좌표계

(2) 머시닝 센터의 좌표계

머시닝 센터에서는 주축은 수직방향으로 고정되어 있고 머신 테이블은 주축에 대하여 상·하로 움직여서 위치가 조절되는데, 그림의 머시닝 센터 좌표계에서 보는 것과 같이 X, Y 두 축이 테이블상에 정의되고 이 면에 수직인 Z축이 주축의 수직 이동 좌표계가 된다.

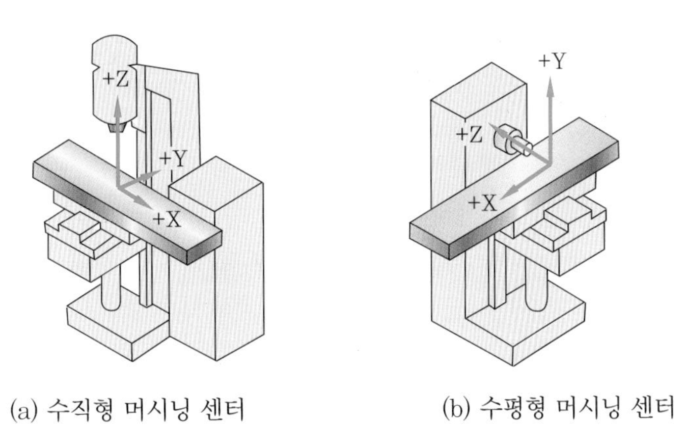

(a) 수직형 머시닝 센터 (b) 수평형 머시닝 센터

머시닝 센터의 좌표계

(3) 절대좌표와 증분좌표

좌표계의 목적은 가공품에 대한 공구의 위치를 선정하는 것으로, CNC 프로그램을 작성할 때 좌표값을 취하는 방식에는 절대(absolute)좌표방식, 증분(incremental)좌표방식 또는 상대(relative)좌표방식의 두 가지가 있다.

절대좌표방식은 운동의 목표를 나타낼 때 공구의 위치와는 관계 없이 프로그램의 원점을 기준으로 하여 현재의 위치에 대한 좌표값을 절대량으로 나타내는 방식이고, 증분좌표방식은 공구의 바로 현 위치를 기준으로 하여 다음 목표 위치까지의 이동량을 증분량으로 표현하는 방식이다.

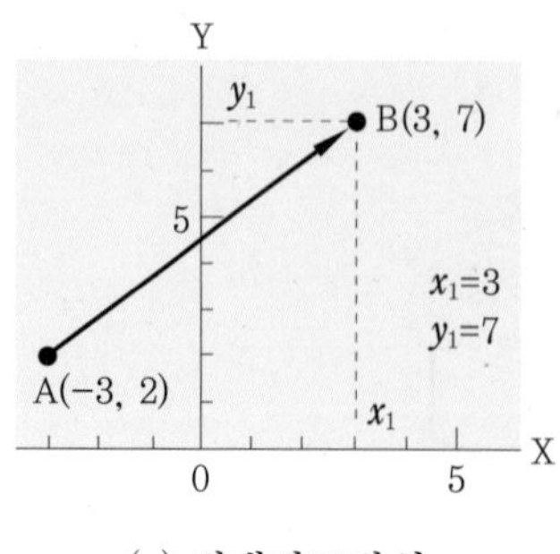

(a) 절대좌표방식

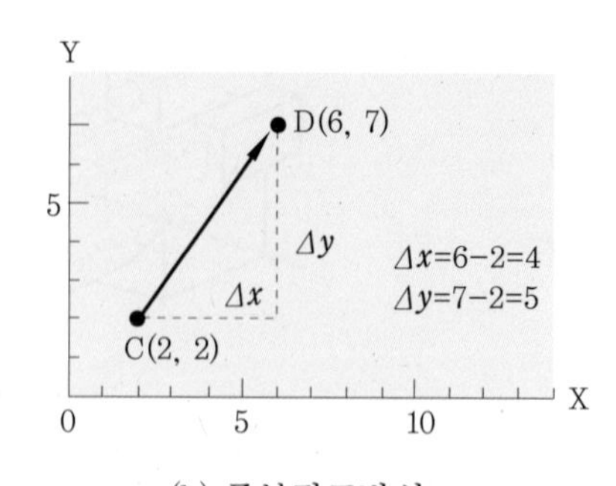

(b) 증분좌표방식

절대좌표방식과 증분좌표방식

예제

다음 도면을 절대좌표와 증분좌표로 지령하시오.

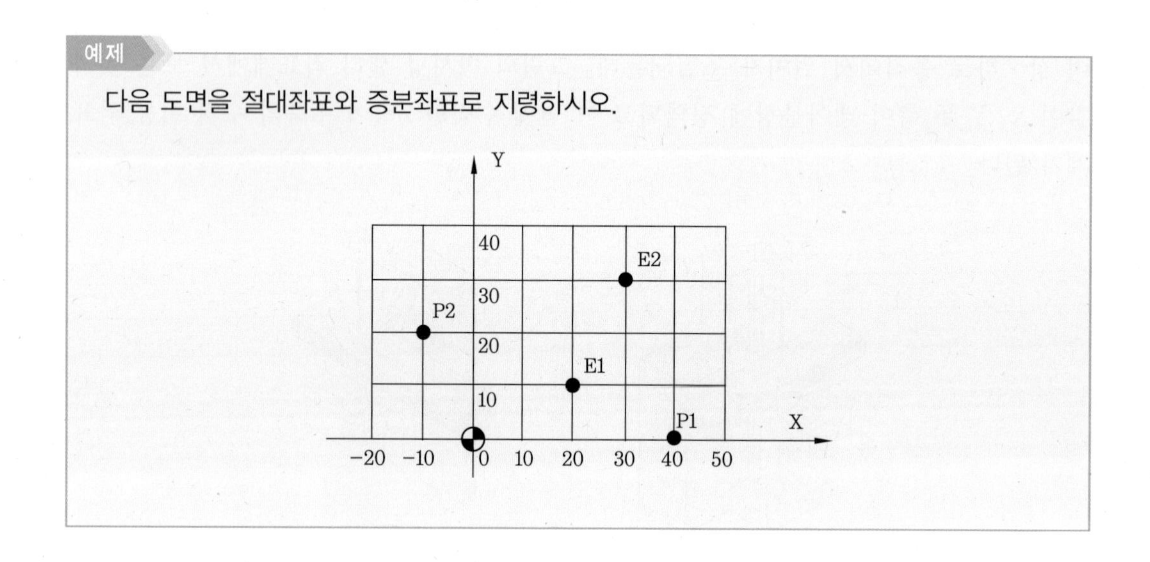

해설

위치	절대좌표 지령	증분좌표 지령
P1→E1	X20.0 Y10.0	X−20.0 Y10.0
P2→E1	X20.0 Y10.0	X30.0 Y−10.0
P1→E2	X30.0 Y30.0	X−10.0 Y30.0
P2→E2	X30.0 Y30.0	X40.0 Y10.0

5-4 프로그램의 구성

(1) 어드레스

어드레스(address)는 영문 대문자(A~Z) 중 1개로 표시되며, 각각의 어드레스 기능은 다음 표와 같다.

각종 어드레스의 기능

기능	어드레스(주소)			의미
프로그램 번호	O			프로그램 번호
전개 번호	N			전개 번호
준비 기능	G			이동 형태(직선, 원호 등)
좌표어	X	Y	Z	각 축의 이동 위치 지정(절대 방식)
	U	V	W	각 축의 이동 거리와 방향 지정(증분 방식)
	A	B	C	부가축의 이동 명령
	I	J	K	원호 중심의 각 축 성분, 모따기량 등
	R			원호 반지름, 코너 R
이송 기능	F, E			이송속도, 나사리드
보조 기능	M			기계측에서 ON/OFF 제어 기능
주축 기능	S			주축 속도, 주축 회전수
공구 기능	T			공구 번호 및 공구 보정 번호
드웰	X, U, P			드웰(dwell)
프로그램 번호 지정	P			보조 프로그램 호출 번호
전개 번호 지정	P, Q			복합 반복 사이클에서의 시작과 종료 번호
반복 횟수	L			보조 프로그램 반복 횟수
매개 변수	D, I, K			주기에서의 파라미터(절입량, 횟수 등)

(2) 워드

블록을 구성하는 가장 작은 단위가 워드(word)이며, 워드는 어드레스와 데이터의 조합으로 구성된다. 또한, 워드는 제각기 다른 어드레스의 기능에 따라 그 역할이 결정된다.

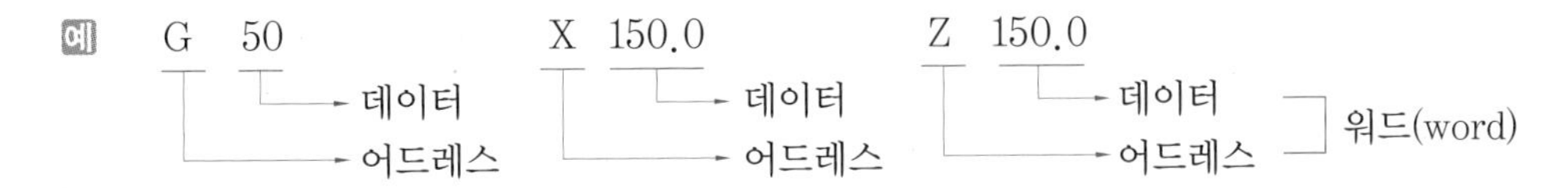

또한 좌표값을 나타내는 어드레스에 사용되는 데이터는 최소 지령 단위에 따라 0.001 mm까지 표시할 수 있다.

예 X 150.015 Z 200.005
→ 소수점 이하 세 자리 수

소수점 입력이 가능한 데이터에서는 소수점이 있는 것과 없는 것이 완전히 다르므로 특히 프로그래밍 시 주의해야 한다. 소수점 이하의 0은 생략할 수 있다.

예 X 150. =150 mm, Z 200.05=200.05 mm
S 1500.0 ——→ 소수점 입력 에러로 알람(alarm) 발생

(3) 블록

몇 개의 워드가 모여 구성된 한 개의 지령 단위를 블록(block)이라고 하며, 블록과 블록은 EOB(End of Block)로 구별되고 " ; "으로 간단하게 표시된다. 또한 한 블록에서 사용되는 최대 문자수에는 제한이 없다.

다음 그림은 블록의 구성을 나타낸 것이다.

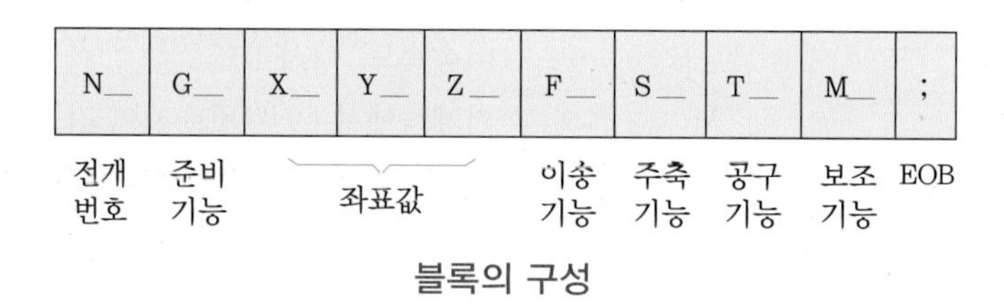

블록의 구성

(4) 프로그램

CNC의 프로그램은 다음 그림에서 보는 것처럼 여러 개의 블록이 모여서 하나의 프로그램을 구성하며, 일반적으로 주 프로그램(main program)과 보조 프로그램(sub program)으로 나눌 수 있다.

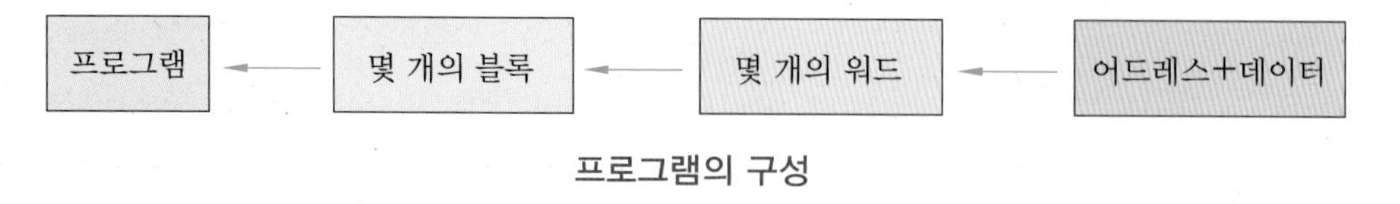

프로그램의 구성

보통 CNC 공작기계는 주 프로그램에 의해 실행하지만 주 프로그램에서 보조 프로그램의 호출 명령(M98)이 있으면 그 후에는 보조 프로그램에 의해 실행되며, 보조 프로그램 종료(M99)를 지시하면 다시 주 프로그램으로 복귀되어 작업을 진행한다.

다음 그림은 주 프로그램과 보조 프로그램 간의 실행 관계를 나타낸 것이다.

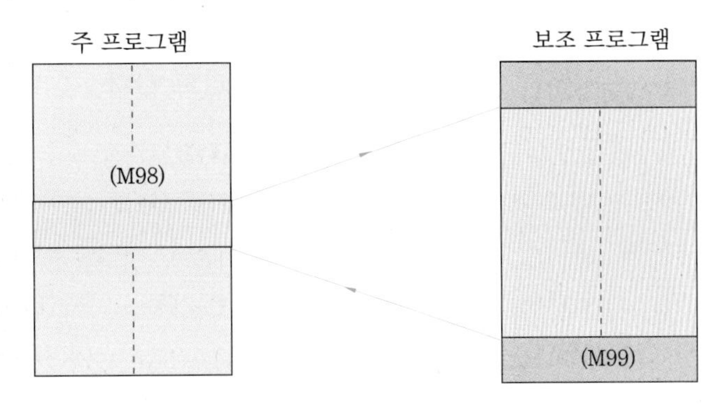

주 프로그램과 보조 프로그램 간의 실행 관계

① 프로그램 번호

CNC 기계의 제어장치는 여러 개의 프로그램을 CNC 메모리(memory)에 저장할 수 있는데 프로그램과 프로그램을 구별하기 위하여 서로 다른 프로그램 번호를 붙이고, 프로그램 번호는 어드레스인 영문자 "O" 다음에 4자리 숫자, 즉 0001~9999까지 임의로 정할 수 있다.

예

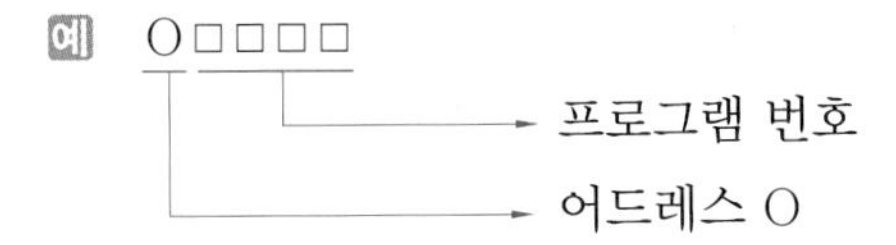

② 전개 번호

블록의 번호를 지정하는 것으로 어드레스 "N"으로 표시하며, N 다음에 4자리 이내의 숫자로 표시한다. 그러나 일반적으로 N01, N02 ……의 순으로는 하지 않는다. 그 이유는 프로그램을 작성하다가 다른 한 블록을 삽입해야 할 경우 N01, N02로 하면 삽입을 할 수 없기 때문에 N10, N20 ……이나 N0010, N0020 ……의 순으로 하는 것이 좋다. 그러나 전개 번호(sequence number)는 CNC 장치에 영향을 주지 않기 때문에 지정하지 않아도 상관없다.

그러나 CNC 선반 프로그램 중 복합 반복 사이클 G70~G73을 사용할 때는 꼭 전개 번호를 적어야 한다.

예
```
N10 G50 X150.0 Z200.0 S1300 T0100 ;
N20 G96 S130 M03 ;
N30 G00 X62.0 Z0.0 T0101 M08 ;
N40 G01 X-2.0 F0.15 ;
N50 G00 X58.0 Z2.0 ;
```

③ 준비 기능(G : preparation function)

어드레스 G 다음에 두 자리 숫자를 붙여 지령하고(G00~G99), 제어장치의 기능을 동작하기 위한 준비를 하기 때문에 준비 기능이라고 한다. 준비 기능을 G코드라고도 하며, 다음의 두 가지로 구분한다.

구분	의미	구별
• 1회 유효 G코드 (one shot G-code)	지령된 블록에 한해서 유효한 기능	"00" 그룹
• 연속 유효 G코드 (modal G-code)	동일 그룹의 다른 G코드가 나올 때까지 유효한 기능	"00" 이외의 그룹

예 G01 Z-20.0 F0.2 ;
X50.0 ; ······· 앞 블록에서 지령한 G01은 연속 유효 G코드이므로 그 기능이 계속 유효
G00 Z5.0 ; ········· G01과 동일 그룹이지만 다른 G코드이므로 G00 기능으로 바뀜
X45.0 ; ······· 연속 유효 G코드이므로 그 기능이 계속 유효
G01 Z-20.0 ; ····· G00과 동일 그룹이지만 다른 G코드이므로 G01 기능으로 바뀜
G04 P1500 ; ······· G04는 1회 유효 G코드이므로 이 블록에서만 유효

④ 보조 기능(M : miscellaneous function)

로마자 M 다음에 두 자리 숫자를 붙여 지령한다(M00~M99). 보조 기능은 NC 공작기계가 여러 가지 동작을 행할 수 있도록 하기 위하여 서보 모터를 비롯한 여러 가지 구동 모터를 제어하는 ON/OFF의 기능을 수행하며, M기능이라고도 한다.

연습문제

1. NC의 발달 과정을 5단계로 분류하고 간단히 설명하시오.

2. CNC 공작기계에 볼 스크루를 사용하는 이유에 대해 설명하시오.

3. 서보 기구 중 반폐쇄회로에 대해 설명하시오.

4. DNC, FMC 및 FMS에 대해 설명하시오.

5. CNC 공작기계와 범용 공작기계의 차이점에 대하여 설명하시오.

6. 다음 도면에서 P1→E1, P2→E1 및 P1→E2, P2→E2로 이동하는 프로그램을 절대좌표와 증분좌표로 지령하시오.

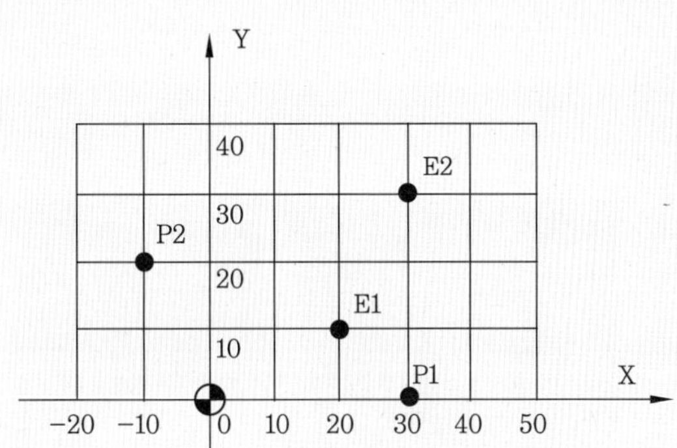

7. 아래 워드에 대한 의미에 대해 설명하시오.

N__	G__	X__	Y__	Z__	F__	S__	T__	M__	;

8. 1회 유효 G코드와 연속 유효 G코드에 대해 설명하시오.

2장 CNC 선반의 개요

1. CNC 선반의 개요

1-1 CNC 선반의 구성

(1) CNC 선반

CNC 선반의 구성은 공작기계를 제작하는 회사에 따라 CNC 장치의 배열상태, 공구대 및 주축대의 구조가 각각 다르지만 일반적으로 구동모터, 주축대, 유압척, 공구대, 심압대, 서보기구, 조작반 등으로 구성되어 있다. 다음 그림은 일반적으로 사용되는 CNC 선반을 나타낸 것이다.

CNC 선반

(1) 척

CNC 선반에 사용되는 척(chuck)은 대부분 연동척으로 유압으로 작동되며 공작물의 착탈이 쉬워 생산능률을 향상시킨다. 척 조(chuck jaw)는 가공하여 사용할 수 있도록 소프트 조(soft jaw)로 되어 있어 가공 정밀도를 높일 수 있고 지름의 차가 큰 공작물도 용이하게 척에 물릴 수 있다. 그러나 척의 유압이 너무 낮으면 절삭력을 이기지 못해 공작물이 튕겨 나갈 위험이 있고, 너무 높으면 파이프와 같이 얇은 두께의 공작물을 가공할 수 없으므로 적당한 압력으로 조절해야 한다. 다음 그림은 유압 척을 나타낸 것이다.

유압척

(2) 공구대

공구대(tool post)는 공작물을 절삭하기 위하여 공구를 장착하고 이동시키는 부분으로 터릿(turret) 공구대와 갱 타입(gang type) 공구대를 많이 사용하고 있다.

① **터릿 공구대** : 대부분의 CNC 선반에서 많이 사용하고 있다. 정밀도가 높고 강성이 큰 커플링(coupling)에 의해 분할되며, 공구 교환은 근접 회전 방식을 채택하여 공구 교환시간을 단축할 수 있도록 되어 있다. 또한 선택된 공구에 자동으로 절삭유를 공급할 수 있도록 되어 있어 품질 및 생산성을 향상시킨다.

② **갱 타입 공구대** : 동일한 소형 부품을 대량 생산하는 가공에 적합하다. 터릿 장치가 없고 공구가 나열식으로 고정되며 공구 선택시간이 짧아 생산시간을 단축할 수 있으나 공구와 공작물의 간섭에 주의하여야 한다. 또한, 사용 공구 수가 4~6개 정도이므로 복잡하고 다양한 제품을 가공하는 데는 부적당하다.

터릿 공구대

갱 타입 공구대

2. CNC 선반의 절삭조건

2-1 CNC 선반의 공구

(1) CNC 선반의 공구

절삭공구가 갖추어야 할 조건은 내마멸성과 인성이다.

CNC 선반의 가동률은 프로그램, 공구 준비, 공구 설치시간에 영향을 많이 받는다. 또한 CNC 선반의 절삭능률을 높이려면 적절한 공구를 선택하는 것이 매우 중요한데, 가공할 재료의 종류와 절삭조건, 절삭방향, 공작물 형상 및 치수 등을 고려하여 알맞은 공구를 선택해야 한다.

공구 선택 시에는 공구를 규격화하여 공구 관리를 용이하게 하고, 공구 준비 작업시간의 절약, 공구의 마모나 파손으로 교환할 때에 소요시간을 줄이기 위하여 그림과 같은 스로 어웨이 (Throw Away ; TA) 공구를 사용하는 것이 효과적이다.

TA 공구

공구를 선정할 때에는 공작물의 형상과 가공부위에 적합하며 제품의 요구 정밀도를 얻을수 있는 홀더의 형상과 크기 및 공구의 재종을 선정하여야 하는데, 다음과 같은 점을 고려하여 선정한다.

① 절삭력에 충분히 견딜 수 있는 홀더의 크기와 형상을 선정한다.

② 제품의 요구 정밀도를 얻을 수 있는 인서트 팁의 형상과 규격을 선정한다.

③ 가공물의 재료에 적합한 인서트 팁의 재종을 결정한다.

④ 가공물에 적합한 칩 브레이커의 형상을 선정한다.

(2) 절삭공구 재료

최적의 공구 재종을 선택하기 위해서는 피삭재의 종류, 형상, 절삭조건 등을 먼저 고려하여야 하며, 인서트(insert)의 형상 및 가공할 CNC 공작기계의 상태 등도 고려되어야 한다. 최근 많이 사용되고 있는 공구재료로는 다음과 같은 것이 있다.

① 초경합금

주성분인 WC(탄화텅스텐)에 Ti(티타늄), Ta(탄탈) 등의 분말을 Co 또는 Ni분말과 혼합하여 1400~1450℃에서 압축 성형하여 소결(sintering)시킨 합금이다. 초경합금은 경도가 높고 고온에서도 경도 저하 폭이 크지 않으며, 압축강도가 강에 비하여 월등히 높은 것이 특징이다. 절삭용도의 재종에는 강 절삭용인 P계열, 주철 절삭용인 K계열, 강 및 내열강, 특수주철 절삭용인 M계열 외에 초미립자 초경 재종인 UF계열이 있다. 다음 표는 초경합금의 용도 및 특성을 나타내었다.

초경합금의 용도 및 특성

용도 분류	피삭재	합금 성분	합금 특성
P	절삭할 때 비교적 긴 칩(chip)이 생기는 강재료	WC+TiC+TaC+Co	WC 이외에 TiC, TaC 등이 첨가되어 고열로 인한 마모에 강함
M	비교적 긴 칩이 생기며, 공구에 치핑(chipping) 및 크레이터(crater)를 유발하는 재료	WC+TiC+TaC+Co	P종보다 TiC, TaC 등이 비교적 적고, 기계적ㆍ열적 마모에 대해 적당한 강도를 지님
K	칩이 가루이거나 짧은 재료, 절삭저항이 적은 재료	WC+Co	WC 이외의 탄화물은 매우 미량이며, 열적 마모보다 기계적 마모에 강함

② 피복(coating) 초경합금

초경합금을 모재로 하고 그 위에 모재보다 강도가 높은 TiC(탄화티탄), TiN(질화티탄), Al_2O_3(알루미나) 등을 피복시킨 공구로 인성이 강하고 고온에서 내마모성이 우수하여 공구수명이 현저히 증가한다. 다음 표는 코팅 재료의 종류와 특징이다.

코팅 재료의 종류와 특징

코팅 재료	색	특 징
TiC (탄화티탄)	회은색	• 여유면의 내마모성이 우수 • 경사면의 내마모성은 약함
TiN (질화티탄)	금색	• 내용착성이 우수, 구성인선 발생 방지 • 다듬면의 거칠기 정도가 우수함
Al_2O_3	흑회색	• 경사면과 경계면의 내마모성이 우수 • 여유면의 내마모성은 약함

③ 서멧 (cermet)

세라믹(ceramics)과 금속(metals)의 합성어인 서멧은 소결복합체의 총칭으로

TiC를 주성분으로 한 합금을 말한다. 그러나 최근의 TiN이 다량 함유된 TiN계 서멧은 경질층이 미세하고 인성 및 내열성 등이 우수한 특성을 가진다. 서멧을 초경합금 공구나 피복 초경합금공구와 비교하면 다음과 같은 특징이 있다.

- 피삭재와 친화성이 적어 가공면이 양호하다.
- 내산화성이 뛰어나서 공구 수명이 길다.
- 절삭유제 사용 시 수명이 급속하게 짧아지므로 습식 절삭에는 불리하다.
- 고온에서 경도가 높기 때문에 고속 절삭이 가능하다.

④ 세라믹 (ceramics)

Al_2O_3를 주성분으로 한 세라믹은 고온경도가 커서 내용착성과 내마모성이 크고, 초경합금 공구에 비해 2~5배의 고속절삭이 가능하며, 비금속재료이기 때문에 금속 피삭재와 친화력이 적어 고품질의 가공면을 얻을 수 있다. 그러나 단점으로는 충격저항이 낮아 단속절삭에서 공구수명이 짧고, 강도가 낮아 중절삭을 할 수 없다.

(3) 공구 홀더의 규격 선정

절삭과정에서 절삭공구에 절삭력이 걸리면 처짐이 발생하므로 절삭력에 충분히 견딜 수 있는 홀더(holder)의 크기와 형상을 선정하여야 한다. 공구 홀더를 선정할 때에는 부록의 공구 홀더 규격을 참고하여 가공에 적합한 것을 선정한다.

(4) 인서트 규격 선정

인서트(insert) 규격 선정 시에도 부록의 인서트 규격을 참고하여 가공에 적합한 인서트를 선정하여야 하며, 일반적인 선정방법은 다음과 같다.

① **형상** : 가능한 한 강도가 크고 경제적인 큰 코너각의 인서트를 선정하는 것이 좋다. 다음 그림은 인서트 코너각의 크기에 따른 강도에 대하여 나타낸 것이다.

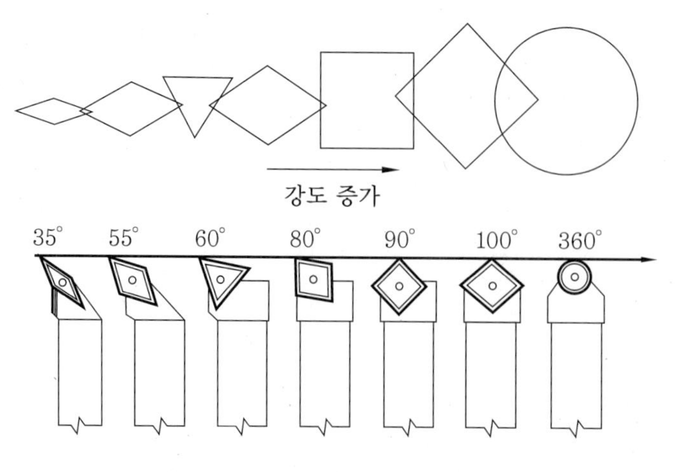

인서트 코너각의 크기에 따른 강도

② **인서트 크기 :** 가공이 가능한 최소의 크기를 선정하며, 최대 절삭깊이는 인선길이의 절반 정도가 좋다.

③ **인선 반지름 :** 인선 반지름이 커지면 강도 및 공구 수명이 증가하고 표면조도도 좋아지므로 가능한 한 인선 반지름이 큰 것을 선정한다. 그러나 지름이 작고 긴 환봉을 절삭 할 경우에는 인선 반지름이 증가하면 절삭저항이 증가하여 떨림이 일어나기 쉬우므로 주의하여야 한다.

2-2 CNC 선반의 절삭조건

(1) 절삭조건

가공물의 재질과 작업의 종류에 따른 일반적인 절삭조건에는 절삭공구의 재질에 적합한 공구의 형상, 절삭속도, 이송속도, 절삭깊이 및 절삭유의 종류 등이 있으며, 이와 같은 절삭조건을 최적으로 선정하여야 능률을 높일 수 있다.

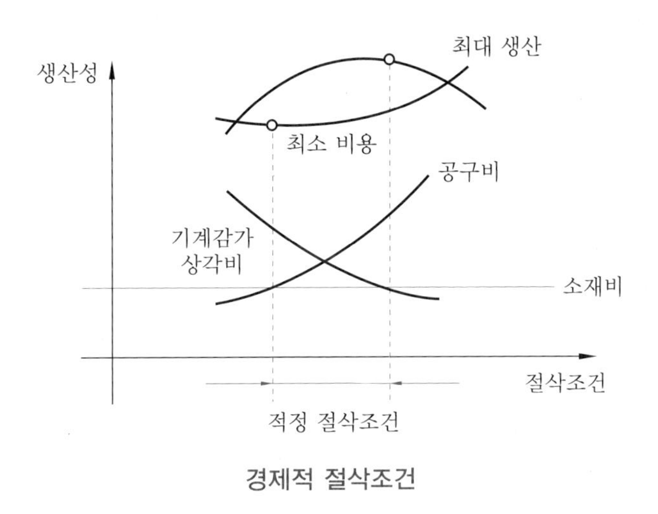

경제적 절삭조건

경제적인 절삭조건은 위의 그림에서 보는 바와 같이 절삭조건이 증가하면 생산성은 증가하지만 공구의 수명은 감소되므로 적정한 절삭조건을 선정해야 한다.

다음은 공구와 피복 초경합금 공구의 절삭조건표의 예를 나타낸 것이다. 그러나 공구의 형상 및 각도, 공구 제작 제조사에 따라 조건이 달라질 수 있으며, 적절한 절삭조건의 선정은 가공 표면의 거칠기와 치수 정밀도에 큰 영향을 미치므로 실제 가공 경험에 의한 노하우(know-how)를 축적하는 것이 중요하다.

공구와 피복 초경합금 공구의 절삭조건표의 예

재질	구분	절삭속도 V [m/min]		절삭깊이 (mm)	이송속도 (mm/rev)	공구재질
		초경합금	코팅된 초경합금			
탄소강 (인장강도 60kgf/mm^2)	황삭	130~150	180~220	3~5	0.3~0.4	P10~20
	중삭	150~180	200~250	2~3	0.3~0.4	P10~20
	정삭	170~220	250~280	0.2~0.5	0.08~0.2	P01~10
	나사	100~120	120~125	–	–	P10~20
	홈 가공	90~110	90~110	–	0.05~0.12	P10~20
	센터 드릴	100~1600rpm	100~1600rpm	–	0.08~0.15	HSS
	드릴	25	25	–	0.2	HSS
합금강 (인장강도 140kgf/mm^2)	황삭	100~140	150~180	3~4	0.3~0.4	P10~20
	정삭	140~180	200~250	0.2~0.5	0.08~0.2	P01~10
	홈 가공	70~100	70~100	–	0.05~0.1	P10~20
주철	황삭	120~150	200~250	3~5	0.3~0.5	P10~20
	정삭	140~180	250~280	0.2~0.5	0.08~0.2	P01~10
	나사	90~110	90~110	–	–	P10~20
	홈 가공	80~110	100~125	–	0.06~0.15	P10~20
	센터 드릴	1400~2000rpm	1400~2000rpm	–	0.08~0.15	HSS
	드릴	25	25	–	0.2	HSS
알루미늄	황삭	400~1000	400~1000	2~4	0.2~0.4	K10
	정삭	700~1600	700~1600	0.2~0.4	0.08~0.2	K10
	홈 가공	350~1000	350~1000	–	0.05~0.15	K10
청동, 황동	황삭	150~300	150~180	3~5	0.2~0.4	K10
	정삭	200~500	200~250	0.2~0.5	0.08~0.2	K10
	홈 가공	150~200	70~100	–	0.05~0.15	K10
스테인리스강	황삭	90~130	150~180	2~3	0.2~0.25	P10~20
	정삭	140~180	200~250	0.2~0.5	0.06~0.2	P01~10
	홈 가공	60~90	70~100	–	0.05~0.15	P10~20

경제적 3요소는 다음과 같다.

① **절삭속도** : 가공물과 절삭공구 사이에 발생하는 상대속도를 말하며, 공구가 1분 동안 가공물을 절삭하면서 지나간 거리를 m/min의 단위로 표시한다. 절삭속도는 절삭능률, 가공물의 표면거칠기, 공구의 수명에 직접적인 영향을 주는 절삭조건의 중요한 변수이다. 따라서 가공물의 재질, 공구의 재질, 작업의 유형에 적합한 절삭속도를 선정하여 프로그램하여야 한다.

CNC 선반의 경우 절삭속도의 관계식은 다음과 같다.

$$V=\frac{\pi DN}{1000}\ \text{[m/min]}$$

$$N=\frac{1000V}{\pi D}$$

여기서, V : 절삭속도 (m/min), D : 공작물의 지름(mm), N : 공작물의 회전수(rpm)

② **이송속도** : 공구와 가공물 사이의 가로방향의 상대운동 크기를 말하며, CNC 선반의 경우에는 가공물이 1회전할 때 공구의 가로방향 이송, 즉 회전당 이송(mm/rev)을 사용 한다.

③ **절삭깊이** : 공구의 절입량을 말하며 칩 폭을 결정하는 요소이다.

(2) 절삭유

공작물의 가공면과 공구 사이에는 절삭 및 전단작용에 의해서 온도가 상승하여 나쁜 영향을 주게 된다. 이와 같은 나쁜 영향을 방지하기 위하여 아래 그림과 같이 절삭유를 사용하는데 일반적으로 액체가 많이 쓰인다. 절삭유는 공구의 절삭온도를 저하시켜 공구의 경도를 유지하게 된다.

① 절삭유의 작용

- 냉각작용 : 절삭공구와 공작물의 온도 상승을 방지한다.
- 세척작용 : 공구 날의 윗면과 칩 사이의 마찰을 감소시킨다.
- 윤활작용 : 가공 시 발생되는 공작물과 공구 사이에 잔류하는 칩을 제거하여 절삭 작업시 작업자의 가공 시야를 좋게 한다.

② 절삭유의 구비조건

- 칩 분리가 용이하고 회수하기 쉬워야 한다.
- 냉각성 및 윤활성이 좋아야 한다.
- 방청성 및 방식성이 있어야 한다.
- 위생상 해롭지 않아야 하고, 장시간 사용 시 변질되지 않아야 한다.

③ 절삭유 사용 시 장점

- 절삭저항이 감소하고 공구의 수명을 연장시킨다.
- 공구 끝에 나타나는 구성인선(built-up edge)의 발생을 억제하여 가공 표면의 거칠기를 좋게 한다.
- 절삭영역의 열팽창 방지로 공작물의 변형을 감소시켜 치수 정밀도를 높여 준다.
- 칩의 흐름이 좋아지기 때문에 절삭작용을 쉽게 한다.
- 마찰이 감소하므로 칩의 전단각이 증가하여 칩의 두께를 감소시킨다.

연습문제

1. CNC 선반 공구대 중 터릿 공구대에 대해 설명 하시오.

2. 절삭공구가 갖추어야 할 조건에 대해 설명하시오.

3. 절삭유의 작용에 대해 설명 하시오

4. 절삭유 사용 시 장점에 대해 설명 하시오

3장 머시닝 센터의 개요

1. 머시닝 센터의 개요

1-1 머시닝 센터의 특징

(1) 머시닝 센터

머시닝 센터(maching center)는 CNC 밀링에 자동 공구 교환장치(ATC : Automatic Tool Changer)와 자동 팰릿 교환장치(APC : Automatic Pallet Changer)를 부착한 기계를 말한다.

직선절삭은 물론 캠(cam)과 같은 입체절삭, 나선절삭, 드릴링(drilling), 보링(boring) 및 태핑(tapping) 등의 다양한 작업을 할 수 있다.

다음 그림은 수직형(vertical type) 머시싱 센터와 수평형(horizontal type) 머시닝 센터를 나타낸 것이다.

(a) 수직형 머시닝 센터

(b) 수평형 머시닝 센터

수직형 머시닝 센터와 수평형 머시닝 센터

또한 다음 그림은 머시닝 센터 가공 예와 머시닝 센터 가공 제품을 나타낸 것이다.

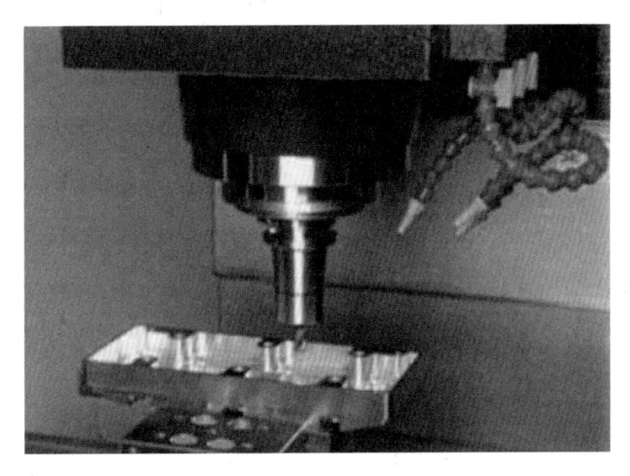

머시닝 센터 가공 예

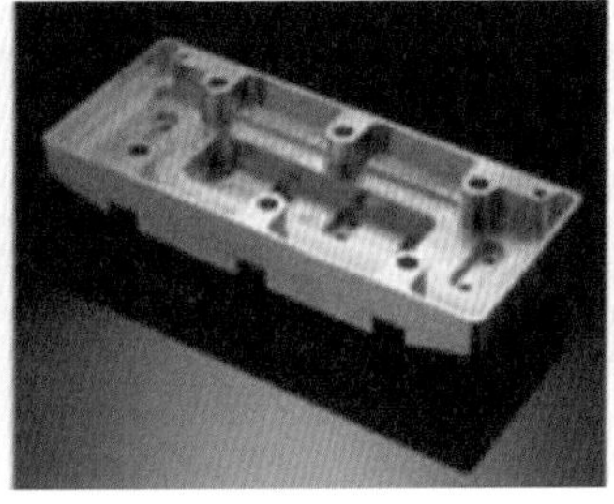
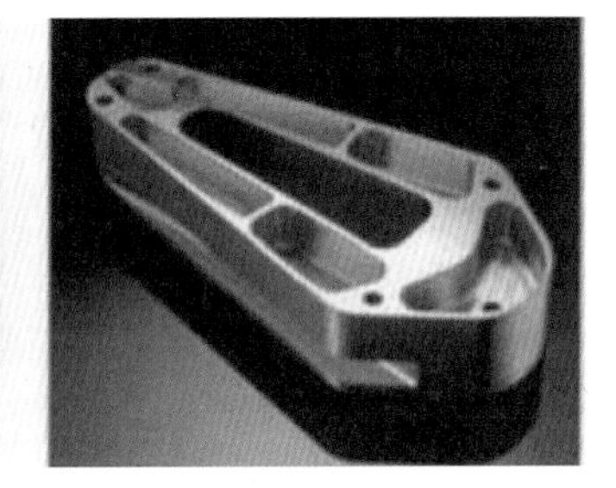

머시닝 센터 가공 제품

(2) 머시닝 센터의 장점

머시닝 센터는 고장 부위의 자가진단, 작업자의 조작 유도, 풍부한 동작 표시 및 신뢰성, 높은 안전 기능 등을 바탕으로 설계되었다. 형상이 복잡하고 공정이 다양한 제품일수록 가공 효과가 크며 장점은 다음과 같다.

① 직선절삭, 드릴링, 태핑, 보링작업 등을 수동으로 공구 교환 없이 자동 공구 교환 장치를 이용하여 연속적으로 가공을 하므로 공구 교환시간이 단축되어 가공시간을 줄일 수 있다.

② 원호가공 등의 기능으로 엔드밀(end mill)을 사용하여도 치수별 보링작업을 할 수 있으므로 특수 치공구 제작이 불필요해 공구관리비를 절약할 수 있다.

③ 주축 회전수의 제어범위가 크고 무단변속을 할 수 있어 요구하는 회전수를 빠른 시간 내에 정확히 얻을 수 있다.

④ 한 사람이 여러 대의 기계를 가동할 수 있기 때문에 인건비를 절감할 수 있다.

1-2 머시닝 센터의 구조

(1) 공구 매거진

공구 매거진은 일반적으로 구조에 따라 드럼(drum)형과 체인(chain)형으로 분류한다. 또한 매거진의 공구 선택방식에는 매거진 내의 배열 순으로 공구를 주축에 장착하는 순차 방식(sequence type)과 배열 순과는 관계없이 매거진 포트 번호 또는 공구 번호를 지령하는 것에 의해 임의로 공구를 주축에 장착하는 랜덤 방식(random type)이 있는데, 랜덤 방식이 주로 많이 쓰인다. 다음 그림은 수직형 머시닝 센터의 공구 매거진을 나타낸 것이다.

공구 매거진

(2) 자동 공구 교환장치(ATC)

자동 공구 교환장치는 공구를 교환하는 ATC 암(arm)과 공구가 격납되어 있는 공구 매거진(magazine)으로 구성되어 있다.

자동 공구 교환장치

매거진의 공구를 호출하는 방식으로는 순차 방식(sequence type)과 랜덤 방식(random type)이 있다. 순차 방식은 매거진의 포트 번호와 공구 번호가 일치하는 방식이다. 랜덤 방식은 지정한 공구 번호와 교환된 공구 번호를 기억할 수 있도록 하여 매거진의 공구와 스핀들(spindle)의 공구가 동시에 맞교환되므로 매거진 포트 번호에 있는 공구와 사용자가 지정한 공구 번호가 다를 수 있다. 다음 그림은 자동 공구 교환 장치를 나타내고 있다.

(3) 자동 팰릿 교환장치(APC)

자동 팰릿 교환장치는 공작물을 자동으로 공급 · 배출하고, 정확한 위치 결정을 하기 위해 공작물을 장착한 팰릿을 자동으로 교환하는 장치로 기계 정지시간을 단축하기 위한 장치이다.

팰릿 교환은 새들(saddle)방식에 의한 것이 일반적이며, 테이블을 파트 1과 파트 2로 구분하여 파트 1 위에 있는 가공물을 가공하고 있는 동안 파트 2의 테이블 위에 다음 가공물을 장착할 수 있다. 다음 그림은 자동 팰릿 교환장치를 나타낸 것이다.

(4) 기타 구조

주축대와 테이블을 지지하는 새들이 부착되어 있는 베이스와 칼럼이 있으며, T홈이 가공되어 있어 바이스 및 각종 고정구를 이용하여 가공물을 고정하는 테이블과 서보 기구의 구동에 의하여 테이블을 이송하는 이송 기구 등이 있다.

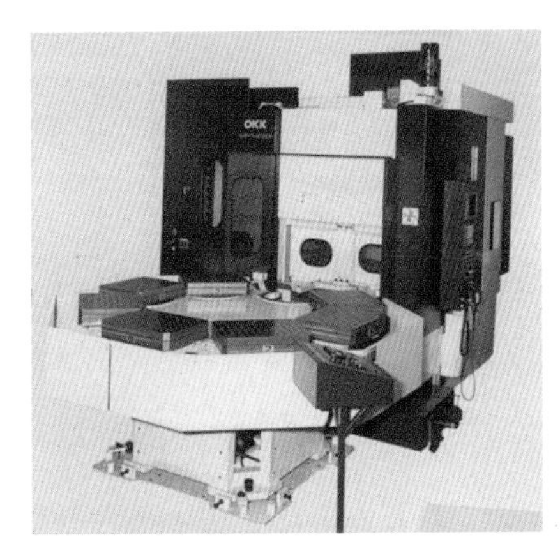

자동 팰릿 교환장치

베이스 및 이송 기구의 구조

2. 머시닝 센터의 절삭 조건

2-1 공구 선정

(1) 페이스 커터

페이스 커터는 넓은 평면을 가공하는 밀링 커터로 가공물의 재질과 작업의 유형에 적합한 커터의 지름, 경사각 및 리드각 등을 고려하여 선택해야 한다.

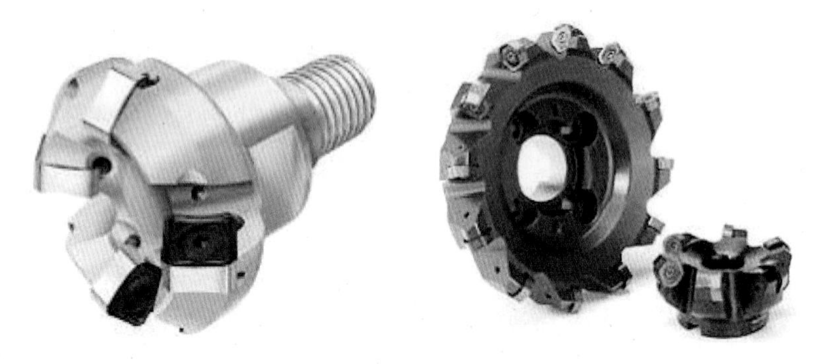

페이스 커터

커터의 지름은 사용하는 기계의 동력을 고려하여 선정해야 한다. 일반적으로 소형 기계의 경우 지름이 작은 커터로 가공물의 폭을 조금씩 반복 가공하는 것이 좋다. 너무 큰 대형 커터를 사용하면 떨림의 원인이 되며, 동력이 부족하여 절입 조건을 경제적으로 할 수 없다.

커터 지름은 그림에서와 같이 가공물 폭의 1.6~2배로 선정하며 최소한 1.3배 이상 되어야 한다. 그리고 커터의 돌출량은 $\frac{1}{5}\sim\frac{1}{4}$ 정도가 적당하다.

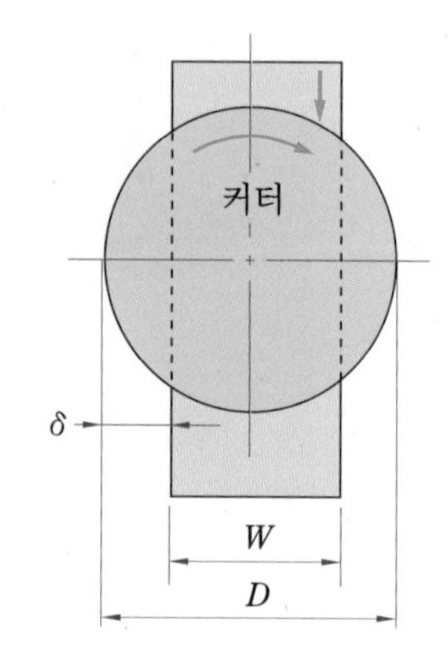

커터의 지름 및 돌출량

$$D \fallingdotseq (1.6\sim2)\times W\,(D \geqq 1.3\times W)$$

여기서, D : 커터의 지름(mm)

W : 가공물의 폭(mm)

δ : 커터의 돌출량

(2) 엔드밀

경제적이며 효율적인 엔드밀(end mill) 가공을 하기 위해서는 피삭재의 형상, 가공능률, 가공 정도 등을 고려하여 적당한 엔드밀을 선택하여 사용해야 한다. 여기에는 엔드밀의 지름, 날수, 날길이, 비틀림각, 재질 등이 중요한 요소로 고려되어야 한다.

다음 그림은 각종 엔드밀의 종류와 가공 예를 나타내고 있다.

엔드밀의 종류

엔드밀 가공 예

특히 날수는 엔드밀의 성능을 좌우하는 중요한 요인인데, 2날은 칩 포켓이 커서 칩 배출은 양호하나 공구의 단면적이 좁아 강성이 저하되어 주로 홈 절삭에 사용하고, 4날은 칩 포켓이 작아 칩 배출 능력은 적으나 공구의 단면적이 넓어 강성이 보강되므로 주로 측면절삭 및 다듬절삭에 사용한다.

또한 엔드밀의 돌출길이는 엔드밀의 강성에 직접적인 영향을 미치므로 필요 이상으로 길게 돌출시키지 않아야 한다.

2-2 절삭 조건 선정

(1) 절삭속도

절삭속도(V)는 공구와 공작물 사이의 최대 상대속도를 말하며, 단위는 m/min 또는 ft/min을 사용한다. 절삭속도는 공구 수명에 중대한 영향을 끼치며 가공면의 거칠기, 절삭률 등과 관계가 있는 절삭의 기본적 변수이다. 다음 그림은 머시닝 센터에서 절삭 조건을 나타낸 것이다.

$$V=\frac{DN}{1000} \text{ 또는 } N=\frac{1000V}{\pi D}$$

여기서, V : 절삭속도(m/min), D : 커터의 지름(mm), N : 회전수(rpm)

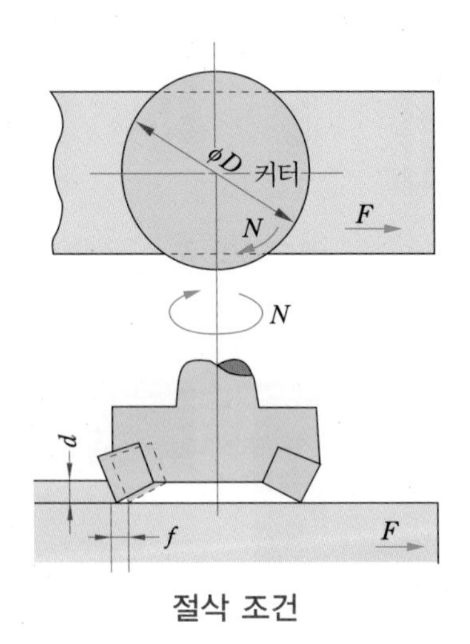

절삭 조건

예제

머시닝 센터에서 φ20인 엔드밀로 SM45C를 가공하고자 할 때 주축의 회전수는 얼마인가? (단, 절삭속도는 100m/min이다.)

해설 $N=\frac{1000V}{\pi D}=\frac{1000\times100}{3.14\times20}=1590\,\text{rpm}$

(2) 이송속도

이송속도(F)는 절삭 중 공구와 공작물 사이의 상대 운동 크기를 말한다. 머시닝 센터에 대한 이송속도는 잇날 한 개당 이송량에 의해 결정되며, 보통 분당 이송거리(mm/min)로 표시된다.

$$F = f_z \cdot Z \cdot N$$

여기서, F : 테이블 이송(mm/min)
f_z : 가공물의 폭(mm/tooth)
Z : 날수
N : 회전수(rpm)

만약 절삭 조건표에서 이송속도가 매 회전당 이송거리(mm/rev)로 주어질 경우 이를 다음과 같이 분당 이송거리(mm/min)로 환산해야 한다.

① 드릴, 리머 카운터 싱크의 경우

F[mm/min] = N[rpm] × f [mm/rev]

② 밀링 커터의 경우

F[mm/min] = N[rpm] × 커터의 날수 × f [mm/tooth]

③ 태핑 및 나사절삭의 경우

F[mm/min] = N[rpm] × 나사의 피치

예제

머시닝 센터에서 2날 ϕ20 엔드밀로 가공할 때 분당 이송량은 얼마인가? (단, 절삭속도는 120 m/min, 회전수는 2000 rpm, 날당 이송은 0.08 mm/tooth)

해설 $F = f_z \times Z \times N = 0.08 \times 2 \times 2000 = 320$ mm/min

예제

M10×1.5 탭가공을 하기 위한 이송속도는 얼마인가? (단, 회전수는 300 rpm)

해설 $F = N \times$ 나사의 피치 $= 300 \times 1.5 = 450$ mm/min

(3) 각종 작업의 절삭 조건

① 페이스 커터(face cutter)

페이스 커터는 주로 초경합금 공구를 사용하는데 가공물의 재료, 공구의 지름, 날의 개수 및 표면조도 등에 따라 절삭 조건이 차이가 많이 난다.

다음 표는 일반적인 경우의 페이스 커터 절삭 조건을 나타낸 것이며, 상세한 내용

은 각 공구 제작회사에서 제공하는 절삭 조건표 및 각 회사에서 사용하고 있는 머시닝 센터의 성능 및 가공조건에 따라 표준 데이터를 정하여 사용하고 있다.

페이스 커터 절삭 조건

가공물 재료	가공물 재료	
	절삭속도(m/min)	이송속도(mm/tooth)
탄소강	100~180	0.1~0.4
합금강	80~160	0.1~0.3
주철	50~120	0.1~0.3
구리, 알루미늄	150~400	0.1~0.5

② 엔드밀(end mill)

엔드밀은 고속도강, 코팅된 고속도강 및 초경합금을 일반적으로 많이 사용하며, 다음 표는 일반적인 엔드밀의 절삭 조건이다.

엔드밀 절삭 조건

가공물 재료 / 공구 재종	강		주철	
	절삭속도(m/min)	이송속도(mm/rev)	절삭속도(m/min)	이송속도(mm/rev)
고속도강	20~28	0.08~0.2	18~35	0.1~0.25
초경합금	30~35	0.08~0.2	45~60	0.1~03

③ 드릴(drill)

드릴 가공 시에는 그림과 같이 드릴 끝점의 길이 h를 구해야만 구멍이 완전히 뚫어지는 정확한 가공을 할 수 있다. 드릴 끝점의 길이(h)=드릴 지름(d)×k로 구할 수 있으며, k값은 표와 같다.

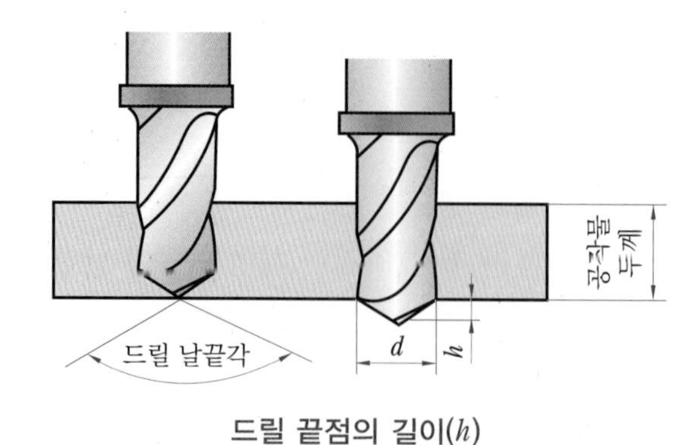

드릴 끝점의 길이(h)

드릴각에 대한 상수 k의 값

각도	k	비고
60	0.87	표준 드릴의 날끝각(118°)
90	0.50	
118	0.29	
125	0.26	
145	0.16	
150	0.13	

예제

지름 10mm인 표준 드릴의 드릴 끝점 길이는?

해설 h=드릴 지름$(d)\times k=10\times 0.29=2.9$ mm

그러나 일반적으로 실제 작업에서는 드릴 끝점의 길이보다 약간 길게 구멍을 뚫어야 하므로 표준 드릴의 경우 h를 드릴 지름의 $\frac{1}{3}$정도로 계산하여 사용한다. 다음 표는 드릴, 태핑(tapping)의 절삭 조건표이다.

드릴, 태핑의 절삭 조건표

공구 및 작업의 종류			강		주철		알루미늄	
	드릴 지름	재종	절삭속도 (m/min)	이송속도 (mm/rev)	절삭속도 (m/min)	이송속도 (mm/rev)	절삭속도 (m/min)	이송속도 (mm/rev)
드릴	5~10	HSS	25	0.1~0.2	22	0.2	30~45	0.1~0.2
		초경	50	0.15~0.25	42	0.2	50~80	0.25
	10~20	HSS	25	0.25	25	0.25	50	0.25
		초경	50	0.25	50	0.25	80~100	0.25
	20~50	HSS	25	0.3	25	0.3	50	0.25
		초경	50	0.3	50	0.3	80~100	0.3
태핑	일반 탭		8~12		8~12			
	테이퍼 탭		5~8		5~8			

연습문제

1. 머시닝 센터와 CNC 밀링의 차이점을 설명하시오.

2. 머시닝 센터의 장점에 대해 설명하시오.

3. 공작물의 회전수$(N)=\dfrac{1000V}{\pi D}$에서 V와 D의 의미는 무엇인가?

4. 머시닝 센터에서 ϕ12인 엔드밀로 가공하려 할 때 절삭속도가 32 m/min이면 공구의 회전수(rpm)는 얼마인가?

5. 머시닝 센터 프로그램에서 주축 회전수를 1000 rpm으로 설정하고 4날 엔드밀을 사 용하였을 때 테이블의 이송속도는 몇 mm/min인가? (단, 1날당 이송은 0.05 mm이다.)

6. M10×1.5 탭가공을 하기 위한 이송속도는 얼마인가? (단, 회전수는 250 rpm)

7. 머시닝 센터에서 200 rpm으로 회전하는 스핀들에 피치 1.5 mm 나사를 내려 할 때 주축 이송속도는 얼마인가?

8. ϕ12 표준 드릴의 날끝점까지의 길이는 얼마인가? (단, 드릴각에 대한 상수 $k=0.29$이다.)

제 2 편

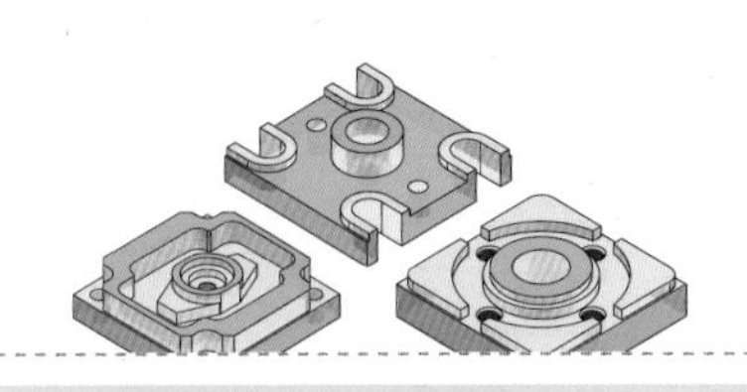

NCS 기준에 의한 CNC 선반

1장 CNC 선반 프로그램 작성하기
2장 CNC 선반 조작하기
3장 CNC 선반 가공하기

1장 CNC 선반 프로그램 작성하기

1. CNC 선반의 주요 기능

1-1 프로그램 구성

CNC 선반 프로그램의 일반적인 구성은 다음과 같은 내용으로 요약할 수 있으며, 프로그래밍을 할 때는 다음 표와 같이 제일 먼저 프로그램 번호를 적고, 도면에 따른 기존 조건 설정 후 프로그래밍을 한다.

CNC 선반의 일반적인 프로그램 구성

구 분	프로그램	설 명
프로그램 번호	O1234 ;	프로그램 번호 설정
기본 조건 설정	G28 U0.0 W0.0 ;	자동원점복귀(증분좌표 지령)
	T0100 ;	1번 공구 선택
	G50 S1300 ;	주축 최고 회전수 설정
	G96 S130 M03 ;	주축 속도 일정제어, 주축 정회전
	G00 X52.0 Z0.1 T0101 M08 ;	가공 시작점으로 급속이송, 공구길이 보정, 절삭유 ON
절삭 과정	G01 X-2.0 F0.2 ;	직선절삭 명령
	G00 X47.0 Z2.0 ;	이송속도 명령
	G01 Z-65.0 ;	도면에 따라 프로그램 작성
프로그램 종료	M05 ;	주축정지
	M02 ;	프로그램 종료

1-2 CNC 선반의 주요 기능

(1) 절대좌표와 증분좌표

CNC 선반 프로그래밍에는 절대(absolute)좌표와 증분(incremental)좌표 또는 상대

(relative)좌표 방식이 있는데, 절대좌표는 이동하고자 하는 점을 전부 프로그램 원점으로부터 설정된 좌표계의 좌표값으로 표시한 것이며 어드레스 X, Z로 표시하고, 증분방식은 앞 블록의 종점이 다음 블록의 시작점이 되어서 이동하고자 하는 종점까지의 거리를 U, W로 지령한 것이다.

그리고 절대좌표와 증분좌표를 한 블록 내에서 혼합하여 사용할 수 있는데, 이를 혼합방식이라 하며 CNC 선반 프로그램에서만 가능하다.

다음 도면을 CNC 선반에서 프로그래밍하면,

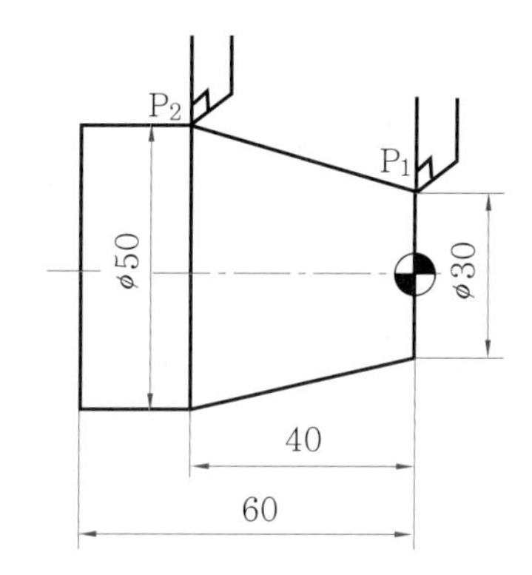

좌표값 지령방법

① 절대방식 지령	X50.0	Z−40.0 ;
② 증분방식 지령	U20.0	W−40.0 ;
③ 혼합방식 지령	X50.0	W−40.0 ;
	U20.0	Z−40.0 ; 이다.

앞으로 프로그램 작성 시 X값은 일반적으로 절대좌표 지령이 쉬우나 Z값은 도면이 복잡한 경우 또는 R가공이나 모따기에 있어서는 증분좌표 지령이 쉬운 것을 알 수 있다.

참고로 머시닝 센터(밀링계) 프로그램은 절대(G90), 증분(G91)을 G코드로 선택하는 방식으로 CNC 선반 프로그램과는 차이가 있다.

(2) 프로그램 원점

프로그램을 할 때 좌표계와 프로그램 원점(X0.0, Z0.0)은 사전에 결정되어야 하며, 다음 그림과 같이 Z축 선상의 X축과 만나는 임의의 한 점을 프로그램 원점으로 설정하는 경우가 대부분이다. 그러나 일반적으로 프로그램 원점은 왼쪽 끝단이나 오른쪽 끝단에 설정하는데, 오른쪽 끝단에 프로그램 원점을 설정하는 것이 실제로 프로그램 작성이 쉬우며, 원점 표시 기호(⯐)를 표시한다.

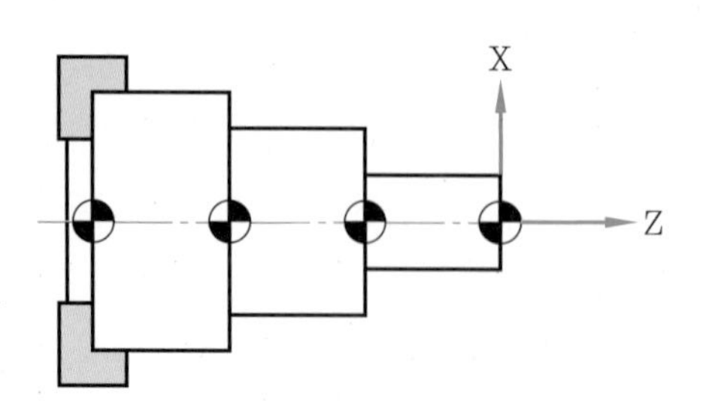

프로그램 원점 설정 예

(3) 좌표계 설정(G50)

```
G50 X_ Z_ ;
```

프로그램을 할 때 도면 또는 제품의 기준점을 정해 주는 좌표계를 우선 결정한다. 프로그램 실행과 함께 공구가 출발하는 지점과 프로그램 원점과의 관계를 NC 장치에 입력해야 되는데, 이를 좌표계 설정이라 하며 G50으로 지령한다. 좌표계가 설정되면 출발점의 공구 위치와 공작물 좌표계가 설정되기 때문에 가공을 시작할 때 공구는 좌표계가 설정된 지점에 있어야 하며, 또한 공구 교환도 대부분 이 지점에서 이루어지기 때문에 이 지점을 시작점(start point)이라고도 한다. 다음 그림은 좌표계 설정방법을 나타낸 것이다.

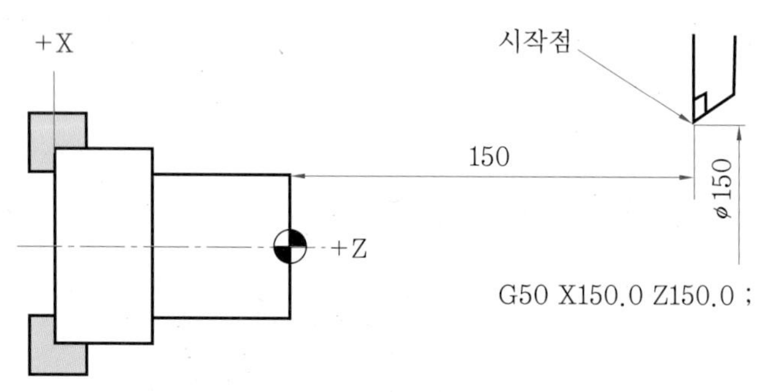

좌표계 설정방법

G50 X150.0 Z150.0 ;의 의미는 시작점은 프로그램 원점에서 X방향 150mm, Z방향 150mm에 위치한다는 것이다.

(4) 원점복귀

CNC 선반이나 머시닝 센터는 전원을 ON한 후 또는 비상정지(EMG : emergency stop) 버튼을 눌렀을 때에는 제일 먼저 기계원점복귀를 하여야 하는데, 원점복귀방법에는 수동원점복귀와 프로그램에서 지령하는 자동원점복귀 방법이 있다.

① 수동원점복귀

CNC 선반에서 모드(MODE)를 원점복귀를 하고자 하는 곳에 위치시키고 조그(JOG) 버튼을 이용하여 X, Z축을 수동으로 복귀시킬 수 있으며 전원 투입 후 제일 먼저 실시하여야 하다.

비상정지 버튼을 사용했을 때도 반드시 원점복귀를 하여야 한다. 또한 수동원점복귀는 G코드를 사용하지 않고 수동으로 하므로 프로그램에서는 수동으로 할 수 없다.

② 자동원점복귀 (G28)

G28 X(U)__ Z(W)__ ;

G28 U0.0 W0.0 ; 을 지령하면 그림과 같이 현재의 공구 위치에서 기계원점에 복귀하는데, 이는 일반적으로 가장 많이 사용하는 방법이다.

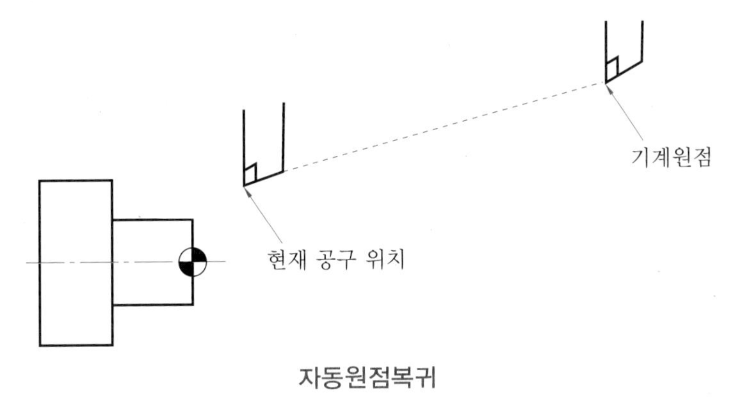

자동원점복귀

그러나 다음 그림과 같이 공구가 원점복귀 도중 공작물과 충돌의 우려가 있을 때에는 현재 공구 위치에서 중간경유점을 지나서 원점복귀하도록 한다.

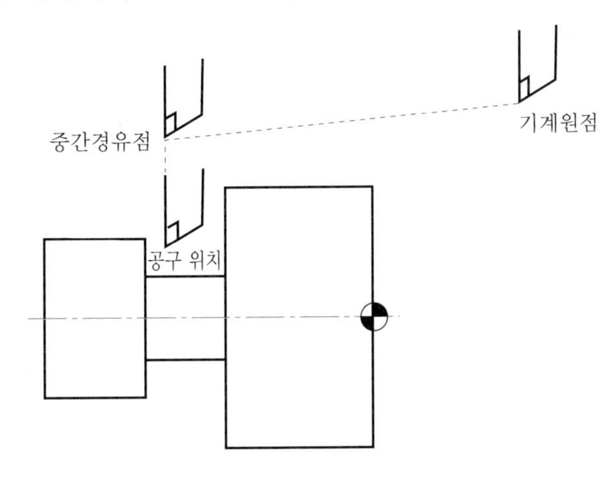

③ **제2원점복귀 (G30)**

G30(P_2, P_3, P_4) X(U)__ Z(W)__ ;

이 기능은 프로그램 수행에 앞서 원점복귀한 다음에 유효하며, 제1원점(기계원점)으로부터 거리를 파라미터(parameter) 번호에 입력해서 원하는 제2원점을 정하며 P_2, P_3, P_4는 제2, 3, 4원점을 선택하고 생략되면 제2원점이 선택된다.

또한 제2원점은 비상 시에 공작물 원점을 되찾을 때 필요하기 때문에 프로그램 시 맨 앞에 G30 U0.0 W0.0 ; 으로 지령하는 것이 일반적이다.

④ **원점복귀 확인 (G27)**

G27 X(U)__ Z(W)__ ;

기계원점에 복귀하도록 지령한 후 정확하게 원점에 복귀했는지를 확인하는 기능으로 지령한 위치가 기계원점이면 원점복귀 표시를 하나, 원점 위치에 있지 않으면 알람(alarm)이 발생한다.

⑤ **원점에서 자동복귀 (G29)**

G29 X(U)__ Z(W)__ ;

원점복귀 후 G28, G30과 함께 지령한 중간 경유점을 지나 G29에서 지령한 좌표값으로 위치결정하는 기능으로 공구 교환 후 필요한 위치로 이동시킬 때 사용하면 편리하다.

(5) 주축기능

CNC 선반에서 절삭속도가 공작물의 가공에 미치는 영향은 매우 크다. 절삭속도란 공구와 공작물 사이의 상대속도이므로 일정한 절삭속도는 주축의 회전수를 조절함으로써 가능하다.

$$N=\frac{1000V}{\pi D} \text{ [rpm] 또는 } V=\frac{\pi DN}{1000} \text{ [m/min]}$$

여기서, N : 주축 회전수(rpm), V : 절삭속도(m/min), D : 지름(mm)

예제

ϕ50mm SM45C 재질의 가공물을 초경합금 바이트를 이용하여 작업할 때 절삭속도가 130m/min라면 주축의 회전수는 얼마인가?

해설 $N=\frac{1000V}{\pi D}=\frac{1000\times130}{3.14\times50}=828\,\text{rpm}$

① 주축속도 일정제어 (G96)

단면이나 테이퍼(taper) 절삭에서 효과적인 절삭가공을 위해 X축의 위치에 따라서 주축속도(회전수)를 변화시켜 절삭속도를 일정하게 유지하여 공구 수명을 길게 하고 절삭시간을 단축시킬 수 있는 기능으로 단이 많은 계단축가공 및 단면가공에 주로 사용된다.

예 G96 S130 ; …… 절삭속도(V)가 130m/min가 되도록 공작물의 지름에 따라 주축의 회전수가 변한다.

② 주축속도 일정제어 취소 (G97)

주축속도 일정제어 취소기능은 공작물의 지름에 관계없이 일정한 회전수로 가공할 수 있는 기능으로 드릴작업, 나사작업, 공작물 지름의 변화가 심하지 않은 공작물을 가공할 때 사용한다.

예 G97 S500 ; …… 주축은 500rpm으로 회전한다.

③ 주축 최고 회전수 설정 (G50)

G50에서 S로 지정한 수치는 주축 최고 회전수를 나타내며, 좌표계 설정에서 최고 회전수를 지정하게 되면 전체 프로그램을 통하여 주축의 회전수는 최고 회전수를 넘지 않게 된다.

또한, G96에서 최고 회전수보다 높은 회전수를 요구하더라도 주축에서는 최고 회전수로 대체하게 된다.

예 G50 S1300 ; …… 주축의 최고 회전수는 1300rpm이다.

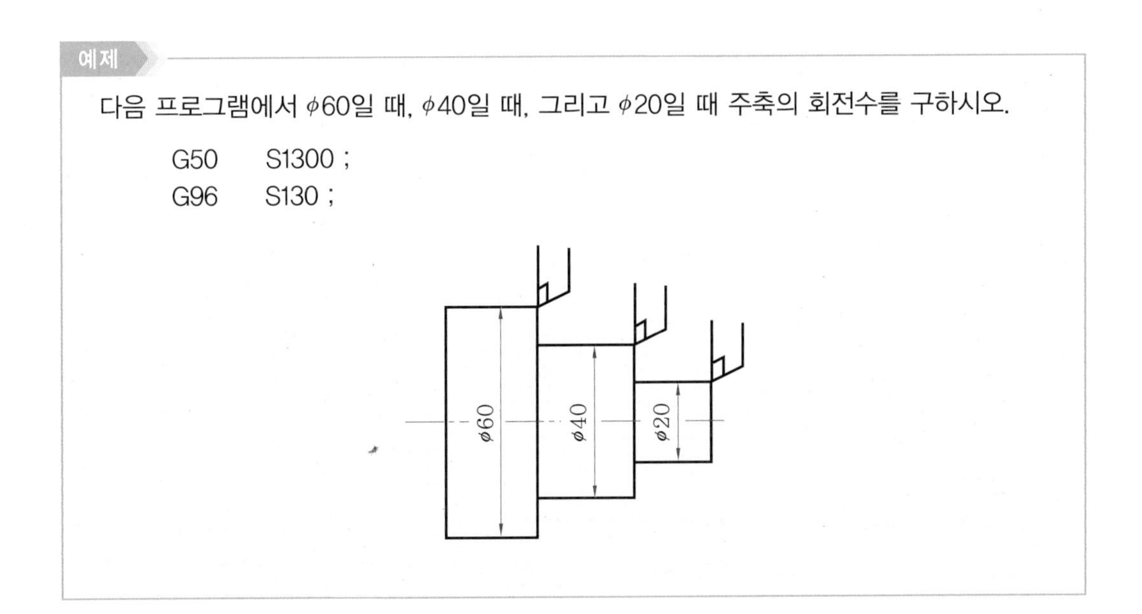

해설 $\phi 60$일 때 $N = \dfrac{1000V}{\pi D} = \dfrac{1000 \times 130}{3.14 \times 60} = 690\,\text{rpm}$

$\phi 40$일 때 $N = \dfrac{1000 \times 130}{3.14 \times 40} = 1035\,\text{rpm}$

$\phi 20$일 때 $N = \dfrac{1000 \times 130}{3.14 \times 20} = 2070\,\text{rpm}$

따라서, $\phi 20$일 때에는 최고 회전수가 G50에서 지령한 1300rpm으로 바뀐다.

예제

다음 프로그램에서 주축기능(S)을 설명하시오.

해설 G50 S1300 ; …… 주축 최고 회전수를 1300rpm으로 설정

G97 S450 ; …… 주축 회전수를 450rpm으로 직접 지정

G96 S130 ; …… 절삭속도를 130m/min으로 지정

(6) 공구기능

공구기능(tool function)은 공구 선택과 공구 보정을 하는 기능으로 어드레스 T로 나타내며 T기능이라고도 한다. 공구기능은 T에 연속되는 4자리 숫자로 지령하는데, 그 의미는 다음과 같다.

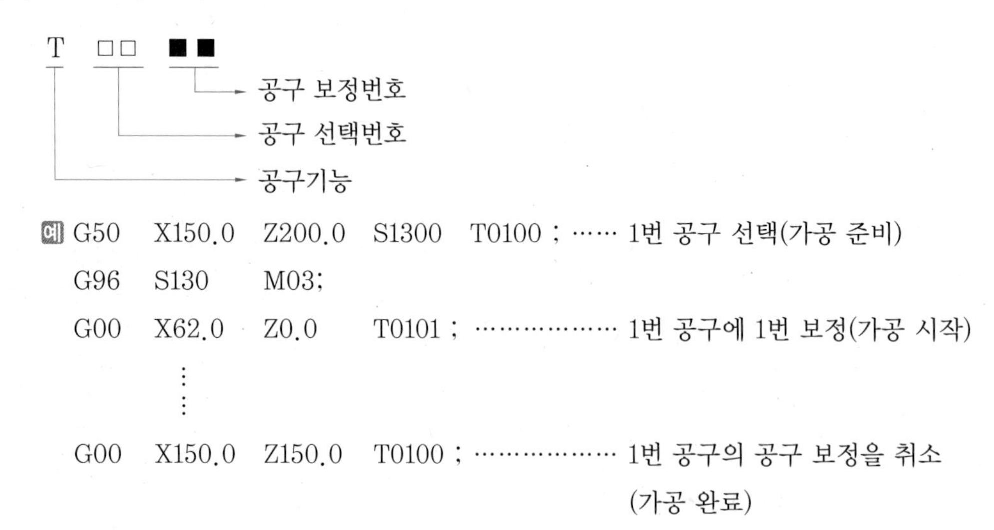

예 G50 X150.0 Z200.0 S1300 T0100 ; …… 1번 공구 선택(가공 준비)

G96 S130 M03;

G00 X62.0 Z0.0 T0101 ; ……………… 1번 공구에 1번 보정(가공 시작)

⋮

G00 X150.0 Z150.0 T0100 ; ……………… 1번 공구의 공구 보정을 취소 (가공 완료)

공구 선택번호와 공구 보정번호는 같지 않아도 되지만 같은 번호를 사용하면 가공 중 발생하는 보정 실수를 줄일 수 있으므로 일반적으로 공구번호와 보정번호를 같이 한다.

(7) 이송기능

공작물에 대하여 공구를 이송시켜 주는 기능을 말하며, G98 코드의 분당 이송(mm/min)과 G99 코드의 회전당 이송(mm/rev)으로 지령할 수 있는데, CNC 선반에서는 G99 코드를 사용한 회전당 이송으로 프로그램한다.

구분 \ 코드	G98	G99
의　미	분당 이송	회전당 이송
이송 단위	mm/min	mm/rev

그러나 G98 지령이 없는 한 항상 CNC 선반에서는 G99의 상태로 되어 있으므로 G99 지령은 별도로 할 필요가 없다. 다음 그림은 절삭이송을 나타낸 것이다.

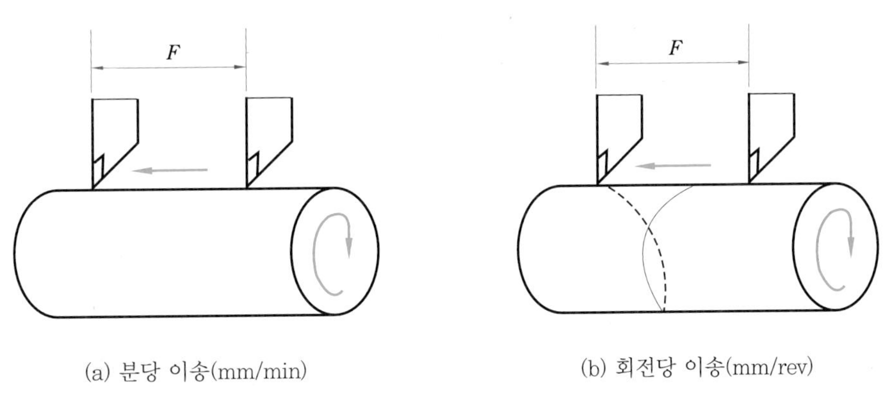

(a) 분당 이송(mm/min)　　(b) 회전당 이송(mm/rev)

절삭이송

(8) 보조기능

보조기능은 어드레스 M(miscellaneous)에 연속되는 두 자리 숫자에 의해 기계측의 ON/OFF에 관계되는 기능이다.

선택적 프로그램 정지(M01)는 프로그램 수행 중 M01에서 정지하는 것은 M00과 동일하지만 M01은 기계 조작반의 M01 기능을 유효(ON)로 할 것인지 무효(OFF)로 할 것인지는 스위치에 의해서 결정할 수 있다. 즉, 조작반의 선택적 프로그램 정지 스위치를 ON해야만 M00과 동일한 기능을 가진다. 선택적 프로그램 정지기능은 공구를 점검하고자 할 때 또는 절삭량이 많아서 칩을 제거해야 할 때, 공작물을 측정하고자 할 때 사용하지만, 보통 공정과 공정 사이에 넣어서 제품의 상태를 점검하기 위하여 많이 사용한다.

보조기능

M-코드	기 능
M00	프로그램 정지(실행 중 프로그램을 정지시킨다)
M01	선택 프로그램 정지(optional stop) (조작판의 M01 스위치가 ON인 경우 정지)
M02	프로그램 끝
M03	주축 정회전
M04	주축 역회전
M05	주축 정지
M08	절삭유 ON
M09	절삭유 OFF
M30	프로그램 끝 & Rewind
M98	보조 프로그램 호출 M98 P□□□□ L△△△△ P□□□□: 보조 프로그램 번호 L△△△△: 반복횟수(생략하면 1회)
M99	보조 프로그램 종료(보조 프로그램에서 주 프로그램으로 돌아간다)

1-3 준비기능

CNC 선반에 사용되는 준비기능은 다음 표와 같다.

CNC 선반의 준비기능

G-코드	그 룹	기 능	구 분
★G00	01	위치결정(급속 이송)	B
G01		직선보간(절삭 이송)	B
G02		원호보간(CW:시계방향 원호가공)	B
G03		원호보간(CCW:반시계방향 원호가공)	B
G04	00	dwcll(휴지)	B
G10		data 설정	O
G20	06	inch 입력	O
★G21		metric 입력	O

G-코드	그룹	기 능	구분
G27	00	원점복귀 확인(check)	B
G28		자동원점복귀	B
G29		원점으로부터 복귀	B
G30		제2원점 복귀	B
G31		생략(skip) 기능	B
G32	01	나사 절삭	B
G34		가변 리드 나사 절삭	O
★G40	07	공구 인선 반지름 보정 취소	B
G41		공구 인선 반지름 보정 좌측	B
G42		공구 인선 반지름 보정 우측	B
G50	00	공작물 좌표계 설정, 주축 최고 회전수 설정	B
G65		macro 호출	O
G66	12	macro modal 호출	O
G67		macro modal 호출 취소	O
G68	04	대향 공구대 좌표 ON	O
G69		대향 공구대 좌표 OFF	O
G70	00	정삭가공 사이클	O
G71		내외경 황삭가공 사이클	O
G72		단면 황삭가공 사이클	O
G73		형상가공 사이클	O
G74		단면 홈가공 사이클(peck drilling)	O
G75		내외경 홈가공 사이클	O
G76		나사 절삭 사이클	O
G90	01	내외경 절삭 사이클	B
G92		나사 절삭 사이클	B
G94		단면 절삭 사이클	B
G96	02	주축속도 일정 제어	B
★G97		주축속도 일정 제어 취소	B
G98	03	분당 이송 지정(mm/min)	B
★G99		회전당 이송 지정(mm/rev)	B

주 1. ★표시기호는 전원투입 시 ★표시기호의 준비기능 상태로 된다.
2. 준비기능 알람표에 없는 준비기능을 지령하면 alarm이 발생한다.(P/S 10)
3. 같은 그룹의 G-code를 2개 이상 지령하면 뒤에 지령된 G-code가 유효하다.
4. 다른 그룹의 G-code는 같은 블록 내에 2개 이상 지령할 수 있다.

(1) 위치결정(G00)

```
G00  X(U)__  Z(W)__  ;
```

위치결정은 현재의 위치에서 지령한 좌표점의 위치로 이동하는 지령으로 가공 시작점이나 공구를 이동시킬 때, 가공을 끝내고 지령한 위치로 이동할 때 등에 사용하는데, 파라미터(parameter)에서 지정된 급속이송속도로 공구가 빠르게 움직이므로 공구와 공작물 또는 기계에 충돌하지 않도록 조작판의 급속 오버라이드(rapid override)를 25~50%에 두고 작업하므로 충돌을 사전에 예방할 수 있다.

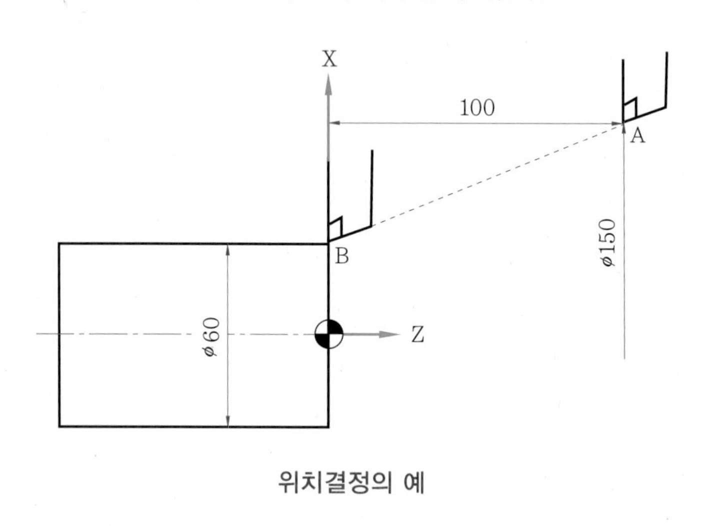

위치결정의 예

위 그림 [위치결정의 예]에서 공구 A에서 공구 B로 이동할 때 지령방법은 다음과 같다.

① 절대좌표 지령

G00 X60.0 Z0.0 ;

② 증분좌표 지령

G00 U90.0 W−100.0 ;

③ 혼합좌표 지령

G00 X60.0 W−100.0 ; 또는

G00 U90.0 Z0.0 ; 이 있는데 일반적으로 절대좌표지령으로 프로그램한다.

공구의 이동에서 공구가 현재의 위치에서 지령된 위치로 빠르게 이동하는 경로로는 직선 보간형과 비직선 보간형이 있으나 일반적으로 비직선 보간형으로 이동한다.

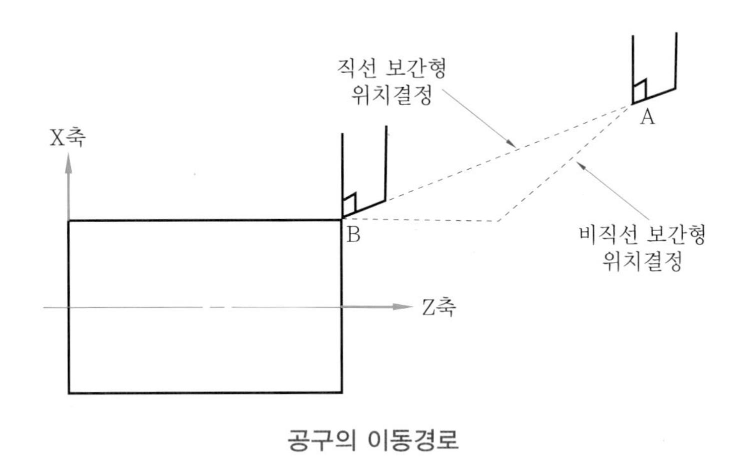

공구의 이동경로

공구는 블록의 이동 종점 위치를 미리 확인하고 감속하여 정확한 위치에 도달한 후 다음 블록으로 이동한다. 이때 먼저 다음 블록으로 이동하려는 기능 때문에 위치의 편차가 생기는데, 이 편차의 폭 내에 있는지를 확인하고 다음 블록으로 진행하는 기능을 인포지션 체크(inposition check)라 한다.

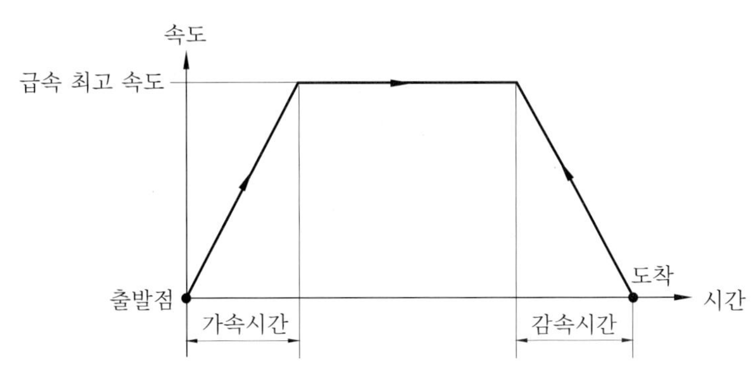

자동 가감속 시간

또한, 어떤 물체를 순간적으로 이동하거나 정지시킬 때 위의 그림 자동 가감속 시간과 같이 자동적으로 가감속이 되어 부드러운 이동과 정지가 되는데, 이동속도가 변화할 때도 자동적으로 가감속이 되게 하며, 이동할 때는 가속하고 정지할 때는 감속하게 하는 기능을 자동 가감속이라 한다.

(2) 보간기능

① 직선보간(G01)

```
G01  X(U)__  Z(W)__  F__ ;
```

직선보간은 실제 가공을 하는 이송지령으로, F로 지정된 이송속도로 현재의 위치에서 지령한 위치로 직선이동시키는 기능이다. 또한, F로 지정된 이송속도는 새로운 지령을 할 때 까지 유효하므로 일일이 지정할 필요는 없다.

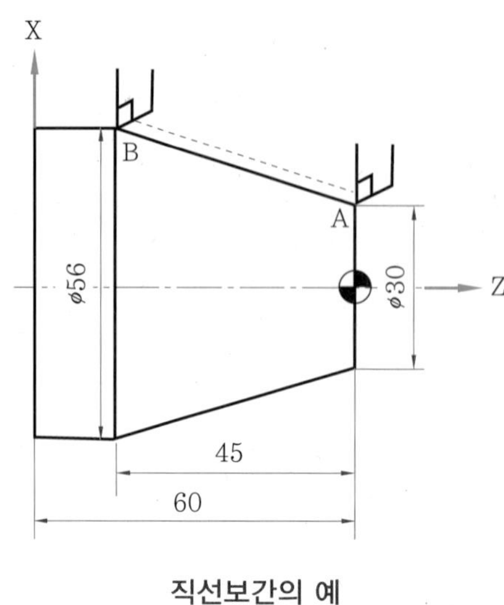

직선보간의 예

위 그림에서 A점에서 B점으로 이동할 때 지령방법은 다음과 같다.

절대지령	G01	X56.0	Z−45.0	F0.2 ;	
증분지령	G01	U26.0	W−45.0	F0.2 ;	
혼합지령	G01	X56.0	W−45.0	F0.2 ;	또는
	G01	U26.0	Z−45.0	F0.2 ;	

예제

다음 도면을 가공할 때 동작 프로그램을 하시오.

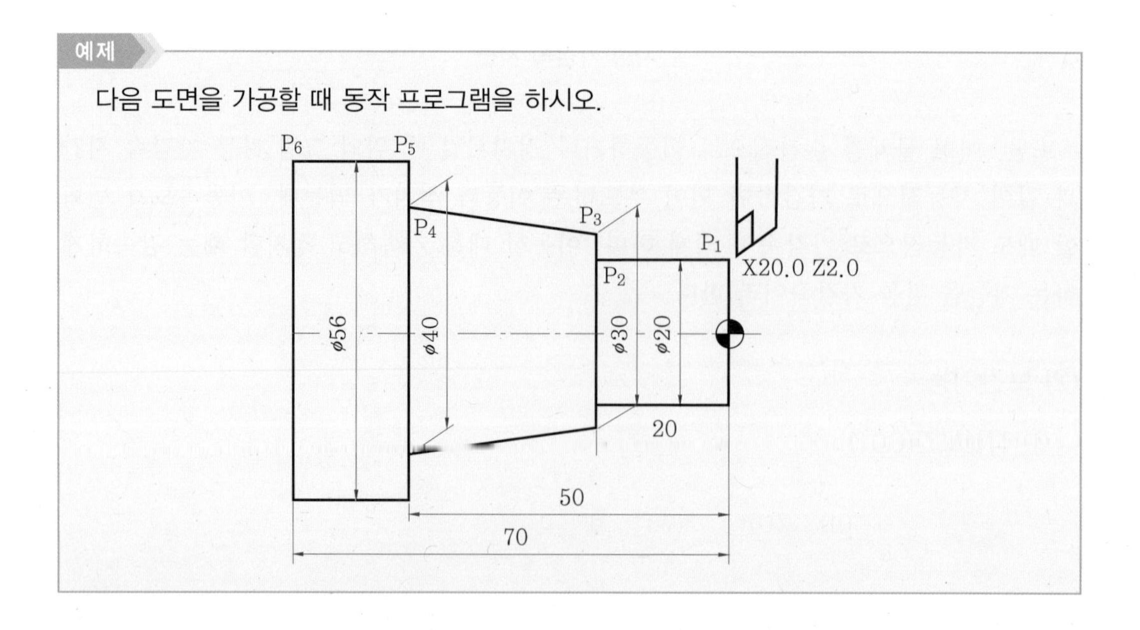

해설

X20.0	Z2.0 ;			······ P_1점 (가공 시작점)
G01	(X20.0)	Z−20.0	F0.2 ;	······ P_1에서 P_2로 X20.0 Z−20.0까지 이송속도 F0.2로 가공. 현재 이송할 축만 지령하므로 X20.0은 생략
(G01)	X30.0	(Z−20.0)	(F0.2) ;	······ P_2에서 P_3로 이송하는데 G01은 연속 유효(modal) G코드이므로 생략하였고, 이송속도도 계속 F0.2이므로 생략
(G01)	X40.0	Z−50.0	(F0.2) ;	······ P_3에서 P_4로 이송하는데 테이퍼 가공이므로 X, Z축을 한 블록에 동시 지령
(G01)	X56.0	(Z−50.0)	(F0.2) ;	······ P_4에서 P_5로 이송하는데 X축만 이송하므로 Z축은 생략
(G01)	(X56.0)	Z−70.0	(F0.2) ;	······ P_5에서 P_6으로 이송하는데 Z축만 이송하므로 X축은 생략

※ 일반적으로 프로그래밍을 할 때 연속 유효(modal) G코드나 동일한 좌표는 생략한다.

예제

다음 도면을 직선보간을 이용하여 프로그램하시오.

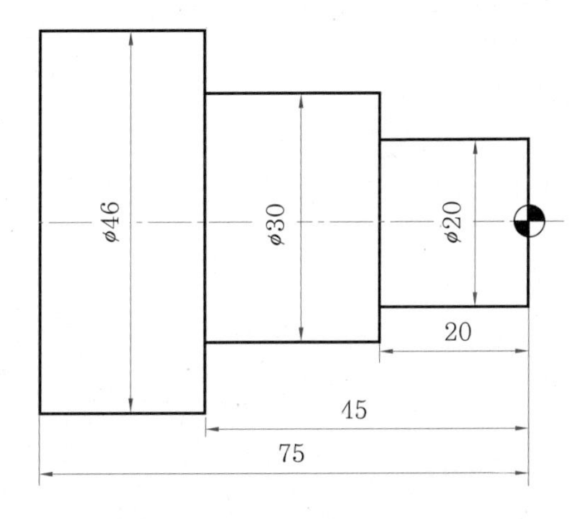

절삭조건					
공정	공구번호	주축 회전수 (rpm)	절삭속도 (m/min)	이송속도 (mm/rev)	1회 절입량
황삭가공	T01	1300	130	0.2	3~4mm
정삭가공	T03	1500	150	0.1	

해설 O1101 ;

- O1101 : 프로그램 번호

N10 G28 U0.0 W0.0 ;

- N10 : 전개번호

  전개번호는 0001에서 9999까지 사용하는데 일반적으로 사용하지 않으나, 복합반복사이클 G70~G73의 경우에는 꼭 적어야 한다.

- G28 : 자동원점복귀
- U0.0 W0.0 : 증분(incremental)좌표, 또는 상대(relative)좌표
- G28 U0.0 W0.0 : → 현재 위치에서 X축과 Z축이 원점복귀

N20 T0100 ;

N30 G50 S1300 ;

- 주축회전수를 최고 1300rpm으로 지정

N40 G96 S130 M03 ;

- G96 : 주축속도 일정제어
- G96 S130 : 절삭속도가 130mm/min
- M03 : 주축 정회전

N50 G00 X55.0 Z0.1 T0101 M08 ;

- G00 : 위치결정(급속이송)
- X55.0 : 공작물의 지름이 50이므로 공구와 공작물의 충돌을 방지하기 위하여 공작물 지름보다 크게 한다.
- Z0.1 : 단면 정삭 가공 여유를 0.1mm
- M08 : 절삭유 ON(Coolant ON)

N60 G01 X-2.0 F0.2 ;

- 바이트의 노즈 반지름이 R0.8이므로 X-1.6이나, 보통 X-2.0으로 프로그램 한다.

N70 G00 X46.2 Z2.0 ;

- X46.2에 위치한 이유는 1회 절입량을 3~4mm로 하는데 제일 큰 계단축의 지름이 46이므로 정삭여유 0.2mm를 남겨둔 위치로 공구 이동

N80 G01 Z-74.9 ;

- Z방향 정삭여유 0.1mm 두고 가공

N90 G00 U1.0 Z2.0 ;

- CNC 선반에서는 한 블록 내에 절대좌표와 증분좌표를 함께 사용할 수 있으며, 절대좌표 X대신에 증분좌표 U를 사용

N100 X43.0 ;

- 1회 3~4mm 가공하려고 했지만 여기에서는 3.2mm 가공

N110 G01 Z-44.9 ;

- 두 번째 계단축 Z방향 정삭여유 0.1mm 두고 가공

N120 G00 U1.0 Z2.0 ;

```
N130    X40.0 ;
```
- 3mm 가공

```
N140    G01    Z-44.9 ;
N150    G00    U1.0    X2.0 ;
N160    X37.0 ;
N170    G01    Z-44.9 ;
N180    G00    U1.0    Z2.0 ;
N190    X34.0 ;
N200    G01    Z-44.9 ;
N210    G00    U1.0    Z2.0 ;
N220    X30.2 ;
```
- 정삭여유 0.2mm를 남기고 3.8mm를 가공

```
N230    G00    U1.0    Z2.0 ;
N240    X27.0 ;
N250    G01    Z-19.9 ;
```
- 세 번째 계단축 Z방향 정삭여유 0.1mm 두고 가공

```
N260    G00    U1.0    Z2.0 ;
N270    X24.0 ;
N280    G01    Z-19.9 ;
N290    G00    U1.0    Z2.0 ;
N300    X20.2 ;
N310    G01    Z-19.9 ;
N320    G00    X150.0    Z150.0    T0100    M09 ;
```
- T0100 : 1번 공구 취소
- M09 : 절삭유 OFF(Coolant OFF)

```
N330    T0300 ;
```
- T0300 : 3번 공구 선택

```
N340    G50    S1500 ;
N340    G96    S150    M03 ;
N310    G00    X22.0    Z0.0    T0303    M08 ;
```
- 황삭가공을 했으므로 X20.2보다 큰 X22.0에 공구 위치

```
N320    G01    X-2.0    F0.1 ;
```
- 정삭가공이므로 이송속도 0.1

```
N330    G00    X20.0    Z2.0 ;
N340    G01    Z-20.0 ;
N350    X30.0 ;
```
- G01은 연속유효 G코드

```
N360    Z-45.0 ;
N370    X46.0 ;
N380    Z-75.0 ;
N390    G00    X150.0    Z150.0    T0300    M09 ;
N400    M05 ;
```
- M05 : 주축정지

```
N410    M02 ;
```
- M02 : 프로그램 끝

② 원호보간(G02, G03)

$$\left.\begin{matrix}G02\\G03\end{matrix}\right\} \; X(U)\_ \quad Z(W)\_ \quad \left\{\begin{matrix}R\_ \quad F\_ ;\\ I\_ \quad K\_ \quad F\_ ;\end{matrix}\right.$$

원호를 가공할 때 사용하는 기능이며, 지령된 시작점에서 끝점까지 반지름 R 크기로 시계방향(CW : clock wise)이면 G02, 반시계방향(CCW : counter clock wise)이면 G03으로 원호가공한다. 그림은 [원호보간의 방향]을 보여주고 있다.

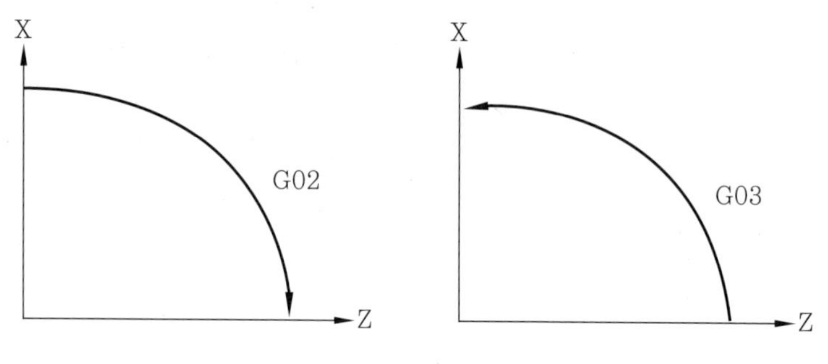

원호보간의 방향

CNC 선반 프로그램에서 원호보간에 필요한 좌표어를 다음 표에 나타내었다.

원호보간 좌표어 일람표

항	지령 내용		지령	의미
1	회전방향		G02	시계방향(CW:clock wise)
			G03	반시계방향(CCW:counter clock wise)
2	끝점의 위치	절대지령	X, Z	좌표계에서 끝점의 위치
		증분지령	U, W	시작점에서 끝점까지의 거리
3	원호의 반지름		R	원호의 반지름(반지름값 지정)
	시작점에서 중심까지의 거리		I, K	시작점에서 중심까지의 거리(반지름값 지정)
4	이송속도		F	원호에 따라 움직이는 속도

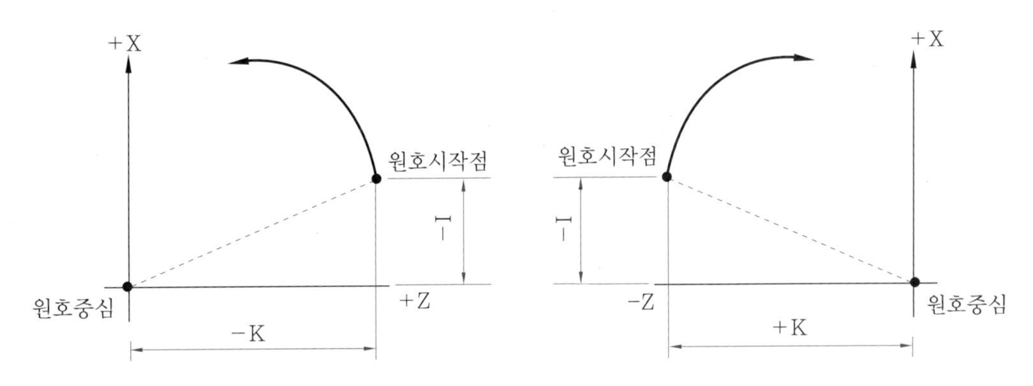

원호보간에서 I, K 부호를 결정하는 방법

I, K의 부호는 시작점에서 원호의 중심이 +방향 또는 -방향 인가에 따라 결정되며 시작점에서 원호중심까지의 거리가 값이 된다.

원호보간에서 R지령과 I, K지령의 차이는 다음과 같다. R지령은 시작점에서 종점까지를 반지름 R로 연결시켜 주면 가공이 되고 I, K지령은 시작점과 종점의 좌표 및 원호의 중심점을 서로 연결하여 원호가 성립되는지를 판별하여 가공하며, 원호가 성립되지 않은 경우에는 알람(alarm)이 발생하여 불량을 방지할 수 있다. 다시 말하면, R지령을 할 경우에는 시작점과 종점의 좌표가 정확하지 않으면 시각적으로 확인하기 어려운 R형상의 불량이 발생한다.

그림 [원호보간의 예]에서 A점에서 B점으로 이동할 때 지령 방법은 R지령 시

G02 X50.0 Z-10.0 R10.0 F0.2 ;

I, K지령 시

G02 X50.0 Z-10.0 I10.0 F0.2 ; 이다.

이때 I10.0이 되는 이유는 X축 방향이므로 I이고, 중심의 위치가 방향이므로 I10.0이 된다.

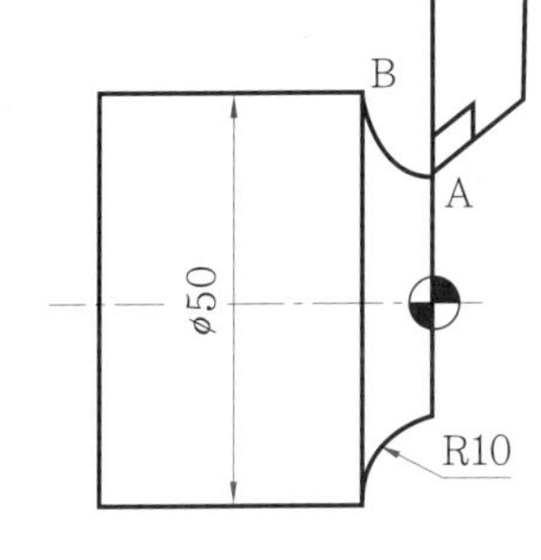

원호보간의 예

예제

다음 도면에서 P_1에서 P_2, P_3, P_4로 가공하는 절대, 증분, I, K지령으로 원호보간 프로그램을 하시오.

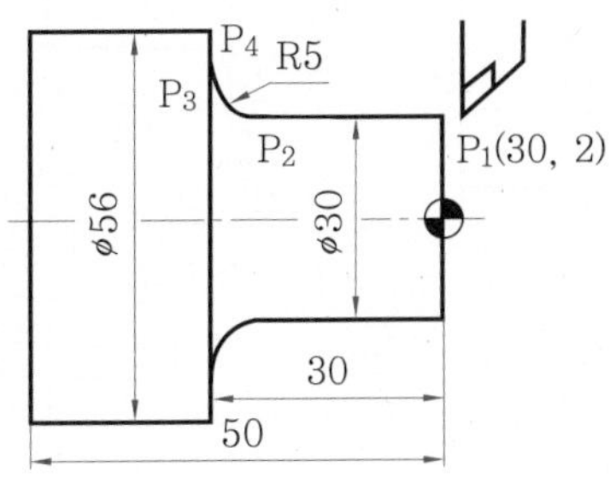

해설 ① R지령(절대지령)

G01 Z−25.0 F0.2 ; ……………… P_1에서 P_2로 이송하는데 (30−5)이므로 25

G02 X40.0 Z−30.0 R5.0 ; … P_2에서 P_3로 이송하는데 시계방향이므로 G02

G01 X56.0 ; ……………………………… P_3에서 P_4로 이송

② R지령(증분지령)

G01 W−27.0 F0.2 ; ……………… 증분지령이므로 P_1의 위치가 Z2.0이므로 W−27.0

G02 U10.0 W−5.0 R5.0 ; … P_3의 좌표값이 X40.0이므로 U10.0이고 R5.0이므로 W−5.0

G01 U16.0 ; …………………………… 56−40(R5)이므로 U16.0인데 X값은 증분지령으로 프로그램하면 혼돈이 되므로 절대지령이 쉽다.

③ I, K지령

G01 Z−25.0 F0.2 ;

G02 X40.0 Z−30.0 I5.0 ; … X축 방향이므로 I이고 중심의 위치가 + 방향이므로 I5.0

G01 X56.0 ;

예제

다음 도면을 P_1에서 P_9까지 동작 프로그램을 절대방식과 증분방식을 혼용하여 프로그램하시오.

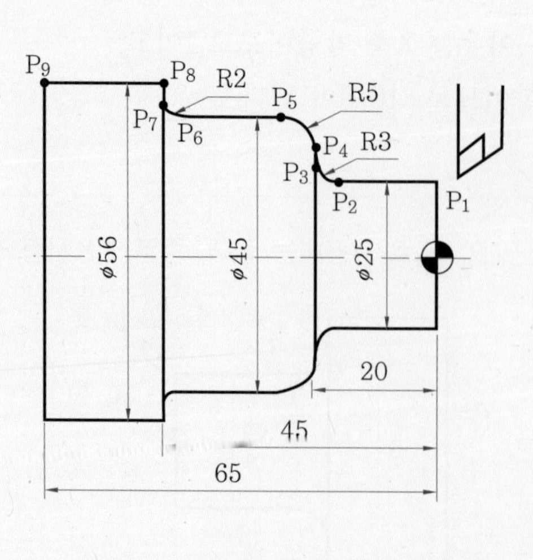

해설

```
G01  Z-17.0  F0.2 ;              (P1 → P2)
G02  X31.0   Z-20.0  R3.0 ;      (P2 → P3)
G01  X35.0 ;                     (P3 → P4)
G03  X45.0   W-5.0   R5.0 ;      (P4 → P5) … Z-25.0보다 증분지령 W-5.0이 프로그램 작성이 쉽다.
G01  Z-43.0 ;                    (P5 → P6)
G02  X49.0   W-2.0   R2.0 ;      (P6 → P7)
G01  X56.0 ;                     (P7 → P8)
     Z-65.0 ;                    (P8 → P9)
```

예제

실제로 프로그램을 하기 위한 준비단계로 다음 도면의 공구 경로를 프로그램하시오.

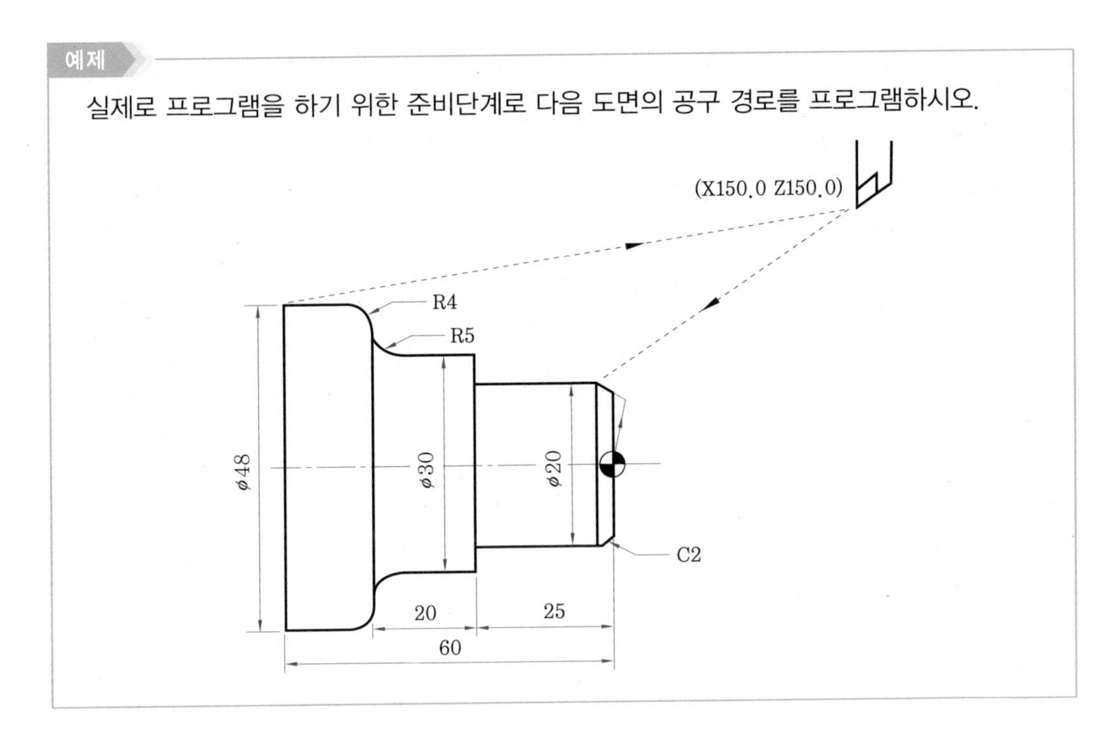

해설 O1101 ;

- O1101 : 프로그램 번호

```
G28  U0.0   W0.0 ;
T0100 ;
G50  S1300 ;
G96  S130   M03 ;
G00  X22.0  Z0.0   T0101  M08 ;
G01  X-2.0  F0.1 ;
G00  X12.0  Z2.0 ;
```

– X12.0 Z2.0 : 블록을 적게 하기 위하여 Z2.0 ;, X20.0 ;의 두 블록을 한 블록으로 프로그램한 것이며, X12.0, Z2.0이 되는 이유는 다음에 모따기 C2를 가공하기 위함이다. 즉 X12.0이 되는 이유는 20–(4+4)=12이다.

```
G01    X20.0    Z-2.0 ;
       Z-25.0 ;
       X30.0 ;
       Z-40.0 ;
G02    X40.0    W-5.0    R5.0 ;
```

– G02 X40.0 Z–45.0 R5.0 ;으로 프로그램 하여도 된다.

```
G03    X48.0    W-4.0    R4.0 ;
```

– G03 X48.0 Z–49.0 R4.0 ;으로 해도 되지만 도면이 복잡할 때는 Z는 절대좌표보다 상대좌표로 프로그램하는 것이 쉽다.

```
G01    Z-60.0 ;
G00    X150.0    Z150.0    T0100    M09 ;
M05 ;
M02 ;
```

예제

다음 도면을 재질 SM45C, 소재 ϕ50×85L로 가공하려고 한다. 직선보간과 원호보간을 이용하여 프로그램하시오.

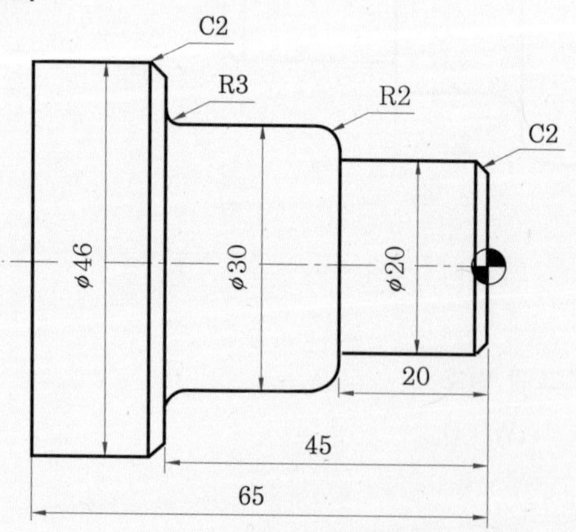

절삭 조건					
공정	공구번호	주축회전수 (rpm)	절삭속도 (m/min)	이송속도 (mm/rev)	1회 절입량
황삭가공	T01	1300	130	0.2	3~4mm
정삭가공	T03	1500	150	0.1	

해설 O1101 ;

```
G28   U0.0    W0.0 ;
T0100 ;
G50   S1300 ;
G96   S130    M03 ;
G00   X52.0   Z0.1     T0101    M08 ;
G01   X-2.0   F0.1 ; ·············· 노즈 반지름이 0.8이므로 X-1.6 이상으로
                                     가공
G00   X46.2   Z2.0 ; ·············· X축 3.8mm 가공
G01   Z-64.9 ; ······················ Z방향 정삭여유 0.1mm
G00   U1.0    Z2.0 ;
      X43.0 ; ························ X축 3.2mm 가공
G01   Z-44.9 ;
G00   U1.0    Z2.0 ;
      X39.0 ; ························ X축 4.0mm 가공
G01   Z-44.9 ;
G00   U1.0    Z2.0 ;
      X36.0 ;
G01   Z-44.9 ;
G00   U1.0    Z2.0 ;
      X33.0 ;
G01   Z-43.0 ; ······················ R3 가공을 정삭여유를 두기 위해 Z-43.0
G00   U1.0    Z2.0 ;
      X30.2 ;
G01   Z-42.0 ; ······················ Z-44.9로 프로그램하면 R3 가공 시 불량이
                                     나므로 Z-42.0
G00   U1.0    Z2.0 ;
      X27.0 ;
G01   Z-19.9 ;
G00   U1.0    Z2.0 ;
      X24.0 ;
G01   Z-19.9 ;
G00   U1.0    Z2.0 ;
      X20.2 ;
G01   Z-19.9 ;
G00   X150.0  Z150.0   T0100    M09 ;
T0300 ;
```

```
G50   S1500 ;
G96   S150    M03 ;
G00   X22.0   Z0.0     T0303   M08 ;
G01   X-2.0   F0.1 ;
G00   X12.0   Z2.0 ;
G01   X20.0   Z-2.0 ;
      Z-20.0 ;
      X26.0 ;
G03   X30.0   W-2.0    R2.0 ; … 증분좌표 W-2.0 사용 또는 절대좌표
                                 Z-22.0
G01   Z-42.0;
G02   X36.0   Z-45.0   R3.0 ;
G01   X42.0 ;
      X46.0   W-2.0 ;
      Z-65.0 ;
G00   X150.0  Z150.0   T0300   M09 ;
M05 ;
M02 ;
```

(3) 자동면취(C) 및 코너 R가공

직각으로 이루어진 두 블록 사이에 면취(chamfering)나 코너 R을 가공할 때 I, K와 R을 사용하여 프로그램을 간단히 할 수 있는데 이때 I, K값은 반지름 지령을 한다.

다음 그림은 [자동면취 사용법]과 [코너 R 사용방법]을 나타낸 것이다.

자동면취 사용법(45° 면취에 한함)

항목	공구이동		지령
X축에서 Z축 방향으로	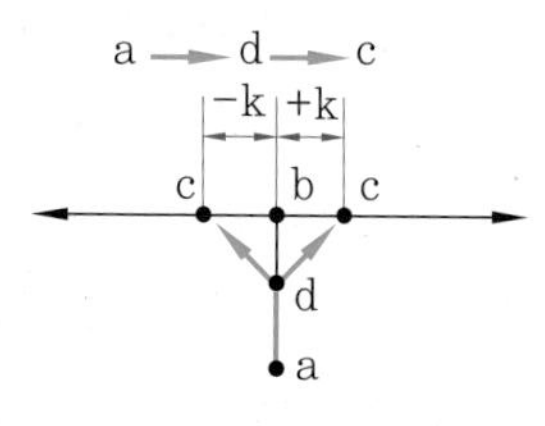 a → d → c −k +k c b c d a	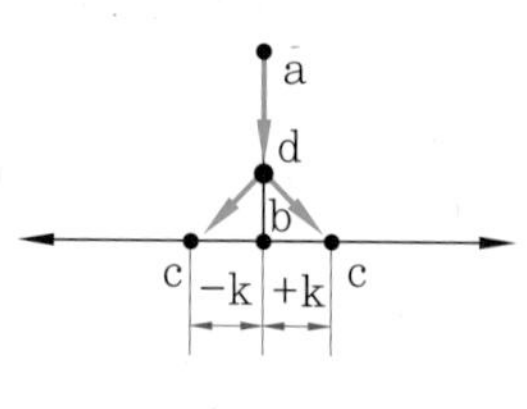 a d b c −k +k c	G01 Xb̲K±k̲ ;
Z축에서 X축 방향으로	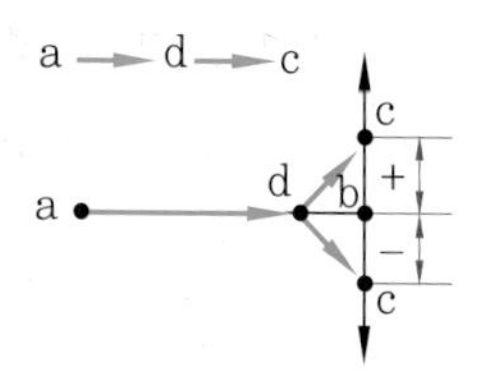 a → d → c c a d b + − c	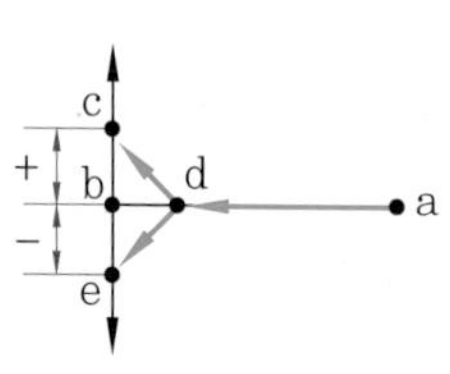 c + b d a − e	G01 Zb̲I±i̲ ;

코너 R 사용방법

항목	공구이동		지령
X축에서 Z축 방향으로			G01 ZbR±r ;
Z축에서 X축 방향으로			G01 XbR±r ;

예제

다음 도면에서 P_1에서 P_5까지 동작 프로그램을 원호보간 프로그램과 자동면취 및 코너 R 기능을 사용하여 프로그램하시오.

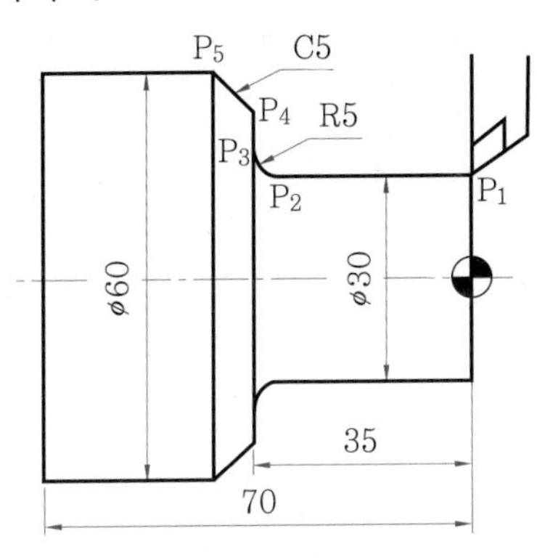

해설 ① 직선 및 원호보간 지령

$P_1 \rightarrow P_2$ G01 Z−30.0 F0.2 ;

$P_2 \rightarrow P_3$ G02 X40.0 Z−35.0 R5.0 ;

$P_3 \rightarrow P_4$ G01 X50.0 ;

$P_4 \rightarrow P_5$ X60.0 Z−40.0 ;

② 자동면취 및 코너 R 지령

$P_1 \rightarrow P_3$ G01 Z−35.0 R5.0 F0.2 ;

$P_3 \rightarrow P_4$ G01 X50.0 ;

$P_4 \rightarrow P_5$ X60.0 C−5.0 ;

(4) 드웰(G04)

G04 X(U, P)__ ;

프로그램에 지정된 시간 동안 공구의 이송을 잠시 중지시키는 지령을 드웰(dwell : 일시정지) 기능이라 한다. 이 기능은 홈가공이나 드릴작업에서 바닥 표면을 깨끗하게 하거나 긴 칩(chip)을 제거하여 공구를 보호하고자 할 때 등에 사용한다.

입력 단위는 X나 U는 소수점(예 X1.5, U2.0)을 사용하고, P는 소수점(예 P1500)을 사용할 수 없다.

예를 들어 1.5초 동안 정지시키려면

G04 X1.5 ;

G04 U1.5 ;

G04 P1500 ; 중에서 하나를 사용하면 된다.

또한, 드웰시간과 회전수와의 관계는 다음과 같다.

$$\text{드웰시간(초)} = \frac{60}{N} \times \text{재료의 회전수}$$

여기서, N : 주축 회전수(rpm)

예제

주축 회전수가 100rpm일 때 재료가 2회전하는 시간은 몇 초인지 구하시오.

해설 $\frac{60}{100} \times 2 = 1.2$초

그러므로 G04 P1200 ; G04 X1.2 ; 또는 G04 U1.2 ; 로 지령한다.

예제

ϕ30mm의 홈을 가공한 후 2회전 드웰 시 정지시간은 얼마인지 구하시오. (단, 절삭속도는 100m/min)

해설 드웰시간을 구하기 위해서 먼저 주축 회전수(N)를 구하면

$$N = \frac{1000V}{\pi D} = \frac{1000 \times 100}{3.14 \times 30} \fallingdotseq 1062\,\text{rpm}$$

$$\text{드웰시간(초)} = \frac{60}{N} \times \text{재료의 회전수} = \frac{60}{1062} \times 2 \fallingdotseq 0.11\text{초}$$

그러므로 G04 X0.11 ; G04 U0.11 ; 또는 G04 P110 ; 으로 지령한다.

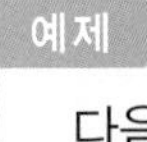

다음 도면에서 홈가공을 하는 프로그램을 하시오. (단, 홈 바이트 폭은 3mm이다.)

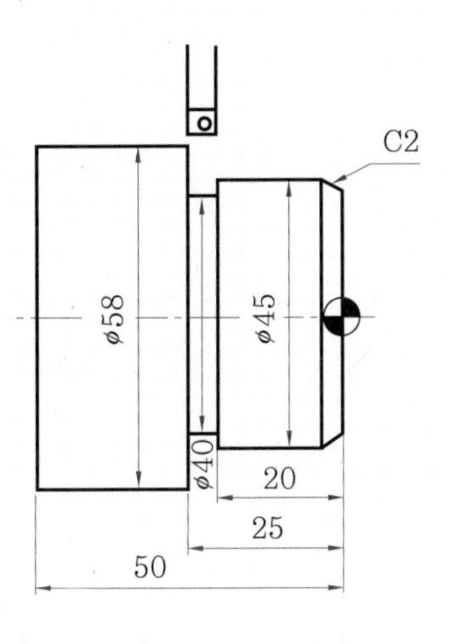

해설

```
G00   X60.0   Z-25.0 ; ········· 홈가공 시작점으로 공구 이동
G01   X40.0   F0.07 ; ··········· 홈가공
G04   X1.5 ;
      U1.5 ;     }  1.5초간 드웰(공구는 이동하지 않고 주축은 계속 회전하므로
      P1500 ;                  홈 밑면을 깨끗하게 한다.)
G00   X60.0 ;                  X축 후퇴
G01   X60.0   F0.3 ; ·········· G00보다 G01을 사용하면서 이송속도 F로 공구
                               를 빨리 이동하는 것이 좋다.
      W2.0 ; ·················· 증분좌표로 공구를 Z +방향으로 2mm 이동
      X40.0   F0.07 ;
G04   P1500 ; ················· X, Z보다는 P를 사용하는 것이 좋다. 이유는 X, Z
                               는 좌푯값에도 사용되지만 P는 드웰 이외에는 사
                               용하지 않기 때문이다.
```

(5) 나사가공(G32)

G32 X(U)__ Z(W)__ F ;

X(U), Z(W) : 나사가공 끝지점 좌표

F : 나사의 리드(lead)

나사 리드의 관계식은 다음과 같다.

$L=N\times P$

여기서, L : 나사의 리드(lead)

N : 나사의 줄수

P : 나사의 피치(pitch)

예제

나사의 피치가 2mm인 2줄 나사를 가공할 때 리드는 얼마인가?

해설 $L=N\times P=2\times 2=4$

나사가공은 공구가 그림 [나사가공]과 같이 A → B → C → D의 경로를 반복 절삭함으로써 이루어지고, 나사가공 시에는 주축속도 검출기(position coder)의 1회전 신호를 검출하여 나사절삭이 시작되므로 공구가 반복하여도 나사절삭은 동일한 점에서 시작된다.

또한, 나사가공은 공작물 지름의 변화가 적으므로 주축 회전수 일정제어(G97)로 지령해야 하고, 나사가공 시 이송속도 오버라이드(override)는 100%에 고정하여야 한다. 자동정지(feed hold) 기능이 무효화되며, 싱글 블록(single block) 스위치를 ON하면 나사절삭이 없는 첫 블록 실행 후 정지된다.

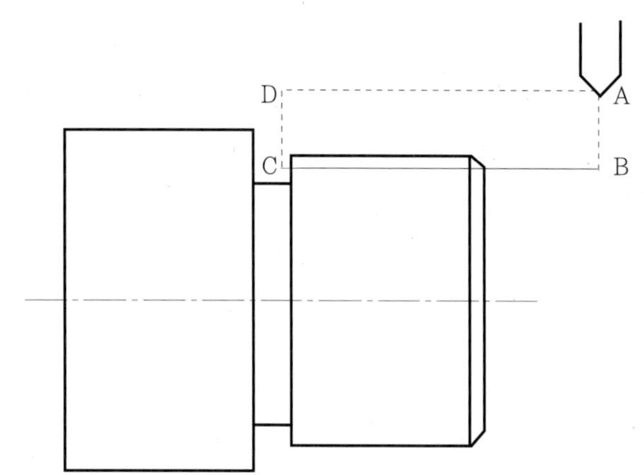

A→B : G00 지령(나사가공 위치)
B→C : G32 나사절삭지령(나사가공)
C→D : G00 지령(X축 후퇴)
D→A : G00 지령(Z축 초기점 복귀)

나사가공

예제

다음 도면에서 나사가공을 하는 프로그램을 하시오.

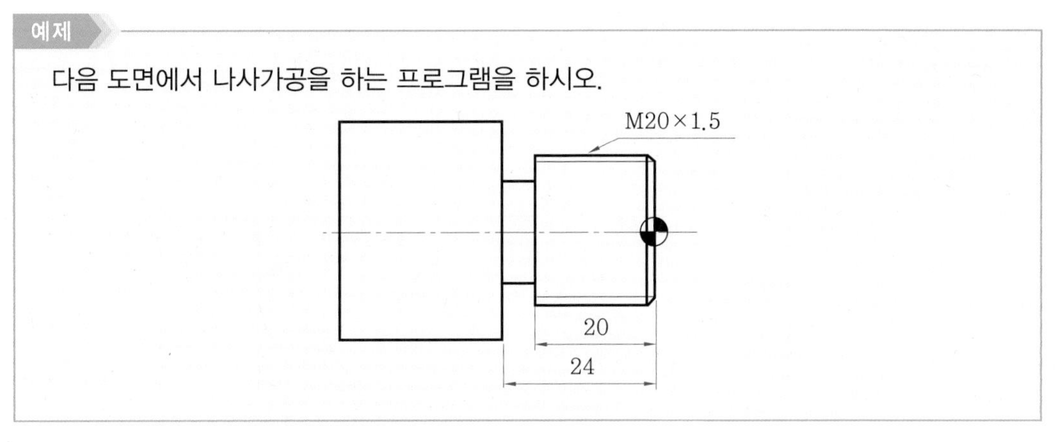

해설

```
G97   S450    M03 ;
G00   X22.0   Z2.0    T0707   M08 ; ………… 나사가공 시작점
      X19.3 ; ……………………………………………… 나사 시작점 절입
G32   Z-22.0  F1.5 ;…………………………………… 최초 나사가공
G00   X22.0 ; ……………………………………………… X축 후퇴
      Z2.0 ; ………………………………………………… Z축 초기점 복귀
      X18.9 ; ……………………………………………… 나사 시작점 절입
G32   Z-22.0 ; …………………………………………… F는 모달 지령이므로 생략
G00   X22.0 ;
      Z2.0 ;
      X18.62 ;
G32   Z-22.0 ;
G00   X22.0 ;
      Z2.0
G03   X18.42 ;
G00   X22.0 ;
      Z2.0 ;
G03   X18.32 ;
G00   X22.0 ;
      Z2.0 ;
G03   X18.22 ;
G00   X22.0 ;
      Z2.0 ;
      X150.0  Z150.0  T0700   M09 ;
```

앞의 예제에서 보는 바와 같이 G32로 나사가공 시에는 각 절입 회수 시 매번 지령을 해 주어야 되므로 프로그램이 피치(pitch)에 따라 차이는 나지만 프로그램이 상당히 길

어진다.

그러므로 G32는 거의 사용하지 않고 G92, G76을 주로 많이 사용한다. 그림은 나사의 명칭을 나타내었다.

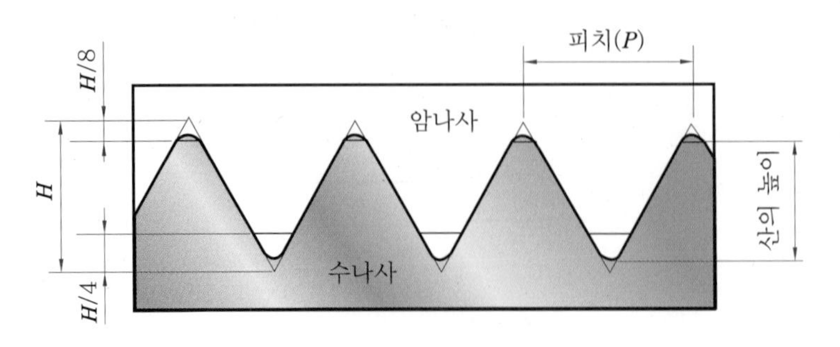

나사의 명칭

나사가공 시 가공 데이터

구분 \ 피치	1.0	1.25	1.5	1.75	2.0	2.5	3.0	3.5	4.0
산의 높이	0.60	0.75	0.89	1.05	1.19	1.49	1.79	2.08	2.38
1회	0.25	0.35	0.35	0.35	0.35	0.40	0.40	0.40	0.40
2회	0.20	0.19	0.20	0.25	0.25	0.30	0.35	0.35	0.35
3회	0.10	0.10	0.14	0.15	0.19	0.22	0.27	0.30	0.30
4회	0.05	0.05	0.10	0.10	0.12	0.20	0.20	0.25	0.25
5회		0.05	0.05	0.10	0.1	0.15	0.20	0.20	0.25
6회			0.05	0.05	0.08	0.10	0.13	0.14	0.20
7회				0.05	0.05	0.05	0.10	0.10	0.15
8회					0.05	0.05	0.05	0.10	0.14
9회						0.02	0.05	0.10	0.10
10회							0.02	0.05	0.10
11회							0.02	0.05	0.05
12회								0.02	0.05
13회								0.02	0.02
14회									0.02

1-4 공구 보정

(1) 공구 보정의 의미

프로그램 작성 시에는 가공용 공구의 길이와 형상은 고려하지 않고 실제 가공 시 각각의 공구 길이와 공구 선단의 인선 R의 크기에 따라 차이가 있으므로 이 차이의 양을 오프셋(offset) 화면에 그 차이점을 등록하여 프로그램 내에서 호출로 그 차이점을 자동으로 보정한다.

일반적으로 다음 그림과 같이 기준공구와 사용공구(다음공구)와의 차이값으로 보정한다.

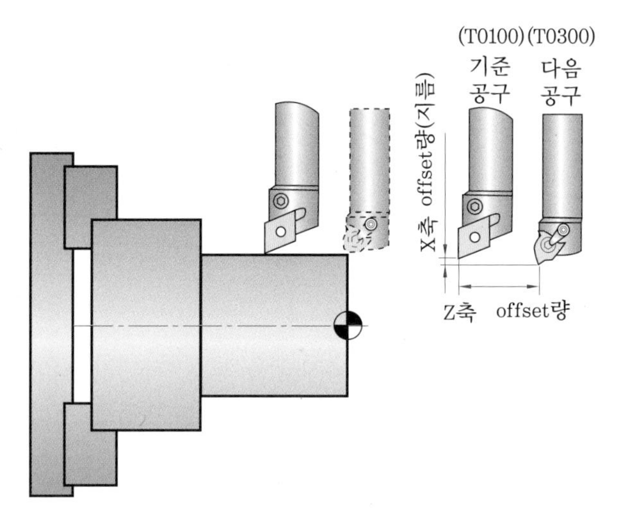

공구의 위치 길이 보정량

(2) 공구 위치 보정(길이 보정)

공구 위치 보정이란 프로그램상에서 가정한 공구(기준공구 : T0100)에 대하여 실제로 사용하는 공구(다음공구 : T0300)와의 차이값을 보정하는 기능으로 공구 위치 보정의 예는 다음과 같다.

```
G00  X30.0  Z2.0    T0101 ; …… 1번 offset량 보정
G01  Z-30.0  F0.2 ;
G00  X150.0  Z150.0  T0100 ; …… offset량 보정 무시
```

(3) 인선 반지름 보정

공구의 선단은 외관상으로는 예리하나 실제의 공구 선단은 반지름 r인 원호로 되어있는데 이를 인선 반지름이라 하며, 테이퍼 절삭이나 원호보간의 경우에는 그림 [공구 인선 반지름 보정 경로]와 같이 인선 반지름에 의한 오차가 발생하게 된다.

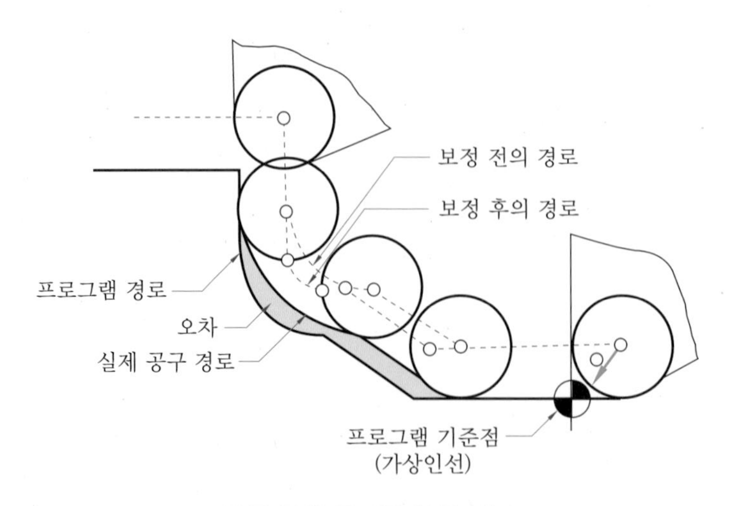

공구 인선 반지름 보정 경로

이러한 인선 반지름에 의한 가공경로 오차량을 보정하는 기능으로 임의의 인선 반지름을 가지는 특정공구의 가공경로 및 방향에 따라 자동으로 보정하여 주는 보정기능을 인선 반지름 보정이라 한다.

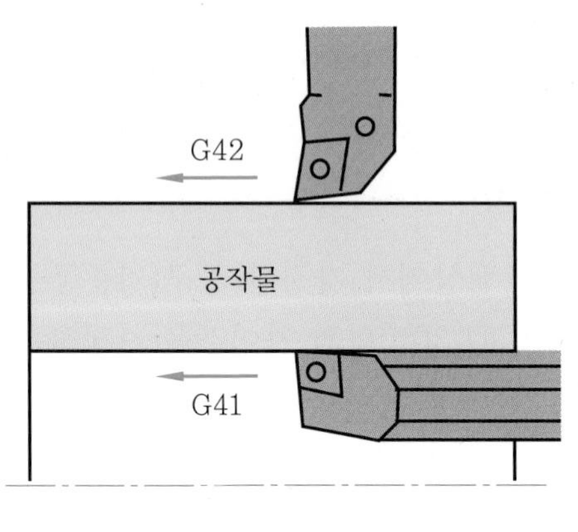

공구 경로

공구 인선 반지름 보정의 지령방법과 G-코드의 의미 및 공구 경로는 다음과 같다.

```
G40
G41  X(U)  Z(W) ;
G42
```

공구 인선 반지름 보정 G-코드

G-코드	가공위치	공구 경로
G40	인선 반지름 보정 취소	프로그램 경로 위에서 공구 이동
G41	인선 왼쪽 보정	프로그램 경로의 왼쪽에서 공구 이동
G42	인선 오른쪽 보정	프로그램 경로의 오른쪽에서 공구 이동

(4) 가상인선

① **가상인선 :** CNC 선반에서 가공할 경우 프로그램 경로를 따라가는 공구의 기준점을 설정해야 한다. 이 기준점을 공구 인선의 중심에 일치시키는 것은 매우 어려우므로, 그림 [공구의 가상인선]과 같이 인선 반지름이 없는 것으로 가상하여 가상인선을 정해 놓고 이 점을 기준점으로 나타낸 것을 가상인선이라고 한다.

② **가상인선번호 :** 가상인선은 인선 중심에 대한 가상인선의 방향 벡터로 그림 [가상인선번호]와 같이 8가지 형태로 공구의 형상을 결정해 준다.

③ **START-UP 블록 :** G40 모드(Mode)에서 G41이나 G42 모드로 보정하는 블록을 말하며, 인선 반지름 보정을 시작하는 블록이다.

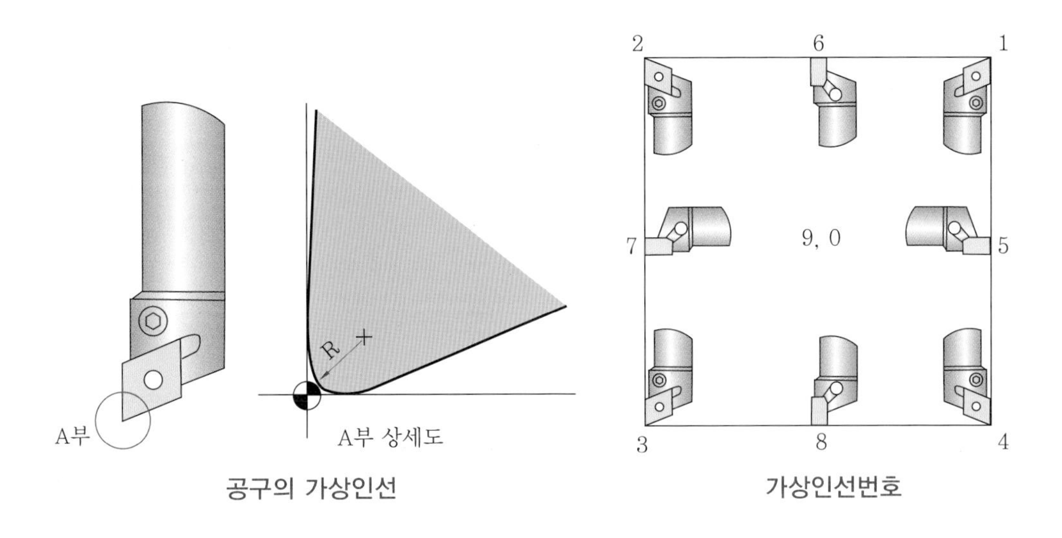

공구의 가상인선 가상인선번호

```
G60.0  Z2.0  T0101  M08 ;
G41    X20.0 ; ····················· START UP 블록
```

예제

다음 도면을 공구 보정을 이용하여 공구경로를 프로그램하시오.

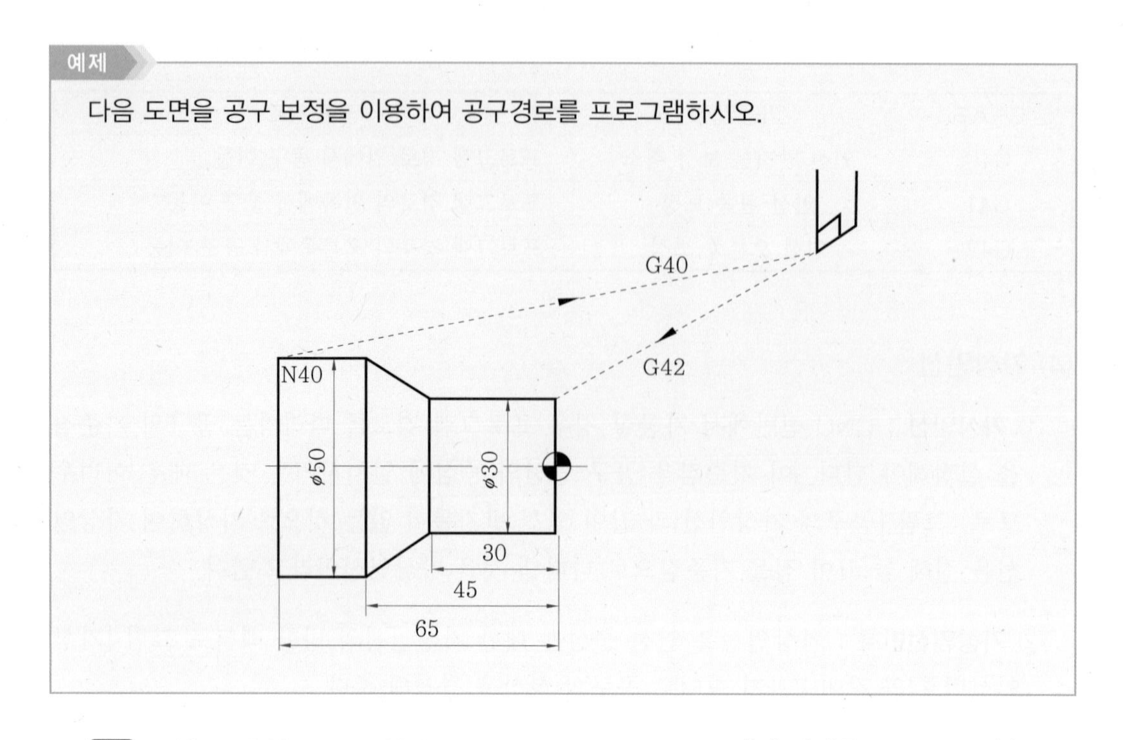

해설

G42	G00	X30.0	Z2.0	T0101;	… 인선 반지름 오른쪽 보정(Start Up 블록)하면서 가공 시작점으로 이동
G01	Z−30.0	F0.2 ;			
	X50.0	Z−45.0 ;			
	Z−65.0 ;				
G40	G00	X150.0	Z150.0	T0100 ;	… 인선 반지름 보정 무시하면서 공구교환점으로 후퇴

(5) 보정값 입력방법

Offset 화면에 직접 입력 : 공구 보정기능을 사용하려면 공구의 길이 보정값 및 인선 반지름의 크기와 가상인선의 번호를 기계의 공구 오프셋 메모리에 입력시켜야 한다.

공구의 길이는 그림과 같이 기준공구와 사용공구와의 길이의 차이를 측정한 후 입력하여야 한다. 다음 표는 공구 보정값을 입력하는 화면을 보여주고 있다.

또한 인선 반지름 R의 크기는 TA(Throw Away) 공구에서는 R의 크기가 결정되어 있으며, 일반적으로 0.2, 0.4, 0.8 등이 많이 사용되고 있다. 예를 들어 인선 반지름이 0.4mm이면 offset 화면 R에 0.4를 입력시킨다.

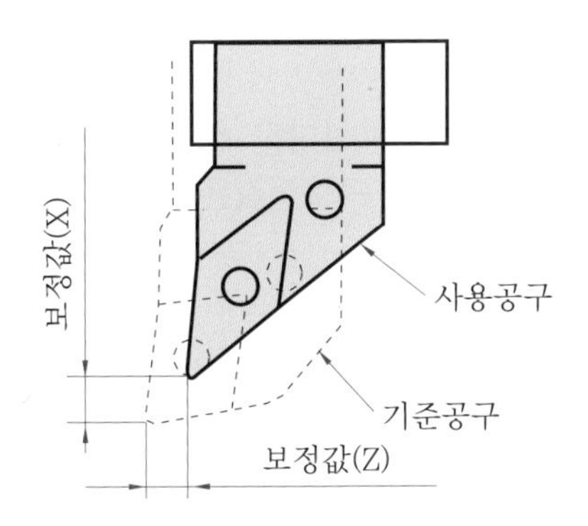

길이 보정값(X, Z)

공구 인선 반지름 보정 G-코드

tool No.	X	Z	R	T
01 02 03 ⋮ 16	000.000 001.234 -001.010 ⋮ 003.123	000.000 -004.321 -000.234 ⋮ 000.025	0.800 0.200 0.400 ⋮ 0.200	3 2 4 ⋮ 6
(공구번호)	(X 성분)	(Z 성분)	(노즈 반지름)	(공구 인선 유형)

(6) 공구 보정값 측정과 수정

공구 보정은 기계 원점으로 공구대를 보내서 그곳을 기준으로 구하는 방법과 공구를 가공물에 접촉시켜 그 위치를 기준으로 각각의 공구에 대해 출발 위치에서의 상대적 차이로써 각 공구의 보정값을 찾는 방법이 있다.

기준공구와 비교하여 사용공구의 보정값을 구하는 방법에는 수동으로 하는 방법이 주로 사용되었으나, 최근의 CNC 선반에는 자동으로 보정값을 계산하여 입력하는 기능을 갖추고 있다.

예제

CNC 선반에서 지령값 X=56으로 외경 가공한 후 측정한 결과 ϕ55.94였다. 기존의 X축 보정값을 0.005라 하면 수정해야 할 공구 보정값은 얼마인지 구하시오.

해설 측정값과 지령값의 오차=55.94-56=-0.06(0.06만큼 작게 가공됨)
0.06만큼 작게 가공되었으므로 공구를 X의 +방향으로 0.06만큼 이동하는 보정을 하여야 되며, 기존의 보정값은 0.05이므로
공구 보정값=기존의 보정값+더해야 할 보정값
=0.005+0.06=0.065

예제

CNC 선반에서 지령값 X=50으로 내경 가공한 후 측정한 결과 ϕ50.12였다. 기존의 X축 보정값을 0.025라 하면 수정해야 할 공구 보정값은 얼마인지 구하시오.

해설 측정값과 지령값의 오차=50.12-50=0.12(0.12만큼 크게 가공됨)
0.12만큼 크게 가공되었으므로 공구를 X의 +방향으로 -0.12만큼 이동하는 보정을 하여야 되며, 기존의 보정값은 0.025이므로
공구 보정값=기존의 보정값+더해야 할 보정값
=0.025-0.12=-0.095

1-5 단일 고정 사이클 가공

CNC 선반에서 공작물을 가공할 때 대부분의 경우에는 절삭해야 할 부분을 여러 번 나누어 순차적으로 반복 절삭하여 공작물을 소정의 치수로 가공한다. 이 경우 공구의 동작 하나 하나를 전부 프로그래밍하면 많은 블록이 필요하게 된다.

사이클 가공이란 프로그래밍을 간단히 하기 위해 공구의 반복 동작을 1개 또는 소수의 블록으로 지령하는데, 변경된 치수만 반복하여 지령하는 단일 고정 사이클(canned cycle)과 한 개의 블록으로 지령하는 복합 반복 사이클(multiple repeative cycle)이 있다.

(1) 내외경 절삭 사이클(G90)

```
G90  X(U)__  Z(W)__  F__ ; (직선 절삭)
G90  X(U)__  Z(W)__  R__  F__ ; (테이퍼 절삭)
```

싱글(single : 단독) 블록 모드에서 사이클 스타트 버튼을 한 번 누르면 그림 직선 절삭 사이클 경로와 같이 공구 동작은 시작점에서 출발하여 1 → 2 → 3 → 4의 한 사이클 가공을 한다. 또한, 테이퍼 절삭에 있어서는 테이퍼값 R을 지령해야 하며 가공방법은 직선 절삭 사이클과 동일하다. 테이퍼값 R은 형상에 따라 부호가 다르며 절삭 시작점이 끝나는 쪽보다 지름이 작으면 -R, 절삭 시작점이 끝나는 쪽보다 지름이 크면 +R이다.

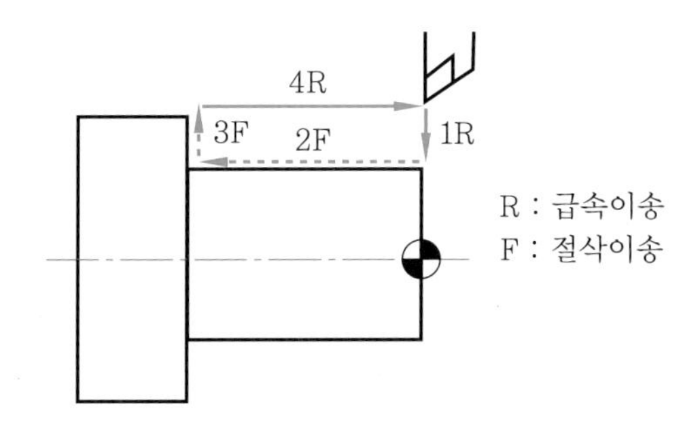

직선 절삭 사이클 경로

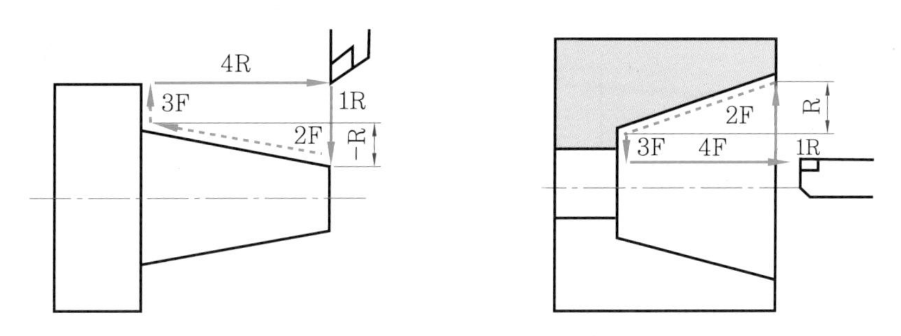

테이퍼 절삭 사이클 경로

단일 고정 사이클과 복합 반복 사이클의 프로그램 시 가장 중요한 것은 초기점 지정이다. 사이클 가공은 초기점에서 가공을 시작하고 가공이 종료되면 초기점으로 복귀한 후 사이클 가공을 종료하므로 특히 복합 반복 사이클에서의 초기점은 도면상의 공작물 지름보다 커야 충돌을 방지할 수 있다.

예제

G90 고정 사이클을 이용하여 프로그램하시오.

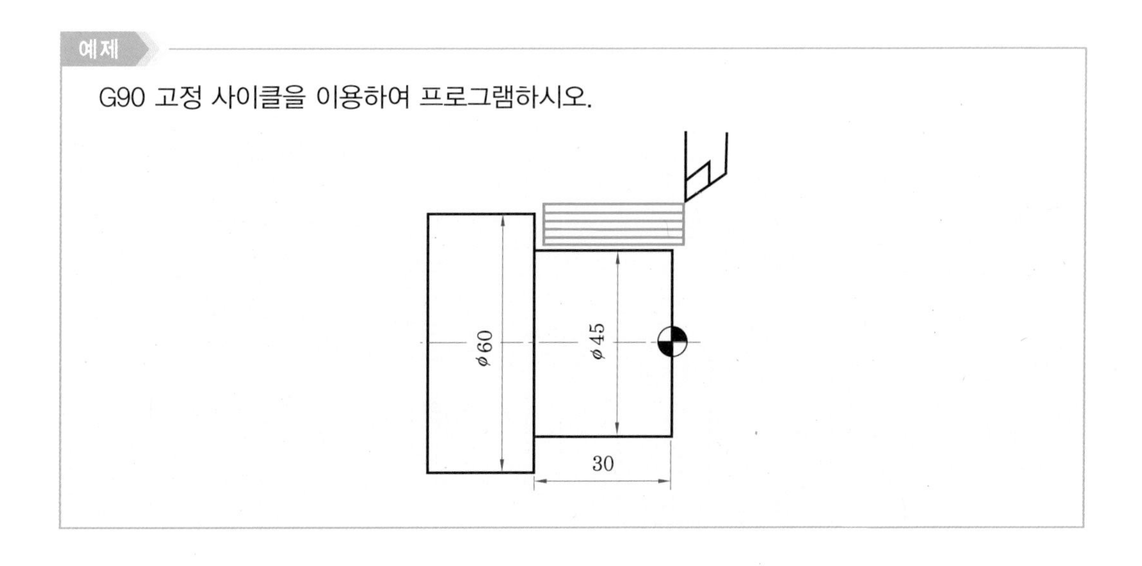

해설

```
G00  X62.0   Z2.0    T0101 ;
G90  X56.0   Z-30.0  F0.2 ;   (1회 절삭)
     X52.0 ;                  (2회 절삭)
     X48.0 ;                  (3회 절삭)
     X45.0 ;                  (4회 절삭)
G00  X150.0  Z150.0  T0100 ;
```

예제

G90 고정 사이클을 이용하여 프로그램하시오.

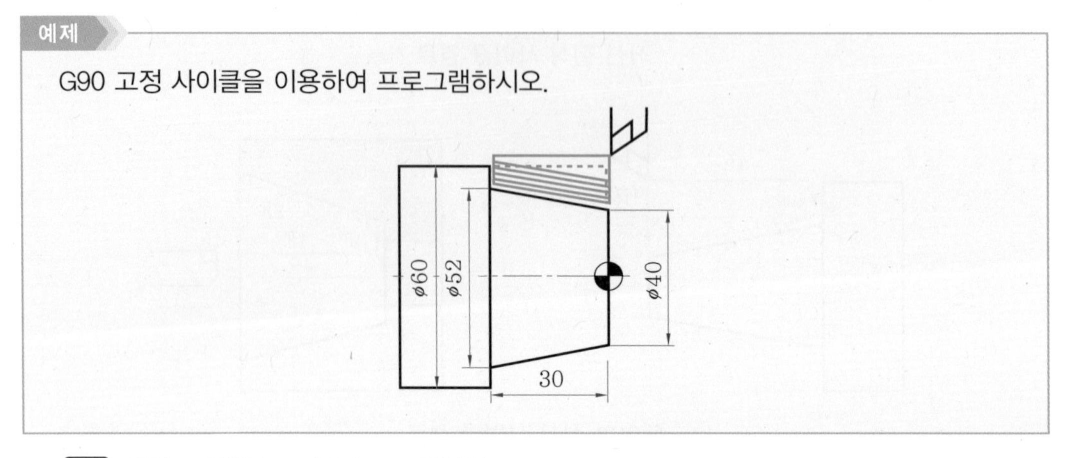

해설

```
G00  X70.0   Z2.0    T0101 ;
G90  X67.0   Z-30.0  R-6.4   F0.2 ;  (1회 절삭)
     X62.0 ;                         (2회 절삭)
     X57.0 ;                         (3회 절삭)
     X52.0 ;                         (4회 절삭)
G00  X150.0  Z150.0  T0100 ;
```

위의 도면에서 R값은 6인데 프로그램에서 R값은 6.4이다. 그 이유는 실제로 가공을 할 때 소재와 공구의 충돌을 피하기 위하여 프로그램 원점에서 Z 방향으로 2mm 떨어진 상태에서 가공이 시작되기 때문에 값이 달라진 것이다.

30 : 6=32 : R　　　　　∴ R=6.4이다.

예제

외경 황삭은 G90, 외경 정삭은 G01로 프로그램하시오. (소재 : φ60×95L)

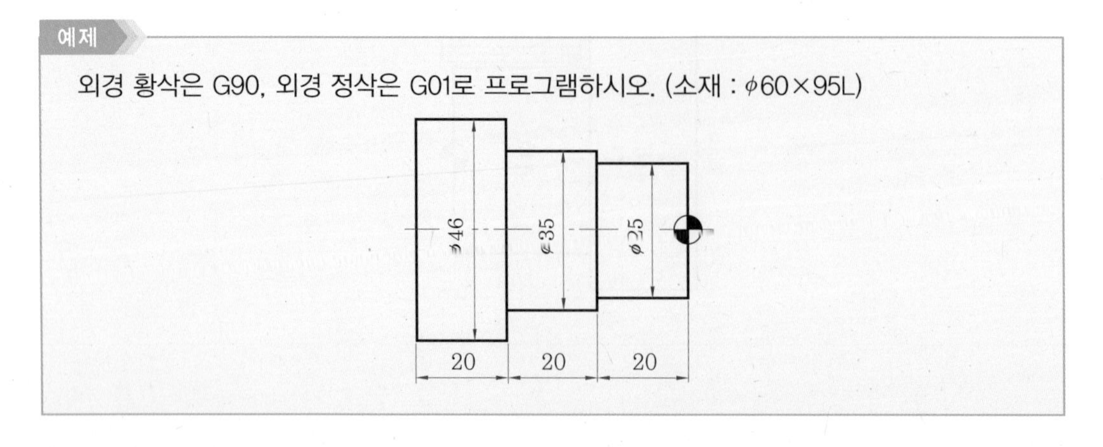

해설

```
O1002 ;
G28    U0.0    W0.0 ;
T0100 ;
G50    S1300 ;
G96    S130    M03 ;
G00    X55.0   Z0.1     T0101    M08 ;
G01    X-2.0   F0.2 ;
G00    X52.0   Z2.0 ;
G90    X46.2   Z - 59.9 ; ………………………………… X축 방향 정삭여유 0.2mm
                                                  Z축 방향 정삭여유 0.1mm
       X43.0   Z-39.9 ;
       X40.0 ;
       X37.0 ;
       X35.2 ;
       X32.0   Z-19.9 ;
       X29.0 ;
       X25.2 ;
G00    X150.0  Z150.0   T0100    M09 ;
T0300 ;
G50    S1500 ;
G96    S150    M03 ;
G00    X27.0   Z0.0     T0303    M08 ;
G01    X-2.0   F0.1 ;
G00    X25.0   Z2.0 ;
G01    Z-20.0 ;
       X35.0 ;
       Z-40.0 ;
       X46.0 ;
       Z-60.0 ;
G00    X150.0  Z150.0   T0300    M09 ;
M05 ;
M02 ;
```

(2) 단면 절삭 사이클(G94)

G94 X(U)__ Z(W)__ F__ ; (평행 절삭)
G94 X(U)__ Z(W)__ R__ F__ ; (테이퍼 절삭)

G90 기능과 G94 기능의 차이점은 G90 기능은 X축이 급속절입하고 Z축 방향으로 절삭하나, G94 기능은 Z축으로 급속절입하고 X축 방향으로 절삭가공하는 순서이다.

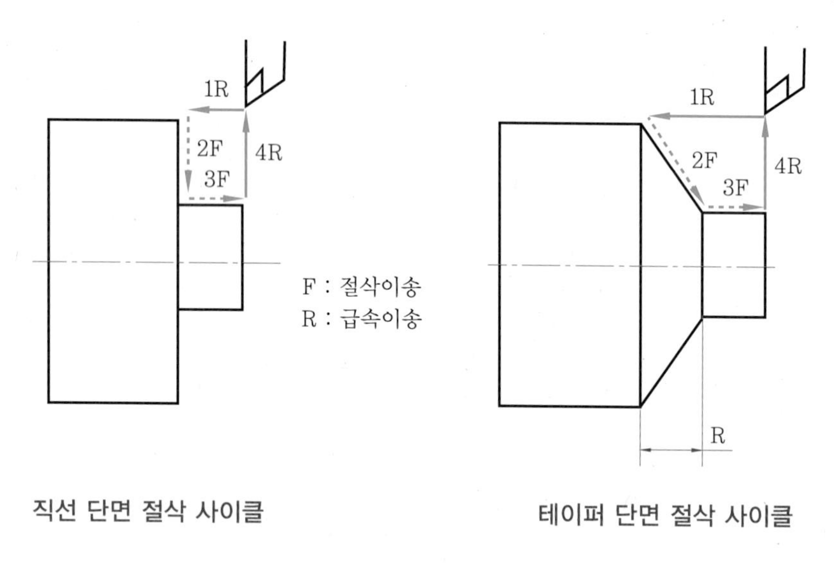

직선 단면 절삭 사이클　　　　테이퍼 단면 절삭 사이클

예제

G94 고정 사이클을 이용하여 프로그램하시오.

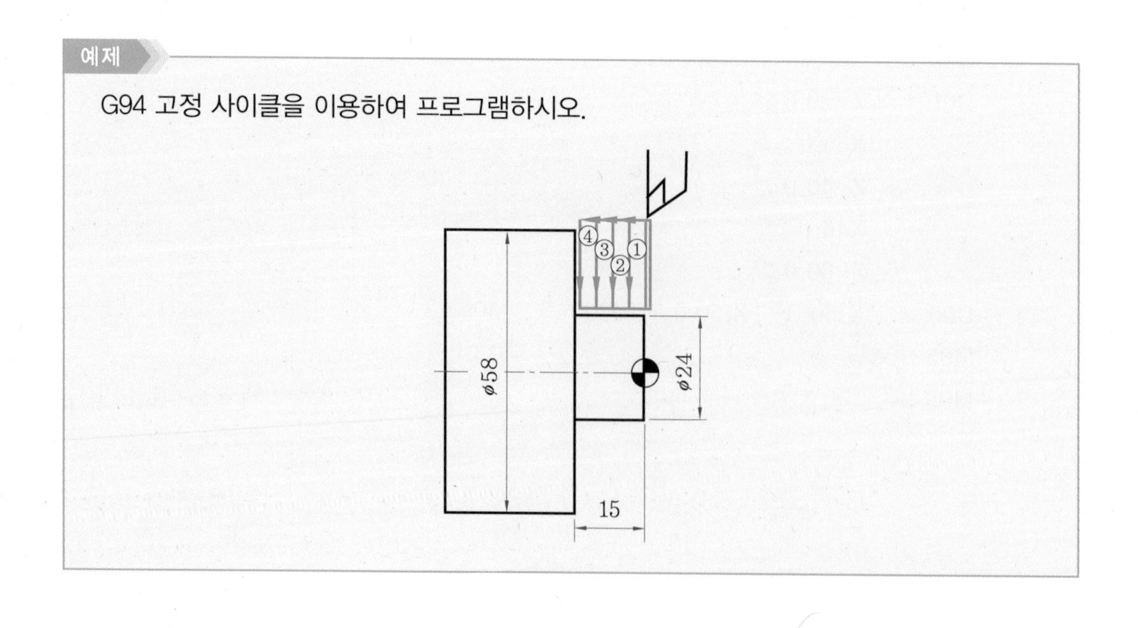

해설
```
G00   X62.0    Z2.0     T0101 ;
G94   X24.0    Z-4.0    F0.2 ; ······················ ①
      Z-8.0 ; ··········································· ②
      Z-12.0 ; ·········································· ③
      Z-15.0 ; ·········································· ④
G00   X150.0   Z150.0   T0100 ;
```

G90과 G94의 사용은 주로 가공 방향이 어느 쪽이 긴 방향인지에 따라 결정되며, 그림과 같이 긴 방향으로 가공하면 능률적인 가공이 된다.

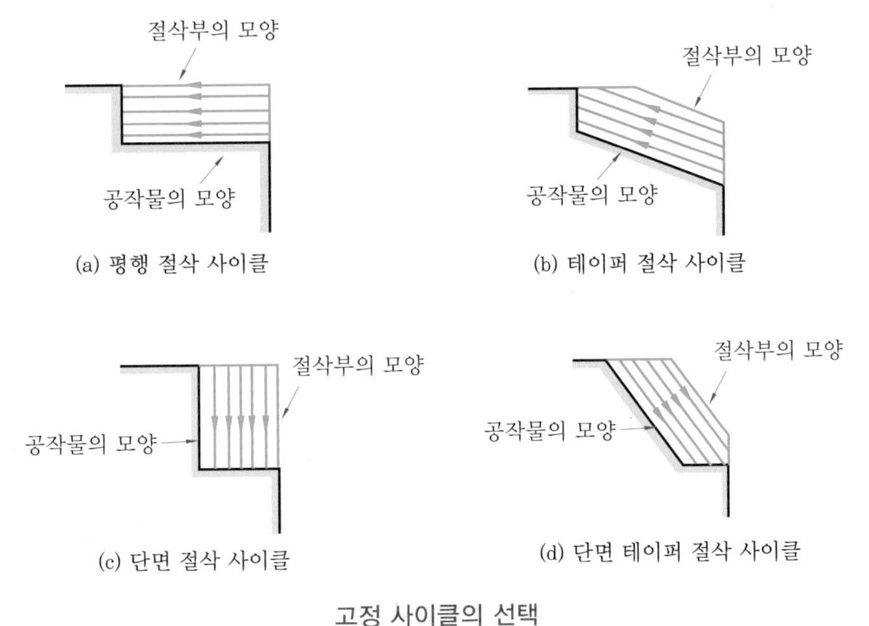

고정 사이클의 선택

(3) 나사 가공 사이클(G92)

```
G92  X(U)__  Z(W)__  F__ ;
G92  X(U)__  Z(W)__  R__  F__ ;
```

여기서, X(U) : 1회 절입 시 나사 끝지점 X좌표(지름 지령)
Z(W) : 나사가공 길이(불완전 나사부를 포함한 길이)
F : 나사의 리드
R : 테이퍼 나사 절삭 시 X축 기울기 양을 지정

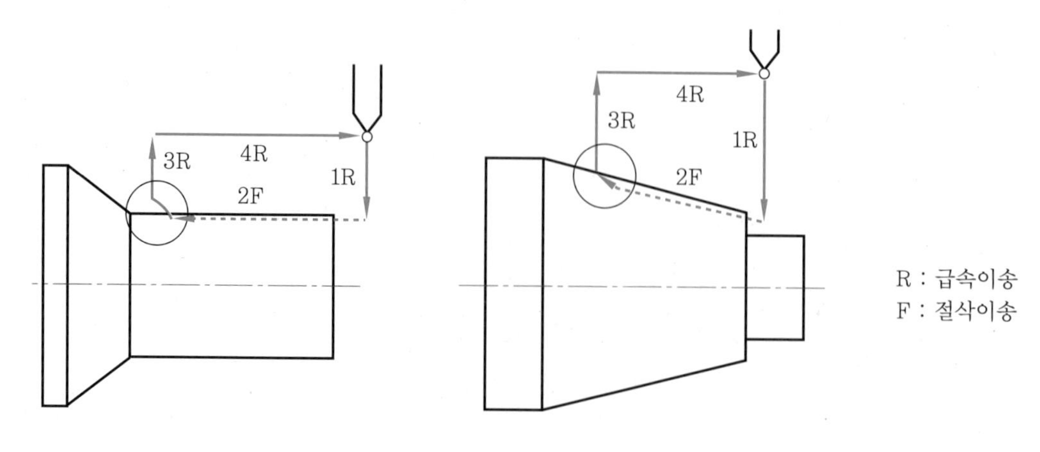

고정 사이클의 나사가공

예제

G92 고정 사이클을 이용하여 프로그램하시오.

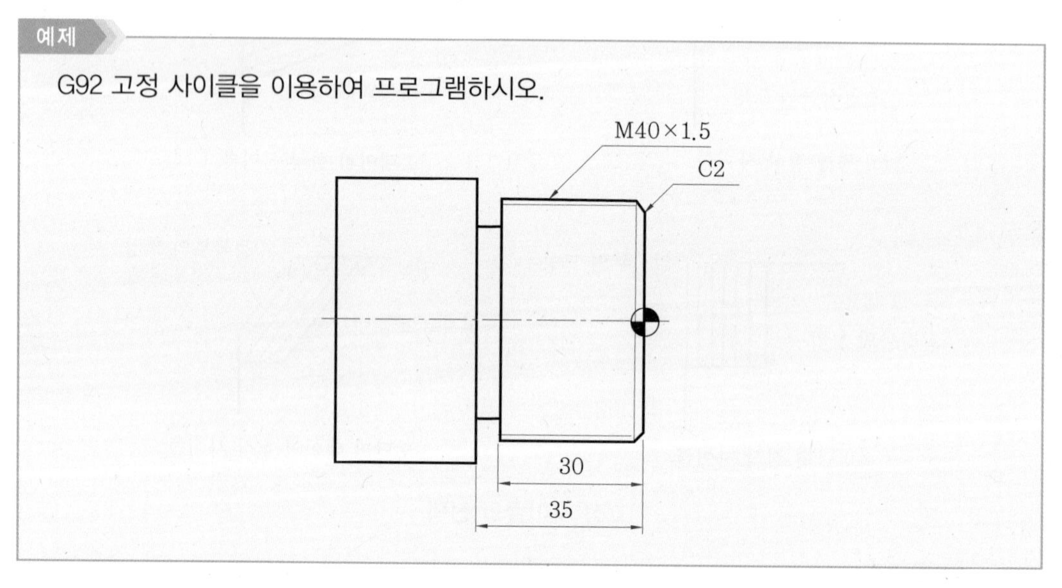

해설

G00	X42.0 ;	Z2.0	T0707 ;	………… 가공 시작점
G92	X39.3 ;	Z−32.0	F1.5 ;	…………… G92 나사가공 사이클 지령
	X38.9 ;			
	X38.62 ;			
	X38.42 ;			
	X38.32 ;			
	X38.22 ;			
G00	X150.0	Z200.0	T0700 ;	

예제

다음 도면을 고정 사이클(G90, G92)을 이용하여 프로그램하시오.

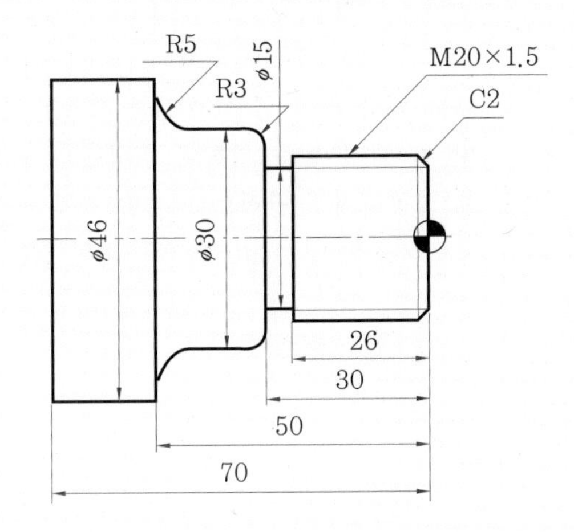

소재 : φ50×90L
홈바이트 폭 : 4mm

절삭 조건					
공정	공구번호	주축회전수 (rpm)	절삭속도 (m/min)	이송속도 (mm/rev)	1회 절입량
황삭가공	T01	1300	130	0.2	3~4mm
정삭가공	T03	1500	150	0.1	
홈 가공	T05	500			
나사가공	T07	500		0.07	M20×1.5

해설

```
O1102 ;
G28   U0.0    W0.0 ;
T0100 ;
G50   S1300 ;
G96   S130    M03 ;
G00   X52.0   Z0.1    T0101   M08 ;
G01   X-2.0   F0.1 ;
G90   X46.2   Z-69.9 ;
      X43.0   Z-49.9 ;
      X40.0 ;
      X37.0   Z-48.5 ;
      X34.0   Z-47.0 ;
      X30.2   Z-45.0 ;
      X27.0   Z-29.9 ;
```

(X37.0 ~ X27.0 블록) ……… Z좌표값이 다른 이유는 R5 가공을 위하여 정삭 가공 시 표면조도를 위하여 최대한 정삭여유를 적게 두기 위해서이다.

```
        X24.0 ;
        X20.2 ;
G00     X150.0    Z150.0    T0100    M09 ;
M01 ; ……………………………… 선택적 프로그램 정지(optional stop)를 사용한 이
                           유는 외경 황삭 공구(T01)를 사용한 후 R가공 확인
                           및 칩 제거 등을 위하여 조작반의 M01을 ON시킨
                           후 가공하며 일반적으로 시험 가공 시 사용하며, 실
                           제로 가공할 때는 M01을 OFF하면 된다.
T0300 ;
G50     S1500 ;
G96     S150      M03 ;
G00     X22.0     Z0.0      T0303    M08 ;
G01     X-2.0     F0.1 ;
G00     X12.0     Z2.0 ;
G01     X20.0     Z-2.0 ;
        Z-30.0 ;
        X24.0 ;
G03     X30.0     Z-33.0    R3.0 ;
G01     Z-45.0 ;
G02     X40.0     Z-50.0    R5.0 ;
G01     X46.0 ;
        Z-70.0 ;
G00     X150.0    Z150.0    T0300    M09 ;
T0500 ;
G97     S500      M03 ;
G00     X32.0     Z-30.0    T0505    M08 ;
G01     X15.0     F0.07 ;
G04     P1500 ;
G00     X35.0 ;
        X150.0    Z150.0    T0500    M09 ;
T0700 ;
G97     S500      M03 ;
G00     X22.0     Z2.0      T0707    M08 ;
G92     X19.3     Z-28.0    F1.5 ;
        X18.9 ;
        X18.62 ;
        X18.42 ;
```

```
        X18.32 ;
        X18.22 ;
G00     X150.0    Z150.0    T0700    M09 ;
M05 ;
M02 ;
```

예제

G92 고정 사이클을 이용하여 프로그램하시오.

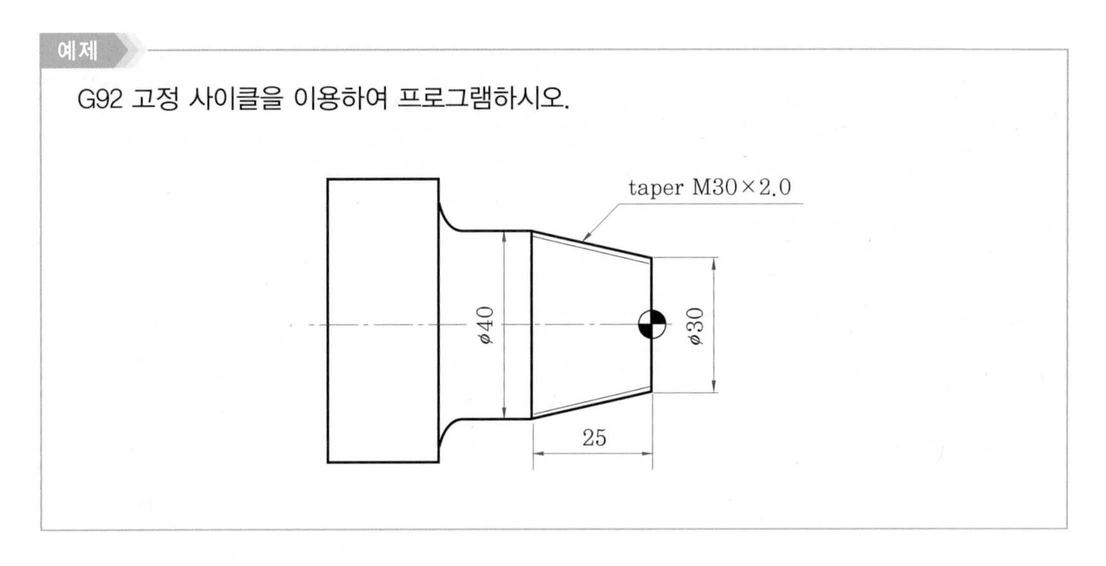

해설

```
G00     X42.0     Z2.0      T0707 ;
G92     X39.3     Z-25.0    R-5.4     F2.0 ;
        X38.8 ;
        X38.42 ;
        X38.18 ;
        X37.98 ;
        X37.82 ;
        X37.72 ;
        X37.62 ;
G00     X150.0    Z150.0    T0700 ;
```

1-6 복합 반복 사이클

복합 반복 사이클(multiple repeative cycle)은 프로그램을 보다 쉽고 간단하게 하는 기능으로 다음 표와 같으며, G70~G73은 자동(auto) 운전에서만 실행이 가능하다.

코드	기능	용도
G70	내외경 정삭 사이클	G71, G72, G73의 가공 후 정삭 가공 실행
G71	내외경 황삭 사이클	정삭 여유를 주고 외경, 내경의 황삭 가공
G72	단면 황삭 사이클	정삭 여유를 주고 단면을 황삭 가공
G73	유형 반복 사이클	일정의 복잡한 형상을 반복 황삭 가공
G74	단면 홈가공 사이클	단면에서 Z방향의 홈 가공시나 드릴 가공
G75	내외경 홈가공 사이클	공작물의 외경이나 내경에 홈을 가공
G76	나사가공 사이클	간단하게 자동으로 나사를 가공

(1) 내외경 황삭 사이클(G71)

G71 U(Δd) R(e) ;

G71 P(ns) Q(nf)_ U(Δu)_ W(Δw)_ F(f) ;

여기서, U : 절삭깊이, 부호 없이 반지름값으로 지령
R : 도피량, 절삭 후 간섭 없이 공구가 빠지기 위한 양
P : 정삭가공 지령절의 첫 번째 전개번호
Q : 정삭가공 지령절의 마지막 전개번호
U : X축 방향 정삭여유(지름 지정)
W : Z축 방향 정삭여유
F : 황삭가공 시 이송속도

공구 선택도 할 수 있지만 일반적으로 복합 반복 사이클 실행 이전에 지령하기 때문에 생략한다.

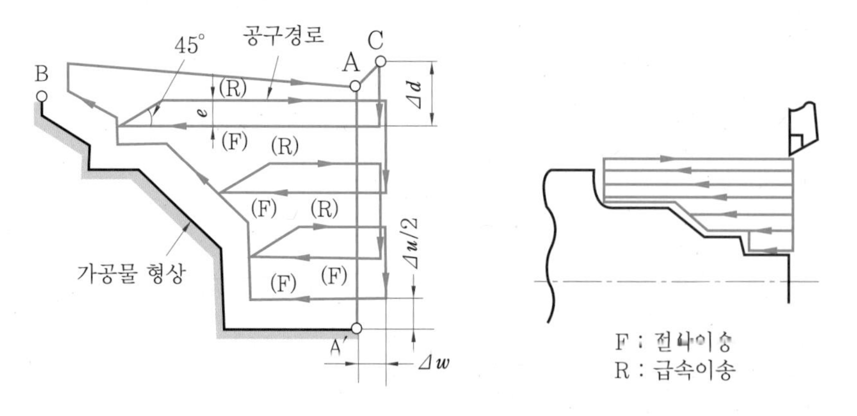

내외경 황삭 사이클

정삭 모양(A → A′ → B)의 경로로 지령하면 정삭여유를 남기고 절삭깊이 Δd로 지령된 구역을 절삭한다. e는 도피량을 표시하며 사이클 가공이 완료된 후에 공구는 사이클 시작점으로 복귀한다.

G71로 절삭하는 형상에는 다음 그림과 같이 4가지 패턴(pattern)이 있으므로 정삭여유 U, W의 부호는 가공하는 형상을 기준으로 하여 정삭여유를 어느 쪽으로 주어야 할지를 결정한다.

다음 그림에서 Ⅰ의 형상은 외경 앞쪽에서 가공하는 형상이고, Ⅲ은 외경 뒤쪽에서 가공하는 형상이며 Ⅱ, Ⅳ는 내경을 앞쪽과 뒷쪽에서 가공하는 형상이다. 그러나 일반적으로 많이 사용하는 형상은 Ⅰ, Ⅱ이고, Ⅱ의 형상은 내경을 가공할 때 정삭여유를 U−, W+로 지령해야 한다. 다시 말하면, 내경의 X값 정삭여유는 도면의 치수보다 작게 가공하여야 정삭여유가 남는다.

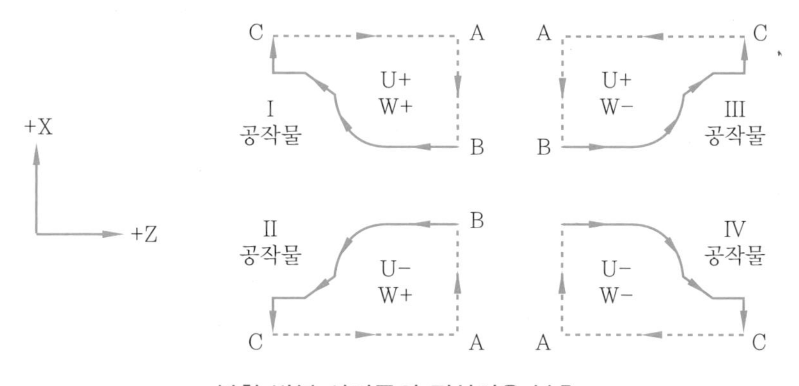

복합 반복 사이클의 정삭여유 부호

또한, G71은 황삭 사이클이지만 정삭여유 U, W를 지령하지 않으면 황삭가공에서 완성치수로 가공할 수 있다.

예 G71 U1.5 R0.5 ;
G71 P10 Q100 F0.2 ; ……… U, W의 정삭여유 지령을 생략하면 정삭여유 없이 황삭가공에서 완성치수로 가공한다.

(2) 내외경 정삭 사이클(G70)

G70 P(ns)____ Q(nf)____ ;

여기서, P : 정삭가공 지령절의 첫 번째 전개번호
Q : 정삭가공 지령절의 마지막 전개번호

G71, G72, G73 사이클로 황삭가공이 마무리되면 G70으로 정삭가공을 행한다. G70에서의 F는 G71, G72, G73에서 지령된 것은 무시되고 전개번호 P와 Q 사이에서 지령된 값이 유효하다.

예 G70 P10 Q100 F0.1 ; ……… 정삭가공 시 이송속도 F는 0.1

또한 G71, G72, G73의 복합 반복 사이클에서는 P와 Q 사이에 보조 프로그램 호출이 불가능하며, 황삭가공에 의해 기억된 어드레스는 G70을 실행한 후 소멸된다.

다음 그림은 정삭가공 시 공구경로를 나타내고 있다.

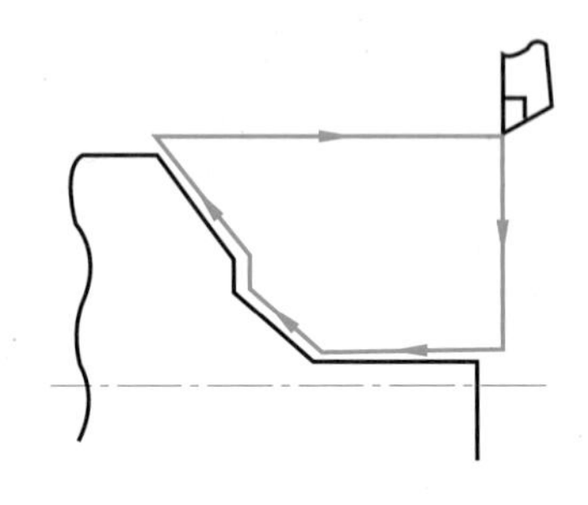

내외경 정삭 사이클

예제

복합 반복 사이클(G71, G70)을 이용하여 프로그램하시오. (소재 ϕ50×80L)

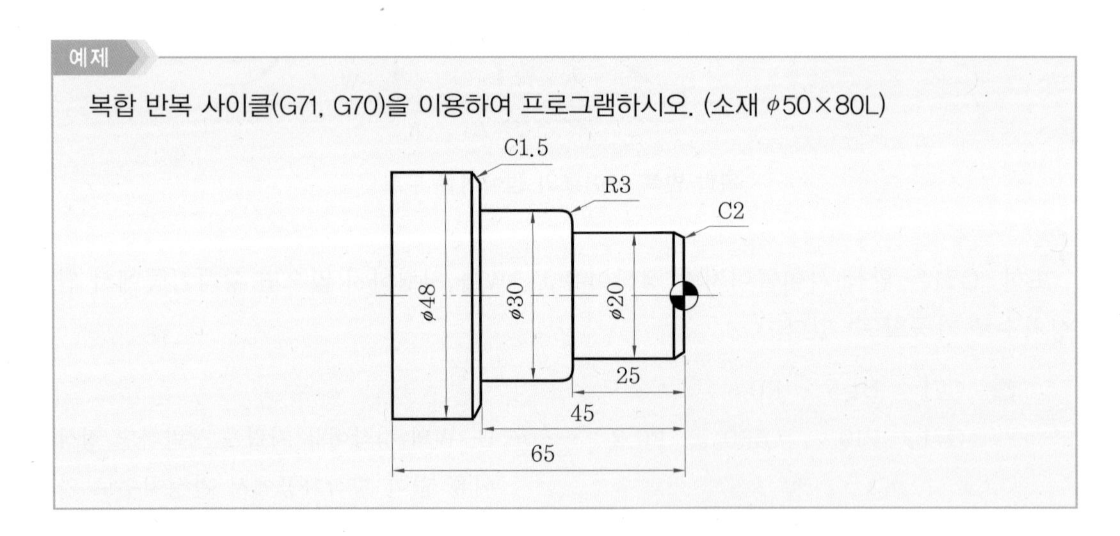

해설 O1101 ;

```
N10  G28  U0.0   W0.0 ;
N20  T0100 ;
N30  G50  S1500 ;
N40  G96  S150   M03 ;
N50  G00  X52.0  Z0.1  T0101  M08 ;
N60  G01  X-2.0  F0.2 ;
```

N70 G00 X52.0 Z2.0 ; ……………… 고정 사이클 초기점인데 초기점에서 가공을 시작하고 가공이 종료되면 초기점으로 복귀한 후 사이클 가공을 종료하므로 소재의 지름(ϕ50)보다 큰 위치에 초기점을 잡는다.

N80 G71 U1.5 R0.5 ; ……………… 1회 절삭깊이 3mm이며, 공구 도피량 0.5

N90 G71 P100 Q180 U0.2 W0.1 F0.2 ; … N100~N180까지 고정 사이클 지령구간이며, P100은 정삭가공 지령절의 첫번째 전개번호이고, Q180은 정삭가공 지령절의 마지막 지령절의 마지막 전개번호이며, 정삭여유는 X축 0.2mm(U0.2), Z축 0.1mm(W0.1)이다.

```
N100  G00   X12.0 ;
N110  G01   X20.0   Z-2.0 ;
N120  Z-25.0 ;
N130  X24.0 ;
N140  G03   X30.0   W-3.0   R3.0 ;
N150  G01   Z-45.0 ;
N160  X45.0 ;
N170  X48.0 W-1.5 ;
N180  Z-65.0 ;
N190  G00   X150.0  Z150.0  T0100   M09 ;
N200  M01 ;
N210  G50   S1800 ;
N220  G96   S160    M03:
N230  G00   X50.0   Z0.0    T0303   M08 ;
N240  G01   X-2.0   F0.1 ;
N250  G00   X52.0   Z2.0 ;
```

N260 G70 P100 Q180 F0.1 ; ………… 정삭가공 시 이송속도 F는 0.1

```
N270  G00   X150.0  Z150.0  T0300   M09 ;
N280  M05 ;
N290  M02 ;
```

그리고 복합 반복주기 G70~G73의 기능을 사용할 때는 반드시 전개번호를 사용해야 하나 전개번호를 계속해서 사용하면 실제 프로그램 작성시간이 길어지므로 첫 번째 전개번호를 P10, 마지막 전개번호를 Q100으로 사용하는 것이 좋다.

예를 들어 다음 도면을 P10, Q100을 사용하여 프로그램 하면,

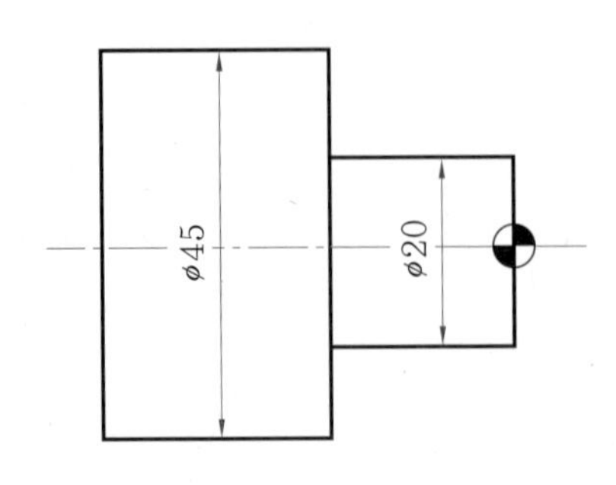

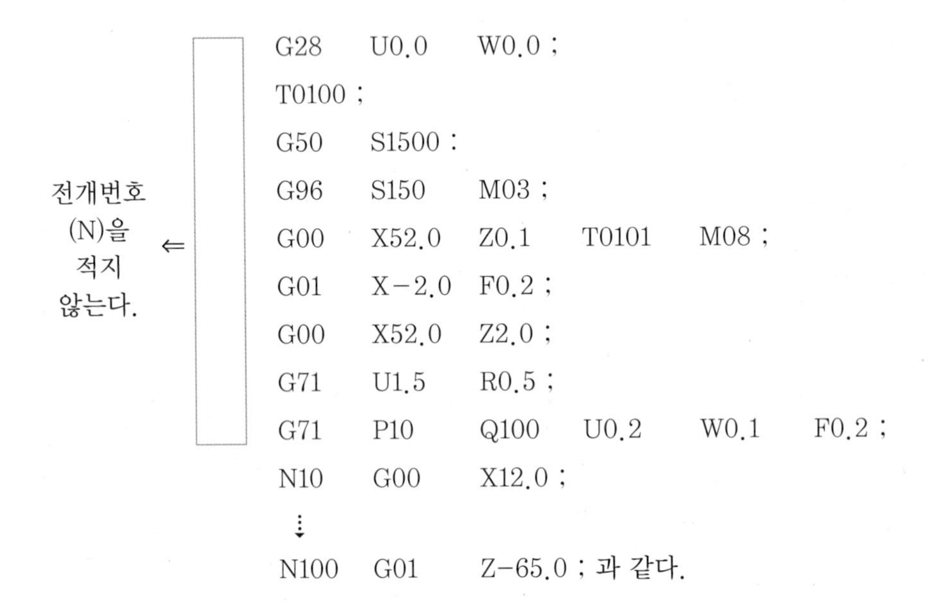

전개번호 (N)을 적지 않는다. ⇐

```
G28   U0.0    W0.0 ;
T0100 ;
G50   S1500 ;
G96   S150    M03 ;
G00   X52.0   Z0.1    T0101   M08 ;
G01   X-2.0   F0.2 ;
G00   X52.0   Z2.0 ;
G71   U1.5    R0.5 ;
G71   P10     Q100    U0.2    W0.1    F0.2 ;
N10   G00     X12.0 ;
 ⋮
N100  G01     Z-65.0 ; 과 같다.
```

(3) 단면 황삭 사이클(G72)

G72 W(Δd)_____ R(e)_____ ;

G72 P(ns)____ Q(nf)__ U(Δu)__ W(Δw)__ F(f)__ ;

단면을 가공하는 단면 황삭 사이클로서 그림 [단면 황삭 사이클]에서 보는 바와 같이 절삭작업이 X축과 평행하게 수행되는 것을 제외하고는 내외경 황삭 사이클(G71)과 같다.

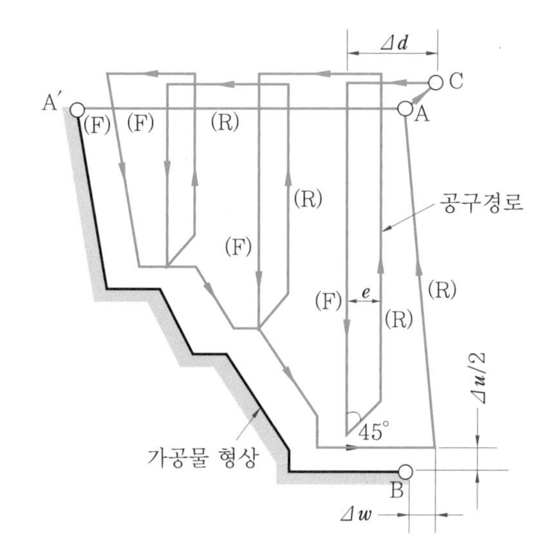

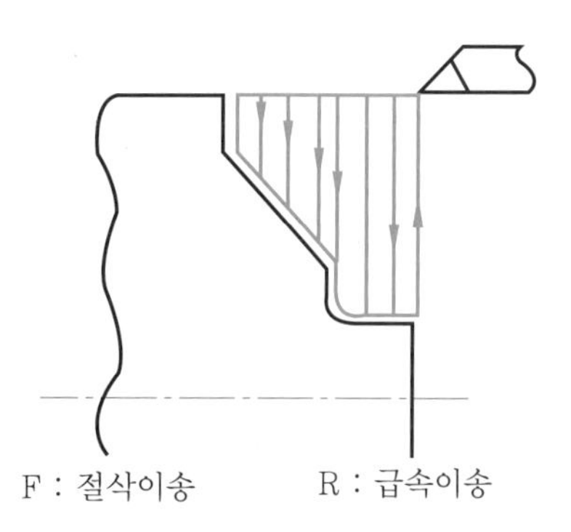

단면 황삭 사이클

예제

복합 반복 사이클(G72, G70)을 이용하여 다음을 프로그램하시오.

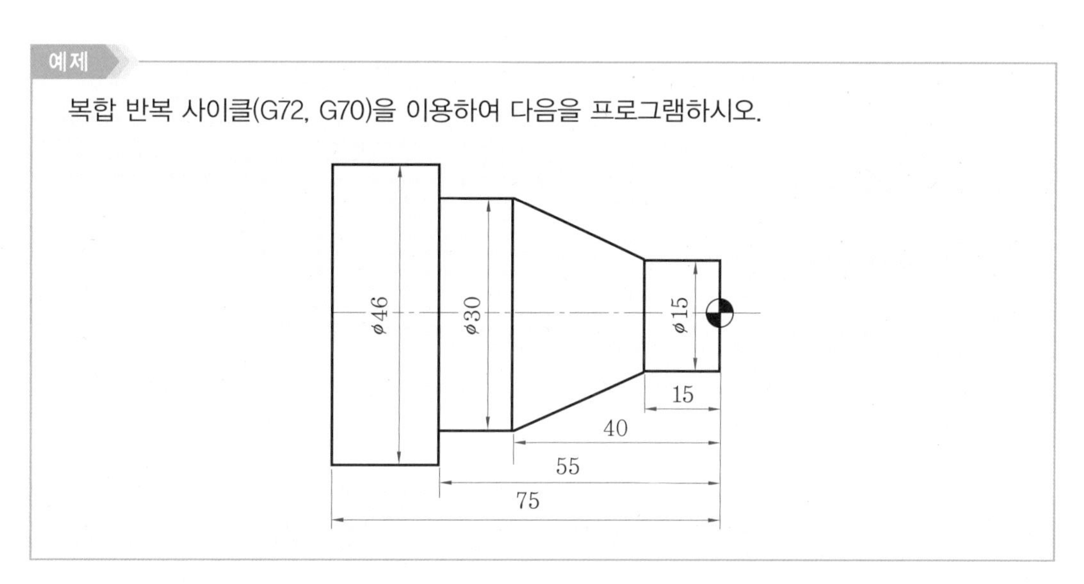

해설

```
G28   U0.0    W0.0 ;
T0100 ;
G50   S1300 ;
G96   S130    M03 ;
G00   X52.0   Z0.1    T0101   M08 ;
G01   X-2.0   F0.2 ;
G00   X52.0   Z2.0 ;
G72   W1.5    R0.5 ;
G72   P10     Q100    U0.2    W0.1    F0.2 ;
```

```
N10    G00     Z-75.0 ;
G01    X46.0   ;
       Z-55.0 ;
       X30.0 ;
       Z-40.0 ;
       X15.0   Z-15.0 ;
N100   Z0.0 ;
G00    X150.0  Z150.0  T0100  M09 ;
M01 ;
T0300 ;
G50    S1500   M03 ;
G96    S150    M03 ;
G00    X17.0   Z0.0    T0303  M08 ;
G01    X-2.0   F0.1 ;
G00    X50.0   Z2.0 ;
G70    P10     Q100 ;
G00    X150.0  Z150.0  T0300  M09 ;
M05 ;
M02 ;
```

(4) 유형 반복 사이클(G73)

G73 U(Δi) W(k) R(d) ;
G73 P(ns)__ Q(nf)__ U(Δu)__ W(Δw)__ F(f)__ ;

여기서, U : X축 방향 황삭여유(도피량)
W : Z축 방향 황삭여유(도피량)
R : 분할횟수 황삭의 반복횟수
P : 정삭가공 지령절의 첫 번째 전개번호
Q : 정삭가공 지령절의 마지막 전개번호
U : X축 방향 정삭여유(지름 지정)
W : Z축 방향 정삭여유
F : 황삭 이송속도(feed) 지정

이 기능은 그림 [유형 반복 사이클]과 같이 일정한 절삭 형상을 조금씩 위치를 옮기면서 반복하여 가공하는 데 편리하므로 단조품이나 주조물과 같이 소재 형태가 나와 있는 가공에 효과적이다.

G73에서 I값 및 K값의 의미는 주조나 단조에 의해 1차 가공된 소재에서 도면상의 완성된 치수까지 남은 양을 의미한다.

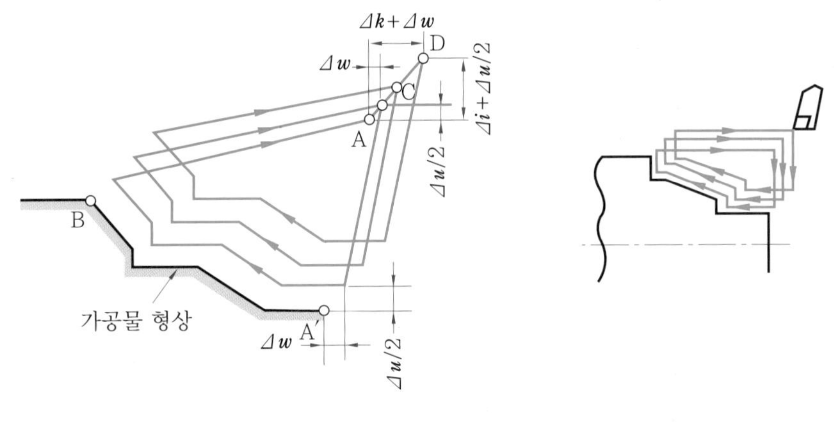

유형 반복 사이클

예제

유형 반복 사이클(G73, G70)을 이용하여 다음을 프로그램하시오. (ϕ80×75L)

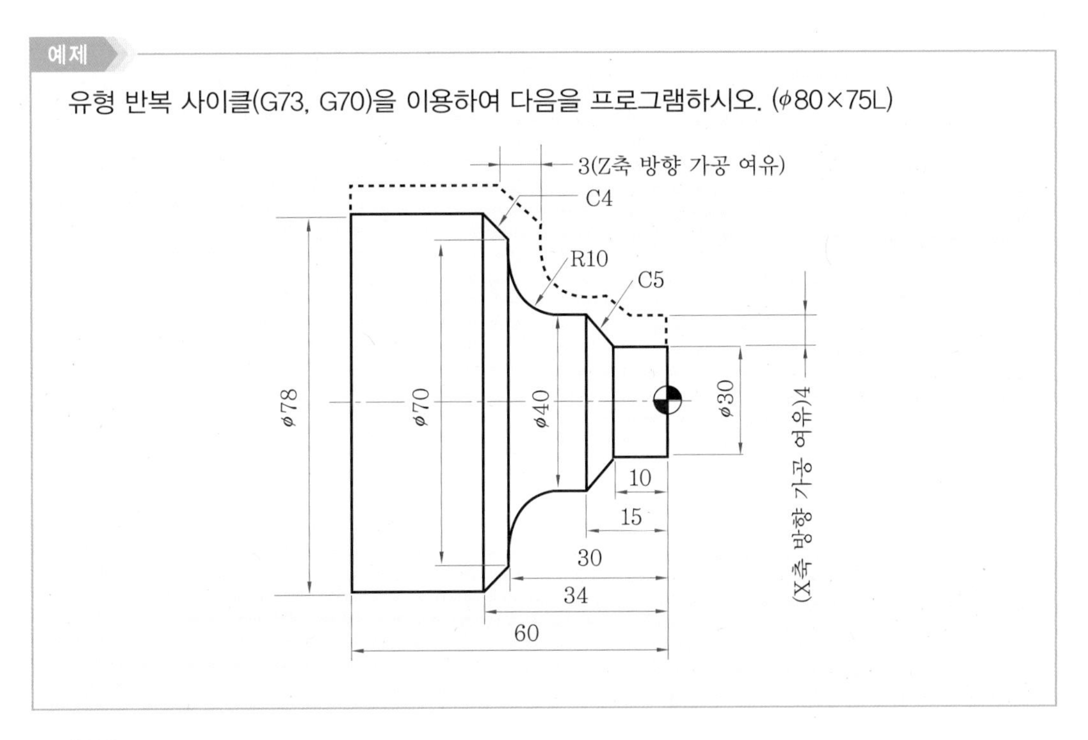

해설

```
G28   U0.0    W0.0 ;
T0100 ;
G50   S1300 ;
G96   S130    M03 ;
G00   X82.0   Z0.1   T0101   M08 ;
G01   X-2.0   F0.2 ;
G00   X85.0   Z2.0 ;
```

```
G73   U4.0    W3.0    R3.0 ; ……… X축 가공여유 반경 4mm, Z축 3mm, 가
                                   공 횟수 3번
G73   P10     Q100    U0.2    W0.1   F0.2 ;
N10   G00     X30.0   Z2.0 ;
G01   Z-10.0 ;
      X40.0   Z-15.0 ;
      Z-20.0 ;
G02   X60.0   W-10.0  R10.0 ;
G01   X70.0 ;
      X78.0   Z-34.0 ;
N100  Z-60.0 ;
G00   X150.0  Z150.0  T0100   M09 ;
M01 ;
T0300 ;
G50   S1600   T0300 ;
G96   S150    M03 ;
G00   X32.0   Z0.0    T0303   M08 ;
G01   X-2.0   F0.1 ;
G00   X85.0   Z2.0 ;
G70   P10     Q100    F0.1 ;
G00   X150.0  Z150.0  T0300   M09 ;
M05 ;
M02 ;
```

(5) 단면 홈가공 사이클(G74)

G74 R(e) ;

G74 X(u)_ Z(w)_ P(Δi)_ Q(Δk)_ R(Δd)_ F(f)_ ;

여기서, R : 후퇴량

X : 가공 사이클이 최종적으로 끝나는 X 좌푯값

Z : 가공 사이클이 최종적으로 끝나는 Z 좌푯값

P : X방향의 이동량(부호 무시하여 지정)

Q : Z방향의 절입량(부호 무시하여 지정)

R : 가공 끝점에서 공구 도피량(생략하면 0)

F : 이송속도

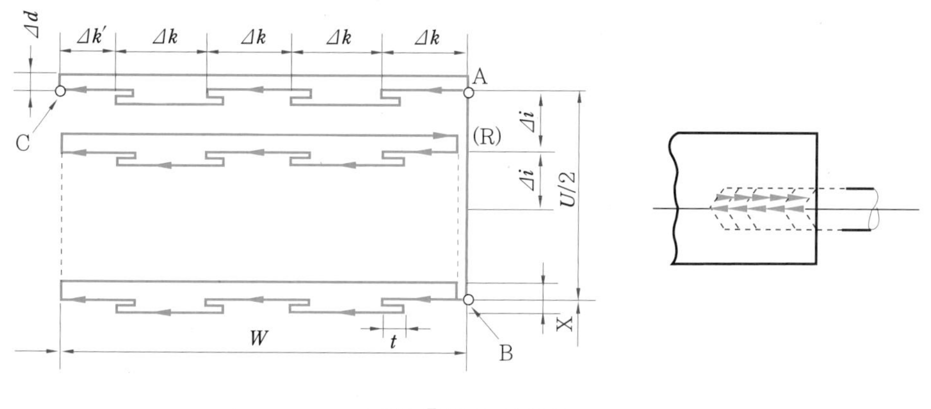

단면 홈가공 사이클

위의 그림은 단면 홈가공 사이클의 공구 이동 형상을 나타내고 있다. G74를 이용하여 내외경 가공 시 발생하는 긴 칩(chip)의 처리를 용이하게 할 수 있으며, X축 지령을 생략하면 드릴링 작업도 가능하므로 드릴링 작업 시 많이 사용한다.

그러나 산업 현장에서는 드릴링 작업은 범용 선반에서 수동으로 작업한 후 CNC 선반에서는 내경 작업 시 드릴링을 제외한 가공을 많이 한다.

예제

G74를 이용하여 Z가 50mm 가공되게 다음을 프로그램하시오.

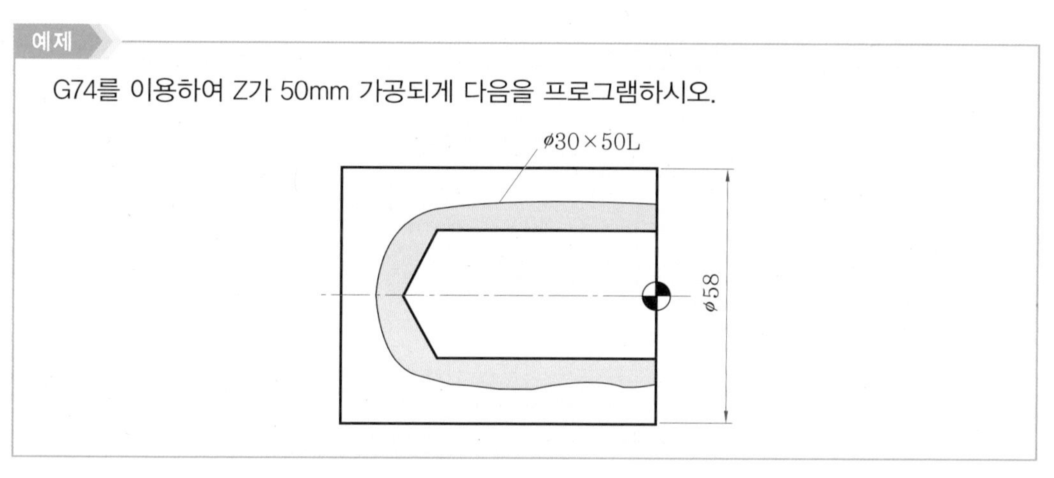

해설

```
G97   S400     M03 ;
G00   X0.0     Z5.0     T1111   M08 ;
G74   R1.0 ; ·························· Z축 1mm 후퇴량
G74   Z-50.0   Q3000    F0.07 ; ······· 3mm 절입하고 1mm 후퇴를 반복하면서 Z-50.0까지 가공
G00   X150.0   Z200.0   T1100   M09 ;
M05 ;
M02 ;
```

예제

G74를 이용하여 내부가 관통하는 프로그램을 하시오.

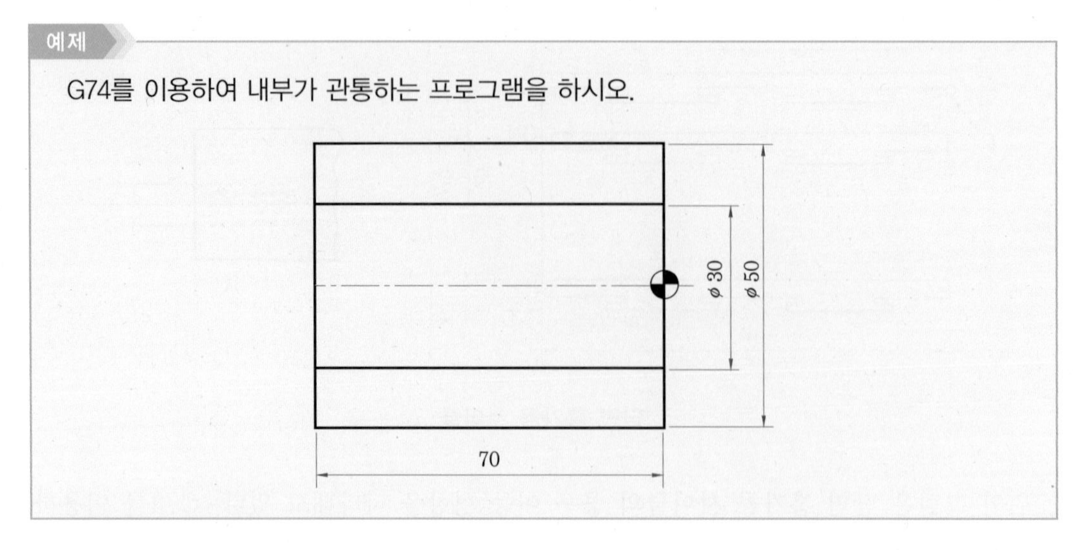

해설
```
G97   S400   M03 ;
G00   X0.0   Z5.0   T1111   M08 ;
G74   R1.0 ;
G74   Z-79.0 Q3000 F0.07
G00   X150.0 Z200.0 T1100   M09 ;
M05 ;
M02 ;
```

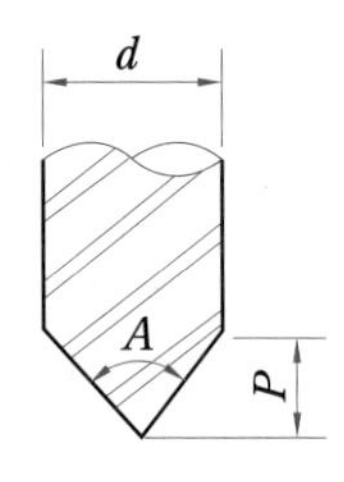

여기서, Z−79.0이 되는 이유는 드릴의 경우 P만큼 더 가공이 되어야 하므로

$P=d\times K=30\times 0.29=8.7$

K(상수)$=0.29$

그림에서 A : 드릴 날각(표준 드릴은 118°)

d : 드릴 지름

P : 드릴 끝점까지의 길이

K : 상수(표준 드릴의 K는 0.29)

(6) 내외경 홈가공 사이클(G75)

```
G75   R(e) ;
G75   X(u)__   Z(w)__   P(Δi)__   Q(Δk)__   R(Δd)__   F(f)__ ;
```

여기서, R : 후퇴량

X : 가공 사이클이 최종적으로 끝나는 X 좌푯값

Z : 가공 사이클이 최종적으로 끝나는 Z 좌푯값
P : X방향 절입량
Q : Z방향 공구 이동량
R : 가공 끝점에서 공구 도피량
F : 이송속도

공작물의 내외경에 홈을 가공하는 사이클로 홈가공 시 발생하는 긴 칩의 발생을 억제하면서 효율적으로 가공할 수 있으며, 다음 그림에서 보는 바와 같이 G74와 X, Z방향만 바뀌었을 뿐 가공방법은 유사하다.

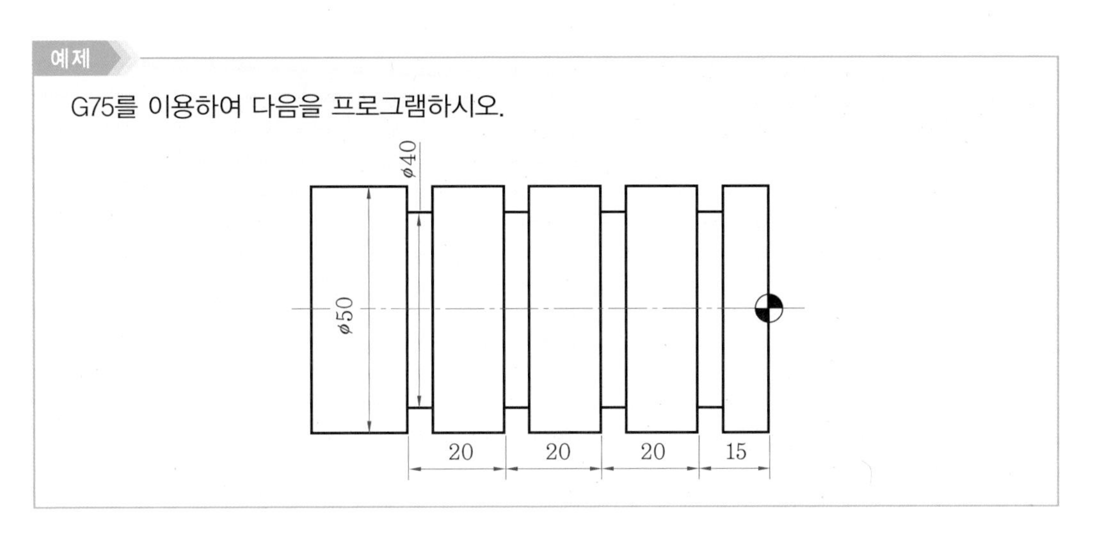

해설

G97	S700	M03 ;				
G00	X52.0	Z−15.0	T0808	M08 ;		
G75	R0.5 ;					⋯ X축 0.5mm 도피량 지정
G75	X40.0	Z−75.0	P2000	Q20000	F0.1 ;	⋯ 2mm 절입하고 0.5mm 후퇴를 반복하면서 X40.0까지 가공하고, Z방향으로 20mm 이동하면서 가공
G00	X150.0	Z200.0	T0800	M09 ;		
M05 ;						
M02 ;						

(7) 나사가공 사이클(G76)

G76 P(m)(r)(a)_____ Q(Δd_{min})_____ R(d) ;
G76 X(u)__ Z(w)__ P(k)__ Q(Δd)__ R(i)__ F(l)__ ;

여기서, P(m) : 최종 정삭 시 반복횟수
(r) : 면취량(00~99까지 입력 가능)
(a) : 나사산 각도
Q : 최소 절입량
R : 정삭여유
X, Z : 나사 끝지점 좌표
P : 나사산 높이(반지름 지정)
Q : 첫 번째 절입깊이(반지름 지정)
R : 테이퍼 나사의 테이퍼값(반지름 지정, 생략하면 직선 절삭)
F : 나사의 리드

다음 그림에서와 같이 나사의 골지름과 절입조건 등을 그 블록으로 지령함으로써 내외경 평행나사와 테이퍼 나사가공을 할 수 있다.

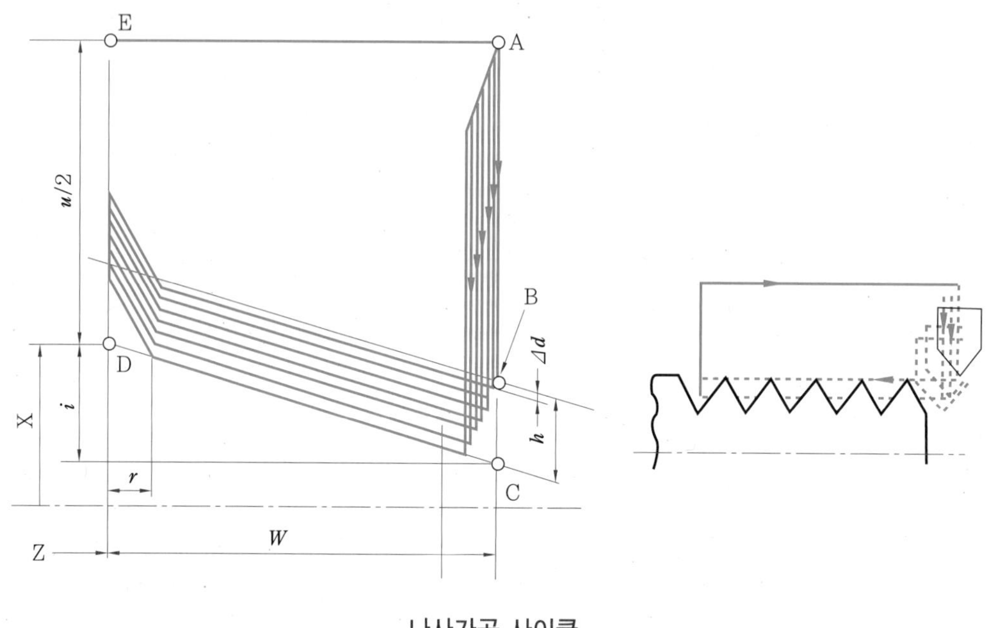

나사가공 사이클

예제

G76을 이용하여 다음을 프로그램하시오.

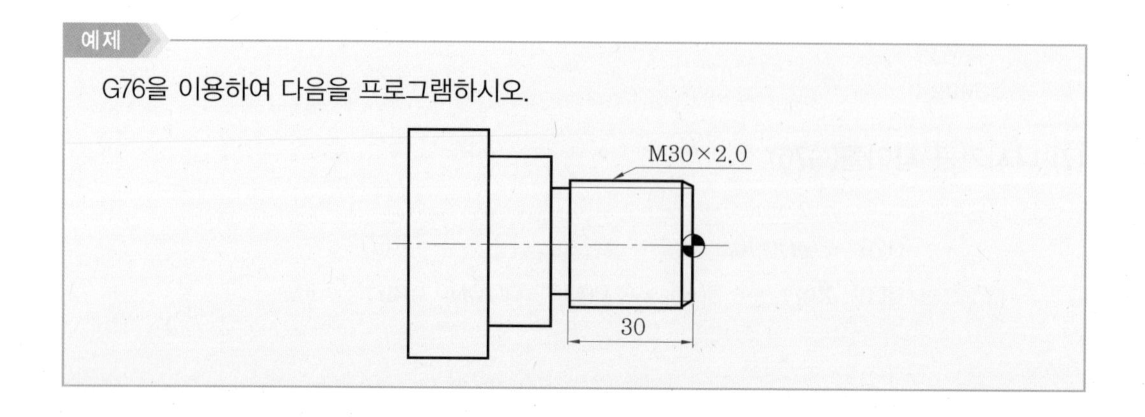

해설

```
G97   S500      M03 ;
G00   X32.0     Z2.0     T0707   M08 ;
G76   P020060   Q50      R30 ; ·················· 정삭횟수 2번이므로 02이고, 면취량은 골지름보다 지름이 적은 홈이 있으므로 필요가 없기 때문에 00이며, 나사 각도가 60°이므로 60이다. 또한, 최소 절입량은 나사가공 데이터에 의해 0.05mm이므로 Q50이고, 정삭여유를 0.03으로 하였기 때문에 R30이다.
G76   X27.62    Z-32.0   P1190   Q350    F2.0 ;
G00   X150.0    Z200.0   T0700   M09 ;
M05 ;
M02 ;
```

예제

도면을 외경 황삭 사이클(G71), 정삭 사이클(G70), 나사가공 사이클(G76)을 이용하여 프로그램하시오.

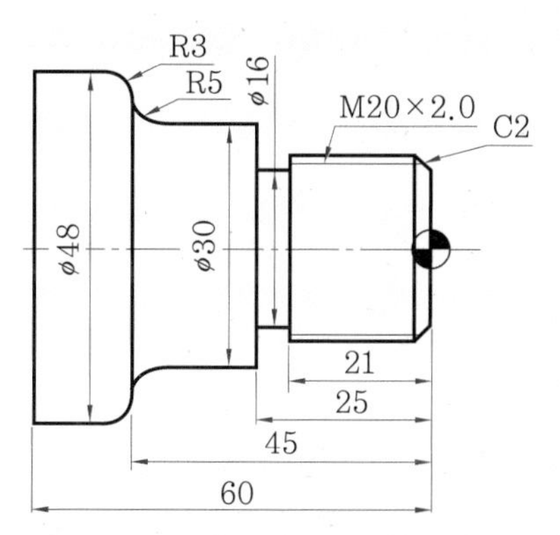

절삭 조건					
공정	공구번호	주축회전수 (rpm)	절삭속도 (m/min)	이송속도 (mm/rev)	1회 절입량
황삭가공	T01	1300	130	0.2	3mm
정삭가공	T03	1500	150	0.1	
홈 가공	T05	500			폭 4mm
나사가공	T07	500		0.07	M30×2

해설

```
O1202 ;
G28   U0.0    W0.0 ;
T0100 ;
G50   S1300 ;
G96   S130    M03 ;
G00   X52.0   Z0.1    T0101   M08 ;
G01   X-2.0   F0.2 ;
G00   X52.0   Z2.0 ;
G71   U1.5    R0.5 ;
G71   P10     Q100    U0.2    W0.1 ;
N10   G00     X12.0 ;
G01   X20.0   Z-2.0 ;
      Z-25.0 ;
      X30.0 ;
      Z-40.0 ;
G02   X40.0   Z-45.0  R5.0 ;
G01   X42.0 ;
G03   X48.0   W-3.0   R3.0 ;
N100  G01     Z-60.0 ;
G00   X150.0  Z150.0  T0100   M09 ;
M01 ;
T0300 ;
G50   S1500 ;
G96   S150    M03 ;
G00   X22.0   Z0.0    T0303   M08 ;
G01   X-2.0   F0.2 ;
G00   X50.0   Z2.0 ;
G70   P10     Q100    F0.1 ;
G00   X150.0  Z150.0  T0300   M09 ;
T0500 ;
G97   S500    M03 ;
G00   X32.0   Z-25.0  T0505   M08 ;
G01   X16.0   F0.07 ;
G04   P1500 ;
G00   X32.0
      X150.0  Z150.0  T0500   M09 ;
T0700 ;
```

```
G97    S500     M03 ;
G00    X22.0    Z2.0     T0707    M08 ;
G76    P020060  Q50      R30 ;
G76    X17.62   Z-23.0   P1190    Q350   F2.0 ;
G00    X150.0   Z150.0   T0700    M09 ;
M05 ;
M02 ;
```

1-7 가공시간

다음 도면을 절삭깊이, 이송속도 등을 동일한 조건으로 프로그램을 하여 가공을 한 결과 (1)번으로 가공했을 경우 2분 51초가 소요되었고, (2)번으로 가공했을 경우 3분 19초, (3)번으로 가공했을 경우 3분 25초가 소요되었다. 그러므로 (1)번으로 프로그램을 하여 가공한 것이 가공시간이 제일 적게 소요됨을 알 수 있다. 그 이유는 각 블록별 절삭이 끝나고 공구가 이동되는 시간이 적게 걸리기 때문이다.

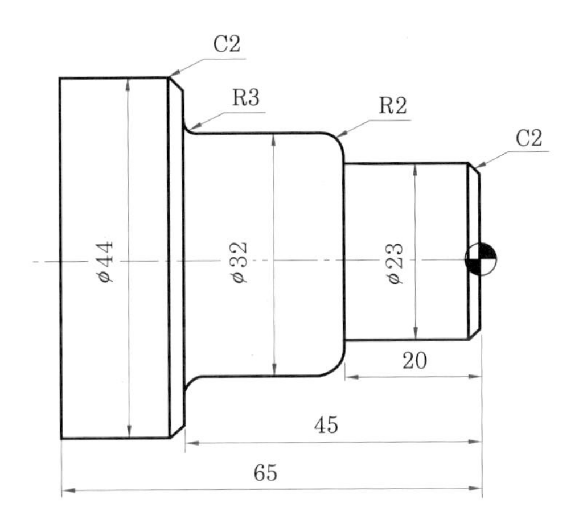

또한, 블록의 수는 (1)의 경우에는 47블록이고, (2)는 35블록, (3)은 30블록이므로 프로그램 길이는 (3) → (2) → (1)번의 순서로 짧아지므로 프로그램 작성시간은 적게 소요되지만, 프로그래머는 도면의 난이도, 제품의 수량 등에 따라 프로그램을 작성하여야만 실제 작업시간이 단축되어 생산성을 향상시킬 수 있다.

(1)
```
N10    G28    U0.0     W0.0 ;
N20    T0100 ;
N30    G50    S1300 ;
N40    G96    S130     M03 ;
N50    G00    X52.0    Z0.1    T0101    M08 ;
```

```
N60     G01     X-2.0      F0.1 ;
N70     G00     X47.0      Z2.0 ;
N70     G01     Z-64.9 ;
N80     G00     U1.0       Z2.0 ;
N90             X44.2 ;
N100    G01     Z-64.9 ;
N110    G00     U1.0       Z2.0 ;
N120            X41.0 ;
N130    G01     Z-44.9 ;
N140    G00     U1.0       Z2.0 ;
N150            X38.0 ;
N160    G01     Z-44.9 ;
N170    G00     U1.0       Z2.0 ;
N180            X35.0 ;
N190    G01     Z-43.5 ;
N200    G00     U1.0       Z2.0 ;
N210            X32.2;
N220    G01     Z-42.0 ;
N230    G00     U1.0       Z2.0 ;
N240            X29.0 ;
N250    G01     Z-19.9 ;
N260    G00     U1.0       Z2.0 ;
N270            X26.0 ;
N280    G01     Z-19.9 ;
N290    G00     U1.0       Z2.0 ;
N300            X23.2 ;
N310    G01     Z-19.9 ;
N290    G00     X150.0     Z150.0    T0100    M09 ;
N300    T0300 ;
N310    G50     S1500 ;
N320    G96     S150       M03 ;
N330    G00     X25.0      Z0.0      T0303    M08 ;
N340    G01     X-2.0      F0.1 ;
N350    G00     X15.0      Z2.0 ;
N360    G01     X23.0      Z-2.0 ;
```

```
    N370            Z-20.0 ;
    N380            X28.0 ;
    N390    G03     X32.0      W-2.0     R2.0 ;
    N400    G01     Z-42.0 ;
    N410    G02     X38.0      Z-45.0    R3.0 ;
    N420    X40.0 ;
    N430    X44.0   W-2.0 ;
    N440    Z-65.0 ;
    N450    G00     X150.0     Z150.0    T0300      M09 ;
    N460    M05 ;
    N470    M02 ;

(2) N10     G28     U0.0       W0.0 ;
    N20     T0100 ;
    N30     G50     S1300 ;
    N40     G96     S130       M03 ;
    N50     G00     X52.0      Z0.1      T0101      M08 ;
    N60     G01     X-2.0      F0.1 ;
    N70     G00     X52.0      Z2.0 ;
    N80     G90     X47.0      Z-64.9 ;
    N90             X44.2 ;
    N100            X41.0      Z-44.9;
    N110            X38.0 ;
    N120            X35.0      Z-43.5 ;
    N130            X32.2      Z-42.0 ;
    N140            X29.0      Z-19.9 ;
    N150            X26.0 ;
    M160            X23.2
    N170    G00     X150.0     Z150.0    T0100      M09 ;
    N180    T0300 ; ……… 정삭가공 프로그램은 (1)번 프로그램과 같음
    N190    G50     S1500 ;
    N200    G96     S150       M03 ;
    N210    G00     X25.0      Z0.0      T0303      M08 ;
    N220    G01     X-2.0      F0.1 ;
    N230    G00     X15.0      Z2.0 ;
```

```
N240  G01    X23.0    Z-2.0 ;
N250         Z-20.0 ;
N260         X28.0 ;
N270  G03    X32.0    W-2.0   R2.0 ;
N280  G01    Z-42.0
N290  G03    X38.0    Z-45.0  R3.0 ;
N300  X40.0 ;
N310  X44.0  W-2.0 ;
N320  Z-65.0 ;
N330  G00    X150.0   Z150.0  T0300   M09 ;
N340  M05 ;
N350  M02 ;
```

(3)

```
N10   G28    U0.0     W0.0 ;
N20   T0100 ;
N30   G50    S1300 ;
N40   G96    S130     M03 ;
N50   G00    X52.0    Z0.1    T0101   M08 ;
N60   G01    X-2.0    F0.1 ;
N70   G00    X52.0    Z2.0 ;
N80   G71    U1.5     R0.5 ;
N90   G71    P100     Q190    U0.2    W0.1 ;
N100  G00    X15.0 ;
N110  G01    X23.0    Z-2.0 ;
N120         Z-20.0 ;
N130         X28.0 ;
N140  G03    X32.0    W-2.0   R2.0 ;
N150  G01    Z-42.0 ;
N160  G02    X38.0    Z-45.0  R3.0 ;
N170         X40.0 ;
N180         X44.0    W-2.0 ;
N190         Z-65.0 ;
N200  G00    X150.0   Z150.0  T0100   M09 ;
N210  T0300 ;
N220  G50    S1500 ;
```

```
N230  G96  S150    M03 ;
N240  G00  X25.0   Z0.0    T0303  M08 ;
N250  G01  X-2.0   F0.1 ;
N260  G00  X52.0   Z2.0 ;
N270  G70  P90     Q180    F0.1 ;
N280  G00  X150.0  Z150.0  T0300  M09 ;
N290  M05 ;
N300  M02 ;
```

1-8 보조 프로그램

프로그램 중에 어떤 고정된 형태나 계속 반복되는 패턴(pattern)이 있을 때 이것을 미리 보조 프로그램(sub program) 메모리(memory)에 입력시켜서 필요 시 호출해서 사용하는 것으로 프로그램을 간단히 할 수 있다.

(1) 보조 프로그램 작성

```
□□□□ : 프로그램 번호
  ⋮
M99 ;
```

보조 프로그램은 1회 호출지령으로서 1~9999회까지 연속적으로 반복가공이 가능하며, 첫머리에 주 프로그램과 같이 로마자 O에 프로그램 번호를 부여하여 M99로 프로그램을 종료한다.

또한, 보조 프로그램은 자동운전에서만 호출 가능하며 보조 프로그램이 또 다른 보조 프로그램을 호출할 수 있다.

다음 그림은 [보조 프로그램의 호출]을 나타낸 것이다.

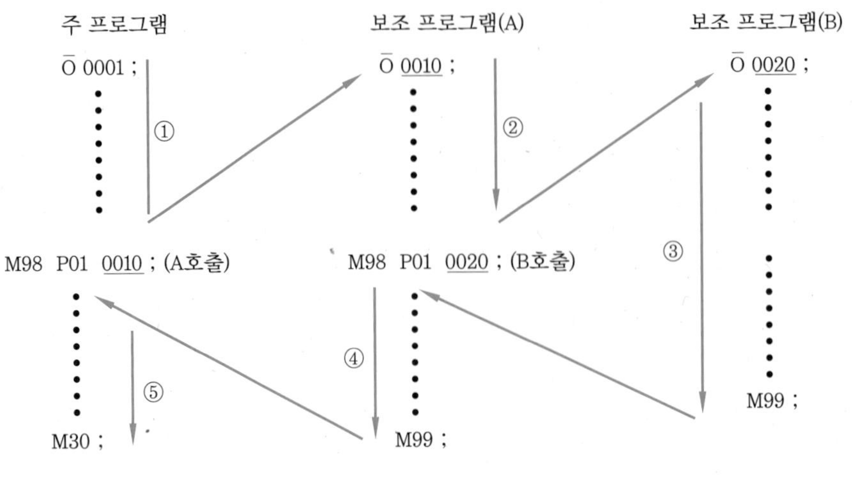

보조 프로그램의 호출

(2) 보조 프로그램의 호출

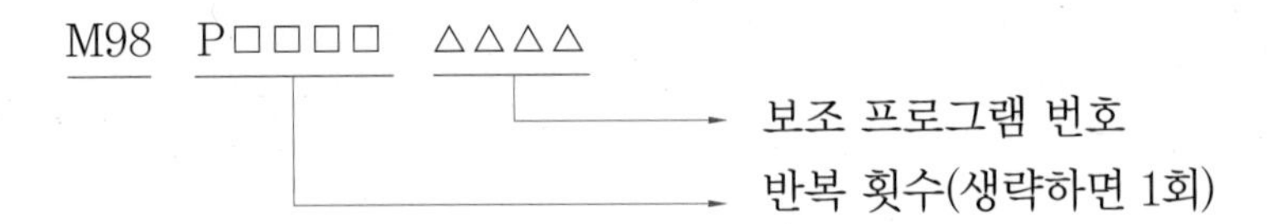

예를 들어 M98 P20010은 보조 프로그램 번호 0010의 보조 프로그램을 2회 호출하라는 지령이며, 생략했을 경우에는 호출횟수는 1회가 된다.

예제

다음 도면의 홈가공을 보조 프로그램을 이용하여 프로그램하시오.

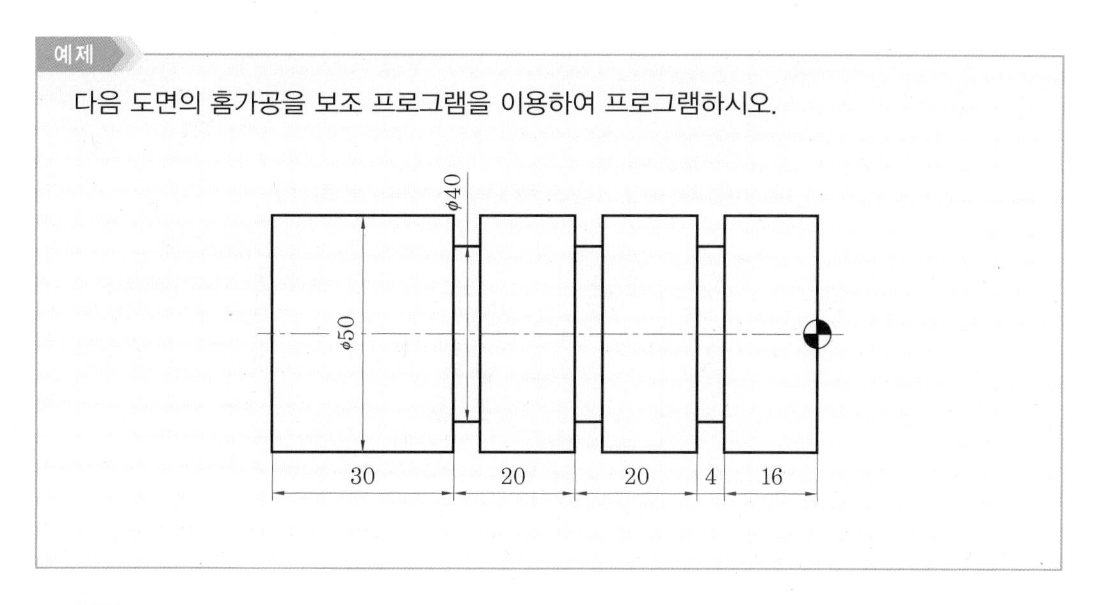

해설

```
G28   U0.0    W0.0 ;
T0500 ;
G97   S500    M03 ;
G00   X52.0   Z-20.0   T0505   M08 ;
M98   P0100 ; ································ 홈가공 보조 프로그램 호출
G00   Z-40.0 ; ······························· 다음 위치로 Z축 이동
M98   P0100 ;
G00   Z-60.0 ;
M98   P0100 ;
G00   X150.0  Z150.0   T0500   M09 ;
M05 ;
M02 ;
O0100 ;
G01   X45.0   F0.07 ; ························ 홈 깊이가 10mm이므로 5mm씩
                                               나누어서 2회 가공
U1.0  F0.2 ;
      X40.0   F0.07 ;
G04   P1500 ;
G00   X52.0 ;
M99 ;
```

연습문제

1. 다음 도면에서 P_1에서 P_2로 이동하는 프로그램을 절대, 증분 혼용으로 하시오.

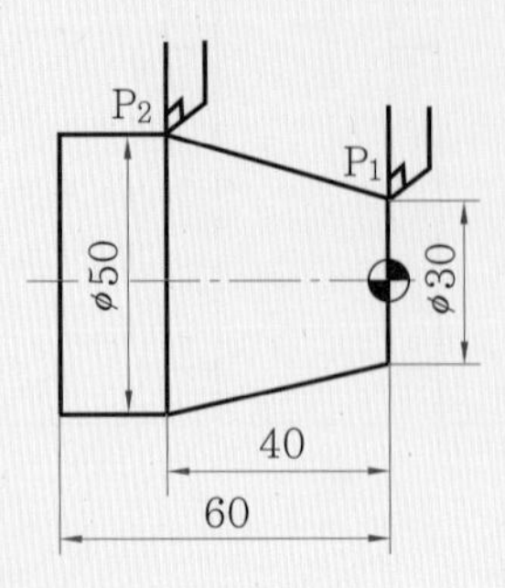

2. 다음 프로그램에서 φ50일 때, φ35일 때, 그리고 φ20일 때 주축 회전수는 얼마인가 ?

```
G50 S1300 ;
G96 S130 ;
```

3. 주축 회전수가 1000rpm일 때 재료가 2회전하는 시간은 몇 초인지 구하시오.

4. CNC 선반에서 지령값 X=56으로 외경 가공한 후 측정한 결과 φ55.94이었다. 기존의 X축 보정값을 0.005라 하면 수정해야 할 공구 보정값은 얼마인지 구하시오.

5. G96 S130 M03 ; 의 프로그램에서 G96, S130 및 M03의 의미를 설명하시오.

6. (1), (2), (3)의 의미는 무엇인지 설명하시오.

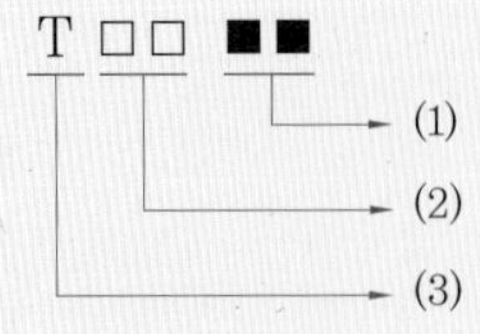

7. 보조 프로그램에서 (1)과 (2)의 의미는 무엇인지 설명하시오.

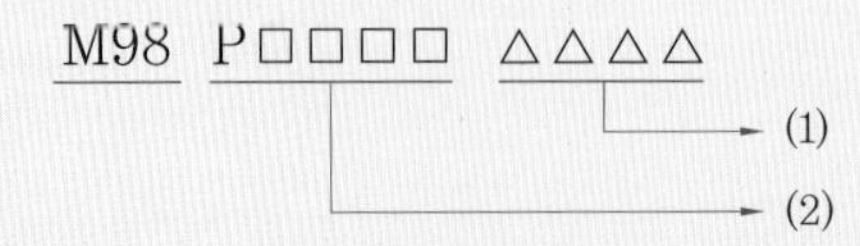

2장 CNC 선반 조작하기

1. 운전 및 조작

작업과제명	운전 및 조작하기			소요 시간	
목표	① CNC 선반의 일상 점검을 할 수 있다. ② CNC 선반의 각부 명칭과 기능을 설명할 수 있다. ③ 조작반을 이용하여 CNC 선반을 운전할 수 있다.				
기계 및 공구	재료명	규격	수량	안전 및 유의사항	
CNC 선반		SKT21LM	1	① 작업 전에 일일 점검사항을 미리 체크한다. ② 작동중인 기계의 회전 부위나 움직이는 부위는 신체의 접촉이 생기지 않도록 유의한다. ③ 모르는 부분은 항상 질문 후 조작한다.	

CNC 선반

1-1 CNC 선반의 일상 점검

구분	점검 내용	세부 점검 내용
매일 점검	1. 외관 점검	• 장비 외관 점검 • 베드면에 습동유가 나오는지 손으로 확인
	2. 유량 점검	• 에어 루브리케이터 오일(air lubricator oil) 확인 • 절삭유 및 유압 탱크 유량 확인
	3. 척 압력 점검	• 척의 압력이 명판에 지시된 압력과 일치 확인
	4. 각부의 작동검사	• 각 축은 윤활하게 급속이동되는지 확인 • 주축 회전 정상 여부 점검
매월 점검	1. 각부의 필터 점검	• NC장치 필터 점검 • 전기 제어반 필터 점검
	2. 각부의 팬 모터 점검	• 각부의 팬(fan) 모터 회전 점검 • 팬 모터부의 먼지 및 이물질 제거
	3. 그리스 주입	• 지정된 기어 및 작동부에 그리스 주입
	4. 백래시 보정	• 각 축의 백래시 점검 및 보정
매년 점검	1. 레벨(수평) 점검	• 기계 본체 레벨 점검 및 보정
	2. 기계 정도 검사	• 기계 제작회사에서 작성된 각부 기능 검사 리스트 확인 및 조정
	3. 절연상태 점검	• 각 부분 전선의 절연상태 점검 및 보수

1-2 조작반 기능 설명

조작판(operator panel)의 기능은 같은 컨트롤러(controller)를 사용해도 제작회사에 따라 스위치 모양과 종류, 조작 방법은 다소 차이가 있으나 한 가지의 모델만 이해하면 다른 제작회사의 CNC 선반을 접해도 어려움 없이 접할 수 있다. 본 교재는 한국폴리텍대학 인천캠퍼스가 보유하고 있는 HYUNDAI-KIA MACHINE SKT21LM을 기준으로 설명하였다.

컨트롤러

(1) MDI(Manual Data Input)

프로그램을 작성하여 메모리에 등록하지 않고 기계를 동작시킬 수 있는 기능으로 공구 회전, 주축 회전, 간단한 절삭 이송 등을 지령한다.

(2) EDIT

프로그램을 신규로 작성할 수 있고, 메모리(memory)에 등록된 프로그램을 수정할 수 있다.

MDI, EDIT, MEMORY

(3) MEMORY

메모리에 등록된 프로그램을 자동운전한다.

(4) ZERO RETURN

공구를 기계원점으로 복귀시킨다.

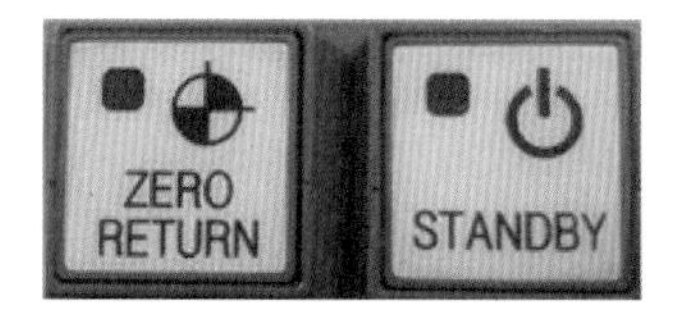

ZERO RETURN, STANDBY

(5) STANDBY

STANDBY를 누르면 CNC 선반은 작업할 수 있는 준비 상태가 된다.

(6) MPG(Manual Pulse Generator)

① 핸들을 이용하여 축을 이동시킬 수 있다.

② 핸들의 한 눈금은 $\times 100\left(\frac{1}{10}\right)$, $\times 10\left(\frac{1}{100}\right)$, $\times 1\left(\frac{1}{1000}\right)$ 세 종류가 있다.

③ $\times 100$은 1펄스당 0.1mm, $\times 10$은 1펄스당 0.01mm, $\times 1$은 1펄스당 0.001mm 이다.

MPG

(7) JOG

직선절삭 등 간단한 수동작업을 한다.

(8) EMGERENCY STOP(비상정지)

① 돌발적인 충돌이나 위급한 상황에서 작동시킨다.

② 비상정지 버튼을 누르면 정지하고, 메인 전원을 차단한 효과를 나타낸다.

③ 해제 방법 : 그림과 같이 화살표 방향(오른쪽)으로 비상정지 버튼을 돌리면 해제된다.

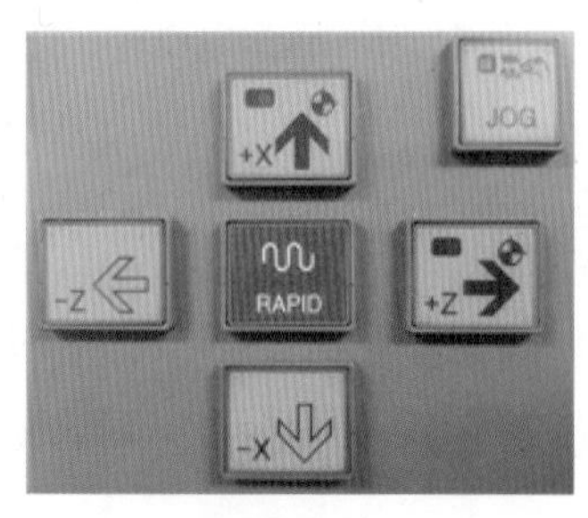

JOG

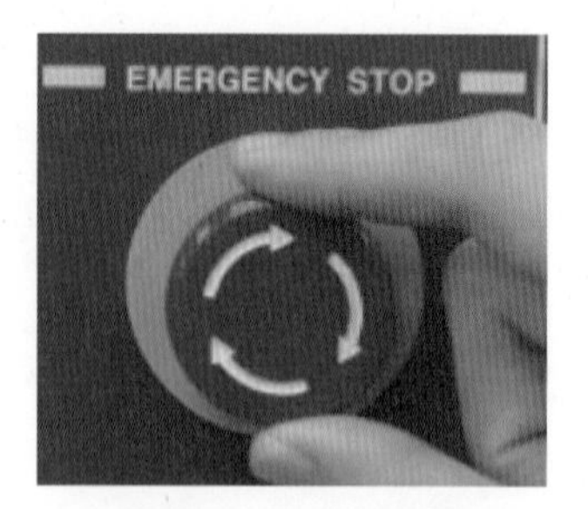

EMGERENCY STOP

(9) RAPID OVERRIDE

급속이송에서 G00의 급속 위치 결정 속도를 외부에서 변화시키는 기능이다.

❀ 실습 시에는 안전을 위하여 항상 25%에 둔다.

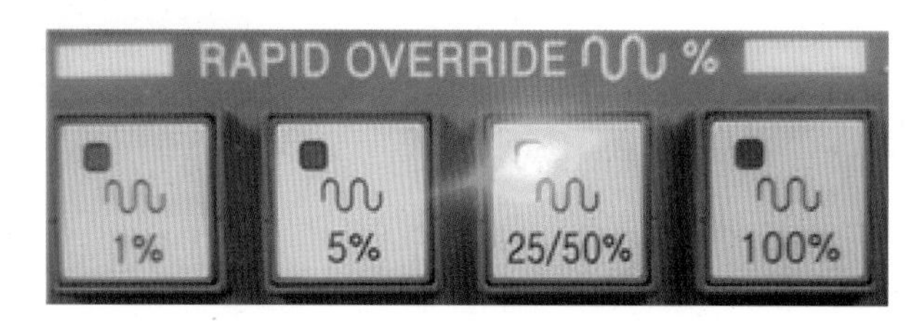

RAPID OVERRIDE

(10) FEEDRATE OVERRIDE

① 자동, 반자동 모드에서 지령된 이송속도(FEED)를 외부에서 변화시키는 기능이다.

② 이송속도 범위는 0~200이고 10%의 간격을 가진다.

❀ 실제 가공 시 피드 값을 F0.2로 두었을 때 FEEDRATE OVERRIDE를 120에 두면 F0.24가 되며, 80에 두면 F0.16으로 가공된다.

(11) SPINDLE OVERRIDE

① 모드에 관계없이 주축속도(rpm)를 외부에서 변화시키는 기능이다.

② 주축회전 범위는 50~150이고 10% 간격을 가진다.

(12) START

프로그램을 실행하는 기능인데 CNC 메이커에 따라 CYCLE START로 되어 있는 것도 있다.

(13) FEED HOLD

START로 실행 중인 프로그램을 정지시킨다.

※ FEED HOLD 버튼이 있기 때문에 작업 중 공구와 공작물의 거리를 알 수 있으므로 충돌 없이 가공할 수 있다.

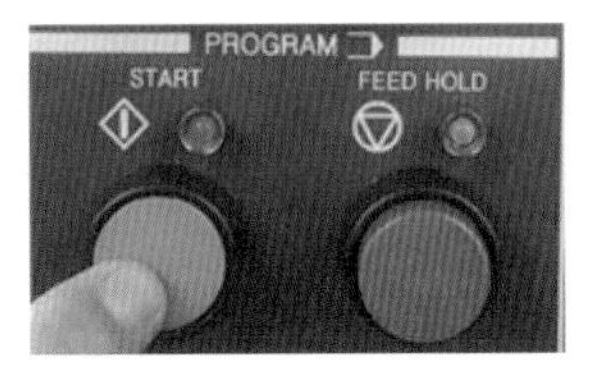

FEEDRATE OVERRIDE SPINDLE OVERRIDE START, FEED HOLD

(14) OPTIONAL STOP

① 프로그램에 지령된 M01을 선택적으로 실행하게 된다.

② 조작반의 M01이 ON일 때는 M01의 실행으로 프로그램이 정지하므로 도어를 열고 공작물 가공 상태를 확인할 수 있으며, M01이 OFF일 때는 M01을 실행해도 프로그램이 정지하지 않는다. 즉, M01이 스킵(skip)된다.

OPTIONAL STOP

(15) MACHINE LOCK

축(X, Y, Z)을 현재 위치에서 고정시켜 공구가 이동을 하지 않게 하는 기능이다.

※ MACHINE LOCK은 실제로 가공하기 전에 그래픽을 할 때 사용한다.

MACHINE LOCK

(16) SINGLE BLOCK

START의 작동으로 프로그램을 연속적으로 실행하지만, SINGLE BLOCK 기능이 ON되면 한 블록씩 실행한다.

※ 특히 좌표계 설정 후 공구가 공작물로 이동할 때 많이 사용한다.

SINGLE BLOCK

<table>
<tr><td>작업과제명</td><td>조작반 설명</td><td>소요시간</td><td></td></tr>
</table>

<table>
<tr><td colspan="9">평가 기준</td></tr>
<tr><td colspan="5">조작 평가 (70점)</td><td colspan="4">작업 평가 (30점)</td></tr>
<tr><td rowspan="2">평가 항목</td><td colspan="3">배점</td><td rowspan="2">득점</td><td colspan="2" rowspan="2">항목</td><td colspan="2" rowspan="2">배점</td></tr>
<tr><td>만점</td><td>양호</td><td>보통</td></tr>
<tr><td>전원공급 및 차단 순서</td><td>10</td><td>8</td><td>6</td><td></td><td colspan="2">작업 방법</td><td colspan="2">6</td></tr>
<tr><td>조작반 기능 숙지</td><td>20</td><td>16</td><td>12</td><td></td><td colspan="2">작업 태도</td><td colspan="2">6</td></tr>
<tr><td>원점복귀 순서</td><td>10</td><td>8</td><td>6</td><td></td><td colspan="2">작업 안전</td><td colspan="2">6</td></tr>
<tr><td>운전방법 숙지 정도</td><td>20</td><td>16</td><td>12</td><td></td><td colspan="2">정리 정돈</td><td colspan="2">6</td></tr>
<tr><td>안전사항</td><td>10</td><td>8</td><td>6</td><td></td><td colspan="2">재료 사용</td><td colspan="2">6</td></tr>
<tr><td></td><td></td><td></td><td></td><td></td><td colspan="4">시간 평가 (0점)</td></tr>
<tr><td></td><td></td><td></td><td></td><td></td><td colspan="4" rowspan="2">소요시간 (　　)분
초과마다 (　　)분
감점</td></tr>
<tr><td></td><td></td><td></td><td></td><td></td></tr>
<tr><td></td><td></td><td></td><td></td><td></td><td>작품
평가</td><td>작업
평가</td><td>시간
평가</td><td>총점</td></tr>
<tr><td></td><td></td><td></td><td></td><td></td><td></td><td></td><td></td><td></td></tr>
</table>

1-3 공작물 좌표계 설정

작업과제명	공작물 좌표계 설정		소요시간	
목표	① CNC 선반을 조작할 수 있다. ② CNC 선반에 사용할 공구를 장착 및 교환할 수 있다. ③ MDI로 프로그램을 입력할 수 있다. ④ 좌표계 설정을 할 수 있다.			
기계 및 공구	재료명	규격	수량	안전 및 유의사항
CNC 선반		SKT21LM	1	① 작업 전에 일일 점검사항을 미리 체크한다. ② 작동 중인 기계의 회전 부위나 움직이는 부위는 신체의 접촉이 생기지 않도록 유의한다.
외경 황삭 바이트		PCLNR2525M12	1	
외경 정삭 바이트		PDLNR2525M12	1	
버니어 캘리퍼스		150mm	1	
	쾌삭 Al	$\phi 50 \times 100$	1	

(1) MAIN SWITCH ON

사용할 CNC 선반의 MAIN SWITCH를 ON한다.

※ 항상 실습을 할 때는 MAIN SWITCH를 ON하고, 실습이 끝나면 MAIN SWITCH를 OFF한다.

⇨

(2) NFB(No Fuse Breaker) ON

① NFB : 과전류 및 과부하 등 이상 시 자동적으로 전원이 차단되는 장치

② NFB가 ON하면 강전반 팬 모터가 회전하는 소리가 들린다.

NFB OFF → ON

(3) POWER ON

NC Control Unit에 전원이 공급되고 약 40초가 지나면 초기 화면이 나타나는데, EMG(EMERGENCY)가 뜬다.

POWER ON

(4) EMG(Emergency) 해제

조작판 하단 우측에 비상정지 버튼이 눌려져 있으면 비상정지 버튼을 오른쪽으로 돌려서 해제시킨다.

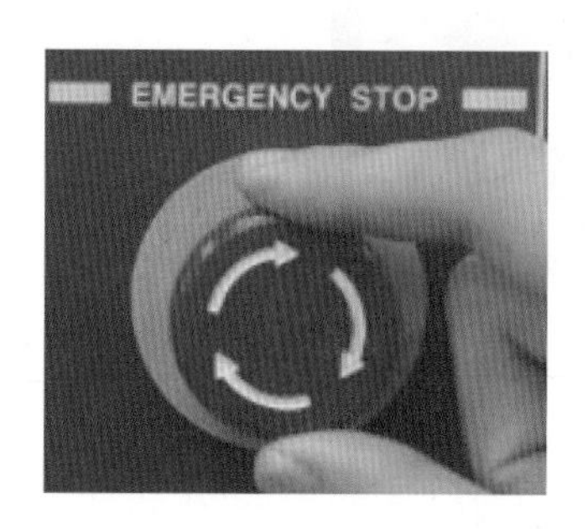

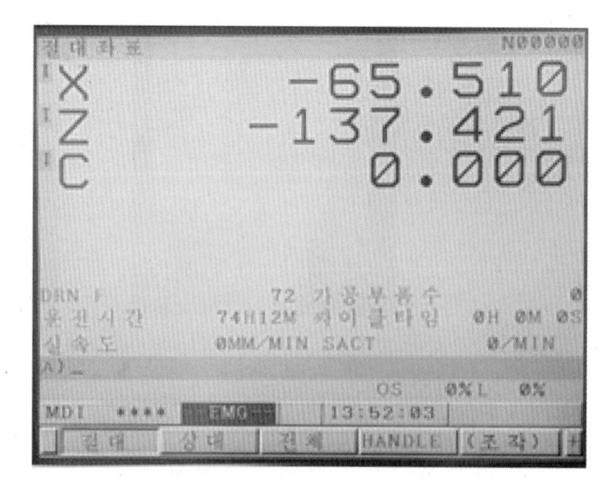

비상정지 해제

(5) 원점복귀(Reference Point Return)

STANDBY를 누른 후 ZERO RETURN을 누른다.

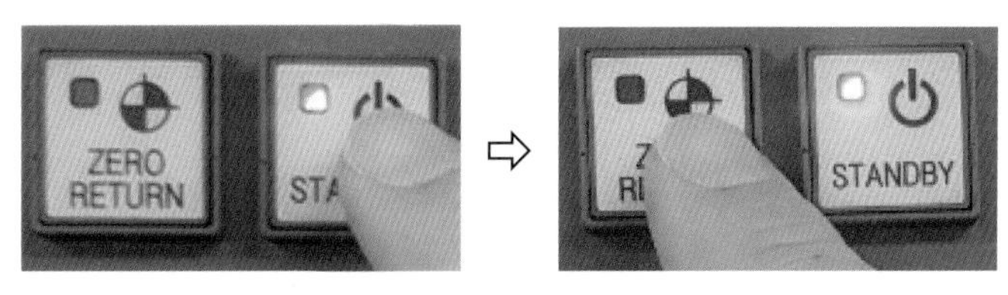

STANDBY → ZERO RETURN

원점복귀가 끝나면 기계좌표값이 X0.000 Z0.000이 된다.

(6) 공작물 처킹(chucking) 및 주축 회전

① 공작물 처킹 후 공작물이 정확하게 처킹되었는지 확인하기 위하여 주축을 회전한다.

※ 공작물이 정확하게 물리지 않으면 주축 회전 시 공작물이 튕겨 나가 안전사고가 일어날 위험이 있다.

② 모드를 MDI에 두고 PROG(PROGRAM)를 누른 후 S1000 M03을 입력한 후 EOB를 누르고, INSERT를 누른다.

③ START를 누르면 주축이 1000RPM으로 회전한다.

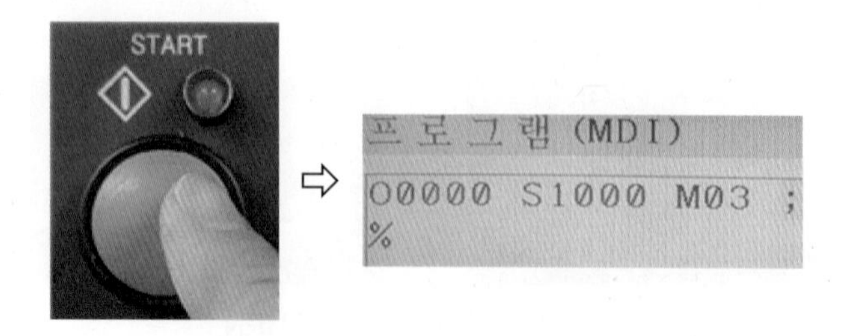

※ 주축을 정지하려면 MDI ⇨ M05 ⇨ EOB ⇨ INSERT 후 START를 누르면 된다.

(7) 공구 이동

① MPG(Manual Pulse Generator)

처음 배울 때는 MPG를 이용하는 것이 안전을 위하여 좋다.

② 핸들 이동(MPG 이동) 시 주의할 점

- 원하는 축 X, Z를 선택한다.
- 핸들의 한 눈금에는 $\times100\left(\frac{1}{10}\right)$, $\times10\left(\frac{1}{100}\right)$, $\times1\left(\frac{1}{1000}\right)$의 종류가 있다.
- 공구와 공작물이 멀리 있을 때는 ×100에 두어 빨리 공구를 이동하고 가까울 때는 ×10 또는 ×1에 둔다.

③ 공구 이동(JOG 이동) 시 주의할 점

- JOG 이동 시 X, Z는 "−" 방향으로 해야 한다.
- 공구를 빨리 이동하려면 그림과 같이 붉은색 RAPID 버튼과 원하는 축을 동시에 누른다.

※ 공구 이동이 숙달되면 공구와 공작물 사이 70~80mm까지는 JOG로 이동한 후 핸들 이동을 하면 작업시간을 단축할 수 있다.

(8) 좌표계 설정

① 핸들을 이용하여 Z면을 터치한다.

② Z면을 터치한 후 공구를 +X 방향으로 핸들로 공구를 이동하여 -Z 방향으로 약간 이동한 후 기준면을 절삭한다.

※ +X 방향으로 공구를 이동할 때는 공구와 공작물이 다음 그림과 같이 완전히 떨어져야 한다.

③ 상대를 누르고, W를 누른 후 오리진을 누르면 상대좌표 W가 0.000으로 바뀐다.

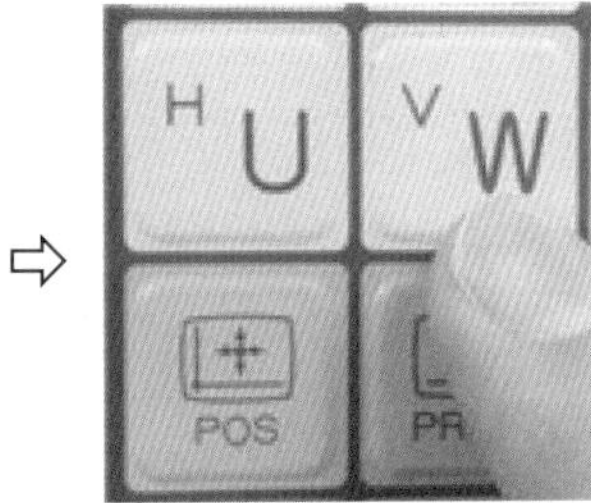

④ 핸들을 이동하여 X면을 터치한다.

⑤ X면을 터치한 후 공구를 +Z 방향으로 핸들로 공구를 이동하여 -X 방향으로 약간 이동한 후 -Z 방향으로 절삭한다.

⇨

⑥ 절삭 후 공구를 +Z 방향으로 이동한 후 측정한다.

❀ 측정할 때는 공작물과 눈높이를 같게 하여 정확하게 측정하여야 하며, 측정값(X45.3)을 기억하여야 한다.

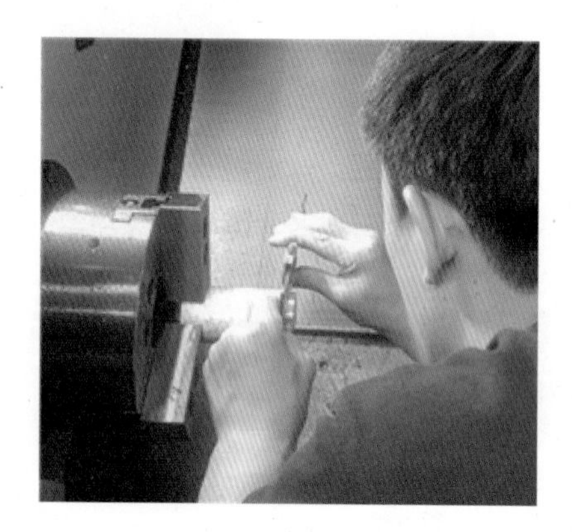

⑦ Z와 같은 방법으로 U를 누른 후 오리진을 누르면 상대좌표 U가 0.000으로 바뀐다.

(9) 위크 좌표계 설정

① OFS를 누른 후 좌표계를 누른다.

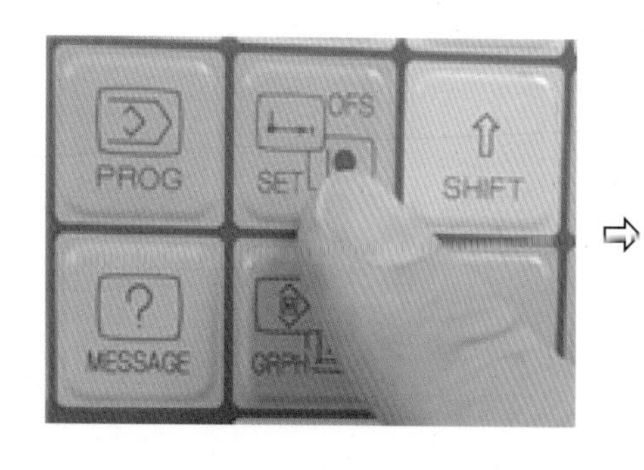

⇨

② 워크좌표계 설정 화면이 나타난다.

워크좌표계설정 N00000
(G54)

NO.		DATA	NO.		DATA
00	X	0. 000	02	X	0. 000
EXT	Z	0. 000	G55	Z	0. 000
	C	0. 000		C	0. 000
01	X	0. 000	03	X	0. 000
G54	Z	0. 000	G56	Z	0. 000
	C	0. 000		C	0. 000

③ 커서를 G54 X로 이동한 후 측정값 X45.3을 입력하면, 워크좌표계 G54 X 데이터가 바뀐다.

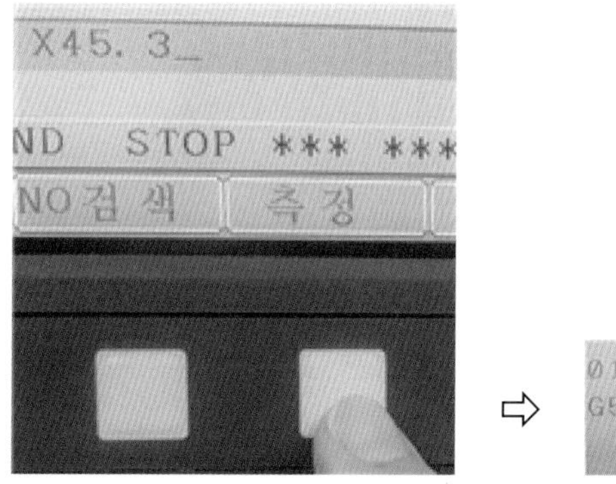

⇨

01	X	-215. 370
G54	Z	-439. 648
	C	0. 000

⑤ 같은 방법으로 Z0.0을 입력하면 G54 Z 데이터도 바뀐다.

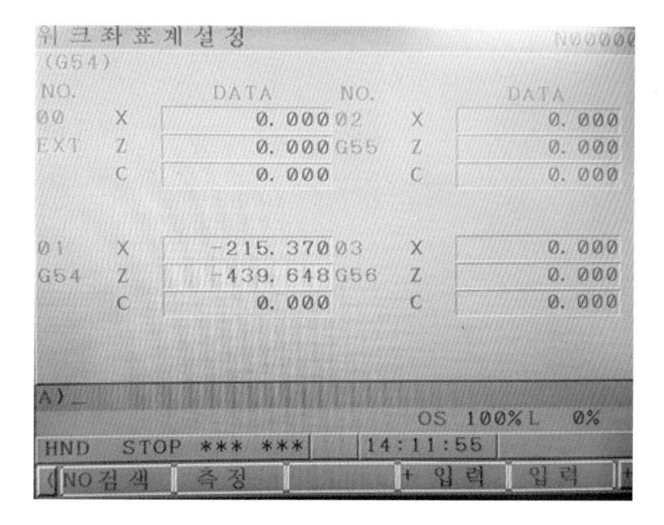

작업과제명	좌표계 설정	소요시간	

평가 기준						
조작 평가 (70점)					작업 평가 (30점)	
평가 항목	배점			득점	항목	배점
	만점	양호	보통			
원점복귀	10	8	6		작업 방법	6
공구이동	10	8	6		작업 태도	6
MDI 입력방법	15	12	10		작업 안전	6
좌표계 설정	25	20	15		정리 정돈	6
안전 사항	10	8	6		재료 사용	6
					시간 평가 (0점)	
					소요시간(　　)분 초과마다(　　)분 감점	
					작품 평가 / 작업 평가 / 시간 평가 / 총점	

1-4 공구 보정(tool offset)

작업과제명	공구 보정		소요시간	
목표	① CNC 선반에 사용할 공구를 장착 및 교환할 수 있다. ② 공구 보정을 할 수 있다.			

기계 및 공구	재료명	규격	수량	안전 및 유의사항
CNC 선반		SKT21LM	1	① 작업 전에 일일 점검 사항을 미리 체크한다. ② 작동 중인 기계의 회전 부위나 움직이는 부위는 신체의 접촉이 생기지 않도록 유의한다.
외경 황삭 바이트		PCLNR2525M12	1	
외경 정삭 바이트		PDLNR2525M12	1	
외경 홈 바이트		TTER2525-4T25	1	
외경 나사 바이트		SER2525-M22	1	
버니어 캘리퍼스		150mm	1	
	쾌삭 Al	ϕ50×100	1	
			1	

(1) 공구 보정

① MDI를 이용하여 T0200 M06을 입력 후 EOB를 누르고, INSERT를 누른 후 START를 누르면, 공구가 T02(외경 정삭 공구)로 바뀐다.

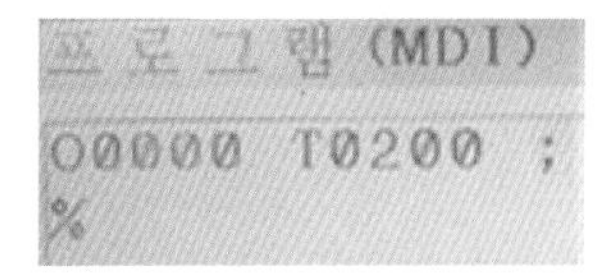

② 주축을 회전한 후 바뀐 T02 공구를 Z면에 터치한다.

※ 공구를 Z면에 터치할 때 주의할 점은 공구와 공작물이 먼 거리에 있을 때는 JOG를 이용하여 빨리 공구를 이동하고, 공구와 공작물이 가까울 때는 핸들을 이용하여 정확하게 Z면에 터치한다.

③ OFS(OFFSET) ⇨ 옵셋 ⇨ 형상을 누르고, Z0.0을 입력한 후 측정을 누르면 Z축 공구보정이 끝난다.

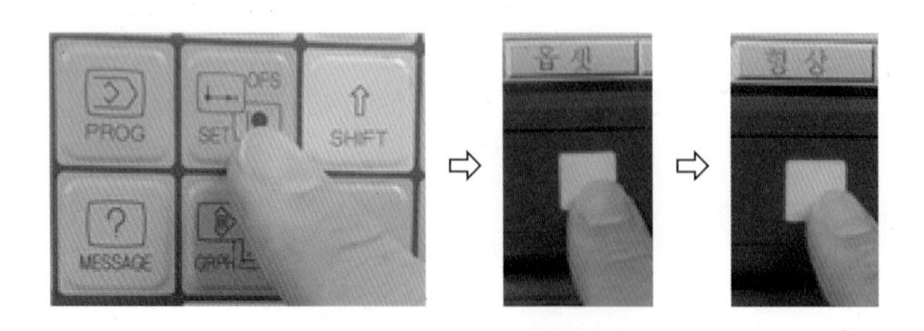

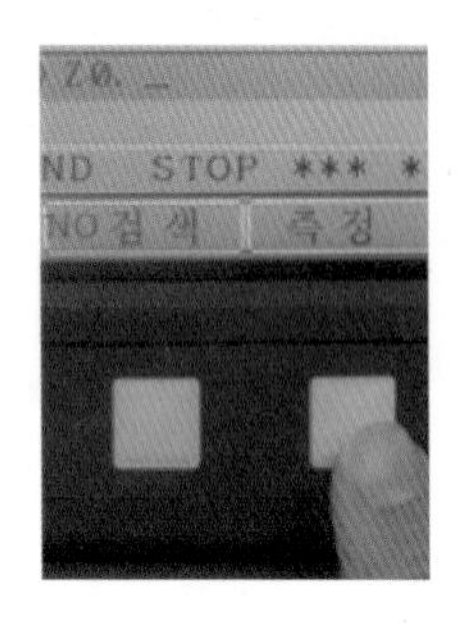

공구보정/형상

NO.	X축	Z축	반경	T
G 001	0.000	0.000	0.800	3
G 002	0.000	0.390	0.400	3
G 003	0.000	0.000	0.000	8
G 004	0.000	0.000	0.000	8

④ 같은 방법으로 X면에 터치한다.

공구보정/형상

NO.	X축	Z축	반경	T
G 001	0.000	0.000	0.800	3
G 002	-0.160	0.390	0.400	3
G 003	0.000	0.000	0.000	8
G 004	0.000	0.000	0.000	8

(2) 나사 공구 보정

나사 공구의 모양이 그림과 같이 X축, Z축에 터치가 불가능하므로 공작물의 끝 부분에 터치한다.

※ 나사 공구 보정할 때는 주축 회전수를 400～500rpm으로 천천히 하여 정확하게 공작물 끝자리에 터치하여야 한다.

작업과제명	공구 보정	소요시간	

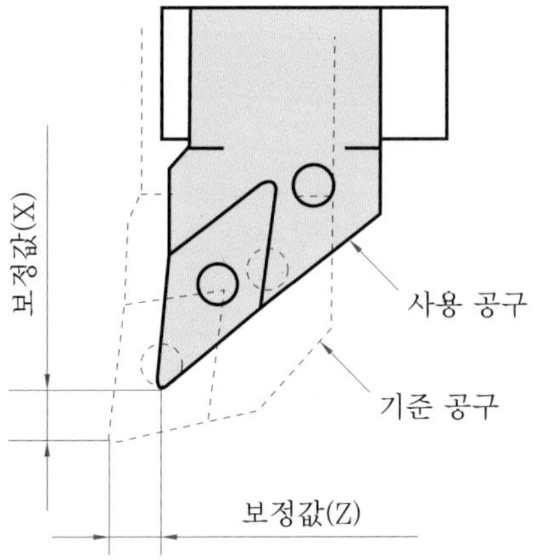

보정값(X)
사용 공구
기준 공구
보정값(Z)

평가 기준

조작 평가 (70점)				
평가 항목	배점 만점	배점 양호	배점 보통	득점
MDI 입력방법	10	8	6	
공구 보정 숙련 정도	30	24	18	
공구 보정값 입력방법	30	24	18	

작업 평가 (30점)	
항목	배점
작업 방법	6
작업 태도	6
작업 안전	6
정리 정돈	6
재료 사용	6

시간 평가 (0점)
소요시간 (   )분 초과마다 (   )분 감점

작품 평가	작업 평가	시간 평가	총점

2. CNC 선반 가공 프로그램 확인하기

2-1 프로그램 입력 및 수정

작업과제명	프로그램 입력 및 수정			소요시간
목표	① CNC 선반에 GV_CNC를 이용하여 프로그램한 것을 입력할 수 있다. ② CNC 선반에 입력한 프로그램을 수정할 수 있다. ③ 그래픽 기능을 이용하여 프로그램을 확인할 수 있다.			
기계 및 공구	재료명	규격	수량	안전 및 유의사항
CNC 선반		SKT21LM	1	① 작업 전에 일일 점검사항을 미리 체크한다. ② 작동 중인 기계의 회전 부위나 움직이는 부위는 신체의 접촉이 생기지 않도록 유의한다.
외경 황삭 바이트		PCLNR2525-M12	1	
외경 정삭 바이트		PDLNR2525-M12	1	
외경 홈 바이트		TTER2525-4T25	1	
외경 나사 바이트		SER2525-M22	1	
GV_CNC S/W			1	
버니어 캘리퍼스		150mm	1	
	쾌삭 Al	$\phi50\times100$	1	

(1) 프로그램 입력(CNC 선반 조작반)

① 프로그램 입력 장치에 GV_CNC 소프트웨어를 이용하여 작성한 프로그램을 메모리 카드에 넣는다.

※ CNC 선반 SKT21LM에서는 메모리 카드를 사용하는데 각 기종에 따라 USB를 사용하는 것도 있다.

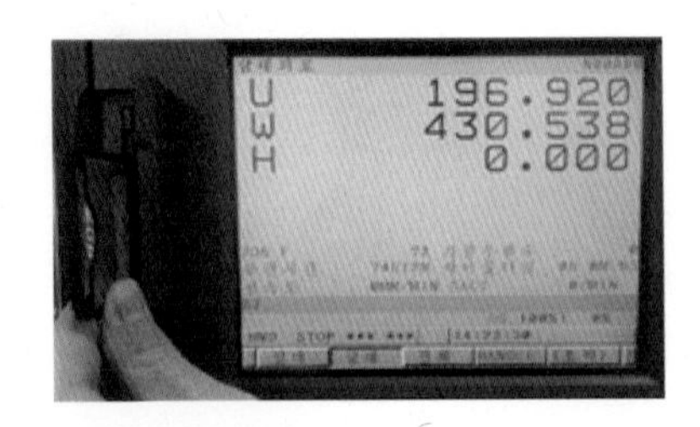

② EDIT를 누른 후 PROG(PROGRAM)을 누른다.

③ 조작을 누른 후 ▶을 누른다.

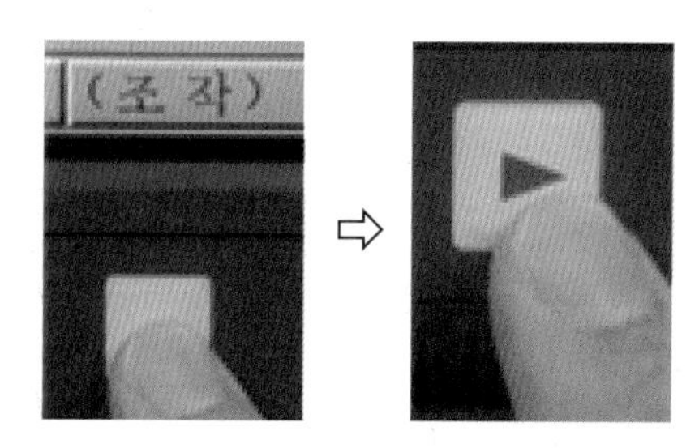

④ 장치를 누른 후 M-카드를 누르면, M-카드에 저장된 프로그램이 CRT화면에 나타난다.

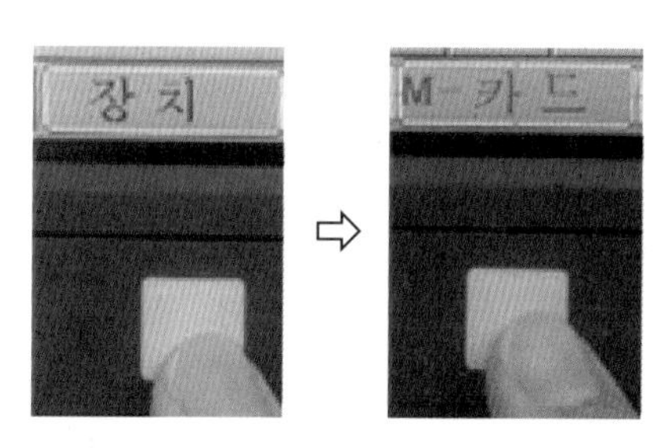

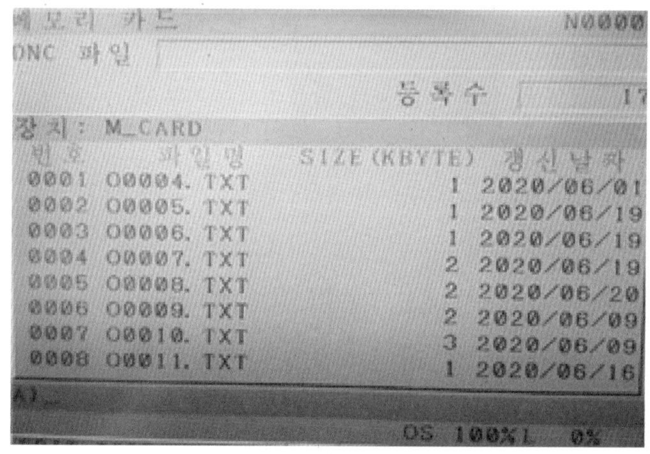

⑤ 프로그램 번호 O0001을 찾을려면 F 입력 후 F 설정을 누른다.

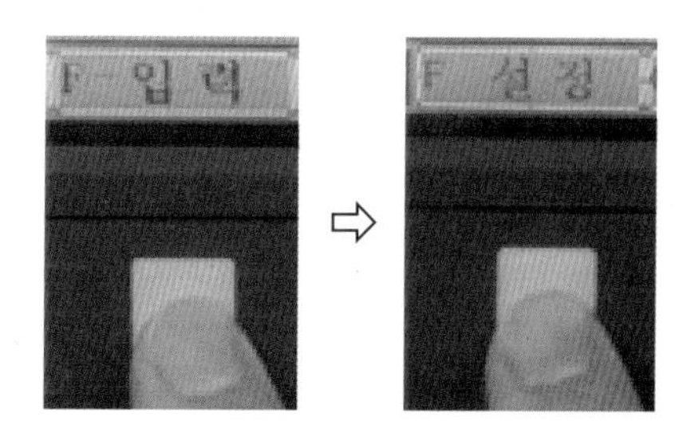

⑥ 프로그램 번호 O0001을 입력 후 O 설정을 누른 후 실행을 누르면 프로그램 번호 O0001이 나타난다.

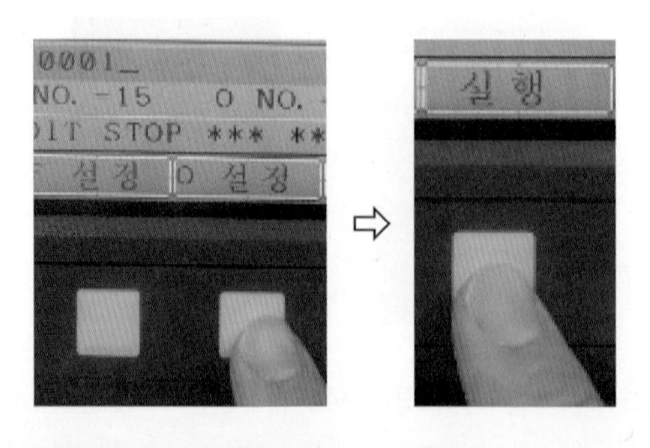

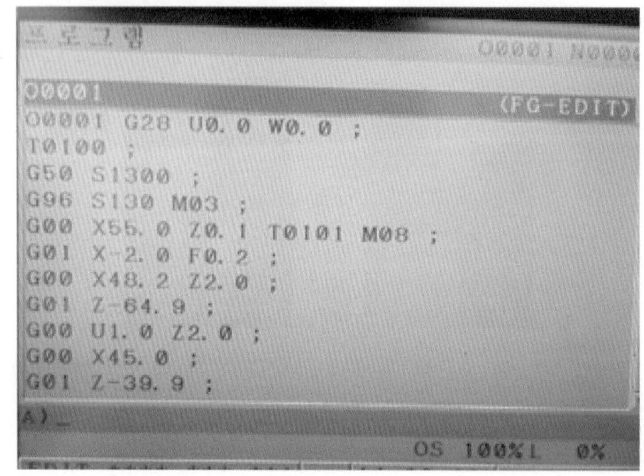

(2) 프로그램 수정

프로그램 수정 시에는 키보드의 ALTER(변경), INSERT(수정), DELETE(삭제)를 이용한다.

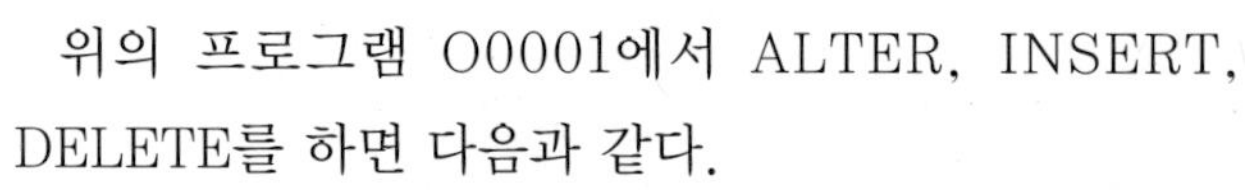

위의 프로그램 O0001에서 ALTER, INSERT, DELETE를 하면 다음과 같다.

① ALTER(변경)

T0303을 T0202로 바꾸려면 커서를 T0303의 위치에 두고 T0202를 키인한 후 ALTER를 누르면 T0202로 바뀐다.

G00 X30. 0 Z0. 0 T0303 M08 ;

⇩

G00 X30. 0 Z0. 0 T0202 M08 ;

② DELETE(삭제)

X25.0을 삭제하려면 커서를 X25.0의 위치에 두고 DELETE를 누르면 X25.0이 삭제된다.

G01 X25. 0 Z-2. 0 ;

⇩

G01 Z-2. 0 ;

③ INSERT(삽입)

Z-2.0이 잘못 삭제되어 삽입하려면 커서를 삽입하고자 하는 워드 앞, 즉 G01에 커서를 두고 키보드에서 Z-2.0을 키인한 후 INSERT를 누르면 Z-2.0이 삽입된다.

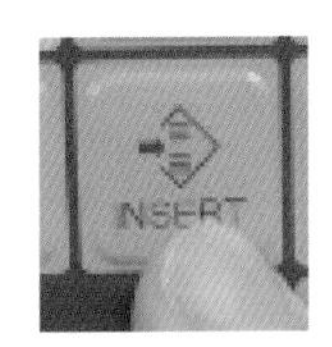

G01 Z-2. 0 ;

⇩

G01 X25. 0 Z-2. 0 ;

④ 프로그램 이동

㈎ 프로그램 이동은 PAGE와 화살표를 이용한다.

㈏ 워드를 이동할 때 사용

㈐ 블록을 이동할 때 사용

㈑ PAGE를 누르면 다음 장으로 넘어간다.

(마) RESET을 누르면 프로그램 번호가 있는 첫 번째 장으로 프로그램이 이동한다.

(3) 그래픽 확인

① MACHINE LOCK과 SELECT를 동시에 누른다.

※ MACHINE LOCK을 꼭 눌러야만 CNC 선반의 공구가 움직이지 않는다.

② DRY RUN과 SELECT를 동시에 누른다.

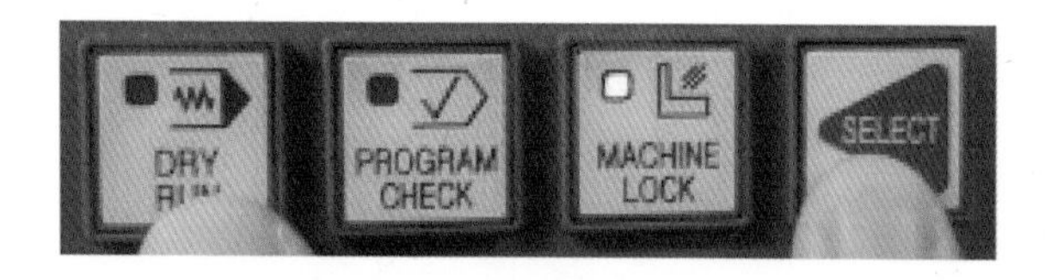

③ CSTM ⇨ 묘화 ⇨ MEMORY를 순서대로 누른 후 START를 누르면 CRT화면에 그래픽이 나타난다.

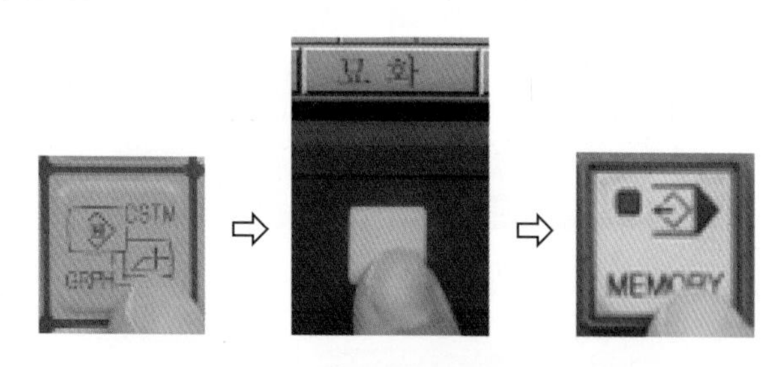

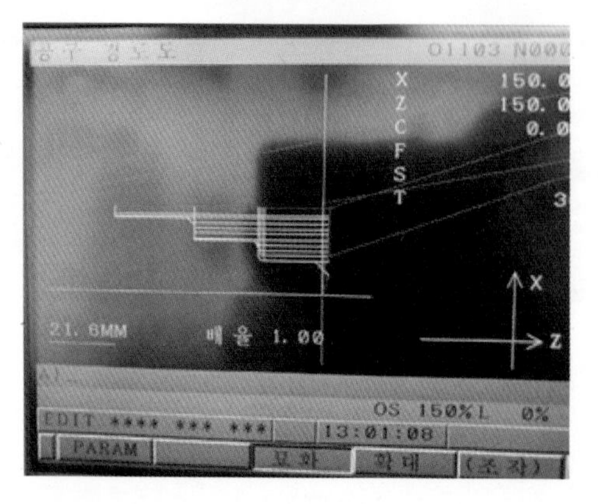

<table>
<tr><td>작업과제명</td><td colspan="4">프로그램 수정 및 확인하기</td><td colspan="2">소요시간</td><td colspan="2"></td></tr>
<tr><td colspan="9">

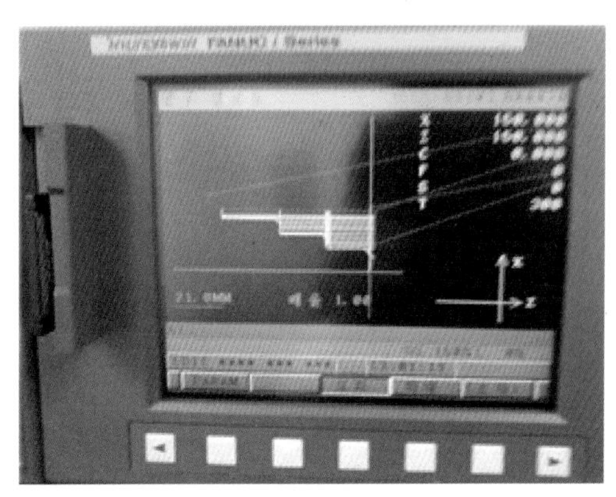</td></tr>
<tr><td colspan="9">평가 기준</td></tr>
<tr><td colspan="5">조작 평가 (70점)</td><td colspan="4">작업 평가 (30점)</td></tr>
<tr><td rowspan="2">평가 항목</td><td colspan="3">배점</td><td rowspan="2">득점</td><td colspan="2" rowspan="2">항목</td><td colspan="2" rowspan="2">배점</td></tr>
<tr><td>만점</td><td>양호</td><td>보통</td></tr>
<tr><td>프로그램 입력</td><td>25</td><td>20</td><td>15</td><td></td><td colspan="2">작업 방법</td><td colspan="2">6</td></tr>
<tr><td>프로그램 수정</td><td>25</td><td>20</td><td>15</td><td></td><td colspan="2">작업 태도</td><td colspan="2">6</td></tr>
<tr><td>그래픽 확인</td><td>20</td><td>16</td><td>12</td><td></td><td colspan="2">작업 안전</td><td colspan="2">6</td></tr>
<tr><td></td><td></td><td></td><td></td><td></td><td colspan="2">정리 정돈</td><td colspan="2">6</td></tr>
<tr><td></td><td></td><td></td><td></td><td></td><td colspan="2">재료 사용</td><td colspan="2">6</td></tr>
<tr><td></td><td></td><td></td><td></td><td></td><td colspan="4">시간 평가 (0점)</td></tr>
<tr><td></td><td></td><td></td><td></td><td></td><td colspan="4" rowspan="2">소요시간 (　　)분
초과마다 (　　)분
감점</td></tr>
<tr><td></td><td></td><td></td><td></td><td></td></tr>
<tr><td></td><td></td><td></td><td></td><td></td><td>작품
평가</td><td>작업
평가</td><td>시간
평가</td><td>총점</td></tr>
<tr><td></td><td></td><td></td><td></td><td></td><td></td><td></td><td></td><td></td></tr>
</table>

연습문제

1. CNC 선반 일상점검 중 실습 전 매일 점검하여야 할 사항에 대해 설명하시오.

2. MDI(Manual Data Input), MPG(Manual Pulse Generator)의 의미를 설명하시오.

3. RAPID OVERRIDE 및 FEEDRATE OVERRIDE에 대해 설명하시오.

4. 나사 공구 보정하는 방법에 대해 설명하시오.

5. 그래픽 확인 시 MACHINE LOCK을 하는 이유에 대해 설명하시오.

6. 다음 프로그램을 수정하는 방법을 설명하시오.

```
O0011                                   (FG-EDIT)
G00 X150.0 Z150.0 T0100 M09 ;
T0200 ;
G50 S1500 ;
G96 S150 M03 ;
G00 X25.0 Z0.0 T0202 M08 ;
G01 X-2.0 F0.1 ;
G00 X22.0 Z2.0 ;
G01 Z-20.0 ;
X34.0 ;
Z-40.0 ;
X46.0 ;
```

(1) G50 S1500 ; 에서 S1500을 S1300으로 수정(ALTER)
(2) G01 X−2.0 F0.1 ; 에서 F0.1을 삭제(DELETE)
(3) G01 X−2.0 ; 에서 F0.1을 삽입(INSERT)

3장 CNC 선반 가공하기

1. CNC 선반 가공

1-1 프로그래밍의 기초

<table>
<tr><td>작업과제명</td><td colspan="3">프로그래밍의 기초</td><td>소요시간</td></tr>
<tr><td>목표</td><td colspan="4">① CNC 선반의 프로그램 원점과 좌표계 설정을 할 수 있다.
② CNC 선반의 절대좌표와 증분좌표를 사용할 수 있다
③ 프로그램의 구성 중 준비기능, 보조기능, 주축기능 및 이송기능을 설명할 수 있다.</td></tr>
<tr><td>기계 및 공구</td><td>재료명</td><td>규격</td><td>수량</td><td>안전 및 유의사항</td></tr>
<tr><td>CNC 선반</td><td>쾌삭 Al</td><td>SKT21LM
φ50×80</td><td>1
1</td><td>① 작업 전에 일일 점검사항을 미리 체크한다.
② 작동 중인 기계의 회전 부위나 움직이는 부위는 신체의 접촉이 생기지 않도록 유의한다.
③ 위치결정 시 급속 이송을 할 때 공구의 충돌 여부를 꼭 확인하여야 한다.</td></tr>
</table>

(1) 프로그램 원점

프로그램을 할 때 좌표계와 프로그램 원점(X0.0, Z0.0)은 사전에 결정되어야 하며, Z축 선상의 X축과 만나는 임의의 한 점을 프로그램 원점으로 설정하는 데, 프로그램 원점의 위치는 그림과 같이 왼쪽 끝단이나 오른쪽 끝단에 설정한다.

그러나 일반적으로 오른쪽 끝단에 프로그램 원점을 설정하는 것이 실제로 프로그램 작성이 쉬우며, 원점 표시 기호를 표시(⊕)한다.

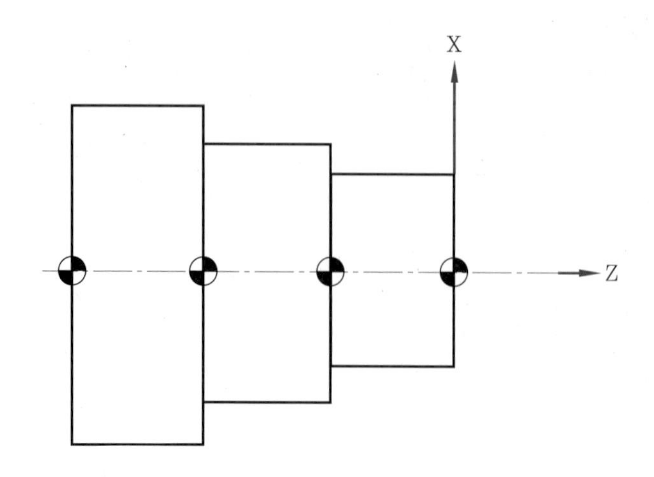

(2) 프로그램 번호

프로그램 번호는 어드레스 영문자 "O" 다음에 4자리 숫자, 즉 0001~9999까지 임의로 정할 수 있다.

(3) 절대좌표, 상대좌표 및 혼용좌표

절대좌표는 어드레스 X, Z로 표시하고, 상대좌표는 U, W로 지령한 것이다. 그리고 절대좌표와 증분좌표를 한 블록 내에서 혼합하여 사용할 수 있는데, 이를 혼합방식이라 하며 CNC 선반 프로그램에서만 가능하다. 절대좌표 X대신에 상대좌표 U는 거의 사용하지 않고, 절대좌표 Z대신에 상대좌표 W는 프로그램을 쉽게 작성하려고 사용하는 경우가 많다.

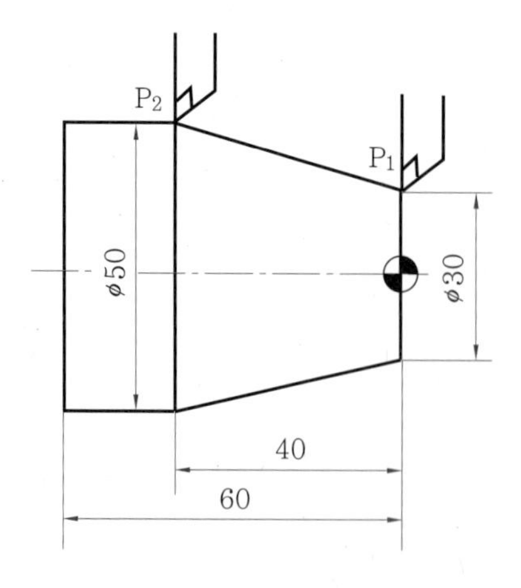

좌푯값 지령방법

① 절대방식 지령　X50.0　Z−40.0 ;
② 증분방식 지령　U20.0　W−40.0 ;
③ 혼합방식 지령　X50.0　W−40.0 ;
　　　　　　　　U20.0　Z−40.0 ;　이다.

(4) CNC 선반 프로그램 작성 시 순서

① 프로그램 번호
② 기본 조건 설정 :
③ 가공(절삭)
④ 공구교환점 복귀
⑤ 프로그램 종료

순서	프로그램	설명
프로그램 번호	O 1234 ;	프로그램 번호를 정한다.
기본 조건 설정	G28 U0.0 W0.0 ; T0100 ; G50 S1300 ; G96 S130 M03 ; G00 X55.0 Z0.1 T0101 M08;	자동원점 복귀 공구 선택 주축 최고 회전수 설정 절삭속도 일정제어, 주축 정회전 공구길이 보정, 절삭유 ON
가공(절삭)	G01 X−2.0 F0.2 ; G00 X47.0 Z2.0 ; G01 Z25.0 ; X35.0 ;	직선절삭, 이송속도 명령 도면에 따라 프로그램 ⋮ ⋮
공구교환점 복귀	G00 X150.0 Z150.0 T0100 ; T0300 ;	가공 후 공구교환점으로 이동 공구교환
프로그램 종료	M05 ; M02 ;	주축 정지 프로그램 끝

작업과제명	프로그래밍의 기초	소요시간	

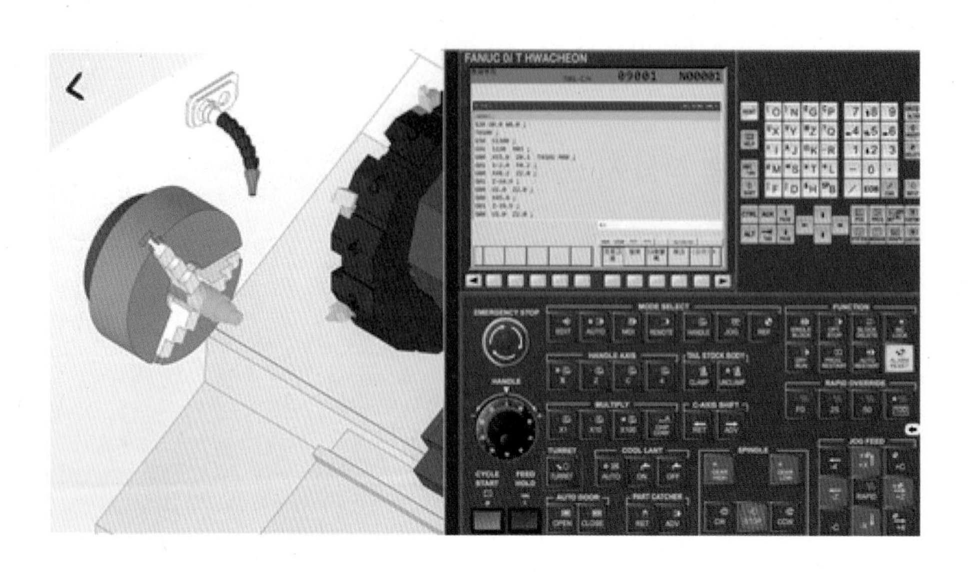

<table>
<tr><th colspan="9">평가 기준</th></tr>
<tr><th colspan="5">조작 평가(60점)</th><th colspan="4">작업 평가(40점)</th></tr>
<tr><th rowspan="2">평가 항목</th><th colspan="3">배점</th><th rowspan="2">득점</th><th rowspan="2" colspan="2">항목</th><th rowspan="2">배점</th><th rowspan="2">득점</th></tr>
<tr><th>만점</th><th>양호</th><th>보통</th></tr>
<tr><td>프로그램 원점 설정</td><td>10</td><td>8</td><td>6</td><td></td><td colspan="2">작업 방법</td><td>10</td><td></td></tr>
<tr><td>절대좌표와 상대좌표로 프로그래밍하기</td><td>20</td><td>16</td><td>12</td><td></td><td colspan="2">작업 태도</td><td>10</td><td></td></tr>
<tr><td>좌표계 설정하기</td><td>10</td><td>8</td><td>6</td><td></td><td colspan="2">작업 안전</td><td>10</td><td></td></tr>
<tr><td>준비기능 알기</td><td>10</td><td>8</td><td>6</td><td></td><td colspan="2">정리 정돈</td><td>10</td><td></td></tr>
<tr><td>보조기능 알기</td><td>10</td><td>8</td><td>6</td><td></td><td colspan="4">시간 평가(0점)</td></tr>
<tr><td></td><td></td><td></td><td></td><td></td><td colspan="4" rowspan="2">소요시간 (　　)분
초과마다 (　　)분
감점</td></tr>
<tr><td></td><td></td><td></td><td></td><td></td></tr>
<tr><td></td><td></td><td></td><td></td><td></td><td>작품 평가</td><td>작업 평가</td><td>시간 평가</td><td>총점</td></tr>
<tr><td></td><td></td><td></td><td></td><td></td><td></td><td></td><td></td><td></td></tr>
</table>

1-2 직선 절삭하기

작업과제명	직선 절삭하기			소요시간	
목표	① GV_CNC software를 이용하여 프로그래밍을 할 수 있다. ② 작성한 프로그램을 CNC 선반에 입력할 수 있다. ③ 좌표계를 설정하여 위치 결정 및 직선 절삭을 할 수 있다. ④ 공구 보정을 할 수 있다.				
기계 및 공구	재료명	규격	수량	안전 및 유의사항	
CNC 선반		SKT21LM	1	① 기계의 이상 유무를 확인한다. ② 소프트 조에 공작물을 처킹했을 때 정확하게 고정되어 있는지 확인한다. ③ 위치 결정 시 급속 이송을 할 때 공구의 충돌 여부를 꼭 확인하여야 한다.	
외경 황삭 바이트		PCLNR2525M12	1		
외경 정삭 바이트		PDLNR2525M12	1		
GV_CNC S/W			1		
버니어 캘리퍼스		150mm	1		
	쾌삭 Al	$\phi 50 \times 80$	1		

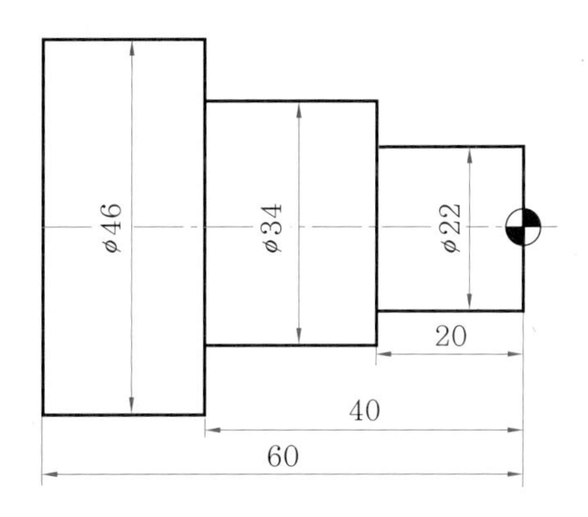

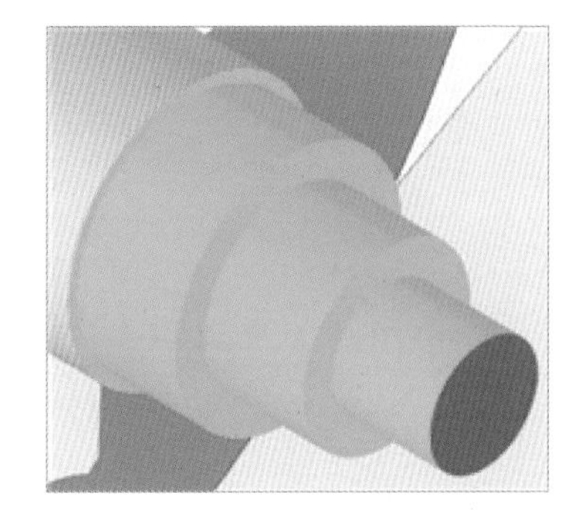

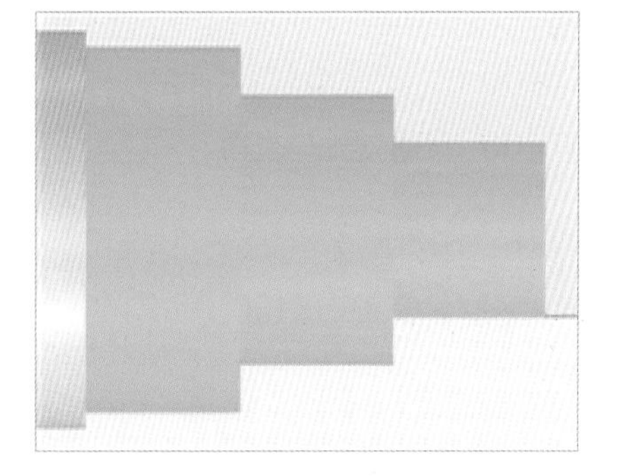

절삭 조건					
공정	공구 번호	주축 회전수 (rpm)	절삭속도 (m/min)	이송속도 (mm/rev)	1회 절입량
황삭 가공	T01	1300	130	0.2	3~4mm
정삭 가공	T03	1500	150	0.1	

(1) 프로그램

O0011 ; …… 프로그램 번호는 영문자 "O" 다음에 네자리 0001에서 9999까지 사용할 수 있는데 프로그램 번호는 작업자가 꼭 기억해야 한다. 만약에 2명 이상의 작업자가 기계를 공동으로 사용할 때는 사전에 각자 사용할 프로그램 번호를 정해 두는 것이 좋다.

N10 G28 U0.0 W0.0 ;

- N10 : 전개번호인데, 전개번호는 0001에서 9999까지 사용하는데 일반적으로 사용하지 않으나, 복합 반복 사이클 G70~G73의 경우에는 꼭 적어야 한다.
- G28 : 자동 원점 복귀
- U0.0 W0.0 : 증분(incremental)좌표, 또는 상대(relative)좌표
- G28 U0.0 W0.0 : → 현재 위치에서 X축과 Z축이 원점 복귀

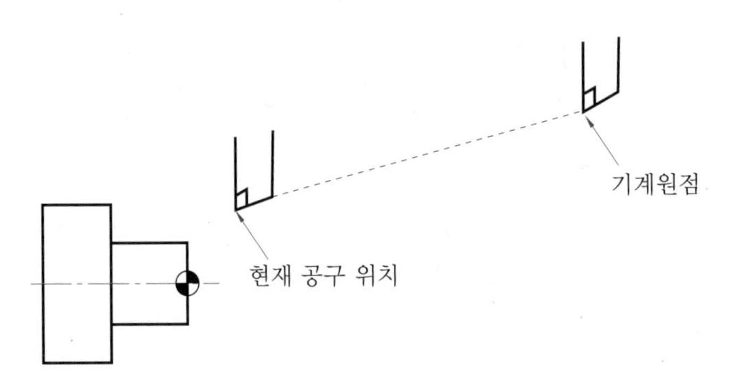

N20 T0100 ;

- T0100 : 1번 공구 선택

N30 G50 S1300 ;

- N20에서 G50 X150.0 Z150.0 S1300 T0100 ; 으로 프로그램을 한 후 X, Z값을 수정하여도 된다.

- G50의 역할 : 좌표계 설정, 주축 최고 회전수 설정인데, N30에서 G50은 주축 회전수 설정이다.

G50 X150.0 Z150.0 S1300 ;

좌표계 설정 (X150.0 Z150.0)　주축 최고 회전수 설정 (S1300)

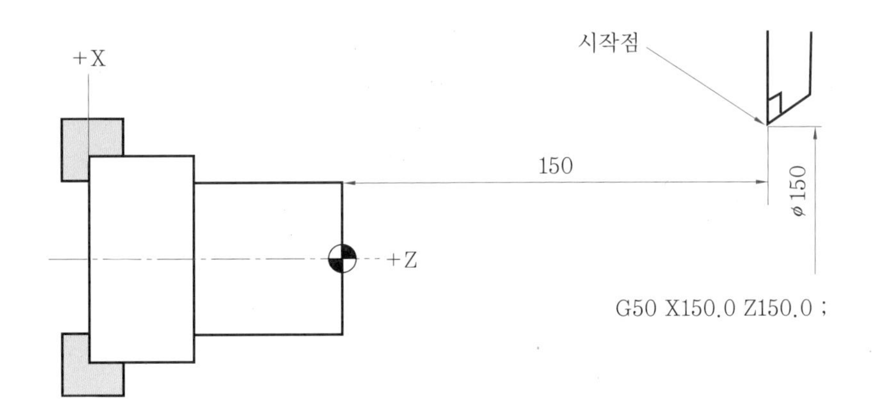

N40 G96 S130 M03 ;

- G96 : 주축속도 일정제어
- G96 S130 : 절삭속도가 130mm/min
- M03 : 주축 정회전, M04는 주축 역회전이며, M05는 주축 정지

N50 G00 X55.0 Z0.1 T0101 M08 ;

- G00 : 위치 결정(급속 이송)
- X55.0 : 공작물의 지름이 50이므로 공구와 공작물의 충돌을 방지하기 위하여 공작물 지름보다 크게 한다. 나중에 숙달되면 공작물 지름보다 조금 큰 X52.0으로 한다.
- Z0.1 : 기준면을 깨끗하게 가공하기 위하여 Z0.0보다 Z0.1
- T0101 : 1번 공구에 공구번호 1번으로 보정
- M08 : 절삭유 ON(Coolant ON)

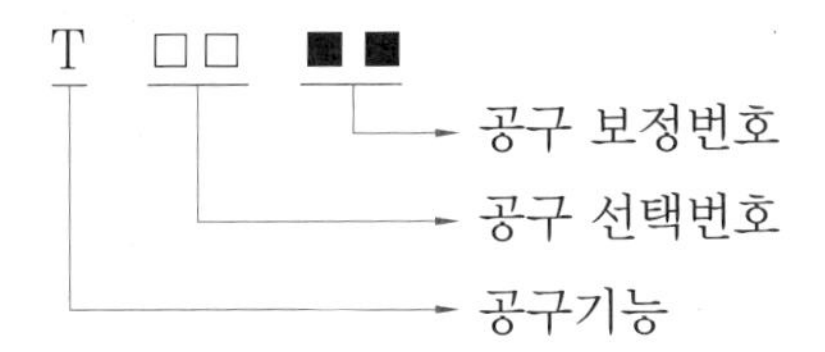

N60　G01　X-2.0　F0.2 ;

- G01 : 직선보간
- X-2.0 : 노즈(nose) 반지름이 0.8이므로 1.6보다 약간 큰 X-2.0으로 프로그램한다.

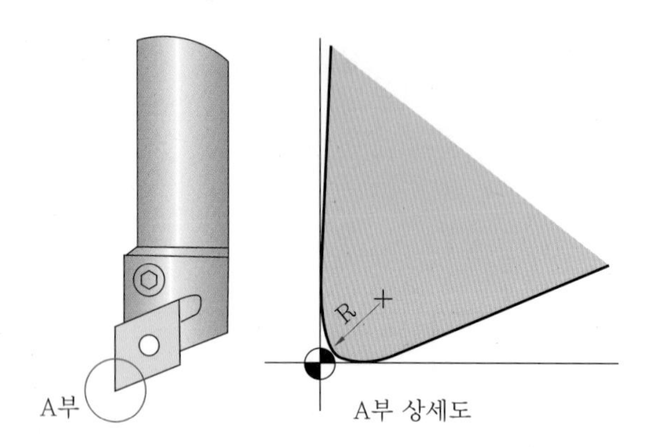

N70　G00　X46.2　Z2.0 ;

- X46.2에 위치한 이유는 1회 절입량을 3～4mm로 하기 때문에 정삭여유 0.2mm를 둔 X46.2에 공구 위치

N80　G01　Z-59.9 ;

- Z방향 정삭여유 0.1mm 두고 가공

N90　G00　U1.0　Z2.0 ;

- CNC 선반에서는 한 블록 내에 절대좌표와 증분좌표를 함께 사용할 수 있으며, 절대좌표 X 대신에 증분좌표 U를 사용

N100　X43.0 ;

- G00은 생략이 가능

구분	의미	구별
1회 유효 G코드 (one shot G-code)	지령된 블록에 한해서 유효한 기능	"00" 그룹
연속 유효 G코드 (modal G-code)	동일 그룹의 다른 G코드가 나올 때까지 유효한 기능	"00" 이외의 그룹

```
예 G01    Z-20.0  F0.2 ;
          X50.0 ; …… 앞 블록에서 지령한 G01은 연속 유효 G코드이므로 그 기능이 계속
                     유효
   G00    Z5.0 ; …… G01과 동일 그룹이지만 다른 G코드이므로 G00 기능으로 바뀜
          X45.0 ; …… 연속 유효 G코드이므로 그 기능이 계속 유효
   G01    Z-20.0 ; …… G00과 동일 그룹이지만 다른 G코드이므로 G01 기능으로 바뀜
   G04    P1500 ; …… G04는 1회 유효 G코드이므로 이 블록에서만 유효
        -1회 3~4mm 가공하려고 했지만 여기에서는 3.2mm 가공

   N110   G01    Z-39.9 ;
        - Z방향 정삭여유 0.1mm 두고 가공
   N120   G00    U1.0     Z2.0 ;
   N130          X40.0 ;
   N140   G01    Z-39.9 ;
   N150   G00    U1.0     Z2.0 ;
   N160          X37.0 ;
   N230   G01    Z-39.9 ;
   N240   G00    U1.0     Z2.0 ;
   N250          X34.2 ;
   N260   G01    Z-39.9 ;
   N270   G00    U1.0     Z2.0 ;
   N280   X31.0 ;
   N290   G01    Z-19.9 ;
        - 세 번째 계단축 Z방향 정삭여유 0.1mm 두고 가공
   N300   G00    U1.0     Z2.0 ;
   N310   X28.0 ;
   N320   G01    Z-19.9 ;
   N330   G00    U1.0     Z2.0 ;
   N340   X25.0 ;
   N340   G01    Z-19.9 ;
   N350   G00    U1.0     Z2.0 ;
   N360   X22.2 ;
   N370   G01    Z-19.9 ;
   N380   G00    X150.0   Z150.0   T0100    M09 ;
        - T0100 : 1번 공구 취소
        - M09 : 절삭유 OFF(Coolant OFF)
   N390   T0300 ;
        - T0300 : 3번 공구 선택
```

```
N400  G50   S1500 ;
N410  G96   S150    M03 ;
N420  G00   X25.0   Z0.0    T0303   M08 ;
      - 황삭가공을 했으므로 X22.2보다 큰 X25.0
N430  G01   X-2.0   F0.1 ;
      - 정삭가공이므로 이송속도 0.1
N440  G00   X22.0   Z2.0 ;
N450  G01   Z-20.0 ;
N460  X34.0 ;
      - G01은 연속유효 G코드
N470  Z-40.0 ;
N480  X46.0 ;
N490  Z-60.0 ;
N500  G00   X150.0  Z150.0  T0300   M09 ;
N510  M05 ;
      - M05 : 주축 정지
N520  M02 ;
      - M02 ; 프로그램 끝
```

<table>
<tr><td>작업과제명</td><td colspan="3">직선 절삭하기</td><td>소요시간</td><td colspan="2"></td></tr>
<tr><td colspan="7">평가 기준</td></tr>
<tr><td colspan="3">작품 평가 (70점)</td><td colspan="4">작업 평가 (20점)</td></tr>
<tr><td>주요 항목</td><td>도면 치수</td><td>측정 방법</td><td colspan="2">항목</td><td colspan="2">배점</td></tr>
<tr><td rowspan="6">치수
정밀도
(30)</td><td>φ46</td><td>±0.1</td><td colspan="2">작업 방법</td><td colspan="2">4</td></tr>
<tr><td>φ34</td><td>±0.1</td><td colspan="2">작업 태도</td><td colspan="2">4</td></tr>
<tr><td>φ22</td><td>±0.1</td><td colspan="2">작업 안전</td><td colspan="2">4</td></tr>
<tr><td>60</td><td>±0.1</td><td colspan="2">정리 정돈</td><td colspan="2">4</td></tr>
<tr><td>40</td><td>±0.1</td><td colspan="2">재료 사용</td><td colspan="2">4</td></tr>
<tr><td>20</td><td>±0.1</td><td colspan="4">시간 평가 (10점)</td></tr>
<tr><td>세팅
(5)</td><td>공구 및
공작물 세팅</td><td>상 : 한 번 세팅으로 가공
중 : 1회 수정 가공
하 : 2회 이상 수정 가공</td><td colspan="4" rowspan="2">소요시간 (　　)분
초과마다 (　　)분
감점</td></tr>
<tr><td>외관
(5)</td><td>공작물의
외관 상태</td><td>상 : 흠집이 전혀 없을 때
중 : 흠집이 2개소 이하
하 : 흠집이 3개소 이상</td></tr>
<tr><td rowspan="2">프로그램
(30)</td><td rowspan="2">편집</td><td rowspan="2">상 : 수정이 없는 프로그램
중 : 2회 이하 수정
하 : 3회 이상 수정</td><td>작품
평가</td><td>작업
평가</td><td>시간
평가</td><td>총점</td></tr>
<tr><td></td><td></td><td></td><td></td></tr>
</table>

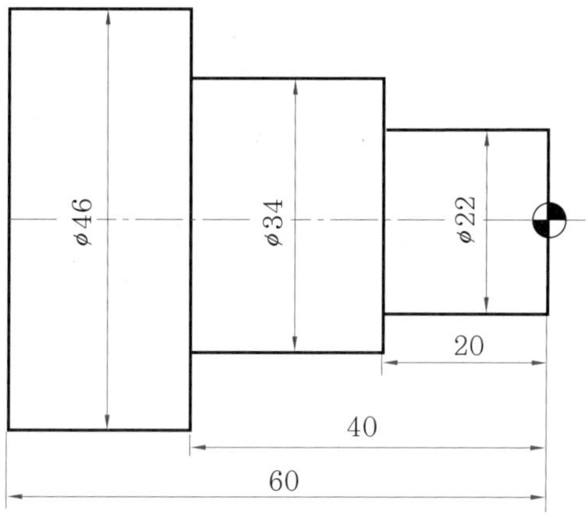

1-3 GV_CNC 사용하기

(1) NC Editor를 사용하여 CNC 선반 프로그램 작성

① GV_CNC 조작

• GV_CNC를 더블 클릭하면 아래와 같은 화면이 나타난다.

• CNC 선반 프로그램을 하려면 위의 화면에서 NC Editor를 클릭하면 아래와 같은 화면이 나타나는데 여기에서 프로그램을 한다.

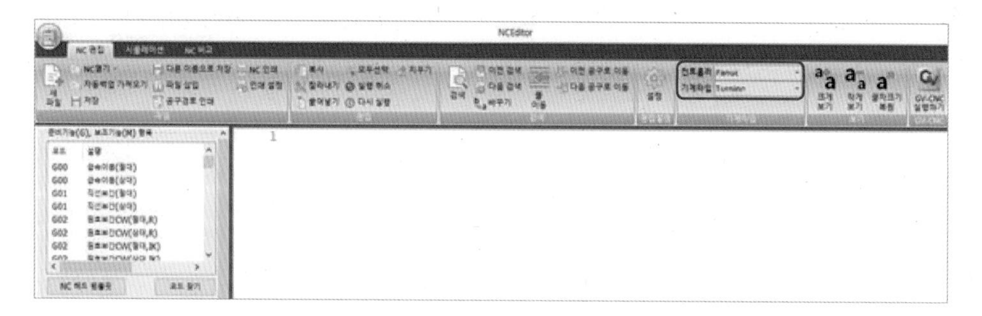

• NC Editor을 실행했을 때 확인할 부분은 상단에 있는 컨트롤러와 기계타입이다.

❀ 주의할 점은 상단의 편집도구에 있는 기계타입에서 사용할 컨트롤러와 기계타입을 확인하여야 하는데, 컨트롤러가 Fanuc이고, CNC 선반 프로그램을 하므로 기계타입은 Turning이다.

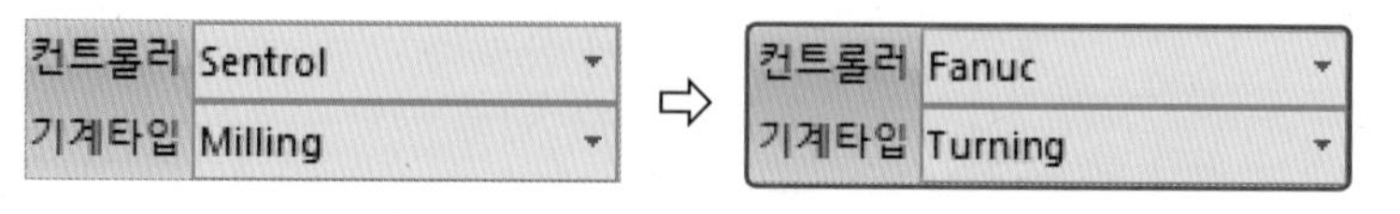

• 만약 위의 그림 왼쪽과 같이 컨트롤러가 Sentrol이고, 기계타입이 Milling으로 되어 있으면 마우스를 Sentrol에 클릭하여 Fanuc으로 바꾸고, 기계타입도 Milling을 Turning으로 바꾸어야 한다.

② 프로그램하기

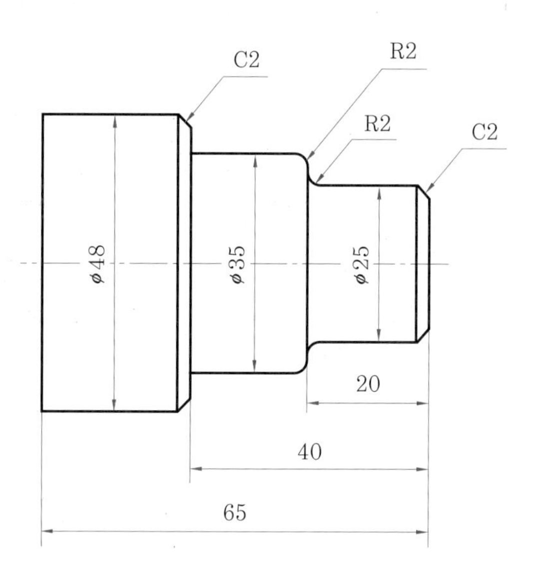

공구 번호	공구명	주축 회전수 (rpm)	절삭속도 (m/min)	이송속도 (mm/rev)
T01	황삭 공구	1300	130	0.2
T03	정삭 공구	1500	150	0.1

• GV_CNC에 직접 프로그램을 한다.

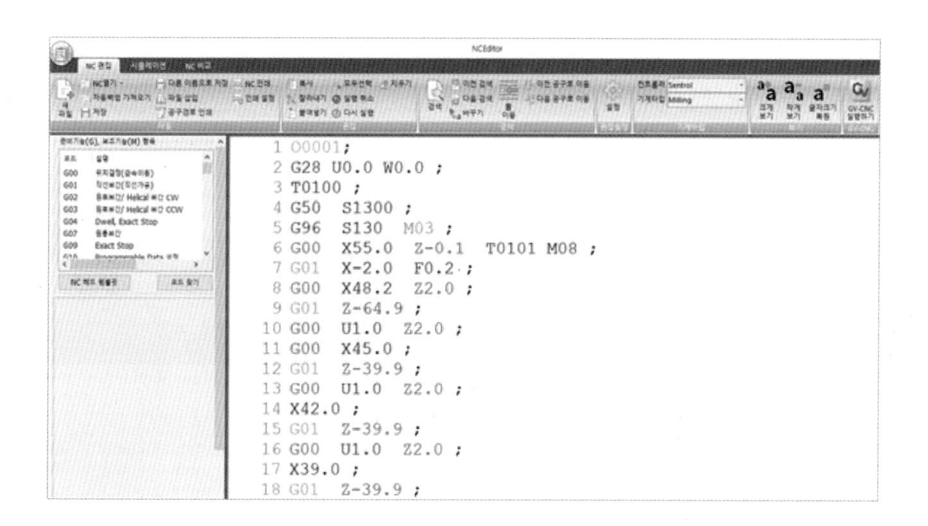

- GV_CNC가 없는 경우에는 아래와 같이 메모장에 프로그램하여 저정한 후 GV-CNC에서 사용하는데, 아래에서는 USB에 프로그램 번호 O0001로 저장된 것을 볼수 있다.

O0001 - Windows 메모장

파일(F) 편집(E) 서식(O) 보기(V) 도움말(H)

```
O0001;
G28 U0.0 W0.0 ;
T0100 ;
G50 S1300 ;
G96 S130 M03 ;
G00 X55.0 Z-0.1 T0101 M08 ;
G01 X-2.0 F0.2 ;
G00 X48.2 Z2.0 ;
G01 Z-64.9 ;
G00 U1.0 Z2.0 ;
G00 X45.0 ;
G01 Z-39.9 ;
G00 U1.0 Z2.0 ;
X42.0 ;
G01 Z-39.9 ;
G00 U1.0 Z2.0 ;
```

USB 드라이브 (F
USB 드라이브 (E:)

이름	날짜	유형	크기
O0001	2020-05-22 오후...	텍스트 문서	1KB
O0002	2020-05-25 오후...	텍스트 문서	2KB
O0011	2020-05-26 오후...	텍스트 문서	2KB

(2) 공구 경로 시뮬레이션하기

- 상단에 있는 시뮬레이션 탭을 클릭하면 시뮬레이션 모드가 되는데
- 여기에서 실행을 클릭하면 순차적으로 공구 경로가 그려진다.

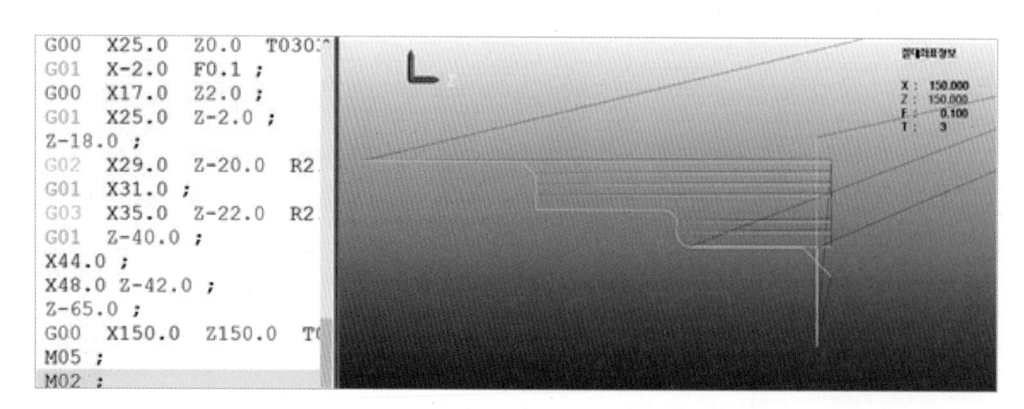

※ 위의 화면이 적을 경우에는 상단에 있는 회면 확대를 클릭하거나, 마우스의 스크롤바를 움직이면 화면 확대 및 화면 축소를 할 수 있다.

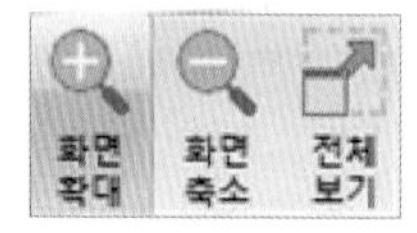

(3) 공구 경로 확인하기

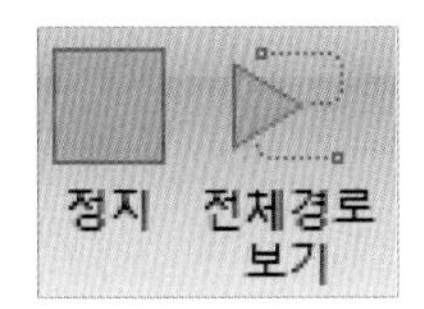

- 화면 상단에 있는 정지를 클릭한 후 전체경로 보기를 클릭하면 앞과 같은 시뮬레이션이 나타난다.
- 정지를 클릭하면 프로그램이 맨 앞으로 돌아가는데, 전체 경로를 내부적으로 한번에 해석하여 그려준다.

(4) CNC 선반에서 공작물을 돌려 물려야 하는 도면에서 공구 경로 시뮬레이션 및 공구 경로 확인하기

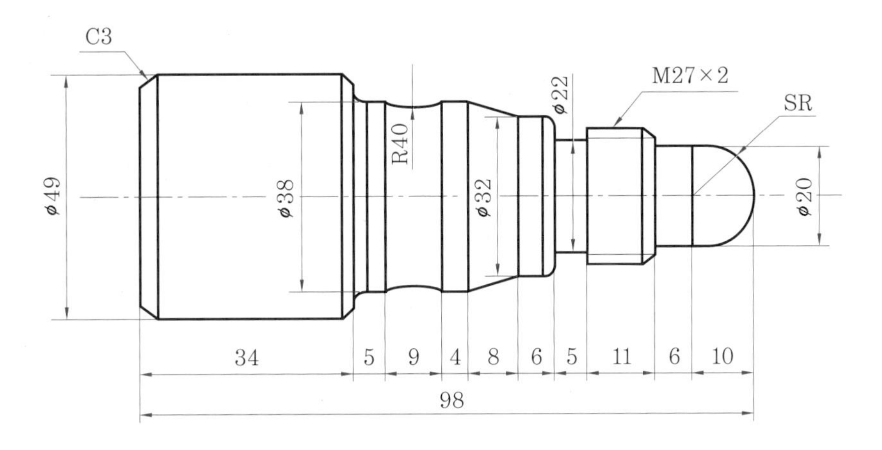

1. 도시되고 지시되지 않은 라운드 R2
2. 도시되고 지시없는 모따기 C2

공구번호	공구명	주축 회전수 (rpm)	절삭속도 (m/min)	이송속도 (mm/rev)
T01	황삭 공구	1300	130	0.2
T03	정삭 공구	1500	150	0.1
T05	홈 공구	500		0.05
T07	나사 공구	500		

- 위의 도면을 가공할 때는 공작물을 돌려 물려서 가공을 해야 하기 때문에 1차 가공과 2차 가공으로 나누어서 가공을 하여야 한다.
- 다음 그림은 1차 가공을 한 후 프로그램에 M00이 있으므로 프로그램이 멈춰진 상태이다.

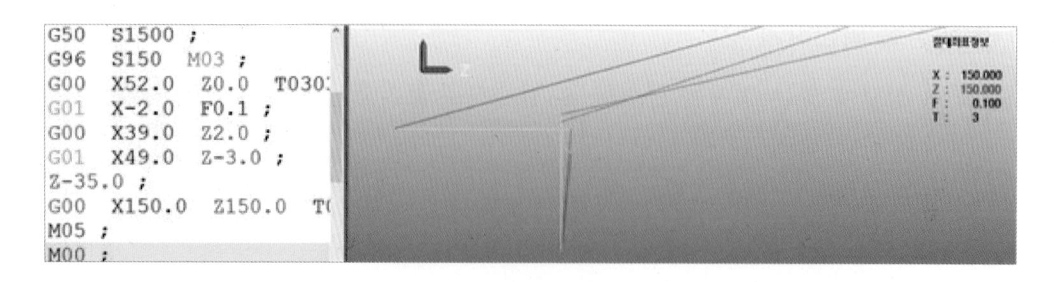

- 위의 프로그램 M00에서 프로그램이 멈추었는데, M00의 의미는 프로그램 정지 기능으로 실행중인 프로그램을 정지시킨다.

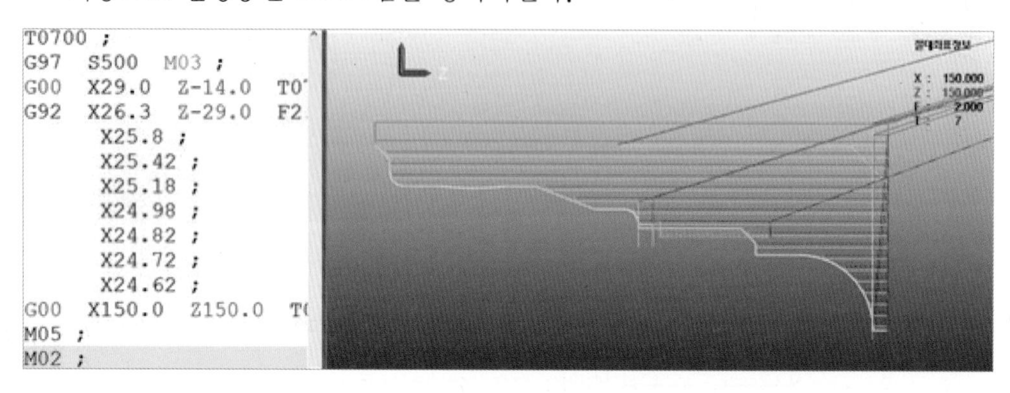

- 다시 실행을 클릭하면 위의 그림과 같이 2차 가공이 진행된다.

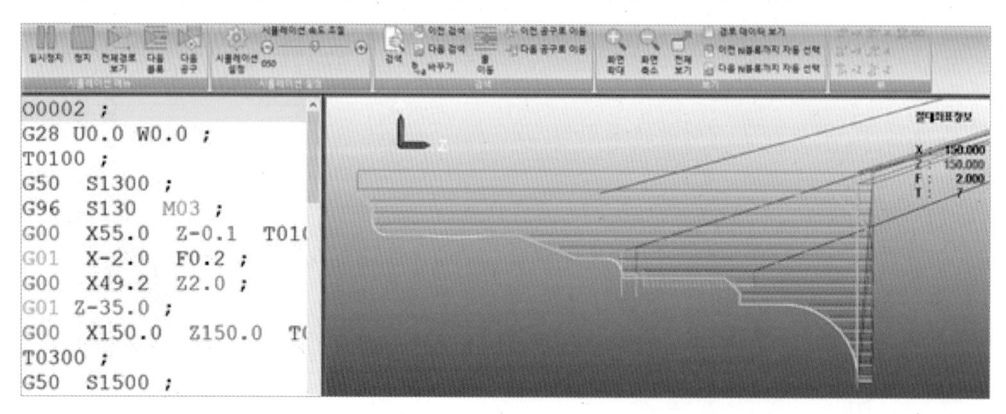

- 전부 시뮬레이션한 다음에 공구 경로에 이상이 없는지 확인을 하려면 상단에 있는 정지를 클릭한 후 전체 경로 보기를 클릭하면 전체 경로를 내부적으로 해석하여 한번에 그려준다.

(5) 특정 블록 공구 경로 확인하기

- 1차 가공과 2차 가공 후 중첩되어서 잘 보이지 않는 경우에는 M00 아래쪽을 드레그한 후 오른쪽 마우스 버튼을 클릭하면 선택한 NC 가공 경로 보기가 나타나

는데, 선택한 NC 가공 경로 보기를 마우스 왼쪽 버튼을 클릭하면 2차 가공 경로만 나타난다.

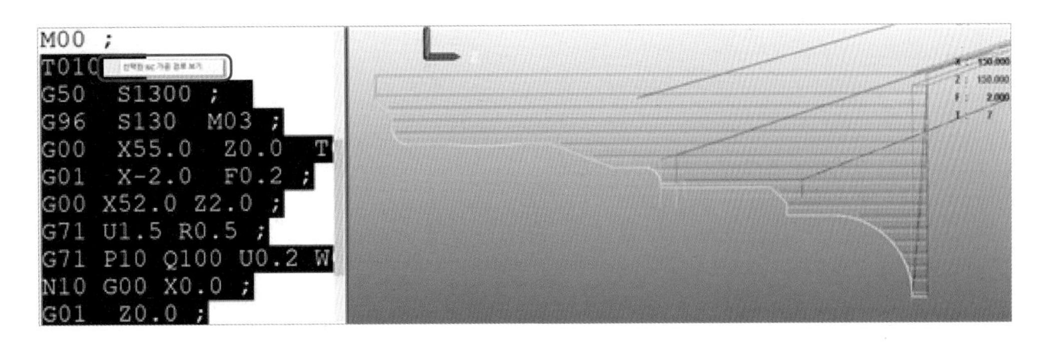

- M00 위쪽을 같은 방법으로 하면 2차 가공 부분은 다 가려지고, 1차 가공 경로만 나타난다.

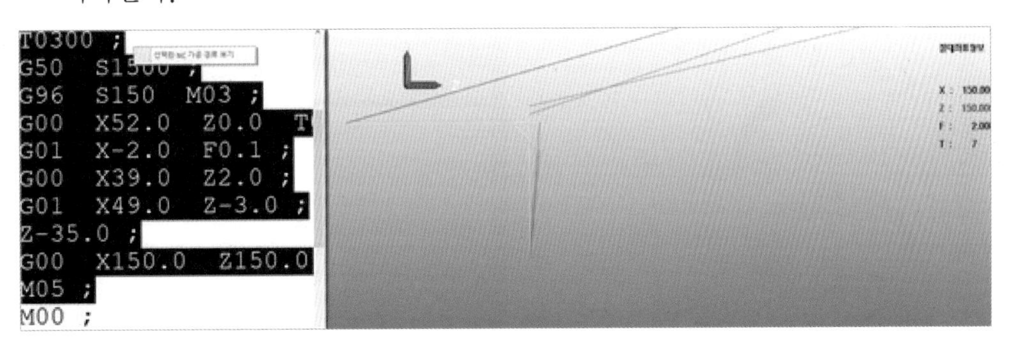

※ 특정 블록 공구 경로 확인하기는 도면이 복잡하거나, 돌려 물려서 가공할 경우에 1차 가공과 2차 가공이 겹쳐 보이는 경우에 사용한다.

(6) 경로 데이터 보기

- 시뮬레이션 상태에서 상단에 있는 경로 데이터 보기를 클릭한 후 왼쪽 NC 블록을 클릭하면 오른쪽 공구 경로에서 정보와 함께 보여진다.

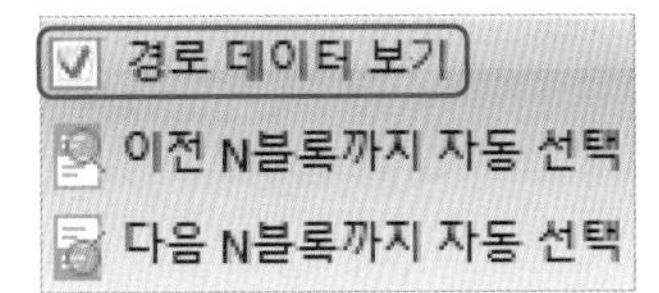

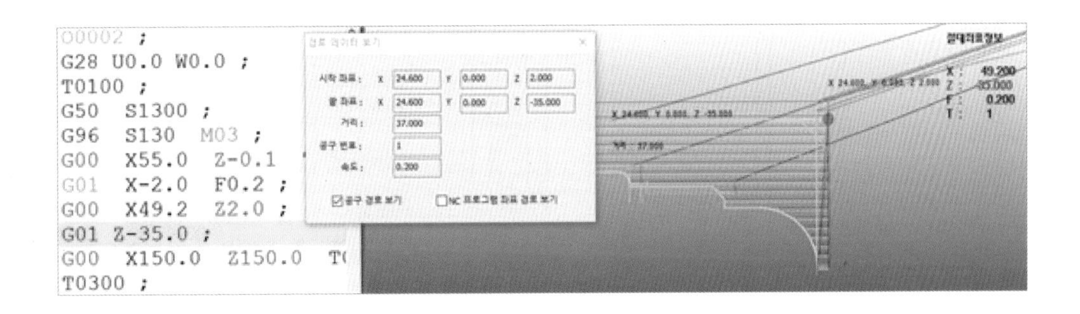

• 클릭했을 때 보여지는 정보로는 시작 좌표, 끝 좌표, 거리, 공구 번호, 속도의 정보들이 보여진다.

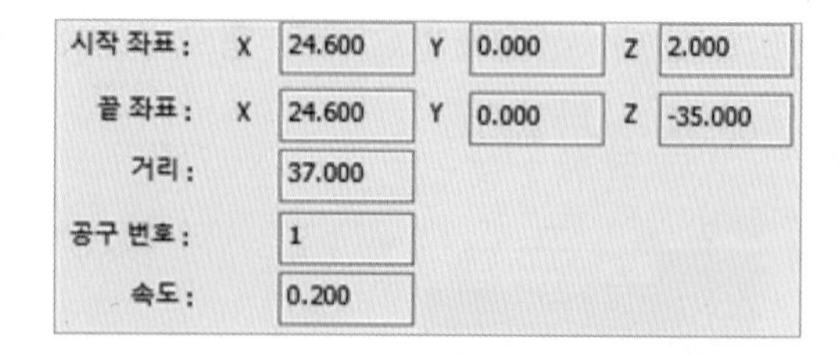

(7) 가공 시뮬레이터 실행하기

• 상단에 NC 편집을 클릭한 후 GV_CNC 실행하기를 클릭하면 NC Editor에서 작성된 NC가 컨트롤러 화면에 나타난다.

• 또한 컨트롤러 CRT 화면에서도 EDIT 모드에서 편집이 가능하다.

① 공작물 설정

• 공작물 설정을 하려면 먼저 도면의 공작물 크기를 확인하여야 한다.

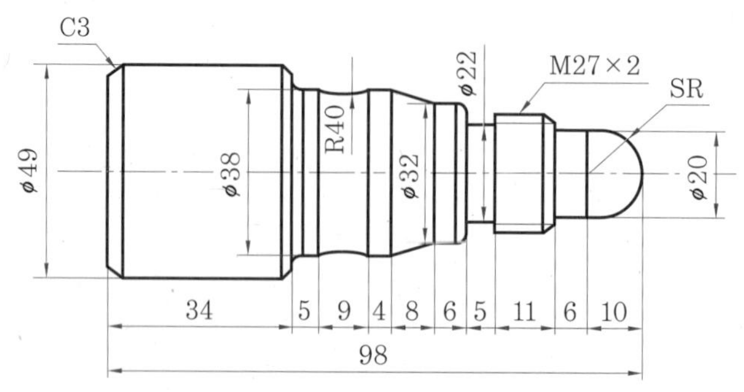

- 도면을 보면 공작물 직경이 48, 길이가 98이므로 소재는 직경 50, 길이 100으로 한다.
- 왼쪽 상단 GV-CNC 밑에 있는 톱니바퀴 모양을 클릭한 후 그 옆에 있는 공작물 설정(Ctrl+3)을 클릭하면 공작물 설정이 다음과 같이 나타난다.

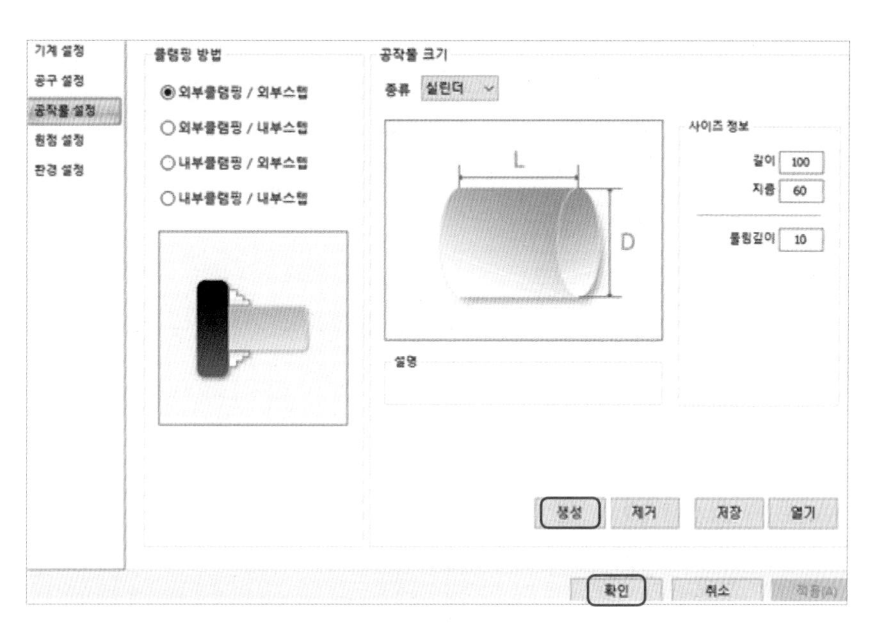

- 위의 공작물 설정에서 길이는 100, 직경이 60이므로 길이는 그냥 두고 직경만 60을 50으로 수정한다.

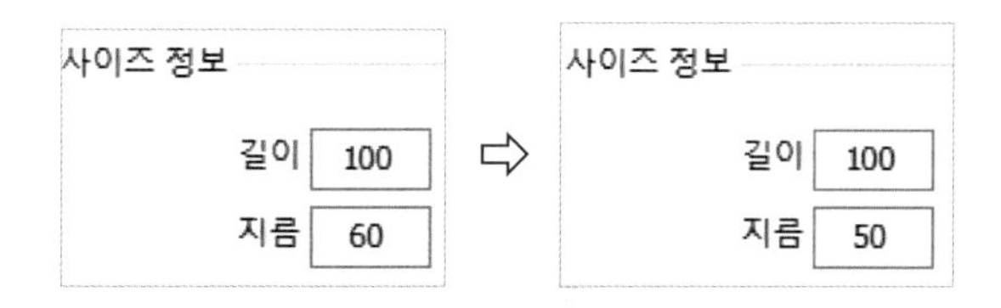

- 수정 후 생성을 클릭한 후 확인을 클릭하면 공작물 설정이 끝난다.

② 공구 설정

- 공구를 설정하기 전 사용할 공구를 사전에 확인한다.
- 위의 도면에서는 황삭, 정삭, 홈 및 나사 공구 등 4개의 공구가 필요하다.
- 왼쪽 상단 GV_CNC 밑에 있는 톱니바퀴 모양을 클릭한 후, 그 옆에 있는 공구 설정(Ctrl+2)을 클릭하면 공구 설정이 다음과 같이 나타난다.

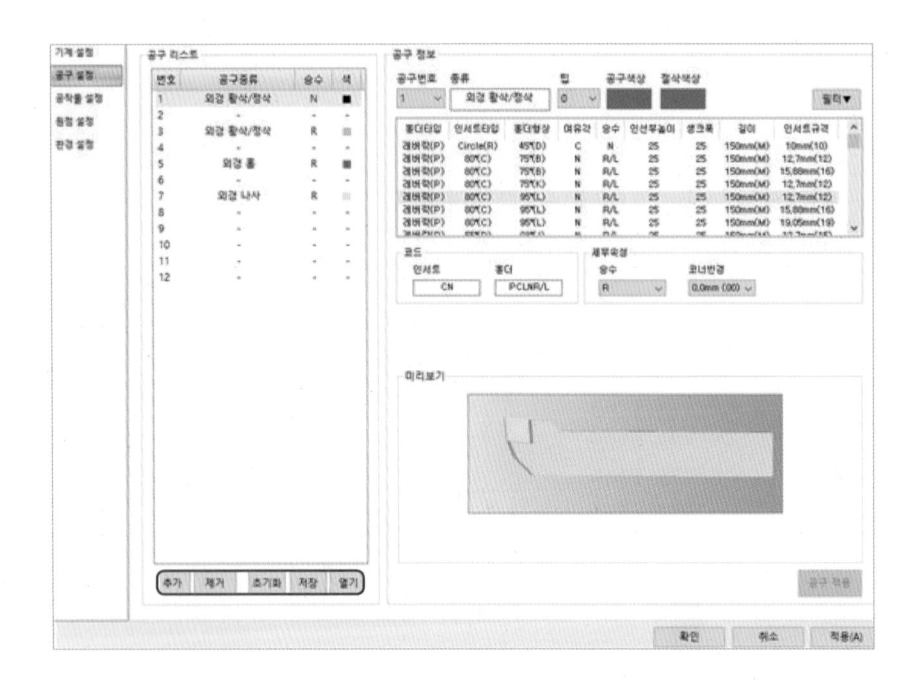

- 공구 설정 화면을 보면 추가, 제거, 초기화, 저장 및 열기 등이 있는데 추가는 공구를 추가하는 기능이고, 제거는 선택한 공구를 제거하는 기능이고, 저장은 세팅된 공구 리스트를 공구 라이브러리 형태로 저장한 후 열기 버튼을 눌러서 재사용할 수 있는 기능으로 자주 사용하는 공구들을 등록해 두고 저장해서 재사용하는 기능이다.

③ 원점 설정

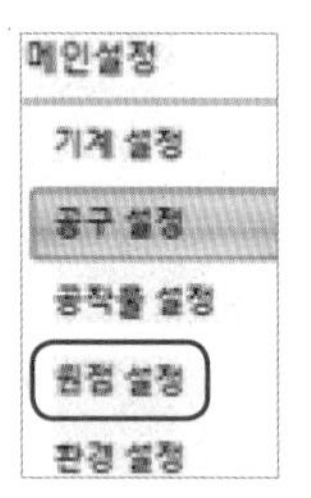

- 왼쪽 상단 GV_CNC 밑에 있는 톱니바퀴 모양을 클릭한 후 그 옆에 있는 원점 설정(Ctrl+4)을 클릭해도 되지만, 공구 설정이 끝난 후 메인 설정 화면 밑에 있는 원점 설정을 클릭해도 된다.
- 원점 설정은 다음의 그림과 같이 공작물의 센터(공작물 오른쪽 끝 부분)를 클릭한 후 G30 계산을 클릭하면 기준 공구의 −390.0, −523.0이 G30의 제2원점 설정 기준좌표계에 자동으로 들어가는 것을 볼 수 있으며, 적용을 클릭하면 다음과 같이 원점설정이 된다.
- 공구간 차이값을 공구 옵셋에 자동 입력을 클릭하면 기준 공구에 대한 공구 설정에서 설정된 공구들을 자동으로 보정한다.

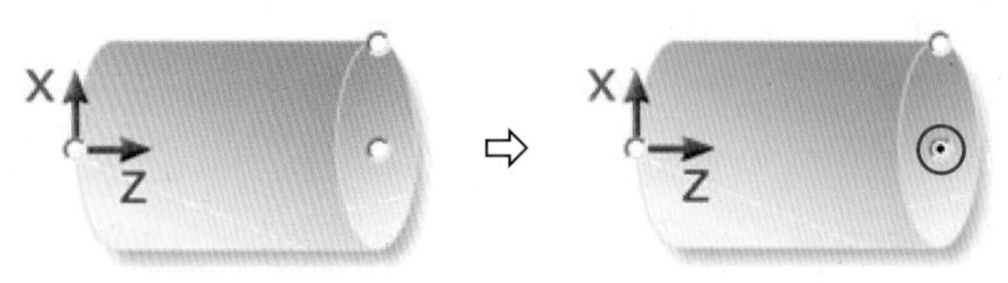

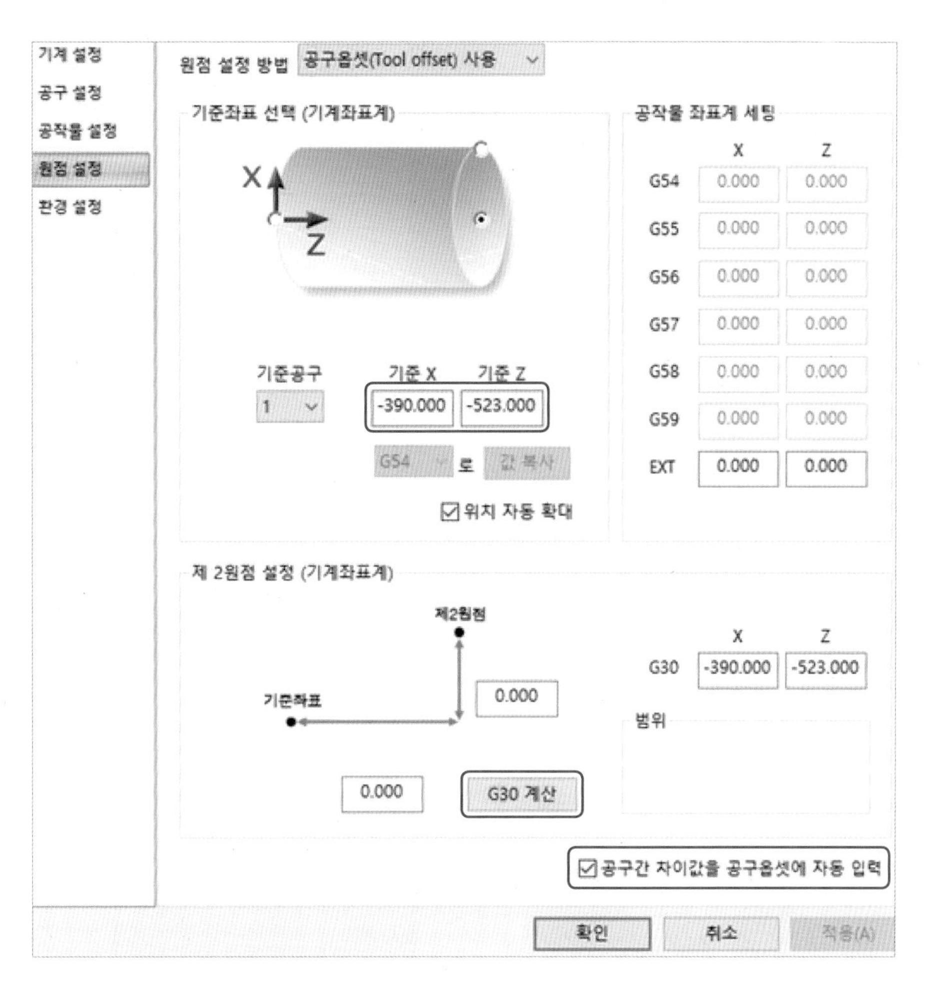

(8) GV_CNC에서 가공하기

- V_CNC에서는 가공할 때 AUTO를 클릭한 후 CYCLE START를 클릭하면 바로 가공이 되었는데, GV_CNC에서는 CRT에서 NC 블록의 커서 위치를 반드시 RESET을 클릭하여 다음의 그림과 같이 프로그램이 처음 블록으로 이동하도록 하여야 한다.

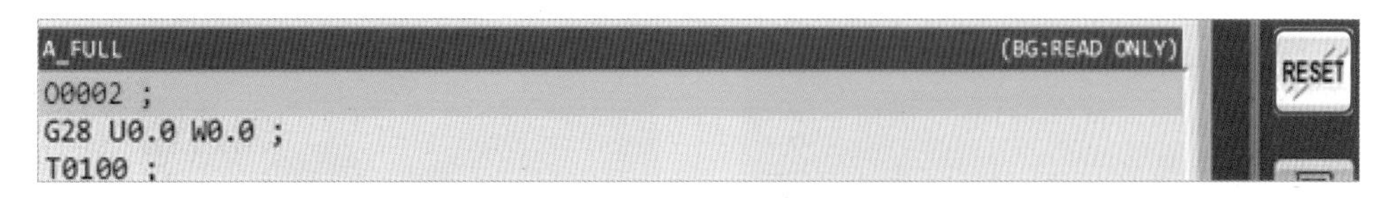

- 가공을 하기 위해서는 EDIT에 있는 모드를 AUTO에 두고 CYCLE START를 클릭하면 1차 가공이 된다.

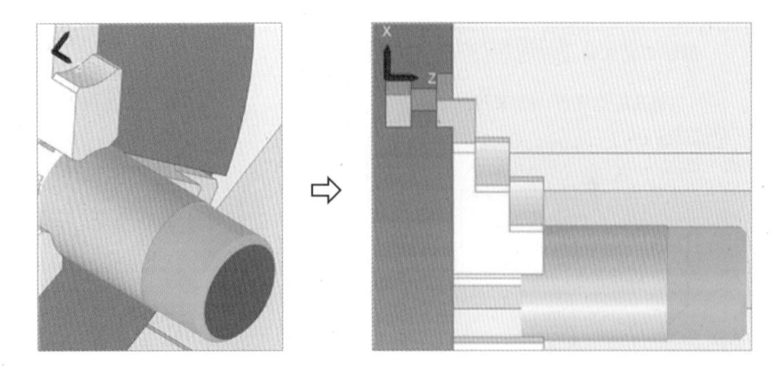

- ISO로 된 뷰 방향을 정면으로 보려면, 오른쪽 그림의 표시 부분을 클릭한 후 뷰 방향에서 정면을 클릭하면 된다.
- 1차 가공이 끝난 후 2차 가공을 하려면 공작물을 돌려 물려야 한다.

- 공작물을 돌려 물릴려면 마우스 오른쪽 버튼을 클릭한 후 공작물 회전을 클릭하면 자동으로 공작물이 그림과 같이 돌려지며, CYCLE START를 클릭하면 다음의 그림과 같이 2차 가공이 된다.

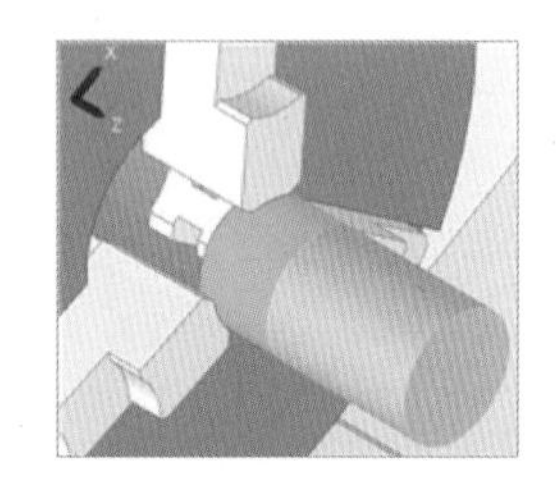

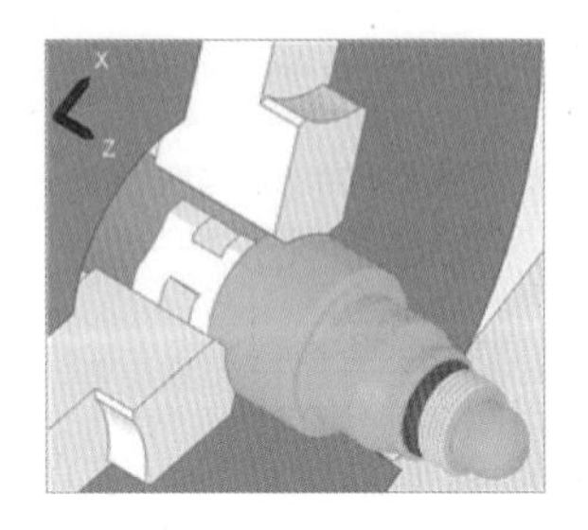

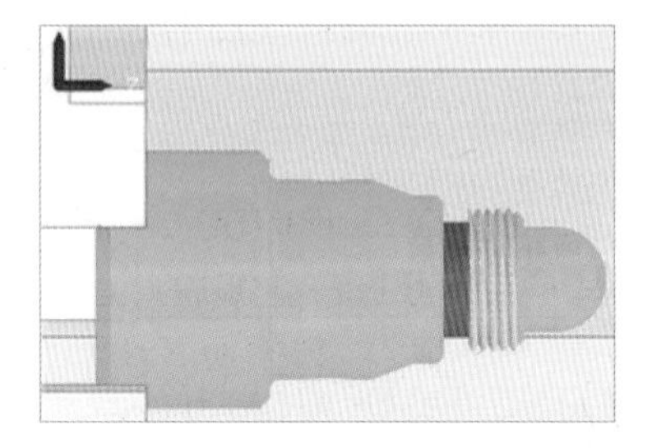

- GV_CNC를 이용한 가공

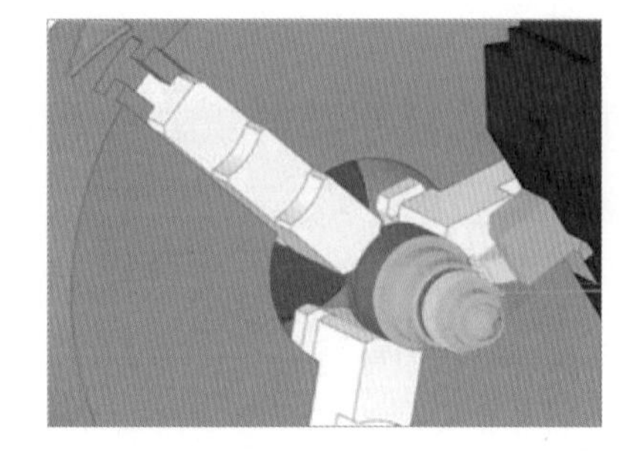

1-4 원호 절삭하기

<table>
<tr><td>작업과제명</td><td colspan="3">원호 절삭하기</td><td>소요시간</td><td></td></tr>
<tr><td>목표</td><td colspan="5">① GV_CNC software를 이용하여 프로그래밍을 할 수 있다.
② 작성한 프로그램을 CNC 선반에 입력할 수 있다.
③ 좌표계를 설정하여 위치 결정 및 직선 절삭을 할 수 있다.
④ 공구 보정을 할 수 있다.</td></tr>
<tr><td>기계 및 공구</td><td>재료명</td><td>규격</td><td>수량</td><td colspan="2">안전 및 유의사항</td></tr>
<tr><td>CNC 선반</td><td></td><td>SKT21LM</td><td>1</td><td colspan="2" rowspan="6">① 기계의 이상 유무를 확인한다.
② 소프트 조에 공작물을 처킹했을 때 정확하게 고정되어 있는지 확인한다.
③ 위치 결정 시 급속 이송을 할 때 공구의 충돌 여부를 꼭 확인하여야 한다.</td></tr>
<tr><td>외경 황삭 바이트</td><td></td><td>PCLNR2525M12</td><td>1</td></tr>
<tr><td>외경 정삭 바이트</td><td></td><td>PDLNR2525M12</td><td>1</td></tr>
<tr><td>GV_CNC S/W</td><td></td><td></td><td>1</td></tr>
<tr><td>버니어 캘리퍼스</td><td></td><td>150mm</td><td>1</td></tr>
<tr><td></td><td>쾌삭 Al</td><td>$\phi 50 \times 80$</td><td>1</td></tr>
</table>

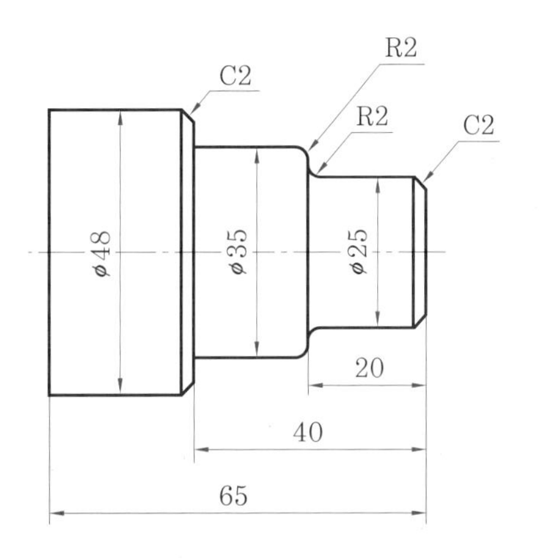

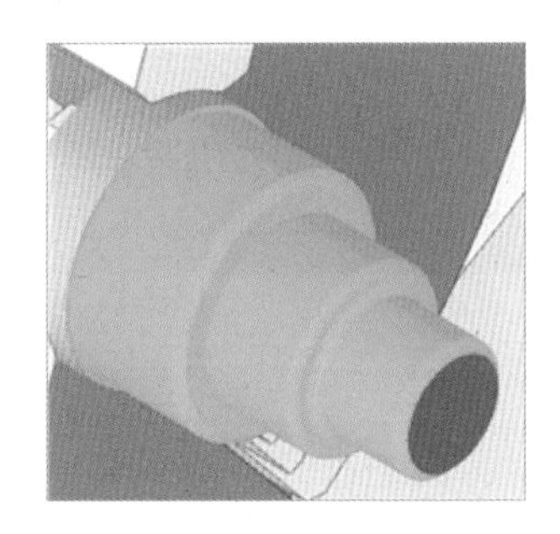

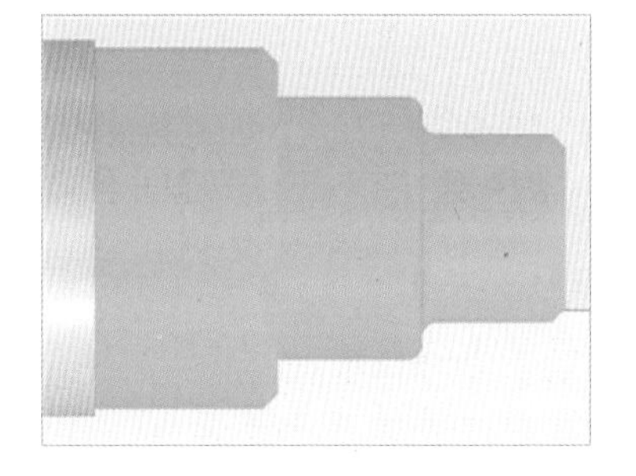

절삭 조건					
공정	공구 번호	주축 회전수 (rpm)	절삭속도 (m/min)	이송속도 (mm/rev)	1회 절입량
황삭 가공	T01	1300	130	0.2	3~4mm
정삭 가공	T03	1500	150	0.1	

```
O0001 ;
N10    G28    U0.0    W0.0 ;
N20    T0100 ;
N30    G50    S1300 ;
N40    G96    S130    M03 ;
N50    G00    X55.0   Z0.1    T0101    M08 ;
N60    G01    X-2.0   F0.2 ;
N70    G00    X48.2   Z2.0 ;
N80    G01    Z-64.9 ;
N90    G00    U1.0    Z2.0 ;
N100   G00    X45.0 ;
N110   G01    Z-39.9 ;
N120   G00    U1.0    Z2.0 ;
N130   X42.0 ;
N140   G01    Z-39.9 ;
N150   G00    U1.0    Z2.0 ;
N160   X39.0 ;
N170   G01    Z-39.9 ;
N180   G00    U1.0    Z2.0 ;
N190   X35.2 ;
N200   G01    Z-39.9 ;
N200   G00    U1.0    Z2.0 ;
N210   X32.0 ;
N220   G01    Z-19.9 ;
N230   G00    U1.0    Z2.0 ;
N240   X29.0 ;
N250   G01    Z-19.9 ;
N260   G00    U1.0    Z2.0 ;
```

N270 X25.2 ;

N280 G01 Z-18.0 ;

- Z-18.0이 되는 이유는 R가공을 정삭가공 시 하기 위함이다. 만약 Z-19.9로 프로그램을 하면 실제 가공를 하면 R2가 가공이 안 된다.

N290 G00 X150.0 Z150.0 T0100 M09 ;

- T0100 : 1번 공구 취소
- M09 : 절삭유 OFF(Coolant Off)

N300 T0300 ;

N310 G50 S1500 ;

N320 G96 S150 M03 ;

N330 G00 X30.0 Z0.0 T0300 M08 ;

- 황삭가공에서 X25.2mm로 가공을 했기 때문에 공구와 공작물의 충돌을 방지하기 위하여 X25.2보다 큰 X30.0mm에 공구를 두는데, 나중에 숙달되면 공작물 직경보다 조금 큰 X27.0으로 한다.

N340 G01 X-2.0 F0.1 ;

- 정삭가공이므로 이송속도 F0.1

N350 G00 X17.0 Z2.0 ;

- X17.0 Z2.0로 프로그램을 하는 이유는 C2를 가공하기 위함이다.

N360 G01 X25.0 Z-2.0 ;

N370 Z-18.0 ;

- 다음 가공이 직선이 아닌 R2.0이므로 20-2=18

N380 G02 X29.0 Z-20.0 R2.0 ;

- X는 직경 지령이므로 25+4=29이며, Z-20.0 또는 W-2.0, 즉 증분좌표로 프로그래밍 할 수 있다. 실제로 프로그램을 할 때 Z값은 경우에 따라 절대좌표보다 증분좌표가 쉬운 경우가 많다.(특히 공작물의 계단축이 많은 경우)

$$\left.\begin{array}{l}\text{G02}\\\text{G03}\end{array}\right\}\ \text{X(U)\_\_}\ \ \text{Z(W)\_\_}\ \left\{\begin{array}{l}\text{R\_\_}\ \ \text{F\_\_ ;}\\\text{I\_\_}\ \ \text{K\_\_}\ \ \text{F\_\_ ;}\end{array}\right.$$

원호보간 좌표어 일람표

지령 내용		지령	의미
회전 방향		G02	시계 방향(CW : clock wise)
		G03	반시계 방향(CCW : counter clock wise)
끝점의 위치	절대 지령	X, Z	좌표계에서 끝점의 위치
	증분 지령	U, W	시작점에서 끝점까지의 거리
원호의 반지름		R	원호의 반지름(반지름값 지령)
시작점에서 중심까지의 거리		I, K	시작점에서 중심까지의 거리(반지름값 입력)
이송 속도		F	원호에 따라 움직이는 속도

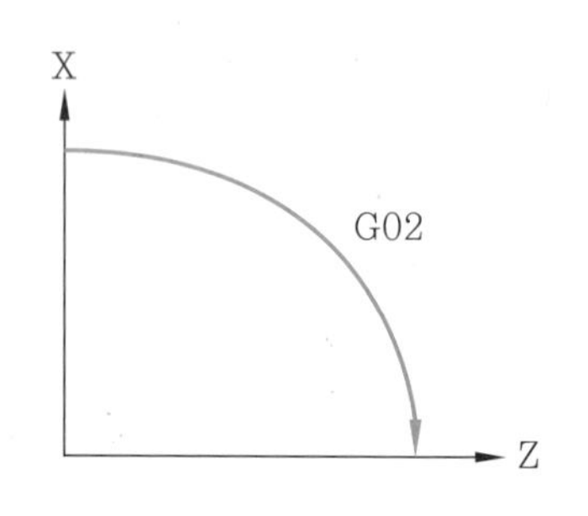

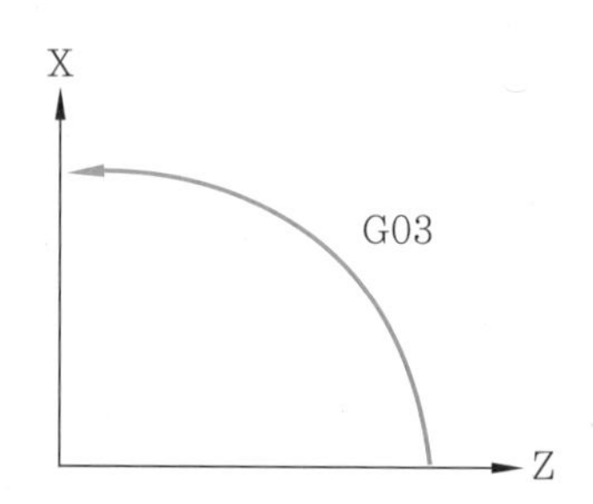

N390　G01　X31.0 ;

N400　G03　X35.0　Z-22.0　R2.0 ;

- Z-22.0보다 W-2.0으로 프로그래밍이 쉽다.

N410　G01　Z-40.0 ;

N420　X44.0 ;

G01은 연속유효 G코드이므로 G01 생략

N430　X48.0　Z-42.0 ;

- Z-42.0 또는 증분좌표로 W-2.0

N440　Z-65.0 ;

N450　G00　X150.0　Z150.0　T0300　M09 ;

N460　M05 ;

- M05 : 주축 정지

N570　M02 ;

- M02 : 프로그램 끝

작업과제명	원호 절삭하기	소요시간	

<table>
<tr><th colspan="5">평가 기준</th></tr>
<tr><th colspan="3">작품 평가 (70점)</th><th colspan="2">작업 평가 (20점)</th></tr>
<tr><th>주요 항목</th><th>도면 치수</th><th>측정 방법</th><th>항목</th><th>배점</th></tr>
<tr><td rowspan="6">치수
정밀도
(30)</td><td>ϕ48, ϕ35</td><td>±0.1</td><td>작업 방법</td><td>4</td></tr>
<tr><td>ϕ25</td><td>±0.1</td><td>작업 태도</td><td>4</td></tr>
<tr><td>C2</td><td>±0.1</td><td>작업 안전</td><td>4</td></tr>
<tr><td>R2</td><td>±0.1</td><td>정리 정돈</td><td>4</td></tr>
<tr><td>65, 40</td><td>±0.1</td><td>재료 사용</td><td>4</td></tr>
<tr><td>20</td><td>±0.1</td><th colspan="2">시간 평가 (10점)</th></tr>
<tr><td>세팅
(5)</td><td>공구 및
공작물 세팅</td><td>상 : 한 번 세팅으로 가공
중 : 1회 수정 가공
하 : 2회 이상 수정 가공</td><td colspan="2" rowspan="2">소요시간 (　　)분
초과마다 (　　)분
감점</td></tr>
<tr><td>외관
(5)</td><td>공작물의
외관 상태</td><td>상 : 흠집이 전혀 없을 때
중 : 흠집이 2개소 이하
하 : 흠집이 3개소 이상</td></tr>
<tr><td>프로그램
(30)</td><td>편집</td><td>상 : 중복 가공이 없을 때
중 : 중복 가공 1회일 때
하 : 중복 가공 2회 이상</td><td colspan="2"><table><tr><th>작품
평가</th><th>작업
평가</th><th>시간
평가</th><th>총점</th></tr><tr><td></td><td></td><td></td><td></td></tr></table></td></tr>
</table>

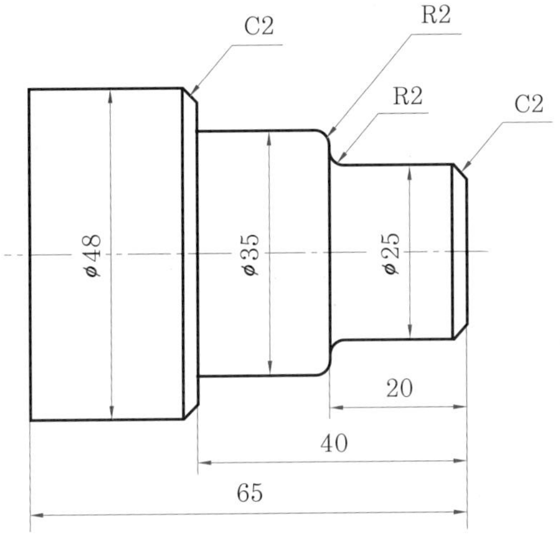

2. CNC 선반 고정 사이클 가공

2-1 고정 사이클 가공하기

작업과제명	고정 사이클 가공하기			소요시간
목표	① GV-CNC software를 이용하여 프로그래밍을 할 수 있다. ② G90 고정 사이클을 이용한 프로그램을 할 수 있다. ③ 작성한 프로그램을 CNC 선반에 입력할 수 있다. ④ 좌표계를 설정하여 위치 결정 및 직선 절삭을 할 수 있다. ⑤ 공구 보정을 할 수 있다.			
기계 및 공구	재료명	규격	수량	안전 및 유의사항
CNC 선반		SKT21LM	1	① 기계의 이상 유무를 확인한다. ② 소프트 조에 공작물을 처킹했을 때 정확하게 고정되어 있는지 확인한다. ③ 위치 결정 시 급속 이송을 할 때 공구의 충돌 여부를 꼭 확인하여야 한다.
외경 황삭 바이트		PCLNR2525-M12	1	
외경 정삭 바이트		PDLNR2525-M12	1	
GV_CNC S/W			1	
버니어 캘리퍼스		150mm	1	
	쾌삭 Al	$\phi 50 \times 80$	1	

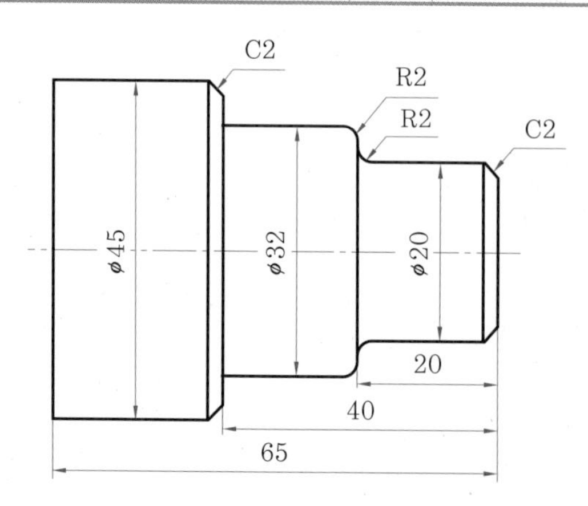

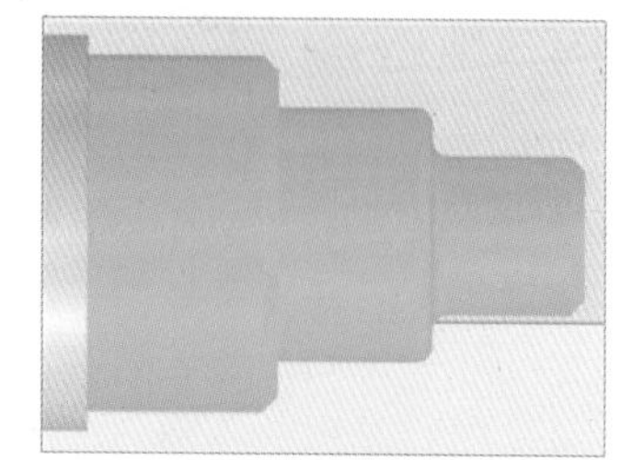

절삭 조건					
공정	공구 번호	주축 회전수 (rpm)	절삭속도 (m/min)	이송속도 (mm/rev)	1회 절입량
황삭 가공	T01	1300	130	0.2	3~4mm
정삭 가공	T03	1500	150	0.1	

O 1103 ;

G28 U0.0 W0.0 ;

- 앞으로 프로그램을 할 때는 전개번호 N은 적지 않는다.

T0100 ;

G50 S1300 ;

G96 S130 M03 ;

G00 X55.0 Z0.1 T0101 M08 ;

G01 X−2.0 F0.2 ;

G00 X52.0 Z2.0 ;

- 공작물 소재(ϕ50)보다 공구의 위치는 커야만 된다.
  (다음 그림에서는 가공 후 공구의 위치는 항상 X50.0보다 큰 X52.0의 위치에 오기 때문에 공구와 공작물의 충돌이 없다.)

G90 X47.0 Z−64.9 ;

X45.2 ;

X42.0 Z−39.9 ;

X39.0 ;

X36.0 ;

X32.2 ;

X29.0 Z−19.9 ;

X26.0 ;

X23.0 Z−19.0 ;

X20.2 Z−18.0 ;

- Z 좌푯값이 틀린 이유는 정삭 가공 시 R2를 가공하기 위함이다.

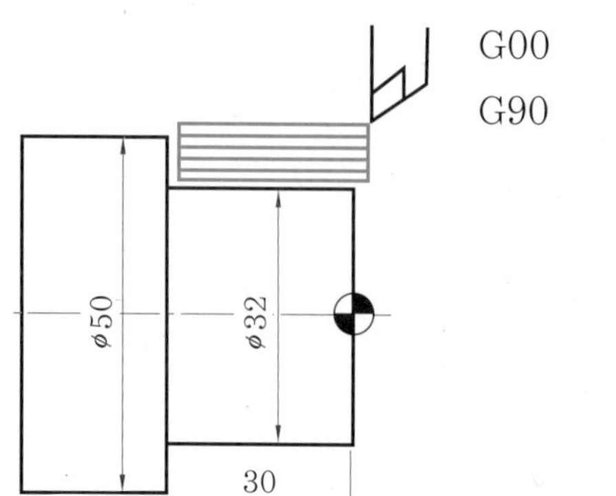


```
G00   X52.0   Z2.0     T0101 ;
G90   X47.0   Z-29.0   F0.2 ; (1회 절삭)
      X44.0 ; (2회 절삭)
      X41.0 ; (3회 절삭)
      X38.0 ; (4회 절삭)
      X35.0 ; (5회 절삭)
      X32.2 ; (6회 절삭)
```

```
G00   X150.0   Z150.0   T0100   M09 ;
T0300 ;
G50   S1500 ;
G96   S150     M03 ;
G00   X22.0    Z0.0     T0303   M08 ;
G01   X-2.0    F0.1 ;
G00   X12.0    Z2.0 ;
G01   X20.0    Z-2.0 ;
      Z-18.0 ;
G02   X24.0    Z-20.0   R2.0 ;
G01   X28.0 ;
G03   X32.0    W-2.0    R2.0 ;
```

- Z-22.0 대신에 상대좌표 W-2.0으로 프로그램하므로 쉽게 프로그램을 할 수 있다.

```
G01   Z-40.0 ;
      X41.0 ;
      X45.0    W-2.0 ;
G00   X150.0   Z150.0   T0300   M09 ;
M05 ;
M02 ;
```

작업과제명	고정 사이클 가공하기	소요시간	

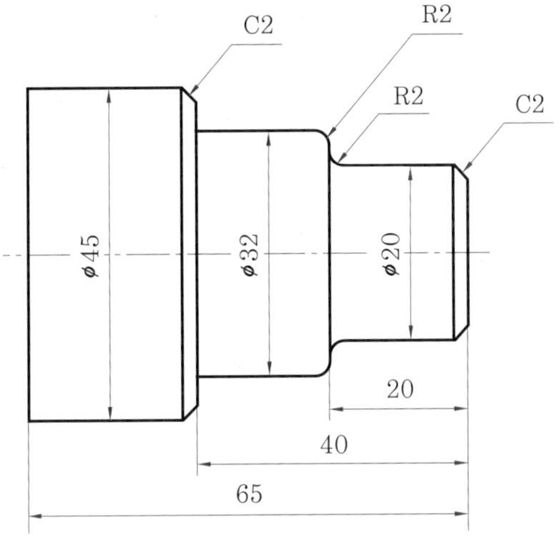

<table>
<tr><th colspan="7">평가 기준</th></tr>
<tr><th colspan="3">작품 평가 (70점)</th><th colspan="4">작업 평가 (20점)</th></tr>
<tr><th>주요 항목</th><th>도면 치수</th><th>측정 방법</th><th colspan="2">항목</th><th colspan="2">배점</th></tr>
<tr><td rowspan="6">치수
정밀도
(30)</td><td>φ45, φ32</td><td>±0.1</td><td colspan="2">작업 방법</td><td colspan="2">4</td></tr>
<tr><td>φ20</td><td>±0.1</td><td colspan="2">작업 태도</td><td colspan="2">4</td></tr>
<tr><td>R2</td><td>±0.1</td><td colspan="2">작업 안전</td><td colspan="2">4</td></tr>
<tr><td>C2</td><td>±0.1</td><td colspan="2">정리 정돈</td><td colspan="2">4</td></tr>
<tr><td>65</td><td>±0.1</td><td colspan="2">재료 사용</td><td colspan="2">4</td></tr>
<tr><td>40, 20</td><td>±0.1</td><th colspan="4">시간 평가 (10점)</th></tr>
<tr><td>세팅
(5)</td><td>공구 및
공작물 세팅</td><td>상 : 한 번 세팅으로 가공
중 : 1회 수정 가공
하 : 2회 이상 수정 가공</td><td colspan="4" rowspan="2">소요시간 (　　)분
초과마다 (　　)분
감점</td></tr>
<tr><td>외관
(5)</td><td>공작물의
외관 상태</td><td>상 : 흠집이 전혀 없을 때
중 : 흠집이 2개소 이하
하 : 흠집이 3개소 이상</td></tr>
<tr><td rowspan="2">프로그램
(30)</td><td rowspan="2">편집</td><td rowspan="2">상 : 중복 가공이 없을 때
중 : 중복 가공 1회일 때
하 : 중복 가공 2회 이상</td><th>작품
평가</th><th>작업
평가</th><th>시간
평가</th><th>총점</th></tr>
<tr><td></td><td></td><td></td><td></td></tr>
</table>

작업과제명	나사 절삭하기 (Ⅰ)			소요시간
목표	① GV_CNC software를 이용하여 프로그래밍을 할 수 있다. ② G90, G92 고정 사이클을 이용한 프로그램을 할 수 있다. ③ 작성한 프로그램을 CNC 선반에 입력할 수 있다. ④ 좌표계를 설정하여 위치 결정 및 직선 절삭을 할 수 있다. ⑤ 공구 보정을 할 수 있다.			
기계 및 공구	재료명	규격	수량	안전 및 유의사항
CNC 선반		SKT21LM	1	① 기계의 이상 유무를 확인한다. ② 소프트 조에 공작물을 처킹했을 때 정확하게 고정되어 있는지 확인한다. ③ 위치 결정 시 급속 이송을 할 때 공구의 충돌 여부를 꼭 확인하여야 한다.
외경 황삭 바이트		PCLNR2525-M12	1	
외경 정삭 바이트		PDLNR2525-M12	1	
외경 홈 바이트		TTER2525-4T25	1	
외경 나사 바이트		SER2525-M22	1	
GV_CNC S/W			1	
버니어 캘리퍼스		150mm	1	
	쾌삭 Al	ϕ50×80	1	

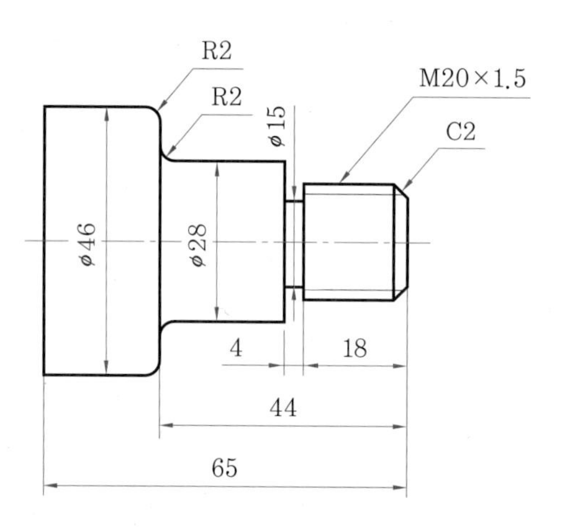

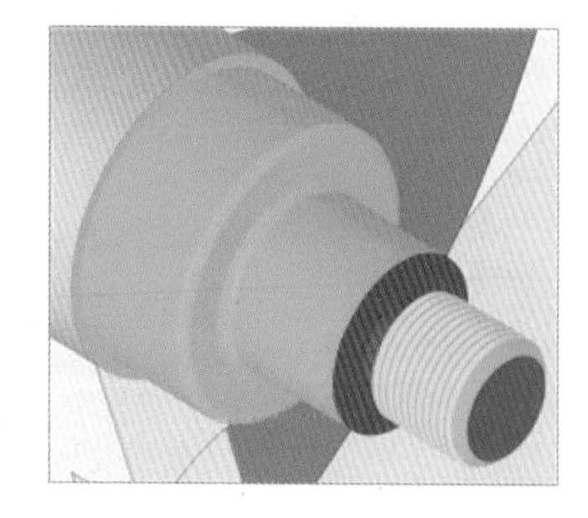

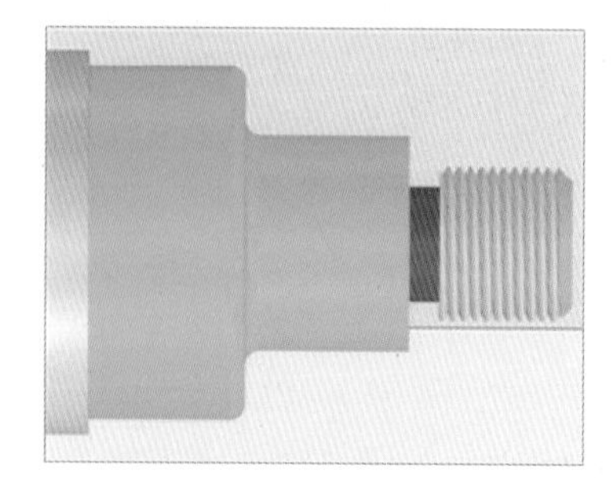

절삭 조건					
공정	공구 번호	주축 회전수 (rpm)	절삭속도 (m/min)	이송속도 (mm/rev)	1회 절입량
황삭 가공	T01	1300	130	0.2	3~4mm
정삭 가공	T03	1500	150	0.1	
홈 가공	T05	500		0.07	
나사 가공	T07	500			M20×1.5

O 1104 ;

G28 U0.0 W0.0 ;

– 앞으로 프로그램을 할 때는 전개번호 N은 적지 않는다.

T0100 ;

G50 S1300 ;

G96 S130 M03 ;

G00 X55.0 Z0.1 T0101 M08 ;

G01 X-2.0 F0.2 ;

G00 X52.0 Z2.0 ;

– 공작물 소재(ϕ50)보다 공구의 위치는 커야만 된다.
(다음 그림에서는 가공 후 공구의 위치는 항상 X50.0보다 큰 X52.0의 위치에 오기 때문에 공구와 공작물의 충돌이 없다.)

G90 X46.2 Z-64.9 ;

X43.0 Z-43.9 ;

X40.0 ;

X37.0 ;

X34.0 ;

X31.0 Z-43.0 ;

X28.2 Z-42.0 ;

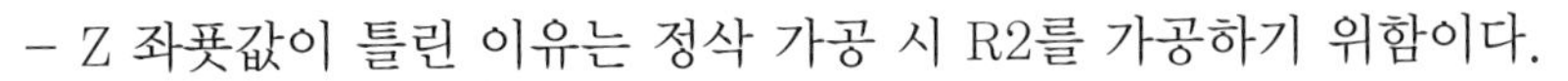

– Z 좌푯값이 틀린 이유는 정삭 가공 시 R2를 가공하기 위함이다.

X25.0 Z-21.9 ;

X22.0 ;

X20.2 ;

```
G00   X150.0   Z150.0   T0100   M09 ;
T0300 ;
G50   S1500 ;
G96   S150     M03 ;
G00   X22.0    Z0.0     T0303   M08 ;
G01   X-2.0    F0.1 ;
G00   X12.0    Z2.0 ;
G01   X20.0    Z-2.0 ;
      Z-22.0 ;
      X28.0 ;
      Z-42.0 ;
G02   X32.0    Z-44.0   R2.0 ;
G01   X42.0 ;
G03   X46.0    W-2.0    R2.0 ;
```

- Z-46.0 대신에 상대좌표 W-2.0으로 프로그램하므로 쉽게 프로그램을 할 수 있다.

```
G01   Z-65.0 ;
G00   X150.0   Z150.0   T0300   M09 ;
T0500 ;
G97   S500     M03 ;
G00   X30.0    Z-22.0   T0505   M08 ;
```

- 홈 가공을 하기 위하여 X 좌푯값이 X28.0보다 큰 X30.0에 위치하여야 공구의 충돌 없이 홈 가공을 할 수 있다.

```
G01   X15.0    F0.07 ;
G04   P1500 ;
```

G04 P___, G04 X___, G04 U___

P는 0.001초 단위

- G04 : 드웰(Dwell : 일시 정지)
- 입력 단위 : X, U는 소수점(예 X1.5 U2.0)을 사용하고, P는 소수점을 사용할 수 없다(예 P1500).
- 예를 들어 1.5초 동안 정지시키려면

```
G04   X1.5 ;
```

```
        G04    U1.5 ;
        G04    P1500 ; 으로 지령한다.
```

※ X 나 U 대신 P를 사용하는 것이 좋은데, 그 이유는 축 (X, U)과 혼동하기 쉽기 때문이다.

```
G00    X30.0 ;
       X150.0   Z150.0   T0500   M09 ;
T0700 ;
G97    S500     M03 ;
G00    X22.0    Z2.0     T0707   M08 ;
G92    X19.3    Z-20.0   F1.5 ;
       X18.9 ;
       X18.62 ;
       X18.42 ;
       X18.32 ;
       X18.22 ;
G00    X150.0   Z150.0   T0700   M09 ;
M05 ;
M02 ;
```

G92 X(U)__ Z(W)__ R__ F ;

X(U) : 매회 나사 가공 끝점의 X좌표

Z(W) : 나사 가공 끝점의 Z좌표

R : 테이퍼 나사 가공 시 기울기 값(생략 시 직선 나사)

- G92 : 단일 고정형 나사 절삭 사이클
- 첫번째 절입량이 나사 가공 데이터를 보면 0.7(0.35×2), 그 이유는 {20-(0.35×2)}=19.3이며 1회 나사 절삭
- F는 나사의 리드(나사의 리드=나사 줄 수×피치)
- 나사 절삭 사이클은 G32, G92, G76이 있는데 G32는 거의 사용하지 않고, G92, G76을 사용하는데 나사의 피치가 2.0 이하는 G92를 사용하는 것이 프로그램이 쉽고, 그 이상이 되면 G76이 쉽다.

작업과제명	나사 절삭하기 (I)	소요시간	

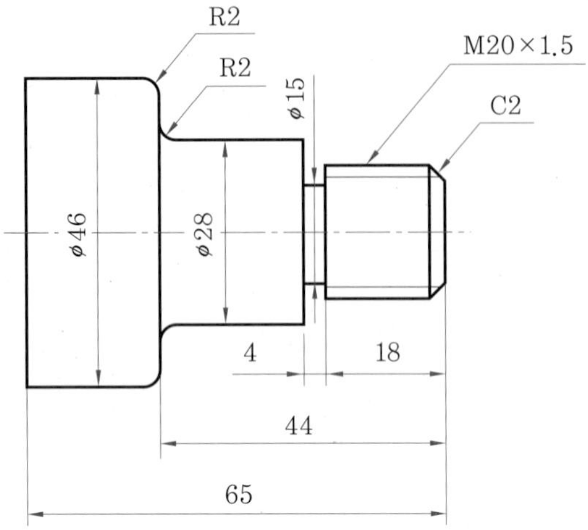

평가 기준

작품 평가 (70점)			작업 평가 (20점)	
주요 항목	도면 치수	측정 방법	항목	배점
치수 정밀도 (30)	ϕ46, ϕ28	±0.1	작업 방법	4
	ϕ15	±0.1	작업 태도	4
	R2	±0.1	작업 안전	4
	C2	±0.1	정리 정돈	4
	65, 44, 4	±0.1	재료 사용	4
	M20×1.5	±0.1	시간 평가 (10점)	
세팅 (5)	공구 및 공작물 세팅	상 : 한 번 세팅으로 가공 중 : 1회 수정 가공 하 : 2회 이상 수정 가공	소요시간 ( )분 초과마다 ( )분 감점	
외관 (5)	공작물의 외관 상태	상 : 흠집이 전혀 없을 때 중 : 흠집이 2개소 이하 하 : 흠집이 3개소 이상		
프로그램 (30)	편집	상 : 중복 가공이 없을 때 중 : 중복 가공 1회일 때 하 : 중복 가공 2회 이상	작품 평가 / 작업 평가 / 시간 평가 / 총점	

작업과제명	나사 절삭하기 (II)			소요시간	
목표	① V-CNC software를 이용하여 프로그래밍을 할 수 있다. ② G90, G92 고정 사이클을 이용한 프로그램을 할 수 있다. ③ 작성한 프로그램을 CNC 선반에 입력할 수 있다 ④ 좌표계를 설정하여 위치 결정 및 직선 절삭을 할 수 있다. ⑤ 공구 보정을 할 수 있다				
기계 및 공구	재료명	규격	수량	안전 및 유의사항	
CNC 선반		SKT21LM	1	① 기계의 이상 유무를 확인한다. ② 소프트 조에 공작물을 처킹했을 때 정확하게 고정되어 있는지 확인한다. ③ 위치 결정 시 급속 이송을 할 때 공구의 충돌 여부를 꼭 확인하여야 한다.	
외경 황삭 바이트		PCLNR2525-M12	1		
외경 정삭 바이트		PDLNR2525-M12	1		
외경 홈 바이트		TTER2525-4T25	1		
외경 나사 바이트		SER2525-M22	1		
GV_CNC S/W			1		
버니어 캘리퍼스		150mm	1		
	쾌삭 Al	ϕ50×80	1		

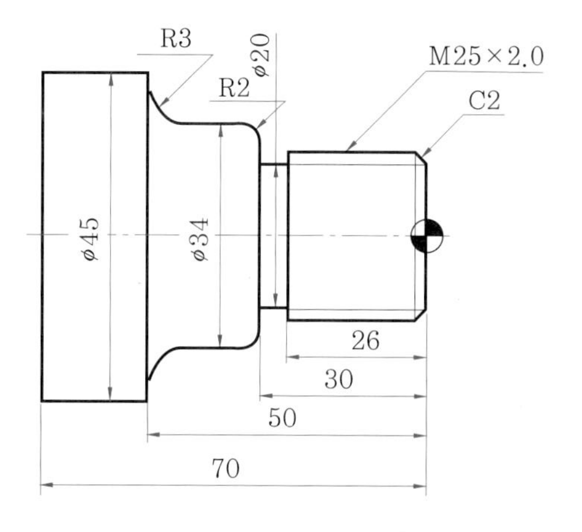

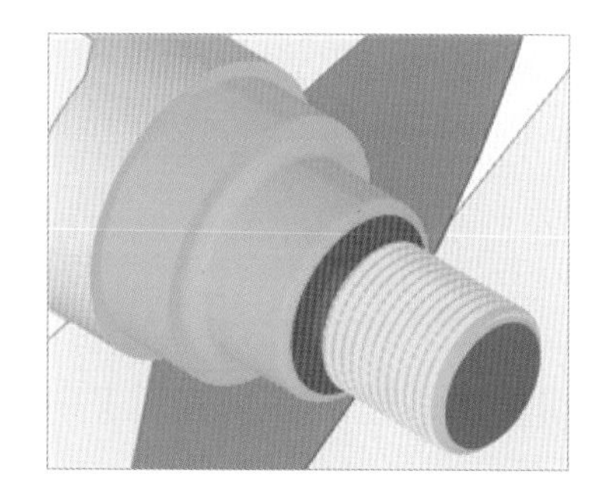

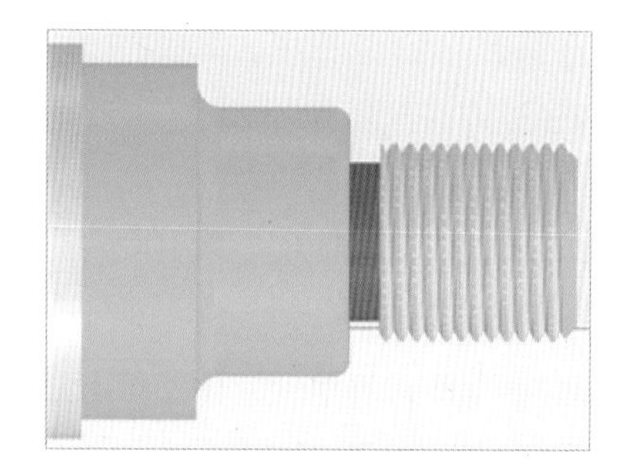

절삭 조건					
공정	공구 번호	주축 회전수 (rpm)	절삭속도 (m/min)	이송속도 (mm/rev)	1회 절입량
황삭 가공	T01	1300	130	0.2	3~4mm
정삭 가공	T03	1500	150	0.1	
홈 가공	T05	500		0.05	
나사 가공	T07	500			M25×2.0

O1105 ;

G28 U0.0 W0.0 ;

T0100 ;

G50 S1300 ;

G96 S130 M03 ;

G00 X55.0 Z0.1 T0101 M08 ;

G01 X-2.0 F0.2 ;

G00 X52.0 Z2.0 ;

- 공작물 소재가 ϕ50이므로 ϕ50보다 큰 ϕ52에 위치한다. 이때 ϕ52보다 더 크게 치수를 두면 가공시간이 길어진다. 그 이유는 공구의 이동이 항상 X52.0에 오기 때문이다. 만약 X55.0에 두면 공구는 X55.0에 온다.

G90 X47.0 Z-69.9 ;

X45.2 ;

X42.0 Z-49.9 ;

X39.0 Z-49.0 ;

X36.0 Z-48.0 ;

X34.2 Z-47.0 ;

- Z좌표값을 바꾸는 이유는 R3 가공을 위하여 정삭 가공 시 최대한 정삭 여유를 적게 두기 위해서이다.

X31.0 Z-29.9 ;

X28.0 ;

X25.2 ;

G00 X150.0 Z150.0 T0100 M09 ;

M01 ;

- 선택적 프로그램 정지(optional stop)를 사용한 이유는 황삭공구(T01)를 사용한 후 R가공 확인 및 칩 제거 등을 위하여 조작반의 M01을 ON시킨 후 가

공하며, 일반적으로 시험 가공 시 사용한다. 실제로 가공할 때는 프로그램상 M01을 삭제하지 않고 조작반의 M01을 OFF하면 된다.

```
T0300 ;
G50   S1500 ;
G96   S150    M03 ;
G00   X27.0   Z0.0    T0303   M08 ;
G01   X-2.0   F0.1 ;
G00   X17.0   Z2.0 ;
G01   X25.0   Z-2.0 ;
      Z-30.0 ;
      X30.0 ;
G03   X34.0   W-2.0  R2.0 ;
```

– 절대좌표 Z-32.0보다 증분좌표 W-2.0으로 프로그램하는 것이 쉽다.

```
G01   Z-47.0 ;
G02   X40.0   Z-50.0  R3.0 ;
G01   X45.0 ;
      Z-70.0 ;
G00   X150.0  Z150.0  T0300   M09 ;
M01 ;
G50   T0500 ;
G97   S500    M03 ;
G00   X36.0   Z-30.0  T0505   M08 ;
```

– X36.0에 공구를 두는 이유는 ϕ34와 공구가 충돌하는 것을 방지하기 위함

```
G01   X20.0   F0.05 ;
G04   P1500 ;
G00   X36.0 ;
      X150.0  Z150.0  T0500   M09 ;
G50   T0700 ;
G97   S500    M03 ;
G00   X27.0   Z2.0    T0707   M08 ;
G92   X24.3   Z-28.0  F2.0 ;
      X23.8 ;
      X23.42 ;
```

```
        X23.18 ;
        X22.98 ;
        X22.82 ;
        X22.72
        X22.62 :
```

- M25×2.0은 미터나사 피치가 2.0이므로 나사가공 데이터를 보면 나사산의 높이가 1.19이므로 25−(1.19×2)=22.62가 되어야 한다.

```
G00     X150.0   Z150.0   T0700    M09 ;
M05 ;
M02 ;
```

<table>
<tr><td>작업과제명</td><td colspan="2">나사 절삭하기 (Ⅱ)</td><td>소요시간</td><td colspan="2"></td></tr>
<tr><td colspan="6">평가 기준</td></tr>
<tr><td colspan="3">작품 평가 (70점)</td><td colspan="3">작업 평가 (20점)</td></tr>
<tr><td>주요 항목</td><td>도면 치수</td><td>측정 방법</td><td>항목</td><td colspan="2">배점</td></tr>
<tr><td rowspan="6">치수
정밀도
(30)</td><td>ϕ45, ϕ34</td><td>±0.05</td><td>작업 방법</td><td colspan="2">4</td></tr>
<tr><td>ϕ20</td><td>±0.1</td><td>작업 태도</td><td colspan="2">4</td></tr>
<tr><td>65, 30</td><td>±0.05</td><td>작업 안전</td><td colspan="2">4</td></tr>
<tr><td>R3</td><td>±0.1</td><td>정리 정돈</td><td colspan="2">4</td></tr>
<tr><td>C2</td><td>±0.1</td><td>재료 사용</td><td colspan="2">4</td></tr>
<tr><td>M25×2.0</td><td>±0.1</td><td colspan="3">시간 평가 (10점)</td></tr>
<tr><td>세팅
(5)</td><td>공구 및
공작물 세팅</td><td>상 : 한 번 세팅으로 가공
중 : 1회 수정 가공
하 : 2회 이상 수정 가공</td><td colspan="3" rowspan="2">소요시간 ( )분
초과마다 ( )분
감점</td></tr>
<tr><td>외관
(5)</td><td>공작물의
외관 상태</td><td>상 : 흠집이 전혀 없을 때
중 : 흠집이 2개소 이하
하 : 흠집이 3개소 이상</td></tr>
<tr><td rowspan="2">프로그램
(30)</td><td rowspan="2">편집</td><td rowspan="2">상 : 중복 가공이 없을 때
중 : 중복 가공 1회일 때
하 : 중복 가공 2회 이상</td><td>작품
평가</td><td>작업
평가</td><td>시간
평가</td><td>총점</td></tr>
<tr><td></td><td></td><td></td><td></td></tr>
</table>

2-2 복합 반복 사이클 가공하기

작업과제명	복합 반복 사이클 가공하기 (Ⅰ)		소요시간	
목표	① GV_CNC software를 이용하여 프로그래밍을 할 수 있다. ② G71, G70 복합 반복 사이클을 이용한 프로그램을 할 수 있다. ③ 작성한 프로그램을 CNC 선반에 입력할 수 있다. ④ 좌표계를 설정하여 위치 결정 및 직선 절삭을 할 수 있다. ⑤ 공구 보정을 할 수 있다.			
기계 및 공구	재료명	규격	수량	안전 및 유의사항
CNC 선반		SKT21LM	1	① 기계의 이상 유무를 확인한다. ② 소프트 조에 공작물을 처킹했을 때 정확하게 고정되어 있는지 확인한다. ③ 위치 결정 시 급속 이송을 할 때 공구의 충돌 여부를 꼭 확인하여야 한다.
외경 황삭 바이트		PCLNR2525-M12	1	
외경 정삭 바이트		PDLNR2525-M12	1	
외경 홈 바이트		TTER2525-4T25	1	
외경 나사 바이트		SER2525-M22	1	
GV_CNC S/W			1	
버니어 캘리퍼스		150mm	1	
	쾌삭 Al	$\phi50\times80$	1	

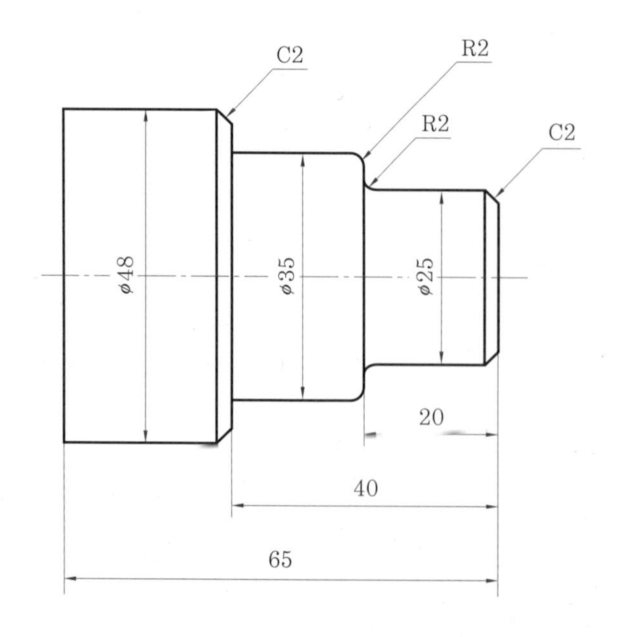

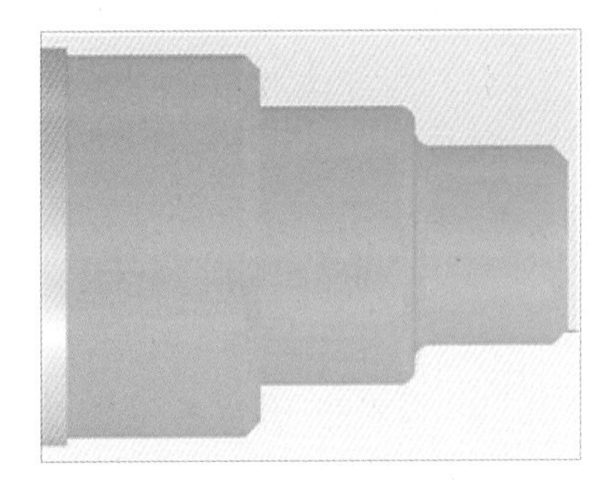

절삭 조건					
공정	공구 번호	주축 회전수 (rpm)	절삭속도 (m/min)	이송속도 (mm/rev)	1회 절입량
황삭가공	T01	1300	130	0.2	3mm
정삭가공	T03	1500	150	0.1	

O0005 ;
G28 U0.0 W0.0 ;
T0100 ;
G50 S1300 ;
G96 S130 M03 ;
G00 X52.0 Z0.1 T0101 M08 ;
G01 X-2.0 F0.2 ;
G00 X52.0 Z2.0 ;

- 고정 사이클 초기점인데 초기점에서 가공을 시작하고 가공이 종료되면 초기점으로 복귀한 후 사이클 가공을 종료하므로 소재의 지름(ϕ50)보다 큰 위치에 초기점을 잡는다.
- 만약 초기점이 도면의 가장 큰 치수(ϕ48)보다 적으면 공구와 공작물은 충돌하므로 주의하여야 한다.

G71 U1.5 R0.5 ;

- 1회 절삭깊이 3mm이며, 공구 도피량 0.5

G71 P10 Q100 U0.2 W0.1 D1500 F0.2 ;

- P10은 정삭가공 지령절의 첫 번째 전개번호, Q100은 정삭가공 지령절의 마지막 전개번호이며, 정삭여유는 X축 0.2mm(U0.2), Z축 0.1mm(W0.1)이다.

```
G71  U(Δd)  R(e) ;
G71  P(ns)  Q(nf)__  U(Δu)__  W(Δw)__  F(f) ;
```

G71 : 내외경 황삭 사이클
U : 절삭깊이, 부호 없이 반지름값으로 지령
R : 도피량, 절삭 후 간섭 없이 공구가 빠지기 위한 양
P : 정삭가공 지령절의 첫 번째 전개번호
Q : 정삭가공 지령절의 마지막 전개번호
U : X축 방향 정삭여유(지름 지정)
W : Z축 방향 정삭여유
D : 1회 가공깊이(절삭깊이)
  - 2mm 가공 : D1000
  - 3mm 가공 : D1500

- P10 Q100의 의미는 P10은 정삭가공 지령절의 첫번째 전개번호, Q100은 정삭 가공 지령절의 마지막 전개번호인데, 복합 반복 사이클(G70~G73) 사용 시에는 전개번호가 꼭 필요하다.
  그러나 프로그램에서와 같이 전부 기재하지 말고 정삭가공 지령절의 첫번째 전개번호를 N10, 정삭가공 지령절의 마지막 전개번호를 N100으로 정해두면 전개번호를 전부 적을 필요가 없다.

전개번호 (N)를 적지 않는다. ⇐

```
G28   U0.0    W0.0 ;
T0100 ;
G50   S1300 ;
G96   S130    M03 ;
G00   X52.0   Z0.1    T0101   M08 ;
G01   X-2.0   F0.2 ;
G00   X52.0   Z2.0 ;
G71   U1.5    R0.5 ;
G71   P10     Q100    U0.2    W0.1    D1500    F0.2 ;
N10   G00     X17.0 ;
 ⋮
 ⋮
N100  G01     Z-65.0 ; 와 같다.
```

```
N10     G00     X17.0 ;
G01     X25.0   Z-2.0 ;
        Z-18.0 ;
G02     X29.0   Z-20.0  R2.0 ;
G01     X31.0 ;
G03     X35.0   W-2.0   R2.0 ;
G01     Z-40.0 ;
        X44.0 ;
        X48.0   W-2.0 ;
N100    Z-65.0 ;
G00     X150.0  Z150.0  T0100   M09 ;
M05 ;
T0300 ;
G50     S1500 ;
G96     S150    M03 ;
G00     X27.0   Z0.0    T0303   M08 ;
G01     X-2.0   F0.1 ;
G00     X50.0   Z2.0 ;
```

- X50.0에 두는 이유는 도면의 가장 큰 치수(ϕ48)보다 높이 두어야만 가공이 끝난 후 공구는 X50.0으로 이동하여 공구와 공작물의 충돌을 방지할 수 있다.

```
G70     P10     Q100    F0.1 ;
```

- 정삭가공 시 이송속도 F는 0.1

```
G00     X150.0  Z150.0  T0300   M09 ;
M05 ;
M02 ;
```

<table>
<tr><td>작업과제명</td><td colspan="2">복합 반복 사이클 가공하기 (Ⅰ)</td><td>소요시간</td><td colspan="4"></td></tr>
<tr><td colspan="8">평가 기준</td></tr>
<tr><td colspan="3">작품 평가 (70점)</td><td colspan="5">작업 평가 (20점)</td></tr>
<tr><td>주요 항목</td><td>도면 치수</td><td>측정 방법</td><td colspan="2">항목</td><td colspan="3">배점</td></tr>
<tr><td rowspan="6">치수
정밀도
(30)</td><td>φ48, φ35</td><td>±0.05</td><td colspan="2">작업 방법</td><td colspan="3">4</td></tr>
<tr><td>φ25</td><td>±0.05</td><td colspan="2">작업 태도</td><td colspan="3">4</td></tr>
<tr><td>65, 40</td><td>±0.05</td><td colspan="2">작업 안전</td><td colspan="3">4</td></tr>
<tr><td>20</td><td>±0.05</td><td colspan="2">정리 정돈</td><td colspan="3">4</td></tr>
<tr><td>R2</td><td>±0.05</td><td colspan="2">재료 사용</td><td colspan="3">4</td></tr>
<tr><td>C2</td><td>±0.05</td><td colspan="5">시간 평가 (10점)</td></tr>
<tr><td>세팅
(5)</td><td>공구 및
공작물 세팅</td><td>상 : 한 번 세팅으로 가공
중 : 1회 수정 가공
하 : 2회 이상 수정 가공</td><td colspan="5" rowspan="2">소요시간 (　　)분
초과마다 (　　)분
감점</td></tr>
<tr><td>외관
(5)</td><td>공작물의
외관 상태</td><td>상 : 흠집이 전혀 없을 때
중 : 흠집이 2개소 이하
하 : 흠집이 3개소 이상</td></tr>
<tr><td rowspan="2">프로그램
(30)</td><td rowspan="2">편집</td><td rowspan="2">상 : 중복 가공이 없을 때
중 : 중복 가공 1회일 때
하 : 중복 가공 2회 이상</td><td>작품
평가</td><td>작업
평가</td><td>시간
평가</td><td colspan="2">총점</td></tr>
<tr><td></td><td></td><td></td><td colspan="2"></td></tr>
</table>

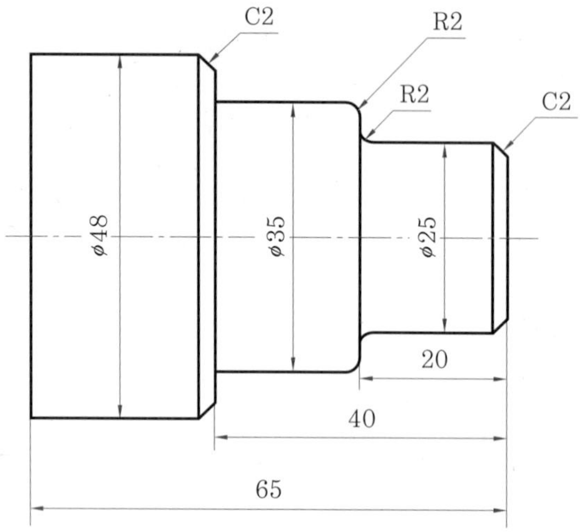

작업과제명	복합 반복 사이클 가공하기 (II)	소요시간	
목표	① GV_CNC software를 이용하여 프로그래밍을 할 수 있다. ② G70, G71, G76 복합 반복 사이클을 이용한 프로그램을 할 수 있다. ③ 작성한 프로그램을 CNC 선반에 입력할 수 있다. ④ 좌표계를 설정하여 위치 결정 및 직선 절삭을 할 수 있다.		

기계 및 공구	재료명	규격	수량	안전 및 유의사항
CNC 선반		SKT21LM	1	① 기계의 이상 유무를 확인한다. ② 소프트 조에 공작물을 처킹했을 때 정확하게 고정되어 있는지 확인한다. ③ 위치 결정 시 급속 이송을 할 때 공구의 충돌 여부를 꼭 확인하여야 한다.
외경 황삭 바이트		PCLNR2525-M12	1	
외경 정삭 바이트		PDLNR2525-M12	1	
외경 홈 바이트		TTER2525-4T25	1	
외경 나사 바이트		SER2525-M22	1	
GV_CNC S/W			1	
버니어 캘리퍼스		150mm	1	
	쾌삭 Al	$\phi 50 \times 85$	1	

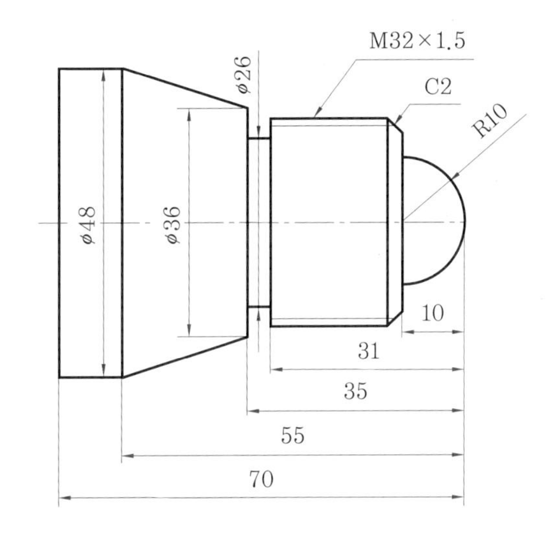

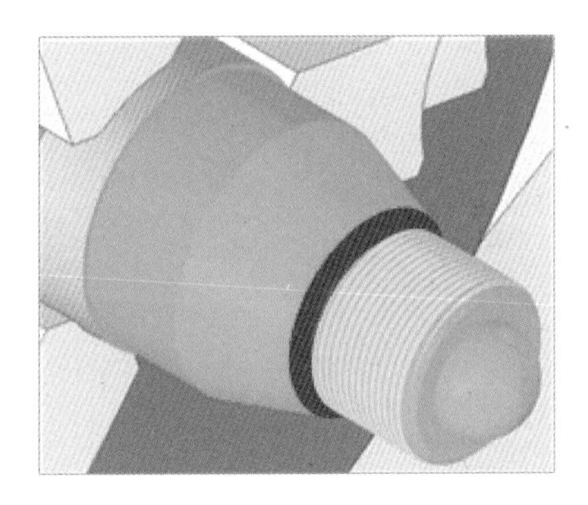

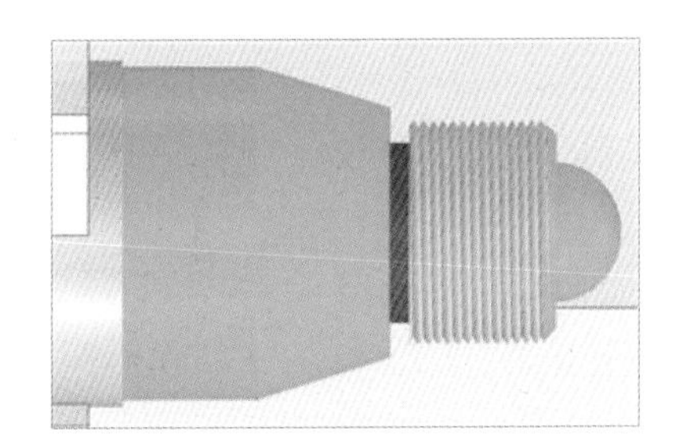

절삭 조건					
공정	공구 번호	주축 회전수 (rpm)	절삭속도 (m/min)	이송속도 (mm/rev)	1회 절입량
황삭 가공	T01	1300	130	0.2	3mm
정삭 가공	T03	1500	150	0.1	
홈 가공	T05	500		0.07	
나사 가공	T07	500			M30×2

```
O0006 ;
G28   U0.0    W0.0 ;
T0100 ;
G50   S1300 ;
G96   S130    M03 ;
G00   X52.0   Z0.1    T0101   M08 ;
G01   X-2.0   F0.2 ;
G00   X52.0   Z2.0 ;
G71   U1.5    R0.5 ;
G71   P10     Q100    U0.2    W0.1    D1500  F0.2 ;
N10   G00     X0.0 ;
G01   G01     Z0.0 ;
G03   X20.0   Z-10.0  R10.0 ;
G01   X28.0 ;
      X32.0   Z-12.0 ;
      Z-35.0 ;
      X36.0 ;
      X48.0   Z-55.0 ;
N100  Z-70.0 ;
G00   X150.0  Z150.0  T0100   M09 ;
M05 ;
T0300 ;
G50   S1500 ;
G96   S150    M03 ;
G00   X52.0   Z2.0    T0303   M08 ;
```

```
G70   P10      Q100    F0.1 ;
G00   X150.0   Z150.0  T0300  M09 ;
M05 ;
T0500 ;
G97   S500     M03 ;
G00   X38.0    Z-35.0  T0505  M08 ;
G01   X26.0    F0.07 ;
G04   P1500 ;
G00   X40.0 ;
      X150.0   Z150.0  T0500  M09 ;
M05 ;
T0700 ;
G97   S500     M03 ;
G00   X34.0    Z-8.0   T0707  M08 ;
G76   P020060  Q50     R30 ;
```

- 정삭횟수 2번이므로 02이고 면취량은 골지름보다 지름이 적은 홈이 있으므로 필요가 없기 때문에 00이고 나사각도가 60°이므로 60이다.
  최소절입량은 나사가공 데이터에 의해 0.05mm이므로 50, 정삭여유를 0.03으로 했기 때문에 R30이다.

```
G76   X30.22   Z-33.0  P890   Q350   F1.5 ;
```

- X30.22는 30-(0.89×2) = 30.22

```
G00   X150.0   Z150.0  T0700  M09 ;
M05 ;
M02 ;
```

작업과제명	복합 반복 사이클 가공 하기 (Ⅱ)	소요시간	

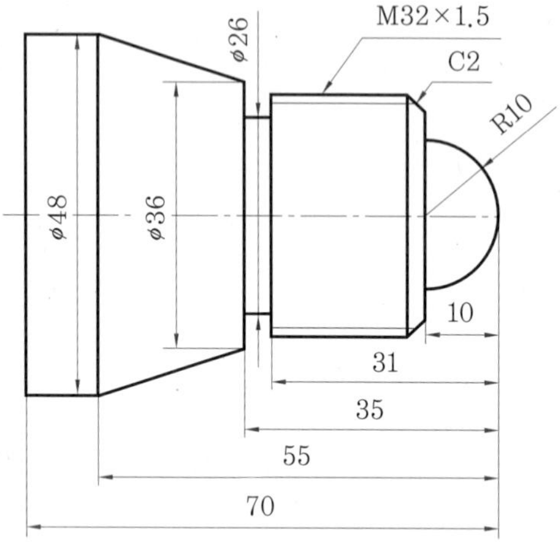

<table>
<tr><th colspan="6">평가 기준</th></tr>
<tr><th colspan="3">작품 평가 (70점)</th><th colspan="3">작업 평가 (20점)</th></tr>
<tr><th>주요 항목</th><th>도면 치수</th><th>측정 방법</th><th colspan="2">항목</th><th>배점</th></tr>
<tr><td rowspan="6">치수
정밀도
(30)</td><td>ϕ48, ϕ36</td><td>±0.05</td><td colspan="2">작업 방법</td><td>4</td></tr>
<tr><td>ϕ26</td><td>±0.1</td><td colspan="2">작업 태도</td><td>4</td></tr>
<tr><td>70, 31</td><td>±0.05</td><td colspan="2">작업 안전</td><td>4</td></tr>
<tr><td>C2</td><td>±0.05</td><td colspan="2">정리 정돈</td><td>4</td></tr>
<tr><td>R10</td><td>±0.05</td><td colspan="2">재료 사용</td><td>4</td></tr>
<tr><td>M32×2</td><td>±0.05</td><th colspan="3">시간 평가 (10점)</th></tr>
<tr><td>세팅
(5)</td><td>공구 및
공작물 세팅</td><td>상 : 한 번 세팅으로 가공
중 : 1회 수정 가공
하 : 2회 이상 수정 가공</td><td colspan="3" rowspan="2">소요시간 ( )분
초과마다 ( )분
감점</td></tr>
<tr><td>외관
(5)</td><td>공작물의
외관 상태</td><td>상 : 흠집이 전혀 없을 때
중 : 흠집이 2개소 이하
하 : 흠집이 3개소 이상</td></tr>
<tr><td rowspan="2">프로그램
(30)</td><td rowspan="2">편집</td><td rowspan="2">상 : 중복 가공이 없을 때
중 : 중복 가공 1회일 때
하 : 중복 가공 2회 이상</td><th>작품
평가</th><th>작업
평가</th><th>시간
평가</th></tr>
<tr><td></td><td></td><td></td></tr>
</table>

2-3 응용 프로그램 가공하기

작업과제명	응용과제 (Ⅰ)		소요시간	
목표	① GV_CNC software를 이용하여 프로그래밍을 할 수 있다. ② G92 고정 사이클 및 G70, G71 복합 반복 사이클을 이용한 프로그램을 할 수 있다. ③ 작성한 프로그램을 CNC 선반에 입력하여 프로그램을 수정 할 수 있다. ④ 좌표계를 설정하여 위치 결정, 직선 절삭 및 원호 절삭을 할 수 있다. ⑤ 공작물을 돌려 물려서 가공할 수 있다.			

기계 및 공구	재료명	규격	수량	안전 및 유의사항
CNC 선반		SKT21LM	1	① 기계의 이상 유무를 확인한다. ② 소프트 조에 공작물을 처킹 했을 때 정확하게 고정되어 있는지 확인한다. ③ 위치 결정 시 급속 이송을 할 때 공구의 충돌 여부를 꼭 확인하여야 한다.
외경 황삭 바이트		PCLNR2525-M12	1	
외경 정삭 바이트		PDLNR2525-M12	1	
외경 홈 바이트		TTER2525-4T25	1	
외경 나사 바이트		SER2525-M22	1	
GV_CNC S/W			1	
버니어 캘리퍼스		150mm	1	
	쾌삭 Al	ϕ50 × 100	1	

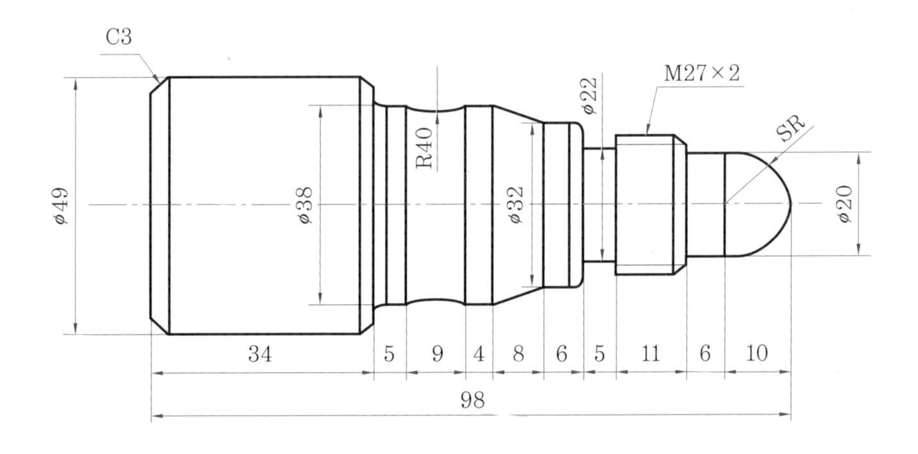

[주서] 1. 도시되고 지시 없는 라운드 R2
2. 도시되고 지시 없는 모따기 C2
3. 홈 바이트 폭 3mm

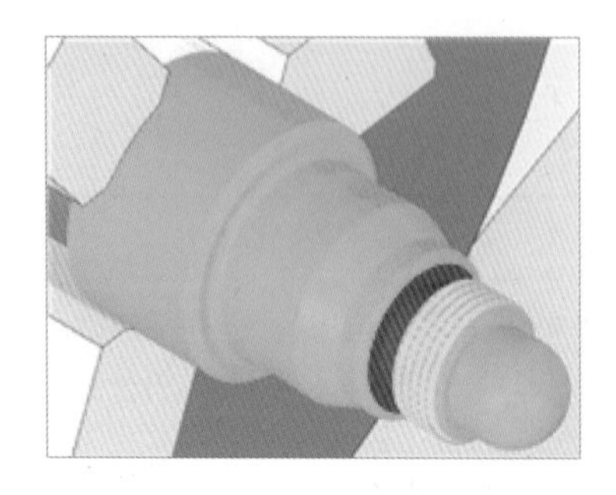

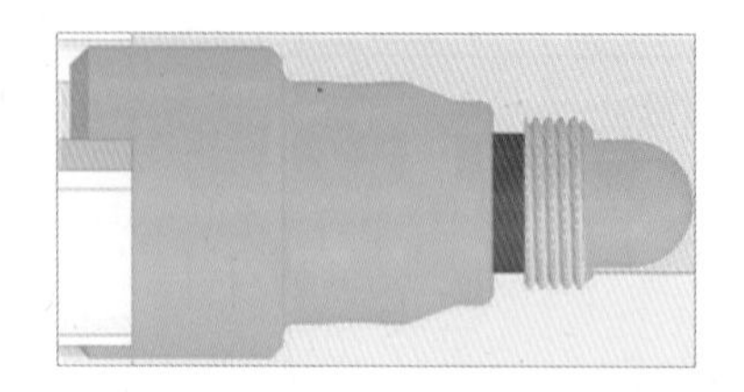

절삭 조건					
공정	공구 번호	주축 회전수 (rpm)	절삭속도 (m/min)	이송속도 (mm/rev)	1회 절입량
황삭 가공	T01	1300	130	0.2	3mm
정삭 가공	T03	1500	150	0.1	
홈 가공	T05	500		0.07	
나사 가공	T07	500			M30×2

```
O0002 ;
G28   U0.0    W0.0 ;
T0100 ;
G50   S1300 ;
G96   S130    M03 ;
G00   X55.0   Z0.1    T0101   M08 ;
G01   X-2.0   F0.2 ;
G00   X49.2   Z2.0 ;
G01   Z-35.0 ;
G00   X150.0  Z150.0  T0100   M09 ;
M05 ;
T0300 ;
G50   S1500 ;
G96   S150    M03 ;
G00   X52.0   Z0.0    T0303   M08 ;
G01   X-2.0   F0.1 ;
G00   X39.0   Z2.0 ;
G01   X49.0   Z-3.0 ;
      Z-35.0 ;
```

```
G00   X150.0   Z150.0   T0300   M09 ;
M05 ;
M00 ;
```

- 위의 프로그램에서 M00에서 프로그램이 멈추었는데, 보조기능 M00의 의미는 프로그램을 정지하는 기능으로 실행중인 프로그램을 정지시킨다. 위의 도면에서 공작물을 돌려 물려서 가공을 해야 하므로 프로그램을 정지시킨 후 공작물을 돌려 물릴려고 M00을 넣었다.

```
T0100 ;
G50   S1300 ;
G96   S130    M03 ;
G00   X55.0   Z0.1     T0101 M08 ;
G01   X-2.0   F0.2 ;
G00   X52.0   Z2.0 ;
G71   U1.5    R0.5 ;
G71   P10     Q100     U0.2    W0.1   F0.2 ;
N10   G00     X0.0 ;
G01   Z0.0 ;
G03   X20.0   Z-10.0   R10.0 ;
G01   Z-16.0 ;
      X23.0 ;
      X27.0   W-2.0 ;
      Z-32.0 ;
      X28.0 ;
G03   X32.0   W-2.0    R2.0;
G01   Z-38.0 ;
      X38.0   W-8.0 ;
      W-4.0 ;
G02   W-9.0   R40.0 ;
G01   W-3.0 ;
G02   X42.0   W-2.0    R2.0 ;
G01   X45.0 ;
N100  X49.0   W-2.0 ;
G00   X150.0  Z150.0   T0100   M09 ;
M05 ;
T0300 ;
```

```
G50    S1500 ;
G96    S150     M03 ;
G00    X52.0    Z2.0     T0101    M08 ;
G70    P10      Q100     F0.1 ;
G00    X150.0   Z150.0   T0300    M09 ;
M05 ;
T0500 ;
G97    S500     M03 ;
G00    X34.0    Z-32.0   T0505    M08 ;
G01    X22.0    F0.07 ;
G04    P1500 ;
G01    X30.0    F0.3 ;
```

– 가까운 거리이므로 G00을 사용하지 말고 G01에서 피드값만 많이 준다

```
       W2.0 ;
```

– 홈 바이트 폭이 3mm이므로 Z +방향으로 증분좌표로 2mm 이동

```
G01    X22.0    F0.07 ;
G04    P1500 ;
G00    X35.0 ;
       X150.0   Z150.0   T0500    M09 ;
M05 ;
T0700 ;
G97    S500     M03 ;
G00    X29.0    Z-14.0   T0707    M08 ;
G92    X26.3    Z-29.0   F2.0 ;
       X25.8 ;
       X25.42 ;
       X25.18 ;
       X24.98 ;
       X24.82 ;
       X24.72 ;
       X24.62 ;
G00    X150.0   Z150.0   T0700    M09 ;
M05 ;
M02 ;
```

작업과제명	응용과제 (Ⅰ)	소요시간	

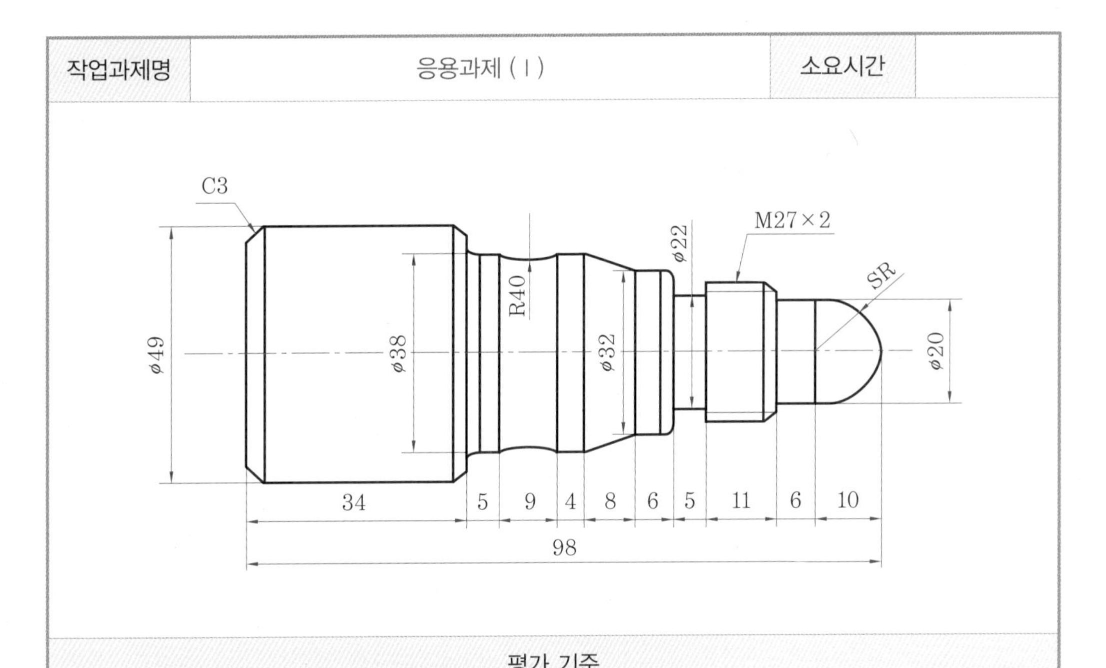

평가 기준

작품 평가 (70점)		
주요 항목	도면 치수	측정 방법
치수 정밀도 (30)	φ49, φ38	±0.05
	φ32, φ22	±0.1
	98, 64, 11	±0.05
	C2	±0.05
	R2, R10	±0.05
	M27×2	±0.05
세팅 (5)	공구 및 공작물 세팅	상 : 한 번 세팅으로 가공 중 : 1회 수정 가공 하 : 2회 이상 수정 가공
외관 (5)	공작물의 외관 상태	상 : 흠집이 전혀 없을 때 중 : 흠집이 2개소 이하 하 : 흠집이 3개소 이상
프로그램 (30)	편집	상 : 중복 가공이 없을 때 중 : 중복 가공 1회일 때 하 : 중복 가공 2회 이상

작업 평가 (20점)	
항목	배점
작업 방법	4
작업 태도	4
작업 안전	4
정리 정돈	4
재료 사용	4

시간 평가 (10점)
소요시간 (   )분 초과마다 (   )분 감점

작품 평가	작업 평가	시간 평가	총점

작업과제명	응용과제 (II)			소요시간	
목표	① GV_CNC software를 이용하여 프로그래밍을 할 수 있다. ② G70, G71, G76 복합 반복 사이클을 이용한 프로그램을 할 수 있다. ③ 작성한 프로그램을 CNC 선반에 입력하여 프로그램을 수정할 수 있다. ④ 좌표계를 설정하여 위치 결정 및 직선 절삭 및 원호 절삭을 할 수 있다. ⑤ 공작물을 돌려 물려서 가공할 수 있다.				
기계 및 공구	재료명	규격	수량	안전 및 유의사항	
CNC 선반		SKT21LM	1	① 기계의 이상 유무를 확인한다. ② 소프트 조에 공작물을 처킹했을 때 정확하게 고정되어 있는지 확인한다. ③ 위치 결정 시 급속 이송을 할 때 공구의 충돌 여부를 꼭 확인하여야 한다.	
외경 황삭 바이트		PCLNR2525-M12	1		
외경 정삭 바이트		PDLNR2525-M12	1		
외경 홈 바이트		TTER2525-4T25	1		
외경 나사 바이트		SER2525-M22	1		
GV_CNC S/W			1		
버니어 캘리퍼스		150mm	1		
	쾌삭 Al	φ50 × 100	1		

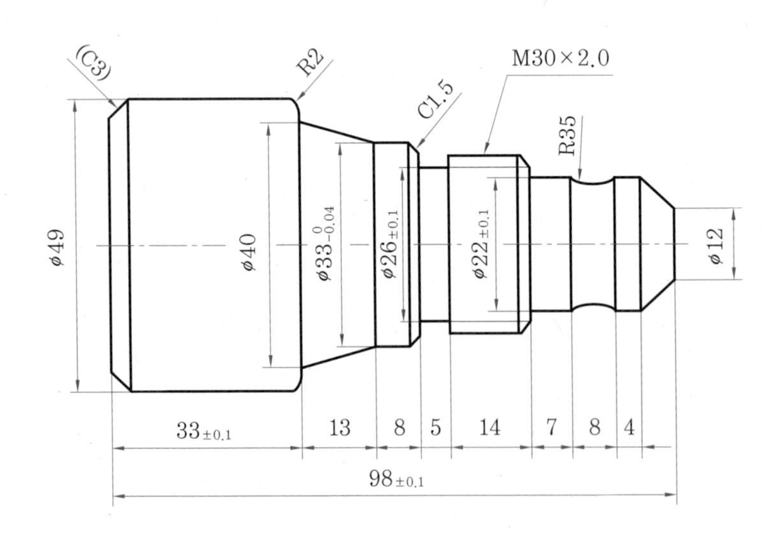

[주서] 1. 도시되고 지시 없는 모따기 C2
2. 홈 바이트 폭 3mm

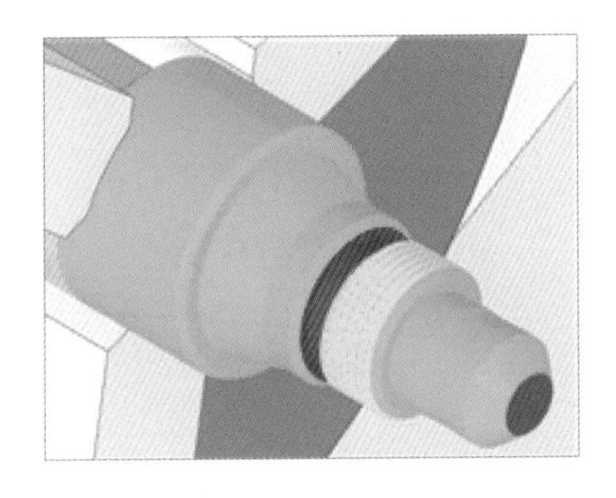

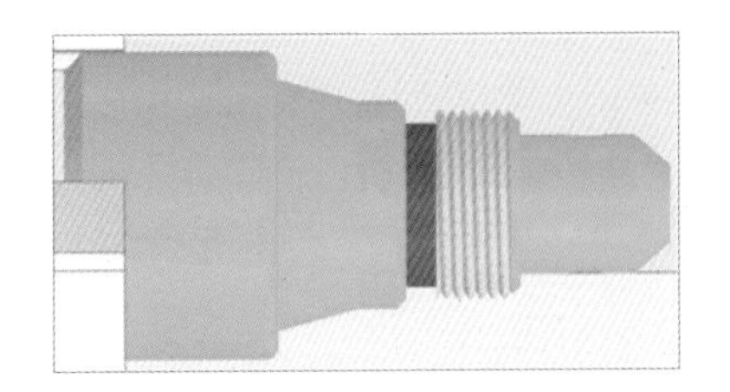

절삭 조건					
공정	공구 번호	주축 회전수 (rpm)	절삭속도 (m/min)	이송속도 (mm/rev)	1회 절입량
황삭 가공	T01	1300	130	0.2	3mm
정삭 가공	T03	1500	150	0.1	
홈 가공	T05	500		0.07	
나사 가공	T07	500			M30×2

```
O0007 ;
G28    U0.0     W0.0 ;
T0100 ;
G50    S1300 ;
G96    S130     M03 ;
G00    X52.0    Z0.1     T0101   M08 ;
G01    X-2.0    F0.2 ;
G00    X49.2    Z-2.0 ;
G01    Z-35.0 ;
G00    X150.0   Z150.0   T0100   M09 ;
M05 ;
T0300 ;
G50    S1500 ;
G96    S150     M03 ;
G00    X52.0    Z0.0     T0303   M08 ;
G01    X-2.0    F0.1 ;
G00    X39.0    Z2.0 ;
G01    X49.0    Z-3.0 ;
```

```
        Z-35.0 ;
G00     X150.0   Z150.0   T0100   M09 ;
M05 ;
M00 ;
G28     U0.0     W0.0 ;
T0100 ;
G50     S1300 ;
G96     S130     M03 ;
G00     X52.0    Z0.0     T0101   M08 ;
G01     X-2.0    F0.2 ;
G00     X52.0    Z2.0 ;
G71     U1.5     R0.5 ;
G71     P10      Q100     U0.2    W0.1    F0.2 ;
N10     G00      X12.0 ;
G01     Z0.0 ;
        X22.0    Z-6.0 ;
        Z-10.0
G03     X22.0    Z-18.0   R35.0 ;
G01     Z-25.0 ;
        X26.0 ;
        X30.0    W-2.0 ;
        Z-44.0 ;
        X33.0    W-1.5 ;
        Z-52.0 ;
        X40.0    W-13.0 ;
        X45.0 ;
N100    G03      X49.0    W-2.0   R2.0 ;
G00     X150.0   Z150.0   T0100   M09 ;
M05 ;
T0300 ;
G50     S1500 ;
G96     S150     M03 ;
G00     X52.0    Z0.0     T0303   M08 ;
```

```
G01    X-2.0    F0.1 ;
G00    X52.0    Z2.0 ;
G70    P10      Q100    F0.1 ;
G00    X150.0   Z150.0  T0300   M09 ;
M05 ;
T0500 ;
G97    S500     M03 ;
G00    X35.0    Z-44.0  T0505   M08 ;
G01    X26.0    F0.07 ;
G04    P1500 ;
G01    X32.0    F0.3 ;
       W2.0 ;
       X26.0    F0.07 ;
G04    P1500 ;
G00    X40.0 ;
       X150.0   Z150.0  T0500   M09 ;
T0700 ;
G97    S500     M03 ;
G00    X32.0    Z-23.0  T0707   M08 ;
G76    P020060  Q50     R30 ;
G76    X27.62   Z-40.0  P1190   Q350    F2.0 ;
G00    X150.0   Z150.0  T0700   M09 ;
M05 ;
M02 ;
```

작업과제명	응용과제 (Ⅱ)	소요시간	

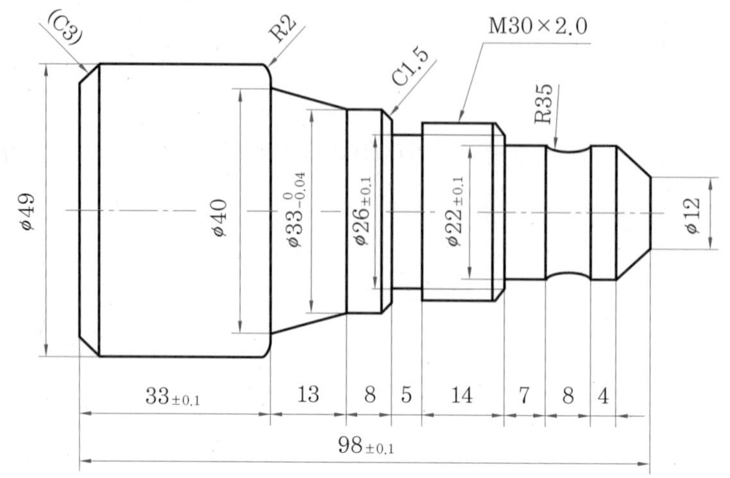

(C3)
R2
M30×2.0
C1.5
R35
ϕ49
ϕ40
$\phi 33^{\ 0}_{-0.04}$
ϕ26±0.1
ϕ22±0.1
ϕ12
33±0.1 13 8 5 14 7 8 4
98±0.1

평가 기준

작품 평가(70점)			작업 평가(20점)	
주요 항목	도면 치수	측정 방법	항목	배점
치수 정밀도 (30)	ϕ49, ϕ26	±0.05	작업 방법	4
	ϕ33, ϕ22	±0.05	작업 태도	4
	98, 13, 14	±0.05	작업 안전	4
	C3, C1.5	±0.1	정리 정돈	4
	R2, R35	±0.1	재료 사용	4
	M30×2.0	±0.05	시간 평가(10점)	
세팅 (5)	공구 및 공작물 세팅	상 : 한 번 세팅으로 가공 중 : 1회 수정 가공 하 : 2회 이상 수정 가공	소요시간 (　　)분 초과마다 (　　)분 감점	
외관 (5)	공작물의 외관 상태	상 : 흠집이 전혀 없을 때 중 : 흠집이 2개소 이하 하 : 흠집이 3개소 이상		
프로그램 (30)	편집	상 : 중복 가공이 없을 때 중 : 중복 가공 1회일 때 하 : 중복 가공 2회 이상		

작품 평가	작업 평가	시간 평가	총점

작업과제명	응용과제 (Ⅲ)		소요시간	
목표	① GV_CNC software를 이용하여 프로그래밍을 할 수 있다. ② G70, G71, G76 복합 반복 사이클을 이용한 프로그램을 할 수 있다. ③ 작성한 프로그램을 CNC 선반에 입력할 수 있다. ④ 좌표계를 설정하여 위치 결정, 직선 절삭 및 원호 절삭을 할 수 있다. ⑤ 공작물을 돌려 물려서 가공할 수 있다.			
기계 및 공구	재료명	규격	수량	안전 및 유의사항
CNC 선반		SKT21LM	1	① 기계의 이상 유무를 확인한다. ② 소프트 조에 공작물을 처킹했을 때 정확하게 고정되어 있는지 확인한다. ③ 위치 결정 시 급속 이송을 할 때 공구의 충돌 여부를 꼭 확인하여야 한다.
외경 황삭 바이트		PCLNR2525-M12	1	
외경 정삭 바이트		PDLNR2525-M12	1	
외경 홈 바이트		TTER2525-4T25	1	
외경 나사 바이트		SER2525-M22	1	
GV_CNC S/W			1	
버니어 캘리퍼스		150mm	1	
	쾌삭 Al	φ50 × 100	1	

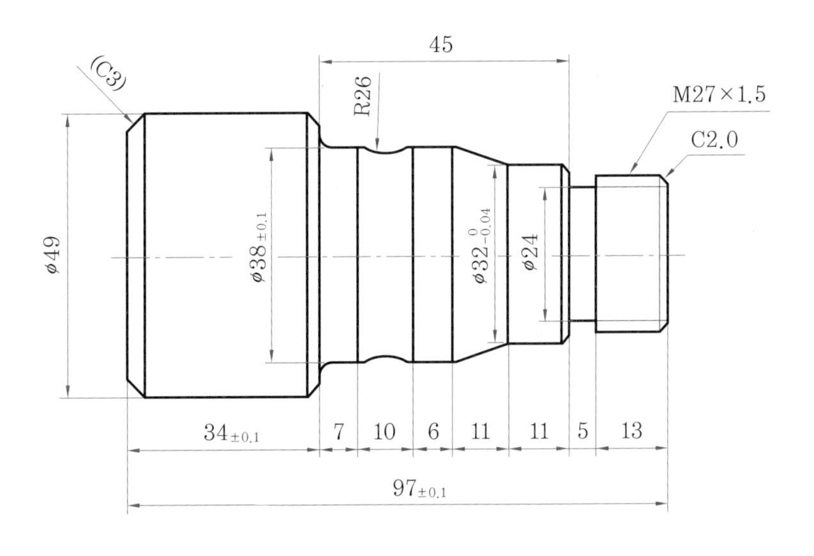

[주서] 1. 도시되고 지시 없는 라운드 R2
2. 도시되고 지시 없는 모따기 C2
3. 홈 바이트 폭 : 4mm

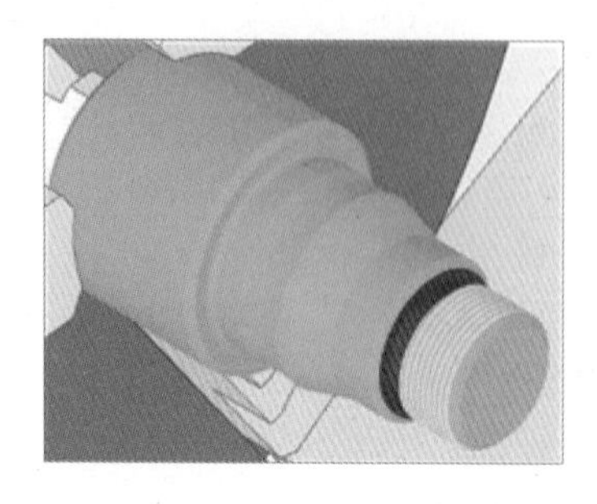
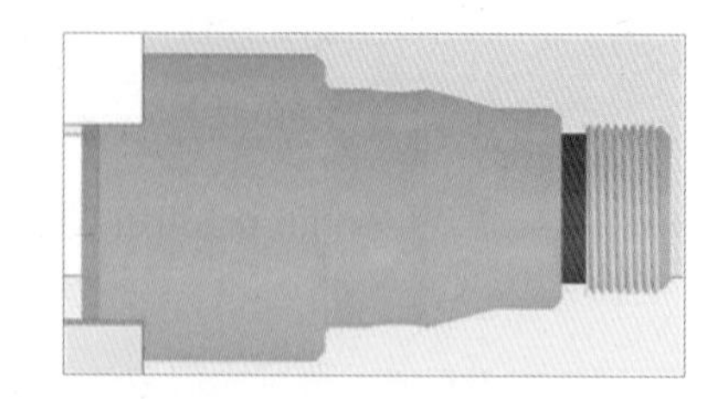

절삭 조건					
공정	공구 번호	주축 회전수 (rpm)	절삭속도 (m/min)	이송속도 (mm/rev)	1회 절입량
황삭 가공	T01	1300	130	0.2	3mm
정삭 가공	T03	1500	150	0.1	
홈 가공	T05	500		0.07	
나사 가공	T07	500			M30×2

```
O0008 ;
G28   U0.0    W0.0 ;
T0100 ;
G50   S1300 ;
G96   S130    M03 ;
G00   X52.0   Z0.1    T0101   M08 ;
G01   X-2.0   F0.2 ;
G00   X49.2   Z-2.0 ;
G01   Z-35.0 ;
G00   X150.0  Z150.0  T0100   M09 ;
M05 ;
T0300 ;
G50   S1500 ;
G96   S150    M03 ;
G00   X52.0   Z0.0    T0303   M08 ;
G01   X-2.0   F0.1 ;
G00   X39.0   Z2.0 ;
G01   X49.0   Z-3.0 ;
```

```
        Z-35.0 ;
G00     X150.0    Z150.0    T0100    M09 ;
M05 ;
M00 ;
T0100 ;
G50     S1300 ;
G96     S130      M03 ;
G00     X52.0     Z0.0      T0101    M08 ;
G01     X-2.0     F0.2 ;
G00     X52.0     Z2.0 ;
G71     U1.5      R0.5 ;
G71     P10       Q100      U0.2     W0.1  F0.2 ;
N10     G00       X19.0 ;
G01     X27.0     Z-2.0 ;
        Z-18.0 ;
        X28.0 ;
        X32.0     W-2.0 ;
        Z-29.0 ;
        X38.0     W-11.0 ;
        W-6.0 ;
G02     X38.0     W-10.0   R26.0 ;
G01     W-5.0 ;
G02     X42.0     W-2.0    R2.0 ;
G01     X45.0 ;
N100    X49.0     W-2.0 ;
G00     X150.0    Z150.0    T0100    M09 ;
M05 ;
T0300 ;
G50     S1500 ;
G96     S150      M03 ;
G00     X52.0     Z2.0      T0303    M08 ;
G01     X-2.0     F0.1 ;
G00     X52.0     Z2.0 ;
```

```
G70    P10       Q100     F0.1 ;
G00    X150.0    Z150.0   T0300    M09 ;
M05 ;
T0500 ;
G97    S500      M03 ;
G00    X34.0     Z-18.0   T0505    M08 ;
G01    X24.0     F0.07 ;
G04    P1500 ;
G01    X32.0     F0.2 ;
       W1.0 ;
       X24.0     F0.07 ;
G04    P1500 ;
G00    X35.0 ;
       X150.0    Z150.0   T0500    M09 ;
T0700 ;
G97    S500      M03 ;
G00    X29.0     Z2.0     T0707    M08 ;
G76    P020060   Q50      R30 ;
G76    X25.22    Z-15.0   P890     Q350  F1.5 ;
G00    X150.0    Z150.0   T0700    M09 ;
M05 ;
M02 ;
```

작업과제명	응용과제 (Ⅲ)		소요시간	
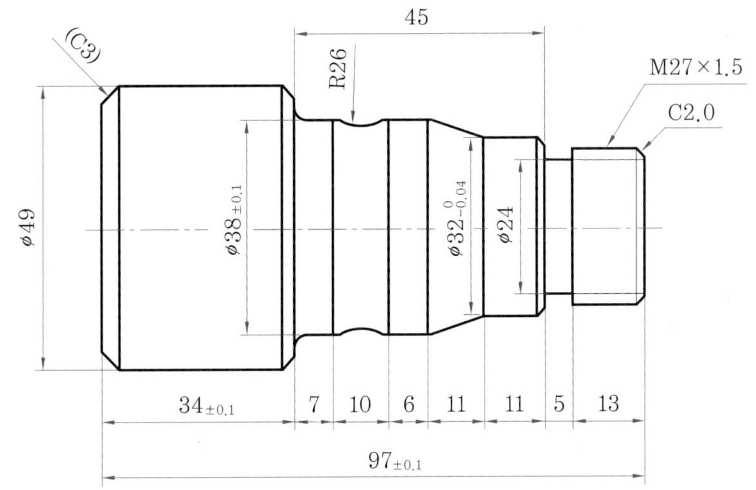 45, R26, (C3), M27×1.5, C2.0, φ49, φ38±0.1, φ32 $^{0}_{-0.04}$, φ24, 34±0.1, 7, 10, 6, 11, 11, 5, 13, 97±0.1				
평가 기준				
작품 평가 (70점)			작업 평가 (20점)	
주요 항목	도면 치수	측정 방법	항목	배점
치수 정밀도 (30)	φ49, φ38	±0.05	작업 방법	4
	φ24	±0.1	작업 태도	4
	97, 63, 5	±0.05	작업 안전	4
	C2	±0.05	정리 정돈	4
	R2	±0.05	재료 사용	4
	M30×2	±0.05	시간 평가 (10점)	
세팅 (5)	공구 및 공작물 세팅	상 : 한 번 세팅으로 가공 중 : 1회 수정 가공 하 : 2회 이상 수정 가공	소요시간 (　　)분 초과마다 (　　)분 감점	
외관 (5)	공작물의 외관 상태	상 : 흠집이 전혀 없을 때 중 : 흠집이 2개소 이하 하 : 흠집이 3개소 이상		
프로그램 (30)	편집	상 : 중복 가공이 없을 때 중 : 중복 가공 1회일 때 하 : 중복 가공 2회 이상	작품 평가 / 작업 평가 / 시간 평가 / 총점	

작업과제명	응용과제 (Ⅳ)			소요시간	
목표	① GV_CNC software를 이용하여 프로그래밍을 할 수 있다. ② G70, G71, G74 복합 반복 사이클을 이용한 프로그램을 할 수 있다. ③ 내경 작업을 하기 위한 드릴링 작업을 할 수 있다. ④ 공작물을 돌려 물려서 가공할 수 있다. ⑤ 내경 작업을 할 수 있다.				
기계 및 공구	재료명	규격	수량	안전 및 유의사항	
CNC 선반		SKT21LM	1	① 기계의 이상 유무를 확인한다. ② 소프트 조에 공작물을 처킹했을 때 정확하게 고정되어 있는지 확인한다. ③ 위치 결정 및 내경 가공 시 급속 이송을 할 때 공구의 충돌 여부를 꼭 확인하여야 한다.	
외경 황삭 바이트		PCLNR2525-M12	1		
외경 정삭 바이트		PDLNR2525-M12	1		
외경 홈 바이트		TTER2525-4T25	1		
외경 나사 바이트		SER2525-M22	1		
드릴링		ϕ20	1		
내경 황삭 바이트		S12K-SCLCR-06	1		
내경 정삭 바이트		S12K-SDLCR-07	1		
내경 홈 바이트		SNROO10-K11	1		
GV_CNC S/W			1		
버니어 캘리퍼스		150mm	1		
	쾌삭 Al	ϕ80×65	1		

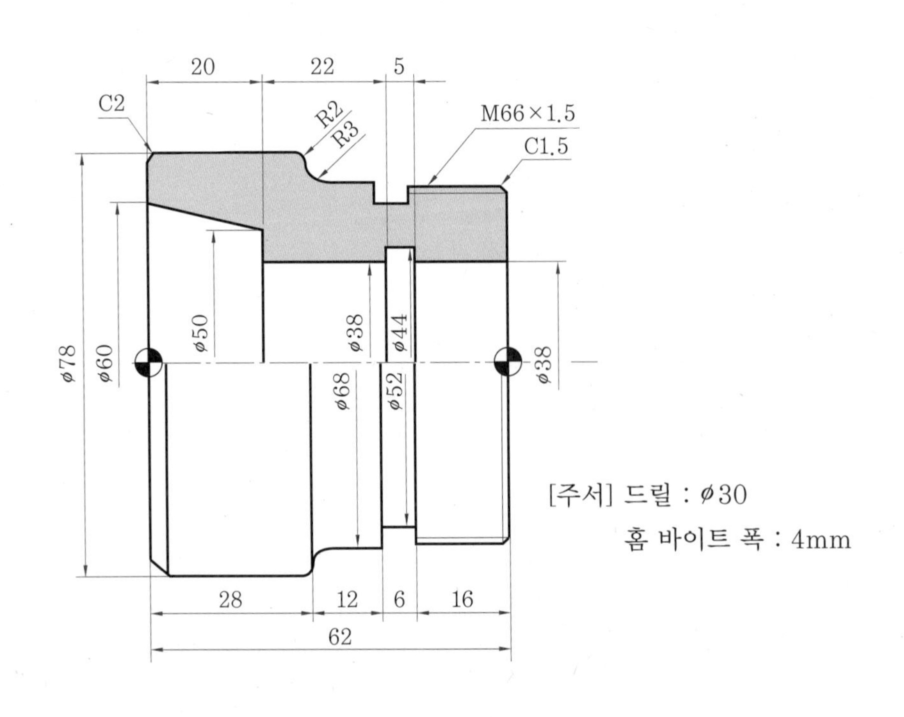

[주서] 드릴 : ϕ30
홈 바이트 폭 : 4mm

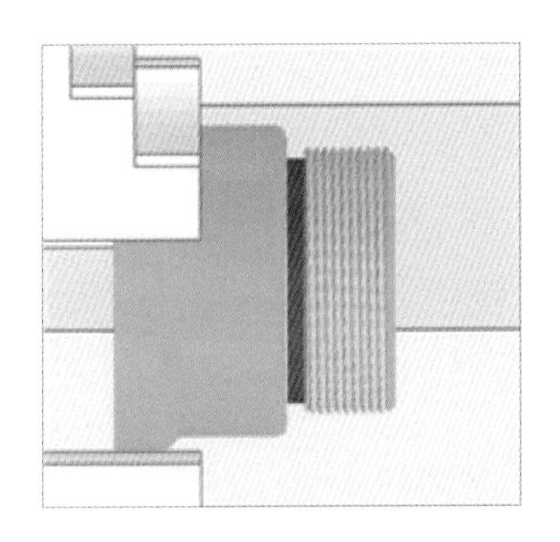

절삭 조건					
공정	공구 번호	주축 회전수 (rpm)	절삭속도 (m/min)	이송속도 (mm/rev)	1회 절입량
드릴링	T10	500		0.07	
외경 황삭 가공	T01	1300	130	0.2	3mm
외경 정삭 가공	T03	1500	150	0.1	
외경 홈 가공	T05	500		0.07	
외경 나사 가공	T07	500		0.07	M66×1.5
내경 황삭 가공	T02	1300	100	0.2	
내경 정삭 가공	T04	1500	150	0.1	
내경 홈 가공	T06	500		0.07	

```
O0009 ;
G28   U0.0     W0.0 ;
T1000 ;
G97   S500     M03 ;
G00   X0.0     Z5.0     T1010    M08 ;
G74   R1.0 ;
G74   Z-68.0   Q3000    F0.07 ;
G00   X150.0   Z150.0   T1000    M09 ;
M05 ;
T0100 ;
G50   S1300 ;
G96   S130     M03 ;
G00   X82.0    Z0.1     T0101    M08 ;
```

```
G01   X18.0    F0.2 ;
G00   X78.2    Z2.0 ;
G01   Z-30.0 ;
G00   X150.0   Z150.0   T0100    M09 ;
M05 ;
T0300 ;
G50   S1500 ;
G96   S150     M03 ;
G00   X82.0    Z0.0     T0101    M08 ;
G01   X18.0    F0.2 ;
G00   X70.0    Z2.0 ;
G01   X78.0    Z2.0 ;
      Z-30.0 ;
G00   X150.0   Z150.0   T0100    M09 ;
M05 ;
T0200 ;
G50   S1300 ;
G96   S100     M03 ;
G00   X16.0    Z2.0     T0202    M08 ;
G71   U1.5     R0.5 ;
G71   P30      Q40      U-0.2    W0.1    F0.2 ;
N30   G00      X60.0    Z2.0 ;
G01   Z0.0 ;
      X50.0    Z-20.0 ;
      X38.0 ;
      Z-65.0 ;
N40   X16.0 ;
M09 ;
G00   Z150.0 ;
      X150.0 ;
M05 ;
T0400 ;
G50   S1500 ;
```

```
G96    S150     M03 ;
G00    X25.0    Z2.0     T0404    M08 ;
G70    P30      Q40      F0.1 ;
G00    X150.0   Z150.0   T0400    M09 ;
M05 ;
M00 ;
T0600 ;
G97    S500     M03 ;
G00    X35.0    Z2.0     T0606    M08 ;
       Z-20.0 ;
G01    X44.0    F0.07 ;
G04    P1500 ;
G00    X35.0 ;
       Z10.0 ;
       X150.0   Z150.0   T0600    M09 ;
M05 ;
T0100 ;
G50    S1300 ;
G96    S130     M03 ;
G00    X82.0    Z0.1     T0101    M08 ;
G01    X25.0    F0.2 ;
G00    X82.0    Z2.0 ;
G71    U1.5     R0.5 ;
G71    P10      Q100     U0.2     W0.1     F0.2 ;
N10    G00      X59.0 ;
G01    X66.0    Z-1.5 ;
       Z-24.0 ;
       X68.0 ;
       Z-31.0 ;
G02    X74.0    W-3.0    R3.0 ;
N100   G03      X78.0    W-2.0    R2.0 ;
G00    X150.0   Z150.0   T0100    M09 ;
M05 ;
```

```
T0300 ;
G50    S1500 ;
G96    S150     M03 ;
G00    X82.0    Z2.0     T0303    M08 ;
G70    P10      Q100     F0.1 ;
G00    X150.0   Z150.0   T0300    M09 ;
M05 ;
T0500 ;
G97    S500     M03 ;
G00    X68.0    Z-24.0   T0505    M08 ;
G01    X52.0    F0.07 ;
G04    P1500 ;
G01    X68.0    F0.3 ;
W2.0 ;
       X52.0    F0.07 ;
G04    P1500 ;
G00    X70.0 ;
       X150.0   Z150.0   T0500    M09 ;
T0700 ;
G97    S500     M03 ;
G00    X68.0    Z2.0     T0707    M08 ;
G76    P020060  Q50      R30 ;
G76    X64.22   Z-18.0   P890     Q350     F1.5 ;
G00    X150.0   Z150.0   T0700    M09 ;
M05 ;
M02 ;
```

작업과제명	응용과제 (Ⅳ)		소요시간	
평가 기준				
작품 평가 (70점)			작업 평가 (20점)	
주요 항목	도면 치수	측정 방법	항목	배점
치수 정밀도 (30)	ϕ78, ϕ68	±0.05	작업 방법	4
	ϕ52, ϕ44	±0.1	작업 태도	4
	62, 28, 6	±0.05	작업 안전	4
	C2, C1.5	±0.05	정리 정돈	4
	R2, R3	±0.05	재료 사용	4
	M66×1.5	±0.05	시간 평가 (10점)	
세팅 (5)	공구 및 공작물 세팅	상 : 한 번 세팅으로 가공 중 : 1회 수정 가공 하 : 2회 이상 수정 가공	소요시간 (　　)분 초과마다 (　　)분 감점	
외관 (5)	공작물의 외관 상태	상 : 흠집이 전혀 없을 때 중 : 흠집이 2개소 이하 하 : 흠집이 3개소 이상		
프로그램 (30)	편집	상 : 중복 가공이 없을 때 중 : 중복 가공 1회일 때 하 : 중복 가공 2회 이상	작품 평가 / 작업 평가 / 시간 평가 / 총점	

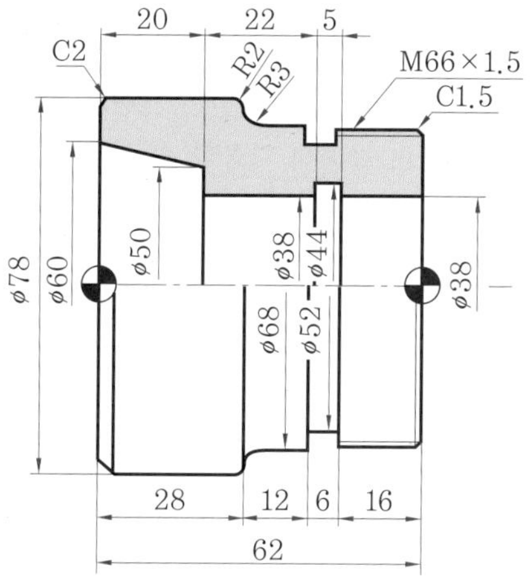

작업과제명	응용과제 (V)	소요시간	
목표	① GV-CNC software를 이용하여 프로그래밍을 할 수 있다. ② G92 고정 사이클 및 G70, G71, G74 복합 반복 사이클을 이용한 프로그램을 할 수 있다. ③ 내경 작업을 하기 위한 드릴링 작업을 할 수 있다. ④ 공작물을 돌려 물려서 가공할 수 있다. ⑤ 내경 작업을 할 수 있다.		

기계 및 공구	재료명	규격	수량	안전 및 유의사항
CNC 선반		SKT21LM	1	① 기계의 이상 유무를 확인한다. ② 소프트 조에 공작물을 처킹했을 때 정확하게 고정되어 있는지 확인한다. ③ 위치 결정 및 내경 가공 시 급속 이송을 할 때 공구의 충돌 여부를 꼭 확인하여야 한다.
외경 황삭 바이트		PCLNR2525-M12	1	
외경 정삭 바이트		PDLNR2525-M12	1	
외경 홈 바이트		TTER2525-4T25	1	
외경 나사 바이트		SER2525-M22	1	
드릴링		ϕ20	1	
내경 황삭 바이트		S12K-SCLCR-06	1	
내경 정삭 바이트		S12K-SDLCR-07	1	
내경 홈 바이트		SNROO10-K11	1	
GV_CNC S/W			1	
버니어 캘리퍼스		150mm	1	
	쾌삭 Al	ϕ80 × 70	1	

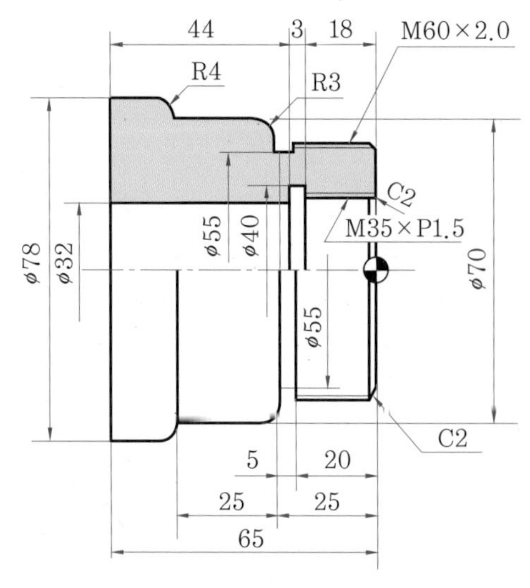

[주서] 드릴 : ϕ20

홈 바이트 폭 : 3mm

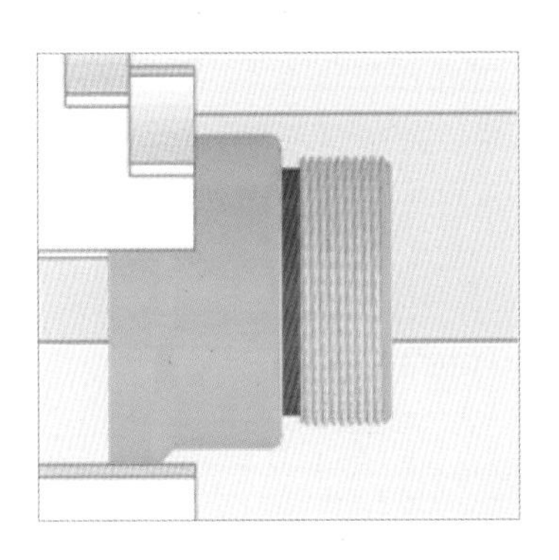

절삭 조건					
공정	공구 번호	주축 회전수 (rpm)	절삭속도 (m/min)	이송속도 (mm/rev)	1회 절입량
드릴링	T10	500		0.07	
외경 황삭 가공	T01	1300	130	0.2	3mm
외경 정삭 가공	T03	1500	150	0.1	
외경 홈 가공	T05	500			
외경 나사 가공	T07	500		0.07	M30×2
내경 황삭 가공	T02	1300	100	0.2	
내경 정삭 가공	T04	1500	150	0.1	
내경 홈 가공	T06	500		0.07	
내경 나사 가공	T12	500			M35×1.5

```
O0010 ;
G28   U0.0     W0.0 ;
T1000 ;
G97   S500     M03 ;
G00   X0.0     Z5.0     T1010   M08 ;
G74   R1.0 ;
G74   Z-78.0   Q3000    F0.07 ;
G00   X150.0   Z150.0   T1000   M09 ;
M05 ;
T0100 ;
G50   S1300 ;
```

```
G96   S130     M03 ;
G00   X82.0    Z0.0     T0101   M08 ;
G01   X18.0    F0.2 ;
G00   X78.2    Z2.0 ;
G01   Z-27.0 ;
G00   X150.0   Z150.0   T0100   M09 ;
M05 ;
T0300 ;
G50   S1500 ;
G96   S150     M03 ;
G00   X82.0    Z0.0     T0101   M08 ;
G01   X18.0    F0.2 ;
G00   X78.0    Z2.0 ;
G01   Z-27.0 ;
G00   X150.0   Z150.0   T0100   M09 ;
M05 ;
T0200 ;
G50   S1300 ;
G96   S100     M03 ;
G00   X16.0    Z2.0     T0202   M08 ;
      X23.0 ;
G01   Z-57.0   F0.2 ;
G00   U-1.0 ;
      Z2.0 ;
      X26.0 ;
G01   Z-57.0 ;
G00   U-1.0 ;
      Z2.0 ;
      X29.0 ;
G01   Z-57.0 ;
G00   U-1.0 ;
      Z2.0 ;
      X31.8 ;
```

```
G01   Z-57.0 ;
G00   U-1.0 ;
      Z2.0 ;
      X150.0    Z150.0    T0100    M09 ;
M05 ;
T0400 ;
G50   S1500 ;
G96   S150      M03 ;
G00   X20.0     Z2.0      T0404    M08 ;
G01   Z-57.0    F0.1 ;
G00   U-1.0 ;
      Z2.0 ;
      X150.0    Z150.0    T0400    M09 ;
M05 ;
M00 ;
T0200 ;
G50   S1300 ;
G96   S100      M03 ;
G00   X16.0     Z2.0      T0202    M08 ;
      X23.0 ;
G01   Z-18.0    F0.2 ;
G00   U-1.0 ;
      Z2.0 ;
      X26.0 ;
G01   Z-18.0 ;
G00   U-1.0 ;
      Z2.0 ;
      X29.0 ;
G01   Z-18.0 ;
G00   U-1.0 ;
      Z2.0 ;
      X32.0 ;
G01   Z-18.0 ;
```

```
G00    U-1.0 ;
       Z2.0 ;
       X34. ;
G01    Z-18.0 ;
G00    U-1.0 ;
       Z2.0 ;
       X150.0     Z150.0     T0100     M09 ;
M05 ;
T0400 ;
G50    S1500 ;
G96    S150       M03 ;
G00    X41.0      Z2.0       T0404     M08 ;
G01    X35.0      Z-2.0      F0.1 ;
       Z-18.0 ;
       X150.0     Z150.0     T0100     M09 ;
M05 ;
T0600 ;
G97    S500       M03 ;
G00    X38.0      Z2.0       T0606     M08 ;
       Z-21.0 ;
G01    X40.0      F0.07 ;
G04    P1500 ;
G00    X30.0 ;
       Z10.0 ;
       X150.0     Z150.0     T0600     M09 ;
M05 ;
T1200 ;
G97    S500       M03 ;
G00    X31.0      Z2.0       T1212     M08 ;
G76    P020060    Q50        R30 ;
G76    X35.0      Z-22.0     P890      Q350     F1.5 ;
G00    X150.0     Z150.0     T0700     M09 ;
M05 ;
```

```
T0100 ;
G50  S1300 ;
G96  S130    M03 ;
G00  X82.0   Z0.0    T0101  M08 ;
G01  X30.0   F0.2 ;
G00  X82.0   Z2.0 ;
G71  U1.5    R0.5 ;
G71  P10     Q100    U0.2   W0.1   F0.2 ;
N10  G00     X52.0 ;
G01  X60.0   Z-2.0 ;
     Z-25.0 ;
     X64.0 ;
G03  X70.0   W-3.0   R3.0 ;
G01  Z-50.0 ;
N100 G02     X78.0   W-4.0  R4.0 ;
G00  X150.0  Z150.0  T0100  M09 ;
M05 ;
T0300 ;
G50  S1500 ;
G96  S150    M03 ;
G00  X80.0   Z2.0    T0303  M08 ;
G70  P10     Q100    F0.1 ;
G00  X150.0  Z150.0  T0300  M09 ;
M05 ;
T0500 ;
G97  S500    M03 ;
G00  X72.0   Z-25.0  T0505  M08 ;
G01  X55.0   F0.07 ;
     X65.0   F0.3 ;
W2.0 ;
     X55.0   F0.07 ;
G00  X75.0 ;
     X150.0  Z150.0  T0500  M09 ;
```

```
M05 ;
T0700 ;
G97   S500     M03 ;
G00   X62.0    Z2.0     T0707   M08 ;
G92   X59.3    Z-22.0   F2.0 ;
      X58.8 ;
      X58.42 ;
      X58.18 ;
      X57.98 ;
      X57.82 ;
      X57.72 ;
      X57.62 ;
G00   X150.0   Z150.0   T0700   M09 ;
M05 ;
M02 ;
```

작업과제명	응용과제 (V)		소요시간	

평가 기준				
작품 평가 (70점)			작업 평가 (20점)	
주요 항목	도면 치수	측정 방법	항목	배점
치수 정밀도 (30)	φ78, φ55	±0.05	작업 방법	4
	φ40, φ32	±0.1	작업 태도	4
	65, 25	±0.05	작업 안전	4
	C2	±0.05	정리 정돈	4
	R4, R3	±0.05	재료 사용	4
	M60×2	±0.05	시간 평가 (10점)	
세팅 (5)	공구 및 공작물 세팅	상 : 한 번 세팅으로 가공 중 : 1회 수정 가공 하 : 2회 이상 수정 가공	소요시간 (　　)분 초과마다 (　　)분 감점	
외관 (5)	공작물의 외관 상태	상 : 흠집이 전혀 없을 때 중 : 흠집이 2개소 이하 하 : 흠집이 3개소 이상		
프로그램 (30)	편집	상 : 중복 가공이 없을 때 중 : 중복 가공 1회일 때 하 : 중복 가공 2회 이상	작품 평가 / 작업 평가 / 시간 평가 / 총점	

연습문제

1. 다음 도면을 고정 사이클(G90, G92)로 프로그래밍 하시오.

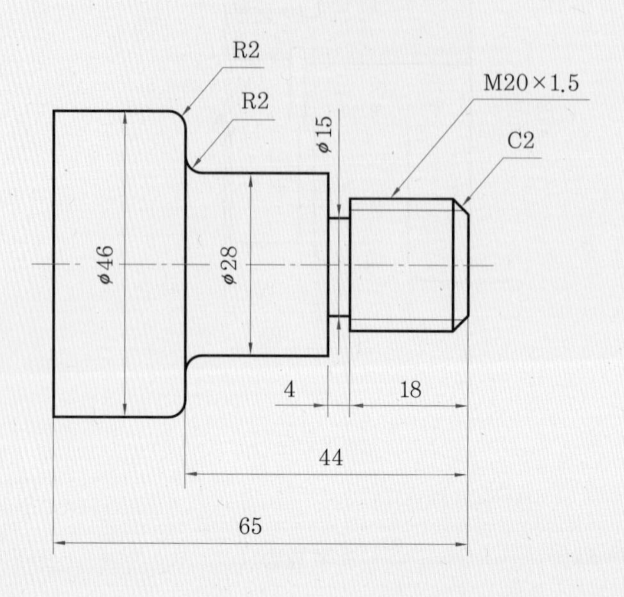

2. 다음 도면을 복합 반복 사이클(G71, G70, G76)로 프로그래밍 하시오.

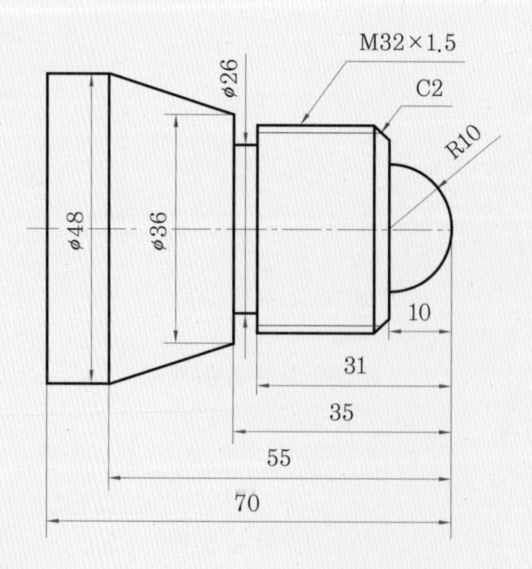

제 3 편

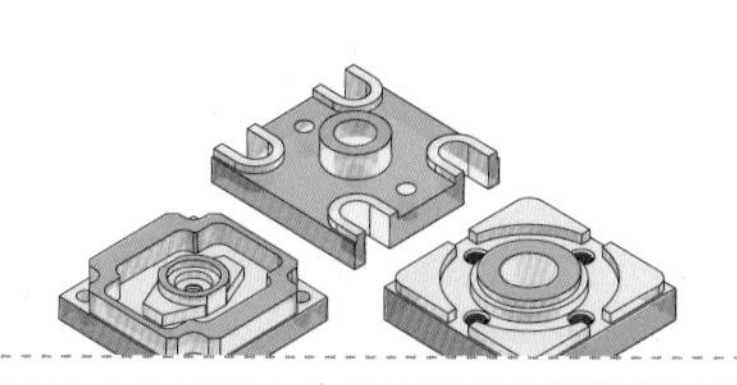

NCS 기준에 의한 머시닝 센터

1장 머시닝 센터 프로그램 작성 준비하기

1. 머시닝 센터 장비 선정

1-1 머시닝 센터 장비 선정

(1) 사양(specifications)

사양이란 제품을 만들 때 필요한 설계 규정이나 제조 방법 등 도면으로 나타낼 수 없는 사항을 문서로 규정한 것으로 제품에 대한 설명서이다.

머시닝 센터의 사양은 각 제조회사의 홈페이지, 브로슈어, 취급설명서 등을 통해 쉽게 얻을 수 있다. 머시닝 센터의 사양 정보를 참고하여 가공하고자 하는 부품의 성능에 적합한 기계를 선정해야 한다.

특히 고속 절삭 시에는 높은 정밀도를 유지해야 하고, 뛰어난 가동성으로 공작물의 정밀 가공에 적합하고 강력 절삭이 가능해야 한다는 기본 원칙에 의해 선별적으로 꼭 필요한 사양을 검토해야 하며, 사양 검토 시 여러 제조회사를 비교하여 구입 후 문제점이 없도록 해야 한다.

다음 표는 수직형 머시닝 센터의 일반적인 사양을 나타내고 있다.

수직형 머시닝 센터의 사양

항목	단위	사양
이송거리(X/Y/Z)	mm	1050/600/550
급속 이송 속도(X/Y/Z)	m/min	40/40/40
테이블 크기	mm	1200×600
최대 적재 하중	kgf	800
주축 최대 회전수	rpm	14000
주축 모터	kW	22/18.5
공구 형식	–	BT–40(선택 : BBT–40, CAT–40)
최대 공구 보유수	ea	30(선택 : 40)
설치 면적(길이×폭)	mm	2720×3215
NC 컨트롤러	–	FANUC 31i–B

(2) 가능한 가공 영역 결정

① 사용하는 공구 중 길이가 가장 긴 공구와 이송거리(X/Y/Z)를 비교하여 가공하고자 하는 제품이 가공 영역 내에서 작업이 가능한 크기인지를 확인해야 한다.
② 도면에서 가공하고자 하는 제품의 최대 치수를 확인하여 공구의 최대 이동영역으로 가공이 가능한지를 확인해야 한다.
③ 기계 제조회사에 Z축 이동거리는 공구가 부착되지 않은 상태의 가공 영역을 나타내는 것이므로 공구의 길이만큼 Z축의 가공 영역은 축소된다.

(3) 금속 재료의 공작물 무게 산출

비중은 4℃의 순수한 물을 기준으로 몇 배 무거운가, 가벼운가 하는 것을 수치로 표시한 것이다.

$$\text{물질의 비중} = \frac{\text{물질의 밀도}}{4℃\ \text{물의 밀도}}$$

① 산업체에서 많이 사용하는 재질에 따른 비중값은 다음 표와 같다.

재질	탄소강	특수강	주철	두랄루민	구리합금	스테인리스강
비중	7.89	7.89	7.2	2.9	8.96	7.9

② 금속 중량 구하는 방법

중량=체적×비중

예제

지름이 50, 길이가 100인 SM45C의 무게는 얼마인가?

해설 지름을 D, 반지름을 R, 길이를 L, 비중을 γ로 표시하면 중량(W)은

$W=\frac{\pi}{4}D^2\times L\times\gamma$로 계산하거나 $W=\frac{\pi R^2\times L\times\gamma}{1000}$으로 계산한다.

기계공학에서는 단위는 mm로 나타내므로 일단 cm로 바꾸어 계산하면 중량이 g이 되는데 무게는 일반적으로 kg으로 표시하므로 나누기 1000을 하면 된다.

① $W=\frac{\pi}{4}D^2\times L\times\gamma$로 계산하면

$W=\frac{3.14}{4}\times5^2\times10\times7.89=1548.4$ g이므로 1.55 kg이다.

② $W=\frac{\pi R^2\times L\times\gamma}{1000}$으로 계산하면

$W=\frac{3.14\times2.5^2\times10\times7.89}{1000}=1.55$ kg이 된다.

예제

가로가 100, 세로가 80, 높이가 50인 GC 200의 무게는 얼마인가?

해설 GC(주철)의 비중은 7.2이며, 단위가 mm이므로 cm로 바꾸어 계산을 하면

$$\frac{10\times8\times5\times7.2}{1000}=2.88\,\mathrm{kg}$$

1-2 작업 공정 및 공구 선정

(1) 가공 공정 수립

가공 공정을 수립하는데 있어서 제일 먼저 도면 검토와 분석이 이루어져야 한다. 도면 분석에서 요구되는 사항으로는 다음의 도면에서 제품의 치수 및 공차 범위에 따른 형상 공차 이해 및 검토가 이루어져야 한다.

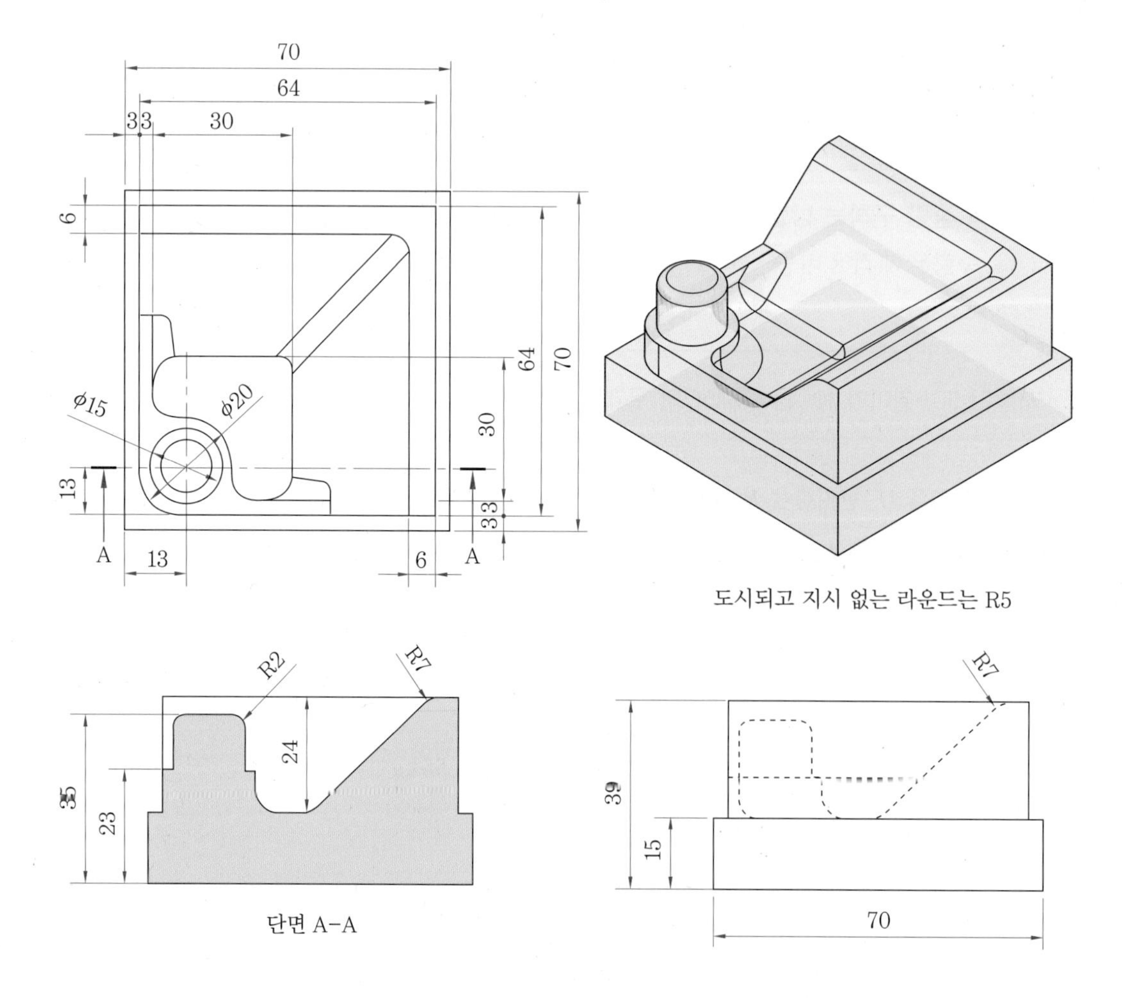

또한 생산수량과 고객의 요구사항을 검토하고, 현재 보유하고 있는 머시닝 센터에서 가공이 가능한지의 여부, 사용 공구에 따른 가공 공정의 수립과 기존 가공 방식을 참고로 문제점 검토 및 개선 사항 등 구체적 실시 방법을 계획한다.

가공 공정을 수립할 때에는 기존 방식의 고수보다는 제품 품질 및 생산성 향상과 원가 절감의 차원에서 최선의 상태를 찾고자 하는 노력이 필요하다.

(2) 가공 계획

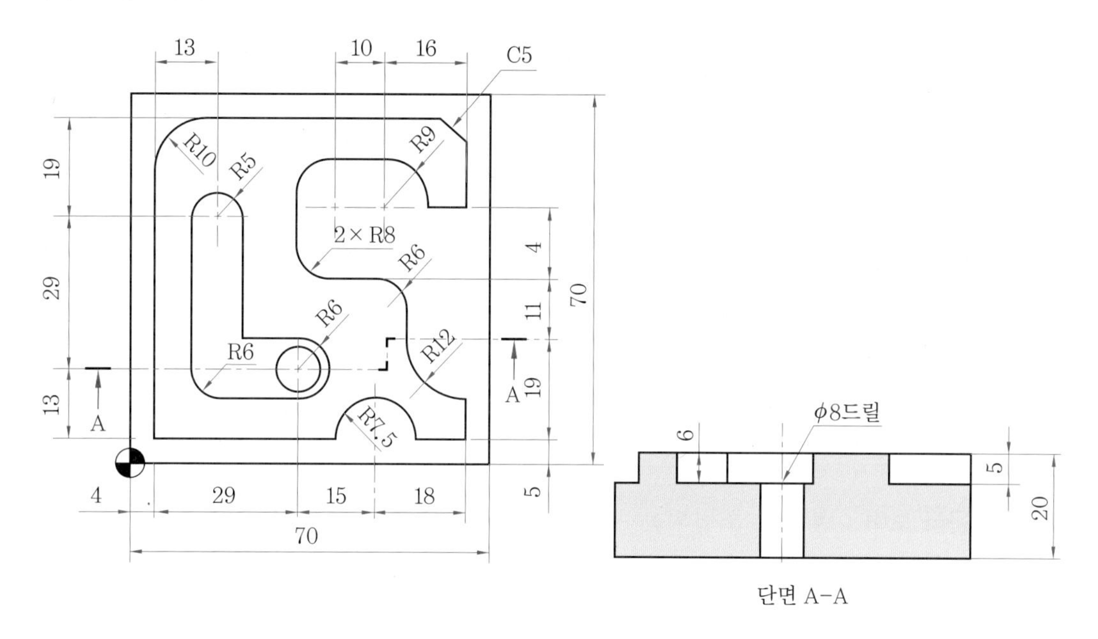

단면 A-A

예를 들어 앞과 같은 부품 도면이 주어지면 머시닝 센터 가공을 하기 위하여 다음과 같은 가공 계획을 세운다.

① 머시닝 센터로 가공하는 범위 결정
② 가공물을 머시닝 센터에 고정시키는 방법 및 필요한 치공구 선정
③ 공정 순서 결정 : 공정 분할, 공정 출발점, 황삭과 정삭의 절입량과 공구경로 등
④ 절삭공구, 툴 홀더의 선정 및 클램핑 방법의 결정(툴링 시트 작성)
⑤ 절삭 조건 결정 : 주축 회전수, 이송속도, 절삭깊이 등

(3) 공구 선정

머시닝 센터에는 작업의 종류에 따라 페이스 커터(face cutter), 엔드밀(end mill), 드릴(drill), 카운터 싱크(countersink), 카운터 보어(counterbore), 탭(tap) 등 다양한 공구가 사용된다. 페이스 커터 및 엔드밀에 대한 설명은 1편 머시닝 센터의 절삭 조건을 참조한다.

① **드릴 :** 공구를 회전하여 회전축 방향으로 이송을 주어 가공물에 구멍을 뚫을 때 사용하는 공구로 일반적으로 고속도강 드릴이 많이 사용되며, 드릴 날 부분에만 초경합금 팁을 붙인 팁 드릴, 초경합금 드릴, 코팅 드릴 등이 있다.

드릴

② **카운터 싱크 :** 접시머리 나사의 머리가 들어갈 부분을 60°, 90°, 120°의 원추형으로 가공하는 공구를 말하며, 절삭 깊이는 접시머리 나사의 규격(KS B 1021, KS B 1017)을 참조하여 정한다.

③ **카운터 보어 :** 볼트로 조립되는 부품의 경우 볼트 머리가 표면으로 나오지 않도록 볼트 머리 안내구멍을 파는 공구이며, 밀링 머신이나 드릴링 머신에서 작업할 경우에 구멍과 머리 부분 동심도를 높이기 위하여 카운터 보어 공구를 사용하였으나 머시닝 센터에서는 엔드밀 공구를 이용하여 작업하는 것이 더 효과적이다.

카운터 싱크 카운터 보어

❀ **카운터 싱크와 카운터 보어의 차이점 :** 카운터 싱크는 접시머리 볼트나 나사가 금속 표면 등에 잘 맞을 수 있도록 구멍의 테두리를 넓히는 작업이며 접시머리 구멍내기라고도 일컫는다. 카운터 보어는 볼트나 작은 나사 머리를 금속 표면 안쪽으로 묻기 위해 뚫어진 구멍을 볼트머리 깊이만큼 도려내는 작업을 말한다.

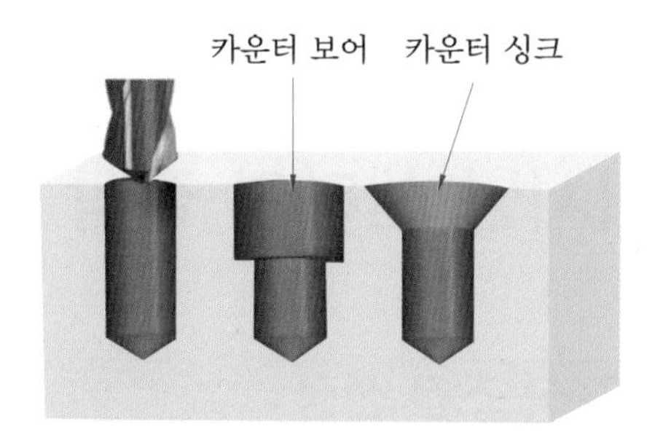

카운터 싱크와 카운터 보어 작업

④ **탭** : 드릴로 뚫은 구멍에 암나사를 가공하는 공구로 나사의 호칭지름이 작고, 체결 목적이며 정밀도가 높지 않은 암나사를 가공할 때 유효하다.

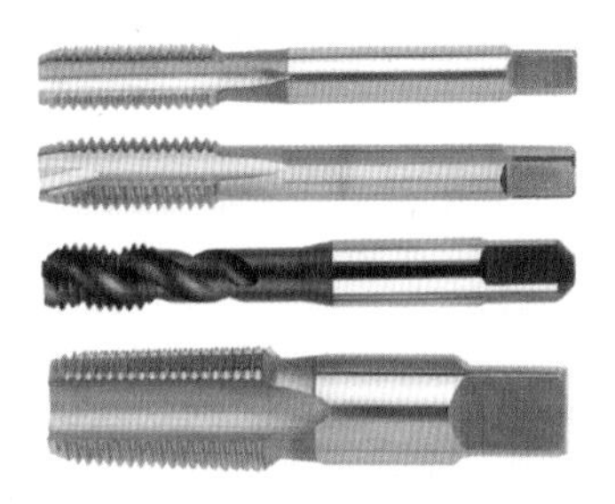

탭의 종류

⑤ **리머** : 뚫어져 있는 구멍을 정밀도가 높고, 가공 표면의 표면 거칠기를 좋게 하기 위해 사용하는 공구로 리머 작업의 다듬질 여유는 가공물의 재질, 리머의 종류에 따라 다르나 드릴 가공면이 남지 않도록 해야 하며, 구멍의 지름에 따라 오른쪽 표와 같은 다듬질 여유를 두어야 한다. 즉, 구멍의 지름보다 다듬질 여유만큼 작게 드릴링 해야 한다.

리머의 종류

리머의 다듬질 여유

구멍의 지름(mm)	다듬질 여유(mm)
0.8~1.2	0.05
1.2~1.6	0.1
1.6~3	0.15
3~6	0.2
6~18	0.3
18~30	0.4
30~100	0.5

2. 머시닝 센터의 절삭 조건

2-1 머시닝 센터 절삭 조건 선정

절삭 조건 선정의 중요 요소인 절삭속도, 이송속도에 대해서는 1편 3장 머시닝 센터의 개요 2-2 절삭 조건 선정에서 이미 설명하였으므로 여기에서는 커터의 위치와 절삭현상 및 절삭가공 데이터 활용에 대해서 설명한다.

(1) 커터의 위치와 절삭현상

상향절삭과 하향절삭의 장단점

구분	상향절삭	하향절삭
장점	• 이송장치의 뒤틈이 자동적으로 제거되기 때문에 커터가 공작물을 파고들지 않는다. • 칩이 날을 방해하지 않는다. • 기계에 무리를 주지 않으므로 커터날이 부러질 염려가 작다. • 절삭유를 사용하면 다듬질면의 거칠기가 좋아진다.	• 공작물의 고정이 상향절삭보다 훨씬 간단하다. • 커터의 마모가 작고 동력소비가 적다. • 가공면이 깨끗하다. • 칩이 커터의 뒤에 쌓이므로 가공할 면을 살피는 데 용이하다.
단점	• 커터의 수명이 짧다. • 공작물의 고정을 확실히 해야 한다. • 동력 낭비가 많다. • 가공면이 깨끗하지 못하다.	• 테이블의 이송장치에 뒤틈 제거장치가 반드시 필요하다. • 칩이 커터와 공작물 사이에 끼어 절삭을 방해한다.

밀링 커터의 회전방향과 공작물의 이송방향에 따라서 상향절삭, 하향절삭으로 나눈다.

상향절삭은 절삭공구의 회전방향과 공작물의 진행방향이 반대방향이며, 하향절삭은 절삭공구의 회전방향과 공작물의 진행방향이 같은 방향이다.

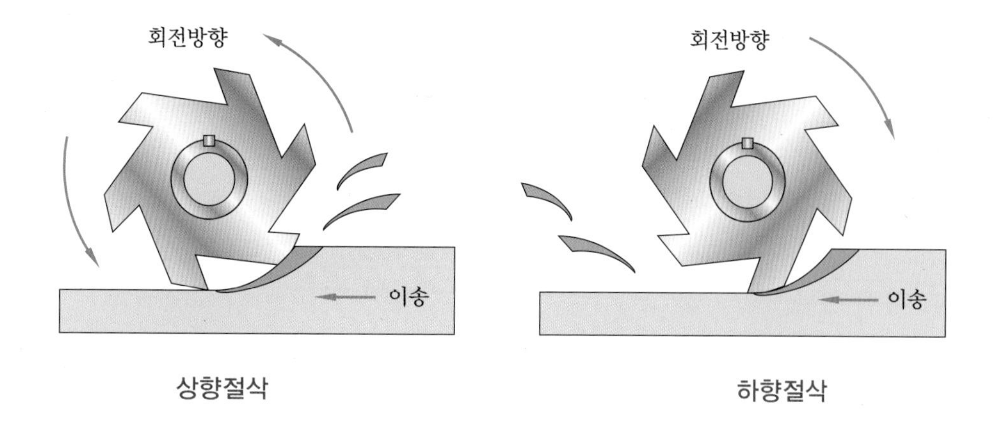

상향절삭 하향절삭

(2) 절삭가공 데이터 활용

머시닝 센터에서 절삭 조건은 가공 전에 프로그램상에 미리 입력되어 있어야 하는데 실제로 적정한 절삭 조건을 찾아내는 것이 쉽지 않다. 절삭공구 제작회사에서 제공한 가공 데이터 표와 실제 적정 조건과는 차이가 있다.

이러한 차이는 피삭재료가 다양하고, 공작기계의 특성, 가공 조건 등의 상황이 다르기 때문에 발생한다. 따라서 다양한 절삭가공 데이터를 활용하여 사용하고 있는 머시닝 센터에 맞는 최적의 절삭 조건을 단시간 내에 찾아가는 것이 중요하다.

① 절삭 조건이 명확하게 지정되어 있는 경우

주로 일체형 공구(엔드밀, 드릴 등)의 경우 제작회사에서 제공하는 기술 자료를 보면 대부분 해당 공구 지름에 따라 회전수와 이송값을 1개의 고정된 값으로 자료를 제공하고 있다. 이러한 경우 해당 공구 지름과 재질에 따라 값을 선택하여 절삭 조건으로 활용하되 만족스런 가공면을 얻지 못할 경우 제시된 조건을 기준으로 기존 작업자들과 상의하여 경험치를 토대로 최적의 절삭 조건을 찾아내야 한다.

② 절삭 조건이 구간 값으로 되어 있는 경우

인서트 형태의 공구들의 절삭속도는 대부분 구간 값으로 나와 있다. 이렇게 될 경우 가장 낮은 값, 중간 값, 가장 높은 값 중 어느 것을 선택해야 할지 고민이 된다. 일반적으로 절삭속도를 높이면 공구 수명이 짧아지기 때문에 가장 낮은 값을 선택할 가능성이 많다. 그러나 절삭속도가 낮을 경우 수명은 늘어나지만 공구의 파손이 발생할 가능성이 크고 이것은 공작물에 심각한 2차적 손상을 가져올 수 있기 때문에 일단 절삭속도는 제시되어 있는 가장 높은 값을, 이송속도는 가장 낮은 값을 기준으로 시험 절삭을 한 후 가공에 적당한 절삭 조건을 선정하는 것이 합리적인 방법이다.

2-2 기술 자료 참고

(1) 금속 재료의 특성

금속 재료는 철강 재료와 비철 금속 재료로 분류되며, 철강 재료에는 순철, 강, 주철 등이 있고, 비철 금속 재료에는 알루미늄(Al)과 구리(Cu), 마그네슘(Mg), 티타늄(Ti), 니켈(Ni) 등이 있다.

(2) 금속의 공통적인 성질

① 상온에서 고체이며 결정체이다(Hg는 제외).
② 비중이 크고 금속 고유의 광택을 가진다.
③ 가공이 용이하고 전연성이 좋다.
④ 열과 전기의 양도체이다.
⑤ 사용 후 용해하여 재활용이 가능하며, 여러 원소를 합금하여 다양한 금속 재료로 활용한다.

(3) 철강의 분류

탄소에 의한 철강의 분류

명칭	탄소 함유량(%)	표준 상태 Brinell 경도	용도
순철	0.02 이하	40~70	전기 재료
연강	0.10~0.2	100~130	볼트, 너트, 리벳
반경강	0.3~0.4	140~170	차축, 기어
경강	0.4~0.5	160~200	축, 실린더, 기어
고탄소강	0.8~1.5	180~320	공구재료, 게이지
가단주철	2.0~2.5	100~150	소형 주철품
고급주철	2.8~3.2	200~220	강력 기계 주물
보통주철	3.2~3.5	150~180	일반 주물

(4) 기계 재료의 선정 절차

① 형태나 기하학적 형상에 관한 고려

- 크기 및 형태
- 치수 정밀도
- 부품의 성능 : 마멸이나 부식

② 특성 요구 조건

- 기계적 성질 : 강도, 내마멸성 → 열처리
- 물리적 성질 : 열 및 전기 전도도, 무게 → 비중
- 사용 환경 : 부식, 사용 수명

(5) 금속 재료의 종류

① 탄소강

탄소강은 0.02~2.11%의 탄소를 함유한 Fe-C계 합금으로 제조 과정인 제선, 제강 공정에서 탄소 이외에 규소(<0.3% Si), 망간(0.2~0.8% Mn), 인(<0.06% P), 황(<0.06% S) 등의 불순물이 혼입, 함유되어 있다.

다음 표는 탄소 함유량에 따른 탄소강의 종류와 용도를 나타낸 것이다.

탄소 함유량에 따른 탄소강의 종류와 용도

명칭	탄소량(%)	인장강도 (N/mm^2)	연신율(%)	기호	용도
극연강	<0.1	350~410	30~40	-	
연강	0.1~0.2	370~470	24~36	0.1 SM10C	리벳
반연강	0.2~0.3	430~540	22~32	0.2 SM20C	축, 기어
반경강	0.3~0.4	490~590	17~30	0.3 SM30C	축, 기어
경강	0.4~0.5	570~690	14~26	0.45 SM45C	축, 실린더
최경강	0.5~0.8	640~980	11~20	0.5 SM50C	해머, 클러치
고탄소강	0.8~1.5	660~1100	4~18		공구, 게이지
공구강	0.6~1.5	-	-	1.5 STC1	바이트, 게이지

탄소강에서 탄소 함유량에 따른 가공성을 분류하면 다음과 같다.

- 가공성을 요구하는 경우 : 0.05~0.3% C
- 가공성과 동시에 강인성을 요구하는 경우 : 0.3~0.45% C
- 강인성과 동시에 내마모성을 요구하는 경우 : 0.45~0.65% C
- 내마모성과 동시에 경도를 요구하는 경우 : 0.65~1.2% C

② 일반 구조용 압연강

일반 구조용 압연강은 특별한 기계적 성질을 요구하지 않는 건축물, 교량, 철도 차량, 조선, 자동차 등의 일반 구조용으로서 강판, 평강, 형강, 봉강 등의 모양으로 생산되어 공급된다. 또 이들 강재는 압연한 상태로서 열처리를 하지 않고 사용하는 것이 보통이다.

일반 구조용 압연강의 종류

기호	인장강도(N/mm^2)	연신율(%)	비고
SS 330	330~430	>21	SS 34
SS 400	400~510	>17	SS 41
SS 490	490~610	>15	SS 50
SS 540	>540	>13	SS 55

③ 합금강

합금강은 탄소강에 다른 원소를 첨가하여 강의 기계적 성질을 개선한 강을 말하며, 특수한 성질을 부여하기 위하여 사용하는 특수 원소로는 Ni, Mn, W, Cr, Mo, Co, V 등이 있다.

첨가 원소의 영향

원소	첨가 원소의 영향
Ni	강인성, 내식성, 내열성 증가
Cr	내마멸성, 내식성, 내열성 증가
Mo	뜨임취성 방지
Mn	내마멸성 증가, 황(S)의 메짐 방지
Si	고온 강도, 경도 증가
W	고온 강도, 경도 증가
V	Mo과 비슷, 단독으로는 사용 안 함

④ 표면경화용강

기계구조용 재료에서 기어류와 같이 부품 표면의 내마모성이 요구되는 경우가 많다. 또한 기기의 파괴 원인이 되는 피로에 대해서는 표면이 경한 만큼 균열 발생에 대한 저항이 높게 되어 안전성이 향상되기 때문에 표면을 침탄, 질화 등의 방법으로 표면만을 경화시키는 것이 가능하도록 만들어진 재료를 말한다.

⑤ 스테인리스강(STS : stainless steel)

강에 Cr, Ni 등을 첨가하여 내식성을 갖게 한 강으로, 철을 주성분으로 하면서도 표면이 아름답고 부식이 안 되며 열에 강한 점 등 보통강이 가지고 있지 않은 특성을 가지고 있다.

⑥ 주철

주철은 Fe-C계 평형 상태도상으로는 탄소를 2.11~6.67% 함유한 Fe-C 합금으로 인장강도는 강에 비해 작으나 압축강도는 크며, 보통주철은 흑연의 효과에 의해 절삭성 및 내마모성이 우수하다.

주철의 특성

장점	단점
• 용융점이 낮고 유동성이 좋다. • 주조성 우수하다. • 가격이 저렴하다. • 절삭성이 우수하다. • 압축강도가 크다(인장강도의 3~4배).	• 인장강도가 작다. • 충격값이 작다. • 소성가공이 안 된다.

(6) KS 규격 참고

도면 해독 시 항상 부품을 가공하는 데 있어서 최적의 방법이 무엇인지 고민해야 한다. 또한 도면을 보고 제품의 특징, 치수, 공차, 다른 부품과의 상관관계를 파악하여 고객이 요구하는 제품을 생산해야 한다.

실제로 도면에는 치수를 포함한 여러 가지 기호 및 도시 방법이 작성되어 있으며, 이러한 도면 표기 요소들에 대한 해독 시 KS 규격을 참고하면, NC 프로그램을 작성하는 데 도움이 된다.

(7) NC 시스템 매뉴얼 참고

머시닝 센터 구입 시 제공되는 취급설명서(머시닝 센터 프로그램 관련 설명 자료), 파라미터 설명서, 보수 설명서(화면의 표시와 조작, 하드웨어, 데이터 입출력 및 알람 일람표 등) 등의 매뉴얼을 참고하여 NC 프로그램 작성 시 도움을 얻을 수 있다.

(8) 공구 카탈로그 참고

공구 제작회사에서 제공하는 공구 카탈로그를 참고하여 공구 홀더 및 인서트 팁 등의 규격을 확인한 후 공구를 구입하여 사용한다.

가공 방법에 따라 필요한 공구를 선택하고, 공구별 절삭 조건을 확인하여 프로그램 작성 시 공구 회사에서 제시한 절삭 조건에 맞게 프로그램을 작성하되, 가공 경험을 통해 최상의 절삭 조건을 찾아가면서 가공을 한다.

연습문제

1. 제조회사의 홈페이지, 브로슈어 등을 참고하여 수직형 머시닝 센터의 사양을 작성하시오.

2. 지름이 60 mm, 길이가 100 mm인 SM 45C의 무게(kg)를 계산하시오.

3. 가로가 100 mm, 세로가 100 mm, 높이가 40 mm인 GC 200의 무게(kg)를 계산하시오.

4. 다음 도면을 가공하기 위한 가공 계획을 설명하시오.

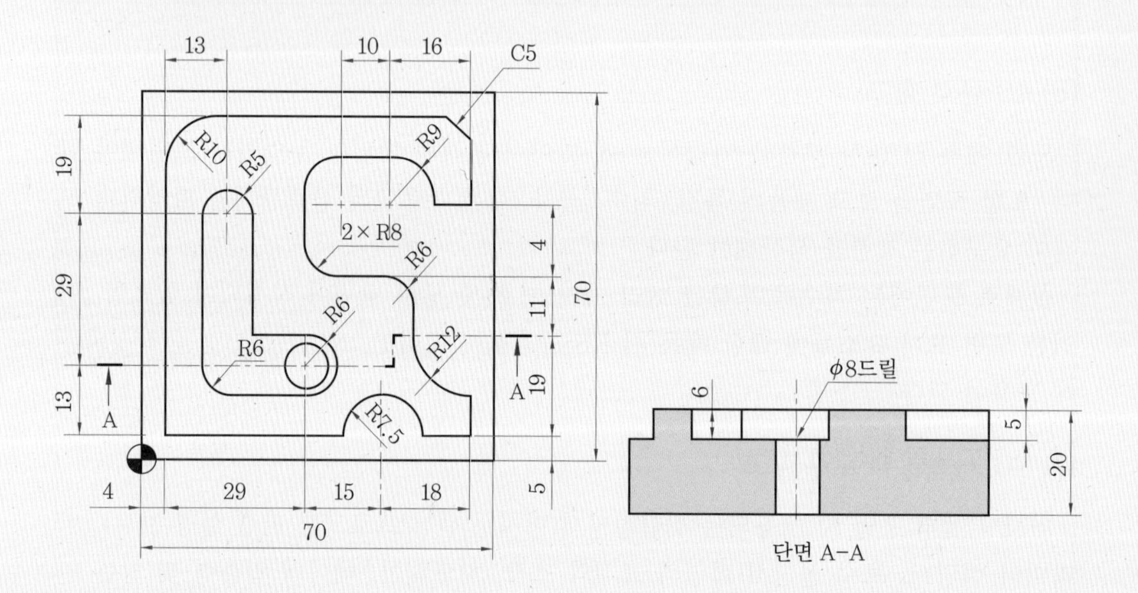

5. 카운터 싱크와 카운터 보어의 차이점에 대해 설명하시오.

6. 상향절삭과 하향절삭의 장단점에 대해 설명하시오.

7. 금속의 공통적인 성질에 대해 설명하시오.

2장 머시닝 센터 프로그램 작성하기

1. 머시닝 센터 프로그램의 기초

1-1 머시닝 센터의 일반적인 프로그램 구성

머시닝 센터의 일반적인 프로그램 구성

구분	프로그램	설명
프로그램 번호	O1234 ;	프로그램 번호 설정
기존 조건 설정	G40 G49 G80 ; G28 G91 Z0.0 ; T01 M06 ; S1300 M03 ; G54 G00 G90 X-10.0 Y-10.0 ;	공구 지름 보정 취소, 공구 길이 보정 취소, 고정 사이클 취소, 기계원점 복귀(증분좌표 지령) 1번 공구 교환(사용할 공구 번호 지정) 주축 1300 rpm으로 정회전 좌표계 설정하면서 절대좌표 지령으로 X-10.0 Y-10.0 위치로 급속이송
기존 조건 설정	G43 Z20.0 H01 ; Z5.0 M08 ;	공구 길이 보정 "+"방향을 하면서 Z20.0까지 급속이송 절삭 시작점으로 이동하면서 절삭유 ON
절삭 과정	G01 Z-5.0 F200 ; G41 D01 X5.0 Y5.0 ; Y65.0 ; X65.0 ;	이송속도 F200으로 직선절삭 공구 지름 보정 좌측으로 하면서 가공시작점 으로 공구 이동 도면에 따라 공구경로 작성
공구 교환점 복귀	G00 Z20.0 M09 ; G40 Y-10.0 ; G00 G49 Z200.0 ; M05 ; M02 ; (G28 G91 Z0.0 ;) (T02 M06 ;)	절삭을 마친 후 공구가 이동하면서 절삭유 OFF 공구 지름 보정 취소하면서 공구를 이동 공구 길이 보정 취소하면서 공구를 이동 주축 정지 프로그램 끝 만약 다음 절삭을 할 경우에는 공구 교환을 한 후 절삭을 계속한다

머시닝 센터 프로그램의 일반적인 구성은 다음과 같은 내용으로 요약할 수 있으며, 프로그래밍을 할 때는 다음 표와 같이 제일 먼저 프로그램 번호를 적고, 도면에 따른 기존 조건 설정 후 프로그래밍을 한다.

① 좌표계 설정
② 공구 교환
③ 주축 회전
④ 위치 결정(X, Y, Z축) 및 공구 길이 보정
⑤ 공구 지름 보정 및 절삭 가공(직선 절삭 및 원호 절삭)
⑥ 공구 이동 및 공구 보정 취소
⑦ 프로그램 종료

1-2 머시닝 센터의 좌표계

(1) 좌표축

기계 좌표축과 운동 기호가 다르면 프로그램 작성 시 혼잡하므로 실제로는 가공할 때 테이블과 주축이 움직이지만 공작물은 고정되어 있고 공구가 이동하여 가공하는 것처럼 프로그래밍한다.

또한 축의 구분은 주축방향이 Z축이고 여기에 직교한 축이 X축이며, 이 X축과 평면상에서 90° 회전된 축을 Y축이라고 한다. 그림은 머시닝 센터의 좌표축을 나타내고 있다.

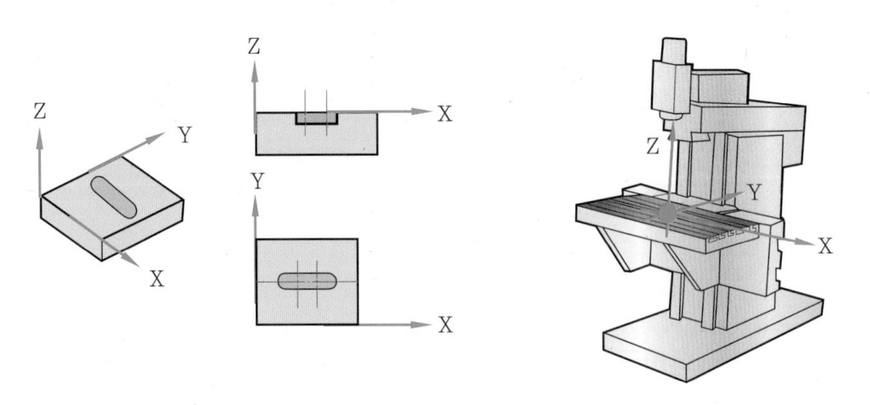

머시닝 센터의 좌표축

(2) 프로그램 원점

가공물에 프로그래밍을 하기 위해서는 먼저 프로그램 원점을 설정해야 한다. 도면을 보고 프로그래머는 가공에 편리한 프로그램을 작성하기 위하여 도면상의 임의의 점을 프로그램 원점으로 지정하는데, 일반적으로 프로그램 원점은 프로그래밍 및 가공이 편리한 그림 (a)의 위치에 지정하지만, 도면에 따라 프로그램 원점이 그림 (b)와 같이 중앙에 위치하기도 한다.

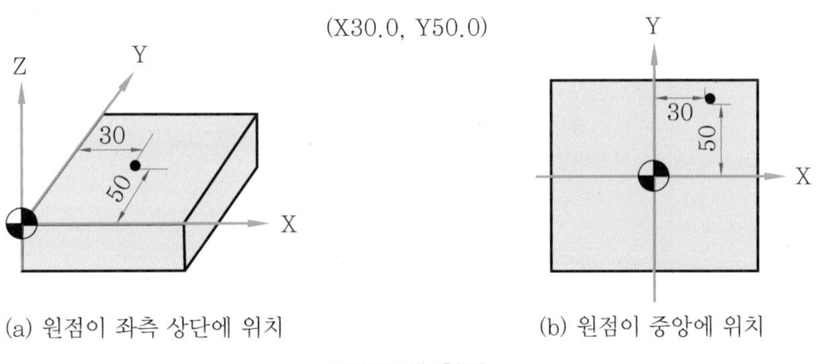

프로그램 원점

프로그램 원점이 좌측 상단에 위치하는 예

(3) 절대좌표와 증분좌표

① 절대좌표 지령

G90 X_ Y_ Z ;

프로그램 원점을 기준으로 현재 위치에 대한 좌표값을 절대량으로 나타내는 것으로 미리 설정된 좌표계 내에서 종점의 좌표 위치를 지령하는 것이며 G90 코드로 지령한다.

② 증분좌표 지령

```
G91 X_ Y_ Z ;
```

바로 전 위치를 기준으로 하여 현재의 위치에 대한 좌표값을 증분량으로 표시하는데, 부호의 결정은 시점을 기준으로 종점이 어느 방향인가에 따라 결정되며 G91 코드로 지령한다.

아래 그림은 절대좌표 지령과 증분좌표 지령 방법을 보여주고 있다.

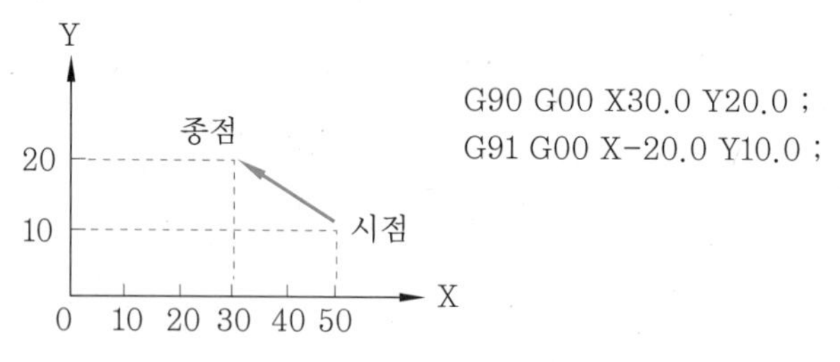

절대좌표와 증분좌표 지령 방법

(4) 원점복귀

① 자동원점복귀

$$G28 \begin{Bmatrix} G90 \\ G91 \end{Bmatrix} X\_ \quad Y\_ \quad Z\ ;$$

자동이나 반자동(MDI) 모드에서 G28을 이용하여 X, Y, Z축을 기계원점까지 복귀시키는 기능이며, 일반적으로 많이 사용하는 지령 방법은 G28 G91 X0.0 Y0.0 Z0.0 ; 인데 현재 위치에서 바로 원점복귀한다는 의미이다.

② 원점복귀 확인

$$G27 \begin{Bmatrix} G90 \\ G91 \end{Bmatrix} X\_ \quad Y\_ \quad Z\ ;$$

원점으로 돌아가도록 작성된 프로그램이 정확하게 원점에 복귀했는지를 점검하는 기능으로 지령된 위치가 원점이 되면 원점복귀 램프(lamp)가 점등하고, 원점 위치에 있지 않으면 알람이 발생한다.

③ 제2, 제3, 제4원점복귀

$$G30 \begin{Bmatrix} G90 \\ G91 \end{Bmatrix} \begin{matrix} P_2 \\ P_3 \\ P_4 \end{matrix} \quad X\_ \quad Y\_ \quad Z\ ;$$

P_2, P_3, P_4는 제2, 3, 4원점을 선택하며, P를 생략하면 제2원점을 선택하고, 제2, 3, 4원점의 위치는 미리 파라미터로 설정하여 둔다. 이 지령은 일반적으로 자동 공구 교환위치가 기준점과 다를 때 사용한다. 이때 주축은 먼저 제1원점으로 복귀한 후에 G30 지령으로 제2원점에 복귀하여 공구를 교환해야 한다. 만일 이 순서를 지키지 않고 공구 교환을 수행할 경우에는 주축대와 자동 공구 교환장치가 충돌할 위험이 있으므로 주의해야 한다.

지령 방법은 G30 G91 Z100.0 ; 은 증분값으로 Z100.0인 위치를 경유하여 Z축만 제2원점으로 복귀하는데, 일반적으로 공구 교환 위치로 보낼 때 사용한다.

(5) 좌표계

공구가 도달하는 위치를 CNC에 알려줌으로써 CNC는 공구를 지정된 위치로 이동시킨다. 그 도달하는 위치를 좌표계에서 좌표값으로 지령하는데 기계좌표계, 공작물좌표계, 지역(local)좌표계가 있다.

① 기계좌표계

G90 G53 X__ Y__ Z ;

기계 고유의 위치나 공구 교환 위치로 이동하고자 할 때 사용하고, 절대지령에서만 유효하며 G53은 지령한 블록에서만 유효하다. 또한 기계좌표는 전원을 공급한 후 원점복귀를 해야 인식되므로 원점복귀 완료 후 지령해야 한다.

② 공작물좌표계

가공물을 프로그래밍할 때는 먼저 부품 도면을 보고 가공이 편리하고 프로그램이 용이한 가공물상의 임의의 한 점을 프로그램 원점으로 지정한다. 이 프로그램 원점에서 형성된 좌표계를 공작물좌표계라 하며, 공작물의 가공을 위해 사용하는 좌표계를 말한다.

- **G92를 이용한 방법**

G92 G90 X__ Y__ Z ;

프로그램 작성 시 공작물 원점으로 지정한 점을 기준점으로 설정하여 기계 원점까지의 거리를 G92로 지령한다.

다음 그림에서와 같이 현재의 공구 위치가 공작물 원점으로부터 X213.436 Y159.201 Z201.053인 지점에 떨어져 있다고 가정했을 경우의 프로그램은 G92 G90 X213.436 Y159.201 Z201.053 ; 이다.

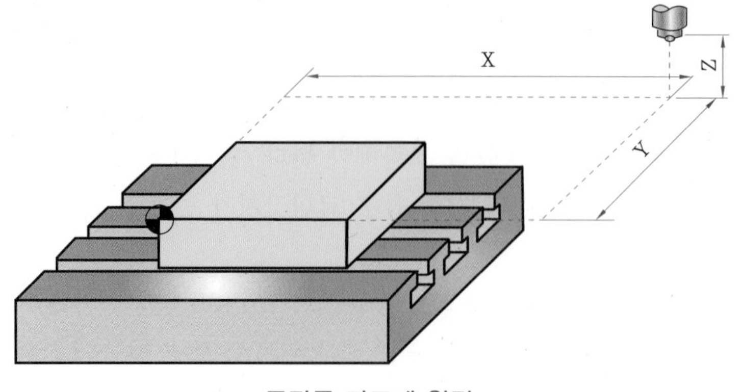

공작물 좌표계 원점

그러나 위의 프로그램은 항상 기계를 원점복귀시키고 좌표계를 설정해야 하므로 그림과 같이 주축 중심의 공구 끝점이 공작물좌표계 원점 위치에서 떨어져 있는 거리를 측정하여 G92 G90 X70.0 Y100.0 Z30.0으로 지령하는 방법도 있다.

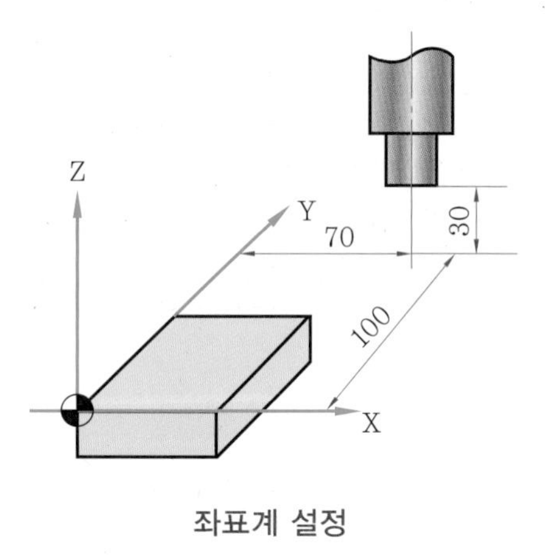

좌표계 설정

• **G54~G59를 이용한 방법**

G90	G54 ≀ G59	X_ Y_ Z ;

미리 기계에 고유한 6개의 좌표계를 설정하고 그림과 같이 G54~G59 6개 좌표계 중 어느 한 개를 선택할 수 있으며 전원 투입 시에는 G54가 선택되어 있다.

이때 X_ Y_ Z_에 입력되는 수치는 기계 원점에서 공작물 원점까지의 거리이다. 예를 들어 G54 G90 G00 X0.0 Y0.0 Z200.0 ; 의 의미는 G54에 입력되어 있는 수치만큼 길이 보정하여 좌표계를 설정한 후 절대좌표 X0.0, Y0.0,

Z200.0인 위치에 급속위치 결정하라는 의미로 생산현장에서 많이 사용한다.

다음 그림은 G54~G59를 이용한 좌표계 설정을 나타낸 것이다.

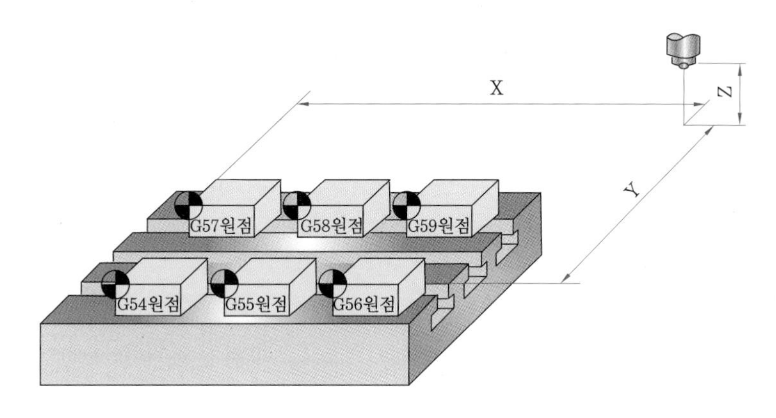

좌표계 설정(G54~G59 이용)

③ **지역좌표계**

```
G52  G90  X__  Y__  Z ;
G52  X0.0  Y0.0  Z0.0 ; …… 지역좌표계 취소
```

공작물좌표계를 설정하고 난 후 프로그램을 쉽게 하기 위하여 공작물좌표계 내에 지역좌표계를 추가로 설정하는 기능으로 로컬(local)좌표계라고 한다.

2. 머시닝 센터의 주요 기능

2-1 머시닝 센터의 주요 기능

(1) 준비 기능

머시닝 센터 프로그램에 사용되는 준비 기능은 다음 표와 같으며, 일부 기능은 CNC 선반과 동일하게 사용된다.

준비 기능

코드	그룹	기능
G00	01	위치결정(급속이송)
G01		위치결정(절삭이송)
G02		원호보간(시계방향)
G03		원호보간(반시계방향)
G04	00	dwell(일시 정지)
G09		정위치 정지(exact stop)
G10		오프셋량, 공구 원점 오프셋량 설정
G15	17	극좌표명령 무시
G16		극좌표명령
G17	02	X-Y 평면
G18		Z-X 평면
G19		Y-Z 평면
G20	06	inch 입력
G21		metric 입력
G22	04	금지영역 설정
G23		금지영역 설정 무시
G27	00	원점복귀 check
G28		자동 원점 복귀
G29		원점으로부터 복귀
G30		제2원점 복귀
G31		skip 기능
G33	01	나사 절삭
G40	07	공구 지름 보정 취소
G41		공구 지름 보정 좌측
G42		공구 지름 보정 우측

코드	그룹	기능
G43	08	공구 길이 보정 +방향
G44		공구 길이 보정 –방향
G49		공구 길이 보정 취소
G45	00	공구 위치 오프셋 신장
G46		공구 위치 오프셋 축소
G47		공구 위치 오프셋 2배 신장
G48		공구 위치 오프셋 2배 축소
G50	11	스켈링 무시
G51		스켈링 기능
G52	11	지역(로컬)좌표계 설정
G53		기계좌표계 선택
G54	14	공작물좌표계 1번 선택
G55		공작물좌표계 2번 선택
G56		공작물좌표계 3번 선택
G57		공작물좌표계 4번 선택
G58		공작물좌표계 5번 선택
G59		공작물좌표계 6번 선택
G60	00	한 방향 위치결정
G61	15	exact stop 모드
G62		자동코너 오버라이드
G64		연속절삭 모드
G65	12	매크로 호출
G66		매크로 모달 호출
G67		매크로 모달 호출 취소

코드	그룹	기능
G68	16	좌표회전
G69		좌표회전 취소
G73	09	고속 펙 드릴링 사이클
G74		역 태핑 사이클
G76		정밀 보링 사이클
G80		고정 사이클 취소
G81		드릴링, 스폿 드릴링 사이클
G82		드릴링, 카운터 보링 사이클
G83		펙 드릴링 사이클
G84		태핑 사이클
G85		보링 사이클
G86		보링 사이클
G87		백 보링 사이클
G88		보링 사이클
G89		보링 사이클
G90	03	절대값 지령
G91		증분값 지령
G92	00	좌표계 설정
G94	05	분당 이송
G95		회전당 이송
G96	13	주축속도 일정제어
G97		주축속도 일정제어 취소
G98	10	초기점 복귀
G99		R점 복귀

주 1. G코드 일람표에 없는 G코드를 지령하면 알람이 발생한다.
2. G코드에서 그룹이 서로 다르면 몇 개라도 동일 블록에 지령할 수 있다.
3. 동일 그룹의 G코드를 동일 블록에 2개 이상 지령할 경우 뒤에 지령한 G코드가 유효하다.
4. G코드는 각각 그룹 번호별로 표시되어 있다.

(2) 보조 기능

기계의 ON/OFF 제어에 사용하는 보조 기능은 M 다음에 두 자리 숫자로 지령하는데, 다음 표는 머시닝 센터에 주로 사용하는 보조 기능을 나타낸 것이다.

보조 기능

코드	기능
M00	프로그램 정지
M01	옵셔널(optional) 정지
M02	프로그램 종료
M03	주축 시계방향 회전(CW)
M04	주축 반시계방향 회전(CCW)
M05	주축 정지
M06	공구 교환
M08	절삭유 ON
M09	절삭유 OFF
M19	공구 정위치 정지(spindle orientation)
M30	엔드 오브 테이프 & 리와인드(end of tape & rewind)
M48	주축 오버라이드(override) 취소 OFF
M49	주축 오버라이드(override) 취소 ON
M98	주 프로그램에서 보조 프로그램으로 변환
M99	보조 프로그램에서 주 프로그램으로 변환, 보조 프로그램의 종료

(3) 주축기능

주축의 회전속도를 지령하는 기능으로 S 다음에 4자리 숫자 이내로 주축회전(rpm)을 직접 지령해야 한다. 또한 주축기능 지령 시 보조 기능인 M03, M04를 함께 지령하여 주축의 회전 방향을 지령해야 한다. 예를 들어 S1300 M03 ; 은 주축 1300 rpm으로 정회전하라는 의미이다.

(4) 이송 기능

머시닝 센터의 이송은 일반적으로 분당 이송(G94)이나 전원을 공급할 때 G94를 설정하도록 파라미터에 지정되어 있으므로 G94는 생략한다. 예를 들어 F200 ; 은 이송 속도가 200 mm/min인 것을 의미한다.

2-2 보간 기능

(1) 위치결정

$$G00 \begin{Bmatrix} G90 \\ G91 \end{Bmatrix} X\_ \quad Y\_ \quad Z ;$$

공구를 현재 위치에서 지령한 종점 위치로 급속 이동시키는 기능으로 G00으로 지령하는데, 절대지령일 경우 절대좌표로 지정된 X, Y, Z 각 축의 위치로 공구가 급속이동하며, 또한 증분지령인 경우에는 공구가 현재의 위치로부터 각 축으로 지령된 방향으로 이동량만큼 이동하여 위치결정을 하게 된다. 이때 파라미터에서 지정된 범위의 급속 이송속도로 빠르게 움직이므로 공구와 가공물 또는 기계에 충돌하지 않도록 주의해야 한다.

예제

다음 도면을 G00을 이용하여 절대 및 증분지령으로 프로그래밍하시오.

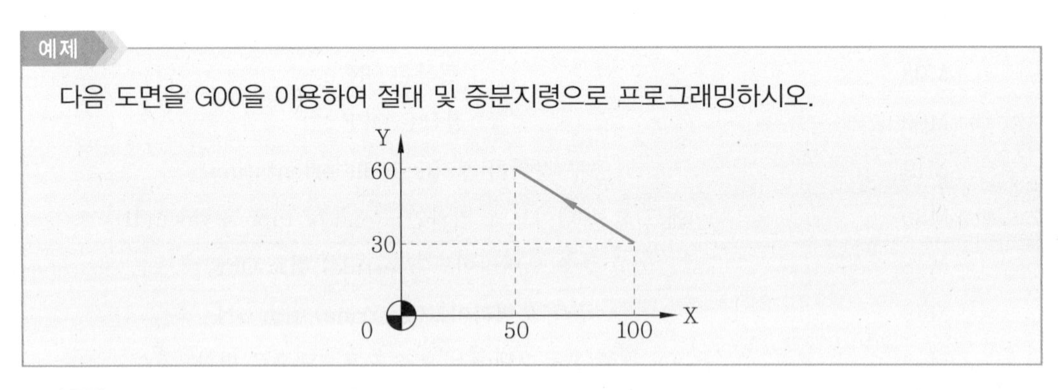

해설 절대지령 G90 G00 X50.0 Y60.0 ;
증분지령 G91 G00 X-50.0 Y30.0 ;

예제

다음 그림의 공구를 급속 위치결정할 때 절대 및 증분지령으로 프로그래밍하시오.

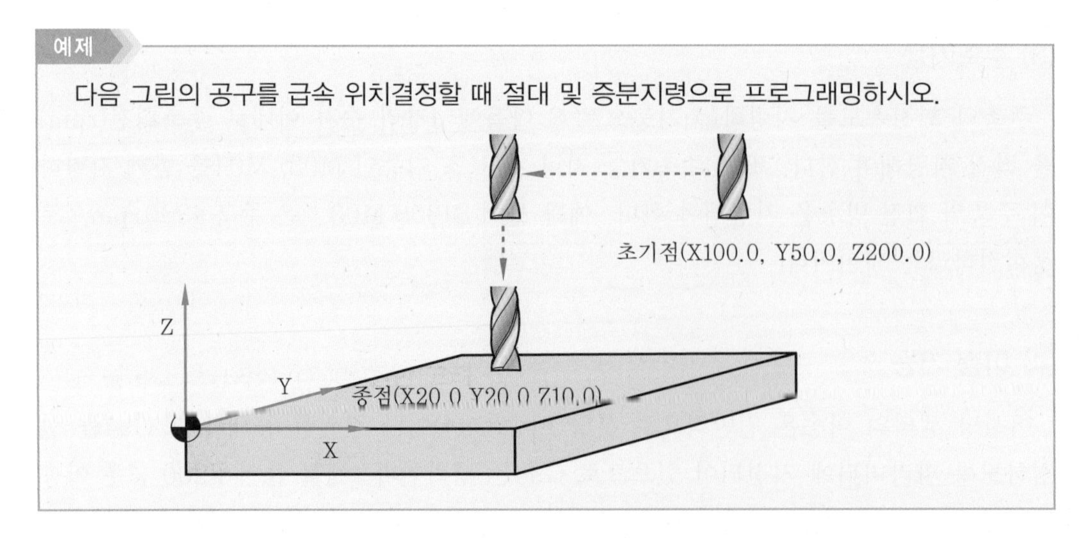

해설 절대지령 G90 G00 X20.0 Y20.0 ;
Z10.0 ;
증분지령 G91 G00 X-80.0 Y-30.0 ;
Z-190.0 ;

(2) 직선보간

$$G01 \begin{Bmatrix} G90 \\ G91 \end{Bmatrix} X\_\ \ Y\_\ \ Z\_\ \ F\_\ ;$$

공구를 현재의 위치에서 지령 위치까지 직선으로 가공하는 기능으로 G01로 지령한다. 각 축의 어드레스로 공구가 움직이는 방향과 거리를 절대지령, 증분지령으로 F로 지정된 이송속도에 따라 지령할 수 있다.

예제

다음 도면을 G01을 이용하여 절대, 증분지령으로 프로그래밍하시오.

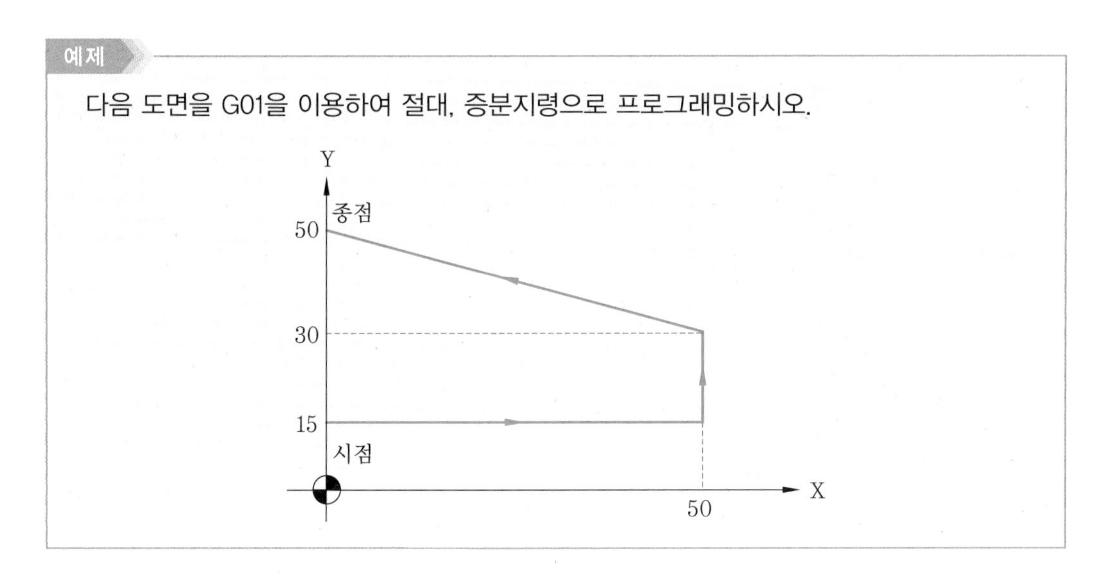

해설 절대지령 G90 G01 X50.0 Y15.0 F100 ;
Y30.0 ;
X0.0 Y50.0 ;
증분지령 G91 G01 X50.0 Y0.0 F100 ;
Y15.0 ;
X-50.0 Y20.0 ;

(3) 원호보간

$$\text{XY 평면의 원호}\ \ G17 \begin{Bmatrix} G02 \\ G03 \end{Bmatrix} X\_\ \ Y\_ \begin{Bmatrix} R\_ \\ I\_\ \ J\_ \end{Bmatrix} F\_\ ;$$

ZX 평면의 원호 $G18 \begin{Bmatrix} G02 \\ G03 \end{Bmatrix} \; Z\_ \;\; X\_ \begin{Bmatrix} R\_ \\ I\_ \;\; K\_ \end{Bmatrix} \; F\_ \; ;$

YZ 평면의 원호 $G19 \begin{Bmatrix} G02 \\ G03 \end{Bmatrix} \; Y\_ \;\; Z\_ \begin{Bmatrix} R\_ \\ J\_ \;\; K\_ \end{Bmatrix} \; F\_ \; ;$

지령된 시점에서 종점까지 반지름 R의 크기로 원호가공을 지령한다. 원호의 회전 방향에 따라 시계방향(CW : Clock Wise)일 때는 G02, 반시계방향(CCW : Counter Clock Wise)일 때는 G03으로 지령한다.

① 작업평면 선택(G17, G18, G19)

일반적인 도면은 G17 평면이며 전원 투입 시 기본적으로 설정되어 있으므로 지령하지 않아도 관계없지만, 원호가공면이 달라질 경우에는 작업평면 선택 지령을 해야 한다. 그림은 원호보간의 방향을 나타내고 있다.

원호보간에서 작업평면 선택	
G17	X-Y 평면
G18	Z-X 평면
G19	Y-Z 평면

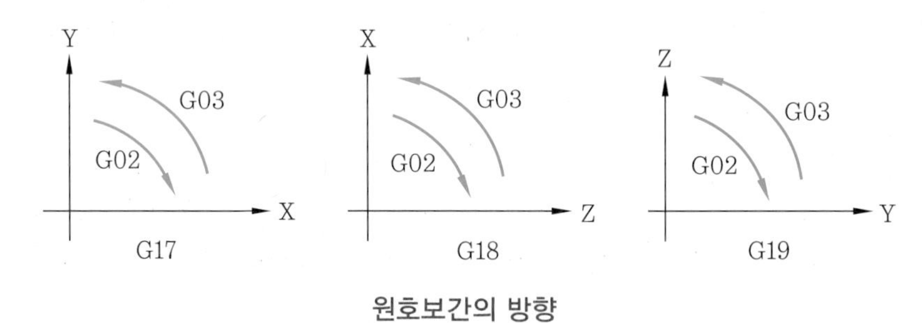

원호보간의 방향

② 원호보간 지령

원호의 종점은 X, Y, Z로 지령되는데 절대지령(G90)과 증분지령(G91)으로 할 수 있으며 증분지령의 경우에는 원호의 시점부터 종점까지의 좌표를 지령한다.

원호의 중심은 X, Y, Z축에 대응하며 어드레스 I, J, K로 지령되고, I, J, K 뒤의 수치는 원호시점부터 중심을 본 벡터성분으로 절대값 지령(G90), 증분값 지령(G91)에 관계없이 항상 증분값으로 지령한다.

원호보간의 지령 방법은 다음 그림과 같다.

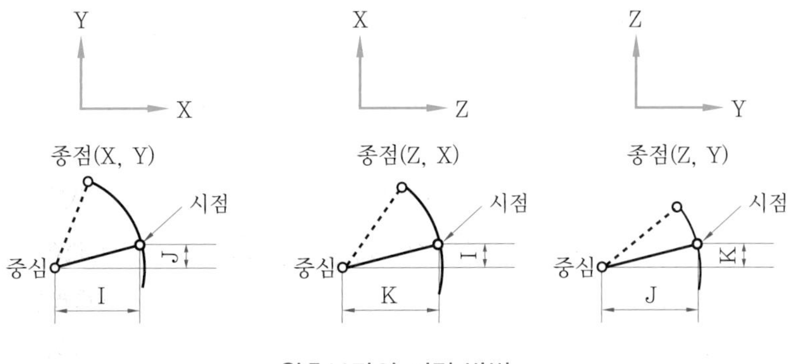

원호보간의 지령 방법

또한, 원호의 중심을 I, J, K로 지령하는 대신에 그림과 같이 원호의 반지름 R로 지령할 수 있다. 이 경우 그림과 같이 2개의 원호 중 180° 이하의 원호를 지령할 때는 양(+)의 값으로 지령하고 180° 이상의 원호를 지령할 때는 음(−)의 값으로 지령한다. 그러므로 ①번 원호는 180° 이하이므로 R50.0으로 지령하고, ②번 원호는 180° 이상이므로 R−50.0으로 지령한다.

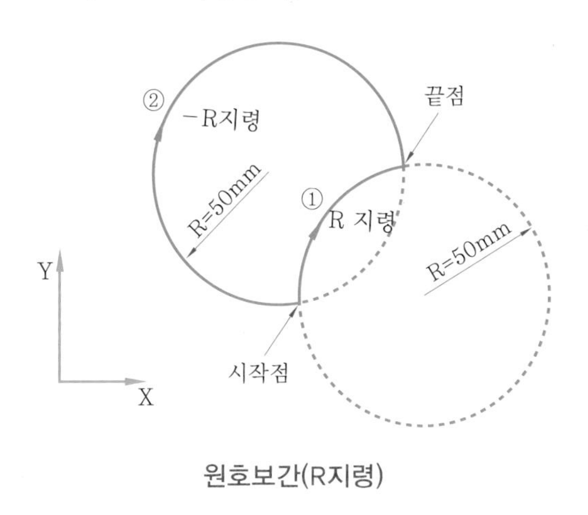

원호보간(R지령)

③ 360° 원호보간 지령

원호가공에서 종점의 좌표를 생략하면 공구의 현재 위치를 종점으로 하는 360°원호가공이 된다. 360° 원호가공의 경우에는 시작점과 종점의 위치가 같기 때문에 X, Y, Z의 종점 좌표는 생략한다.

$$\left.\begin{matrix} G02 \\ G03 \end{matrix}\right\} \; I\_ \;\; J\_ \;\; F\_ \; ;$$

I : 원호 시작점에서 원호 중심까지 X방향의 거리
J : 원호 시작점에서 원호 중심까지 Y방향의 거리
F : 이송속도(mm/min)

그러나 이와 같이 엔드밀로 360° 원호가공을 하면 원호의 시작점과 종점이 같아 공구가 2번 가공되기 때문에 정밀한 원호가공이 어려우므로 보링(boring) 가공을 하는 것이 정밀한 가공을 할 수 있다.

예제

다음 도면을 A점을 시작점으로 하는 시계방향, B점을 시작점으로 하는 반시계방향으로 프로그래밍하시오.

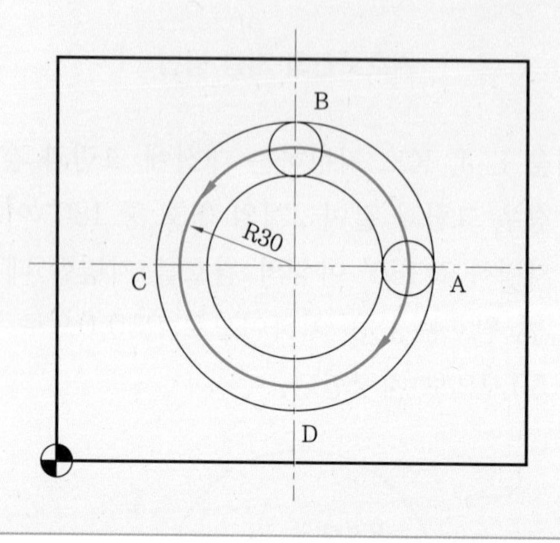

해설 A점 : G02 I−30.0 F100 ;
B점 : G03 J−30.0 F100 ;

예제

다음 도면을 프로그램 원점에서 화살표 방향으로 가공하여 A점에서 종료되는 프로그래밍을 하되 절대 및 증분지령으로 프로그래밍하시오.

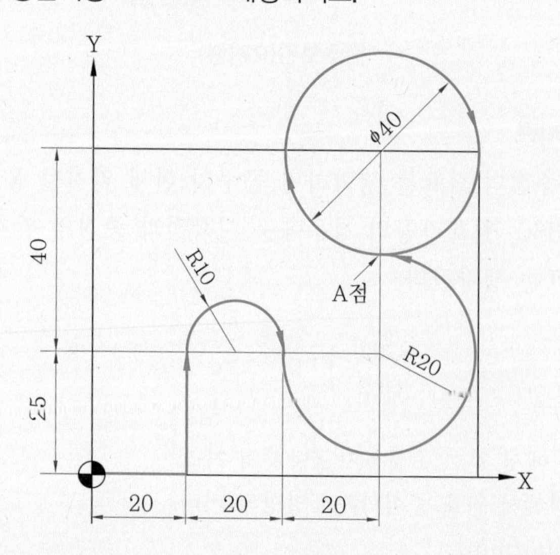

해설 (1) 절대지령

① 원호 R지령

```
G90 G01 X20.0 F100 ;
    Y25.0 ;
G02 X40.0 R10.0 ;
G03 X60.0 Y45.0 R-20.0 ;
G02 J20.0 ;
```

② 원호 I, J지령

```
G90 G01 X20.0 F100 ;
    Y25.0 ;
G02 X40.0 I10.0 ;
G03 X60.0 Y45.0 I20.0 ;
G02 J20.0 ;
```

(2) 증분지령

① 원호 R지령

```
G91 G01 X20.0 F100 ;
    Y25.0 ;
G02 X20.0 R10.0 ;
G03 X20.0 Y20.0 R20.0 ;
G02 J20.0 ;
```

② 원호 I, J지령

```
G91 G01 X20.0 F100 ;
    Y25.0 ;
G02 X20.0 I10.0 ;
G03 X20.0 Y20.0 I20.0 ;
G02 J20.0 ;
```

(4) 헬리컬 절삭

$$\left\{ \begin{matrix} G02 \\ G03 \end{matrix} \right\} \; X\_ \;\; Y\_ \; \left\{ \begin{matrix} R\_ \\ I\_ \;\; J\_ \end{matrix} \right\} \; Z\_ \;\; F\_ \; ;$$

X, Y, Z : 헬리컬 원호 종점의 좌표

R : 원호의 반지름

I, J, K : 원호 시작점에서 원호 중심까지 거리로 R 대신 사용한다. 선택된 평면의 원호 좌표값만 명령한다.

원호절삭을 사용하는 평면 외에 그 평면과 수직인 축을 동시에 움직이게 하여 헬리컬(helical) 절삭을 수행할 수 있는 기능으로 원통 캠 가공과 나사절삭 가공에 많이 사용한다. 다음 그림은 헬리컬 절삭을 나타내고 있다.

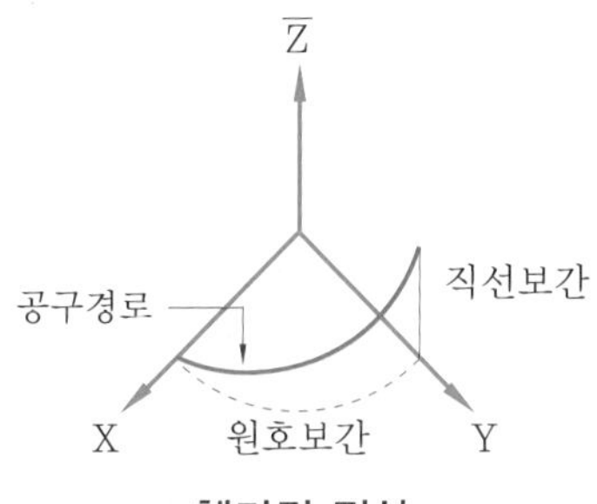

헬리컬 절삭

또한 직선으로 움직이는 축의 속도는 $F \times \dfrac{\text{직선축 길이}}{\text{원호의 길이}}$가 되며, F는 원호의 이송속도를 의미한다.

예제

다음 도면을 보고 헬리컬(나선)가공 프로그램을 작성하시오.

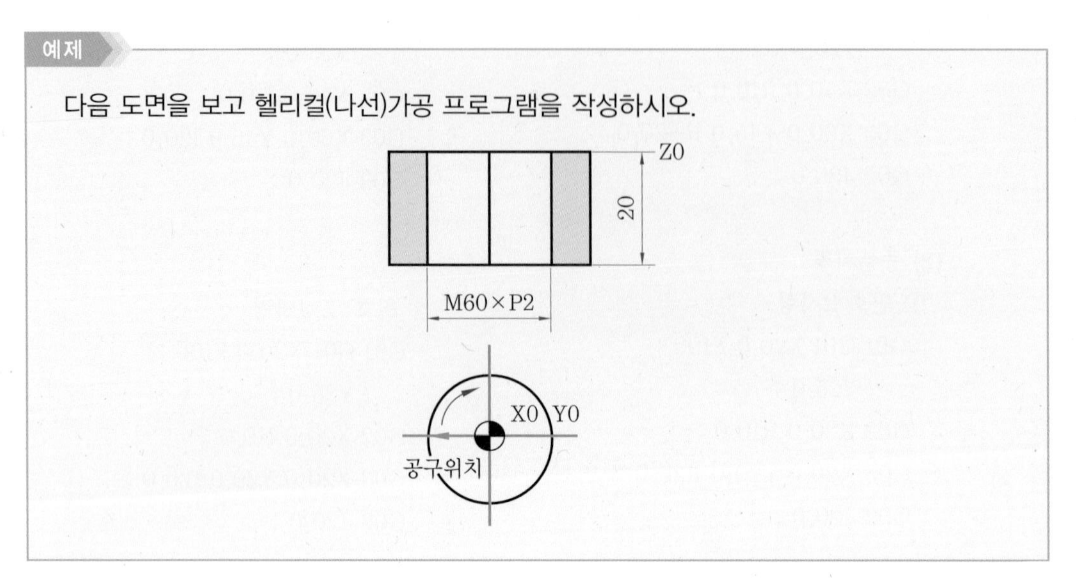

해설 G00 X0.0 Y0.0 S500 M03 ; …… X0.0 Y0.0으로 이동하면서 주축회전수 500 rpm으로 정회전
Z10.0 ; …… Z10.0의 위치로 공구 이동
G01 Z−19.0 F300 ; …… 소재 구멍으로 직선보간하면서 이동
X30.0 Y0.0 ; …… 소재 벽면으로 이동
G02 I30.0 Z−21.0 ; …… 헬리컬 보간 360° 원호보간 하면서 이동
G00 X0.0 Y0.0
Z100.0 ;

(5) 나사절삭

$$\text{G33} \begin{Bmatrix} \text{G90} \\ \text{G91} \end{Bmatrix} \text{Z\_ F\_ ;}$$

여기서, Z : 나사길이(증분지령 시) 또는 나사종점 위치(절대지령 시)
F : 나사의 리드(mm 또는 inch)

나사절삭 기능은 지정된 리드(lead)의 나사를 절삭하는 데 사용되며, 주축의 회전수 N은 $1 \leq N \leq \dfrac{\text{이송속도}}{\text{나사의 리드}}$이다.

주축 회전수를 주축에 부착된 포지션 코더(position coder)로 읽어서 분당 절삭 이송속도로 변환되어 공구가 이송된다. 다음 그림은 나사가공의 예를 나타낸 것이다.

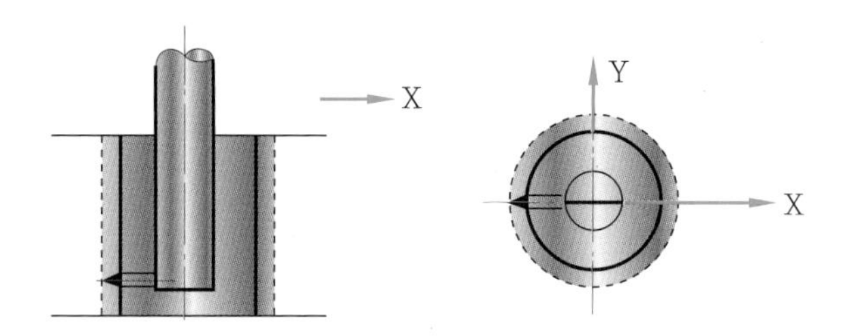

나사가공의 예

예제

다음 도면을 나사가공 데이터를 참고로 G33 기능을 이용하여 프로그래밍하시오.

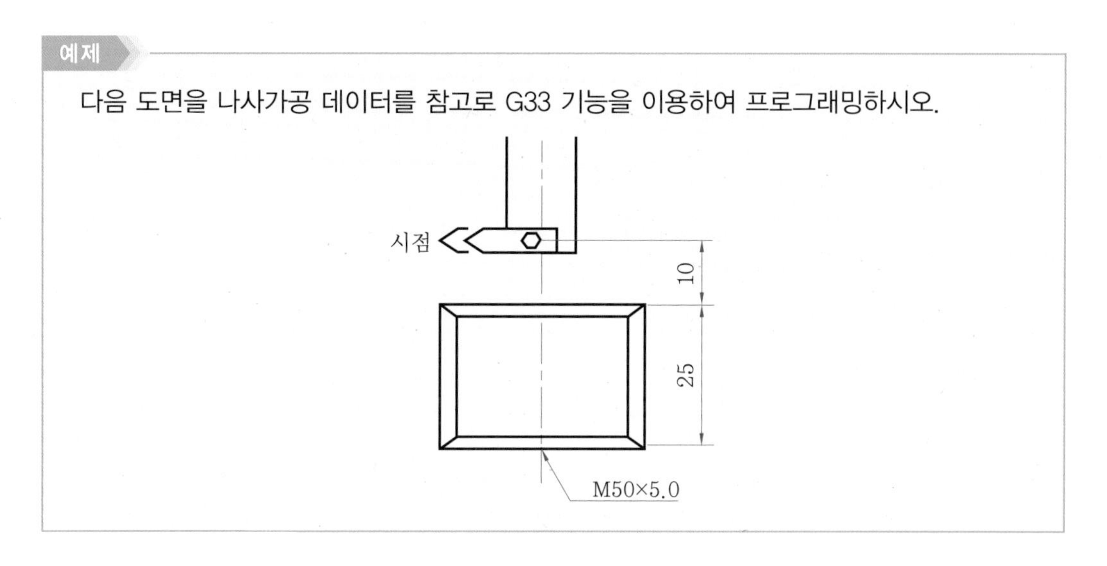

해설

```
G90   G00   Z10.0 ; …… 시점으로 위치 결정
M00 ; ……………………………… 프로그램 일시정지 후 바이트 길이 조정
G97   S300   M03 ;  …… 300rpm으로 주축 정회전
G33   Z-30.0  F5 ; ………… 1회 절삭(F=피치값)
M19 ; ……………………………… 주축 정위치 정지
G00   X5.0 ; …………………… 바이트 후퇴
      Z10.0 ; ………………… 시점으로 복귀
      X0.0 ;
      M00 ; …………………… 프로그램 일시정지 후 바이트 길이 조정
      M03 ;
G33   Z-30.0 ; ……………… 2회 절삭
M19 ;
G00   X5.0 ;
      Z10.0 ;
      X0.0 ;
M00 ;
M03 ;
G33   Z-30.0 ;  ……………… 3회 절삭
```

2-3 드웰(dwell)

$$\text{G04}\quad \begin{matrix} \text{X\_\_\_\_} \; ; \\ \text{P\_\_\_\_} \; ; \end{matrix}$$

드웰 기능은 다음 블록의 실행을 지정한 시간만큼 정지시키는 기능이다. 모서리 부분의 치수를 정확히 가공하거나 드릴 작업, 카운터 싱킹(counter sinking), 카운터 보링(counter boring) 및 스폿 페이싱(spot facing) 등에서 목표점에 도달한 후 즉시 후퇴할 때 생기는 이송만큼의 단차를 제거하여 진원도를 향상시키고 깨끗한 표면을 얻기 위하여 사용한다.

어드레스 X와 P를 사용할 수 있는데 P 다음의 숫자에는 소수점을 쓸 수 없으나 X 다음에는 소수점을 쓸 수 있으며, 일반적으로 지령하는 숫자는 초(second) 단위이다.

일반적으로 1.5~2회 정도 공회전하는 시간을 지령하며, 드웰 시간과 스핀들 축의 회전수(rpm)의 관계는 다음과 같다.

$$\text{정지시간(초)} = \frac{60}{\text{스핀들 회전수(rpm)}} \times \text{공회전 수(회)} = \frac{60 \times (\text{회})}{N(\text{rpm})}$$

예제

ϕ10-2날 엔드밀을 이용하여 절삭속도 30 m/min로 카운터 보링 작업을 할 때 구멍바닥에서 2회전 드웰을 주려고 한다. 정지시간을 구하고 프로그래밍을 하시오.

해설 먼저 주축 회전수(N)를 구하면 $N = \frac{1000V}{\pi D} = \frac{1000 \times 30}{3.14 \times 10} = 955\,\text{rpm}$

$$\text{정지시간(초)} = \frac{60 \times (\text{회})}{N[\text{rpm}]} = \frac{60 \times 2}{955} = 0.126\text{초}$$

프로그램은 G04 X0.126 ;

또는 G04 P126 ;

2-4 공구 교환과 공구 보정

(1) 공구 교환

머시닝 센터와 CNC 밀링의 가장 큰 차이점은 자동 공구 교환장치인데, 자동으로 공구를 교환하는 예는 다음과 같다.

예 G28 G91 Z0.0 ; …… 자동원점복귀(공구 교환점)로 Z축 복귀
T□□ M06 ; …………… □□번 공구 선택하여 공구 교환

단, 공구를 교환하려면 공구 길이 보정이 취소된 상태에서 공구 교환 지점에 위치해 있어야 한다.

또한 G28 G91 Z0.0 T□□ M06 ; 을 한 블록에 사용해도 관계없으나 기종에 따라 한 블록으로 사용하면 알람이 발생하는 머시닝 센터도 있다.

(2) 공구 보정

머시닝 센터에서는 사용하는 공구가 많고 공구의 지름과 길이도 다르다. 그러므로 지름과 길이를 생각하지 말고 프로그래밍하며, 공구의 지름과 길이의 차이를 머시닝 센터의 공구 보정값 입력란에 입력하고 그 값을 불러 보정하여 사용한다.

① 공구 지름 보정

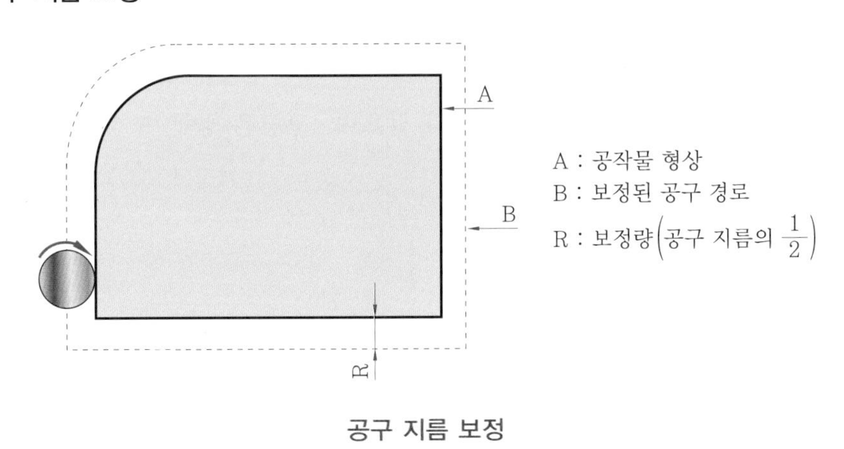

공구 지름 보정

그림에서 A의 형상을 한 공작물을 반지름 R인 공구로 절삭하는 경우 공구 중심 경로는 A에서 공구 지름의 $\frac{1}{2}$만큼 떨어진 B이어야 하며, 이때 경로 B는 A에서 R만큼 보정된 경로이다.

이 보정된 경로 B를 프로그래밍된 경로 A 및 별도로 설정된 공구 보정량에서 자동적으로 계산하는 기능이 공구 지름 보정 기능이다. 일반적으로 공작물을 프로그래밍할 때는 공구 지름을 생각하지 않고 도면대로 프로그래밍하며, 가공하기 전 공구 지름을 별도로 공구 보정량으로 설정하면 자동적으로 보정된 경로가 계산되어 정확한 가공을 할 수 있다.

이와 같이 공구를 가공 형상으로부터 일정 거리만큼 떨어지게 하는 것을 공구 지름 보정이라 하며, 오프셋량은 미리 CNC 장치 내에 설정해야 한다.

공구 지름 보정 G-코드		공구 이동경로
G40	공구 지름 보정 취소	G41 프로그램 경로 G40 G42
G41	공구 지름 보정 좌측	
G42	공구 지름 보정 우측	

공구 지름 보정은 G00, G01과 같이 지령되며, 다음 그림과 같이 공구 진행방향에 따라 좌측 보정(G41)과 우측 보정(G42)이 있다.

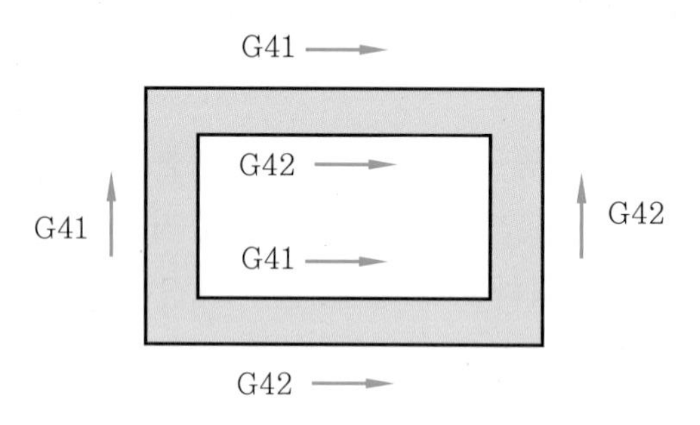

좌측 보정과 우측 보정

또한 공구 지름 보정 지령 방법은 다음과 같으며, 그림은 공구 보정 전과 보정 후의 공구 이동경로를 나타낸 것이다.

$$\left\{ \begin{matrix} G00 \\ G01 \end{matrix} \right\} \left\{ \begin{matrix} G41 \\ G42 \end{matrix} \right\} \quad X\_ \quad Y\_ \quad D\_ \ ;$$

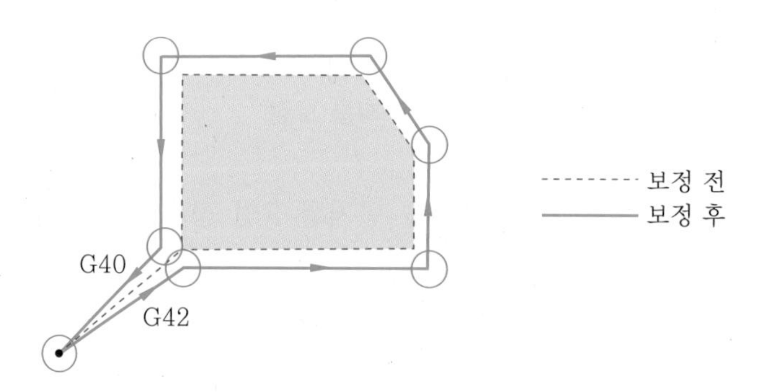

공구 보정 전과 후의 공구 이동경로

② **공구 지름 보정 시 주의 사항**

- 이동이 없는 명령절 또는 이동이 있어도 보정 평면과 관계없는 축의 이동에서 보정 시작(start up)을 하려고 하는 경우, 그 명령절에서는 보정을 실행하지 않고 다음 이동 명령이 있는 명령절을 실행할 때 보정을 개시한다.

- 이동이 있는 명령절에 보정 명령을 했다 해도 그 명령절 다음에 보정이 안 되는 명령절이 두 명령절 이상 명령되면 정상적인 보정이 안 된다. 왜냐하면 보정이 시작되면 NC는 미리 두 명령절을 읽어 들여 보정된 두 개의 경로의 교점을 찾아 공구 중심이 이동되기 때문에, 이동 없는 명령절이 두 개 이상 명령되면 교점 계산이 되지 않기 때문이다.
- 보정 중에는 보정 평면을 바꾸지 말아야 한다.
- 공구 반지름보다 작은 원호의 내측에서 보정하거나, 공구 지름보다 작은 홈을 가공할 때 보정하면 절입 과다가 발생하므로 알람(alarm)이 발생하고 프로그램이 정지된다.
- 보정 취소 상태에서 보정 상태로, 보정 상태에서 보정 취소 상태로의 이동은 G00 또는 G01에서 행해야 한다. 즉 원호 가공(G02, G03)에서는 보정 시작을 명령할 수 없다.
- 공구 지름 보정 방향을 바꿀 때에는 반드시 보정 취소 상태를 경유해야 한다.
- 공구 지름 보정 명령이 되어 있는 상태에서 또다시 같은 공구 지름 보정 명령을 하면 두 배 보정이 된다.
- 보정 시작 명령절에서의 이동량은 공구 반지름값과 같거나 커야 한다.

③ 보정 시작 명령절(start up block)

보정 취소 모드(G40이 유효한 상태)에서 보정 모드(G41/G42가 유효한 상태)로 되는 최초의 명령절을 보정 시작 명령절(start up block)이라고 한다. 보정 시작 명령절에서는 G00 또는 G01의 이동 명령과 함께 G41 또는 G42와 보정 번호를 명령해야 한다.

예 G00 G41 X100. Y10. D11 ; ……… 보정 시작

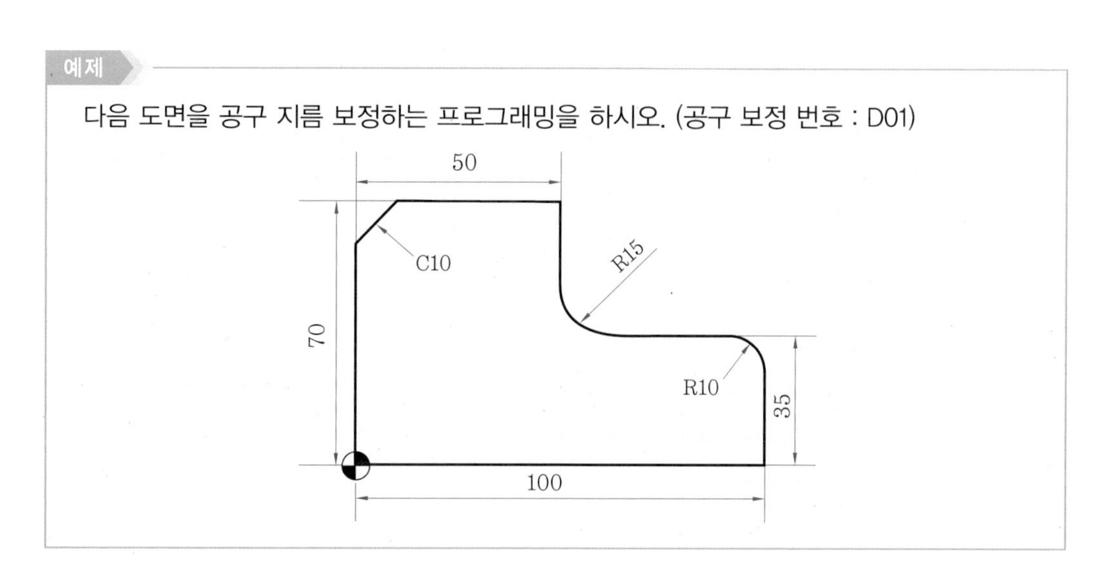

해설
```
G00   G90    X-10.0   Y-10.0 ;
G41   X0.0   D01 ; ………………… 공구 보정 번호 1번으로 공구 지름 보정 좌측
G01   Y60.0  F100 ;
      X10.0  Y70.0;
      X50.0 ;
      Y50.0 ;
G03   X65.0  Y35.0    R15.0 ;
G01   X90.0 ;
G02   X100.0 Y25.0    R10.0 ;
G01   Y0.0 ;
      X-15.0 ;
G00   G40    Y-10.0 ; ……………… 공구 지름 보정 취소
```

④ 공구 길이 보정

공작물을 도면대로 가공하기 위해서는 그림과 같이 여러 개의 공구를 교환하면서 가공한다.

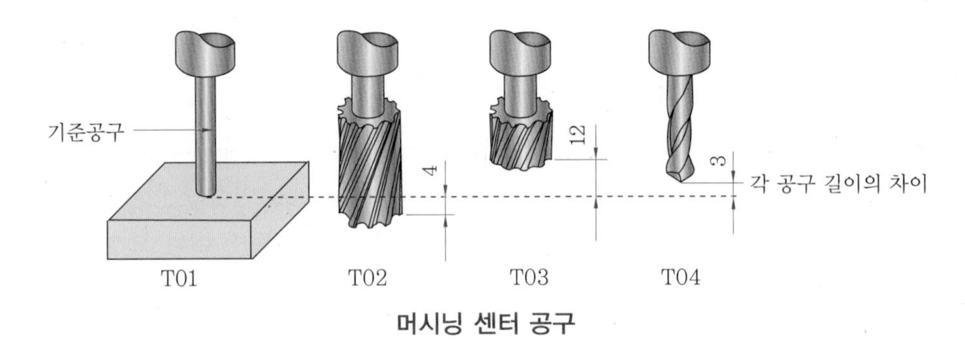

머시닝 센터 공구

이때 그림에서와 같이 공구의 길이가 각각 다르므로 공구의 기준 길이에 대하여 각각의 공구가 얼마만큼 길이의 차이가 있는지를 오프셋량으로 CNC 장치에 설정하여 놓고 그 길이만큼 보정하여 주면 공구 길이 보정을 할 수 있다.

$$\begin{Bmatrix} \text{G43} \\ \text{G44} \end{Bmatrix} \text{Z\_ \ H\_ ; 또는 } \begin{Bmatrix} \text{G43} \\ \text{G44} \end{Bmatrix} \text{H\_ ;}$$

여기서, G43 : +방향 공구 길이 보정(+방향으로 이동)
G44 : −방향 공구 길이 보정(−방향으로 이동)
Z : Z축 이동지령(절대, 증분지령 가능)
H : 보정 번호

공구 길이 보정은 G43, G44 지령으로 Z축에 한하여 가능하며 Z축 이동지령의 종점 위치를 보정 메모리에 설정한 값만큼 +, −로 보정할 수 있다.

또한 공구 길이 보정을 취소할 때는 G49나 H00으로 지령할 수 있으나 G49 지령을 많이 사용한다.

예제

다음 그림에서 공구 교환을 하고 공구 길이 보정과 취소하는 프로그래밍을 하시오.

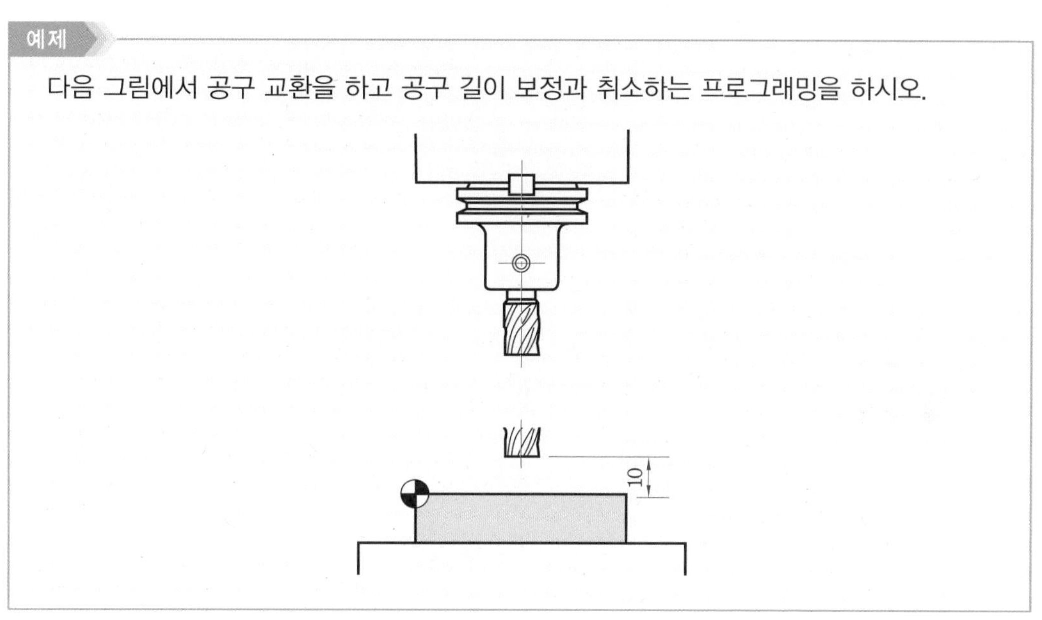

해설 G28 G91 Z0.0 ; ······ 현 위치에서 자동원점복귀(공구 교환점)로 Z축 복귀
G28 대신에 G30(제2원점 복귀)을 사용 해도 관계없다. 일반적으로 자동원점복귀점과 제2원점 복귀점이 같기 때문이다.

T03 M06 ; ······ 주축 정위치 정지 후 3번 공구로 교환
G28 G91 Z0.0 T03 M06 ; 으로 두 블록을 한 블록으로 하여도 머시닝 센터 기종에 따라 관계없다.

G43 G90 G00 Z10.0 H03 ; ······ 공작물 원점 위 10 mm까지 공구 이동하면서 공구길이 보정(공구 번호와 공구 보정 번호를 같은 번호를 사용하므로 가공 중 발생하는 실수를 줄일 수 있다.)

예제

다음 도면을 지름 10 엔드밀로 외곽 가공하는 프로그래밍을 하시오. (공구 번호는 1번이며, 공구 보정번호는 1번이다. 1회 절삭깊이는 5mm, 주축 회전수는 1300rpm, 이송속도는 100mm/min로 한다.)

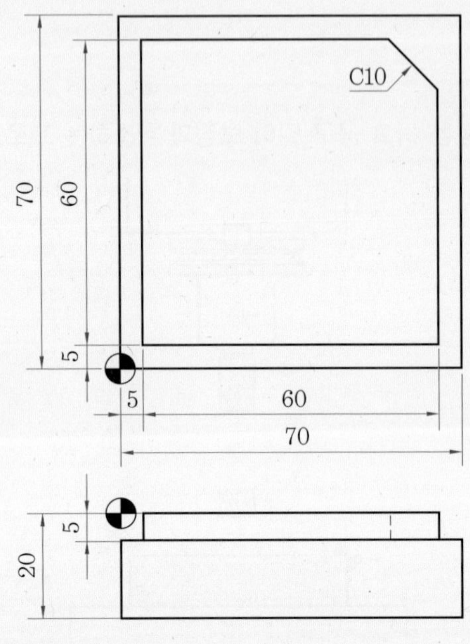

해설

G40 G49 G80 ; ………………… 공구 지름 보정, 공구 길이 보정, 고정 사이클 기능 취소

G28 G91 Z0.0 ; ………………… 공구 교환을 위하여 자동원점 복귀점으로 이동

T01 M06 ; ……………………………… 1번 공구로 공구 교환

S1300 M03 ; ……………………………… 1300rpm으로 주축 정회전

G54 G00 G90 X-10.0 Y-10.0 ; … 공작물좌표계 1번을 선택하면서 공구를 공작물과 떨어진 X-10.0 Y-10.0 에 위치 결정

G43 Z100.0 H01 ; ………………… +방향 공구길이 보정하면서 공구보정 번호 H01으로 Z100.0의 위치로 공구 이동

※ 처음 프로그래밍을 하므로 공구와 공작물의 충돌을 사전에 방지하기 위하여 Z100.0에 공구 위치를 했는데 프로그램이 익숙하면 공작물과 가까운 위치인 Z5.0 또는 Z10.0에 두어도 된다.

Z10.0 ; ……………………………… Z10.0의 위치로 공구 이동

G01 Z-5.0 F100 M08 ; …… Z축 절입깊이 5mm, 이송속도 100mm /min로 공구 이동하면서 절삭유 ON

G41 D01 X5.0 ; ………………… 공구 지름 보정 좌측으로 하면서 가공시작점 X5.0의 위치로 공구 이동

```
          Y65.0 ;
          X65.0 ;
          Y5.0 ;
          X5.0 ;
          Y65.0 ;
          X55.0 ;
          X65.0   Y55.0 ; ················ 먼저 테두리 가공을 한 후 C10 모따기 가공을
                                           하므로 잔삭이 남지 않기 위하여
          Y5.0 ;
          X-10.0 ; ························ 공구와 공작물을 띄우기 위해 X0.0이 아닌
                                           X-10.0의 위치로 공구 이동
G00       G40     Z200.0 ; ·············· 공구 지름 보정을 취소하면서 공구를 안전한
                                           위치인 Z200.0으로 공구 이동
          M05 ; ··························· 주축 정지
          M02 ; ··························· 프로그램 종료
```

⑤ 공구 위치 보정

G45	공구 보정량 신장	G47	공구 보정량 2배 신장
G46	공구 보정량 축소	G48	공구 보정량 2배 축소

공구 위치 보정은 G45에서 G48까지의 지령에 의해 지정된 축의 이동거리를 보정량 메모리에 지정한 값만큼 신장, 축소 또는 2배 신장, 2배 축소하여 움직일 수 있으며, 이 지령은 1회 유효지령이므로 지령된 블록에서만 유효하다.

그리고 보정량 코드는 공구 반지름을 보정할 때 D코드를 사용하고, 공구 길이를 보정할 때는 H코드를 사용할 수 있으나 D코드나 H코드를 사용하는 것은 파라미터의 설정에 따른다. 만약 파라미터를 D코드로 설정할 경우 그림과 같이 공작물의 형태를 공구의 중심통로로 프로그래밍할 수 있다.

또한 공구 위치 보정의 기능으로 2개의 축을 동시에 이동시킬 경우 공구 보정은 2축에 모두 유효하기 때문에 각 축의 방향으로 그림과 같이 보정된다.

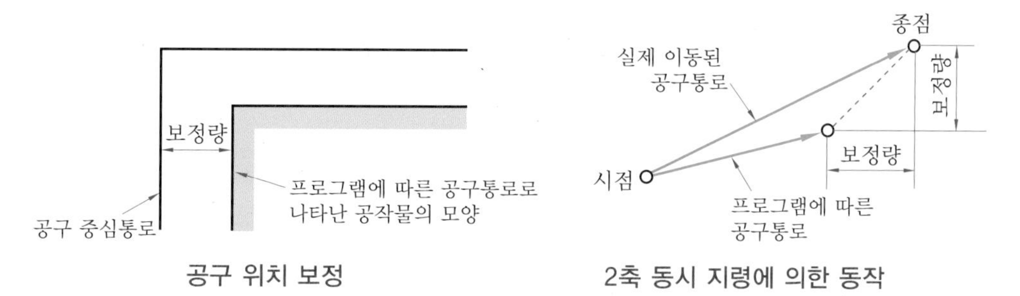

공구 위치 보정　　　　2축 동시 지령에 의한 동작

예 이송지령 X500.0　Y250.0이고 보정량은 =200.0 보정번호 04일 때의 프로그램은 G45　G01　X500.0　Y250.0　D04 ; 이다.

⑥ 보정 간의 프로그램에 의한 입력

G10 P_ ; R_ ;

여기서, P : 보정 번호, R : 보정량

공구 길이 보정, 공구 위치 보정, 공구 지름 보정량을 프로그램에 의해 입력할 수 있는 기능으로 자동화 라인이나 대량생산일 경우 측정장치를 부착하여 가공 도중 미세하게 변하는 치수를 자동으로 보정할 때 사용한다.

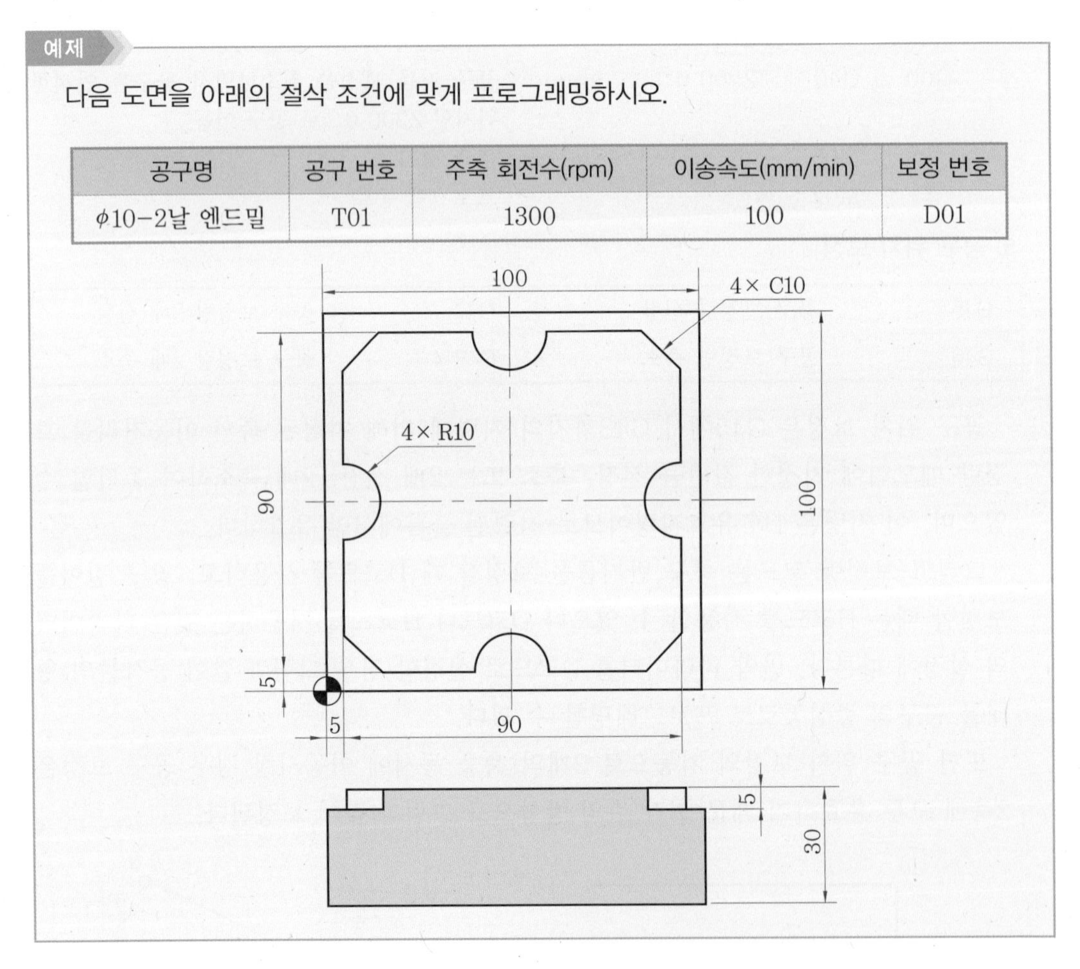

예제

다음 도면을 아래의 절삭 조건에 맞게 프로그래밍하시오.

공구명	공구 번호	주축 회전수(rpm)	이송속도(mm/min)	보정 번호
ϕ10-2날 엔드밀	T01	1300	100	D01

해설 G40 G49 G80 ; ·················· 공구 지름 보정, 공구 길이 보정, 고정 사이클 기능 취소

G28 G91 Z0.0 ; ·················· 공구 교환을 위하여 자동원점 복귀점으로 이동

T01 M06 ; ·················· 1번 공구로 공구 교환

S1300 M03 ; ·················· 1300 rpm으로 주축 정회전

G54 G00 G90 X-10.0 Y-10.0 ; ······ 공작물좌표계 1번을 선택하면

```
                                        서 공구를 공작물과 떨어진 X-10.0 Y-10.0에
                                        위치 결정
G43   Z10.0   H01 ; ………………          +방향 공구길이 보정하면서 공구 보정 번호 H01
                                        으로 Z10.0 의 위치로 공구 이동(위의 도면에서
                                        는 Z100.0이 아니고, Z10.0으로 급속 이송)
G01   Z-5.0   F100    M08 ;
G41   D01     X5.0 ;  ……………          공구 지름 보정 번호 1번의 보정값으로 공구지름
                                        보정 좌측으로 하면서 가공 시작점 X5.0의 위치
                                        로 공구 이동
      Y95.0 ;  …………………………          G01은 연속유효 G코드이므로 생략
      X95.0 ;
      Y5.0 ;
      X15.0 ;  …………………………          외곽가공은 2회에 나누어 하는데 처음에는 R가
                                        공이나 모따기를 하지 않고 직선가공만 하고, 두
                                        번째 가공에서 R가공과 모따기를 해야만 가공이
                                        안 된 부분이 없이 가공되며, X15.0의 위치는 다
                                        음에 X5.0 Y15.0의 좌표값인 모따기를 가공하
                                        기 위함
      X5.0    Y15.0 ;
      Y40.0 ;
G03   X5.0    Y60.0   R10.0 ;…          X5.0은 위치가 바뀌지 않았으므로 생략 가능
G01   Y85.0 ;
      X15.0   Y95.0 ;
      X40.0 ;
G03   X60.0   R10.0 ; ……………          Y95.0은 위치가 바뀌지 않았으므로 생략
G01   X85.0 ;
      X95.0   Y85.0 ;
      Y60.0 ;
G03   Y40.0   R10.0 ;
G01   Y15.0 ;
      X85.0   Y5.0 ;
      X60.0 ;
G03   X40.0   R10.0 ;
G01   X-10.0 ;
G00   G40     Z200.0 ; …………          공구 지름 보정 취소하면서 공구 이동
M05 ;
M02 ;
```

2-5 고정 사이클

(1) 고정 사이클의 개요

고정 사이클은 여러 개의 블록으로 지령하는 가공 동작을 한 블록으로 지령할 수 있게 하여 프로그래밍을 간단히 하는 기능이다.

고정 사이클에는 드릴, 탭, 보링 기능 등이 있으며, 이를 응용하여 다른 기능으로도 사용할 수 있다. 다음 표는 고정 사이클 기능을 나타낸 것이다.

고정 사이클 기능

G 코드	드릴링 동작 (-Z방향)	구멍바닥 위치에서 동작	구멍에서 나오는 동작 (+Z방향)	용 도
G73	간헐이송	-	급속이송	고속 펙 드릴링 사이클
G74	절삭이송	주축 정회전	절삭이동	역 태핑 사이클
G76	절삭이송	주축 정지	급속이송	정밀 보링 사이클
G80	-	-	-	고정 사이클 취소
G81	절삭이송	-	급속이송	드릴링 사이클 (스폿 드릴링)
G82	절삭이송	드웰	급속이송	드릴링 사이클 (카운터 보링 드릴링)
G83	단속이송	-	급속이송	펙 드릴링 사이클
G84	절삭이송	주축 역회전	절삭이동	태핑 사이클
G85	절삭이송	-	절삭이동	보링 사이클
G86	절삭이송	주축 정지	절삭이동	보링 사이클
G87	절삭이송	주축 정지	수동이송 또는 급속이송	백 보링 사이클
G88	절삭이송	드웰 주축 정지	수동이송 또는 급속이송	보링 사이클
G89	절삭이송	드웰	절삭이동	보링 사이클

일반적으로 고정 사이클은 다음 그림과 같은 6개의 동작 순서로 구성된다.

- 동작 ① : X, Y축 위치 결정
- 동작 ② : R점까지 급속이송
- 동작 ③ : 구멍가공(절삭이송)
- 동작 ④ : 구멍바닥에서의 동작
- 동작 ⑤ : R점까지 복귀(급속이송)
- 동작 ⑥ : 초기점으로 복귀

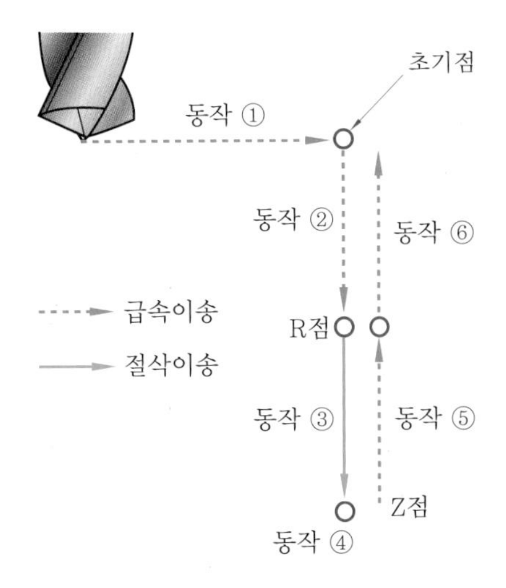

고정 사이클의 동작

(2) 고정 사이클의 위치 결정

고정 사이클의 위치 결정은 X, Y 평면상에서, 드릴은 Z축 방향에서 이루어진다. 이 고정 사이클의 동작을 규정하는 것에는 다음 세 가지가 있다.

① 구멍가공 모드

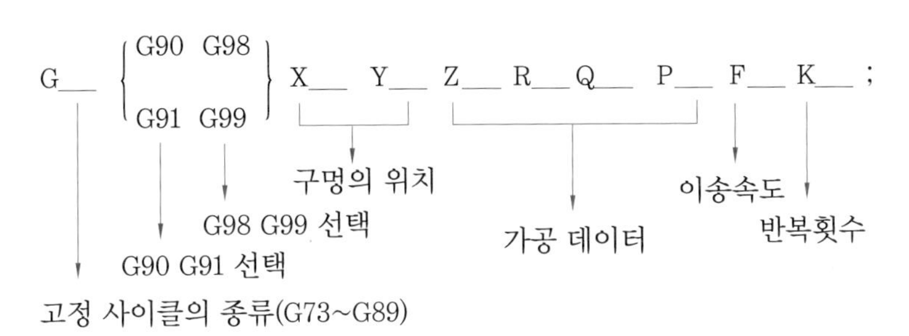

- **구멍가공 모드** : 고정 사이클 기능 참조
- **구멍위치 데이터** : 절대지령 또는 증분지령에 의한 구멍의 위치 결정(급속이송)
- **구멍가공 데이터**
  - Z : R점에서 구멍바닥까지의 거리를 증분지령 또는 구멍바닥의 위치를 절대지령으로 지정
  - R : 초기점에서 R점까지의 거리를 지정(일반적으로 R점은 가공 시작점이자 복귀점)
  - Q : G73, G83코드에서 매회 절입량 또는 G76, G87 지령에서 후퇴량(항상 증분지령)을 지정

P : 구멍바닥에서 드웰시간을 지정
F : 절삭 이송속도를 지정
K : 반복횟수 지정(K지령을 생략하면 1로 간주, 만일 0을 지정하면 구멍가공 데이터는 기억하지만 구멍가공은 수행하지 않는다).

구멍가공 모드는 한 번 지령되면 다른 구멍가공 모드가 지령되거나 또는 고정 사이클을 취소하는 G코드가 지령될 때까지 변화하지 않으며, 동일한 사이클 가공 모드를 연속하여 실행하는 경우에는 매 블록마다 지령할 필요가 없다.

② 복귀점 위치

G98 : 초기점 복귀
G99 : R점 복귀

- **초기점 복귀(G98)** : 구멍가공이 끝나고 공구가 도피하는 위치가 그림과 같이 초기점이 되는데, 이때 초기점까지 복귀는 급속으로 이동한다.
- **R점 복귀(G99)** : 구멍가공이 끝나고 공구가 도피하는 위치가 그림과 같이 R점이 되는데, 계속하여 구멍가공을 할 경우에는 이 R점이 가공 시작점이 된다.

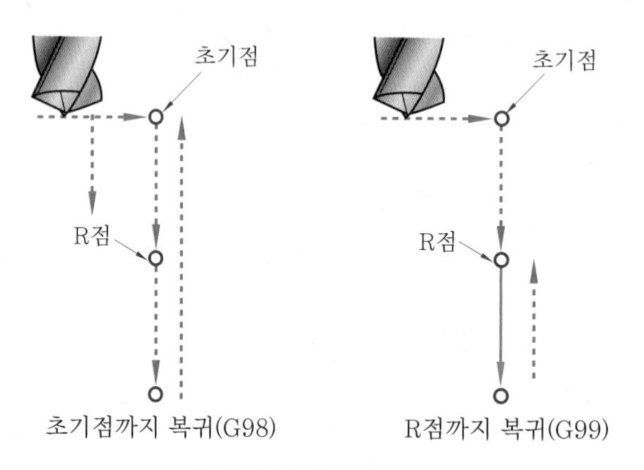

초기점 복귀와 R점 복귀

일반적으로 초기점과 R점 복귀의 사용은 그림 (a)와 같이 R점에서 공구 이동 시 공구간섭이 있을 경우에는 ⓐ경로인 초기점 복귀를 지령하고, 그림 (b)와 같이 공구간섭이 없이 공작물이 평면일 경우에는 ⓑ경로로 R점 복귀를 지령함으로써 빠른 시간에 가공할 수 있다.

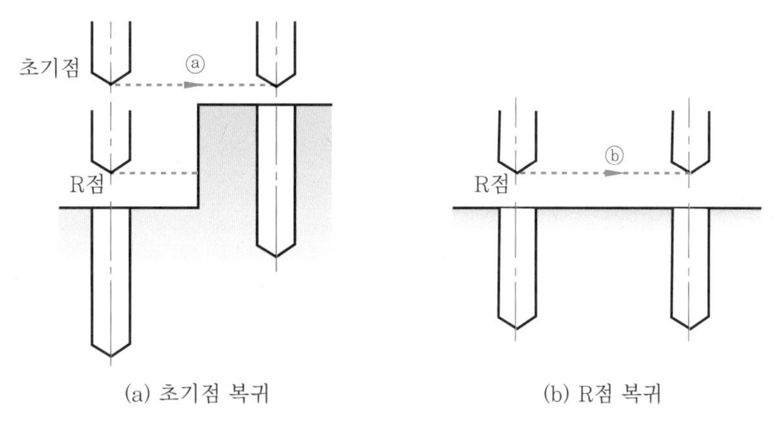

초기점 복귀와 R점 복귀

③ 지령방식

G90 : 절대지령
G91 : 증분지령

고정 사이클 지령은 절대지령과 증분지령에 따라서 R점의 기준 위치와 Z점의 기준 위치가 다르다. 그림에서와 같이 절대지령인 경우에는 R점과 Z점의 기준점은 Z = 0인 지점이 되고, 증분지령인 경우에는 초기점의 위치가 R점의 기준이 되며, 또한 Z점의 기준은 R점이 된다.

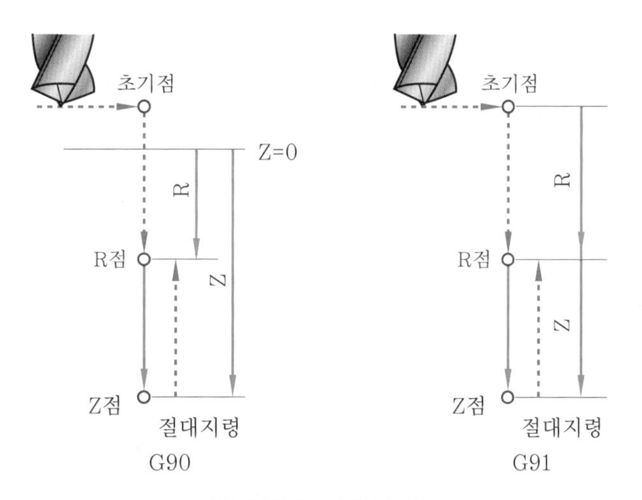

절대지령과 증분지령

(3) 고정 사이클의 종류

① 드릴링 사이클(G81)

고정 사이클의 대표적인 기능은 드릴 가공, 센터 드릴 가공으로 칩 배출이 용이한 공작물의 구멍가공에 사용한다.

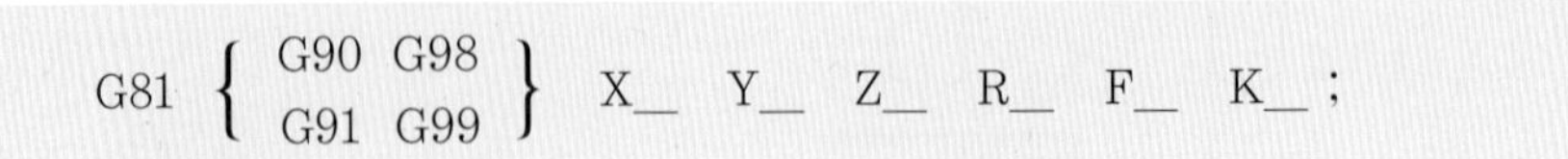

$$G81 \begin{Bmatrix} G90 & G98 \\ G91 & G99 \end{Bmatrix} X\_ \quad Y\_ \quad Z\_ \quad R\_ \quad F\_ \quad K\_ \;;$$

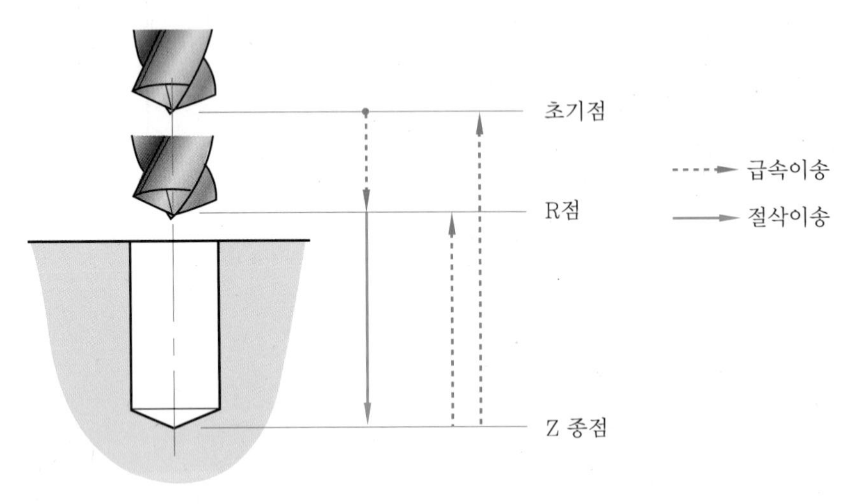

드릴링 사이클 동작

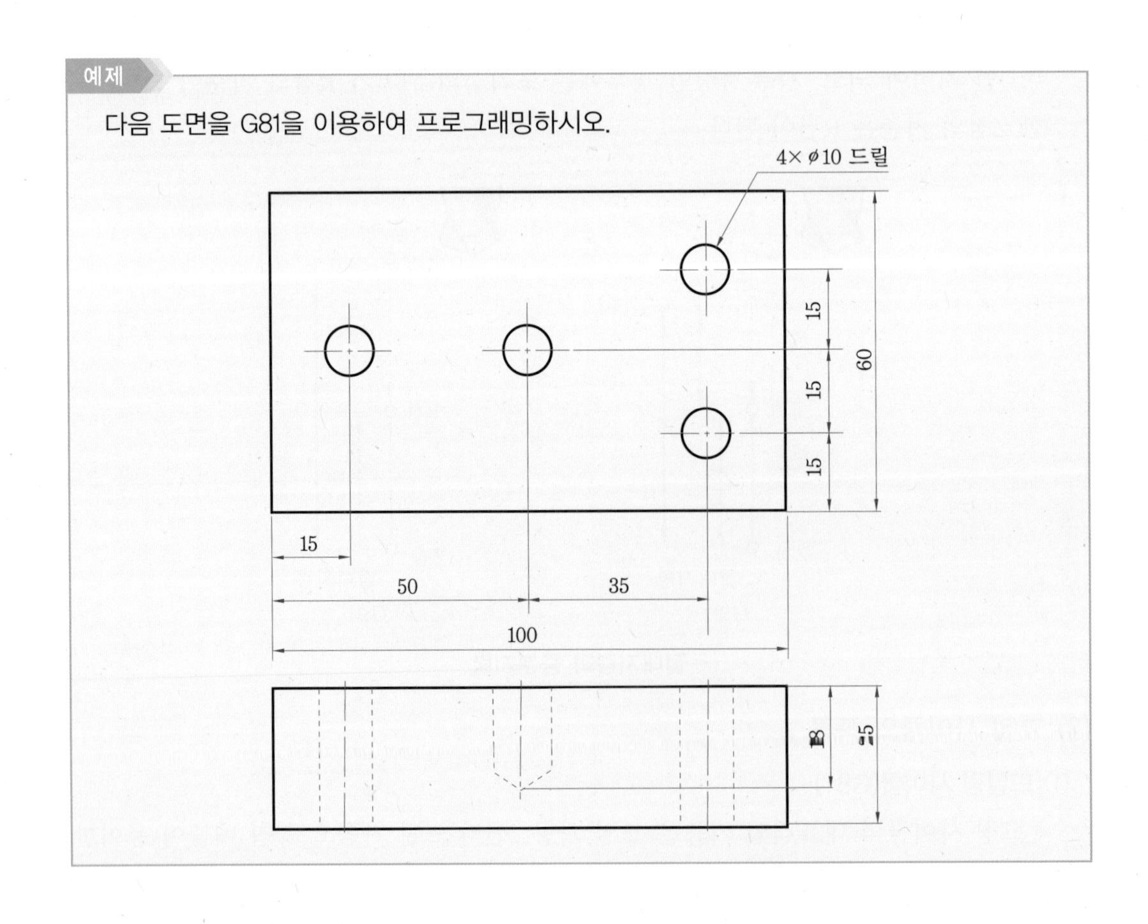

예제

다음 도면을 G81을 이용하여 프로그래밍하시오.

해설

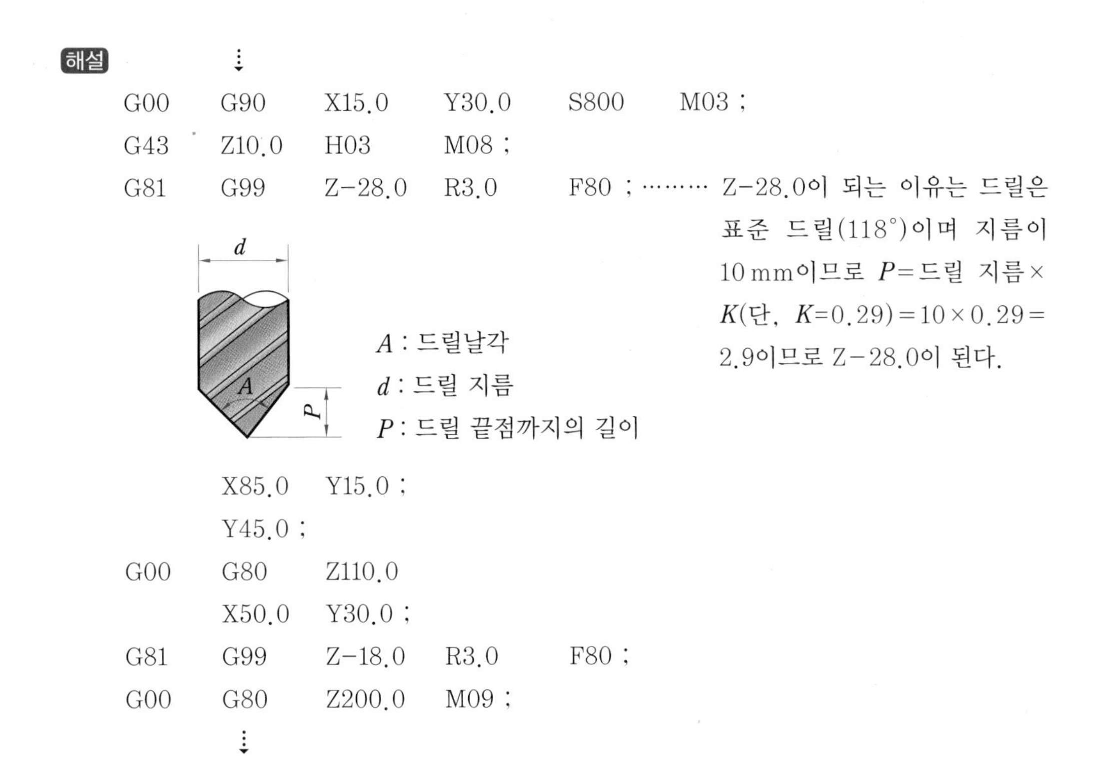

```
          ⋮
G00   G90   X15.0   Y30.0   S800   M03 ;
G43   Z10.0   H03   M08 ;
G81   G99   Z-28.0   R3.0   F80 ; ········ Z-28.0이 되는 이유는 드릴은 표준 드릴(118°)이며 지름이 10 mm이므로 P=드릴 지름×K(단, K=0.29)=10×0.29=2.9이므로 Z-28.0이 된다.
```



```
      X85.0   Y15.0 ;
      Y45.0 ;
G00   G80   Z110.0
      X50.0   Y30.0 ;
G81   G99   Z-18.0   R3.0   F80 ;
G00   G80   Z200.0   M09 ;
          ⋮
```

② 드릴링 사이클(G82)

G81 기능과 같지만 구멍바닥에서 드웰(dwell)한 후 복귀되므로 구멍의 정밀도가 향상되므로 카운터 보링이나 카운터 싱킹 등에 이용된다.

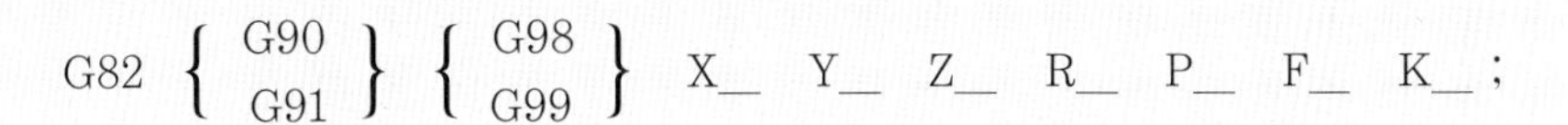

G82 { G90 / G91 } { G98 / G99 } X_ Y_ Z_ R_ P_ F_ K_ ;

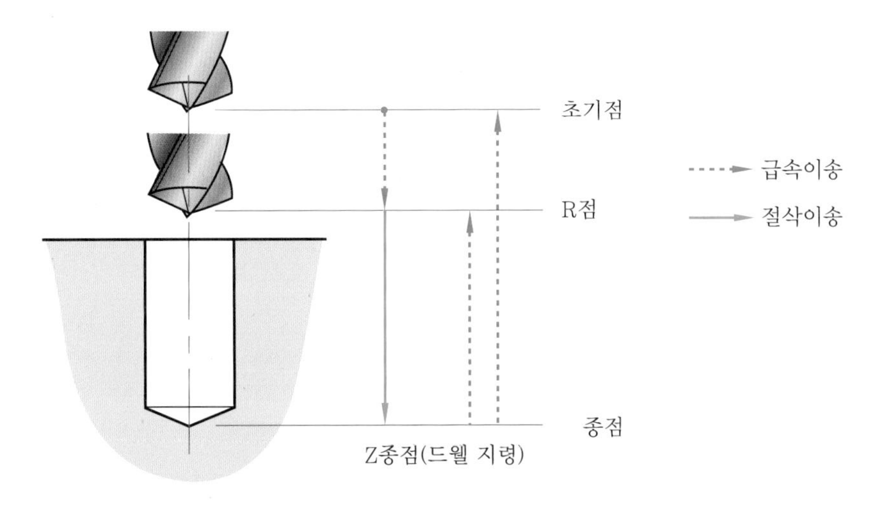

드웰 지령 예 G82 G99 X20.0 Y20.2 Z-13.5 R3.0 P1000 F100 ;

1초간 드웰 지령 ← (P1000)

예제

다음 도면을 센터 드릴링은 G81, 드릴링 가공은 G82를 이용하여 프로그래밍하시오.

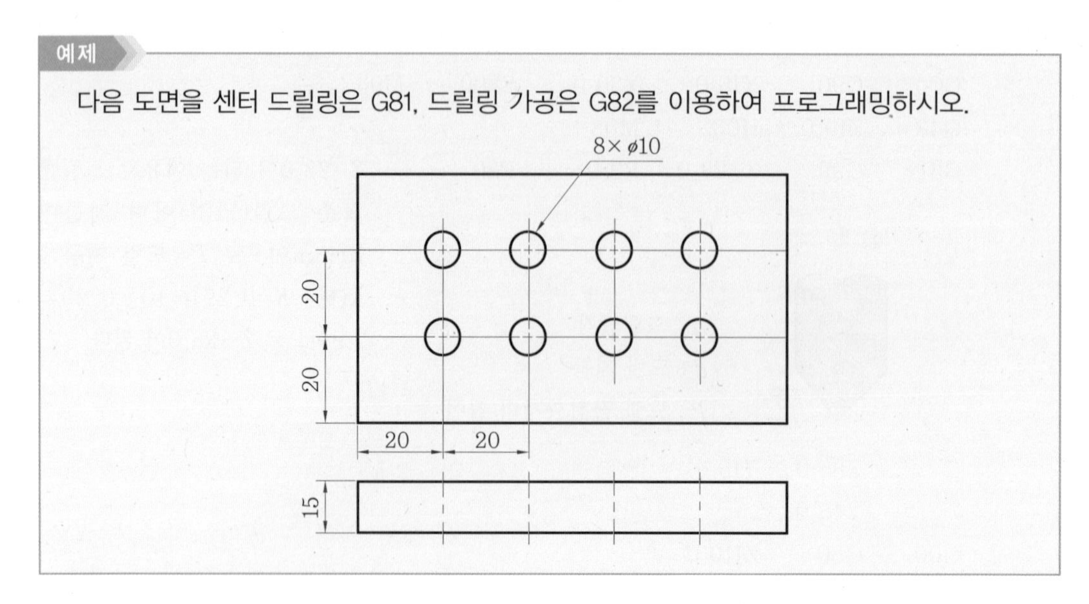

해설

```
        ⋮
G00   G90    X20.0   Y20.0   S1300   M03 ;
G43   Z5.0   H02     M08 ;
G81   G99    Z-3.0   R3.0    F100 ;
G91   X20.0  K3 ;
      Y20.0 ;
      X-20.0 K3 ;
G00   G80    Z200.0  M09 ;
M05 ;
G28   G91    Z0.0 ;
T03   M06 ;
G00   G90    X20.0   Y20.0   S1000   M03 ;
G43   Z10.0  H03     M08 ;
G82   G99    Z-17.0  R3.0    P1000   F80 ;
G91   X20.0  K3 ;
      Y20.0 ;
      X20.0  K3 ;
G00   G80    Z200.0  M09 ;
        ⋮
```

③ 고속 펙(peck) 드릴링 사이클(G73)

Z방향의 간헐이송으로 일반적으로 드릴 지름의 3배 이상인 깊은 구멍절삭에서 칩 배출이 용이하고 후퇴량을 설정할 수 있으므로 고능률적인 가공을 할 수 있으며, 후퇴량 d는 파라미터로 설정한다.

$$G73 \left\{ \begin{matrix} G90 & G98 \\ G91 & G99 \end{matrix} \right\} X\_ \quad Y\_ \quad Z\_ \quad R\_ \quad Q\_ \quad F\_ \quad K\_ \; ;$$

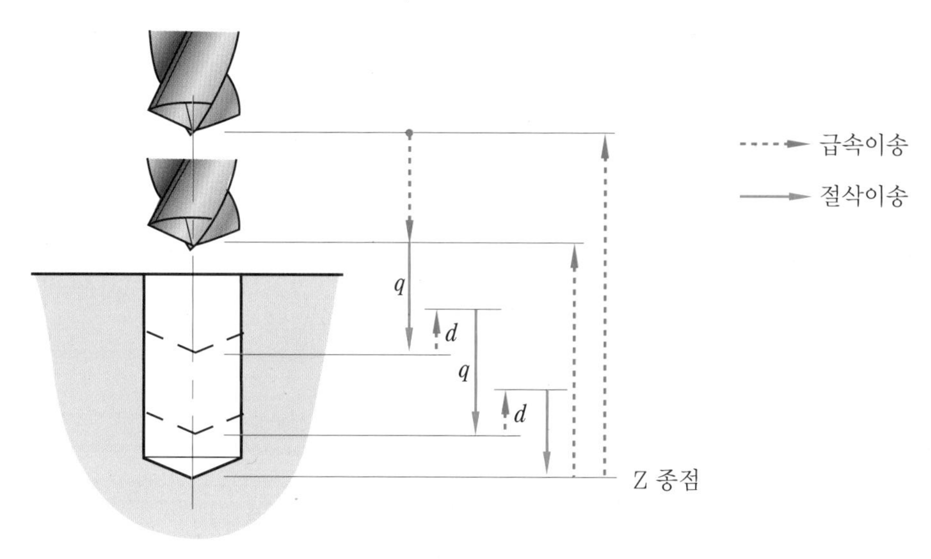

고속 펙 드릴링 사이클 동작

예제

다음 도면을 G73을 이용하여 프로그래밍하시오.

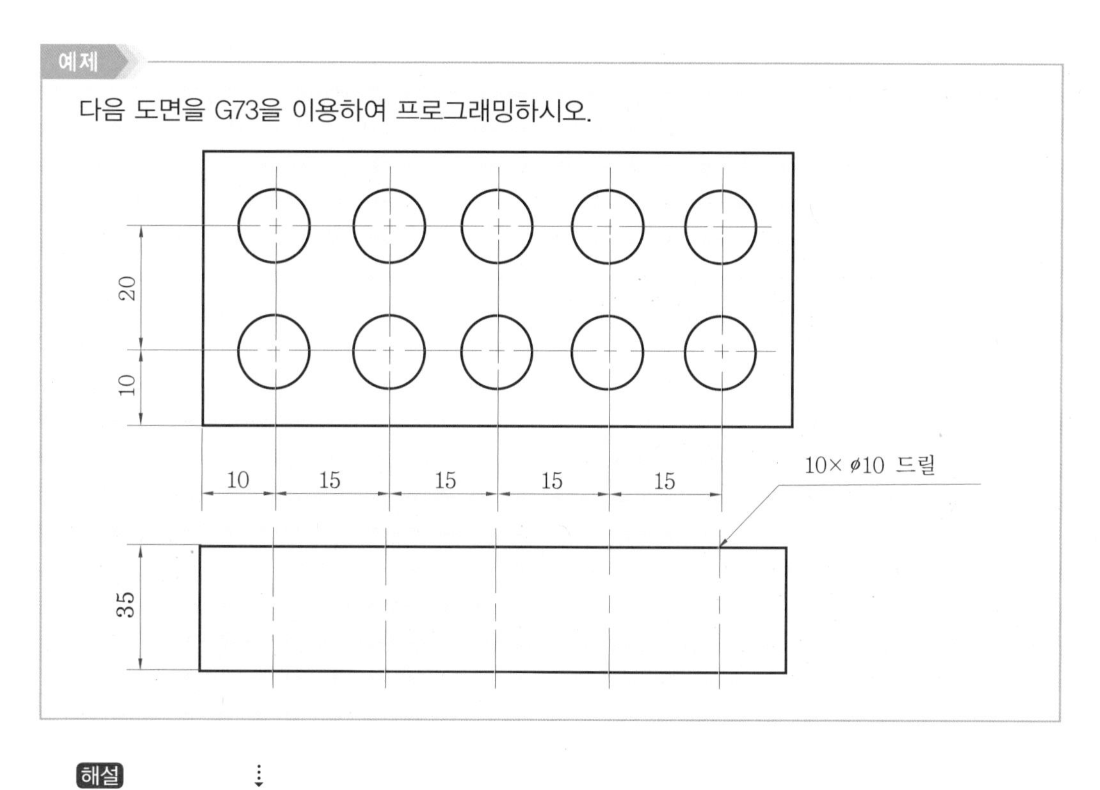

해설

⋮

```
G00   G90   X10.0  Y10.0  S800  M03 ;
G43   Z10.0 H03    M08 ;
```

```
G73    G99    Z-38.0  R3.0    Q3.0    F80 ;
G91    X15.0  K4 ;
       Y20.0 ;
       X-15.0 K4 ;
G00    G49    G80     Z200.0  M09 ;
```

④ 펙 드릴링 사이클(G83)

펙(peck) 드릴링 사이클은 절입 후 매번 R점까지 복귀 후 다시 절삭지점으로 급속이송 후 가공하기 때문에 칩(chip) 배출이 용이하여 지름이 적고 깊은 구멍가공에 적합하며, *d*값은 파라미터로 설정하고 Q는 "+"값으로 지정한다.

$$G83 \begin{Bmatrix} G90 \\ G91 \end{Bmatrix} \begin{Bmatrix} G98 \\ G99 \end{Bmatrix} X\_\ \ Y\_\ \ Z\_\ \ Q\_\ \ R\_\ \ F\_\ \ K\_\ ;$$

펙 드릴링 지령 예 G83 G99 Z-35.0 Q3000 R3.0 F80 ;

1회 3mm씩 절입 ← (Q3000)

이때 만약 Q지령을 생략하면 R점에서 Z점까지 연속가공하는 G81과 동일하다.

예제

다음 도면을 G83을 이용하여 프로그래밍하시오.

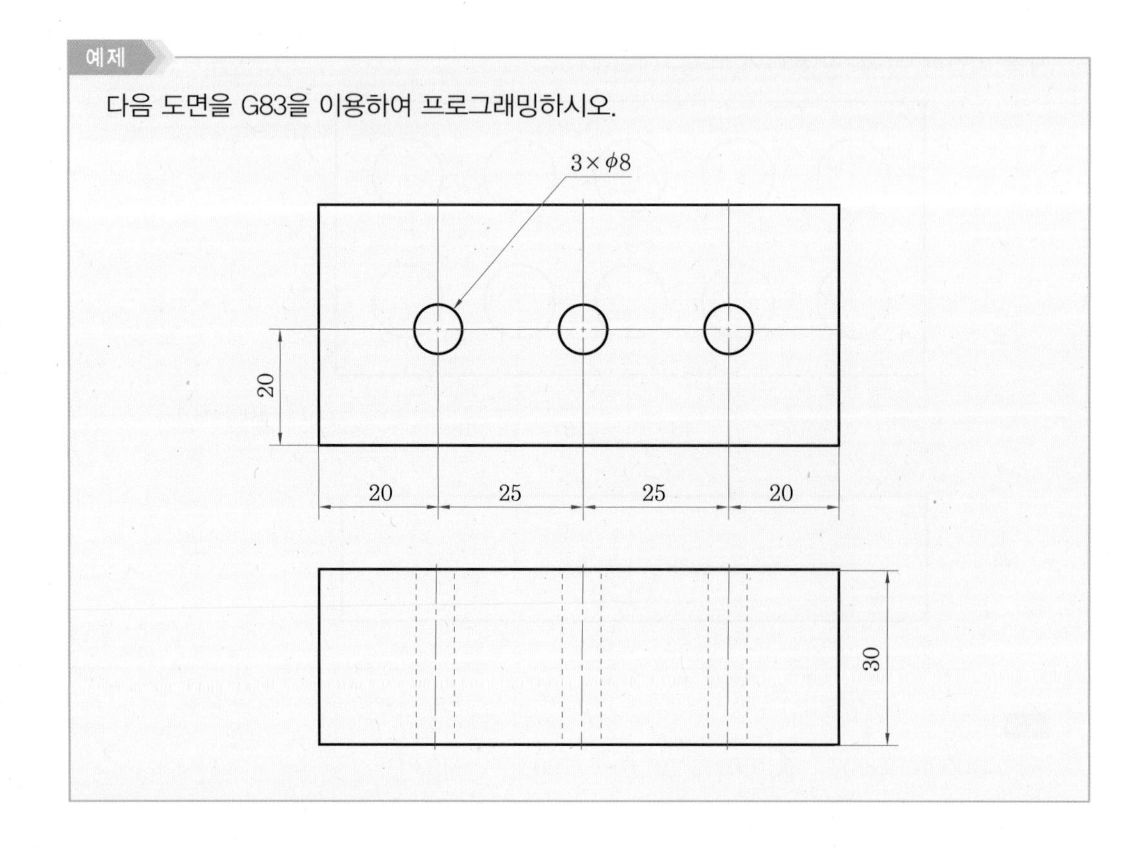

해설

⋮

```
G00   G90   X20.0   Y20.0   S1000   M03 ;
G83   G99   Z-33.0  Q3000   R3.0    F80 ;
G91   X25.0 K2 ;
G00   G49   G80     Z200.0  M09 ;
```

⋮

⑤ **태핑(tapping) 사이클(G84)**

미리 가공한 구멍에 오른나사 탭을 이용하여 태핑 가공을 하는 사이클로, 주축이 정회전(M03)하여 Z점까지 탭을 가공하고 역회전(M04)하면서 공구가 R점까지 복귀한 후 다시 주축이 정회전한다.

$$\text{G84} \begin{Bmatrix} \text{G90} \\ \text{G91} \end{Bmatrix} \begin{Bmatrix} \text{G98} \\ \text{G99} \end{Bmatrix} \text{ X\_ Y\_ Z\_ R\_ F\_ K\_ ;}$$

구멍바닥에서 주축이 역회전하여 태핑 사이클을 수행하며, 태핑 가공의 이송속도 계산은 $F=n\times f$ 이다.

여기서, F : 태핑 가공 이송속도(mm/min)

n : 주축 회전수(rpm)

f : 태핑 피치(mm)

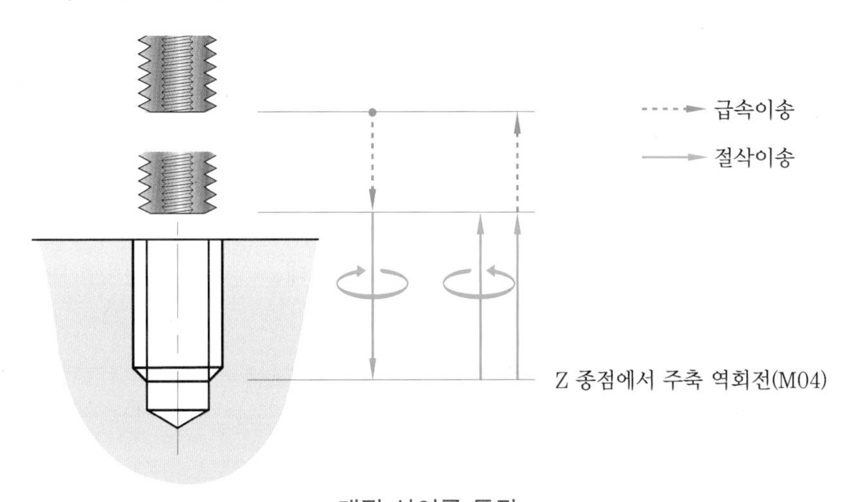

태핑 사이클 동작

예제

M10×P1.5의 태핑 가공을 300rpm으로 가공할 때 이송속도는?

해설 이송속도 $F=n\times f=300\times 1.5=450\,\text{mm/min}$

⑥ 역 태핑 사이클(G74)

왼나사 가공 기능으로 주축은 먼저 역회전하면서 Z점까지 들어가고, R점까지 빠져나올 때는 정회전을 한다. G74 동작 중에는 이송속도 오버라이드(override)는 무시되며, 이송정지(feed hold)를 ON해도 복귀동작이 완료될 때까지 주축이 정지하지 않는다.

$$\mathrm{G74}\ \begin{Bmatrix} \mathrm{G90} \\ \mathrm{G91} \end{Bmatrix} \begin{Bmatrix} \mathrm{G98} \\ \mathrm{G99} \end{Bmatrix}\ \mathrm{X\_\ \ Y\_\ \ Z\_\ \ R\_\ \ F\_\ \ K\_\ ;}$$

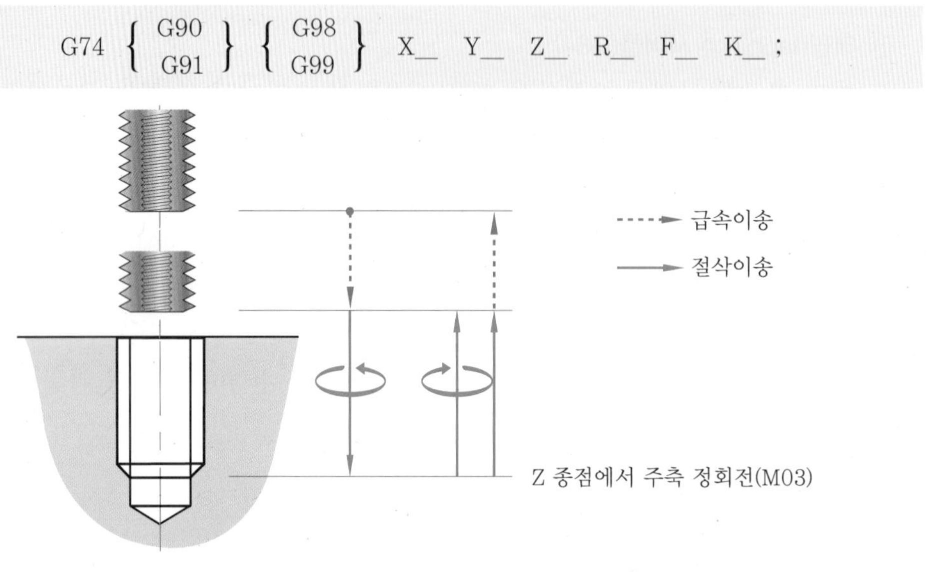

역 태핑 사이클 동작

⑦ 정밀 보링 사이클(G76)

보링(boring) 작업을 할 때 구멍바닥에서 주축을 정위치에 정지시키고 공구를 인선과 반대방향으로 Q에 지정된 값으로 도피시켜 가공면에 손상 없이 R점이나 초기점으로 빼내므로 높은 정밀도가 필요한 가공에 사용한다. 또한 이동(shift)량은 그림에서와 같이 어드레스(address) Q로 지정하는데, Q지령을 생략하면 이동 동작을 하지 않는다.

$$\mathrm{G76}\ \begin{Bmatrix} \mathrm{G90} \\ \mathrm{G91} \end{Bmatrix} \begin{Bmatrix} \mathrm{G98} \\ \mathrm{G99} \end{Bmatrix}\ \mathrm{X\_\ \ Y\_\ \ Z\_\ \ R\_\ \ Q\_\ \ F\_\ \ K\_\ ;}$$

⑧ 보링 사이클(G85)

일반적으로 리머(reamer) 가공에 많이 사용하는 기능으로 G84의 지령과 같지만 구멍바닥에서 주축이 역회전하지 않는다. 따라서 공구가 구멍의 바닥에서 빠져 나올 때도 잔여량을 절삭하면서 나오게 된다.

$$\mathrm{G85}\ \begin{Bmatrix} \mathrm{G90} \\ \mathrm{G91} \end{Bmatrix} \begin{Bmatrix} \mathrm{G98} \\ \mathrm{G99} \end{Bmatrix}\ \mathrm{X\_\ \ Y\_\ \ Z\_\ \ R\_\ \ F\_\ \ K\_\ ;}$$

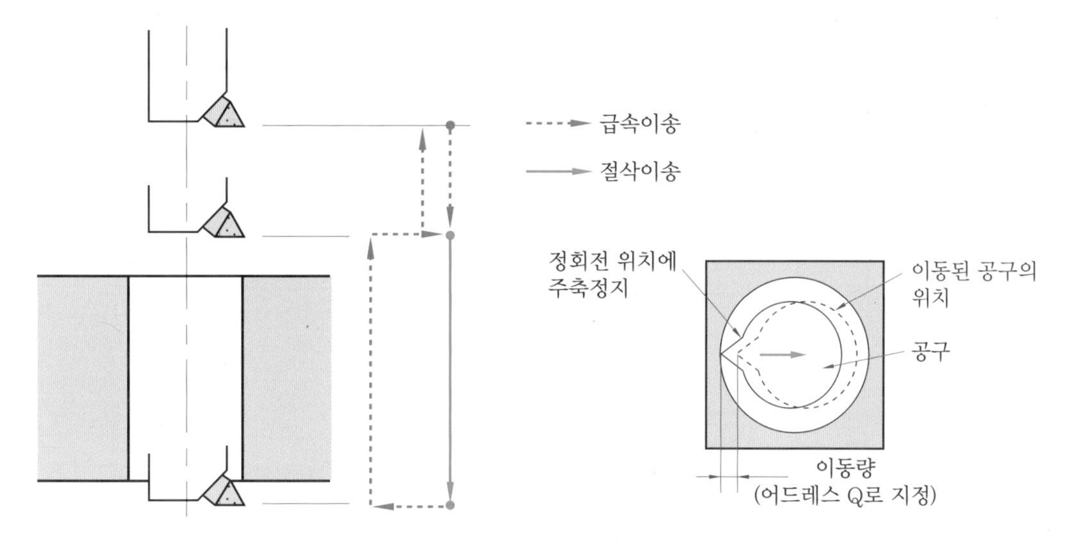

정밀 보링 사이클 동작

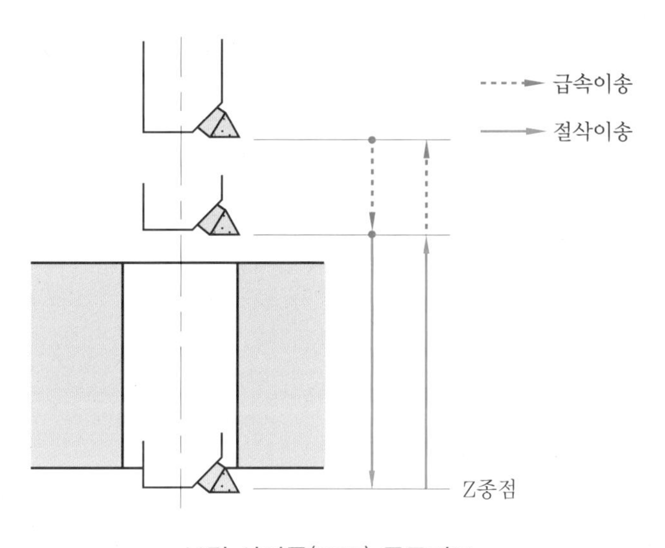

보링 사이클(G85) 공구경로

⑨ 보링 사이클(G86)

지령 방법은 G85와 동일하고 사이클의 동작도 같지만, 공구가 구멍의 바닥에서 빠져 나올 때 주축이 정지하여 급속이송으로 나오게 된다. 따라서 이 지령의 경우, 가공시간은 단축할 수 있지만 G85 보링 사이클에 비해 가공면의 정도가 떨어진다.

$$G86 \begin{Bmatrix} G90 \\ G91 \end{Bmatrix} \begin{Bmatrix} G98 \\ G99 \end{Bmatrix} \; X\_ \; Y\_ \; Z\_ \; R\_ \; Q\_ \; F\_ \; K\_ \; ;$$

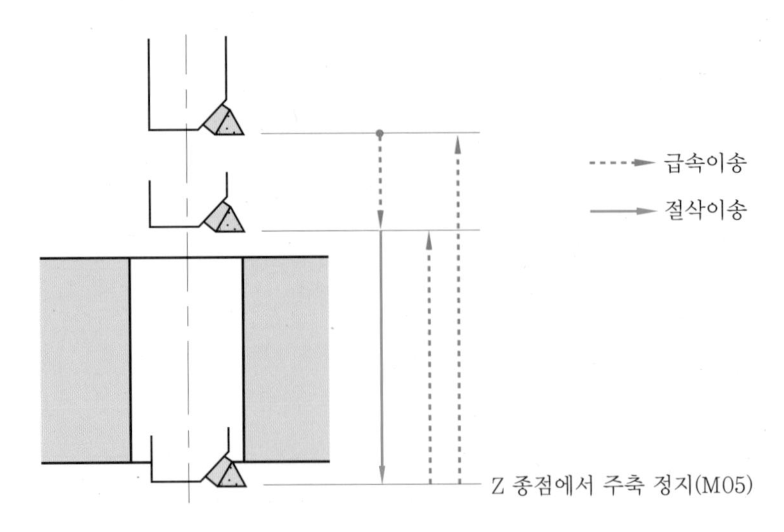

보링 사이클(G86) 공구경로

⑩ 백 보링 사이클(G87)

구멍 밑면의 보링이나 2단으로 된 구멍가공에서 구멍의 아래쪽이 더 큰 경우의 가공에서는 주축을 정위치에 정지시켜 공구 인선과 반대방향으로 이동시켜 급송으로 구멍의 바닥 R 점에 위치 결정을 한다. 이 위치부터 다시 이동시킨 양만큼 돌아와서 빠져 나오면서 주축을 회전시켜 절삭한다.

$$G87 \begin{Bmatrix} G90 \\ G91 \end{Bmatrix} \begin{Bmatrix} G98 \\ G99 \end{Bmatrix} X\_ \quad Y\_ \quad Z\_ \quad R\_ \quad Q\_ \quad F\_ \quad K\_ \;;$$

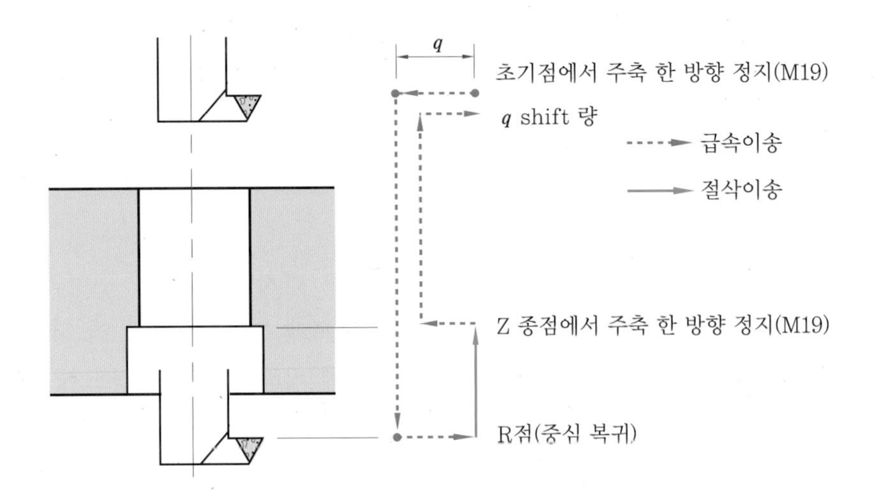

백 보링 사이클(G87) 공구경로

⑪ 보링 사이클(G88)

구멍 밑면인 Z축 보링 종점까지 절삭 후 핸들 또는 수동운전으로 이동할 수 있으며, 보링 길이가 일정하지 않은 경우 임의의 지점까지 자동으로 절삭하고 눈으로 확인하면서 깊이를 절삭하며 임의의 위치에서 자동개시를 실행하면 정상적으로 복귀하는 기능이다. 일반적으로 대형 보링기계에 많이 사용한다.

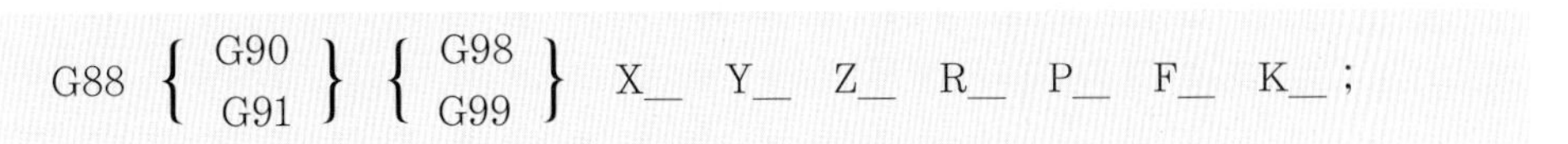

G88 { G90 / G91 } { G98 / G99 } X_ Y_ Z_ R_ P_ F_ K_ ;

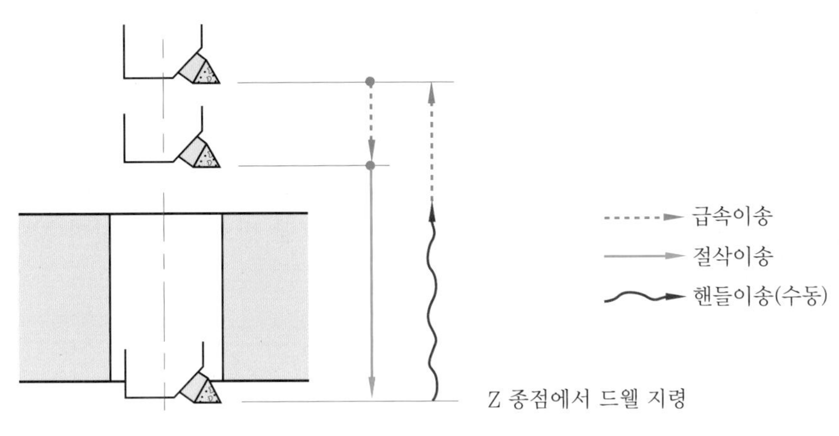

보링 사이클(G88) 공구경로

⑫ 보링 사이클(G89)

G85 보링 사이클 기능과 동일하나 구멍바닥에서 드웰 기능이 추가된 것이다.

G89 { G90 / G91 } { G98 / G99 } X_ Y_ Z_ R_ P_ F_ K_ ;

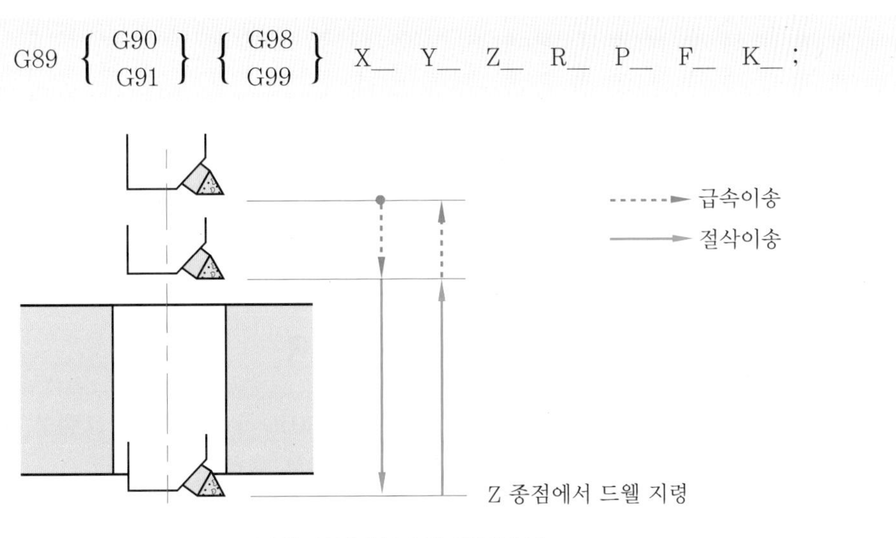

보링 사이클(G89) 공구경로

2-6 보조 프로그램

프로그램 중에 어떤 고정된 형태나 계속 반복되는 패턴(pattern)이 있을 때 이것을 미리 보조 프로그램(sub program) 메모리(memory)에 입력시켜 필요시 호출해서 사용하는 것으로 프로그램을 간단히 할 수 있다.

(1) 보조 프로그램 작성

```
□□□□ : 프로그램 번호
  ⋮
M99 ;
```

보조 프로그램은 1회 호출지령으로서 1~9999회까지 연속적으로 반복가공이 가능하며, 첫머리에 주 프로그램과 같이 로마자 O에 프로그램 번호를 부여하며 M99로 프로그램을 종료한다.

(2) 보조 프로그램 호출

보조 프로그램은 자동운전에서만 호출 가능하며 보조 프로그램이 또 다른 보조 프로그램을 호출할 수 있다. 다음 그림은 보조 프로그램의 호출을 나타낸 것이다.

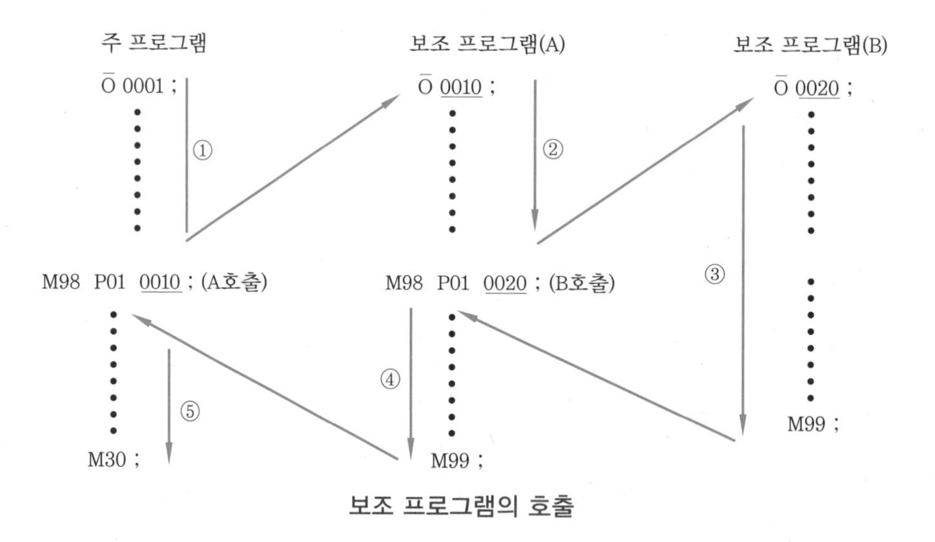

보조 프로그램의 호출

예를 들어 M98 P20010은 보조 프로그램 번호 0010의 보조 프로그램을 2회 호출하라는 지령이며, 생략했을 경우에는 호출 횟수는 1회가 된다.

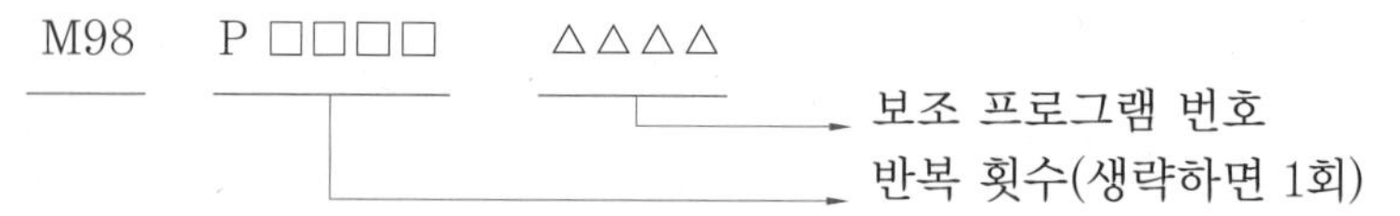

연습문제

1. 준비 기능 및 보조 기능 각각 5개를 적고 설명하시오.

2. 다음을 절대좌표와 증분좌표로 프로그래밍하시오.

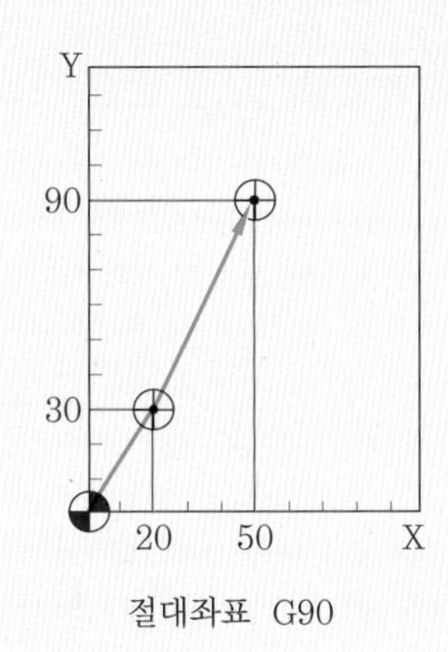

절대좌표 G90

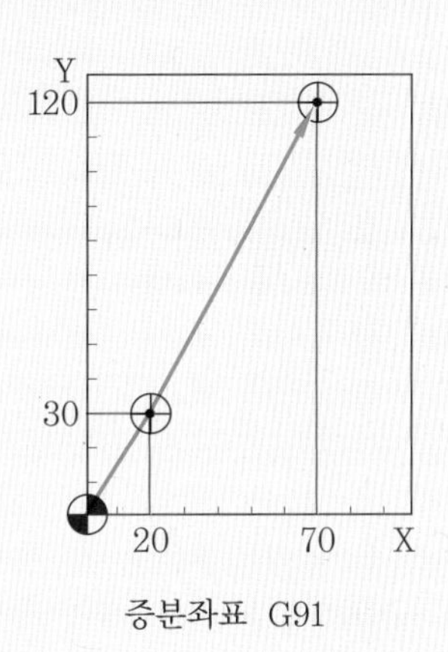

증분좌표 G91

3. 다음 도면을 절대 및 증분지령으로 프로그래밍하시오.

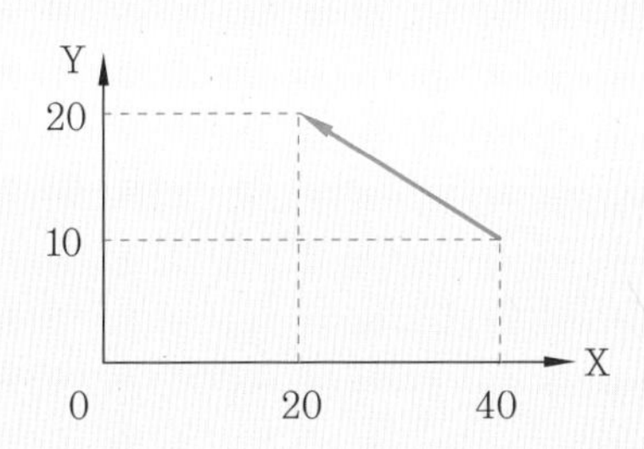

4. 180° 이하와 180° 이상의 원호 지령에 대해 설명하시오.

5. 다음 프로그램의 의미를 설명하시오.

```
G28 G91 Z0.0 ;
T21 M06 ;
```

6. 공구 보정(공구 길이 보정, 공구 지름 보정)에 대해 설명하시오.

7. 고정 사이클에 있어서 초기점 복귀와 R점 복귀에 대해 설명하시오.

8. 도면의 두께는 25인데 프로그램에서 Z-25.0이 아니고 Z-28.0인 이유에 대해 설명하시오.

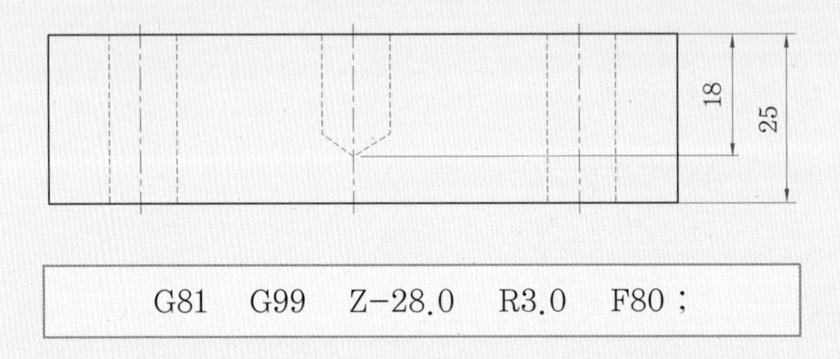


```
G81    G99    Z-28.0    R3.0    F80 ;
```

9. M8×P1.5의 태핑 가공을 250rpm으로 가공할 때 이송속도는?

10. 보조 프로그램 호출과 종료를 의미하는 보조 기능은?

3장 머시닝 센터 조작하기

1. 운전 및 조작

작업과제명	머시닝 센터 운전 및 조작하기			소요시간
목표	① 머시닝 센터의 일상 점검을 할 수 있다. ② 머시닝 센터의 각부 명칭과 기능을 설명할 수 있다. ③ 조작반을 이용하여 머시닝 센터를 조작할 수 있다.			
기계 및 공구	재료명	규격	수량	안전 및 유의사항
머시닝 센터		VX-500	3	① 작업 전에 일일 점검사항을 미리체크한다. ② 작동 중인 기계의 회전 부위나 움직이는 부위는 신체의 접촉이 생기지 않도록 유의한다. ③ 모르는 부분은 항상 질문 후 조작한다.

머시닝 센터

1-1 머시닝 센터 일상 점검

구분	점검 내용	세부 점검 내용
매일 점검	1. 외관 점검	• 장비 외관 점검 • 베드면에 습동유가 나오는지 손으로 확인
	2. 유량 점검	• 습동유 유량 점검 • 에어 루브리케이터 오일(air lubricator oil) 확인 • 절삭유 유량 확인
	3. 압력 점검	• 각부의 압력과 명판에 지시된 압력의 일치 확인
	4. 각부의 작동검사	• 각 축은 원활하게 급속이동되는지 확인 • ATC의 원활한 작동 여부 점검 • 주축 회전 정상 여부 점검
매월 점검	1. 각부의 필터 점검	• NC장치 필터 점검 • 전기 제어반 필터 점검
	2. 각부의 팬 모터 점검	• 각부의 필터 회전 점검 • 팬 모터부의 먼지 및 이물질 제거
	3. 그리스 주입	• 지정된 기어 및 작동부에 그리스 주입
	4. 백래시 보정	• 각 축의 백래시 점검 및 보정
매년 점검	1. 레벨(수평) 점검	• 기계 본체 레벨 점검 및 보정
	2. 기계 정도 검사	• 기계 제작회사에서 작성된 각부 기능 검사 리스트 확인 및 조정
	3. 절연상태 점검	• 전선의 절연상태 점검 및 보수

1-2 조작반 기능 설명

조작반(operator panel)의 기능은 같은 컨트롤러(controller)를 사용해도 제작회사의 스위치(switch) 모양과 종류, 조작 방법에 따라 다소 차이가 있으나 한 가지의 모델만 이해하면 다른 제작회사의 머시닝 센터도 어려움 없이 조작할 수 있다. 본 교재는 HYUNDAI-KIA에서 제작한 모델명 VX-500을 기준으로 설명하였다.

컨트롤러

(1) MDI(Manual Data Input)

프로그램을 작성하여 메모리에 등록하지 않고 기계를 동작시킬 수 있는 기능으로 공구 회전, 주축 회전, 간단한 절삭 이송 등을 지령한다.

MDI, EDIT, MEMORY

(2) EDIT

프로그램을 신규 작성하고 메모리(memory)에 등록된 프로그램을 수정할 수 있다.

(3) MEMORY

메모리에 등록된 프로그램을 자동운전한다.

(4) ZERO RETURN

공구를 기계원점으로 복귀시킨다.

ZERO RETURN, STANDBY

(5) STANDBY

STANDBY를 누르면 머시닝 센터는 작업할 수 있는 준비 상태가 된다.

※ STANDBY를 누르기 전에 POWER ON을 한다.

(6) MPG(Manual Pulse Generator)

MPG

① 핸들을 이용하여 축을 이동시킬 수 있다.

② 핸들의 한 눈금은 $\times 100\left(\frac{1}{10}\right)$, $\times 10\left(\frac{1}{100}\right)$, $\times 1\left(\frac{1}{1000}\right)$ 세 종류가 있다.

③ ×100은 1펄스당 0.1mm, ×10은 1펄스당 0.01mm, ×1은 1펄스당 0.001mm이다.

(7) JOG

① 공구이송을 연속적으로 외부 이송속도 조절 스위치의 속도로 이송시킨다.

② 엔드밀 및 페이스 밀의 직선절삭 등 간단한 수동작업을 한다.

(8) EMERGENCY STOP(비상정지)

① 돌발적인 충돌이나 위급한 상황에서 작동시킨다.

② 비상정지 버튼을 누르면 정지하고, 메인 전원을 차단한 효과를 나타낸다.

③ 해제 방법 : 그림과 같이 화살표 방향(오른쪽)으로 비상정지 버튼을 돌리면 해제된다.

JOG

EMERGENCY STOP

(9) RAPID OVERRIDE

급속이송에서 G00의 급속 위치 결정 속도를 외부에서 변화시키는 기능이다.

※ 실습 시에는 안전을 위하여 항상 25%에 둔다.

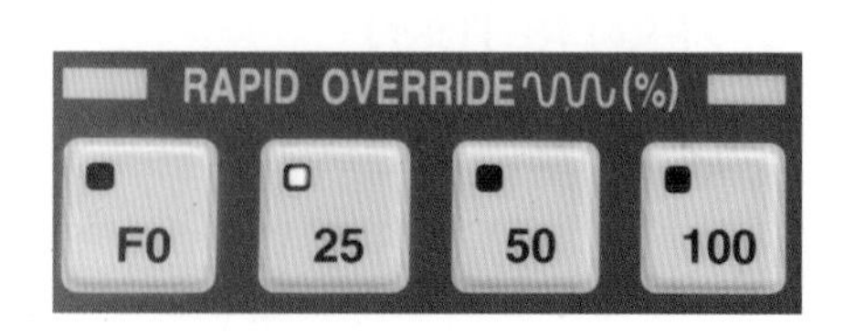

RAPID OVERRIDE

(10) FEED OVERRIDE

① 자동, 반자동 모드에서 지령된 이송속도(FEED)를 외부에서 변화시키는 기능이다.

② 이송속도 범위는 0~200이고 10%의 간격을 가진다.

(11) SPINDLE OVERRIDE

① 모드에 관계없이 주축속도(rpm)를 외부에서 변화시키는 기능이다.
② 주축회전 범위는 50~120이고 10% 간격을 가진다.

(12) START

자동, 반자동 및 DNC 모드에서 프로그램을 실행한다.

(13) FEED HOLD(일시정지)

START로 실행 중인 프로그램을 정지시킨다.

※ FEED HOLD 버튼이 있기 때문에 작업 중 공구와 공작물의 거리를 알 수 있으므로 충돌 없이 가공할 수 있다.

FEED OVERRIDE

SPINDLE OVERRIDE

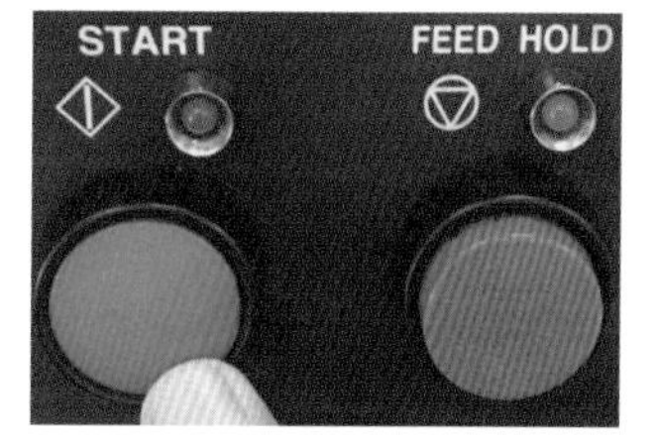

START, FEED HOLD

(14) OPTIONAL STOP

① 프로그램에 지령된 M01을 선택적으로 실행하게 된다.
② 조작반의 M01이 ON일 때는 M01의 실행으로 프로그램이 정지하므로 도어를 열고 공작물 가공 상태를 확인할 수 있으며, OFF일 때는 M01을 실행해도 프로그램이 정지하지 않는다. 즉, M01이 스킵(skip)된다.

OPTIONAL STOP

(15) MACHINE LOCK

축(X, Y, Z)을 현재 위치에서 고정시켜 공구가 이동을 하지 않게 하는 기능이다.

(16) SINGLE BLOCK

START의 작동으로 프로그램을 연속적으로 실행하지만, SINGLE BLOCK 기능이 ON되면 한 블록씩 실행한다.

MACHINE LOCK

SINGLE BLOCK

작업과제명	운전 및 조작하기	소요시간	

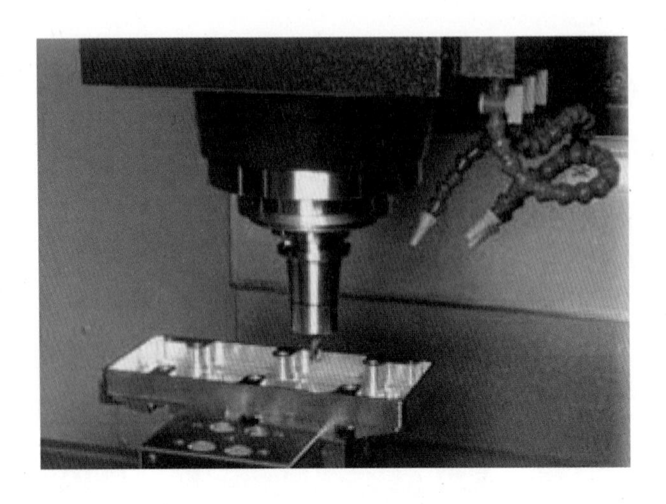

<table>
<tr><th colspan="9">평가 기준</th></tr>
<tr><th colspan="5">조작 평가 (60점)</th><th colspan="4">작업 평가 (40점)</th></tr>
<tr><th rowspan="2">평가 항목</th><th colspan="3">배점</th><th rowspan="2">득점</th><th colspan="2" rowspan="2">항목</th><th rowspan="2">배점</th><th rowspan="2">득점</th></tr>
<tr><th>만점</th><th>양호</th><th>보통</th></tr>
<tr><td>전원공급 및 차단 순서</td><td>10</td><td>8</td><td>6</td><td></td><td colspan="2">작업 방법</td><td>10</td><td></td></tr>
<tr><td>조작판 기능 숙지</td><td>15</td><td>12</td><td>10</td><td></td><td colspan="2">작업 태도</td><td>10</td><td></td></tr>
<tr><td>원점복귀 순서</td><td>10</td><td>8</td><td>6</td><td></td><td colspan="2">작업 안전</td><td>10</td><td></td></tr>
<tr><td>운전방법 숙지 정도</td><td>15</td><td>12</td><td>10</td><td></td><td colspan="2">정리 정돈</td><td>10</td><td></td></tr>
<tr><td>안전사항</td><td>10</td><td>8</td><td>6</td><td></td><th colspan="4">시간 평가 (0점)</th></tr>
<tr><td></td><td></td><td></td><td></td><td></td><td colspan="4" rowspan="3">소요시간 (　　)분
초과마다 (　　)점
감점</td></tr>
<tr><td></td><td></td><td></td><td></td><td></td></tr>
<tr><td></td><td></td><td></td><td></td><td></td></tr>
<tr><td></td><td></td><td></td><td></td><td></td><th>조작 평가</th><th>작업 평가</th><th>시간 평가</th><th>총점</th></tr>
<tr><td></td><td></td><td></td><td></td><td></td><td></td><td></td><td></td><td></td></tr>
</table>

1-3 공작물 좌표계 설정

<table>
<tr><td>작업과제명</td><td colspan="3">공작물 좌표계 설정</td><td>소요시간</td></tr>
<tr><td>목표</td><td colspan="4">① 머시닝 센터를 조작할 수 있다.
② 머시닝 센터에 사용할 공구를 장착 및 교환할 수 있다.
③ G54를 이용한 좌표계 설정을 할 수 있다.</td></tr>
<tr><td>기계 및 공구</td><td>재료명</td><td>규격</td><td>수량</td><td>안전 및 유의사항</td></tr>
<tr><td>머시닝 센터</td><td></td><td>VX-500</td><td>3</td><td rowspan="5">① 작업 전에 일일 점검사항을 미리 체크한다.
② 작동 중인 기계의 회전 부위나 움직이는 부위는 신체의 접촉이 생기지 않도록 유의한다.
③ 툴 홀더의 풀 스터드가 견고히 고정되어 있는지 확인한다.
④ 공기압이 규정에 적합한지 확인 한다.</td></tr>
<tr><td>공구 홀더</td><td></td><td>BT 40</td><td>6</td></tr>
<tr><td>엔드밀</td><td></td><td>ϕ10</td><td>3</td></tr>
<tr><td>아큐 센터</td><td></td><td>AC-10</td><td>3</td></tr>
<tr><td></td><td>쾌삭 Al</td><td>70×70×20</td><td>3</td></tr>
</table>

(1) 공압 라인 ON

머시닝 센터는 공압으로 작동하므로 제일 먼저 공압 라인을 ON해야 한다.

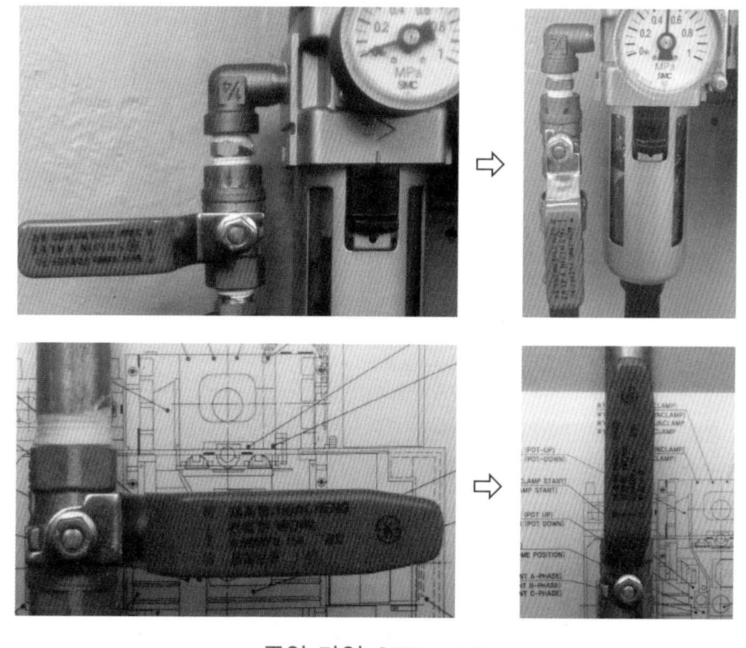

공압 라인 OFF → ON

(2) NFB(No Fuse Breaker) ON

① NFB : 과전류 및 과부하 등 이상 시 자동적으로 전원이 차단되는 장치
② NFB가 ON하면 강전반 팬 모터가 회전하는 소리가 들린다.

NFB OFF→ON

(3) POWER ON

POWER ON

(4) 비상정지 해제

조작판 하단 우측에 비상정지 버튼이 눌러져 있으면 비상정지 버튼을 오른쪽으로 돌려서 해제시킨다.

(5) STANDBY

STANDBY를 누르면 작업할 수 있는 환경이 된다.

※ STANDBY를 누르는 이유는 EMG(EMERGENCY)를 해제하기 위함이다.

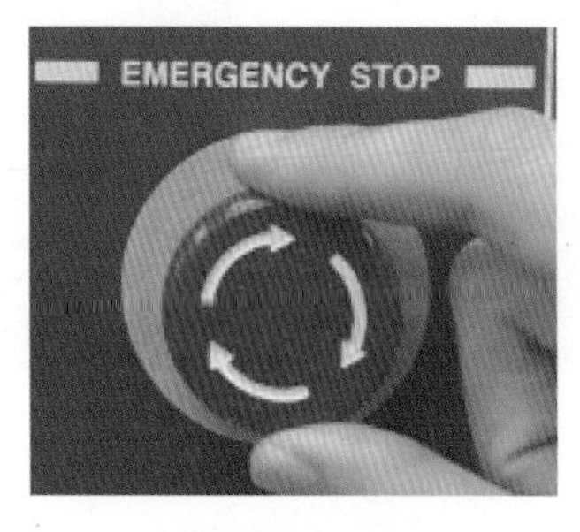

비상정지 해제

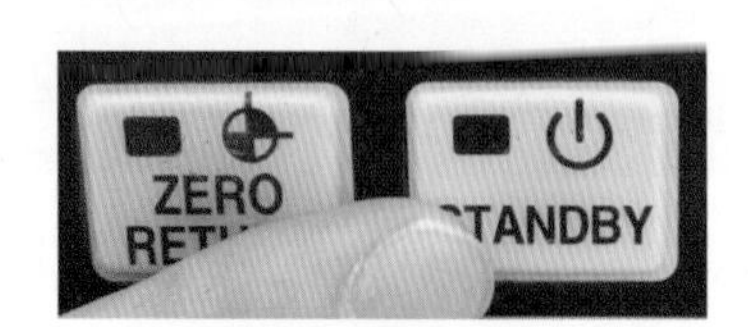

STANDBY

(6) 원점복귀(Reference Point Return)

① 원점복귀

(a) (b)

※ 원점복귀를 할 때 공구의 위치가 그림 (a)와 같으면 JOG를 이용하여 그림 (b)의 위치로 이동해야 원활한 원점복귀를 할 수 있다. 즉, 공구를 바이스의 위치로 약간 이동 후 원점복귀를 한다.

※ 자동원점복귀 : G28 G91 X0.0 Y0.0 Z0.0 ;
- G28 : 자동원점복귀
- G91 : 증분좌표지령

② ZERO RETURN을 누른 후 START를 누른다.

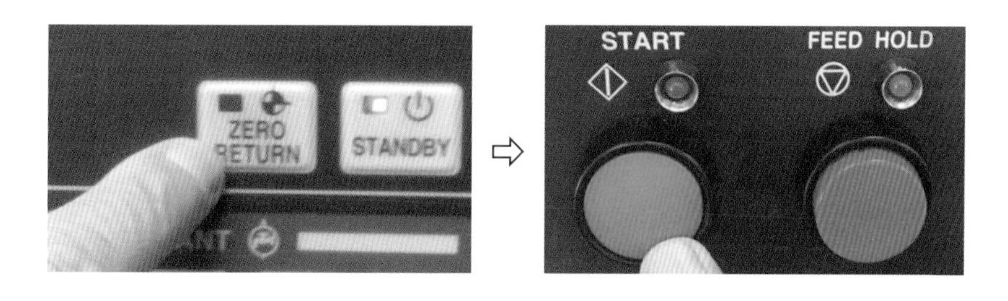

③ 기계좌표 확인

원점복귀가 끝나면 기계좌표가 X0.0 Y0.0 Z0.0 이 된다.

※ 원점복귀가 끝나면 항상 기계좌표 값이 X0.0 Y0.0 Z0.0 이 된 것을 확인해야 한다.

(기계좌표)
X 0.000
Y 0.000
Z 0.000

기계좌표 확인

(7) 공작물 처킹

공작물 처킹 시에는 그림과 같이 정확히 물려야 한다.

※ 정확히 물려있지 않으면 가공 시 공작물이 튕겨 나가 안전사고가 일어날 위험이 있다.

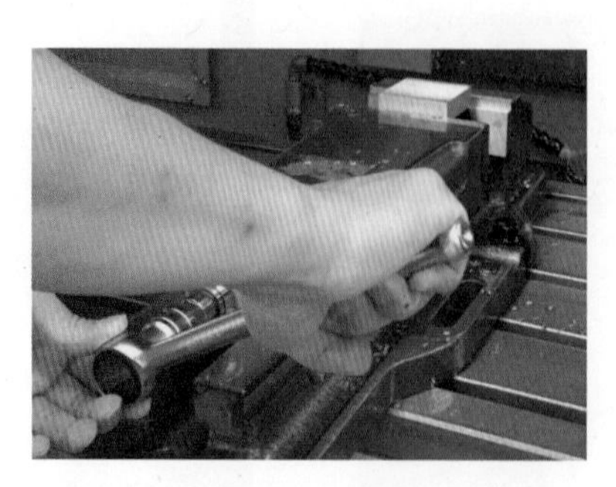

공작물 처킹

(8) 공구 이동

① MPG(Manual Pulse Generator)

- 공구이동을 할 때 먼 거리는 핸들 MPG를 이용하는 것이 JOG보다 용이하다.
- 처음 배울 때는 MPG를 이용하는 것이 안전을 위하여 좋다.

② 핸들 이동(MPG 이동) 시 주의할 점

- 원하는 축 X, Y, Z를 선택한다.
- 핸들의 한 눈금에는 $\times 100\left(\frac{1}{10}\right)$, $\times 10\left(\frac{1}{100}\right)$, $\times 1\left(\frac{1}{1000}\right)$의 종류가 있다.
- 공구와 공작물이 멀리 있을 때는 ×100에 두어 빨리 공구를 이동하고 가까울 때는 ×10 또는 ×1에 둔다.

③ 공구 이동(JOG 이동) 시 주의할 점

- JOG 이동 시 X, Y, Z는 "−" 방향으로 해야 한다.
- 공구를 빨리 이동하려면 그림과 같이 붉은색 RAPID 버튼과 원하는 축을 동시에 누른다.

※ 공구 이동이 숙달되면 공구와 공작물 사이 70~80 mm까지는 JOG로 이동한 후 핸들 이동을 하면 작업시간을 단축할 수 있다.

MPG

MPG 이동

JOG 이동

(9) 공구 교환

- 먼저 공구 매거진에 장착된 공구번호를 알아야 한다.
- 공구 매거진에 장착된 공구는 절대로 임의로 교환하지 말아야 한다.

공구 매거진

- 공구 매거진에 장착된 공구 번호(일반적으로 사전에 공구 번호를 지정해 둠)

공구 번호	공구 종류	공구 지름
T01	엔드밀	ϕ10
T02	센터 드릴	ϕ3
T03	드릴	ϕ7
T04	탭	M8×1.5
T06	엔드밀	ϕ8
T21	아큐 센터	ϕ10

① MDI(Manual Data Input)를 누른다.

② PROG(Program)을 누른다.

※ 조작판에는 키보드가 작아서 영어를 약어로 적어 둔 게 많다. 예를 들어 POS(Position), PROG(Program) 등이 있다.

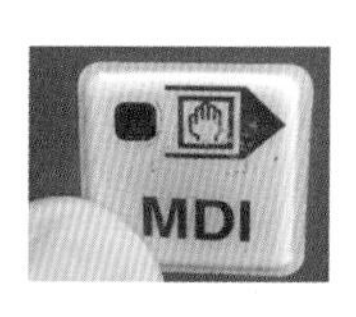

MDI PROG

③ 프로그램을 입력한다.

```
G28 G91 Z0.0
G28 : 자동원점복귀
G91 : 증분지령
```

④ EOB(End of Block)를 누른 후 INSERT를 누른다.

⑤ CRT 화면에 G28 G91 Z0.0 ; 이 나타난다.

```
프로그램 (MDI)
O0000 G28 G91 Z0.0 ;
%
```

⑥ 같은 방법으로 T21 M06 ; 를 입력한다.

> T21 : 공구 번호
> M06 : 공구 교환

```
프로그램 (MDI)
O0000 G28 G91 Z0.0 ;
T21 M06 ;
%
```

⑦ START를 누른다.

※ 머시닝 센터의 제작회사에 따라 START를 누르는 기계도 있고, CYCLE START를 누르는 기계도 있다.

⑧ 그림의 왼쪽 공구(엔드밀)가 오른쪽 공구(아큐 센터)로 바뀐다.

⑨ 아큐 센터는 바이스에 장착되어 있는 공작물의 양끝단(X, Y)의 좌표계 설정을 할 때 사용한다.

※ 아큐 센터를 사용하는 이유는 좌표계를 설정할 때 엔드밀로 하면 X면 터치는 용이하나, Y면 터치가 쉽지 않기 때문이다. 즉 아큐 센터는 좌표계 설정을 정확하게 할 목적으로 사용한다.

(10) 주축 회전

위의 방법과 같이 MDI ⇨ PROG ⇨ Program 입력(S400 M03 ;) ⇨ INSERT를 누른 후 START를 누른다.

※ 아큐 센터 사용 시 rpm을 400~500 정도로 하므로 안전하게 실습할 수 있다.

(11) 좌표계 설정

① 핸들을 이용하여 아큐 센터로 X면을 터치한다.

※ 핸들의 $\times 100\left(\frac{1}{10}\right)$, $\times 10\left(\frac{1}{100}\right)$, $\times 1\left(\frac{1}{1000}\right)$을 잘 활용하여 정확하게 X면을 터치해야 한다.

② POS(POSITION)를 누른 후 상대 버튼을 누른다.

③ CRT 화면의 상대좌표가 크게 바뀐다.

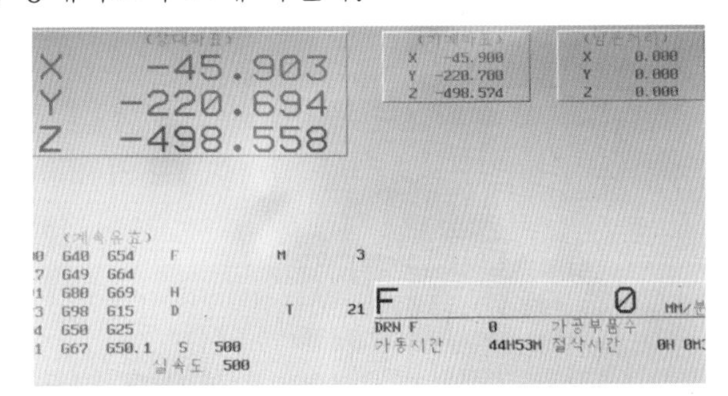

④ X를 누른 후 ORIGIN을 누르면 X 0.0으로 X 좌표값이 바뀐다.

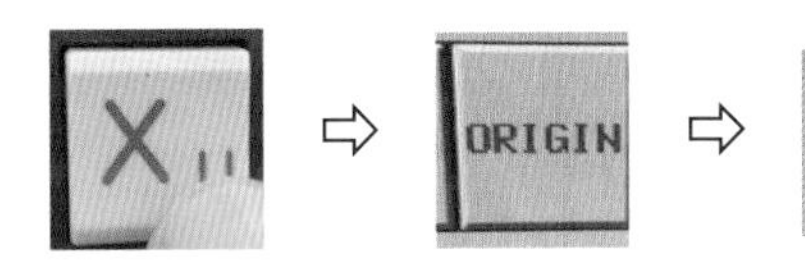

⑤ 핸들을 이용하여 아큐 센터로 Y면을 터치한다.

⑥ Y를 누른 후 ORIGIN을 누르면 Y 0.0으로 Y 좌표값이 바뀐다.

⑦ 공구를 Z방향으로 핸들이나 JOG를 이용하여 이동 후 주축을 정지시킨다.

❀ **주축을 정지시키는 방법 :** MDI ⇨ PRG를 누른 후 M05 ; 를 입력하고 START를 누르면 주축이 정지된다. 다른 방법은 JOG 상태에서 STOP을 누르면 된다. 다시 주축을 회전시키려면 START와 SELECT를 같이 누른다.

⑧ 상대좌표 X0.0 Y0.0을 공구 중심으로 좌표계 이동

- X0.0 Y0.0을 X5.0 Y5.0으로 바꾼다.

❀ X5.0 Y5.0으로 바꾸는 이유는 공구의 지름이 10mm이므로 공구 중심으로 공구를 이동하는 것이다.

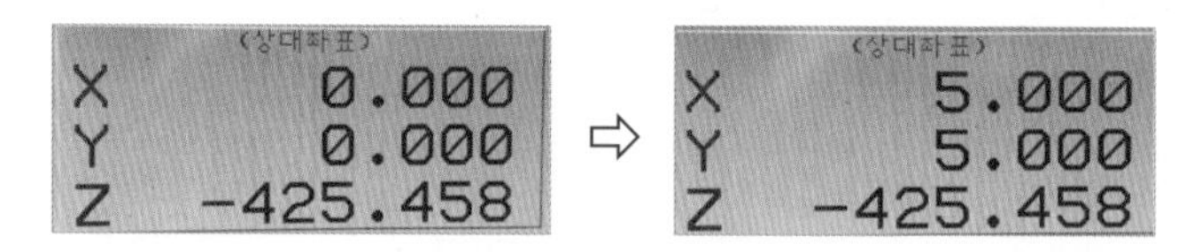

- 키보드의 X를 누른 후 ORIGIN을 누르면 X가 0.000으로 바뀐다.

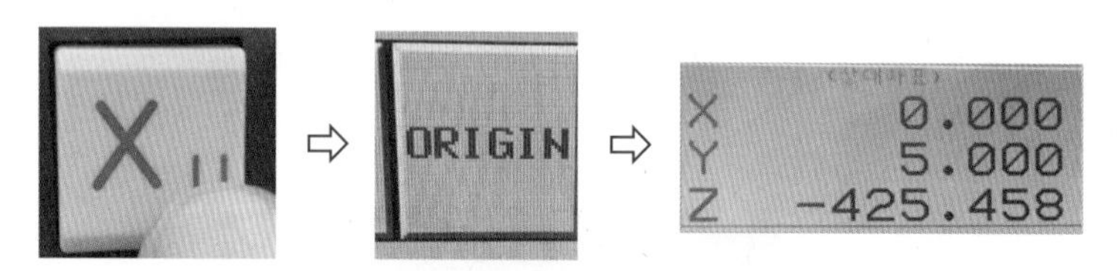

- 같은 방법으로 Y를 누른 후 ORIGIN을 누르면 Y가 0.000으로 바뀐다. 화면과 같이 상대좌표가 X0.000 Y0.000으로 바뀐 것을 확인할 수 있다.

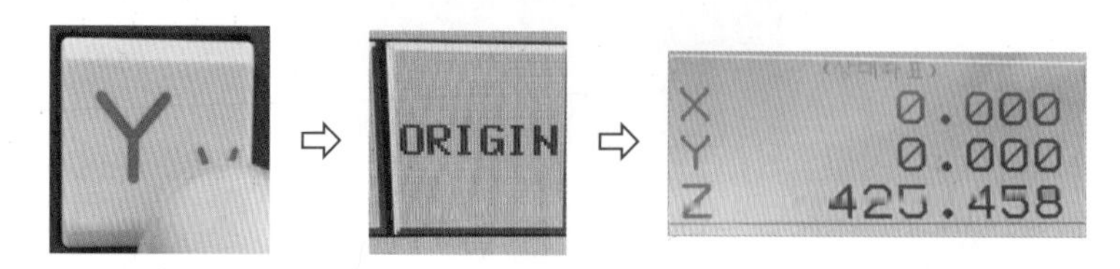

⑨ 엔드밀(1번 공구 : 기준 공구)로 Z면 터치

■ 공구 교환

아큐 센터 공구 교환과 같은 방법으로 한다.

- MDI를 누른다.
- PROG(Program)를 누른다.
- 프로그램을 입력한다.

```
G28 G91 Z0.0 ;
T01 M06 ;
```

- START를 누르면 T21(아큐 센터) 공구가 T01(엔드밀)로 교환된다.

■ 만약 공구를 확인한 결과 공구가 파손되었을 때 공구를 스핀들에서 뺄 경우

- JOG를 누른 후 CLAMP를 UNCLAMP로 바꾼다.

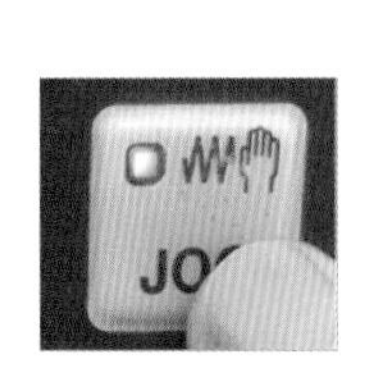

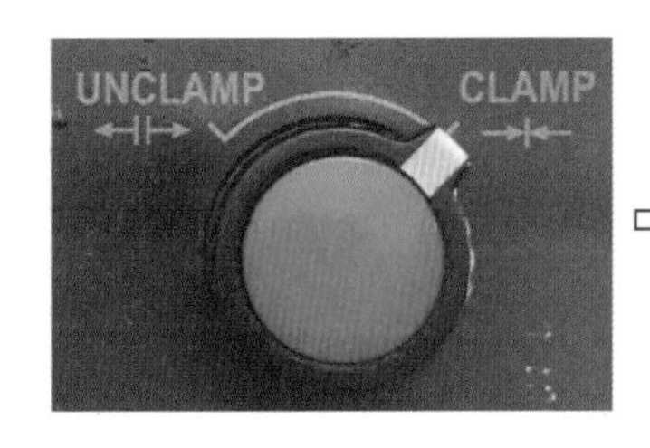

CLAMP

UNCLAMP

- 왼손으로 공구를 확실히 잡은 후 초록색 버튼을 누르면 공구가 빠진다. 이때 공구를 확실하게 잡지 않으면 공구가 빠진 후 떨어지므로 주의해야 한다.

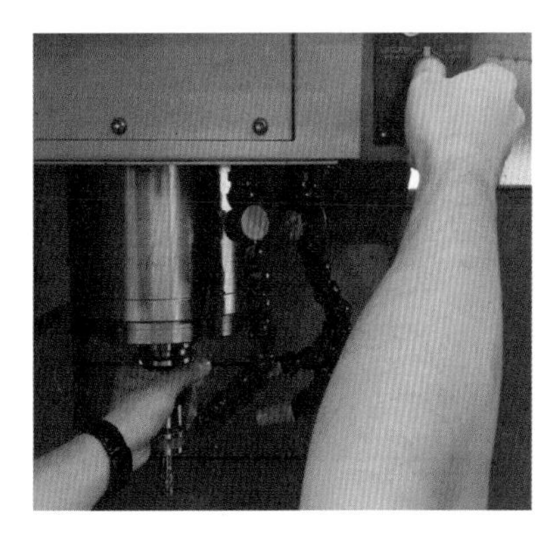

■ 엔드밀 교체

- 툴링 클램프에 밀링 척을 정확히 고정한 후 훅 스패너(hook spanner)로 파손된 엔드밀을 뺀다.

• 엔드밀을 교체한 후 다시 스핀들에 장착할 때는 CLAMP에 두고 초록색 버튼을 누른다. 이때도 왼손으로 척을 확실하게 잡지 않으면 공구가 떨어질 위험이 있으므로 주의해야 한다.

■ Z면 터치

• 핸들을 이용하여 1번 공구 엔드밀로 Z면을 정확히 터치 후 Z ORIGIN을 누르면 Z0.000으로 바뀐다.

⇨

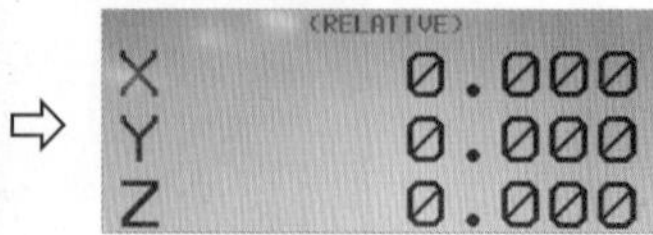

• 공구와 공작물을 터치할 때는 공구와 눈높이를 같게 하여 시각적인 오차를 최대한 줄여 정확하게 해야 한다.

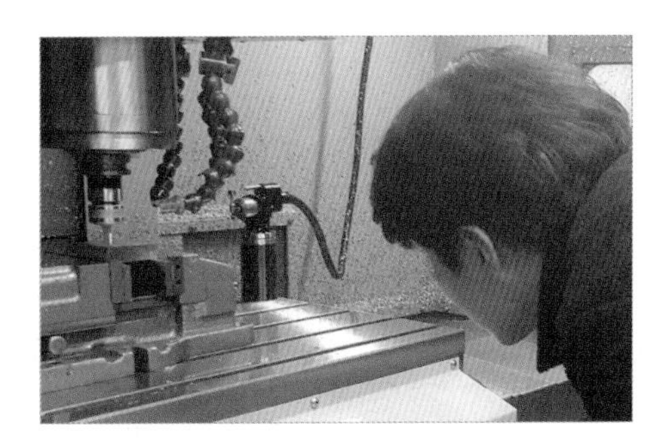

(12) G54 좌표계 설정

① OFFSET SETTING을 누른 후 좌표계를 누른다.

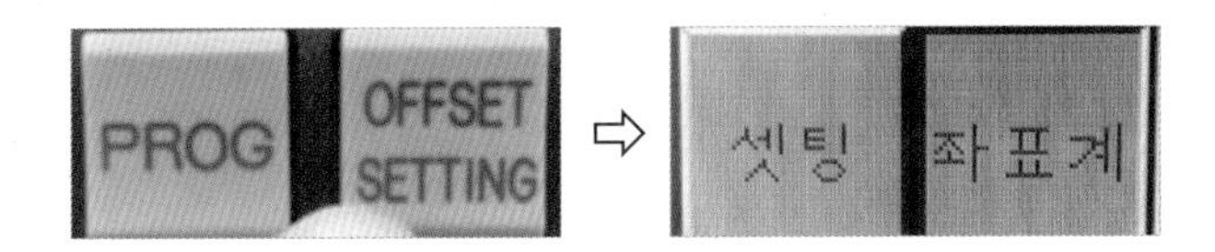

② 커서를 이용하여 (G54) 번호 00(EXT)을 (G54) 번호 01(G54) X로 이동한다.

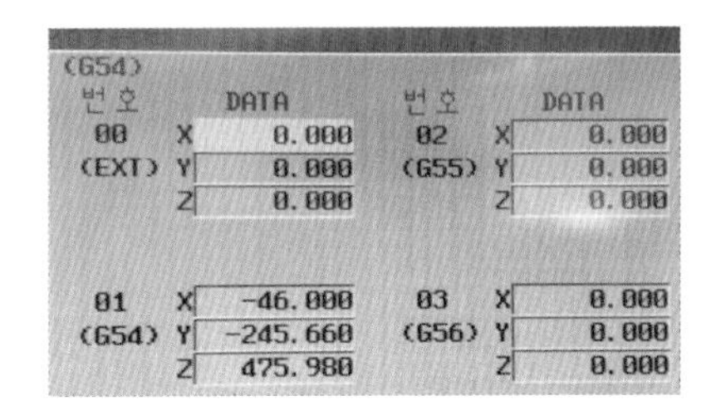

③ G54 X0.0 측정, G54 Y0.0 측정, G54 Z0.0 측정을 누르면 좌표계 설정이 끝난다.

※ 도면에 따라 공구를 엔드밀 1개만 사용하면 가공을 할 수 있으나, 머시닝 센터에서는 엔드밀뿐만 아니라 드릴 작업, 탭 작업 등을 하므로 1번 공구(엔드밀)를 기준으로 하여 공구 보정을 한다.

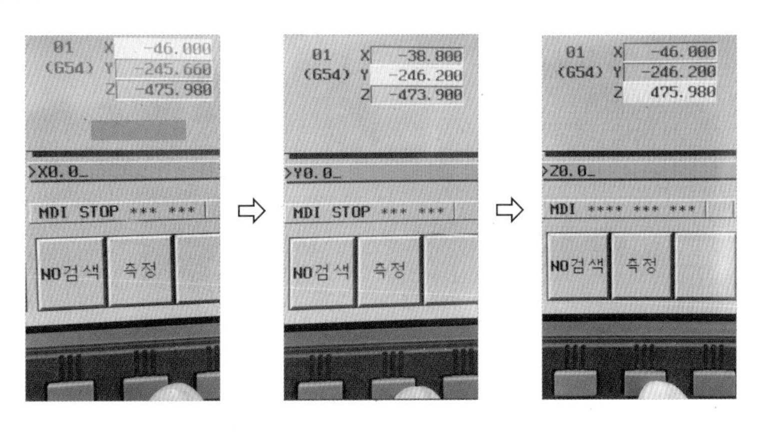

작업과제명	공작물 좌표계 설정	소요시간	

<table>
<tr><th colspan="9">평가 기준</th></tr>
<tr><th colspan="5">조작 평가 (60점)</th><th colspan="4">작업 평가 (40점)</th></tr>
<tr><th rowspan="2">평가 항목</th><th colspan="3">배점</th><th rowspan="2">득점</th><th colspan="2" rowspan="2">항목</th><th rowspan="2">배점</th><th rowspan="2">득점</th></tr>
<tr><th>만점</th><th>양호</th><th>보통</th></tr>
<tr><td>원점복귀</td><td>10</td><td>8</td><td>6</td><td></td><td colspan="2">작업 방법</td><td>10</td><td></td></tr>
<tr><td>공구이동</td><td>10</td><td>8</td><td>6</td><td></td><td colspan="2">작업 태도</td><td>10</td><td></td></tr>
<tr><td>MDI 입력 방법</td><td>15</td><td>12</td><td>10</td><td></td><td colspan="2">작업 안전</td><td>10</td><td></td></tr>
<tr><td>좌표계 설정</td><td>15</td><td>12</td><td>10</td><td></td><td colspan="2">정리 정돈</td><td>10</td><td></td></tr>
<tr><td>안전 사항</td><td>10</td><td>8</td><td>6</td><td></td><th colspan="4">시간 평가 (0점)</th></tr>
<tr><td></td><td></td><td></td><td></td><td></td><td colspan="4" rowspan="3">소요시간 (　　)분
초과마다 (　　)점
감점</td></tr>
<tr><td></td><td></td><td></td><td></td><td></td></tr>
<tr><td></td><td></td><td></td><td></td><td></td></tr>
<tr><td></td><td></td><td></td><td></td><td></td><th>조작 평가</th><th>작업 평가</th><th>시간 평가</th><th>총점</th></tr>
<tr><td></td><td></td><td></td><td></td><td></td><td></td><td></td><td></td><td></td></tr>
</table>

1-4 공구 보정(tool offset)

<table>
<tr><td>작업과제명</td><td colspan="3">공구 보정</td><td>소요시간 </td></tr>
<tr><td>목표</td><td colspan="4">① 머시닝 센터에 사용할 공구를 장착 및 교환할 수 있다.
② ATC(Automatic Tool Change : 자동공구 교환장치)를 이용하여 공구를 교환할 수 있다.
③ 공구 보정을 할 수 있다.</td></tr>
<tr><td>기계 및 공구</td><td>재료명</td><td>규격</td><td>수량</td><td>안전 및 유의사항</td></tr>
<tr><td>머시닝 센터</td><td></td><td>VX-500</td><td>3</td><td rowspan="6">① 작업 전에 일일 점검사항을 미리 체크한다.
② 작동 중인 기계의 회전 부위나 움직이는 부위는 신체의 접촉이 생기지 않도록 유의한다.
③ 툴 홀더의 풀 스터드가 견고히 고정되어 있는지 확인한다.
④ 공기압이 규정에 적합한지 확인한다.</td></tr>
<tr><td>공구 홀더</td><td></td><td>BT 40</td><td>3</td></tr>
<tr><td>엔드밀</td><td></td><td>ϕ10</td><td>3</td></tr>
<tr><td>센터 드릴</td><td></td><td>ϕ3</td><td>3</td></tr>
<tr><td>드릴</td><td></td><td>ϕ8</td><td>3</td></tr>
<tr><td></td><td>쾌삭 Al</td><td>70×70×20</td><td>3</td></tr>
</table>

(1) T01(엔드밀) 기준 공구 설정

① 좌표계 설정을 할 때 T01 공구를 공작물에 터치한다.

② 공구 번호 1번(엔드밀)이 기준 공구가 되므로 “0”이 되어야 한다.

③ 공구의 지름이 10 mm이므로 형상에 반지름값 5를 입력한다.

번호	형상 (길이)	마모	형상 (반경)	마모
001	0.000	0.000	5.000	0.000
002	-51.000	0.000	0.000	0.000
003	12.580	0.000	0.000	0.000
004	-4.110	0.000	0.000	0.000
005	0.000	0.000	0.000	0.000
006	0.000	0.000	0.000	0.000
007	0.000	0.000	0.000	0.000
008	0.000	0.000	0.000	0.000
009	0.000	0.000	0.000	0.000
010	0.000	0.000	0.000	0.000
011	0.000	0.000	0.000	0.000
012	0.000	0.000	0.000	0.000

(2) T02(센터 드릴) 공구 보정

① MDI를 이용하여
G28 G91 Z0.0 ;
T02 M06 ; 를 입력한다.

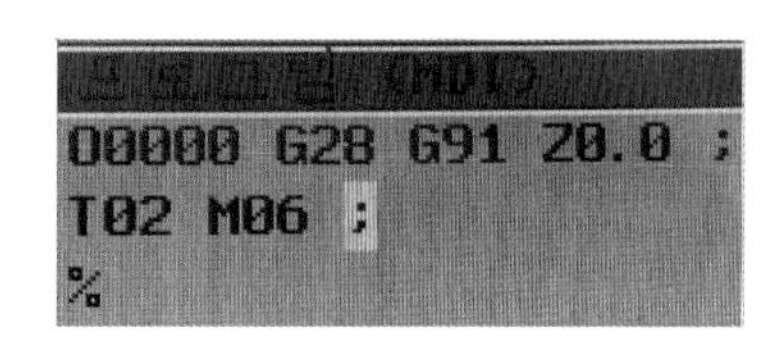

② 엔드밀이 센터 드릴로 바뀐다.

③ 센터 드릴로 공구 교환 후 정확히 공작물 Z면에 터치한다.

④ OFFSET SETTING을 누른다.

⑤ 커서를 공구 번호 2번으로 이동한 후 C. 입력을 누른다.

번호	형상	마모	형상
001	0.000	0.000	5.000
002	0.000	0.000	0.000

⇨ C. 입력

⑥ Z0.0을 누르면 2번 공구가 －25.170로 바뀐다. 즉, 기준 공구인 1번 공구와 공구 길이 차이가 25.170이다.

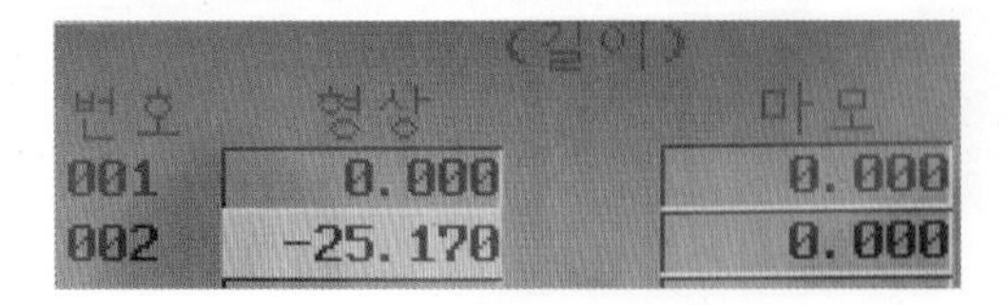

(3) T03(드릴) 공구 보정

① MDI를 이용하여
G28 G91 Z0.0 ;
T03 M06 ; 를 입력한다.

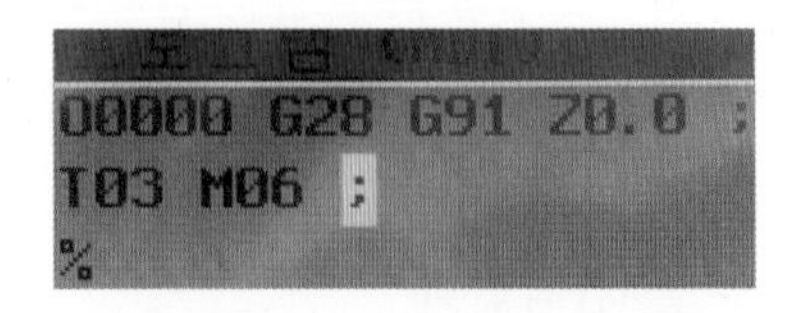

② 정확히 Z면을 터치 후 T02(센터 드릴)와 같은 방법으로 공구 보정을 한다.

※ 드릴 공구 보정 시 공구를 공작물에 너무 많이 터치하면 드릴이 파손되어 안전에 위험이 있으므로 터치 시 천천히 정확하게 해야 한다.

③ 3번 공구가 38.520으로 바뀐다. 즉, 기준 공구인 1번 공구와 공구 길이 차이가 38.520이다.

(길이)

번호	형상	마모
001	0.000	0.000
002	-25.170	0.000
003	38.520	0.000

(4) T04(탭) 공구 보정

① MDI를 이용하여
G28 G91 Z0.0 ;
T04 M06 ; 를 입력한다.

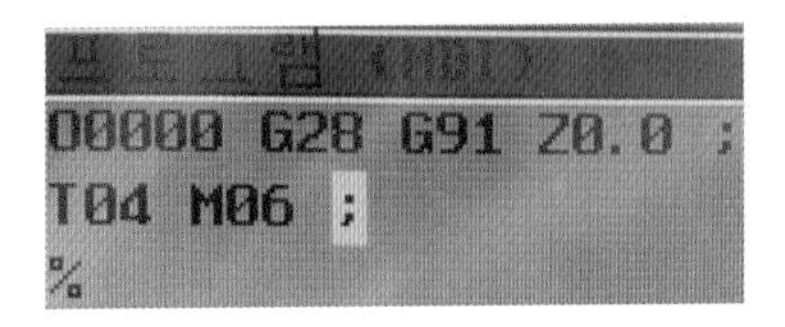

② 탭 공구 보정 시에는 200RPM으로 주축을 회전한다.

③ 정확히 Z면을 터치 후 T02(센터 드릴)와 같은 방법으로 공구 보정을 한다.

④ 4번 공구가 22.270으로 바뀐다. 즉, 기준 공구인 1번 공구와 공구 길이 차이가 22.270이다.

※ 공구 보정을 잘못하면 정확하게 가공하는 것이 어려우므로 공구 보정은 연습을 많이 하도록 한다.

(길이)

번호	형상	마모
001	0.000	0.000
002	-25.170	0.000
003	38.520	0.000
004	22.270	0.000

⑤ 학교에서는 실습을 하기 위해 가장 기본적인 엔드밀로 공구 보정을 하지만 현장에서는 하이트 프리세터(height presetter) 및 터치 프로브(touch probe) 등을 이용한다.

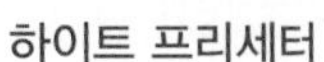

하이트 프리세터

터치 프로브

(5) 터치 프로브(touch probe)를 이용한 공구 터치 프로브 보정

① MDI 모드에서 M100 ; 을 입력한다.

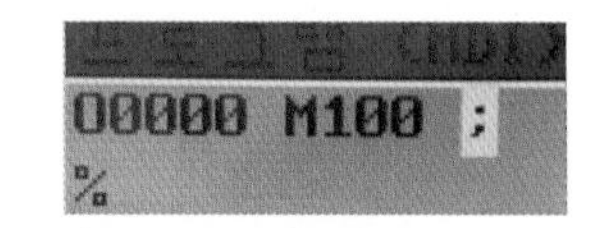

② START를 누르면 자동으로 1번 공구(기준 공구)를 보정한다.

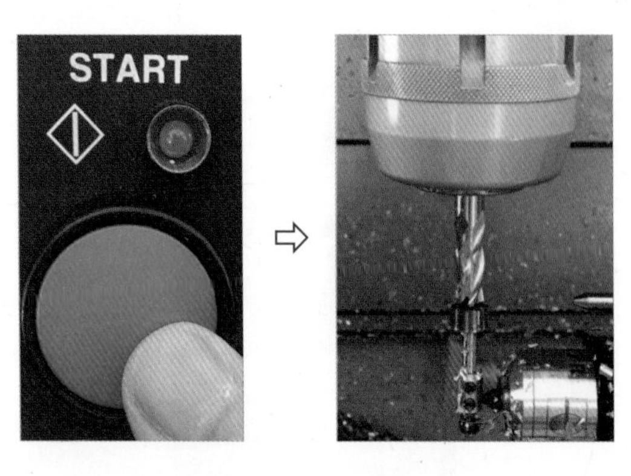

③ 2번 공구(센터 드릴) 보정을 하려면 MDI 모드에서 M200 T02 ; 을 입력 후 START를 누르면 자동으로 2번 공구를 보정한다.

④ 3번 공구(드릴) 보정을 하려면 MDI 모드에서 M200 T03 ; 을 입력 후 START를 누르면 자동으로 3번 공구를 보정한다.

⑤ 각 공구 길이가 보정된 것을 알 수 있다.

❀ 기준 공구(1번 공구)는 M100 ; 이고, 2번 공구는 M200 T02 ; 이며, 3번 공구는 M200 T03 ; 을 MDI에 입력 후 START만 누르면 쉽게 공구 길이 보정을 할 수 있다.

〈길이〉

번호	형상	마모	형상
001	0.000	0.000	5.000
002	-25.438	0.000	0.000
003	37.883	0.000	0.000
004	-4.110	0.000	0.000
005	0.000	0.000	0.000

작업과제명	공구 보정	소요시간	

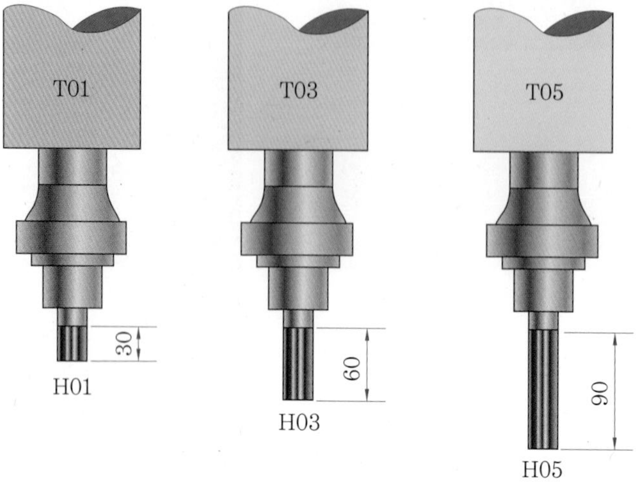

평가 기준							
조작 평가 (60점)					작업 평가 (40점)		
평가 항목	배점			득점	항목	배점	득점
	만점	양호	보통				
공구길이 보정 숙련 정도	20	16	12		작업 방법	10	
공구지름 보정 숙련 정도	20	16	12		작업 태도	10	
공구보정값 입력 방법	20	16	12		작업 안전	10	
					정리 정돈	10	
					시간 평가 (0점)		
					소요시간 (　　)분 초과마다 (　　)점 감점		
					조작 평가	작업 평가	시간 평가 / 총점

2. 머시닝 센터 가공 프로그램 확인하기

2-1 프로그램 입력 및 편집하기

작업과제명	프로그램 입력 및 편집하기			소요시간	
목표	① 머시닝 센터에 V-CNC를 이용하여 프로그램한 것을 입력할 수 있다. ② 머시닝 센터에 입력한 프로그램을 변경, 삽입, 수정할 수 있다. ③ 그래픽 기능을 이용하여 프로그램 확인할 수 있다.				
기계 및 공구	재료명	규격	수량	안전 및 유의사항	
머시닝 센터	 USB	VX-500 16GB	3 3	① 작업 전에 일일 점검사항을 미리 체크한다. ② 작동 중인 기계의 회전 부위나 움직이는 부위는 신체의 접촉이 생기지 않도록 유의한다. ③ 공기압이 규정에 적합한지 확인 한다.	

(1) 프로그램 입력(머시닝 센터 조작반)

① EDIT를 누른 후 PROG(Program)을 누른다.

② 조작을 누른 후 +, READ를 누른다.

③ 실행을 누르면 LSK가 깜박거린다.

(2) 프로그램 입력(USB 입력장치)

① 프로그램 입력 장치에 V-CNC 소프트웨어를 이용하여 작성한 프로그램을 입력한다.

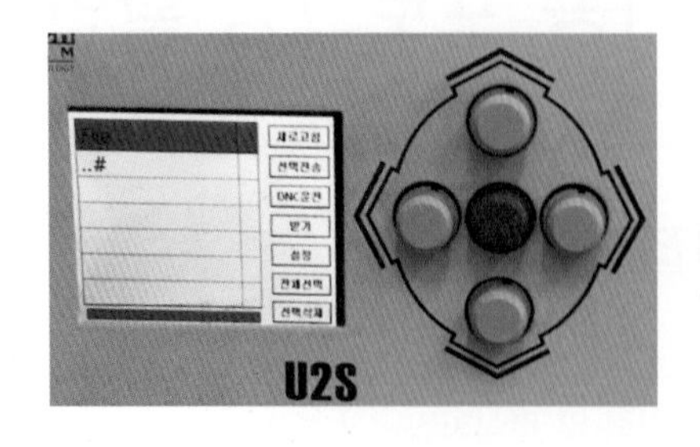

② 새로고침에 커서를 두고 붉은색 버튼을 누른다.

③ 노란색 버튼을 이용하여 원하는 파일을 찾는다. 원하는 파일을 찾은 후 붉은색 버튼으로 선택한다.

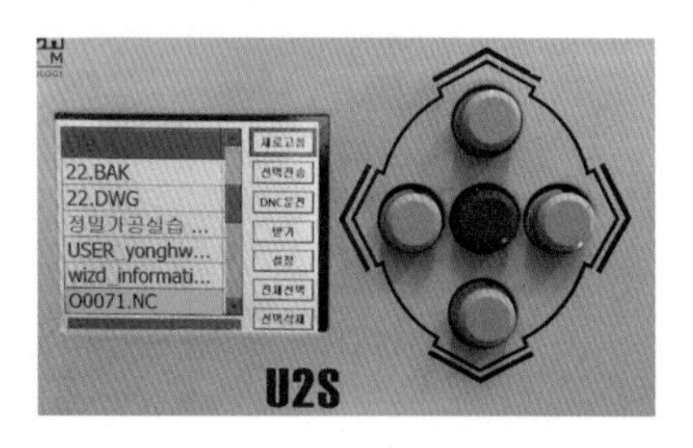

④ 노란색 우측 버튼을 누른다.

⑤ 붉은색 버튼을 눌러 선택전송을 선택한다.

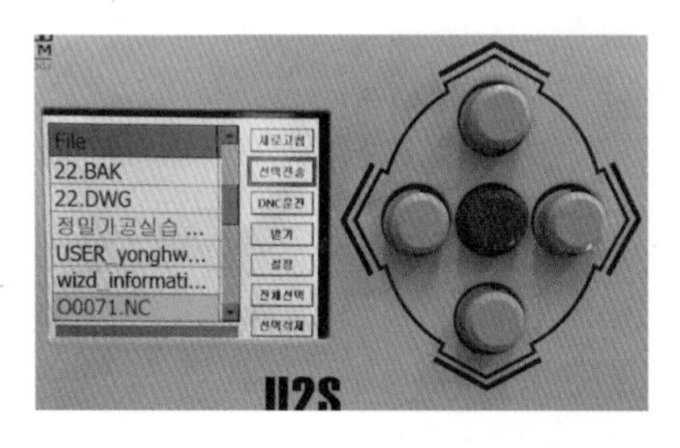

⑥ 프로그램 전송 완료를 확인한다.

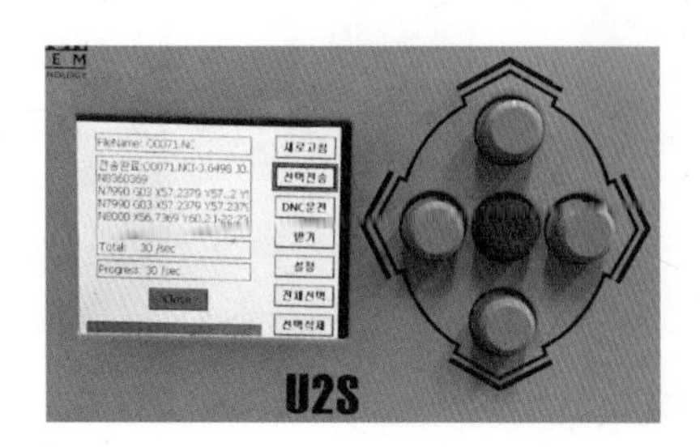

⑦ 머시닝 센터 CRT 화면에 작성한 프로그램이 나타난다.

```
프로그램
O0071 ;
N0010 G40 G17 G90 G80 ;
N0020 G91 G28 Z0.0 ;
N0030 T01 M06 ;
N0040 G00 G90 X-9.7 Y27.0876 S3000 M03 ;
N0050 G43 Z5. H01 ;
```

2-2 프로그램 수정

프로그램 수정 시에는 키보드의 ALTER(변경), INSERT(수정), DELETE(삭제)를 이용한다. 위의 프로그램 O0071에서 ALTER(변경), INSERT(수정), DELETE(삭제)를 하면 다음과 같다.

(1) ALTER(변경)

Z150.0을 Z200.0으로 바꾸려면 커서를 Z150.0의 위치에 두고 Z200.0으로 키인한 후 ALTER를 누르면 Z200.0으로 바뀐다.

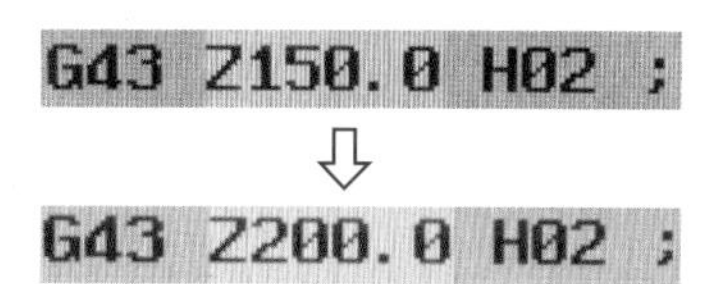

(2) DELETE(삭제)

Z-3.0을 삭제하려면 커서를 Z-3.0의 위치에 두고 DELETE를 누르면 Z-3.0이 삭제된다.

```
G99 G81 Z-3.0 R5.0 F100 M08 ;
⇩
G99 G81 R5.0 F100 M08 ;
```

(3) INSERT(삽입)

Z-3.0이 잘못 삭제되어 삽입하려면 커서를 삽입하고자 하는 워드 앞, 즉 G81에 커서를 두고 키보드에서 Z-3.0을 키인한 후 INSERT를 누르면 Z-3.0이 삽입된다.

```
G99 G81 R5.0 F100 M08 ;
        ⇩
G99 G81 Z-3.0 R5.0 F100 M08 ;
```

(4) 프로그램 이동

① 프로그램 이동은 PAGE와 화살표를 이용한다.

② 워드를 이동할 때 사용

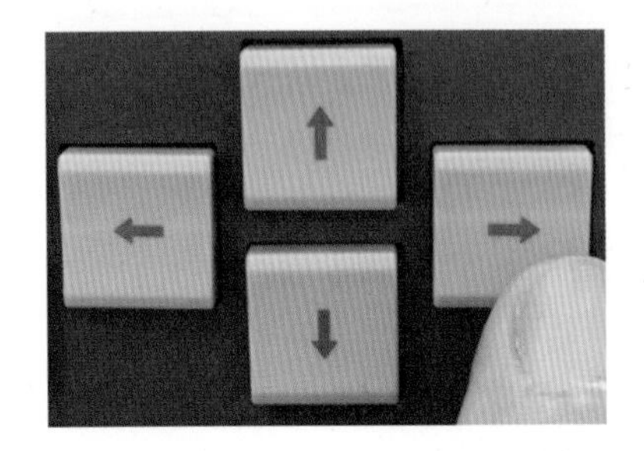

③ 블록을 이동할 때 사용

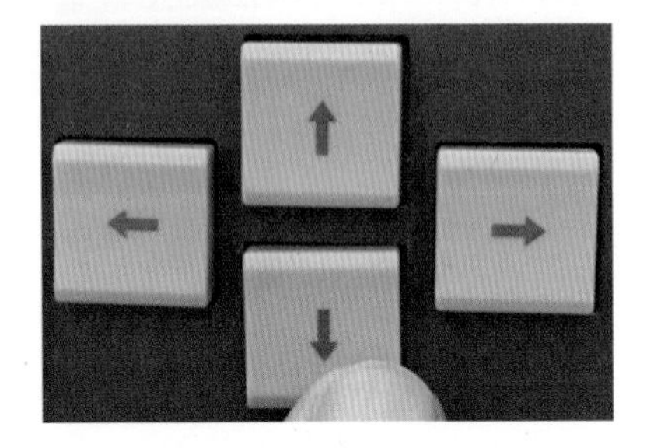

④ PAGE를 누르면 다음 장으로 넘어간다.

⑤ RESET을 누르면 프로그램 번호가 있는 첫 번째 장으로 프로그램이 이동한다.

2-3 프로그램 확인

(1) 그래픽 확인

① MEMORY를 누른 후 MACHINE LOCK과 SELECT를 동시에 누른다.

※ MACHINE LOCK을 꼭 눌러야만 머시닝 센터의 공구가 움직이지 않는다.

② GRAPH를 누른 후 실행을 누른다.

③ 조작 ⇨ REWIND ⇨ 소거 ⇨ START를 누른다.

④ CRT 화면에 그래픽이 나타난다.

※ 가공을 하려면 MACHINE LOCK 해제 후 가공한다.

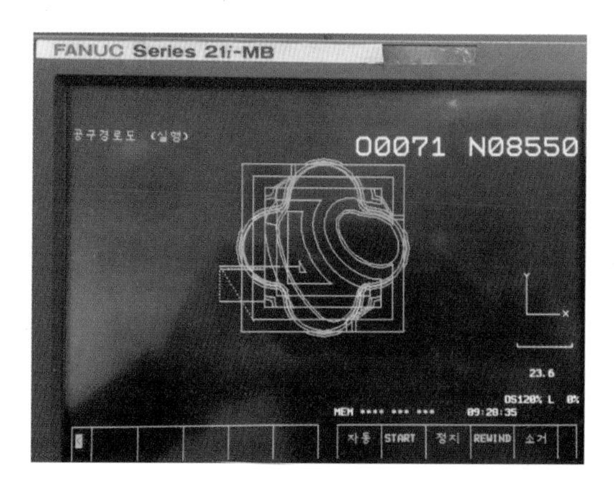

(2) 프로그램 삭제

가공이 완료된 프로그램을 삭제 하는 과정은 다음과 같다.

```
O0071 ;
N0010 G40 G17 G90 G80 ;
N0020 G91 G28 Z0.0 ;
N0030 T01 M06 ;
N0040 G00 G90 X-9.7 Y27.0876 S3000 M03 ;
N0050 G43 Z5. H01 ;
N0060 Z-.5 ;
N0070 G01 Z-3.5 F250. M08 ;
N0080 X-.2 ;
```

① MODE를 EDIT에 두고 삭제할 프로그램 번호를 입력한다.

② DELETE O0071 ?가 생성된다.

③ 정말로 삭제하려면 실행을 눌러 프로그램을 삭제한다.

※ 프로그램을 삭제한 후에는 다시 불러올 수 없으므로 신중하게 삭제해야 한다.

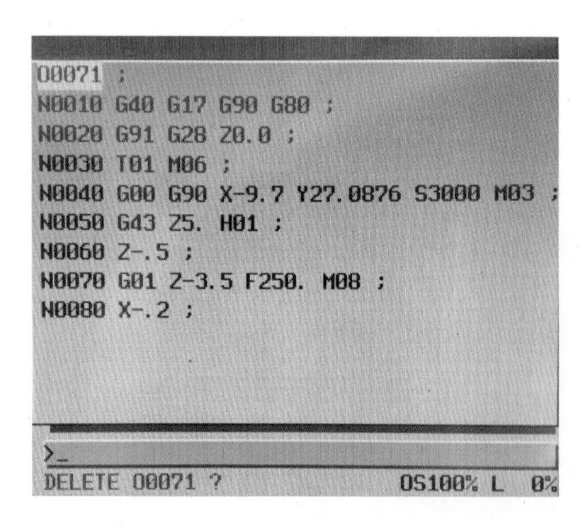

작업과제명	프로그램 수정 및 확인	소요시간	

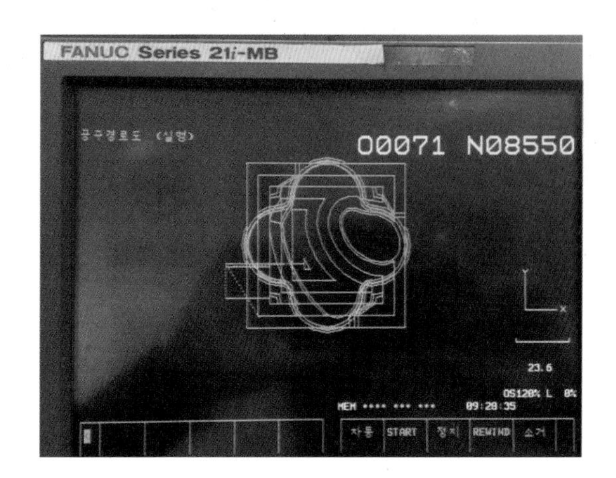

<table>
<tr><th colspan="8">평가 기준</th></tr>
<tr><th colspan="5">조작 평가 (60점)</th><th colspan="3">작업 평가 (40점)</th></tr>
<tr><th rowspan="2">평가 항목</th><th colspan="3">배점</th><th rowspan="2">득점</th><th rowspan="2">항목</th><th rowspan="2">배점</th><th rowspan="2">득점</th></tr>
<tr><th>만점</th><th>양호</th><th>보통</th></tr>
<tr><td>프로그램 구성 이해</td><td>10</td><td>8</td><td>6</td><td></td><td>작업 방법</td><td>10</td><td></td></tr>
<tr><td>프로그램 입력 방법</td><td>15</td><td>12</td><td>10</td><td></td><td>작업 태도</td><td>10</td><td></td></tr>
<tr><td>프로그램 수정 방법</td><td>15</td><td>12</td><td>10</td><td></td><td>작업 안전</td><td>10</td><td></td></tr>
<tr><td>그래픽 기능 활용 상태</td><td>20</td><td>16</td><td>12</td><td></td><td>정리 정돈</td><td>10</td><td></td></tr>
<tr><td></td><td></td><td></td><td></td><td></td><th colspan="3">시간 평가 (0점)</th></tr>
<tr><td></td><td></td><td></td><td></td><td></td><td colspan="3" rowspan="3">소요시간 (　　)분
초과마다 (　　)점
감점</td></tr>
<tr><td></td><td></td><td></td><td></td><td></td></tr>
<tr><td></td><td></td><td></td><td></td><td></td></tr>
<tr><td></td><td></td><td></td><td></td><td></td><th>조작 평가</th><th>작업 평가</th><th>시간 평가</th></tr>
<tr><td></td><td></td><td></td><td></td><td></td><td></td><td></td><td></td></tr>
</table>

총점

연습문제

1. 머시닝 센터 일상점검 중 실습 전 매일 점검해야 할 사항에 대해 설명하시오.

2. MDI, EDIT, Single Block의 의미를 설명하시오.

3. MPG(Manual Pulse Generator) 이동 시 $\times 100\left(\frac{1}{10}\right)$, $\times 10\left(\frac{1}{100}\right)$, $\times 1\left(\frac{1}{1000}\right)$ 에 대해 설명하시오.

4. FEED HOLD에 대해 설명하시오.

5. Optional Stop에 대해 설명하시오.

6. 자동원점복귀에 대해 설명하시오.

7. 그래픽 확인 시 MACHINE LOCK을 하는 이유에 대해 설명하시오.

8. 다음 프로그램을 수정하는 방법을 설명하시오.

```
PROGRAM
O1406 ;
G40 G49 G80 ;
G28 G91 Z0. ;
T02 M06 ;
S1000 M03 ;
G54 G90 G00 X16. Y26. ;
G43 H02 Z10. ;
G81 G99 Z-3. R5. F100 ;
X35. ;
G49 G80 G00 Z200. ;
T03 M06 ;
```

(1) S1000 M03 ; 에서 S1000을 S1300으로 수정(ALTER)

(2) G81 G99 Z−3.0 R5.0 F100 ; 에서 G99 삭제(DELETE)

(3) G81 Z−3.0 R5.0 F100 ; 에서 삭제된 G99 삽입(INSERT)

4장 머시닝 센터 가공하기

1. 머시닝 센터 가공

1-1 프로그래밍의 기초

작업과제명	프로그래밍의 기초		소요시간	
목표	① 머시닝 센터의 프로그램 원점과 좌표계 설정을 할 수 있다. ② 머시닝 센터 절대좌표와 증분좌표를 사용할 수 있다. ③ 프로그램의 구성 중 준비기능, 보조기능, 주축기능 및 이송기능 등을 설명할 수 있다.			
기계 및 공구	재료명	규격	수량	안전 및 유의사항
머시닝 센터		VX-500	3	① 작업 전에 일일 점검사항을 미리 체크한다. ② 작동 중인 기계의 회전 부위나 움직이는 부위는 신체의 접촉이 생기지 않도록 유의한다. ③ 공기압이 규정에 적합한지 확인 한다.
아큐 센터		AC-10	3	
엔드밀		ϕ10	3	
	쾌삭 Al	70×70×20	3	

(1) 프로그램 원점

가공물에 프로그램을 작성하기 위해서는 먼저 프로그램 원점을 설정해야 한다. 도면을 보고 프로그래머는 가공에 편리한 프로그램을 작성하기 위하여 도면상의 임의의 점을 프로그램 원점으로 지정하는데, 일반적으로 프로그램 원점은 프로그래밍 및 가공이 편리한 위치에 지정한다.

프로그램 원점을 나타낸 좌측 하단(◉)이 X0.0 Y0.0 Z0.0이다.

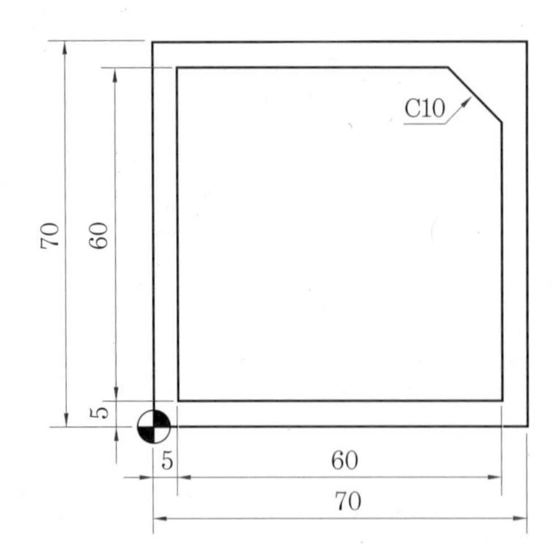

(2) 프로그램 번호

영문자 O 다음에 네자리 숫자 0001에서 9999까지 지정하는데 일반적으로 O9000에서 O9999까지는 기계 제작회사에서 사용하기 때문에 사용자가 사용할 수 없도록 되어 있다.

(3) 절대좌표와 증분좌표

절대(absolute)좌표 지령(G90)은 프로그램 원점을 기준으로 이동할 점의 X, Y, Z축 좌표값 지령을 하며, 증분(incremental)좌표 지령(G91) 또는 상대(relative)좌표지령은 현재 공구 위치를 기준으로 이동할 점의 X, Y, Z축 거리와 방향이다.

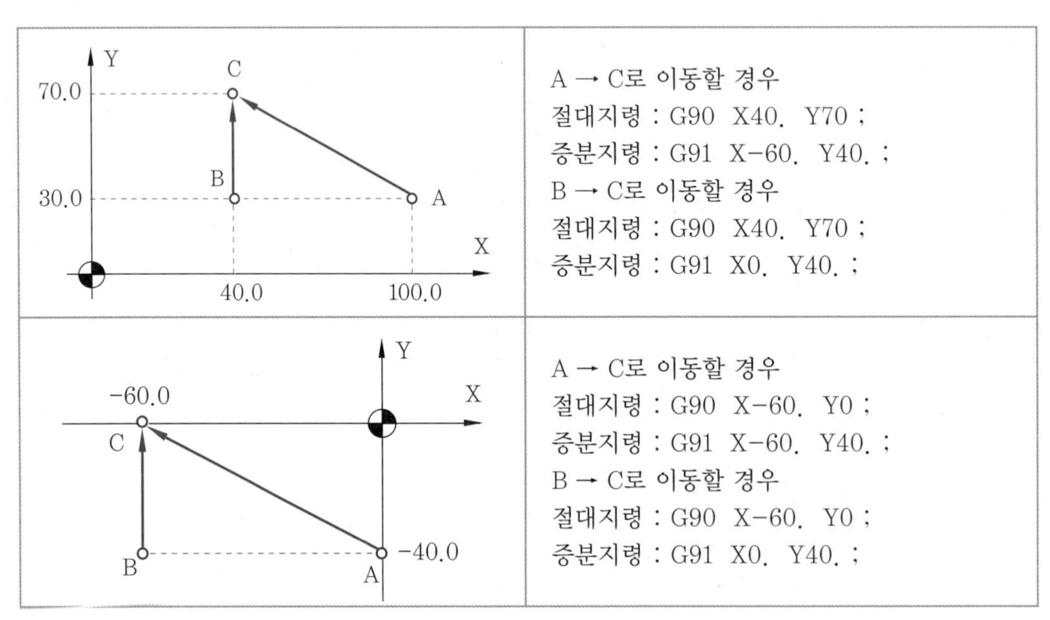

	A → C로 이동할 경우 절대지령 : G90 X40. Y70 ; 증분지령 : G91 X-60. Y40. ; B → C로 이동할 경우 절대지령 : G90 X40. Y70 ; 증분지령 : G91 X0. Y40. ;
	A → C로 이동할 경우 절대지령 : G90 X-60. Y0 ; 증분지령 : G91 X-60. Y40. ; B → C로 이동할 경우 절대지령 : G90 X-60. Y0 ; 증분지령 : G91 X0. Y40. ;

프로그래밍에 대한 상세한 내용은 2편 1장, 2장에 상세하게 설명되었으니 참고하길 바란다.

작업과제명	프로그래밍의 기초	소요시간	

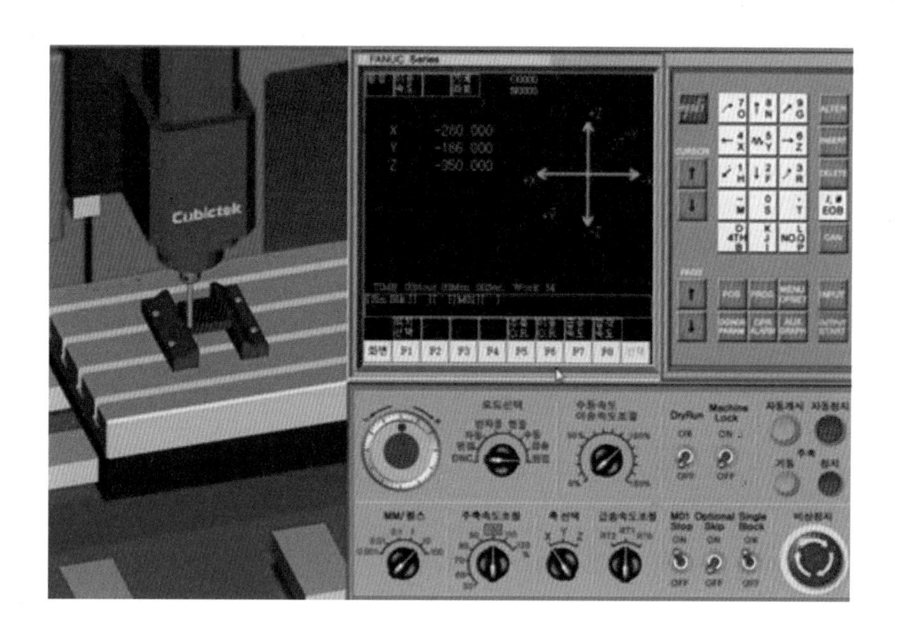

<table>
<tr><th colspan="9">평가 기준</th></tr>
<tr><th colspan="5">조작 평가 (60점)</th><th colspan="4">작업 평가 (40점)</th></tr>
<tr><th rowspan="2">평가항목</th><th colspan="3">배점</th><th rowspan="2">득점</th><th rowspan="2" colspan="2">항목</th><th rowspan="2">배점</th><th rowspan="2">득점</th></tr>
<tr><th>만점</th><th>양호</th><th>보통</th></tr>
<tr><td>프로그램 원점 설정</td><td>10</td><td>8</td><td>6</td><td></td><td colspan="2">작업 방법</td><td>10</td><td></td></tr>
<tr><td>절대좌표와 증분좌표로
프로그래밍하기</td><td>20</td><td>16</td><td>12</td><td></td><td colspan="2">작업 태도</td><td>10</td><td></td></tr>
<tr><td>좌표계 설정하기</td><td>10</td><td>8</td><td>6</td><td></td><td colspan="2">작업 안전</td><td>10</td><td></td></tr>
<tr><td>준비기능 알기</td><td>10</td><td>8</td><td>6</td><td></td><td colspan="2">정리 정돈</td><td>10</td><td></td></tr>
<tr><td>보조기능 알기</td><td>10</td><td>8</td><td>6</td><td></td><td colspan="4">시간 평가 (0점)</td></tr>
<tr><td></td><td></td><td></td><td></td><td></td><td colspan="4" rowspan="3">소요시간 (　　　)분
시간마다 (　　　)점
감점</td></tr>
<tr><td></td><td></td><td></td><td></td><td></td></tr>
<tr><td></td><td></td><td></td><td></td><td></td></tr>
<tr><td></td><td></td><td></td><td></td><td></td><td>조작
평가</td><td>작업
평가</td><td>시간
평가</td><td>총점</td></tr>
<tr><td></td><td></td><td></td><td></td><td></td><td></td><td></td><td></td><td></td></tr>
</table>

1-2 직선 절삭하기

작업과제명	직선 절삭하기		소요시간	
목표	① V-CNC software를 이용하여 프로그래밍을 할 수 있다. ② 작성한 프로그램을 머시닝 센터에 입력할 수 있다. ③ 좌표계를 설정하여 위치 결정 및 직선 절삭을 할 수 있다. ④ 공구 보정을 할 수 있다.			
기계 및 공구	재료명	규격	수량	안전 및 유의사항
머시닝 센터		VX-500	3	① 기계의 이상 유무를 확인한다. ② 툴 홀더의 풀 스터드가 견고히 고정되어 있는지 확인한다. ③ 위치 결정 시 급속 이송을 할 때 공구의 충돌 여부를 꼭 확인해야 한다.
아큐 센터		AC-10	3	
엔드밀		ϕ10	3	
	쾌삭 Al	70×70×20	3	
	USB	256G	3	

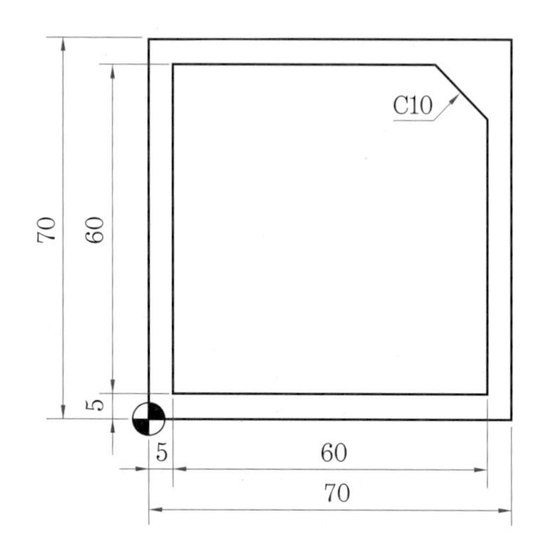

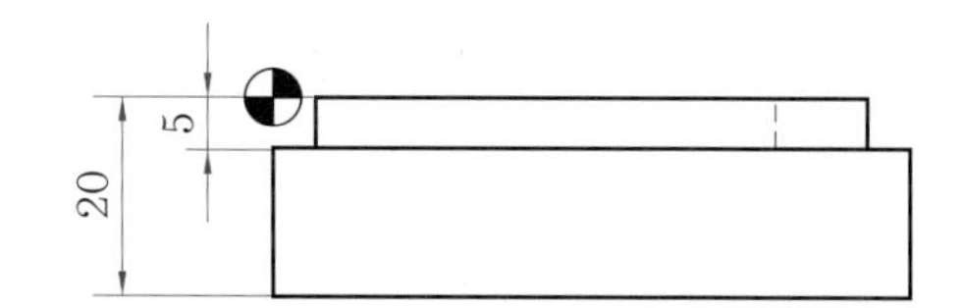

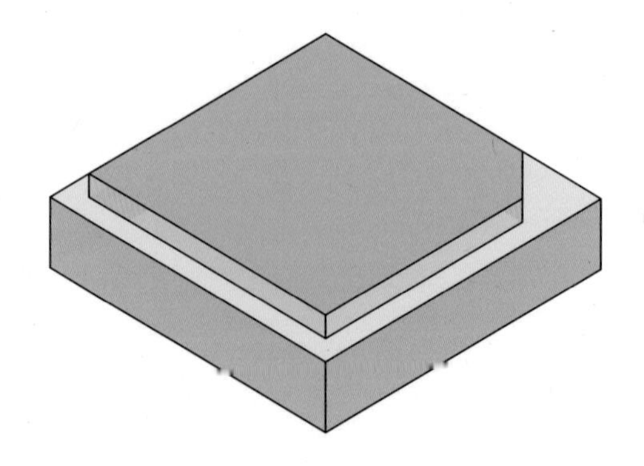

● 프로그램

O 1234 ; …… 프로그램 번호는 영문자 "O" 다음에 네자리 0001에서 9999까지사용할 수 있는데 프로그램 번호는 작업자가 꼭 기억해야 한다. 그러나, 프로그램 번호 9000~9999까지는 기계 제작회사에서 사용하기 때문에 사용자가 사용할 수 없도록 되어 있으므로 실제로 사용할 수 있는 프로그램 번호는 0001~8999까지이다.

G40 G49 G80 ;
- G40 : 공구 지름 보정 취소
- G49 : 공구 길이 보정 취소
- G80 : 고정 사이클 취소

G28 G91 Z0.0 ;
- G28 : 자동 원점 복귀
- G91 : 증분(상대)좌표 지령

T01 M06 ; …… 1번 공구로 공구 교환
- M06 : 공구 교환

S1000 M03 ; …… 1000 rpm으로 주축 정회전
- M03 : 주축 정회전
- M04 : 주축 역회전
- M05 : 주축 정지

G54 G00 G90 X-10.0 Y-10.0 ; …… 절대좌표 X-10.0 Y-10.0에 위치 결정
- G54 : 공작물 좌표계 1번 선택

G43 Z100.0 H01 ; …… +방향 공구 길이 보정하면서 공구 보정 번호 H01으로 Z100.0의 위치로 공구 이동
- Z100.0에 공구를 이동시키는 이유는 처음 실습이므로 공구와 공작물의 충돌을 사전에 방지하기 위하여 Z100.0에 공구 위치
- G43 : +방향 공구 길이 보정(+방향으로 공구 이동)
- G44 : −방향 공구 길이 보정(−방향으로 공구 이동)
- Z : Z축 이동지령
- H01 : 공구 길이 보정번호(01)

Z10.0 ; …… Z10.0의 위치로 공구 이동

G01 Z-5.0 F100 ; …… Z축 절입깊이 5 mm, 이송속도 100 mm/min

- G01 : 직선보간(절삭이송)

G41 D01 X5.0 ; …… 공구 지름 보정 좌측으로 하면서 가공 시작점 X5.0의 위치로 공구 이동

- G41 : 공구 지름 보정 좌측
- D01 : 공구 지름보정 번호(01)

Y65.0 ;

X65.0 ;

Y5.0 ;

X5.0 ;

Y65.0 ;

X55.0 ;

X65.0 Y55.0 ; …… 먼저 테두리 가공을 한 후 C10 모따기 가공을 하므로 잔삭이 남지 않기 위하여

Y5.0 ;

X-10.0 ; …… 공구와 공작물을 띄우기 위해 X0.0이 아닌 X-10.0의 위치로 공구 이동

G00 G40 Z200.0 ; …… 공구지름 보정을 취소하면서 공구를 안전한 위치인 Z200.0으로 이동

M05 ; …… 주축 정지

M02 ; …… 프로그램 끝

완성된 제품

작업과제명	직선 절삭하기	소요시간	

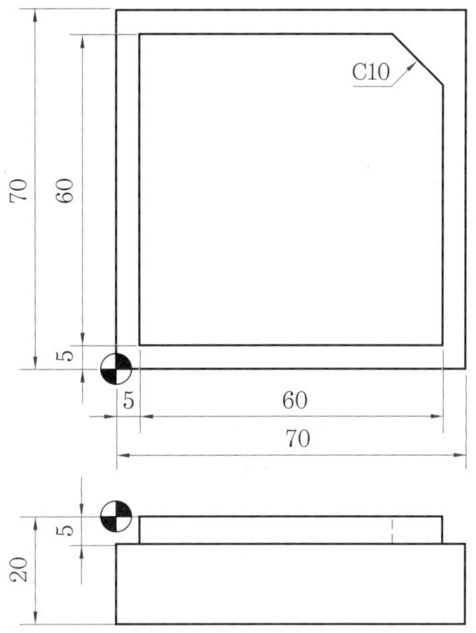

평가 기준

작품 평가 (70점)

주요 항목	도면 치수 (내용)	측정 방법
치수 정밀도 (30)	5	±0.2
	5(가공깊이)	±0.2
	60	±0.2
	5	±0.2
세팅 (5)	공구 및 공작물 세팅	상 : 한 번 세팅으로 가공 중 : 1회 수정 가공 하 : 2회 이상 수정 가공
외관 (5)	공작물의 외관 상태	상 : 흠집이 전혀 없을 때 중 : 흠집이 2개소 이하 하 : 흠집이 3개소 이상
프로그램 (30)	편집	상 : 중복 가공이 없을 때 중 : 중복 가공 1회일 때 하 : 중복 가공 2회 이상

작업 평가 (20점)

항목	배점
작업 방법	4
작업 태도	4
작업 안전	4
정리 정돈	4
재료 사용	4

시간 평가 (10점)

소요시간 (　　)분
초과마다 (　　)점
감점

작품 평가	작업 평가	시간 평가	총점

1-3 GV_CNC 사용하기

(1) NC Editor를 사용하여 머시닝 센터 프로그램 작성

- GV_CNC를 더블 클릭하면 다음과 같은 화면이 나타난다.

- 머시닝 센터 프로그램을 하려면 위의 화면에서 NC Editor를 클릭하면 다음과 같은 화면이 나타나는데 여기에서 프로그램을 한다.

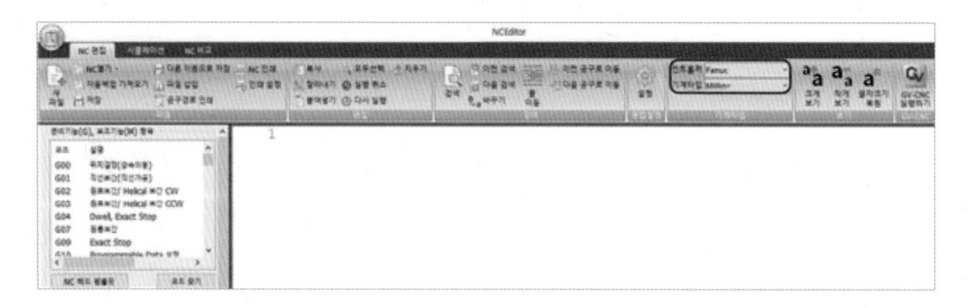

- NC Editor를 실행했을 때 확인할 부분은 상단에 있는 컨트롤러와 기계타입이다.

※ 주의할 점은 상단의 편집도구에 있는 기계타입에서 사용할 컨트롤러와 기계타입을 확인하여야 하는데, 컨트롤러가 Fanuc이고, 머시닝 센터 프로그램을 하므로 기계타입은 Milling이다.

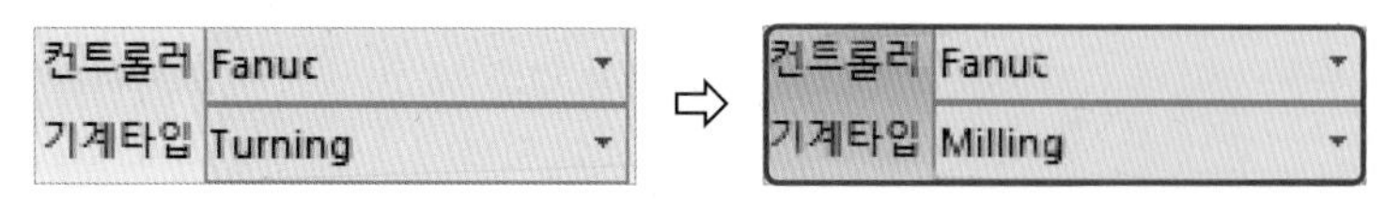

- 만약 위의 그림 왼쪽과 같이 컨트롤러가 Fanuc이고, 기계타입이 Turning으로 되어 있으면 컨트롤러는 Fanuc이므로 관계 없고, 기계타입은 Turning을 Milling으로 바꾸어야 한다.

• 프로그램하기

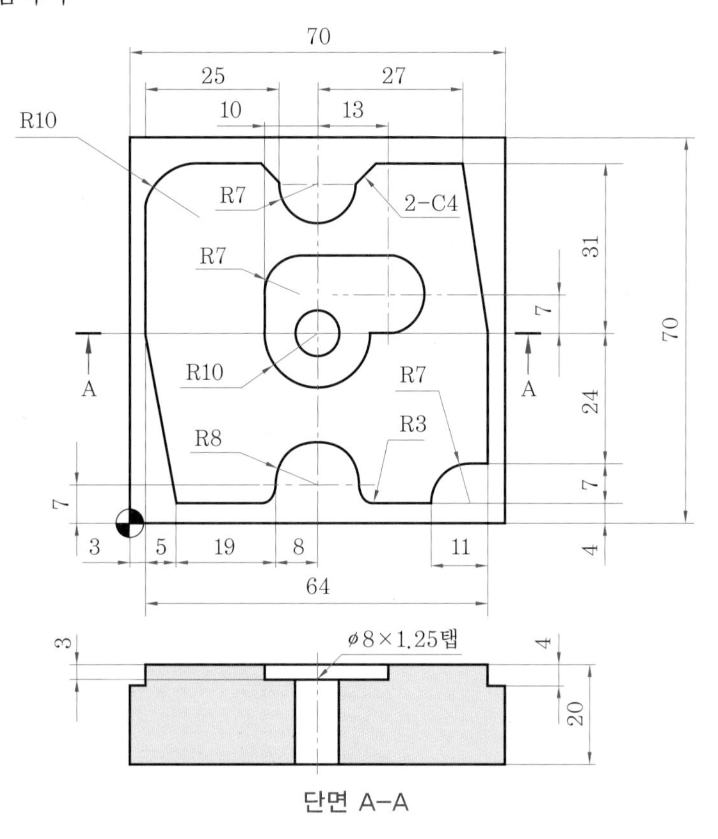

단면 A-A

공구	공구 번호	주축 회전수 (rpm)	이송속도 (mm/rev)	보정 번호
엔드밀	T01	1500	100	H01 D01
센터 드릴	T02	800	100	H02
드릴	T03	800	100	H03
탭	T04	200	250	H04

• GV_CNC에 직접 프로그램을 한다.

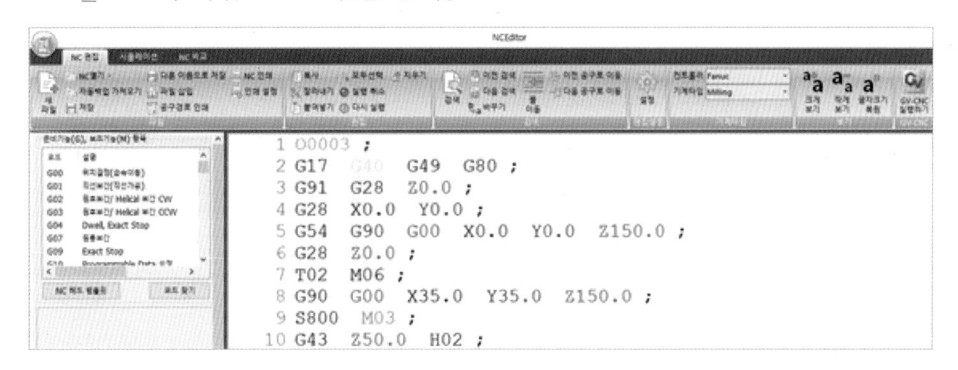

• GV_CNC가 없는 경우에는 메모장에 프로그램하여 저장한 후 GV_CNC에서 사용하는데, 다음에서는 USB에 프로그램 번호 O0003으로 저장된 것을 볼 수 있다.

O0003 - Windows 메모장

파일(F) 편집(E) 서식(O) 보기(V) 도움말(H)

```
O0003 ;
G17 G40 G49 G80 ;
G91 G28 Z0.0 ;
G28 X0.0 Y0.0 ;
G54 G90 G00 X0.0 Y0.0 Z150.0 ;
G28 Z0.0 ;
T02 M06 ;
G90 G00 X35.0 Y35.0 Z150.0 ;
S800 M03 ;
G43 Z50.0 H02 ;
G00 Z10.0 ;
G99 G83 Z-5.0 R3.0 Q3.0 F100 ;
```

내 PC › USB 드라이브 (H:)

이름	수정한 날짜	유형	크기
GV-CNC교재	2020-05-26 오후...	파일 폴더	
선반 프로그램	2020-05-26 오후...	파일 폴더	
CNC 선반 실습	2018-03-09 오후...	한컴오피스 한글 ...	21,018KB
GV-CNC머시닝센터	2020-05-26 오후...	한컴오피스 한글 ...	10KB
GV-CNC선반	2020-05-28 오후...	한컴오피스 한글 ...	2,714KB
O0001	2020-05-22 오후...	텍스트 문서	1KB
O0002	2020-05-25 오후...	텍스트 문서	2KB
O0003	2020-05-28 오후...	텍스트 문서	2KB
O0011	2020-05-26 오후...	텍스트 문서	2KB

(2) 공구 경로 시뮬레이션하기

상단에 있는 시뮬레이션 탭을 클릭하면 시뮬레이션 모드가 되는데 여기에서 실행을 클릭하면 순차적으로 공구 경로가 그려진다.

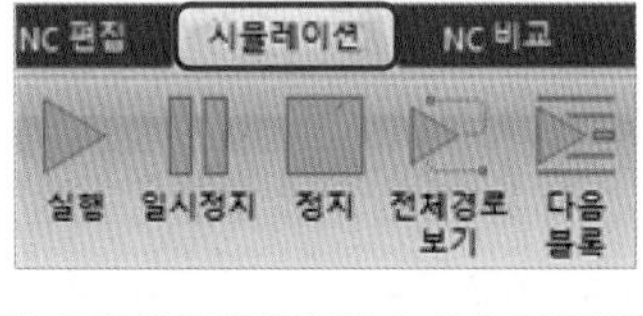

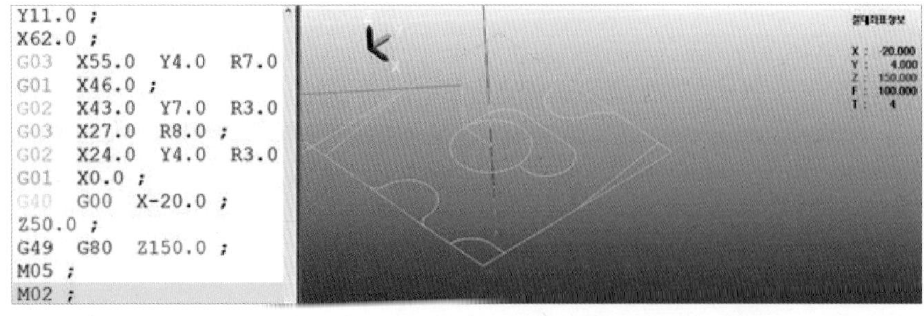

※ 공구 경로는 마우스 왼쪽을 누르고 공구 경로를 이동할 수 있고, 스크롤 바를 움직이면 화면확대 및 축소를 할 수 있다.

(3) 공구 경로 확인하기

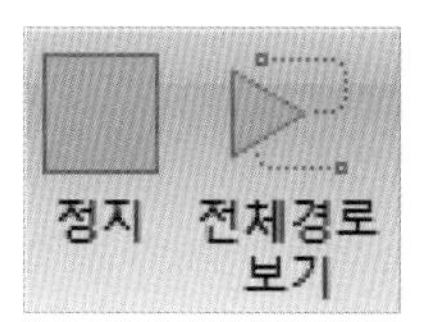

- 화면 상단에 있는 정지를 클릭한 후 전체경로 보기를 클릭하면 앞과 같은 시뮬레이션이 나타난다.
- 정지를 클릭하면 프로그램이 맨 앞으로 돌아가는데, 전체 경로를 내부적으로 한 번에 해석하여 그려준다.

(4) 특정 블록 공구 경로 확인하기

- NC 프로그램에서 특정 블록을 보려면 마우스 왼쪽 버튼을 누른 후 특정 블록을 드래그한 후 오른쪽 마우스를 누른다. 선택한 NC 가공 경로 보기를 클릭하면 다음 그림과 같이 선택된 코드만 확인할 수 있다.
- 선택된 코드를 지우려면 마우스 왼쪽 버튼을 누르면 된다.

(5) 경로 데이터 보기

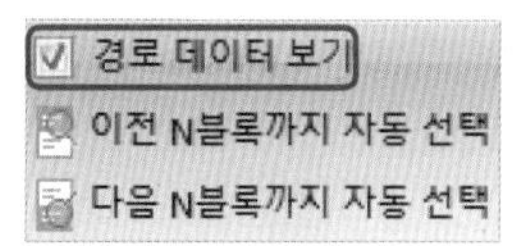

- 시뮬레이션 상태에서 상단에 있는 경로 데이터 보기를 클릭한 후 왼쪽 NC 블록을 클릭하면 오른쪽 공구 경로에서 정보와 함께 보여진다.
- 코드 또는 화면의 경로 선택을 해서 이동 거리, 좌표 등을 확인할 수 있다.
- 예를 들어 화면상의 66번 NC 블록(G03 X42.0 R7.0;)을 클릭하면 원호 부분이 어떤 경로로 형성되어 있는지 확인할 수 있다.

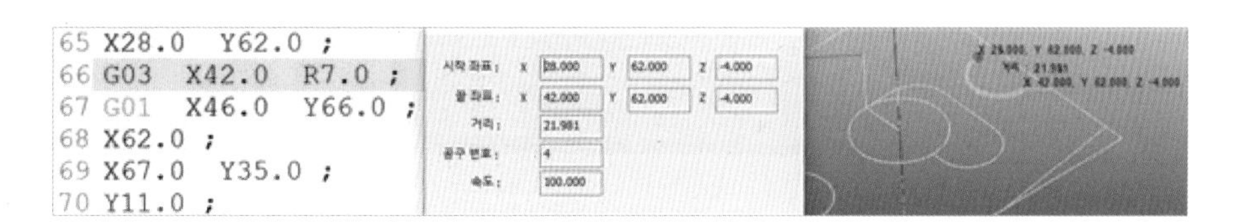

- 또한 시뮬레이션에서 반원의 공구 경로가 형성된 프로그램을 확인하려면 반원을 클릭하면 75번 NC 블록(G03 X27.0 R8.0;)임을 알 수 있다.

• NC 블록 데이터와 오른쪽 시뮬레이션이 동기화되어 있기 때문이다.

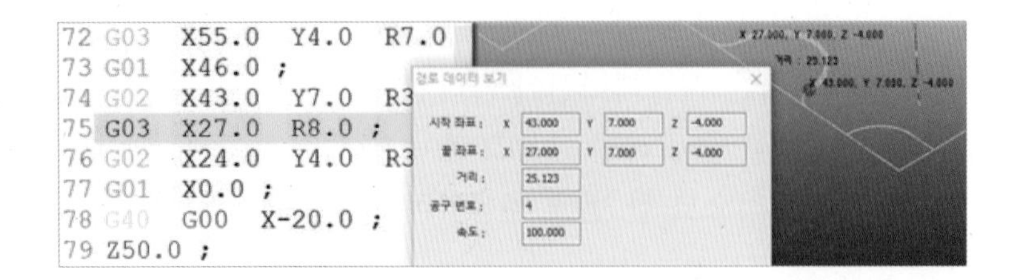

(6) 가공 시뮬레이터 실행하기

• 상단에 NC 편집을 클릭한 후 GV_CNC 실행하기를 클릭하면 NC Editor에서 작성된 NC가 컨트롤러 화면에 나타난다. 또한 컨트롤러 CRT 화면에서도 EDIT 모드에서 편집이 가능하다.

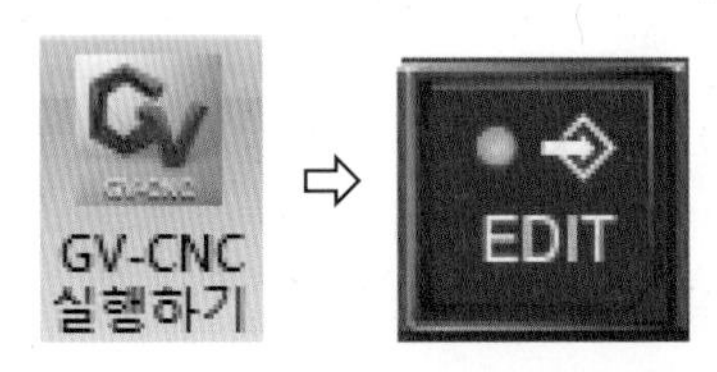

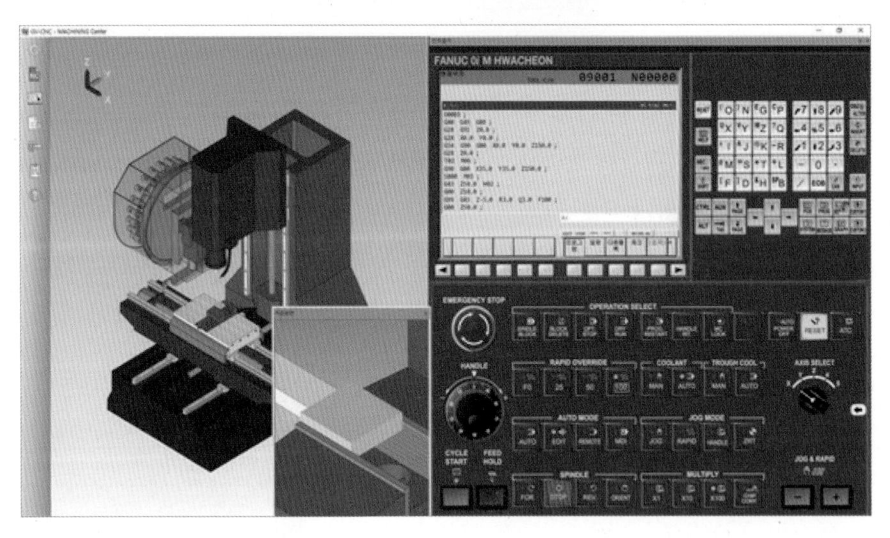

① 공작물 설정

• 공작물 설정을 하려면 먼저 도면의 공작물 크기를 확인하여야 한다.

• 도면을 보면 공작물의 가로, 세루, 높이(70×70×20)를 확인할 수 있다.

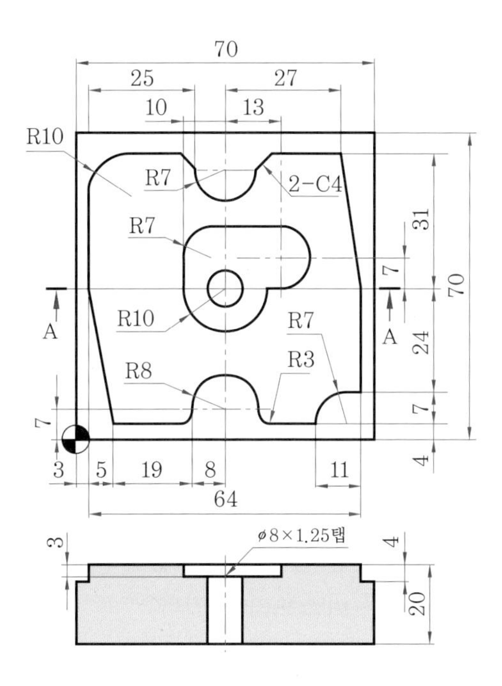

• 왼쪽 상단 GV_CNC 밑에 있는 톱니바퀴 모양을 클릭한 후 그 옆에 있는 공작물 설정(Ctrl+3)을 클릭하면 공작물 설정이 다음과 같이 나타난다.

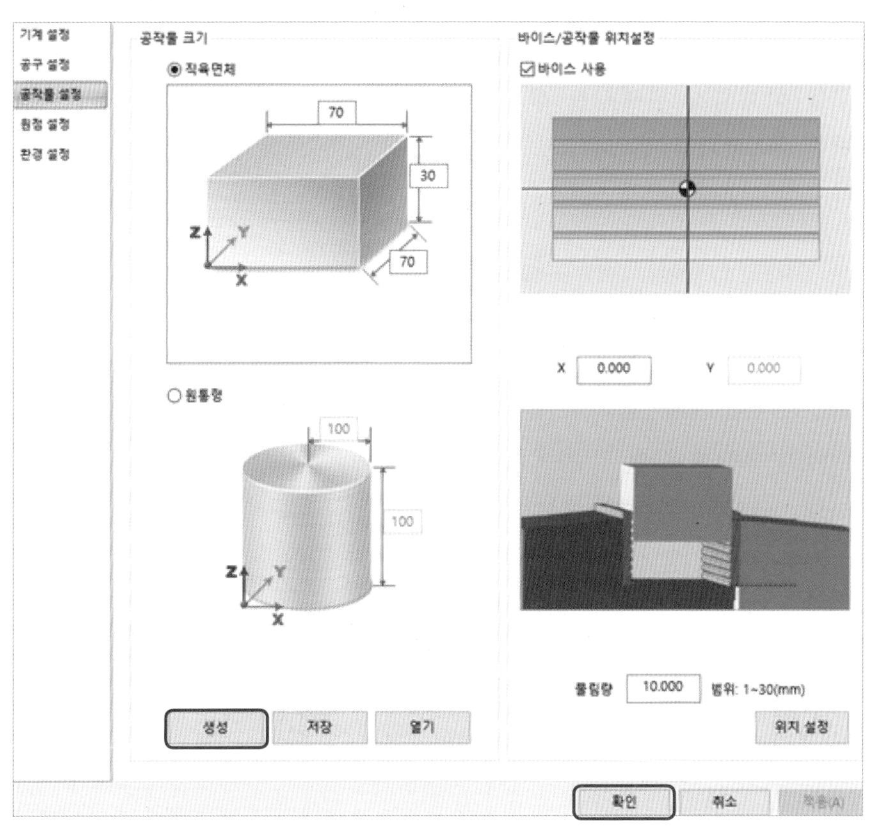

- 위의 공작물 설정에서 공작물의 크기가 가로, 세로는 70이므로 그냥 두고 높이 30을 20으로 수정한다.

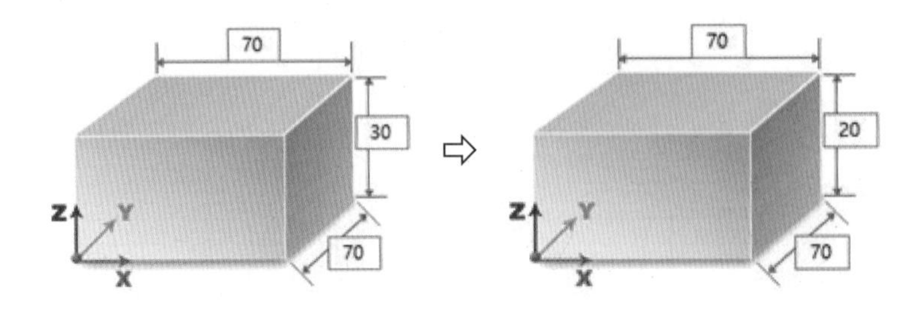

- 수정 후 생성을 클릭한 후 확인을 클릭하면 공작물 설정이 끝난다.

② 공구 설정

- 왼쪽 상단 GV_CNC 밑에 있는 톱니바퀴 모양을 [Enter↵]하고 그 옆에 공구 설정(Ctrl+2)을 클릭하면 공구 리스트가 보인다.
- 공구 리스트에 여러 개의 공구가 있는데, 사용할 공구를 제외하고는 모두 삭제한다.
- 333쪽의 예제 도면에서는 센터 드릴, 드릴, 엔드밀, 탭 등 4개의 공구를 사용하므로 나머지 공구는 모두 삭제한다.
- 공구를 삭제하기 위해서는 삭제할 공구를 클릭한 후 제거를 클릭하고, 적용을 클릭한다.

공구 리스트

번호	공구종류	직경(mm)	길이(mm)
1	엔드밀	6	80
2	드릴	6.8	80
3	센터드릴	3	60
4	탭	8	60

추가 제거 초기화 저장 열기

- 공구 리스트 하단에 보면 위와 같이 추가, 제거, 초기화, 저장, 열기가 있는데 추가를 클릭하면 오른쪽 그림과 같이 공구가 나타나는데, 선택할 공구를 클릭하면 추가를 할 수 있고, 제거는 특정 공구를 제거하는 것이다. 초기화는 원래 리스트에 있는 공구이고, 저장은 자주 사용하는 공구를 라이브러리 형태루 저장은 하면 필요한 때 열기를 클릭하여 사용할 수 있는 기능이다.

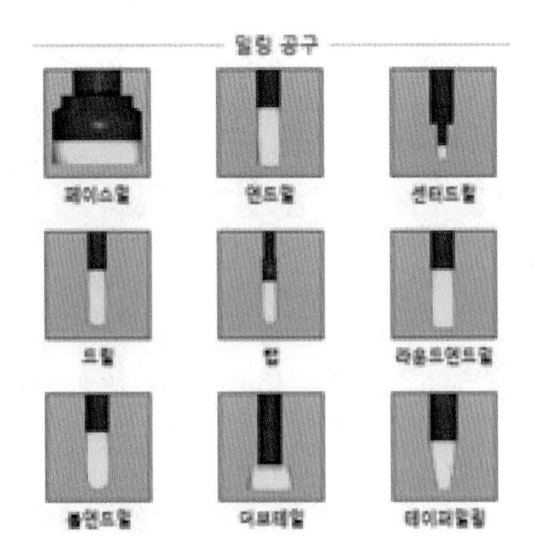

③ **원점 설정**

- 왼쪽 상단 GV_CNC 밑에 있는 톱니바퀴 모양을 클릭한 후 그 옆에 있는 원점설정(Ctrl+4)을 클릭한 후 다음 그림 오른쪽과 같이 기준 좌표점을 설정할 위치에 클릭한다.

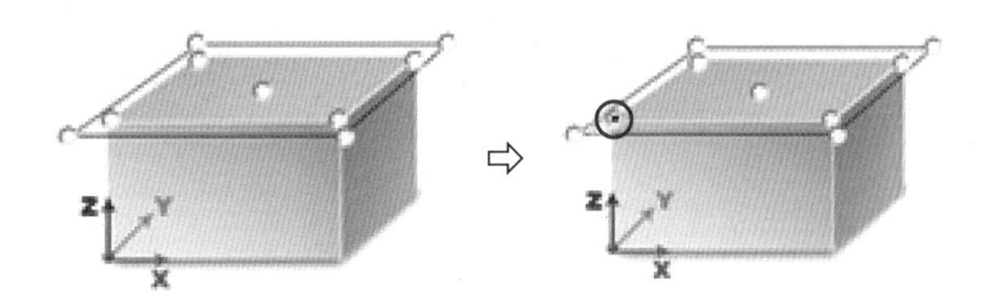

- 값 복사를 클릭하면 G54 공작물 좌표계 세팅에 좌푯값이 바뀌는데, 기준공구(1번 공구)에 X, Y, Z 좌표가 공작물 좌표계 G54에 그대로 들어간다는 의미이다.
- 공구간 차이값을 공구옵셋에 자동 입력은 공구 설정 시 데이터를 갖고 있으므로 체크를 하면 자동으로 공구옵셋에 입력된다.
- 적용을 클릭한 후 확인을 클릭하면 된다.

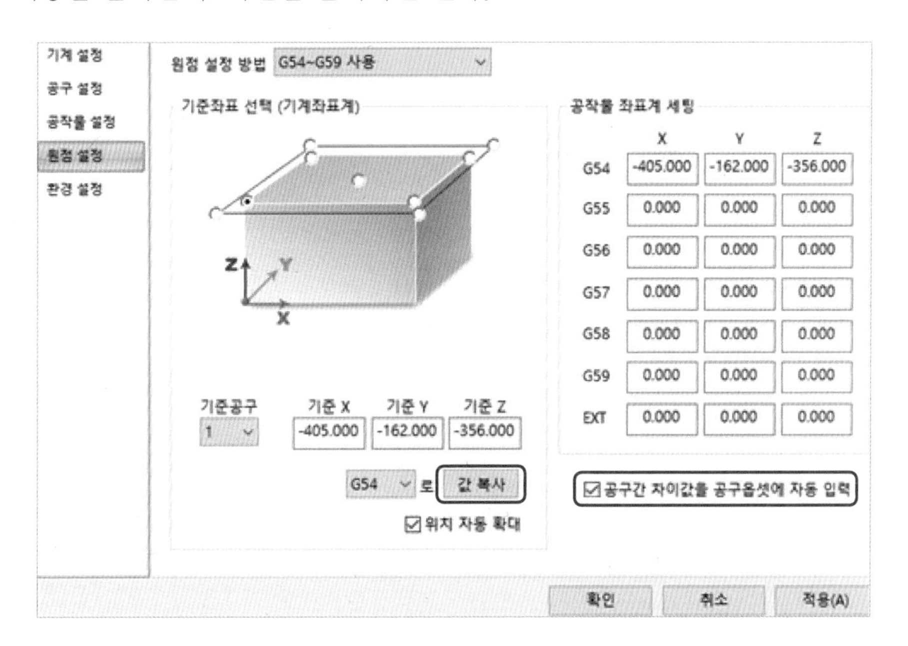

(7) GV_CNC에서 가공

- MODE를 AUTO에 두고, CYCLE START를 누르면 가공이 된다.

❀ 주의할 점은 프로그램이 첫 번째 블록으로 가기 위해 RESET을 눌러서 프로그램이 가공할 첫 번째 블록, 즉 최상단으로 이동하여야 한다.

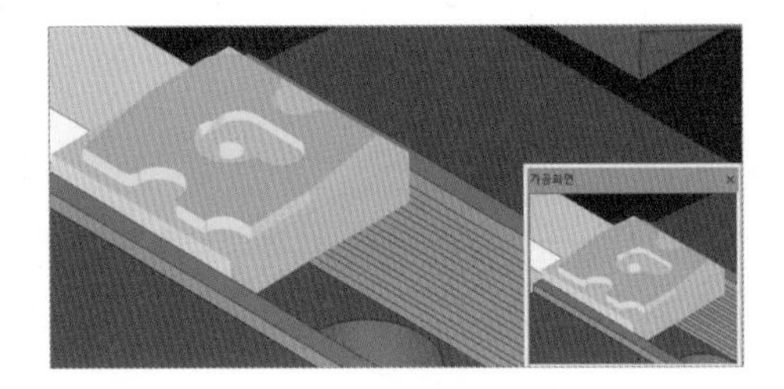

- GV_CNC를 이용한 가공

1-4 원호 절삭하기

작업과제명	원호 절삭하기 (Ⅰ)			소요시간	
목표	① 작성한 프로그램을 머시닝 센터에 입력할 수 있다. ② 좌표계를 설정하여 위치 결정 및 직선 및 원호 절삭을 할 수 있다. ③ 공구 보정을 할 수 있다.				
기계 및 공구	재료명	규격	수량	안전 및 유의사항	
머시닝 센터		VX-500	3	① 기계의 이상 유무를 확인한다. ② 툴 홀더의 풀 스터드가 견고히 고정되어 있는지 확인한다. ③ 공구 길이 보정 상태를 확인하고 작업한다. ④ 위치 결정 시 급속 이송을 할 때 공구의 충돌 여부를 꼭 확인해야 한다.	
아큐 센터		AC-10	3		
엔드밀		ϕ10	3		
	쾌삭 Al	70×70×20	3		
	USB	16GB	3		

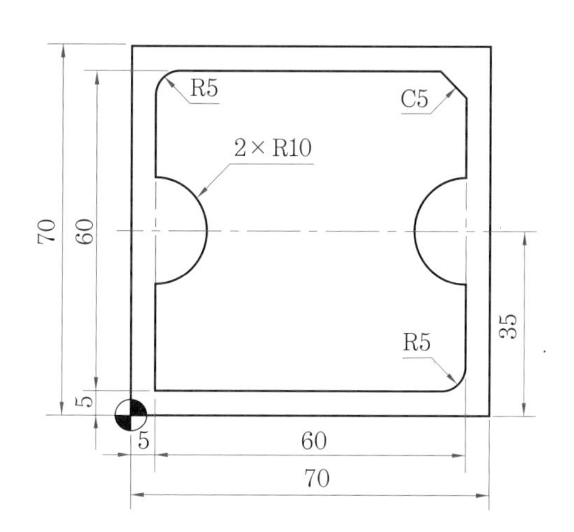

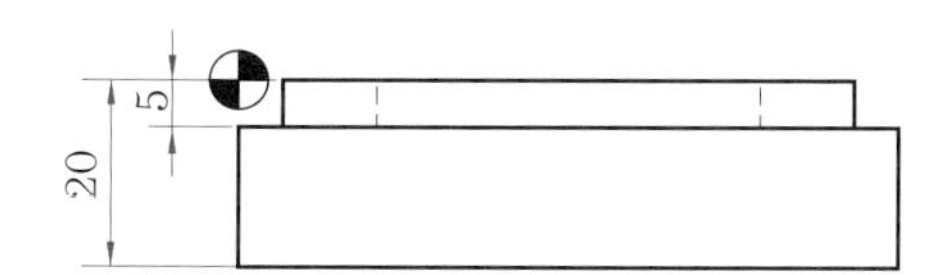

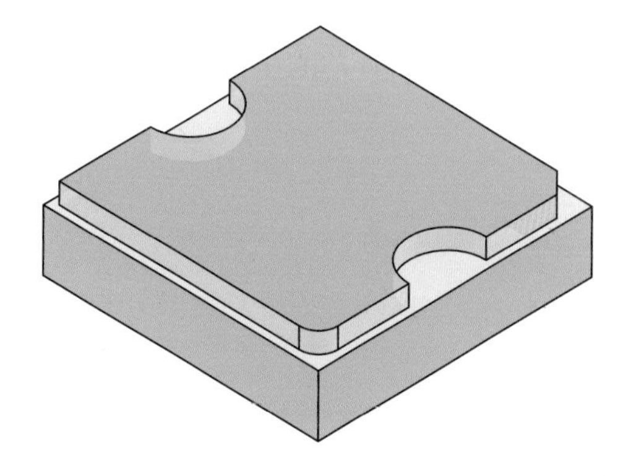

```
O1150 ;
G40    G49    G80 ;
G28    G91    Z0.0 ;
T01    M06 ;
```

공구 매거진에서 공구 교환

공구가 R10.0 가공하는 모습

```
S1000  M03 ;
G54    G00    G90    X-10.0    Y-10.0 ;
       Z10.0 ; …… Z10.0의 위치로 공구 이동
G01    Z-5.0  F100 ;
G41    D01    X5.0 ;
       Y65.0 ;
       X65.0 ;
       Y5.0 ;
       X5.0 ;
       Y25.0 ;
G03    Y45.0  R10.0 ; …… 공구가 반시계 방향이므로 G03이고, X방향으로는
                          공구가 이동을 안했기 때문에 생략했으며, R10.0은
                          반지름이 10.0이기 때문이다.
G01    Y60.0 ;
G02    X10.0  Y65.0  R5.0 ; …… 시계방향이므로 G02이고, R5.0의 끝지점
                               좌표값이 X10.0 Y65.0 이다.
G01    X60.0 ;
       X65.0  Y60.0 ; …… C5를 가공하기 위하여 좌표값이 X65.0  Y60.0이다.
       Y45.0 ;
G03    Y25.0  R10.0 ; …… 반시계 방향이므로 G03이고, X방향으로는 공구가
```

이동을 안했기 때문에 생략했으며, R10.0은 반지름 이 10.0이기 때문이다.

G01　Y10.0 ;

G02　X60.0　Y5.0　R5.0 ; …… 시계방향이므로 G02이고, R5.0의 끝지점 좌표값이 X60.0 Y5.0 이다.

G01　X-10.0 ;

G00　G40　Z200.0 ;

M05 ;

M02 ;

가공이 완성된 제품

- 처음 작업은 안전을 위하여 항상 SINGLE BLOCK으로 한다.
- 특히 Z축으로 공구를 이동할 때는 FEED HOLD 버튼을 눌러 남은 거리를 확인한다.
- 공구와 공작물의 거리를 확인한다.

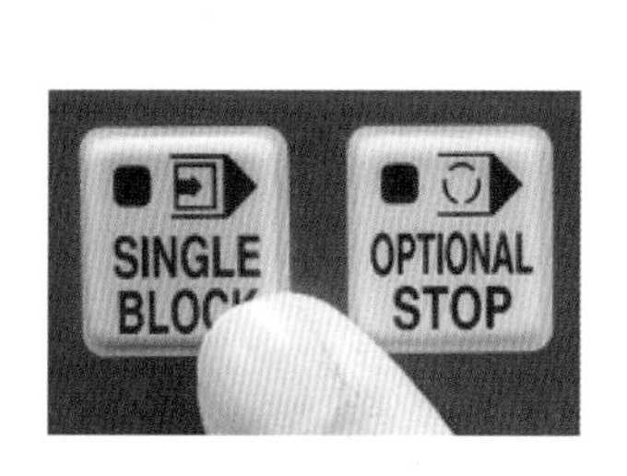

- 남은 거리는 현재 공구의 위치에서 공작물까지의 거리를 의미한다.

※ 남은 거리의 의미만 확실히 이해하면 공구와 공작물이 충돌할 경우는 전혀 없다.

〈남은거리〉
X 0.000
Y 0.000
Z -203.901

작업과제명	원호 절삭하기 (Ⅰ)	소요시간	

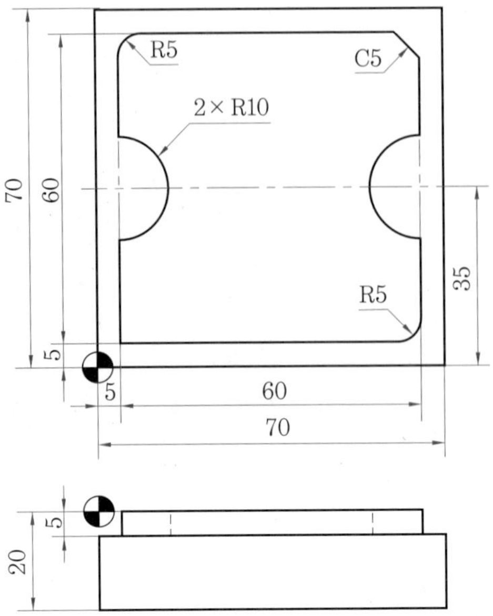

평가 기준

작품 평가 (70점)

주요 항목	도면 치수 (내용)	측정 방법
치수 정밀도 (30)	60	±0.2
	R10, R5	±0.1
	5(가공깊이)	±0.1
	5	±0.2
세팅 (5)	공구 및 공작물 세팅	상 : 한 번 세팅으로 가공 중 : 1회 수정 가공 하 : 2회 이상 수정 가공
외관 (5)	공작물의 외관 상태	상 : 흠집이 전혀 없을 때 중 : 흠집이 2개소 이하 하 : 흠집이 3개소 이상
프로그램 (30)	편집	상 : 중복 가공이 없을 때 중 : 중복 가공 1회일 때 하 : 중복 가공 2회 이상

작업 평가 (20점)

항목	배점
작업 방법	4
작업 태도	4
작업 안전	4
정리 정돈	4
재료 사용	4

시간 평가 (10점)

소요시간 (   )분
초과마다 (   )점
감점

작품 평가	작업 평가	시간 평가	총점

<table>
<tr><td>작업과제명</td><td colspan="4">원호 절삭하기 (II)</td><td>소요시간</td><td></td></tr>
<tr><td>목표</td><td colspan="6">① 작성한 프로그램을 머시닝 센터에 입력할 수 있다.
② 좌표계를 설정하여 위치 결정 및 직선 및 원호 절삭을 할 수 있다.
③ 공구 보정을 할 수 있다.</td></tr>
<tr><td>기계 및 공구</td><td>재료명</td><td>규격</td><td>수량</td><td colspan="3">안전 및 유의사항</td></tr>
<tr><td>머시닝 센터</td><td></td><td>VX−500</td><td>3</td><td colspan="3" rowspan="5">① 기계의 이상 유무를 확인한다.
② 툴 홀더의 풀 스터드가 견고히 고정되어 있는지 확인한다.
③ 공구 길이 보정 상태를 확인하고 작업한다.
④ 위치 결정 시 급속 이송을 할 때 공구의 충돌 여부를 꼭 확인해야 한다.</td></tr>
<tr><td>아큐 센터</td><td></td><td>AC−10</td><td>3</td></tr>
<tr><td>엔드밀</td><td></td><td>ϕ10</td><td>3</td></tr>
<tr><td></td><td>쾌삭 Al</td><td>70×70×20</td><td>3</td></tr>
<tr><td></td><td>USB</td><td>16GB</td><td>3</td></tr>
</table>

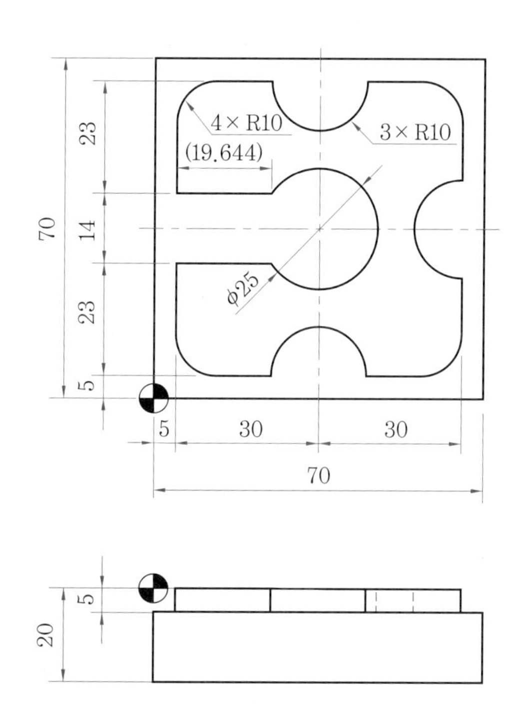

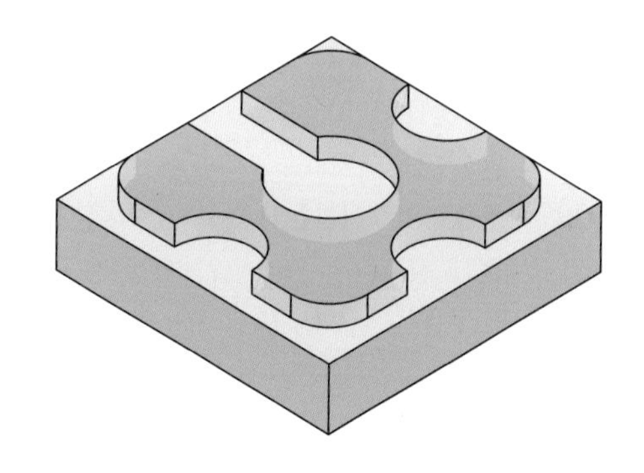

```
O1151 ;
G40   G49    G80 ;
G28   G91    Z0.0 ;
T01   M06 ;
S1000 M03 ;
G54   G00    G90    X-10.0    Y-10.0 ;
      Z10.0 ;
G01   Z-5.0  F100 ;
G41   X5.0   D01 ; …… 공구 지름 보정 좌측
      Y65.0 ;
      X65.0 ;
      Y5.0 ;
      X5.0 ;
      Y28.0 ;
      X47.0 ; …… φ25 가공 시 잔삭을 없게 하기 위하여 X47.0까지 가공
      Y42.0 ;
      X5.0 ;
      Y55.0 ;
G02   X15.0  Y65.0  R10.0 ;
G01   X25.0 ;
G03   X45.0  R10.0 … Y 방향으로는 공구가 이동하지 않았으므로 Y65.0은 생략
G01   X55.0 ;
G02   X65.0  Y55.0  R10.0 ;
G01   Y45.0 ;
G03   Y25.0  R10.0 ; … X 방향으로는 공구가 이동하지 않았으므로 X65.0은 생략
G01   Y15.0 ;
G02   X55.0  Y5.0   R10.0 ;
G01   X45.0 ;
G03   X25.0  R10.0 ; … Y 방향으로는 공구가 이동하지 않았으므로 Y5.0은 생략
G01   X15.0 ;
G02   X5.0   Y15.0  R10.0 ;
      Y35.0 ;
      X47.5 ;
G03   X22.5  R12.0 ; R12.5
      X47.5  R12.0 ; R12.5
G00   Z200.0 ;
G40 ;
M05 ;
M02 ;
```

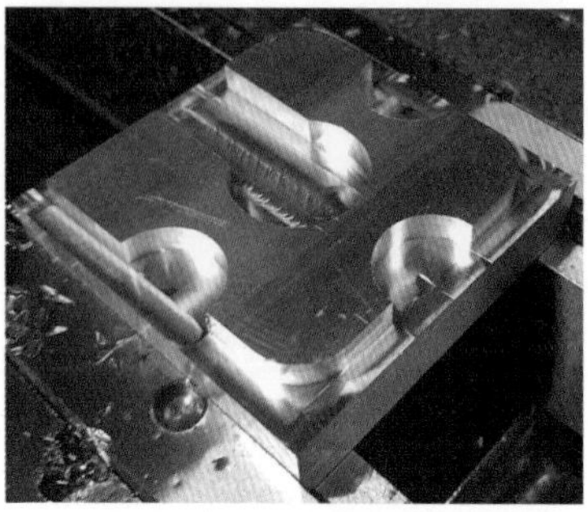

완성된 제품

<table>
<tr><td>작업과제명</td><td colspan="3">원호 절삭하기 (Ⅱ)</td><td>소요시간</td><td></td></tr>
<tr><td colspan="6">평가 기준</td></tr>
<tr><td colspan="3">작품 평가 (70점)</td><td colspan="3">작업 평가 (20점)</td></tr>
<tr><td>주요 항목</td><td>도면 치수 (내용)</td><td>측정 방법</td><td colspan="2">항목</td><td>배점</td></tr>
<tr><td rowspan="4">치수
정밀도
(40)</td><td>60</td><td>±0.1</td><td colspan="2">작업 방법</td><td>4</td></tr>
<tr><td>R10, ϕ25</td><td>±0.1</td><td colspan="2">작업 태도</td><td>4</td></tr>
<tr><td>14</td><td>±0.1</td><td colspan="2">작업 안전</td><td>4</td></tr>
<tr><td>5(가공깊이)</td><td>±0.1</td><td colspan="2">정리 정돈</td><td>4</td></tr>
<tr><td rowspan="2">세팅
(5)</td><td rowspan="2">공작물의
외관 상태</td><td rowspan="2">상 : 한 번 세팅으로 가공
중 : 1회 수정 가공
하 : 2회 이상 수정 가공</td><td colspan="2">재료 사용</td><td>4</td></tr>
<tr><td colspan="3">시간 평가 (10점)</td></tr>
<tr><td>외관
(5)</td><td>공작물의
외관 상태</td><td>상 : 흠집이 전혀 없을 때
중 : 흠집이 2개소 이하
하 : 흠집이 3개소 이상</td><td colspan="3">소요시간 (　　)분
초과마다 (　　)점
감점</td></tr>
<tr><td rowspan="2">프로그램
(20)</td><td rowspan="2">편집</td><td rowspan="2">상 : 중복 가공이 없을 때
중 : 중복 가공 1회일 때
하 : 중복 가공 2회 이상</td><td>작품
평가</td><td>작업
평가</td><td>시간
평가 / 총점</td></tr>
<tr><td></td><td></td><td></td></tr>
</table>

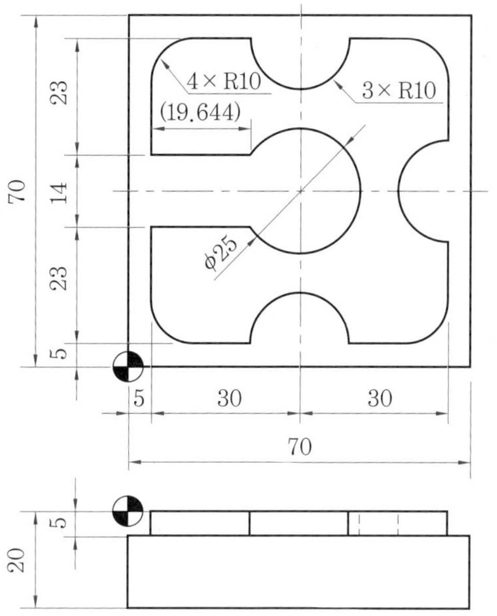

1-5 포켓 가공하기

작업과제명	포켓 가공하기		소요시간	
목표	① 작성한 프로그램을 머시닝 센터에 입력할 수 있다. ② 좌표계를 설정하여 위치 결정 및 직선, 원호 및 포켓 가공을 할 수 있다. ③ 공구 보정을 할 수 있다.			
기계 및 공구	재료명	규격	수량	안전 및 유의사항
머시닝 센터		VX-500	3	① 기계의 이상 유무를 확인한다. ② 툴 홀더의 풀 스터드가 견고히 고정되어 있는지 확인한다. ③ 공구 길이 보정 상태를 확인하고 작업한다. ④ 위치 결정 시 급속 이송을 할 때 공구의 충돌 여부를 꼭 확인해야 한다.
아큐 센터		AC-10	3	
엔드밀		ϕ10	3	
	쾌삭 Al	70×70×20	3	
	USB	16GB	3	

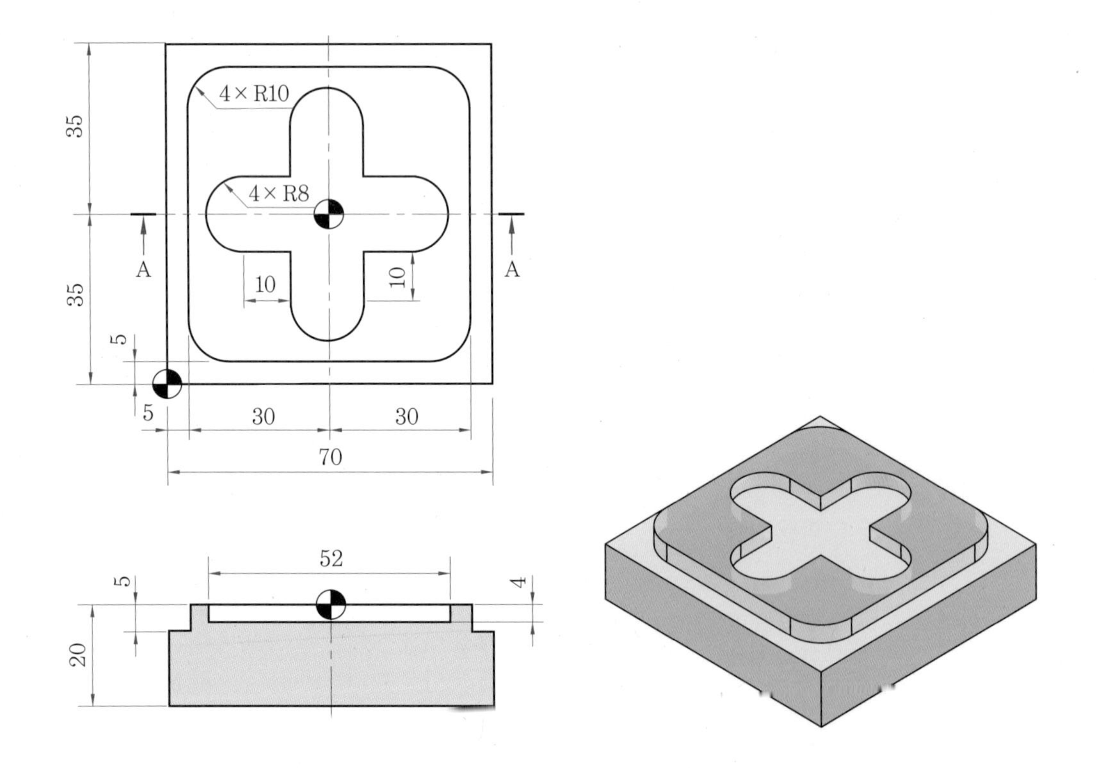

```
O1234 ;
G40    G49    G80 ;
G28    G91    Z0.0 ;
T01    M06 ;
S1000  M03 ;
G54    G90    G00    X-10.0    Y-10.0 ;
       Z10.0 ;
G01    Z-5.0  F100 ;
G41    D01    X5.0 ;
       Y65.0 ;
       X65.0 ;
       Y5.0 ;
       X5.0 ;
       Y55.0 ;
G02    X15.0  Y65.0  R10.0 ;
G01    X55.0 ;
G02    X65.0  Y55.0  R10.0 ;
G01    Y15.0 ;
G02    X55.0  Y5.0   R10.0 ;
G01    X15.0 ;
G02    X5.0   Y15.0  R10.0 ;
G01    X-10.0 ;
G00    G40    Z10.0 ; ……… 포켓 가공을 하기 위하여 공구를 Z10.0의 위치로 이동
       X35.0  Y35.0 ;  …… 포켓 가공을 하기 위하여 공구를 도면의 중심인 X35.0Y35.0의 위치로 이동
```

※ G40부터 X5.0 ; 까지 직선, 원호 및 윤곽가공은 거의 프로그램이 같다.

```
G01    Z-4.0 ;  ……………… 포켓의 깊이가 4mm
G41    Y43.0   D01 ;
G01    X17.0 ;
G03    Y27.0   R8.0 ;
G01    X27.0 ;
       Y17.0 ;
G03    X43.0   R8.0 ;
G01    Y27.0 ;
       X53.0 ;
G03    Y43.0   R8.0 ;
G01    X43.0 ;
       Y53.0 ;
G03    X28.0   R8.0 ;
G01    Y35.0 ;
G00    Z200. ;
G40 ;
M05 ;
M02 ;
```

포켓 가공 중

완성된 제품

작업과제명	포켓 가공하기	소요시간	

평가 기준

<table>
<tr><th colspan="3">작품 평가 (70점)</th><th colspan="4">작업 평가 (20점)</th></tr>
<tr><th>주요 항목</th><th>도면 치수 (내용)</th><th>측정 방법</th><th colspan="2">항목</th><th colspan="2">배점</th></tr>
<tr><td rowspan="4">치수
정밀도
(30)</td><td>60</td><td>±0.1</td><td colspan="2">작업 방법</td><td colspan="2">4</td></tr>
<tr><td>16</td><td>±0.1</td><td colspan="2">작업 태도</td><td colspan="2">4</td></tr>
<tr><td>R10</td><td>±0.1</td><td colspan="2">작업 안전</td><td colspan="2">4</td></tr>
<tr><td>5(가공 깊이)</td><td>±0.1</td><td colspan="2">정리 정돈</td><td colspan="2">4</td></tr>
<tr><td rowspan="2">세팅
(5)</td><td rowspan="2">공구 및
공작물 세팅</td><td rowspan="2">상 : 한 번 세팅으로 가공
중 : 1회 수정 가공
하 : 2회 이상 수정 가공</td><td colspan="2">재료 사용</td><td colspan="2">4</td></tr>
<tr><td colspan="4">시간 평가 (10점)</td></tr>
<tr><td>외관
(5)</td><td>공작물의
외관 상태</td><td>상 : 흠집이 전혀 없을 때
중 : 흠집이 2개소 이하
하 : 흠집이 3개소 이상</td><td colspan="4">소요시간 (　　)분
초과마다 (　　)점
감점</td></tr>
<tr><td rowspan="2">프로그램
(30)</td><td rowspan="2">편집</td><td rowspan="2">상 : 중복 가공이 없을 때
중 : 중복 가공 1회일 때
하 : 중복 가공 2회 이상</td><td>작품
평가</td><td>작업
평가</td><td>시간
평가</td><td>총점</td></tr>
<tr><td></td><td></td><td></td><td></td></tr>
</table>

2. 머시닝 센터 고정 사이클 가공

2-1 드릴링하기

작업과제명	드릴링하기 (I)			소요시간	
목표	① 작성한 프로그램을 머시닝 센터에 입력할 수 있다. ② 좌표계를 설정하여 위치 결정 및 직선, 원호 및 포켓 가공을 할 수 있다. ③ 공구 보정을 할 수 있다. ④ 고정 사이클(G73, G81)을 이용하여 프로그래밍할 수 있다.				
기계 및 공구	재료명	규격	수량	안전 및 유의사항	
머시닝 센터		VX-500	3	① 기계의 이상 유무를 확인한다. ② 툴 홀더의 풀 스터드가 견고히 고정되어 있는지 확인한다. ③ 위치 결정 시 급속 이송을 할 때 공구의 충돌 여부를 꼭 확인해야 한다. ④ 드릴 작업 시에는 칩의 배출이 중요하므로 칩의 배출이 원활히 되도록 프로그래밍해야 한다. ⑤ 가공물 아래에 고정한 평행대가 구멍의 아래에 오지 않도록 주의해야 한다.	
아큐 센터		AC-10	3		
엔드밀		$\phi10$	3		
드릴		$\phi8$	3		
센터 드릴		$\phi3$	3		
	쾌삭 Al	70×70×20	3		
	USB	16GB	3		

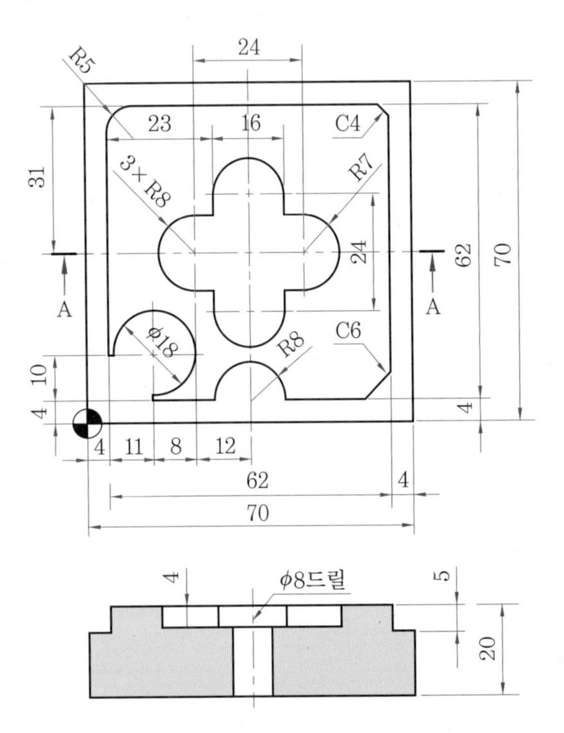

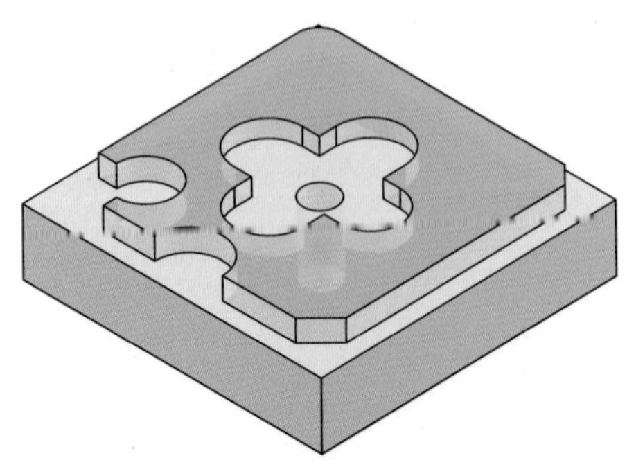

공구	공구 번호	주축 회전수	이송속도(mm/min)	보정 번호
ϕ10-2날	T01	1000	100	D01 H01
ϕ3 센터 드릴	T02	1300	100	H02
ϕ8 드릴	T03	800	100	H03
아큐 센터	T21	500	100	

(1) G81 프로그램

```
G43 H02 Z10. ;
G81 G99 Z-3. R5. F100 ;
```

O1111 ;
G40 G49 G80 ; …… 프로그램 초기 지령문으로 모든 보정값 취소
G28 G91 Z0.0 ; …… 증분좌표 지령으로 자동 원점 복귀
T02 M06 ; …… 2번 공구(센터 드릴)로 공구 교환을 하는 이유 : ϕ8 구멍 가공을 하기 위한 마킹 작업
S1300 M03 ; …… 1300 rpm으로 주축 정회전
G54 G90 G00 X35.0 Y35.0 ; …… 공작물 좌표계 1번 선택하면서 절대 좌표로 드릴가공을 위한 구멍 위치로 급속 이송
G43 H02 Z10.0 ; …… +방향 공구 길이 보정을 하면서 Z10.0의 위치로 공구 이동
G81 G99 Z-3.0 R5.0 F100 ; …… 스폿 드릴링 사이클로 Z-3.0까지 가공한 후 R점(Z5.0)으로 공구 복귀

Z10.0의 위치에 있는 센터 드릴

(2) G73 프로그램

```
G43 H03 G00 Z10. ;
G73 G99 Z-25. R5. Q3. F100 ;
```

G49 G80 G00 Z200.0 ; …… 공구 길이 보정, 고정 사이클 취소하면서 Z200.0 까지 공구 이동

G28 G91 Z0.0 ;

T03 M06 ; …… 3번 공구(드릴)로 공구 교환

S800 M03 ;

G54 G90 X35.0 Y35.0 ;

G43 H03 Z10.0 ; …… +방향 공구 길이 보정을 하면서 Z10.0의 위치로 공구 이동

G73 G99 Z-25.0 R5.0 Q3.0 F100 ; …… 고정 사이클 기능 중 드릴링 가공을 하기 위하여 초기점 R5.0이며, 매회 절입량 3mm(Q3.0), 이송속도 100mm/min으로 가공

G49 G80 G00 Z200.0 ;

G28 G91 Z0.0 ;

T01 M06 ; …… 1번 공구(엔드밀)로 공구 교환

S1000 M03 ;

Z10.0의 위치에 있는 드릴

Z-23.0 가공

```
G00    G54    G90    X-10.0    Y-10.0 ;
G43    Z10.0  H01 ;
G01    Z-5.0  F100 ;
G41    D01    X4.0 ;
       Y66.0 ;
       X66.0 ;
       Y4.0 ;
       X15.0 ;
       Y5.0 ;
G03    X6.0   Y14.0   R-9.0 ; …… 원호에서 180° 이상의 원호를 지령할 때는
                                  반지름은 "-" 값으로 지령한다.
G01    X4.0 ;
       Y61.0 ;
G02    X9.0   Y66.0   R5.0 ;
G01    X62.0 ;
       X66.0  Y62.0 ;
       Y10.0 ;
       X60.0  Y4.0 ;
       X43.0 ;
G03    X27.0  R8.0 ;
G01    X-10.0 ;
G00    Z10.0 ;
G40 ;
       X35.0   Y35.0 ;
G01    Z-3.0   F100 ;
G41    D01     Y55.0 ;
G03    X27.0   Y47.0    R8.0 ;
G01    Y43.0 ;
       X23.0 ;
G03    Y27.0   R8.0 ;
G01    X27.0 ;
       Y23.0 ;
G03    X43.0   R8.0 ;
G01    Y28.0 ;

       X47.0 ;
```

R-9.0 가공

절삭유를 사용해서 가공된 제품

```
G03    Y42.0    R7.0 ;
G01    X43.0 ;
       Y47.0 ;
G03    X27.0    R8.0 ;
G01    Z20.0 ;
G40    G00      Z200.0 ;
M05 ;
M02 ;
```

완성된 제품

작업과제명	드릴링하기 (Ⅰ)	소요시간	

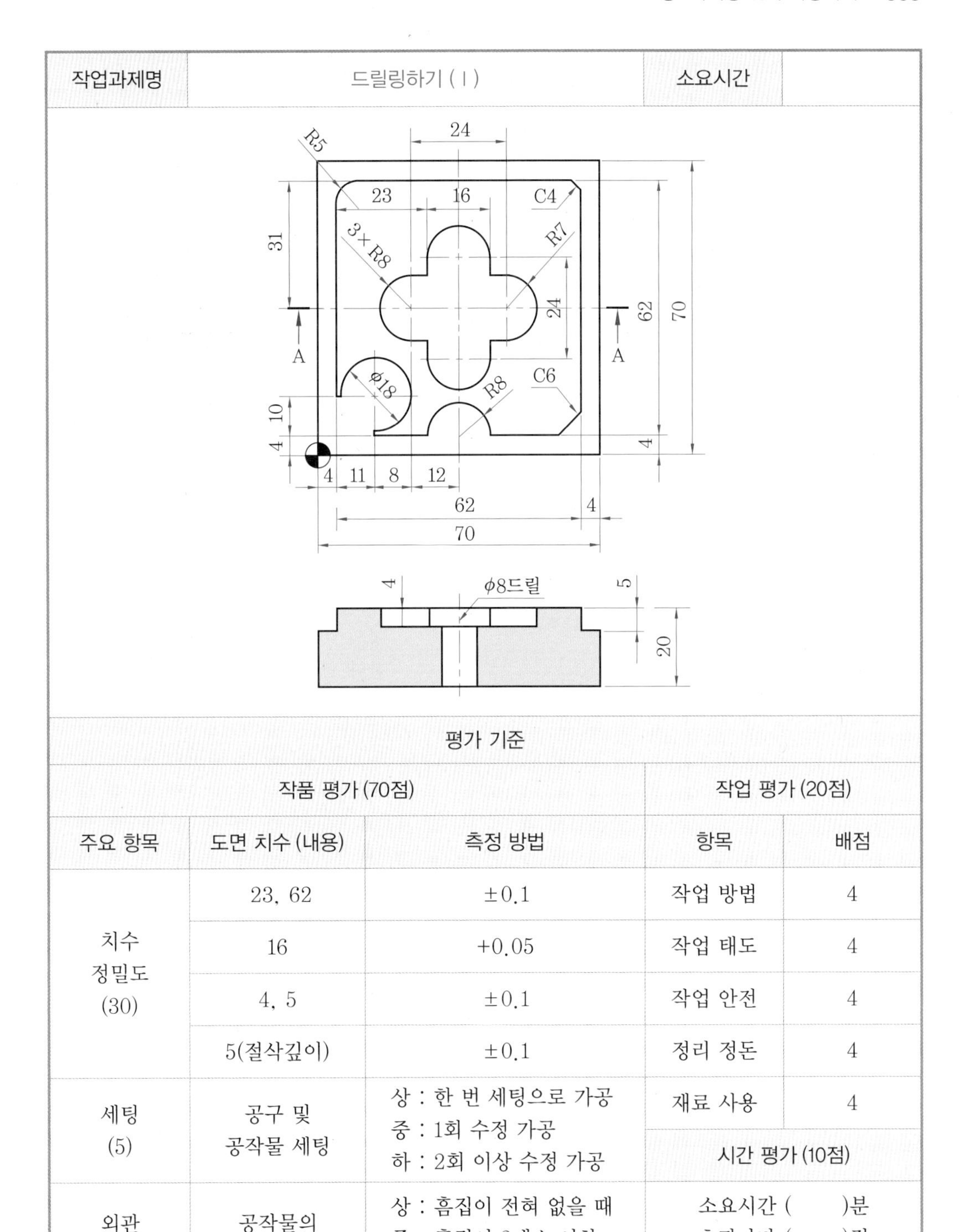

평가 기준				
작품 평가 (70점)			작업 평가 (20점)	
주요 항목	도면 치수 (내용)	측정 방법	항목	배점
치수 정밀도 (30)	23, 62	±0.1	작업 방법	4
	16	+0.05	작업 태도	4
	4, 5	±0.1	작업 안전	4
	5(절삭깊이)	±0.1	정리 정돈	4
세팅 (5)	공구 및 공작물 세팅	상 : 한 번 세팅으로 가공 중 : 1회 수정 가공 하 : 2회 이상 수정 가공	재료 사용	4
			시간 평가 (10점)	
외관 (5)	공작물의 외관 상테	상 : 흠집이 전혀 없을 때 중 : 흠집이 2개소 이하 하 : 흠집이 3개소 이상	소요시간 (　　)분 초과마다 (　　)점 감점	
프로그램 (30)	편집	상 : 중복 가공이 없을 때 중 : 중복 가공 1회일 때 하 : 중복 가공 2회 이상	작품 평가 / 작업 평가 / 시간 평가 / 총점	

작업과제명	드릴링하기 (II)		소요시간	
목표	① 작성한 프로그램을 머시닝 센터에 입력할 수 있다. ② 좌표계를 설정하여 위치 결정 및 직선, 원호 및 포켓 가공을 할 수 있다. ③ 공구 보정을 할 수 있다. ④ 고정 사이클(G73, G81)을 이용하여 프로그래밍할 수 있어야 한다.			
기계 및 공구	재료명	규격	수량	안전 및 유의사항
머시닝 센터		X-500	3	① 기계의 이상 유무를 확인한다. ② 툴 홀더의 풀 스터드가 견고히 고정되어 있는지 확인한다. ③ 위치 결정 시 급속 이송을 할 때 공구의 충돌 여부를 꼭 확인해야 한다. ④ 드릴 작업 시에는 칩의 배출이 중요하므로 칩의 배출이 원활히 되도록 프로그래밍해야 한다. ⑤ 가공물 아래에 고정한 평행대가 구멍의 아래에 오지 않도록 주의해야 한다.
아큐 센터		AC-10	3	
엔드밀		ϕ10	3	
드릴		ϕ8	3	
센터 드릴		ϕ3	3	
	쾌삭 Al	70×70×20	3	
	USB	16GB	3	

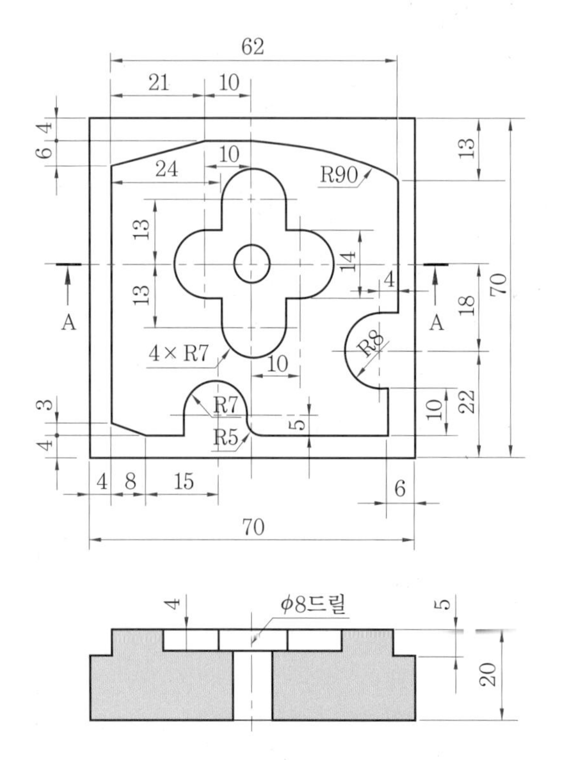

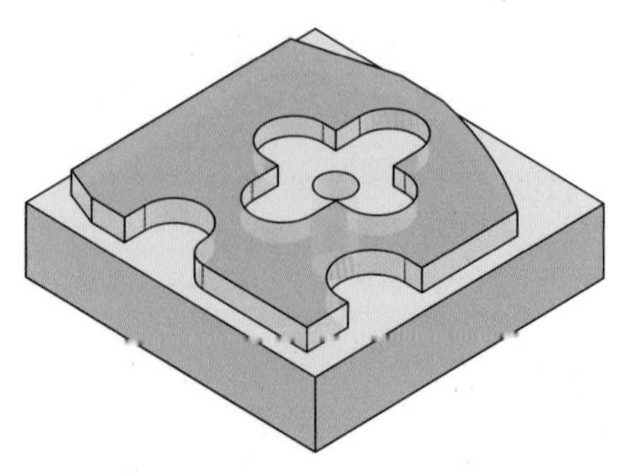

공구	공구 번호	주축 회전수	이송속도(mm/min)	보정 번호
φ10-2날	T01	1000	100	D01 H01
센터 드릴	T02	1300	100	H02
드릴	T03	800	100	H03
아큐 센터	T21	500		

```
O1235 ;
G40    G49    G80 ;
G28    G91    Z0.0 ;
T02    M06 ;
S1300  M03 ;
G54    G90    G00     X35.0   Y40.0 ;
G43    H02    Z10.0 ;
G81    G99    Z-3.0   R5.0    F100 ;
G49    G80    G00     Z200.0 ;
G28    G91    Z0.0 ;
T03    M06
S800   M03 ;
G43    H03    Z10.0 ;
G73    G99    Z-23.0  R5.0    Q3.0    F100 ; ……
G49    G80    G00     Z200.0 ;
G28    G91    Z0.0 ;
T01    M06 ;
S1000  M03 ;
G00    X-10.0 Y-10.0 ;
       Z10.0 ;
G01    Z-5.0  F100 ;
G41    D01    X4.0 ;
G01    Y60.0 ;
       X25.0  Y66.0 ;
       X35.0 ;
G02    X66.0  Y57.0   R90.0 ;
G01    Y30.0 ;
       X60.0 ;
```

…… Z-23.0이 되는 이유 : 예를 들어 지름 10mm인 표준 드릴의 드릴 끝점 길이를 구하려면 h=드릴 지름$(d) \times k = 10 \times 0.29 = 2.9$mm이나 일반적으로 실제 작업에서는 드릴 끝점의 길이보다 약간 길게 구멍을 뚫어야 하므로 Z-23.0 또는 Z-24.0으로 프로그래밍한다.

```
G03   Y14.0   R8.0 ;
G01   X64.0 ;
      Y4.0 ;
      X39.0 ;
G02   X34.0   Y9.0      R5.0 ;
G03   X20.0   R7.0 ;
G01   Y4.0 ;
      X12.0 ;
      X4.0    Y7.0 ;
      Y66.0 ;
      X66.0 ;
      Y4.0 ;
      X-10.0 ;
G49   G00     Z50.0 ;
      X35.0   Y40.0 ;
G43   Z10.0   H01 ;
G01   Z-4.0   F100 ;
G41   D01     X42.0 ;
G01   Y53.0 ;
G03   X28.0   R7.0 ;
G01   Y47.0 ;
      X25.0 ;
G03   Y33.0   R7.0 ;
G01   X28.0 ;
      Y27.0 ;
G03   X42.0   R7.0 ;
G01   Y33.0 ;
      X45.0 ;
G03   Y47.0   R7.0 ;
G01   X35.0 ;
G40   G00     Z200.0 ;
M05 ;
M02 ;
```

완성된 제품

작업과제명	드릴링하기 (II)	소요시간	

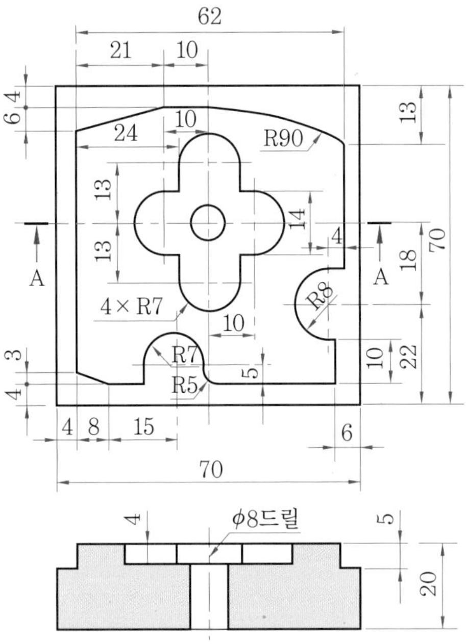

평가 기준

작품 평가 (70점)			작업 평가 (10점)	
주요 항목	도면 치수 (내용)	측정 방법	항목	배점
치수 정밀도 (30)	62	±0.1	작업 방법	2
	10, 14	±0.1	작업 태도	2
	24	±0.1	작업 안전	2
	4(절삭깊이)	±0.1	정리 정돈	2
세팅 (5)	공구 및 공작물 세팅	상 : 한 번 세팅으로 가공 중 : 1회 수정 가공 하 : 2회 이상 수정 가공	재료 사용	2
			시간 평가 (20점)	
외관 (5)	공작물의 외관 상태	상 : 흠집이 전혀 없을 때 중 : 흠집이 2개소 이하 하 : 흠집이 3개소 이상	소요시간 (　　)분 초과마다 (　　)점 감점	
프로그램 (30)	편집	상 : 중복 가공이 없을 때 중 : 중복 가공 1회일 때 하 : 중복 가공 2회 이상		

작품 평가	작업 평가	시간 평가	총점

작업과제명	드릴링하기 (Ⅲ)		소요시간	
목표	① 작성한 프로그램을 머시닝 센터에 입력할 수 있다. ② 좌표계를 설정하여 위치 결정 및 직선, 원호 및 포켓 가공을 할 수 있다. ③ 공구 보정을 할 수 있다. ④ 고정 사이클(G73, G81)을 이용하여 프로그래밍할 수 있다.			
기계 및 공구	재료명	규격	수량	안전 및 유의사항
머시닝 센터		VX-500	3	① 기계의 이상 유무를 확인한다. ② 툴 홀더의 풀 스터드가 견고히 고정되어 있는지 확인한다. ③ 위치 결정 시 급속 이송을 할 때 공구의 충돌 여부를 꼭 확인해야 한다. ④ 드릴 작업 시에는 칩의 배출이 중요하므로 칩의 배출이 원활히 되도록 프로그래밍해야 한다. ⑤ 가공물 아래에 고정한 평행대가 구멍의 아래에 오지 않도록 주의해야 한다.
아큐 센터		AC-10	3	
엔드밀		ϕ10	3	
드릴		ϕ8	3	
센터 드릴		ϕ3	3	
	쾌삭 Al	70×70×20	3	
	USB	16GB	3	

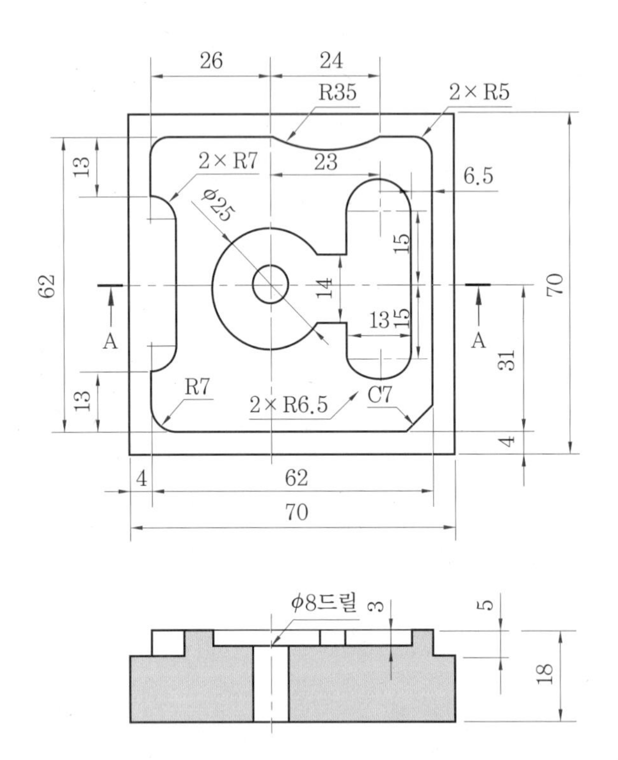

```
O1113 ;
G40   G49    G80 ;
G28   G91    Z0.0 ;
T02   M06 ;
S1300 M03 ;
G54   G90    G00    X30.0  Y35.0 ;
G43   H02    Z10.0 ;
G81   G99    Z-3.0  R5.0   F100 ;
G49   G80    G00    Z100.0 ;
G28   G91    Z0.0 ;
T03   M06 ;
S800  M03 ;
G54   G90    G00    X30.0  Y35.0 ;
G43   Z10.0  H03 ;
G73   G99    Z-21.0 R5.0   Q3.0   F100 ;
G49   G80    G00    Z100.0 ;
G28   G91    Z0.0 ;
T01   M06 ;
S1000 M03 ;
G00   X-10.0 Y-10.0 ;
      Z10.0 ;
G01   Z-5.0  F100 ;
G41   X4.0   D01 ;
      Y66.0 ;
      X66.0 ;
      Y4.0 ;
      X11.0 ;
G02   X4.0   Y11.0  R7.0 ;
G01   Y17.0 ;
G03   X11.0  Y24.0  R7.0 ;
G01   Y46.0 ;
G03   X4.0   Y53.0  R7.0 ;
G01   Y61.0 ;
G02   X9.0   Y66.0  R5.0 ;
G01   X30.0 ;
```

```
G03   X54.0   R35.0 ;
G01   X61.0 ;
G02   X66.0   Y61.0   R5.0 ;
G01   Y11.0 ;
      X59.0   Y4.0 ;
      X-10.0 ;
G00   Z20.0 ;
G40   X30.0   Y35.0 ;
G01   Z-3.0   F100 ;
G41   D01     X42.5 ; …… 원호의 지름이 25이므로 30+반지름 12.5=42.5
G03   I-12.5 ; ……………… X42.5에서 지름 25를 가공
      I-12.5 ; ……………… 지름 25 가공 후 잔삭을 고려하여 한 번 더 가공
G00   Z10.0 ;
G40   X30.0   Y35.0 ;
G01   Z-3.0   F100 ;
G41   D01     Y28.0 ;
      X46.5 ;
      Y20.0 ;
G03   X59.5   R6.5 ;
G01   Y50.0 ;
G03   X46.5   R6.5 ;
G01   Y50.0 ;
G03   X46.5   R6.5 ;
G01   Y42.0 ;
      X30.0 ;
G00   Z200.0 ;
M05 ;
M02 ;
```

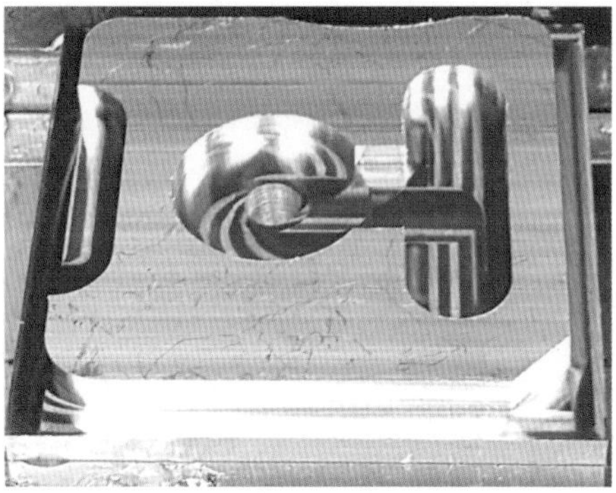

완성된 제품

작업과제명	드릴링하기 (Ⅲ)	소요시간	

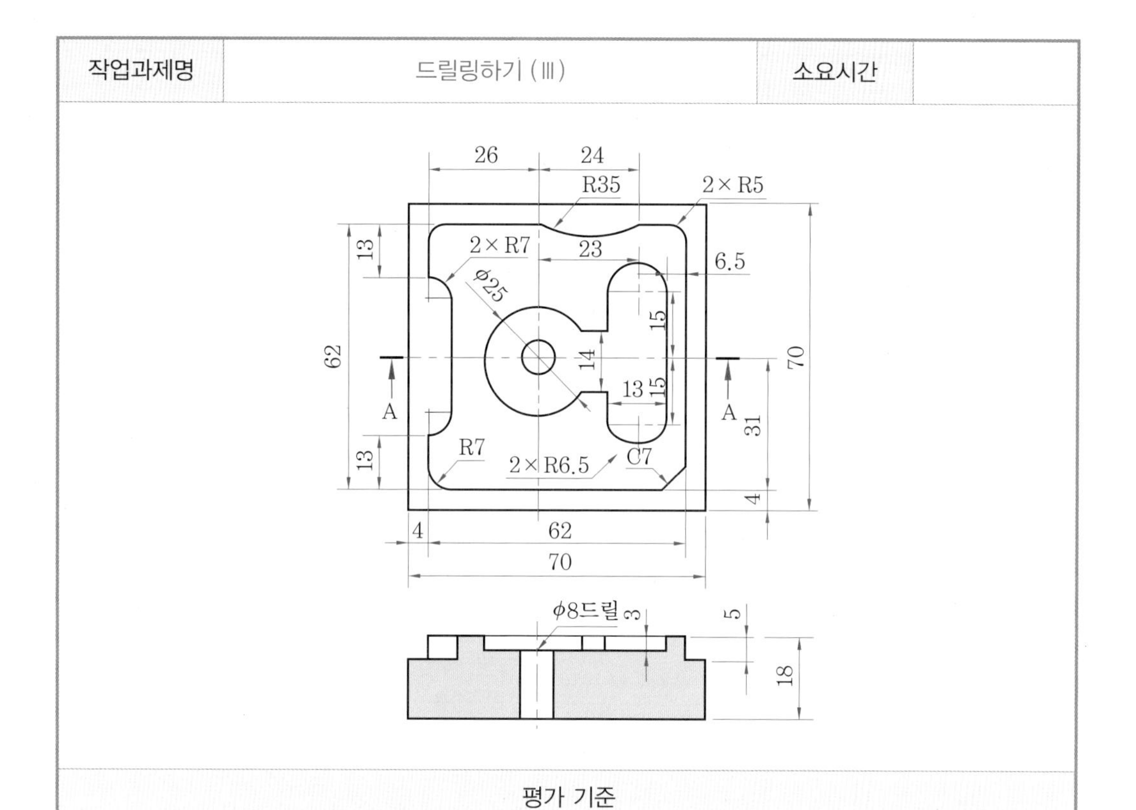

평가 기준

작품 평가 (70점)		
주요 항목	도면 치수 (내용)	측정 방법
치수 정밀도 (35)	62	±0.1
	43	±0.1
	13	±0.1
	5	±0.1
세팅 (5)	공구 및 공작물 세팅	상 : 한 번 세팅으로 가공 중 : 1회 수정 가공 하 : 2회 이상 수정 가공
외관 (5)	공작물의 외관 상태	상 : 흠집이 전혀 없을 때 중 : 흠집이 2개소 이하 하 : 흠집이 3개소 이상
프로그램 (25)	편집	상 : 중복 가공이 없을 때 중 : 중복 가공 1회일 때 하 : 중복 가공 2회 이상

작업 평가 (10점)	
항목	배점
작업 방법	2
작업 태도	2
작업 안전	2
정리 정돈	2
재료 사용	2

시간 평가 (20점)
소요시간 (　　)분 초과마다 (　　)점 감점

작품 평가	작업 평가	시간 평가	총점

2-2 태핑하기

작업과제명	태핑하기 (Ⅰ)			소요시간
목표	① 작성한 프로그램을 머시닝 센터에 입력할 수 있다. ② 좌표계를 설정하여 위치 결정 및 직선, 원호 및 포켓 가공을 할 수 있다. ③ 공구 보정을 할 수 있다. ④ 고정 사이클(G73, G81, G84)을 이용하여 프로그래밍할 수 있다.			
기계 및 공구	재료명	규격	수량	안전 및 유의사항
머시닝 센터		VX-500	3	① 기계의 이상 유무를 확인한다. ② 툴 홀더의 풀 스터드가 견고히 고정되어 있는지 확인한다. ③ 위치 결정 시 급속 이송을 할 때 공구의 충돌 여부를 꼭 확인해야 한다. ④ 드릴 작업 시에는 칩의 배출이 중요하므로 칩의 배출이 원활히 되도록 프로그래밍해야 한다. ⑤ 가공물 아래에 고정한 평행대가 구멍의 아래에 오지 않도록 주의해야 한다. ⑥ 태핑 작업의 경우 이송값이 정수가 되도록 주축 회전수를 정한다.
아큐 센터		AC-10	3	
엔드밀		ϕ10	3	
드릴		ϕ7	3	
센터 드릴		ϕ3	3	
탭		M8×1.25	3	
	쾌삭 Al	70×70×20	3	
	USB	16GB	3	

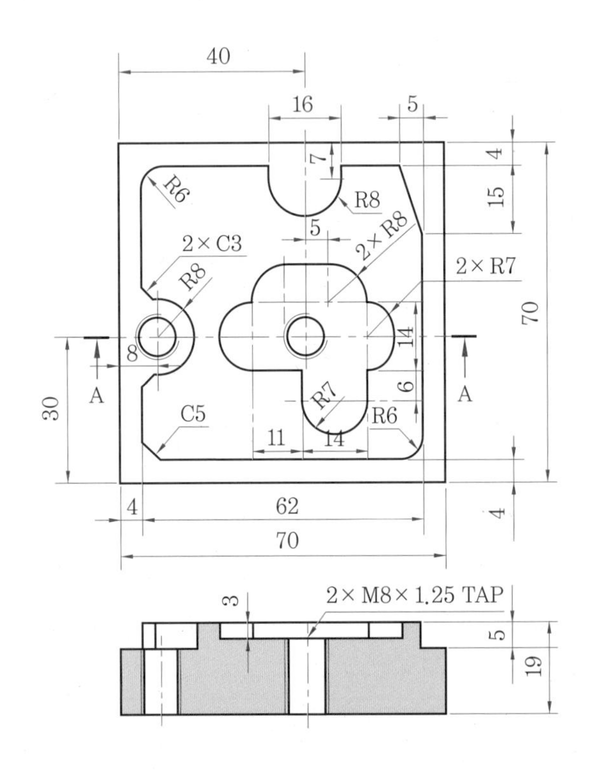

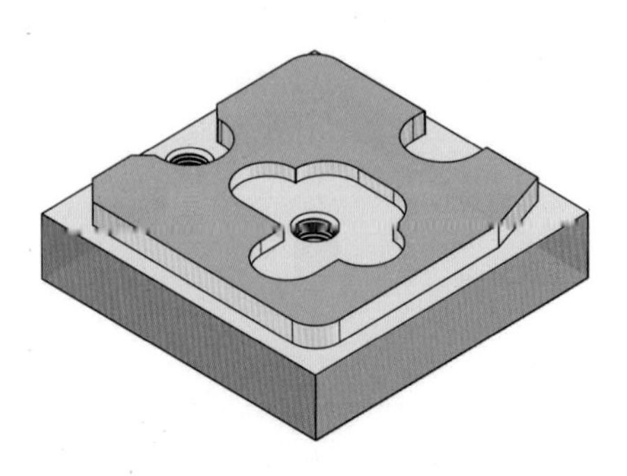

공구	공구 번호	주축 회전수	이송속도(mm/min)	보정 번호
φ10-2날	T01	1000	100	D01 H01
φ3 센터 드릴	T02	1300	100	H02
φ7 드릴	T03	1000	100	H03
M8×1.25 탭	T04	200	250	H04
아큐 센터	T21	500		

```
O1318 ;
G40    G49    G80 ;
G28    G91    Z0.0 ;
T02    M06 ;
S1300  M03 ;
G54    G90    G00     X8.0    Y30.0 ;
G43    Z10.0  H02 ;
G81    G98    Z-3.0   R5.0    F100   M08 ;
       X40.0 ;
G49    G80    G00     Z100.0  M09 ;
G28    G91    Z0.0 ;
T03    M06 ;
S1000  M03 ;
G43    G00    Z10.0   H03 ;
G73    G99    Z-22.0  R5.0    Q3.0   F100   M08 ;
       X8.0 ;
G49    G80    G00     Z200.0  M09 ;
M05 ;
G28    G91    Z0.0 ;
T04    M06 ;
S200   M03 ;
G54    G00    G90     X40.0   Y30.0 ;
G43    Z10.0  H04 ;
G84    G99    Z-25.0  R5.0    F250 ; …… F=n×f 이므로 F=200×1.25=250
```

```
PROGRAM    BC:00000044
S200 M03 ;
G43 H04 G00 Z10. ;
G84 G99 Z-25. R5. F250 ;
```

태핑 가공 프로그램

태핑 가공

```
      X8.0   Y30.0
G80   G49    G00    Z200.0 ;
G28   G91    Z0.0 ;
T01   M06 ;
S1000 M03 ;
G54   G90    G00    X-10.0  Y-10.0 ;
G43   Z10.0  H01 ;
G01   Z-5.0  F100 ;
G41   D01    X4.0 ;
      Y66.0 ;
      X66.0 ;
      Y4.0 ;
      X9.0 ;
      X4.0   Y9.0 ;
      Y19.0 ;
      X7.0   Y22.0 ;
      X8.0 ;
G03   Y38.0  R8.0 ;
G01   X7.0 ;
      X4.0   Y41.0 ;
      Y60.0 ;
G02   X10.0  Y66.0  R6.0 ;
G01   X32.0 ;
      Y63.0 ;
G03   X47.0  R8.0 ;
G01   Y66.0 ;
```

```
        X61.0 ;
        X66.0  Y51.0 ;
        Y10.0 ;
G02     X60.0  Y4.0    R6.0 ;
G01     X-10.0 ;
G00     Z20.0 ;
G40     X40.0  Y30.0 ;
Z10.0 ;
G01     Z-3.0  F100 ;
G41     D01    X60.0 ;
G03     I-7.0 ;
G03     X53.0  Y37.0   R7.0 ;
G03     X45.0  Y45.0   R8.0 ;
G01     X36.0 ;
G03     X28.0  Y37.0   R8.0 ;
G03     Y23.0  R7.0 ;
G01     X39.0 ;
        Y17.0 ;
G03     X53.0  R7.0 ;
G01     Y37.0 ;
        X38.0 ;
G40     G49    G00     Z200.0 ;
M05 ;
M02 ;
```

완성된 제품

작업과제명	태핑하기 (Ⅰ)	소요시간	

<table>
<tr><th colspan="5">평가 기준</th></tr>
<tr><th colspan="3">작품 평가 (70점)</th><th colspan="2">작업 평가 (10점)</th></tr>
<tr><th>주요 항목</th><th>도면 치수 (내용)</th><th>측정 방법</th><th>항목</th><th>배점</th></tr>
<tr><td rowspan="4">치수
정밀도
(40)</td><td>62</td><td>±0.1</td><td>작업 방법</td><td>2</td></tr>
<tr><td>16</td><td>±0.05</td><td>작업 태도</td><td>2</td></tr>
<tr><td>14</td><td>±0.1</td><td>작업 안전</td><td>2</td></tr>
<tr><td>4</td><td>±0.2</td><td>정리 정돈</td><td>2</td></tr>
<tr><td rowspan="2">세팅
(5)</td><td rowspan="2">공구 및
공작물 세팅</td><td rowspan="2">상 : 한 번 세팅으로 가공
중 : 1회 수정 가공
하 : 2회 이상 수정 가공</td><td>재료 사용</td><td>2</td></tr>
<tr><th colspan="2">시간 평가 (20점)</th></tr>
<tr><td>외관
(5)</td><td>공작물의
외관 상태</td><td>상 : 흠집이 전혀 없을 때
중 : 흠집이 2개소 이하
하 : 흠집이 3개소 이상</td><td colspan="2">소요시간 (　　)분
초과마다 (　　)점
감점</td></tr>
<tr><td>프로그램
(20)</td><td>편집</td><td>상 : 중복 가공이 없을 때
중 : 중복 가공 1회일 때
하 : 중복 가공 2회 이상</td><td colspan="2"><table><tr><th>작품
평가</th><th>작업
평가</th><th>시간
평가</th><th>총점</th></tr><tr><td></td><td></td><td></td><td></td></tr></table></td></tr>
</table>

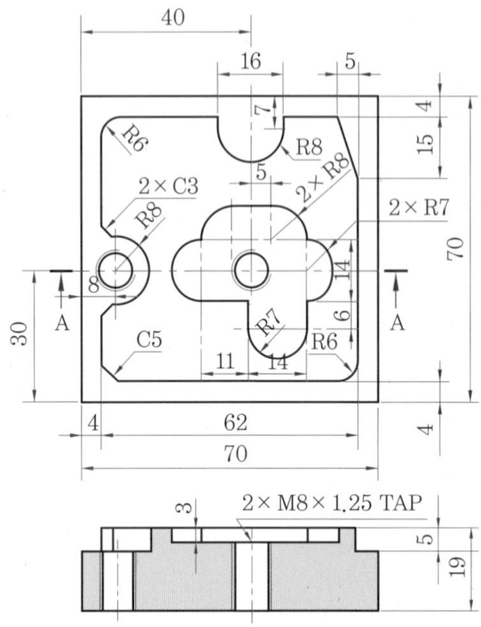

<table>
<tr><td>작업과제명</td><td colspan="3">태핑하기 (Ⅱ)</td><td>소요시간</td></tr>
<tr><td>목표</td><td colspan="4">① 작성한 프로그램을 머시닝 센터에 입력할 수 있다.
② 좌표계를 설정하여 위치 결정 및 직선, 원호 및 포켓 가공을 할 수 있다.
③ 공구 보정을 할 수 있다.
④ 고정 사이클(G73, G81, G84)을 이용하여 프로그래밍할 수 있다.</td></tr>
<tr><td>기계 및 공구</td><td>재료명</td><td>규격</td><td>수량</td><td>안전 및 유의사항</td></tr>
<tr><td>머시닝 센터</td><td></td><td>VX-500</td><td>3</td><td rowspan="8">① 기계의 이상 유무를 확인한다.
② 툴 홀더의 풀 스터드가 견고히 고정되어 있는지 확인한다.
③ 위치 결정 시 급속 이송을 할 때 공구의 충돌 여부를 꼭 확인해야 한다.
④ 드릴 작업 시에는 칩의 배출이 중요하므로 칩의 배출이 원활히 되도록 프로그래밍해야 한다.
⑤ 가공물 아래에 고정한 평행대가 구멍의 아래에 오지 않도록 주의해야 한다.
⑥ 태핑 작업의 경우 이송값이 정수가 되도록 주축 회전수를 정한다.</td></tr>
<tr><td>아큐 센터</td><td></td><td>AC-10</td><td>3</td></tr>
<tr><td>엔드밀</td><td></td><td>φ10</td><td>3</td></tr>
<tr><td>드릴</td><td></td><td>φ7</td><td>3</td></tr>
<tr><td>센터 드릴</td><td></td><td>φ3</td><td>3</td></tr>
<tr><td>탭</td><td></td><td>M8×1.25</td><td>3</td></tr>
<tr><td></td><td>쾌삭 Al</td><td>70×70×20</td><td>3</td></tr>
<tr><td></td><td>USB</td><td>16GB</td><td>3</td></tr>
</table>

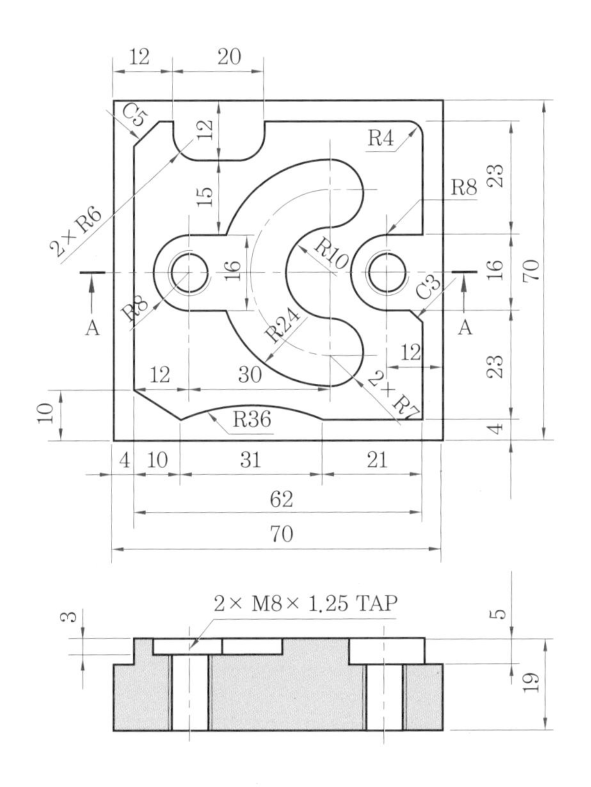

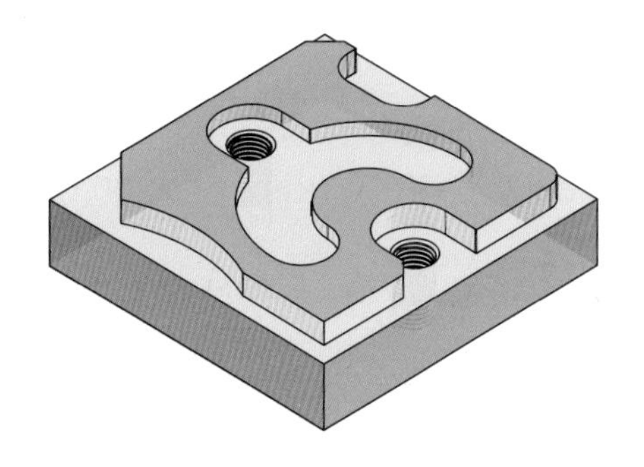

공구	공구 번호	주축 회전수	이송속도(mm/min)	보정 번호
ϕ10-2날	T01	1000	100	D01 H01
ϕ3 센터 드릴	T02	1300	100	H02
ϕ7 드릴	T03	800	100	H03
M8×1.25 탭	T04	200	250	H04
아큐 센터	T21	500		

```
O1306 ;
G40    G49    G80 ;
G28    G91    Z0.0 ;
T02    M06 ;
S1300  M03 ;
G54    G90    G00     X16.0   Y35.0 ;
G43    H02    Z50.0 ; ······ 머시닝 센터 가공에서 Z축이 내려올 때 충돌할 위험이 제
                             일 크기 때문에 Z10.0으로 공구가 이동하기 전에 Z50.0
                             또는 Z100.0으로 공구를 피드 홀드 버튼 또는 싱글 블
                             록으로 이동한 다음 남은 거리를 확인한 후 가공을 하면
                             안전하게 할 수 있다.
Z10.0 ;
G81    G99    Z-3.0   R5.0    F100 ;
       X58.0  Y35.0
G80    G49    G00     Z200.0 ;
G28    G91    Z0.0 ;
T03    M06 ;
S1000  M03 ;
G43    H03    G00     Z10.0 ;
G73    G99    Z-22.0  R50.0   Q3.0   F100 ;
       X16.0  Y35.0 ;
G80    G49    G00     Z200.0 ;
G28    G91    Z0.0 ;
T04    M06 ;
S200   M03 ;
G43    H04    G00     Z10.0 ;
G84    G99    Z-22.0  R5.0    F250 ;
```

```
      X58.0  Y35.0 ;
G80   G49    G00    Z200.0 ;
G28   G91    Z0.0 ;
T01   M06 ;
S1000 M03 ;
G00   X-10.0 Y-10.0 ;
      Z10.0 ;
G01   Z-5.0  F100 ;
G41   D01    X4.0 ;
      Y66.0 ;
      X66.0 ;
      Y4.0 ;
      X4.0 ;
      Y61.0 ;
      X9.0   Y66.0 ;
      X12.0 ;
      Y64.0 ;
G03   X18.0  Y58.0  R6.0 ;
G01   X26.0 ;
G03   X32.0  Y64.0  R6.0 ;
G01   Y66.0 ;
      X62.0 ;
G02   X66.0  Y62.0  R4.0 ;
G01   Y43.0 ;
      X58.0 ;
G03   Y27.0  R8.0 ;
G01   X63.0 ;
      X66.0  Y24.0 ;
      Y4.0 ;
      X45.0 ;
G02   X14.0  R36.0 ;
G01   X4.0   Y10.0 ;
      X-10.0 ;
G40   G00    Z10.0 ;
      X16.0  Y35.0 ;
```

```
G01   Z-3.0   F100 ;
G41   D01     Y43.0 ;
G03   Y27.0   R8.0 ;
G01   X30.0 ;
      Y43.0 ;
      X16.0 ;
G40   G00     Z10.0 ;
      X46.0   Y18.0 ;
G01   Z-3.0   F100 ;
G41   D01     X53.0 ;
G03   X46.0   Y25.0   R7.0 ;
G02   Y45.0   R10.0 ;
G03   Y59.0   R7.0 ;
      Y11.0   R24.0 ;
      X53.0   Y18.0   R7.0 ;
G40   G00     Z200.0 ;
M05 ;
M02 ;
```

완성된 제품

작업과제명	태핑하기 (II)	소요시간	

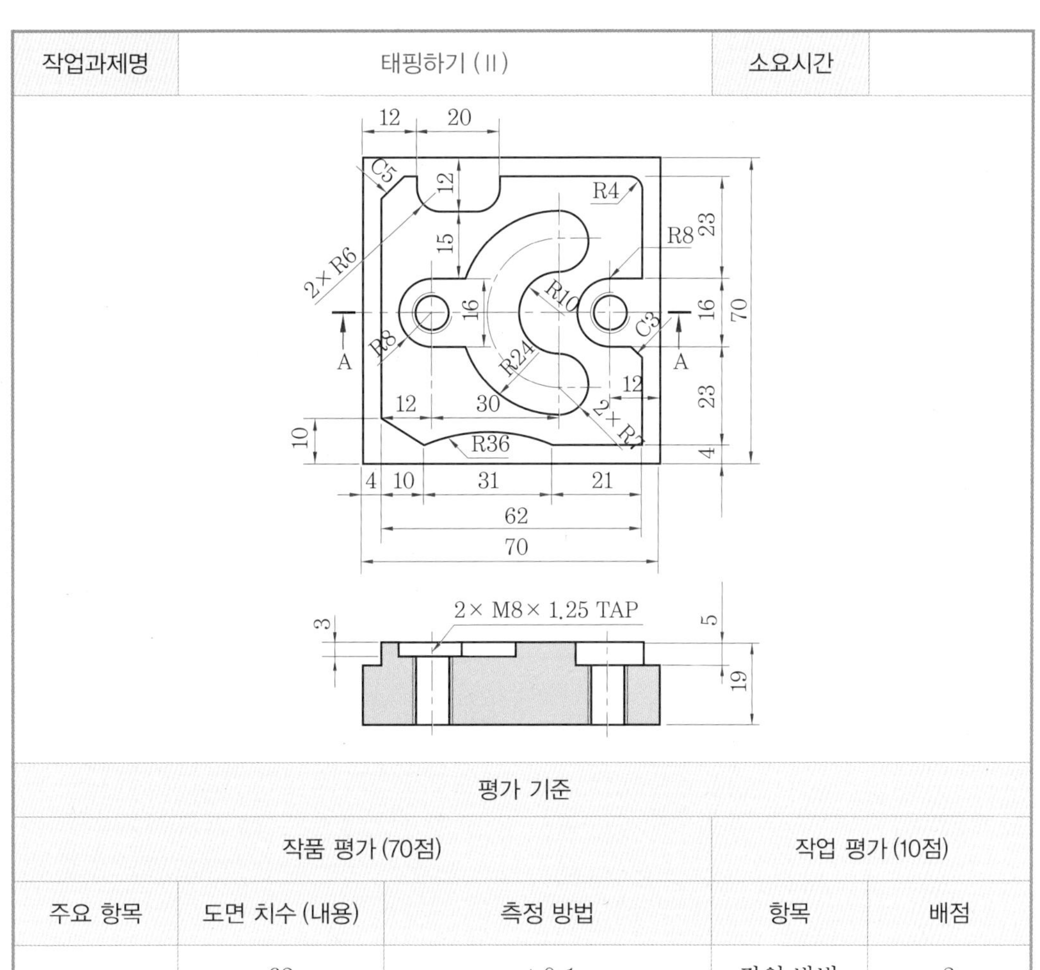

평가 기준				
작품 평가 (70점)			작업 평가 (10점)	
주요 항목	도면 치수 (내용)	측정 방법	항목	배점
치수 정밀도 (40)	62	±0.1	작업 방법	2
	23	±0.1	작업 태도	2
	15	±0.1	작업 안전	2
	5	±0.2	정리 정돈	2
세팅 (5)	공구 및 공작물 세팅	상 : 한 번 세팅으로 가공 중 : 1회 수정 가공 하 : 2회 이상 수정 가공	재료 사용	2
			시간 평가 (20점)	
외관 (5)	공작물의 외관 상태	상 : 흠집이 전혀 없을 때 중 : 흠집이 2개소 이하 하 : 흠집이 3개소 이상	소요시간 (　　)분 초과마다 (　　)점 감점	
프로그램 (20)	편집	상 : 중복 가공이 없을 때 중 : 중복 가공 1회일 때 하 : 중복 가공 2회 이상	작품 평가 / 작업 평가 / 시간 평가 / 총점	

<table>
<tr><td>작업과제명</td><td colspan="3">태핑하기 (Ⅲ)</td><td>소요시간</td><td></td></tr>
<tr><td>목표</td><td colspan="5">① 작성한 프로그램을 머시닝 센터에 입력할 수 있다.
② 좌표계를 설정하여 위치 결정 및 직선, 원호 및 포켓 가공을 할 수 있다.
③ 공구 보정을 할 수 있다.
④ 고정 사이클(G73, G81, G84)을 이용하여 프로그래밍할 수 있다.</td></tr>
<tr><td>기계 및 공구</td><td>재료명</td><td>규격</td><td>수량</td><td colspan="2">안전 및 유의사항</td></tr>
<tr><td>머시닝 센터</td><td></td><td>VX−500</td><td>3</td><td colspan="2" rowspan="8">① 기계의 이상 유무를 확인한다.
② 툴 홀더의 풀 스터드가 견고히 고정되어 있는지 확인한다.
③ 위치 결정 시 급속 이송을 할 때 공구의 충돌 여부를 꼭 확인해야 한다.
④ 드릴 작업 시에는 칩의 배출이 중요하므로 칩의 배출이 원활히 되도록 프로그래밍해야 한다.
⑤ 가공물 아래에 고정한 평행대가 구멍의 아래에 오지 않도록 주의해야 한다.
⑥ 태핑 작업의 경우 이송값이 정수가 되도록 주축 회전수를 정한다.</td></tr>
<tr><td>아큐 센터</td><td></td><td>AC−10</td><td>3</td></tr>
<tr><td>엔드밀</td><td></td><td>φ10</td><td>3</td></tr>
<tr><td>드릴</td><td></td><td>φ7</td><td>3</td></tr>
<tr><td>센터 드릴</td><td></td><td>φ3</td><td>3</td></tr>
<tr><td>탭</td><td></td><td>M8×1.25</td><td>3</td></tr>
<tr><td></td><td>쾌삭 Al</td><td>70×70×20</td><td>3</td></tr>
<tr><td></td><td>USB</td><td>16GB</td><td>3</td></tr>
</table>

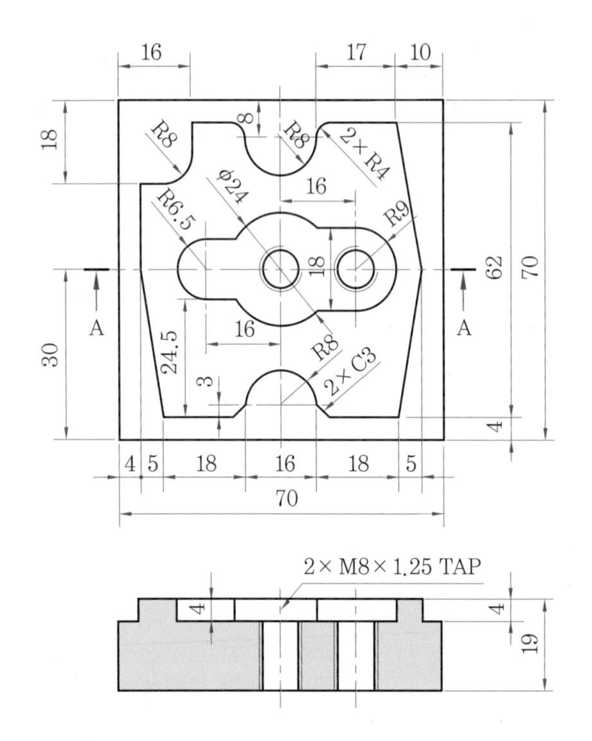

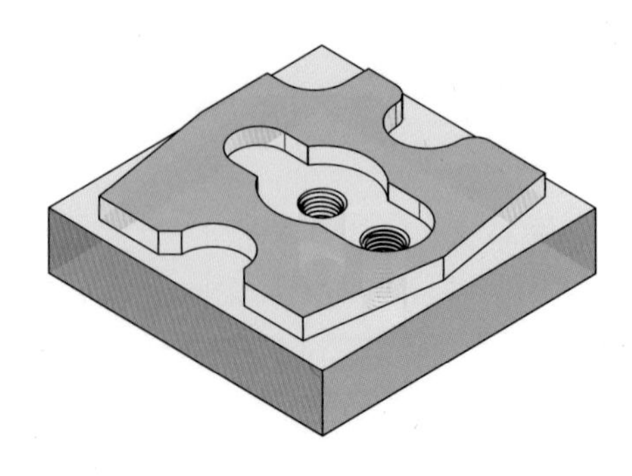

공구	공구 번호	주축 회전수	이송속도(mm/min)	보정 번호
φ10-2날	T01	1000	100	D01 H01
φ3 센터 드릴	T02	1300	100	H02
φ7 드릴	T03	800	100	H03
M8×1.25 탭	T04	200	250	H04
아큐 센터	T21	500		

```
O1162 ;
G40     G49     G80 ;
G28     G91     Z0.0 ;
T02     M06 ;
S1300   M03 ;
G54     G90     G00     X35.0   Y35.0 ;
G43     Z10.0   H02 ;
G81     G99     Z-3.0   R5.0    F100 ;
        X51.0   Y35.0 ;
G80     G49     G00     Z200.0 ;
G28     G91     Z0.0 ;
T03     M06 ;
S800    M03 ;
G54     G90     G00     X35.0   Y35.0 ;
G43     Z200.0  H03 ;
        Z10.0 ;
G73     G99     Z-22.0  R5.0    Q3.0    F100 ;
        X51.0   Y35.0 ;
G80 ;
G49     G00     Z200.0 ;
G28     G91     Z0.0 ;
T04     M06 ;
S200    M03 ;
G54     G90     G00     X35.0   Y35.0 ;
G43     Z200.0  H04 ;
Z10.0 ;
G84     G99     Z-22.0  R5.0    F250 ;
```

```
        X51.0   Y35.0 ;
G80     G49     G00     Z200.0 ;
G28     G91     Z0.0 ;
T01     M06 ;
S1000   M03 ;
G54     G90     G00     X-20.0  Y-20.0 ;
G43     Z200.0  H01 ;
        Z10.0 ;
G01     Z-4.0   F100 ;
G41     X4.0    D01 ;
G01     Y66.0 ;
        X66.0 ;
        Y4.0 ;
        X9.0 ;
        X4.0    Y35.0 ;
        Y52.0 ;
        X8.0 ;
G03     X16.0   Y60.0   R8.0 ;
G01     Y66.0 ;
        X23.0 ;
G02     X27.0   Y62.0   R4.0 ;
G03     X43.0   R8.0;
G02     X47.0   Y66.0   R4.0 ;
G01     X60.0 ;
        X66.0   Y35.0 ;
        X61.0   Y4.0 ;
        X46.0 ;
        X43.0   Y7.0 ;
G03     X27.0   R8.0 ;
G01     X24.0   Y4.0 ;
        X-10.0 ;
G00     Z10.;
G40     X35.0   Y35.0 ;
G01     Z-4.0   F100 ;
G41     Y26.0   D01 ;
G01     X51.0 ;
```

```
G03    Y44.0    R9.0 ;
G01    X35.0 ;
G41    Y41.5    D01 ;
G01    X19.0 ;
G03    Y28.5    R6.5 ;
G01    X35.0 ;
G00    Z10.0 ;
G40 ;
       Y35.0 ;
G01    Z-2.0 ;
G41    Y47.0    D01 ;
G03    J-12.0 ;
G00    Z10.0 ;
G40    X35.0    Y35.0 ;
G01    Z-4.0 ;
G41    Y26.0    D01 ;
G01    X51.0 ;
G03    Y44.0    R9.0 ;
G01    X35.0 ;
G41    Y41.5    D01 ;
G01    X19.0 ;
G03    Y28.5    R6.5 ;
G01    X35.0 ;
G00    Z10.0 ;
G40 ;
       Y35.0 ;
G01    Z-4.0 ;
G41    Y47.0    D01 ;
G03    J-12.0 ;
G00    Z10.0 ;
G40    X4.0     Y66.0 ;
G01    Z-4.0 ;
G49    G00      Z200.0 ;
G40 ;
M05 ;
M02 ;
```

완성된 제품

작업과제명	태핑하기 (Ⅲ)	소요시간	

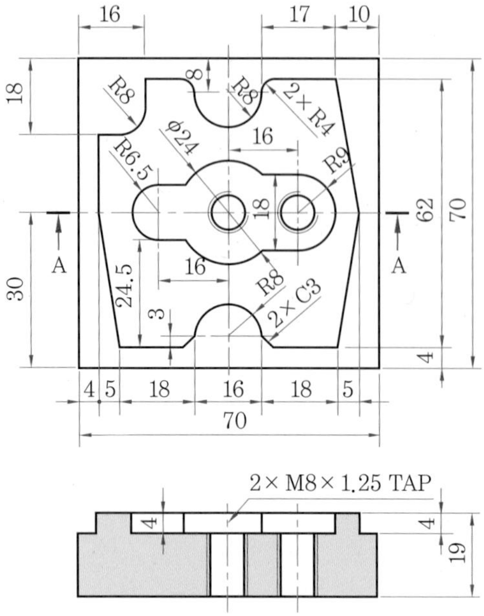

<table>
<tr><th colspan="7">평가 기준</th></tr>
<tr><th colspan="3">작품 평가 (70점)</th><th colspan="4">작업 평가 (10점)</th></tr>
<tr><th>주요 항목</th><th>도면 치수 (내용)</th><th>측정 방법</th><th colspan="2">항목</th><th colspan="2">배점</th></tr>
<tr><td rowspan="4">치수
정밀도
(40)</td><td>62</td><td>±0.1</td><td colspan="2">작업 방법</td><td colspan="2">2</td></tr>
<tr><td>16</td><td>±0.1</td><td colspan="2">작업 태도</td><td colspan="2">2</td></tr>
<tr><td>18</td><td>±0.1</td><td colspan="2">작업 안전</td><td colspan="2">2</td></tr>
<tr><td>4(절삭깊이)</td><td>±0.2</td><td colspan="2">정리 정돈</td><td colspan="2">2</td></tr>
<tr><td rowspan="2">세팅
(5)</td><td rowspan="2">공구 및
공작물 세팅</td><td rowspan="2">상 : 한 번 세팅으로 가공
중 : 1회 수정 가공
하 : 2회 이상 수정 가공</td><td colspan="2">재료 사용</td><td colspan="2">2</td></tr>
<tr><th colspan="4">시간 평가 (20점)</th></tr>
<tr><td>외관
(5)</td><td>공작물의
외관 상태</td><td>상 : 흠집이 전혀 없을 때
중 : 흠집이 2개소 이하
하 : 흠집이 3개소 이상</td><td colspan="4">소요시간 (　　)분
초과마다 (　　)점
감점</td></tr>
<tr><td rowspan="2">프로그램
(20)</td><td rowspan="2">편집</td><td rowspan="2">상 : 중복 가공이 없을 때
중 : 중복 가공 1회일 때
하 : 중복 가공 2회 이상</td><td>작품
평가</td><td>작업
평가</td><td>시간
평가</td><td>총점</td></tr>
<tr><td></td><td></td><td></td><td></td></tr>
</table>

작업과제명	태핑하기 (Ⅳ)		소요시간	
목표	① 작성한 프로그램을 머시닝 센터에 입력할 수 있다. ③ 좌표계를 설정하여 위치 결정 및 직선, 원호 및 포켓 가공을 할 수 있다. ③ 공구 보정을 할 수 있다. ④ 고정 사이클(G73, G81, G84)을 이용하여 프로그래밍할 수 있다.			
기계 및 공구	재료명	규격	수량	안전 및 유의사항
머시닝 센터		VX-500	3	① 기계의 이상 유무를 확인한다. ② 툴 홀더의 풀 스터드가 견고히 고정되어 있는지 확인한다. ③ 위치 결정 시 급속 이송을 할 때 공구의 충돌 여부를 꼭 확인해야 한다. ④ 드릴 작업 시에는 칩의 배출이 중요하므로 칩의 배출이 원활히 되도록 프로그래밍 해야 한다. ⑤ 가공물 아래에 고정한 평행대가 구멍의 아래에 오지 않도록 주의해야 한다. ⑥ 태핑 작업의 경우 이송값이 정수가 되도록 주축 회전수를 정한다.
아큐 센터		AC-10	3	
엔드밀		$\phi10$	3	
드릴		$\phi7$	3	
센터 드릴		$\phi3$	3	
탭		M8×1.25	3	
	쾌삭 Al	70×70×20	3	
	USB	16GB	3	

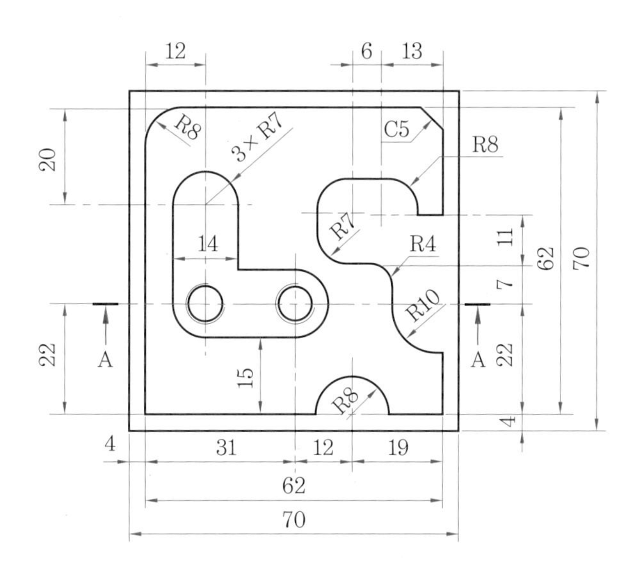

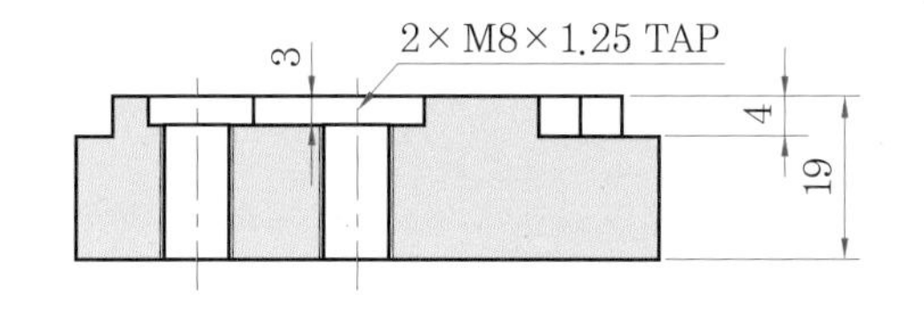

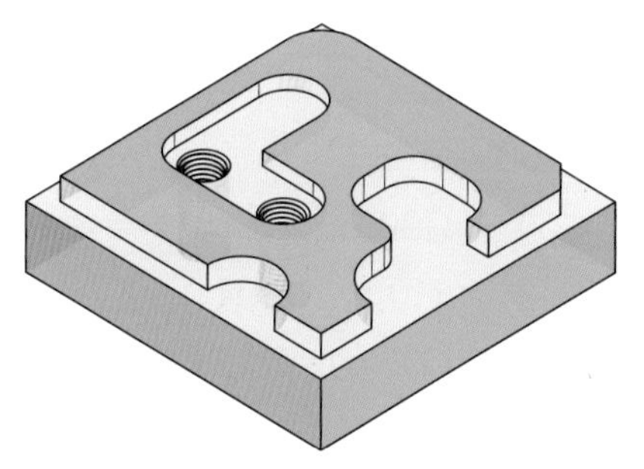

공구	공구 번호	주축 회전수	이송속도(mm/min)	보정 번호
ϕ10-2날	T01	1000	100	D01 H01
ϕ3 센터 드릴	T02	1300	100	H02
ϕ8 드릴	T03	800	100	H03
M8×1.25 탭	T04	200	250	H04
아큐 센터	T21	500		

```
O 1406 ;
G40   G49   G80 ;
G28   G91   Z0.0 ;
T02   M06 ;
S1300 M03 ;
G54   G90   G00    X16.0  Y26.0 ;
G43   H02   Z10.0 ;
G81   G99   Z-3.0  R5.0   F100 ;
      X35.0 Y26.0 ;
G80   G00   G49    Z200.0 ;
G28   G91   Z0.0 ;
T03   M06 ;
S800  M03 ;
G54   G90   G00    X16.0  Y26.0 ;
G43   Z10.0 H03 ;
G73   G99   Z-23.0 R5.0   Q3.0   F100 ;
      X35.0 Y26.0 ;
G80   G00   G49    Z200.0 ;
G28   G91   Z0.0 ;
T04   M06 ;
S200  M03 ;
G54   G90   G00    X16.0  Y26.0 ;
G43   Z10.0 H04 ;
G84   G99   Z-23.0 F250 ;
      X35.0 Y26.0 ;
G80   G00   G49    Z200.0 ;
```

```
G28    G91    Z0.0 ;
T01    M06 ;
G00    X-10.0 Y-10.0 ;
G43    Z10.0  H01 ;
G01    Z-4.0  F100 ;
G41    X4.0   D01 ;
       Y66.0 ;
       X66.0 ;
       Y4.0 ;
       X4.0 ;
       Y58.0 ;
G02    X12.0  Y66.0     R8.0 ;
G01    X61.0 ;
       X66.0  Y61.0 ;
       Y44.0 ;
       X61.0 ;
G03    X53.0  Y52.0     R8.0 ;
G01    X47.0 ;
G03    X40.0  Y45.0     R7.0 ;
G01    Y40.0 ;
G03    X47.0  Y33.0     R7.0 ;
G01    X52.0 ;
G02    X56.0  Y29.0     R4.0 ;
G01    Y26.0 ;
G03    X66.0  Y16.0     R10.0 ;
G01    Y4.0 ;
       X55.0 ;
G03    X39.0  R8.0 ;
G01    X-10.0 ;
G00    Z10.0 ;
G40    X35.0  Y26.0 ;
G01    Z-4.0  F100 ;
G41    X42.0  D01 ;
G03    X35.0  Y33.0     R7.0 ;
G01    X23.0 ;
```

외곽 가공

포켓 가공

```
       Y46.0 ;
G03    X9.0    R7.0 ;
G01    Y26.0 ;
G03    X16.0   Y19.0    R7.0 ;
G01    X35.0 ;
G03    X42.0   Y26.0    R7.0 ;
G00    Z200.0 ;
G40 ;
M05 ;
M02 ;
```

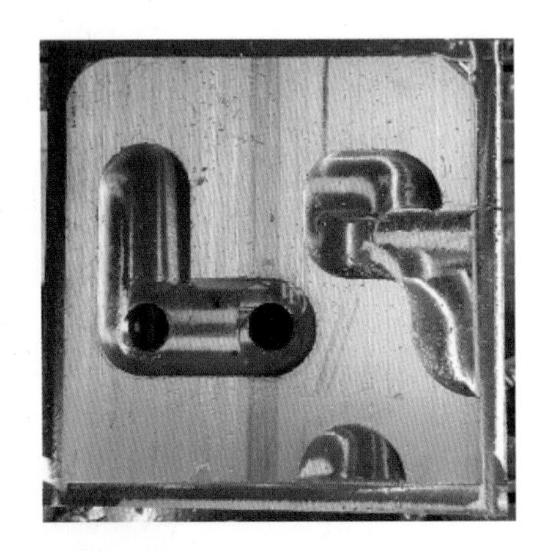

완성된 제품

작업과제명	태핑하기 (Ⅳ)	소요시간	

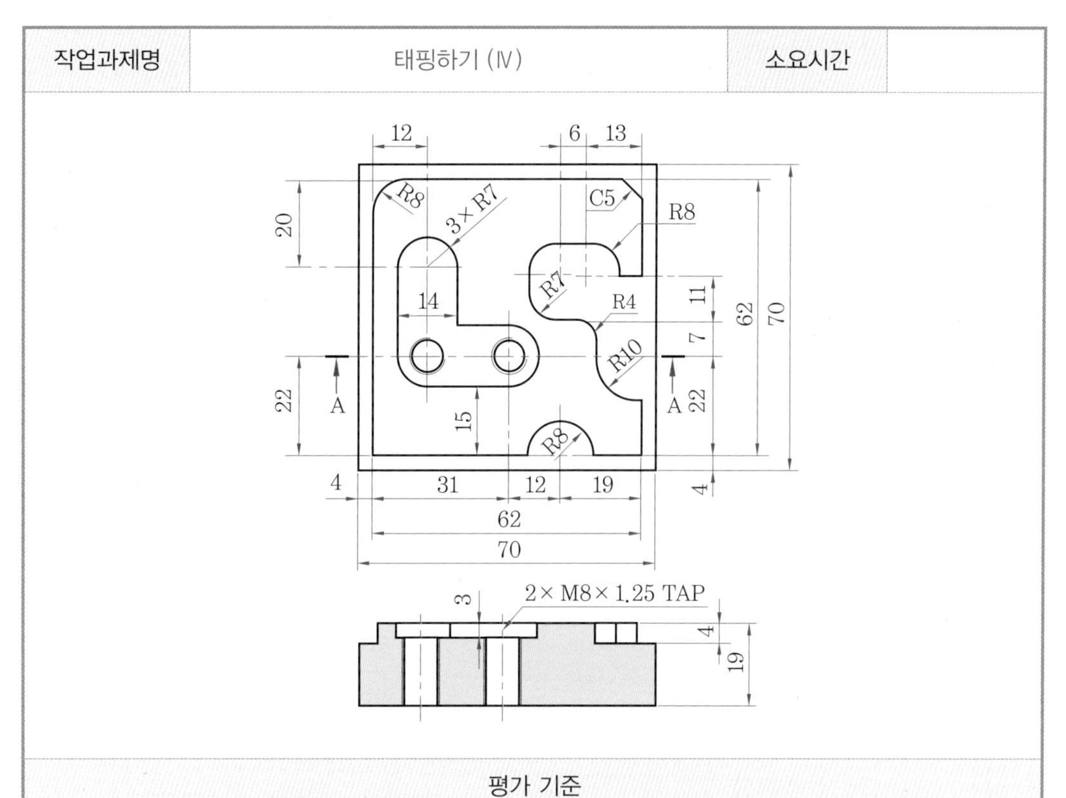

<table>
<tr><th colspan="7">평가 기준</th></tr>
<tr><th colspan="3">작품 평가 (70점)</th><th colspan="4">작업 평가 (10점)</th></tr>
<tr><th>주요 항목</th><th>도면 치수 (내용)</th><th>측정 방법</th><th colspan="2">항목</th><th colspan="2">배점</th></tr>
<tr><td rowspan="4">치수
정밀도
(40)</td><td>62</td><td>±0.1</td><td colspan="2">작업 방법</td><td colspan="2">2</td></tr>
<tr><td>15</td><td>±0.1</td><td colspan="2">작업 태도</td><td colspan="2">2</td></tr>
<tr><td>14</td><td>±0.1</td><td colspan="2">작업 안전</td><td colspan="2">2</td></tr>
<tr><td>4</td><td>±0.1</td><td colspan="2">정리 정돈</td><td colspan="2">2</td></tr>
<tr><td rowspan="2">세팅
(5)</td><td rowspan="2">공구 및
공작물 세팅</td><td rowspan="2">상 : 한 번 세팅으로 가공
중 : 1회 수정 가공
하 : 2회 이상 수정 가공</td><td colspan="2">재료 사용</td><td colspan="2">2</td></tr>
<tr><th colspan="4">시간 평가 (20점)</th></tr>
<tr><td>외관
(5)</td><td>공작물의
외관 상태</td><td>상 : 흠집이 전혀 없을 때
중 : 흠집이 2개소 이하
하 : 흠집이 3개소 이상</td><td colspan="4">소요시간 (　　)분
초과마다 (　　)점
감점</td></tr>
<tr><td rowspan="2">프로그램
(20)</td><td rowspan="2">편집</td><td rowspan="2">상 : 중복 가공이 없을 때
중 : 중복 가공 1회일 때
하 : 중복 가공 2회 이상</td><td>작품
평가</td><td>작업
평가</td><td>시간
평가</td><td>총점</td></tr>
<tr><td></td><td></td><td></td><td></td></tr>
</table>

2-3 응용 프로그램 가공하기

<table>
<tr><td>작업과제명</td><td colspan="3">응용과제 (I)</td><td>소요시간</td></tr>
<tr><td>목표</td><td colspan="4">① 작성한 프로그램을 머시닝 센터에 입력할 수 있다.
② 좌표계를 설정하여 위치 결정 및 직선, 원호 및 포켓 가공할 수 있다.
③ 공구 보정할 수 있다.
④ 고정 사이클(G81, G83)을 이용하여 프로그래밍할 수 있다.</td></tr>
<tr><td>기계 및 공구</td><td>재료명</td><td>규격</td><td>수량</td><td>안전 및 유의사항</td></tr>
<tr><td>머시닝 센터</td><td></td><td>VX−500</td><td>3</td><td rowspan="7">① 기계의 이상 유무를 확인한다.
② 툴 홀더의 풀 스터드가 견고히 고정되어 있는지 확인한다.
③ 위치 결정 시 급속 이송을 할 때 공구의 충돌 여부를 꼭 확인해야 한다.
④ 드릴 작업 시에는 칩의 배출이 중요하므로 칩의 배출이 원활히 되도록 프로그래밍해야 한다.
⑤ 가공물 아래에 고정한 평행대가 구멍의 아래에 오지 않도록 주의해야 한다.</td></tr>
<tr><td>아큐 센터</td><td></td><td>AC−10</td><td>3</td></tr>
<tr><td>엔드밀</td><td></td><td>ϕ10</td><td>3</td></tr>
<tr><td>드릴</td><td></td><td>ϕ7</td><td>3</td></tr>
<tr><td>센터 드릴</td><td></td><td>ϕ3</td><td>3</td></tr>
<tr><td></td><td>쾌삭 Al</td><td>70×70×20</td><td>3</td></tr>
<tr><td></td><td>USB</td><td>32GB</td><td>3</td></tr>
</table>

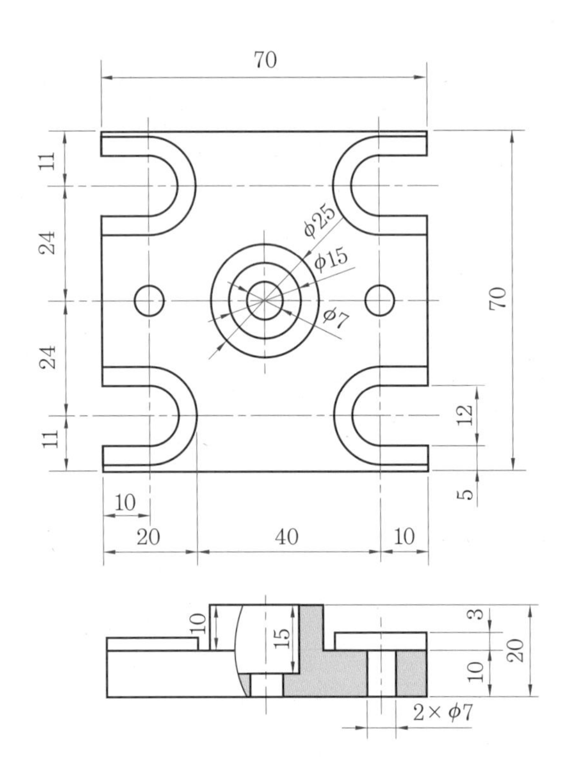

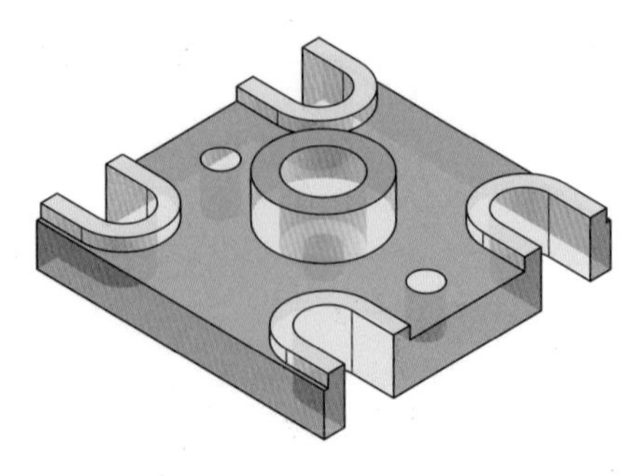

공구	공구 번호	주축 회전수	이송속도(mm/min)	보정 번호
φ10-2날	T01	1000	100	D01 H01
φ3 센터 드릴	T02	1000	100	H02
φ7 드릴	T03	1200	100	H03
아큐 센터	T21	500		

※ 교육기관에서 사용하는 실습용 재료는 가공이 용이한 쾌삭 Al을 사용하는데, 안전을 고려한 주축 회전수, 이송속도 등은 현장에서 사용하는 재료와 상이할 수 있다.

```
O1267 ;
G40     G49     G80 ;
G28     G91     Z0.0 ;
T02     M06 ;
S1000   M03 ;
G54     G90     G00      X10.0   Y35.0 ;
G43     Z150.0  H02 ;
G99     G81     Z-3.0    R5.0    F100    M08 ;
        X35.0 ;
        X60.0 ;
G80     M09 ;
G49     G00     Z150.0 ;
T03     M06 ;
S1200   M03 ;
G43     Z50.0   H03 ;
G99     G83     Z-24.0   R5.0    Q3.0    F100    M08 ;
        X35.0 ;
        X10.0 ;
G80     M09 ;
G49     G00     Z150.0 ;
G28     G91     Z0.0 ;
T01     M06 ;
S1200   M03 ;
G43     Z20.0   H01 ;
        X-20.0  Y-20.0 ;
```

외곽 가공

```
        Z-4.0 ;
G41     X5.0     D01     F120     M08 ;
G01     Y65.0 ;
        X65.0 ;
        Y5.0 ;
        X10.0 ;
        Y60.0 ;
        X60.0 ;
        Y10.0 ;
        X15.0 ;
        Y55.0 ;
        X55.0 ;
        Y15.0 ;
        X17.5 ;
        Y52.5 ;
        X52.5 ;
        Y17.5 ;
        X-10.0 ;
G00     Z10.0    M09 ;
        X-20.0 ;
        Y-20.0 ;
        Z-7.0 ;
G41     X5.0     D01     F120     M08 ;
G01     Y65.0 ;
        X65.0 ;
        Y5.0 ;
        X10.0 ;
        Y60.0 ;
        X60.0 ;
        Y10.0 ;
        X15.0 ;
        Y55.0 ;
        X55.0 ;
        Y15.0 ;
        X17.5 ;
```

```
      Y52.5 ;
      X52.5 ;
      Y17.5 ;
      X17.5 ;
      Y35.0 ;
G02   I17.5    F100 ;
G01   Z15.0 ;
G40   G00      Z30.0 ;
      X-7.0    Y11.0 ;
      Z-11.0 ;
G01   X6.0     F120 ;
      X-5.0 ;
      Z-15.0 ;
      X6.0 ;
      X-5.0 ;
      Z-21.0 ;
      X6.0 ;
      X-7.0 ;
G00   Z10.0 ;
      Y59.0 ;
      Z-11.0 ;
G01   X6.0 ;
      X-5.0 ;
      Z-15.0 ;
      X6.0 ;
      X-5.0 ;
      Z-21.0 ;
      X6.0 ;
      X-7.0 ;
      Z30.0 ;
      X77.0 ;
      Z-11.0 ;
G01   X64.0 ;
      X75.0 ;
      Z-15.0 ;
```

```
        X64.0 ;
        X75.0 ;
        Z-21.0 ;
        X64.0 ;
        X77.0 ;
G00     Z10.0 ;
        Y11.0 ;
        Z-11.0 ;
G01     X64.0 ;
        X75.0 ;
        Z-15.0 ;
        X64.0 ;
        X75.0 ;
        Z-21.0 ;
        X64.0 ;
        X77.0 ;
G00     Z20.0    M09 ;
        X-15.0   Y85.0 ;
        Z-10.0 ;
G41     Y67.0    D01 ;
G01     X75.0    M08 ;
G00     Y3.0 ;
G01     X-10.0 ;
G42     Y3.0     D01 ;
        Z-10.0 ;
G01     X6.0 ;
G03     X6.0     Y19.0     R8.0 ;
G01     X-5.0 ;
        Y51.0 ;
        X13.0 ;
        Y21.0 ;
        X0.0 ;
        Y51.0 ;
        X6.0 ;
G03     X6.0     Y67.0     R8.0 ;
```

볼트 구멍 가공

```
G01   X-10.0 ;
G40   G00    Z3.0 ;
G00   X80.0  Y80.0 ;
      Z-10.0 ;
G42   Y67.0  D01 ;
      X64.0 ;
G03   X64.0  Y51.0   R8.0 ;
G01   X75.0 ;
      Y19.0 ;
      X57.0 ;
      Y51.0 ;
      X70.0 ;
      Y19.0 ;
      X64.0 ;
G03   X64.0  Y3.0    R8.0 ;
G01   X75.0 ;
G01   Z-6.0 ;
      X50.0 ;
      Y2.0 ;
      Z-10.0 ;
      X20.0 ;
G00   Z3.0 ;
      Y68.0 ;
G01   Z-10.0 ;
      X50.0 ;
G40   G00    Z10.0 ;
      X8.0   Y35.0 ;
G01   Z-10.0 ;
      X12.5 ;
G02   X57.5  R22.5 ;
      X12.5  R22.5 ;
G01   X-10.0 ;
G00   Z10.0  M09 ;
      X35.0  Y35.0 ;
G01   Z-5.0  F100    M08 ;
```

볼트 구멍 가공

가공이 끝난 상태

```
        X40.0 ;
G02     I-5.0 ;
G00     Z10.0 ;
        X35.0    Y35.0 ;
G01     Z-10.0 ;
        X40.0 ;
G02     I-5.0 ;
G00     Z10.0 ;
        X35.0    Y35.0 ;
G01     Z-15.0 ;
        X40.0 ;
G02     I-5.0 ;
G00     Z10.0 ;
G00     X35.0    M09 ;
G49     Z150.0 ;
M05 ;
M02 ;
```

완성된 제품

작업과제명	응용과제 (Ⅰ)	소요시간	

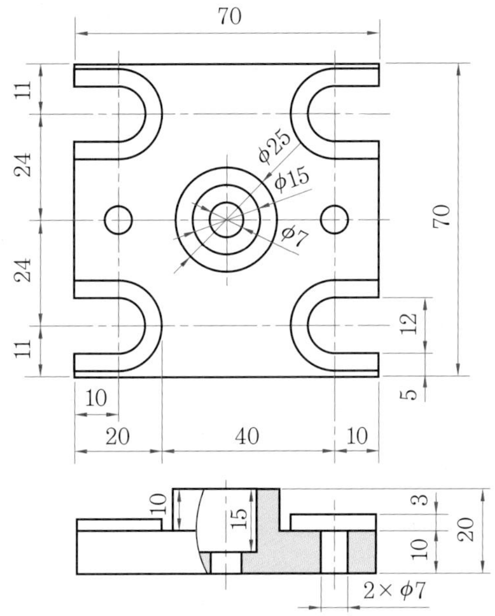

평가 기준				
작품 평가 (70점)			작업 평가 (10점)	
주요 항목	도면 치수 (내용)	측정 방법	항목	배점
치수 정밀도 (30)	40	±0.1	작업 방법	2
	20	±0.1	작업 태도	2
	12	±0.1	작업 안전	2
	10	±0.1	정리 정돈	2
세팅 (5)	공구 및 공작물 세팅	상 : 한 번 세팅으로 가공 중 : 1회 수정 가공 하 : 2회 이상 수정 가공	재료 사용	2
			시간 평가 (20점)	
외관 (5)	공작물의 외관 상태	상 : 흠집이 전혀 없을 때 중 : 흠집이 2개소 이하 하 : 흠집이 3개소 이상	소요시간 (　　)분 초과마다 (　　)점 감점	
프로그램 (30)	편집	상 : 중복 가공이 없을 때 중 : 중복 가공 1회일 때 하 : 중복 가공 2회 이상	작품 평가 / 작업 평가 / 시간 평가 / 총점	

<table>
<tr><td>작업과제명</td><td colspan="3">응용과제 (Ⅱ)</td><td>소요시간</td><td></td></tr>
<tr><td>목표</td><td colspan="5">① 작성한 프로그램을 머시닝 센터에 입력할 수 있다.
② 좌표계를 설정하여 위치 결정 및 직선, 원호 및 포켓 가공을 할 수 있다.
③ 공구 보정을 할 수 있다.
④ 고정 사이클(G81, G83, G84)을 이용하여 프로그래밍할 수 있다.</td></tr>
<tr><td>기계 및 공구</td><td>재료명</td><td>규격</td><td>수량</td><td colspan="2">안전 및 유의사항</td></tr>
<tr><td>머시닝 센터</td><td></td><td>VX-500</td><td>3</td><td colspan="2" rowspan="8">① 기계의 이상 유무를 확인한다.
② 툴 홀더의 풀 스터드가 견고히 고정되어 있는지 확인한다.
③ 위치 결정 시 급속 이송을 할 때 공구의 충돌 여부를 꼭 확인해야 한다
④ 드릴 작업 시에는 칩의 배출이 중요하므로 칩의 배출이 원활히 되도록 프로그래밍해야 한다.
⑤ 가공물 아래에 고정한 평행대가 구멍의 아래에 오지 않도록 주의해야 한다.
⑥ 태핑 작업의 경우 이송값이 정수가 되도록 주축 회전수를 정한다.</td></tr>
<tr><td>아큐 센터</td><td></td><td>AC-10</td><td>3</td></tr>
<tr><td>엔드밀</td><td></td><td>ϕ10</td><td>3</td></tr>
<tr><td>드릴</td><td></td><td>ϕ7</td><td>3</td></tr>
<tr><td>센터 드릴</td><td></td><td>ϕ3</td><td>3</td></tr>
<tr><td>탭</td><td></td><td>M8×1.25</td><td>3</td></tr>
<tr><td></td><td>쾌삭 Al</td><td>70×70×20</td><td>3</td></tr>
<tr><td></td><td>USB</td><td>32GB</td><td>3</td></tr>
</table>

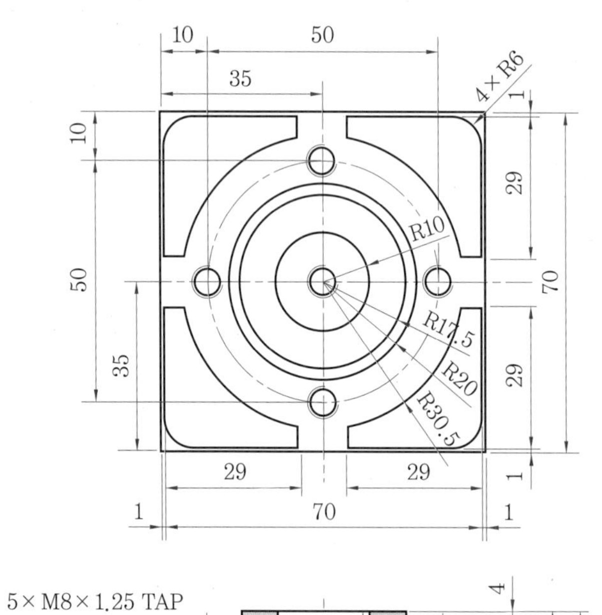

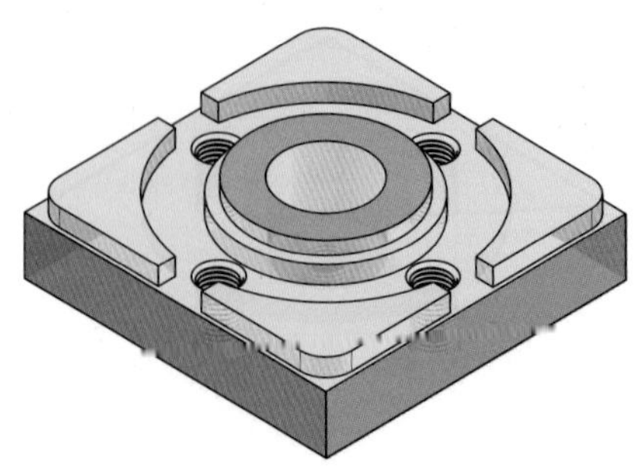

공구	공구 번호	주축 회전수	이송속도(mm/min)	보정 번호
φ10-2날	T01	2500	150	D01 H01
φ3 센터 드릴	T02	1000	100	H02
φ7 드릴	T03	1800	100	H03
M8×1.25 탭	T04	200	250	H04
아큐 센터	T21	500		

```
O0214 ;
G40    G49    G80 ;
G28    G91    Z0.0 ;
T02    M06 ;
S1000  M03 ;
G54    G90    G00    X10.0  Y35.0 ;
G43    Z150.0 H02 ;
G99    G81    Z-3.0  R5.0   F100   M08 ;
       X35.0 ;
       X60.0 ;
       X35.0  Y60.0 ;
       Y10.0 ;
G80    M09 ;
G49    G00    Z150.0 ;
G28    G91    Z0.0 ;
T03    M06 ;
S1800  M03 ;
G43    Z50.0  H03 ;
G99    G83    Z-24.0 R5.0   Q3.0   F100   M08 ;
       X35.0  Y35.0 ;
       Y60.0 ;
       X60.0  Y35.0 ;
       X10.0 ;
G80    M09 ;
G49    G00    Z150.0 ;
G28    G91    Z0.0 ;
T04    M06 ;
```

※ 도면이 어려울 때는 그래픽 기능을 이용하여 프로그램을 확인한 후 가공한다.

```
S200    M03 ;
G54     G90     G00     X35.0   Y35.0 ;
G43     Z50.0   H04 ;
G99     G84     Z-25.0  R10.0   F250    M08 ;
        X10.0 ;
        X60.0 ;
        X35.0   Y10.0 ;
        Y60.0 ;
G80     M09 ;
G49     G00     Z150.0 ;
G28     G91     Z0.0 ;
T01     M06 ;
S2500   M03 ;
G43     Z20.0   H01 ;
        X-20.0  Y-20.0 ;
        Z-2.0 ;
G41     X5.0    D01     F150    M08 ;
G01     Y65.0 ;
        X65.0 ;
        Y5.0 ;
        X10.0 ;
        Y60.0 ;
        X60.0 ;
        Y10.0 ;
        X15.0 ;
        Y55.0 ;
        X55.0 ;
        Y15.0 ;
        X17.5 ;
        Y52.5 ;
        X52.5 ;
        Y17.5 ;
        X-10.0 ;
G00     Z10.0   M09 ;
        X-20.0 ;
```

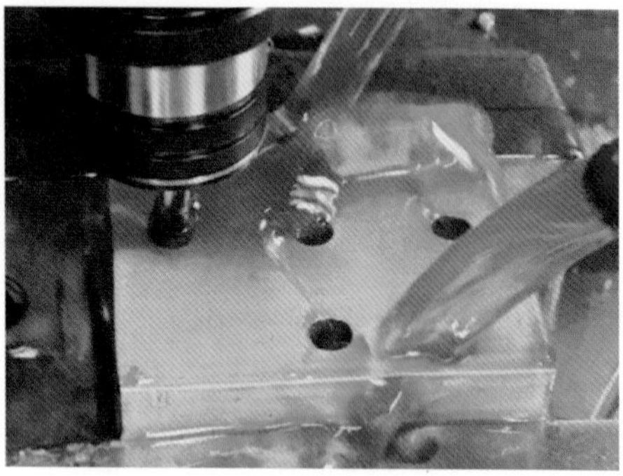

탭 가공

```
      Y-20.0 ;
      Z-4.0 ;
G41   X5.0    D01    F150   M08 ;
G01   Y65.0 ;
      X65.0 ;
      Y5.0 ;
      X10.0 ;
      Y60.0 ;
      X60.0 ;
      Y10.0 ;
      X15.0 ;
      Y55.0 ;
      X55.0 ;
      Y15.0 ;
      X17.5 ;
      Y52.5 ;
      X52.5 ;
      Y17.5 ;
      X17.5 ;
      Y35.0 ;
G02   I17.5   F70 ;
G01   Z15.0 ;
G40   G00     Z30.0 ;
      X-20.   Y-20.0 ;
      Z-7.0 ;
G41   G01     X1.0   D01    F120 ;
G01   Y63.0 ;
G02   X7.0    Y69.0  R6.0 ;
G01   X63.0 ;
G02   X69.0   Y63.0  R6.0 ;
G01   Y7.0 ;
G02   X63.0   Y1.0   R6.0 ;
G01   X7.0 ;
G02   X1.0    Y7.0   R6.0 ;
G01   Y10.0 ;
```

원호 가공

```
G00   Z20.0 ;
G40   G00     Z10.0    M09 ;…… 엔드밀이 φ10이며, 가공부의 폭이 10이므로
                                 공구 보정할 필요가 없다.
G01   X-20.0  Y-20.0   F70 ;
      Z-5.0 ;
      X-4.0 ;
      Y35.0 ;
      X10.0 ;
G02   X60.0   R25.0 ;
G02   X10.0   R25.0 ;
G01   X-10.0 ;
      Z-7.0 ;
      X-4.0 ;
      X10.0 ;
G02   X60.0   R25.0 ;
G02   X10.0   R25.0 ;
G01   X-10.0 ;
      Z10.0 ;
      X35.0   Y60.0 ;
      Z-7.0 ;
      Y80.0 ;
      Z10.0 ;
      X60.0   Y35.0 ;
      Z-7.0 ;
      X80.0 ;
      Z10.0 ;
      X35.0   Y10.0 ;
      Z-7.0 ;
      Y-15.0 ;
G00   Z10.0 ;
      X35.0   Y35.0 ;
G01   Z-5.0   F80      M08 ;
      X40.0 ;
G02   I-5.0 ;
G00   Z10.0 ;
```

홀 가공

```
      X35.0   Y35.0;
G01   Z-10.0 ;
      X40.0 ;
G02   I-5.0 ;
G00   Z10.0 ;
      X35.0   Y35.0 ;
G01   Z-15.0 ;
      X40.0 ;
G02   I-5.0 ;
G00   Z10.0 ;
G00   X35.0   M09 ;
G49   Z150.0 ;
M05 ;
M02 ;
```

완성된 제품

작업과제명	응용과제 (II)	소요시간	

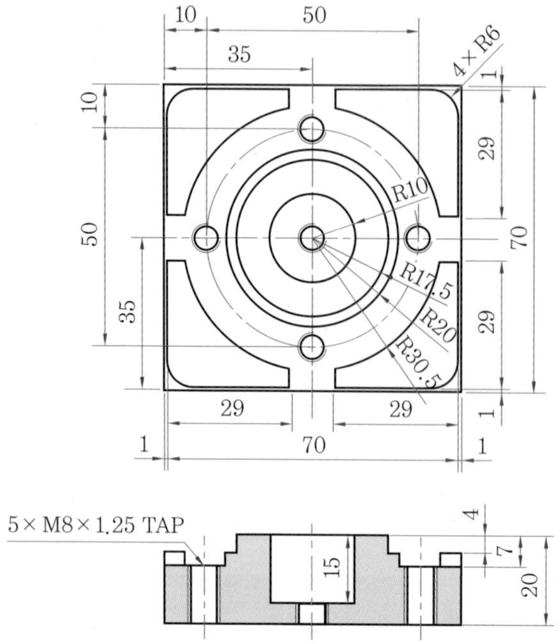

평가 기준

작품 평가 (70점)			작업 평가 (10점)	
주요 항목	도면 치수 (내용)	측정 방법	항목	배점
치수 정밀도 (40)	50	±0.1	작업 방법	2
	29	±0.1	작업 태도	2
	15	±0.1	작업 안전	2
	10	±0.1	정리 정돈	2
세팅 (5)	공구 및 공작물 세팅	상 : 한 번 세팅으로 가공 중 : 1회 수정 가공 하 : 2회 이상 수정 가공	재료 사용	2
			시간 평가 (20점)	
외관 (5)	공작물의 외관 상태	상 : 흠집이 전혀 없을 때 중 : 흠집이 2개소 이하 하 : 흠집이 3개소 이상	소요시간 (　　)분 초과마다 (　　)점 감점	
프로그램 (20)	편집	상 : 중복 가공이 없을 때 중 : 중복 가공 1회일 때 하 : 중복 가공 2회 이상		

작품 평가	작업 평가	시간 평가	총점

<table>
<tr><th>작업과제명</th><th colspan="4">응용과제 (Ⅲ)</th><th>소요시간</th><th></th></tr>
<tr><td>목표</td><td colspan="6">① 작성한 프로그램을 머시닝 센터에 입력할 수 있다.
② 좌표계를 설정하여 위치 결정 및 직선, 원호 및 포켓 가공을 할 수 있다.
③ 공구 보정을 할 수 있다.
④ 고정 사이클(G81, G83, G84)을 이용하여 프로그래밍할 수 있다.</td></tr>
<tr><th>기계 및 공구</th><th>재료명</th><th>규격</th><th>수량</th><th colspan="3">안전 및 유의사항</th></tr>
<tr><td>머시닝 센터</td><td></td><td>VX-500</td><td>3</td><td colspan="3" rowspan="8">① 기계의 이상 유무를 확인한다.
② 툴 홀더의 풀 스터드가 견고히 고정되어 있는지 확인한다.
③ 위치 결정 시 급속 이송을 할 때 공구의 충돌 여부를 꼭 확인해야 한다.
④ 드릴 작업 시에는 칩의 배출이 중요하므로 칩의 배출이 원활히 되도록 프로그래밍해야 한다.
⑤ 가공물 아래에 고정한 평행대가 구멍의 아래에 오지 않도록 주의해야 한다.
⑥ 태핑 작업의 경우 이송값이 정수가 되도록 주축 회전수를 정한다.</td></tr>
<tr><td>아큐 센터</td><td></td><td>AC-10</td><td>3</td></tr>
<tr><td>엔드밀</td><td></td><td>ϕ10</td><td>3</td></tr>
<tr><td>드릴</td><td></td><td>ϕ7</td><td>3</td></tr>
<tr><td>센터 드릴</td><td></td><td>ϕ3</td><td>3</td></tr>
<tr><td>탭</td><td></td><td>M8×1.25</td><td>3</td></tr>
<tr><td></td><td>쾌삭 Al</td><td>70×70×20</td><td>3</td></tr>
<tr><td></td><td>USB</td><td>32GB</td><td>3</td></tr>
</table>

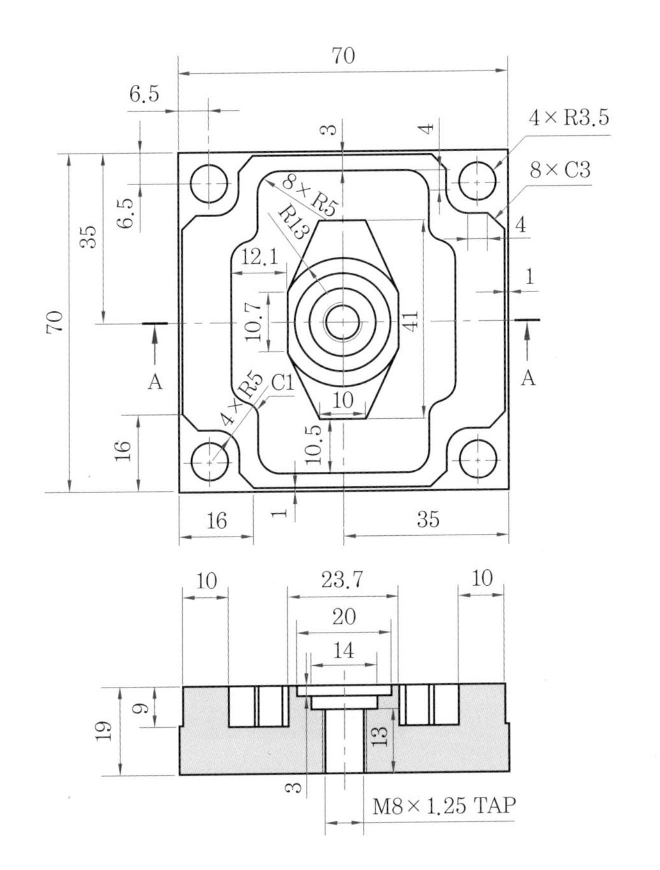

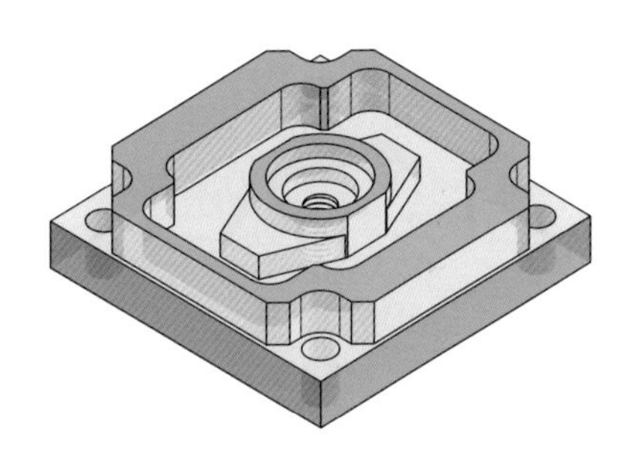

공구	공구 번호	주축 회전수	이송속도(mm/min)	보정 번호
φ10 - 2날	T01	2500	150	D01 H01
φ3 센터 드릴	T02	1000	120	H02
φ7 드릴	T03	1000	100	H03
M8×1.25 탭	T04	200	250	H04
아큐 센터	T21	500		

```
O2270 ;
G40    G49    G80 ;
G28    G91    Z0.0 ;
T02    M06 ;
S1000  M03 ;
G54    G90    G00     X35.0   Y35.0 ;
G43    Z150.0 H02 ;
G99    G81    Z-3.0   R5.0    F120 ;
       X6.5   Y6.5 ;
       Y63.5 ;
       X63.5 ;
       Y6.5 ;
G80    G49    G00     Z200.0 ;
G28    G91    Z0.0 ;
T03    M06 ;
S1000  M03 ;
G54    G90    G00     X35.0   Y35.0 ;
G43    Z150.0 H03 ;
G99    G83    Z-25.0  R5.0    Q2.0    F100 ;
       X6.5   Y6.5 ;
       Y63.5 ;
       X63.5 ;
       Y6.5 ;
G80    G49    G00     Z200.0 ;
G28    G91    Z0.0 ;
T01    M06 ;
```

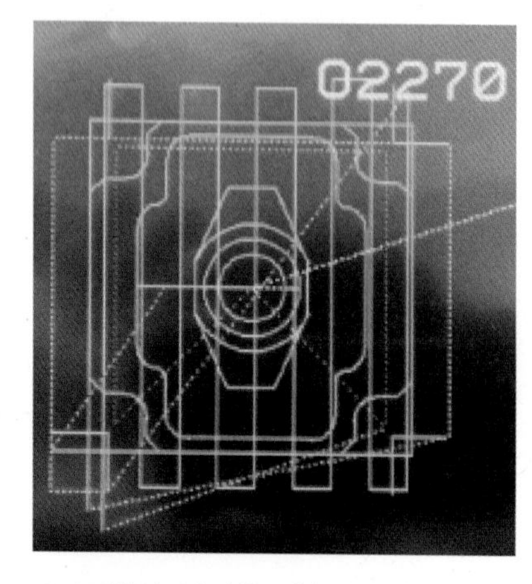

※ 도면이 어려울 때는 그래픽 기능을 이용하여 프로그램을 확인한 후 가공

드릴 가공

```
S2000  M03 ;
G54    G90    G00    X4.0   Y-15.0 ;
G43    Z150.0 H01 ;
       Z20.0 ;
       Z5.0 ;
G01    Z-1.0  F200 ;
       Y76.0 ;
       X12.0 ;
       Y-6.0 ;
       X20.0 ;
       Y76.0 ;
       X28.0 ;
       Y-6.0 ;
       X36.0 ;
       Y76.0 ;
       X44.0 ;
       Y-6.0 ;
       X52.0 ;
       Y78.0 ;
       X60.0 ;
       Y-6.0 ;
       X68.0 ;
       Y76.0 ;
       X71.0 ;
       Y-6.0 ;
G00    Z15.0 ;
       X5.0   Y-7.0 ;
G01    Z-4.0 ;
       Y5.0 ;
       X-7.0 ;
       Z-6.0 ;
       X5.0 ;
       Y-7.0 ;
       Z-8.0 ;
       Y5.0 ;
```

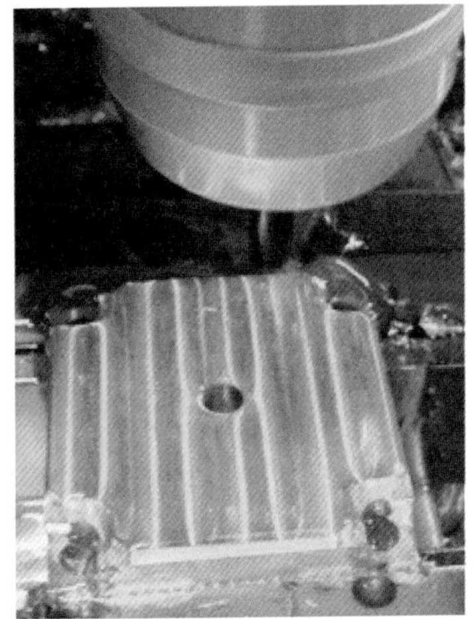

외곽 가공

```
        X-7.0 ;
        Z-10.0 ;
        X5.0 ;
        Y-7.0 ;
G00     Z15.0 ;
        X-7.0 ;
        Y65.0 ;
G01     Z-4.0   F200 ;
        X5.0 ;
        Y77.0 ;
        Z-6.0 ;
        Y65.0 ;
        X-7.0 ;
        Z-8.0 ;
        X5.0 ;
        Y77.0 ;
        Z-10.0 ;
        Y65.0 ;
        X-7.0 ;
G00     Z15.0 ;
        X77.0 ;
G01     Z-4.0   F200 ;
        X65.0 ;
        Y77.0 ;
        Z-6.0 ;
        Y65.0 ;
        X77.0 ;
        Z-8.0 ;
        X65.0 ;
        Y77.0 ;
        Z-10.0 ;
        Y65.0 ;
        X77.0 ;
G00     Z15.0 ;
        X77.0   Y5.0 ;
```

```
G01   Z-4.0   F200 ;
      X65.0 ;
      Y-7.0 ;
      Z-6.0 ;
      Y5.0 ;
      X77.0 ;
      Z-8.0 ;
      X65.0 ;
      Y-5.0 ;
      Z-10.0 ;
      Y5.0 ;
      X77.0 ;
G00   Z15.0 ;
G41   X1.0    Y-11.0   D01 ;
G01   Z-4.0   F200 ;
      Y54.0 ;
      X4.0    Y57.0 ;
      X8.0 ;
G03   X13.0   Y62.0    R5.0 ;
G01   Y66.0 ;
      X16.0   Y69.0 ;
      X54.0 ;
      X57.0   Y66.0 ;
      Y62.0 ;
G03   X62.0   Y57.0    R5.0 ;
G01   X66.0 ;
      X69.0   Y54.0 ;
      Y16.0 ;
      X66.0   Y13.0 ;
      X62.0 ;
G03   X57.0   Y8.0     R5.0 ;
G01   Y4.0 ;
      X54.0   Y1.0 ;
      X16.0 ;
      X13.0   Y4.0 ;
```

포켓 가공

```
        Y8.0 ;
G03     X8.0     Y13.0     R5.0 ;
G01     X4.0 ;
        X1.0     Y16.0 ;
        X-10.0 ;
        Y-10.0 ;
        X1.0 ;
G01     Z-6.0    F200 ;
        Y54.0 ;
        X4.0     Y57.0 ;
        X8.0 ;
G03     X13.0    Y62.0     R5.0 ;
G01     Y66.0 ;
        X16.0    Y69.0 ;
        X54.0 ;
        X57.0    Y66.0 ;
        Y62.0 ;
G03     X62.0    Y57.0     R5.0 ;
G01     X66.0 ;
        X69.0    Y54.0 ;
        Y16.0 ;
        X66.0    Y13.0 ;
        X62.0 ;
G03     X57.0    Y8.0      R5.0 ;
G01     Y4.0 ;
        X54.0    Y1.0 ;
        X16.0 ;
        X13.0    Y4.0 ;
        Y8.0 ;
G03     X8.0     Y13.0     R5.0 ;
G01     X4.0 ;
        X1.0     Y16.0 ;
        X-10.0 ;
        Y-10.0 ;
        X1.0 ;
```

포켓 가공

```
G01  Z-8.0  F200 ;
     Y54.0 ;
     X4.0   Y57.0 ;
     X8.0 ;
G03  X13.0  Y62.0  R5.0 ;
G01  Y66.0 ;
     X16.0  Y69.0 ;
     X54.0 ;
     X57.0  Y66.0 ;
     Y62.0 ;
G03  X62.0  Y57.0  R5.0 ;
G01  X66.0 ;
     X69.0  Y54.0 ;
     Y16.0 ;
     X66.0  Y13.0 ;
     X62.0 ;
G03  X57.0  Y8.0   R5.0 ;
G01  Y4.0 ;
     X54.0  Y1.0 ;
     X16.0 ;
     X13.0  Y4.0 ;
     Y8.0 ;
G03  X8.0   Y13.0  R5.0 ;
G01  X4.0 ;
     X1.0   Y16.0 ;
G01  Z-10.0 F200 ;
     Y54.0 ;
     X4.0   Y57.0 ;
     X8.0 ;
G03  X13.0  Y62.0  R5.0 ;
G01  Y66.0 ;
     X16.0  Y69.0 ;
     X54.0 ;
     X57.0  Y66.0 ;
     Y62.0 ;
```

```
G03   X62.0   Y57.0   R5.0 ;
G01   X66.0 ;
      X69.0   Y54.0 ;
      Y16.0 ;
      X66.0   Y13.0 ;
      X62.0 ;
G03   X57.0   Y8.0    R5.0 ;
G01   Y4.0 ;
      X54.0   Y1.0 ;
      X16.0 ;
      X13.0   Y4.0 ;
      Y8.0 ;
G03   X8.0    Y13.0   R5.0 ;
G01   X4.0 ;
      X1.0    Y16.0 ;
      X-10.0 ;
      Y-10.0 ;
      X1.0 ;
G40   G00     Z15.0 ;
      X17.0   Y35.0 ;
G01   G42     X11.0   D01   F150 ;
      Z-3.0 ;
      Y47.0 ;
G02   X16.0   Y52.0   R5.0 ;
G01   X17.0   Y53.0 ;
      Y61.0 ;
G02   X22.0   Y66.0   R5.0 ;
G01   X48.0 ;
G02   X53.0   Y61.0   R5.0 ;
G01   Y53.0 ;
      X54.0   Y52.0 ;
G02   X59.0   Y47.0   R5.0 ;
G01   Y23.0 ;
G02   X54.0   Y18.0   R5.0 ;
G01   X53.0   Y17.0 ;
```

```
        Y9.0 ;
G02     X48.0   Y4.0    R5.0 ;
G01     X22.0 ;
G02     X17.0   Y9.0    R5.0 ;
G01     Y17.0 ;
        X16.0   Y18.0 ;
G02     X11.0   Y23.0   R5.0 ;
G01     Y35.0 ;
        Z-5.0 ;
        Y47.0 ;
G02     X16.0   Y52.0   R5.0 ;
G01     X17.0   Y53.0 ;
        Y61.0 ;
G02     X22.0   Y66.0   R5.0 ;
G01     X48.0 ;
G02     X53.0   Y61.0   R5.0 ;
G01     Y53.0 ;
        X54.0   Y52.0 ;
G02     X59.0   Y47.0   R5.0 ;
G01     Y23.0 ;
G02     X54.0   Y18.0   R5.0 ;
G01     X53.0   Y17.0 ;
        Y9.0 ;
G02     X48.0   Y4.0    R5.0 ;
G01     X22.0 ;
G02     X17.0   Y9.0    R5.0 ;
G01     Y17.0 ;
        X16.0   Y18.0 ;
G02     X11.0   Y23.0   R5.0 ;
G01     Y35.0 ;
        Z-7.0 ;
        Y47.0 ;
G02     X16.0   Y52.0   R5.0 ;
G01     X17.0   Y53.0 ;
        Y61.0 ;
```

포켓 가공

```
G02   X22.0   Y66.0   R5.0 ;
G01   X48.0 ;
G02   X53.0   Y61.0   R5.0 ;
G01   Y53.0 ;
      X54.0   Y52.0 ;
G02   X59.0   Y47.0   R5.0 ;
G01   Y23.0 ;
G02   X54.0   Y18.0   R5.0 ;
G01   X53.0   Y17.0 ;
      Y9.0 ;
G02   X48.0   Y4.0    R5.0 ;
G01   X22.0 ;
G02   X17.0   Y9.0    R5.0 ;
G01   Y17.0 ;
      X16.0   Y18.0 ;
G02   X11.0   Y23.0   R5.0 ;
G01   Y35.0 ;
      Z-9.0 ;
      Y47.0 ;
G02   X16.0   Y52.0   R5.0 ;
G01   X17.0   Y53.0 ;
      Y61.0 ;
G02   X22.0   Y66.0   R5.0 ;
G01   X48.0 ;
G02   X53.0   Y61.0   R5.0 ;
G01   Y53.0 ;
      X54.0   Y52.0 ;
      X59.0   Y47.0   R5.0 ;
G01   Y23.0 ;
G02   X54.0   Y18.0   R5.0 ;
G01   X53.0   Y17.0 ;
      Y9.0 ;
G02   X48.0   Y4.0    R5.0 ;
G01   X22.0 ;
G02   X17.0   Y9.0    R5.0 ;
```

```
G01   Y17.0 ;
      X16.0   Y18.0 ;
G02   X11.0   Y23.0   R5.0 ;
G01   Y35.0 ;
      Z-10.0 ;
      Y47.0 ;
G02   X16.0   Y52.0   R5.0 ;
G01   X17.0   Y53.0 ;
      Y61.0 ;
G02   X22.0   Y66.0   R5.0 ;
G01   X48.0 ;
G02   X53.0   Y61.0   R5.0 ;
G01   Y53.0 ;
      X54.0   Y52.0 ;
G02   X59.0   Y47.0   R5.0 ;
G01   Y23.0 ;
G02   X54.0   Y18.0   R5.0 ;
G01   X53.0   Y17.0 ;
      Y9.0 ;
G02   X48.0   Y4.0    R5.0 ;
G01   X22.0 ;
G02   X17.0   Y9.0    R5.0 ;
G01   Y17.0 ;
      X16.0   Y18.0 ;
G02   X11.0   Y23.0   R5.0 ;
G01   Y35.0 ;
      Z-10.0 ;
      Y47.0 ;
G02   X16.0   Y52.0   R5.0 ;
G01   X17.0   Y53.0 ;
      Y61.0 ;
G02   X22.0   Y66.0   R5.0 ;
G01   X48.0 ;
G02   X53.0   Y61.0   R5.0 ;
G01   Y53.0 ;
```

```
        X54.0   Y52.0 ;
G02     X59.0   Y47.0   R5.0 ;
G01     Y23.0 ;
G02     X54.0   Y18.0   R5.0 ;
G01     X53.0   Y17.0 ;
        Y9.0 ;
G02     X48.0   Y4.0    R5.0 ;
G01     X22.0 ;
G02     X17.0   Y9.0    R5.0 ;
G01     Y17.0 ;
        X16.0   Y18.0 ;
G02     X11.0   Y23.0   R5.0 ;
G01     Y35.0 ;
        Z5.0 ;
G40     Z10.0 ;
G41     G01     X16.0   Y35.0  D01   F150 ;
        X23.15  Y35.0 ;
        Z-4.0 ;
        Y40.35 ;
G02     X46.85  R13.0 ;
G01     Y29.65 ;
G02     X23.15  R13.0 ;
G01     Y35.0 ;
        Z-6.0 ;
        Y40.35 ;
        X30.0   Y55.5 ;
        X40.0 ;
        X46.85  Y40.35 ;
        Y29.65 ;
        X40.0   Y14.5 ;
        X30.0 ;
        X23.15  Y29.65 ;
        Y35.0 ;
        Z-8.0 ;
        Y40.35 ;
```

```
        X30.0   Y55.5 ;
        X40.0 ;
        X46.85  Y40.35 ;
        Y29.65 ;
        X40.0   Y14.5 ;
        X30.0 ;
        X23.15  Y29.65 ;
        Y35.0 ;
        Z-10.0 ;
        Y40.35 ;
        X30.0   Y55.5 ;
        X40.0 ;
        X46.85  Y40.35 ;
        Y29.65 ;
        X40.0   Y14.5 ;
        X30.0 ;
        X23.15  Y29.65 ;
        Y35.0 ;
        Y40.35 ;
        X30.0   Y55.5 ;
        X40.0 ;
        X46.85  Y40.35 ;
        Y29.65 ;
        X40.0   Y14.5 ;
        X30.0 ;
        X23.15  Y29.65 ;
        Y35.0 ;
        Z10.0 ;
G40     X35.0   Y35.0 ;
        Z-3.0 ;
G42     X25.0   D01 ;
G02     X45.0   R10.0 ;
G02     X25.0   R10.0 ;
G01     Z-4.0 ;
G02     X45.0   R10.0 ;
```

원호 가공

```
G02   X25.0   R10.0 ;
G02   X45.0   R10.0 ;
G01   Z5.0 ;
G40   X35.0   Y35.0 ;
      Z-6.0 ;
G42   X28.0   D01 ;
G02   X42.0   R7.0 ;
G02   X28.0   R7.0 ;
G01   Z-7.0 ;
G02   X42.0   R7.0 ;
G02   X28.0   R7.0 ;
G02   X42.0   R7.0 ;
G01   Z20.0 ;
G00   Z200.0 ;
T04   M06 ;
G00   G90   X35.0    Y35.0   S500   M03 ;
G43   H04   Z50.0 ;
G84   G99   Z-25.0   R10.0   F625 ;
G80 ;
G00   G49   Z200.0 ;
G40   G49   G00      Z300.0 ;
M05 ;
M02 ;
```

가공이 끝난 상태

완성된 제품

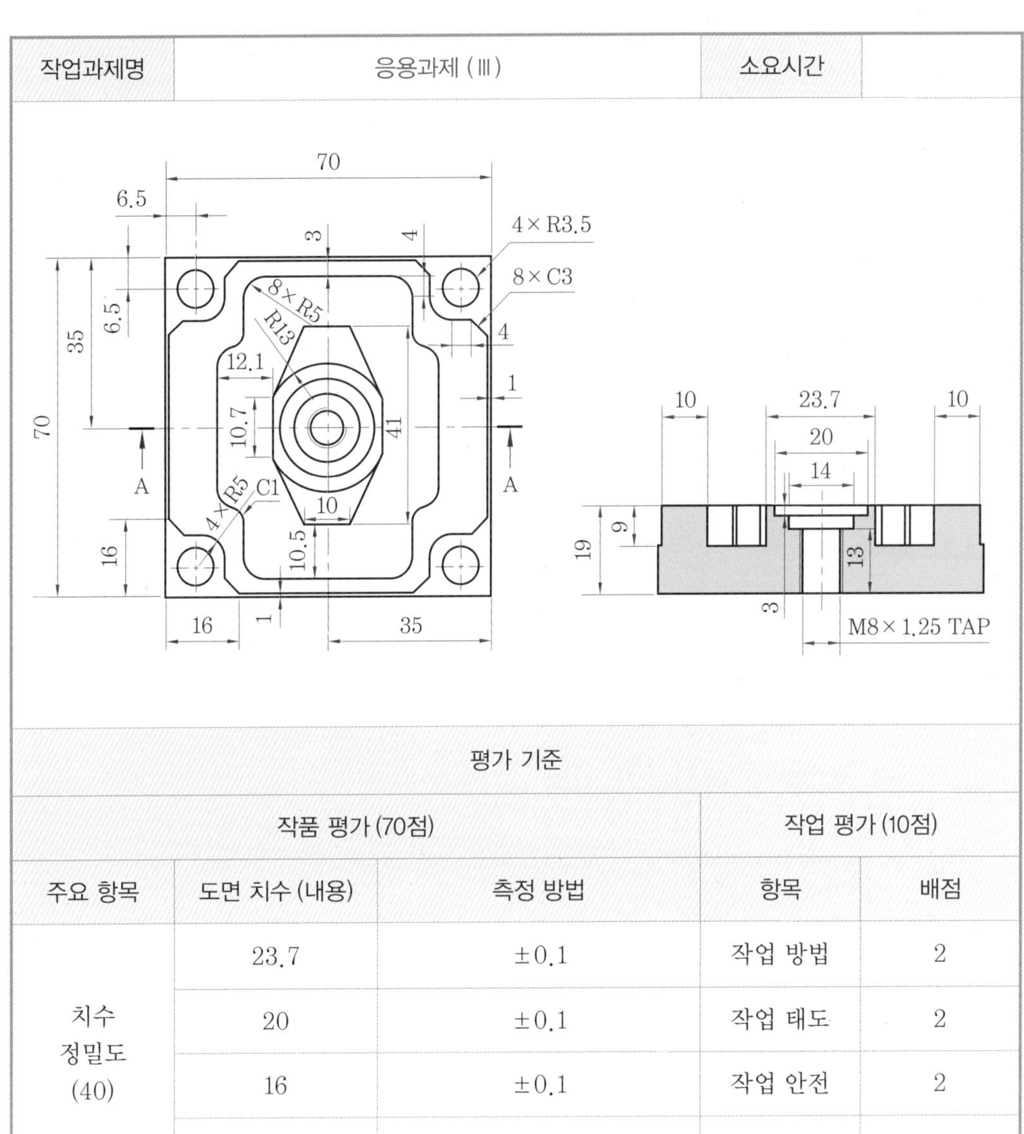

<table>
<tr><td>작업과제명</td><td colspan="2">응용과제 (Ⅲ)</td><td>소요시간</td><td></td></tr>
<tr><td colspan="5">평가 기준</td></tr>
<tr><td colspan="3">작품 평가 (70점)</td><td colspan="2">작업 평가 (10점)</td></tr>
<tr><td>주요 항목</td><td>도면 치수 (내용)</td><td>측정 방법</td><td>항목</td><td>배점</td></tr>
<tr><td rowspan="4">치수
정밀도
(40)</td><td>23.7</td><td>±0.1</td><td>작업 방법</td><td>2</td></tr>
<tr><td>20</td><td>±0.1</td><td>작업 태도</td><td>2</td></tr>
<tr><td>16</td><td>±0.1</td><td>작업 안전</td><td>2</td></tr>
<tr><td>6.5</td><td>±0.1</td><td>정리 정돈</td><td>2</td></tr>
<tr><td rowspan="2">세팅
(5)</td><td rowspan="2">공구 및
공작물 세팅</td><td rowspan="2">상 : 한 번 세팅으로 가공
중 : 1회 수정 가공
하 : 2회 이상 수정 가공</td><td>재료 사용</td><td>2</td></tr>
<tr><td colspan="2">시간 평가 (20점)</td></tr>
<tr><td>외관
(5)</td><td>공작물의
외관 상태</td><td>상 : 흠집이 전혀 없을 때
중 : 흠집이 2개소 이하
하 : 흠집이 3개소 이상</td><td colspan="2">소요시간 (　　)분
초과마다 (　　)점
감점</td></tr>
<tr><td>프로그램
(20)</td><td>편집</td><td>상 : 중복 가공이 없을 때
중 : 중복 가공 1회일 때
하 : 중복 가공 2회 이상</td><td colspan="2"><table><tr><td>작품
평가</td><td>작업
평가</td><td>시간
평가</td><td>총점</td></tr><tr><td></td><td></td><td></td><td></td></tr></table></td></tr>
</table>

<table>
<tr><td>작업과제명</td><td colspan="3">고정 사이클 응용 가공하기</td><td>소요시간</td><td></td></tr>
<tr><td>목표</td><td colspan="5">① 작성한 프로그램을 머시닝 센터에 입력할 수 있다.
② 공구 보정을 할 수 있다.
③ 고정 사이클(G81)을 이용하여 프로그래밍할 수 있다.
④ K를 이용하여 프로그래밍할 수 있다.</td></tr>
<tr><td>기계 및 공구</td><td>재료명</td><td>규격</td><td>수량</td><td colspan="2">안전 및 유의사항</td></tr>
<tr><td>머시닝 센터</td><td></td><td>VX-500</td><td>3</td><td colspan="2" rowspan="6">① 기계의 이상 유무를 확인한다.
② 툴 홀더의 풀 스터드가 견고히 고정되어 있는지 확인한다.
③ 위치 결정 시 급속 이송을 할 때 공구의 충돌 여부를 꼭 확인해야 한다.
④ 드릴 작업 시에는 칩의 배출이 중요하므로 칩의 배출이 원활히 되도록 프로그래밍해야 한다.
⑤ 가공물 아래에 고정한 평행대가 구멍의 아래에 오지 않도록 주의해야 한다.</td></tr>
<tr><td>아큐 센터</td><td></td><td>AC-10</td><td>3</td></tr>
<tr><td>드릴</td><td></td><td>ϕ10</td><td>3</td></tr>
<tr><td>센터 드릴</td><td></td><td>ϕ3</td><td>3</td></tr>
<tr><td></td><td>쾌삭 Al</td><td>70×70×20</td><td>3</td></tr>
<tr><td></td><td>USB</td><td>16GB</td><td>3</td></tr>
</table>

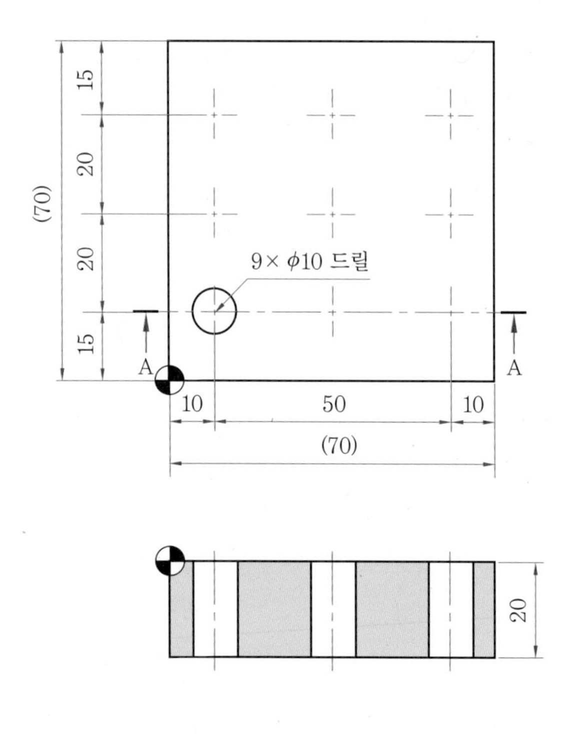

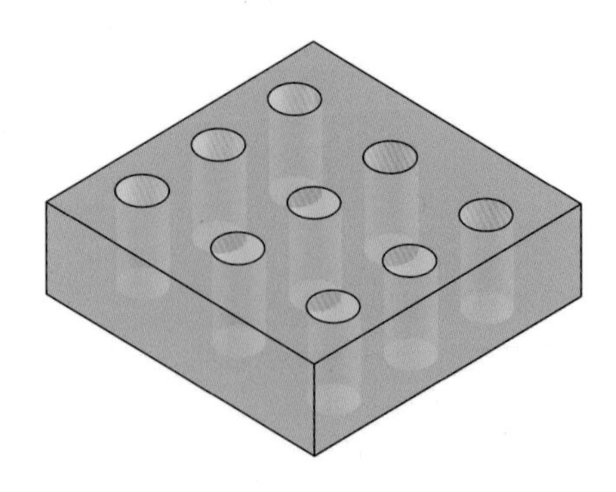

```
O1112 ;
G40    G49     G80 ;
G28    G91     Z0.0 ;
T02    M06 ;
S1300  M03 ;
G54    G90     G00     X10.0   Y15.0 ;
G43    Z10.0   H02     M08 ;
G81    G99     Z-3.0   R5.0    F100 ;
G91    X25.0   K2 ;
```

…… G91은 증분좌표를 의미하는 준비기능, K는 반복 횟수로 X10.0을 기준으로 X25.0으로 같은 간격으로 가공한다. (X10.0을 기준으로 증분좌표로 프로그래밍)

Y20.0 ; …… 증분좌표로 Y20.0으로 공구 이동

※ 구멍이 많을 경우에는 반복 횟 수(K)를 이용하여 프로그래밍하는 것이 쉽다.

X-25.0 K2 ; …… X-25.0인 이유는 X60.0을 기준으로 증분좌표로 공구 이동

Y20.0 ; …… X10.0 Y35.0의 위치에서 증분좌표로 Y20.0의 위치로 공구 이동

X25.0 K2 ; …… X25.0인 이유는 X10.0을 기준으로 증분좌표로 공구 이동했기 때문이며, 증분좌표 G91은 연속 유효 G코드이므로 생략

```
G80 ;
G00    G90     G49     Z200.0 ;
M01 ;
```

※ 선택적 프로그램 정지(optional stop)로 조작판의 M01 스위치가 ON인 경우 정지

```
G28    G91     Z0.0 ;
T03    M06 ;
S800   M03 ;
G00    G90     X10.0    Y15.0 ;
G43    Z10.0   H03      M08 ;
G73    G99     Z-23.0   R3.0    Q3.0  F100 ;
G91    X25.0   K2 ; …… 증분좌표로 지령
       Y20.0 ;
       X-25.0  K2 ;
       Y20.0 ;
       X25.0   K2 ;
G80 ;
G00    G90     G49      Z200.0 ;
M05 ;
M02 ;
```

완성된 제품

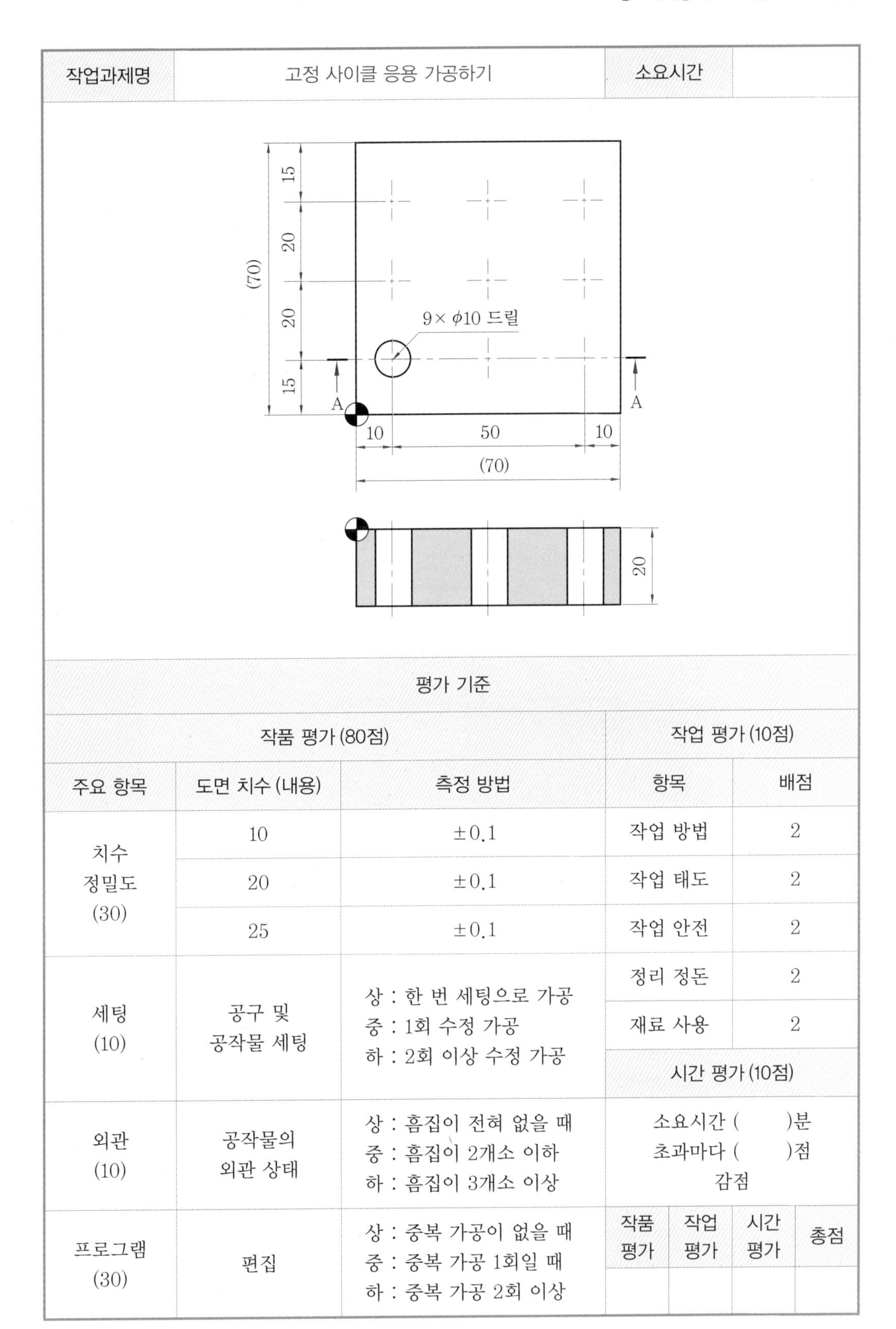

작업과제명	고정 사이클 응용 가공하기	소요시간	

평가 기준

작품 평가(80점)			작업 평가(10점)	
주요 항목	도면 치수(내용)	측정 방법	항목	배점
치수 정밀도 (30)	10	±0.1	작업 방법	2
	20	±0.1	작업 태도	2
	25	±0.1	작업 안전	2
세팅 (10)	공구 및 공작물 세팅	상 : 한 번 세팅으로 가공 중 : 1회 수정 가공 하 : 2회 이상 수정 가공	정리 정돈	2
			재료 사용	2
			시간 평가(10점)	
외관 (10)	공작물의 외관 상태	상 : 흠집이 전혀 없을 때 중 : 흠집이 2개소 이하 하 : 흠집이 3개소 이상	소요시간 ( )분 초과마다 ( )점 감점	
프로그램 (30)	편집	상 : 중복 가공이 없을 때 중 : 중복 가공 1회일 때 하 : 중복 가공 2회 이상		

작품 평가	작업 평가	시간 평가	총점

2-4 보조 프로그램 가공하기

작업과제명	보조 프로그램 가공하기 (I)			소요시간	
목표	① 작성한 프로그램을 머시닝 센터에 입력할 수 있다. ② 좌표계를 설정하여 위치 결정 및 직선, 원호 및 포켓 가공을 할 수 있다. ③ 공구 보정을 할 수 있다. ④ 보조 프로그램을 이용하여 프로그래밍할 수 있다.				
기계 및 공구	재료명	규격	수량	안전 및 유의사항	
머시닝 센터		VX-500	3	① 기계의 이상 유무를 확인한다. ② 툴 홀더의 풀 스터드가 견고히 고정되어 있는지 확인한다. ③ 위치 결정 시 급속 이송을 할 때 공구의 충돌 여부를 꼭 확인해야 한다.	
아큐 센터		AC-10	3		
엔드밀		ϕ10	3		
	쾌삭 Al	70×70×20	3		
	USB	16GB	3		

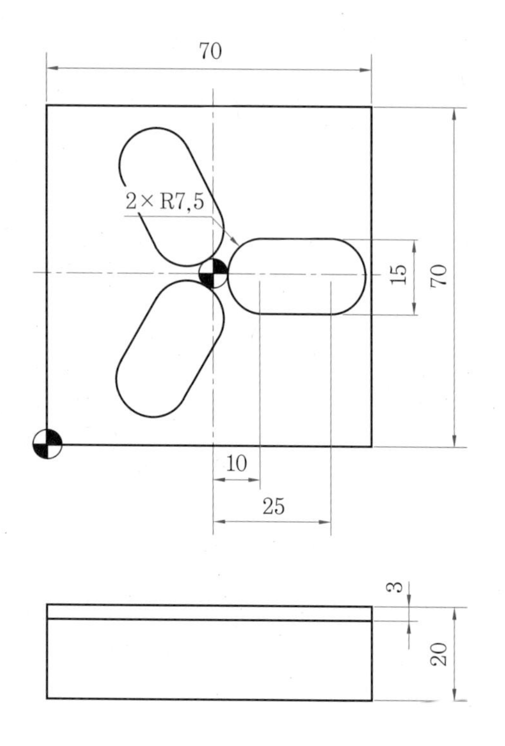

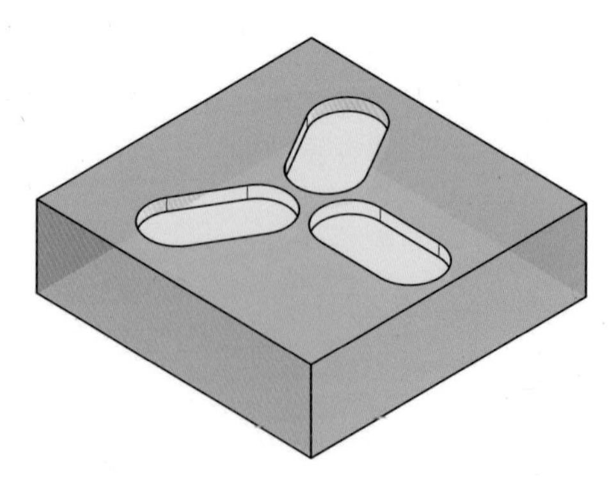

[주 프로그램]

```
O1660 ;
G17    G40    G49    G80    G90 ;
G28    G91    Z0.0 ;
T01    M06 ;
S1000  M03 ;
G54    G90    G00    X35.0  Y35.0 ;
G43    G00    Z10.0  H01 ;
G52    X35.0  Y35.0 ; …… 지역 좌표계 세팅
M98    P1661 ;
G68    X0.0   Y0.0   R120.0 ; …… G68은 회전좌표로 120° 회전
M98    P1661 ;
G68    X0.0   Y0.0   R240.0 ; …… G68은 회전좌표로 120° 회전
M98    P1661 ;
G52    X0.0   Y0.0 ; …… G52는 지역좌표계 설정
G49    G90    G00    Z200.0 ;
M05 ;
M02 ;
```

[보조 프로그램]

```
O1661 ;
G00    G90    X10.0 ;
G01    Z-3.0  F100 ;
G41    D01    X25.0 ;
       Y7.5 ;
       X10.0 ;
G03    Y-7.5  R7.5 ;
G01    X25.0 ;
G03    Y7.5   R7.5 ;
G01    X10.0 ;
G00    Z200.0 ;
G40    X0.0   Y0.0 ;
G69 ; …… G69는 회전좌표 취소
M99 ;
```

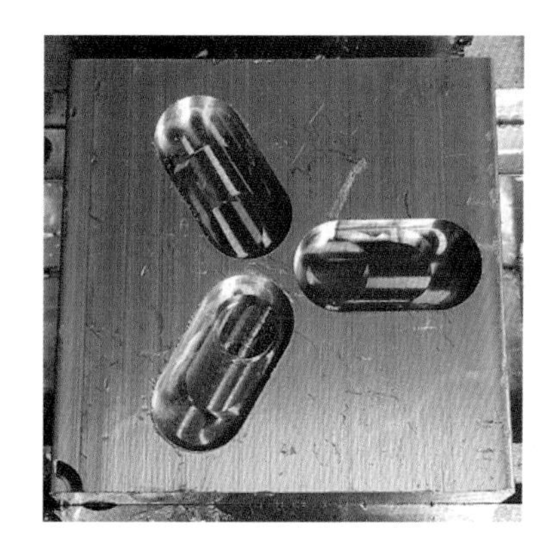

완성된 제품

작업과제명	보조 프로그램 가공하기 (I)	소요시간	

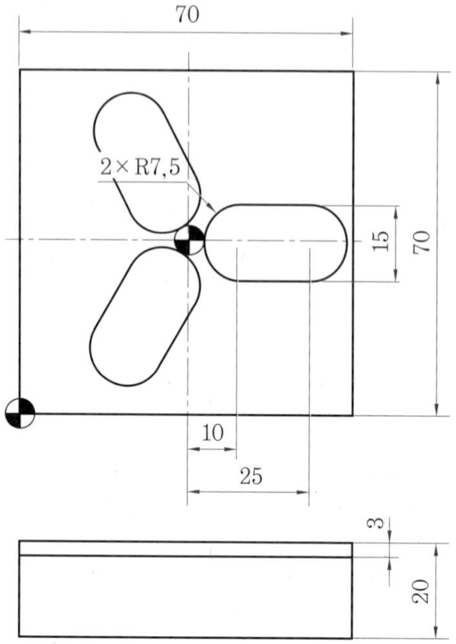

70
2×R7.5
15
70
10
25
3
20

평가 기준

작품 평가 (80점)			작업 평가 (10점)	
주요 항목	도면 치수 (내용)	측정 방법	항목	배점
치수 정밀도 (30)	25	±0.1	작업 방법	2
			작업 태도	2
	15	±0.1	작업 안전	2
세팅 (10)	공구 및 공작물 세팅	상 : 한 번 세팅으로 가공 중 : 1회 수정 가공 하 : 2회 이상 수정 가공	정리 정돈	2
			재료 사용	2
			시간 평가 (10점)	
외관 (10)	공작물의 외관 상태	상 : 흠집이 전혀 없을 때 중 : 흠집이 2개소 이하 하 : 흠집이 3개소 이상	소요시간 ( )분 초과마다 ( )점 감점	
프로그램 (30)	편집	상 : 중복 가공이 없을 때 중 : 중복 가공 1회일 때 하 : 중복 가공 2회 이상		

작품 평가	작업 평가	시간 평가	총점

<table>
<tr><td>작업과제명</td><td colspan="3">보조 프로그램 가공하기 (II)</td><td>소요시간</td></tr>
<tr><td>목표</td><td colspan="4">① 작성한 프로그램을 머시닝 센터에 입력할 수 있다.
② 좌표계를 설정하여 위치 결정 및 직선, 원호 및 포켓 가공을 할 수 있다.
③ 공구 보정을 할 수 있다.
④ 보조 프로그램을 이용하여 프로그래밍할 수 있다.</td></tr>
<tr><td>기계 및 공구</td><td>재료명</td><td>규격</td><td>수량</td><td>안전 및 유의사항</td></tr>
<tr><td>머시닝 센터</td><td></td><td>VX-500</td><td>3</td><td rowspan="5">① 기계의 이상 유무를 확인한다.
② 툴 홀더의 풀 스터드가 견고히 고정되어 있는지 확인한다.
③ 위치 결정 시 급속 이송을 할 때 공구의 충돌 여부를 꼭 확인해야 한다.</td></tr>
<tr><td>아큐 센터</td><td></td><td>AC-10</td><td>3</td></tr>
<tr><td>엔드밀</td><td></td><td>ϕ10</td><td>3</td></tr>
<tr><td></td><td>쾌삭 Al</td><td>70×70×20</td><td>3</td></tr>
<tr><td></td><td>USB</td><td>16GB</td><td>3</td></tr>
</table>

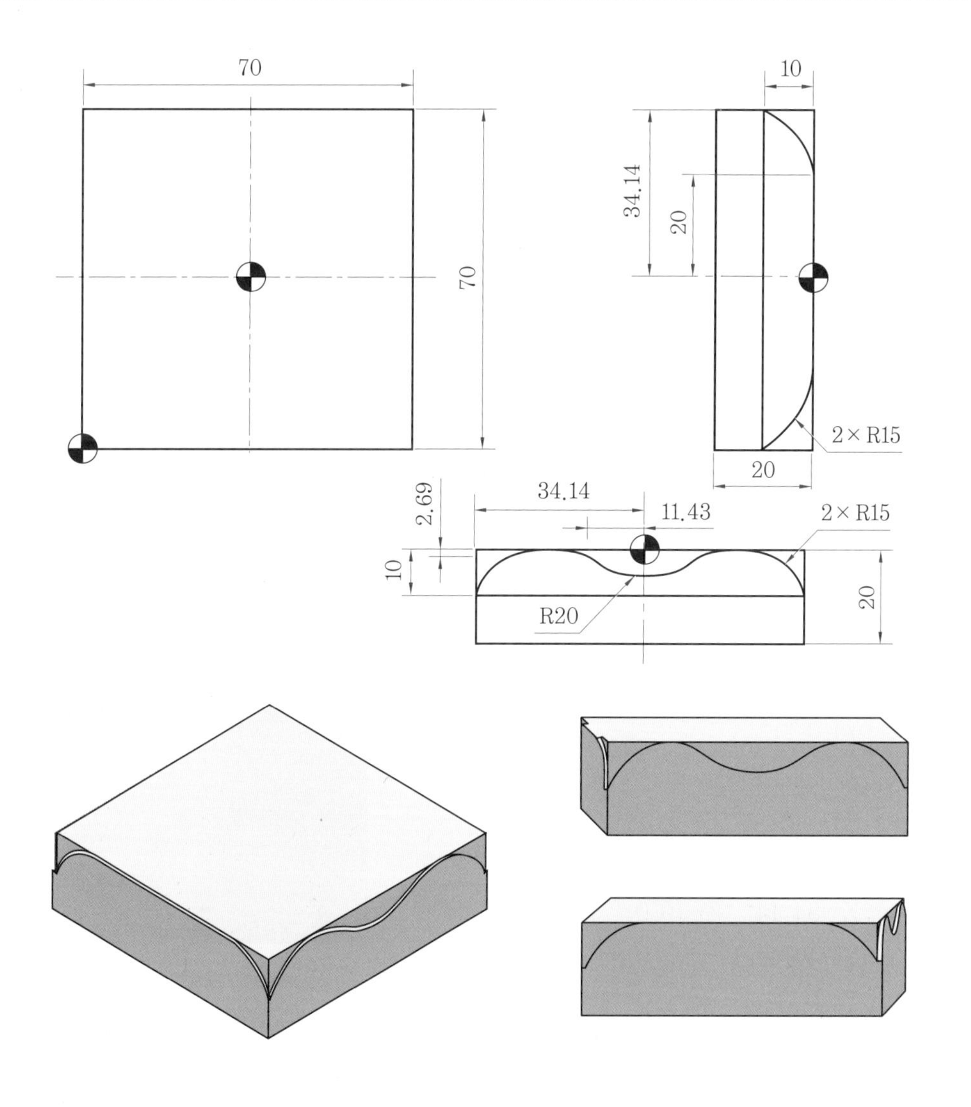

[주 프로그램]

```
O1650 ;
G17    G40    G49    G80    G90 ; …… G17은 X-Y 평면
G28    G91    Z0.0 ;
T01    M06 ;
S1000  M03 ;
G54    G90    G00    X-40.0    Y-40.0 ;
G43    Z10.0    H01 ;
G01    Z-10.0    F100 ;
G18 ; …… G18은 Z-X 평면
M98    P1651    L35 ;
G17 ;
G00    Z10.0 ;
       X-40.0    Y-40.0 ;
G01    Z-10.0 ;
G19 ; …… G19는 Y-Z 평면
M98    P1652    L35 ;
G17 ;
G49    G90    G00    Z200.0 ;
M05 ;
M02 ;
```

[보조 프로그램 1]

```
O1651 ;
G01    X-34.14 ;
G03    X-11.43    Z-2.69    R15.0 ;
G02    X11.43     R20.0 ;
G03    X34.14     Z-10.0    R15.0 ;
G01    X40.0 ;
G91    Y1.0 ;
G90    X34.14 ;
G02    X11.43     Z-2.69    R15.0 ;
G03    X-11.43    R20.0 ;
G02    X-34.14    Z-10.0    R15.0 ;
G01    X-40.0 ;
G91    Y1.0 ;
```

보조 프로그램 1 가공

```
G90 ;
M99 ;
```

[보조 프로그램 2]

```
O1652 ;
G01     Y-34.14 ;
G02     Y-20.0    Z0.0      R15.0 ;
G01     Y20.0 ;
G02     Y34.14    Z-10.0    R15.0 ;
G01     Y40. 0 ;
G91     X1.0 ;
G90     G01       Y34.14 ;
G03     Y20.0     Z0.0      R15.0 ;
G01     Y-20.0 ;
G03     Y-34.14   Z-10.0    R15.0 ;
G01     Y-40.0 ;
G91     X1.0 ;
G90 ;
M99 ;
```

보조 프로그램 2 가공

완성된 제품

작업과제명	보조 프로그램 가공하기 (II)	소요시간	

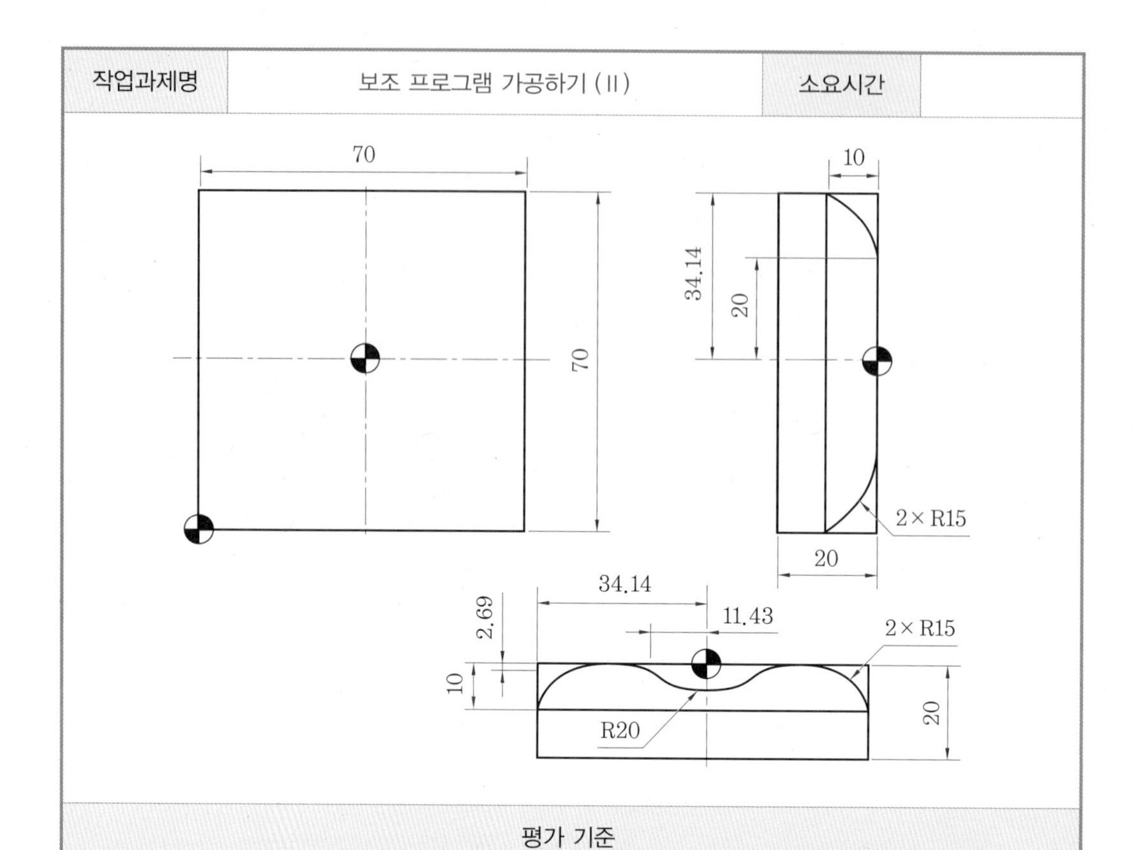

평가 기준

작품 평가 (80점)		
주요 항목	도면 치수 (내용)	측정 방법
치수 정밀도 (30)	34.14	±0.1
	20	±0.1
세팅 (5)	공구 및 공작물 세팅	상 : 한 번 세팅으로 가공 중 : 1회 수정 가공 하 : 2회 이상 수정 가공
외관 (5)	공작물의 외관 상태	상 : 흠집이 전혀 없을 때 중 : 흠집이 2개소 이하 하 : 흠집이 3개소 이상
프로그램 (40)	편집	상 : 중복 가공이 없을 때 중 : 중복 가공 1회일 때 하 : 중복 가공 2회 이상

작업 평가 (10점)	
항목	배점
작업 방법	2
작업 태도	2
작업 안전	2
정리 정돈	2
재료 사용	2

시간 평가 (10점)
소요시간 ( )분 초과마다 ( )점 감점

작품 평가	작업 평가	시간 평가	총점

연습문제

※ 실제 가공을 할 때 가공 시간 및 재료 절약을 위해 재료는 2차원 가공에는 70×70×20, 3차원 가공에는 70×70×20 및 70×70×40 두 종류를 사용한다.

1. 다음 도면을 프로그래밍하시오.

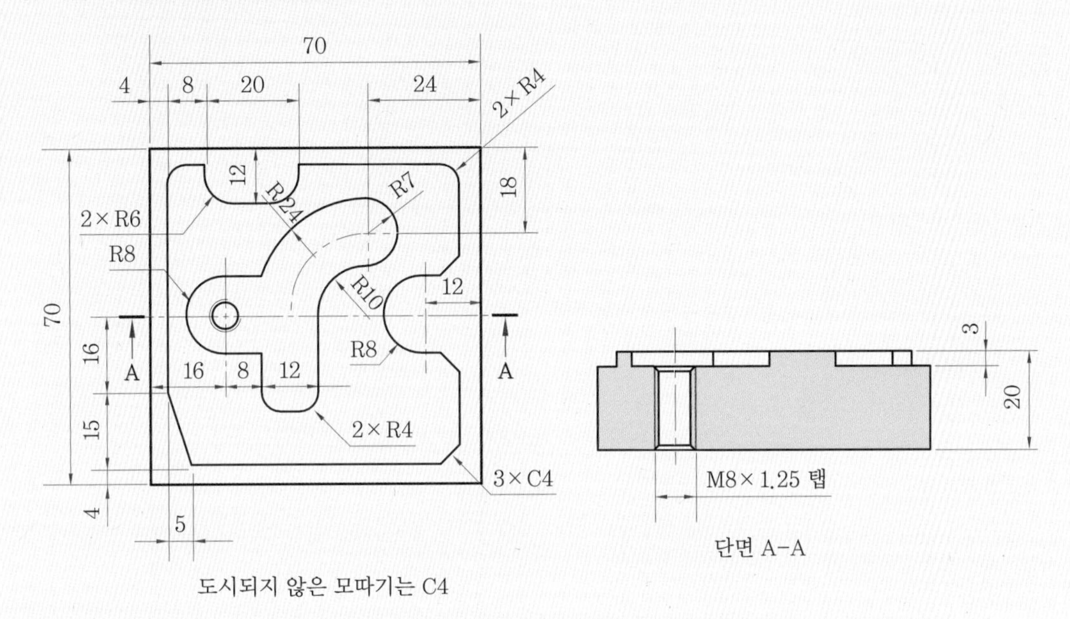

2. 다음 도면을 프로그래밍하시오.

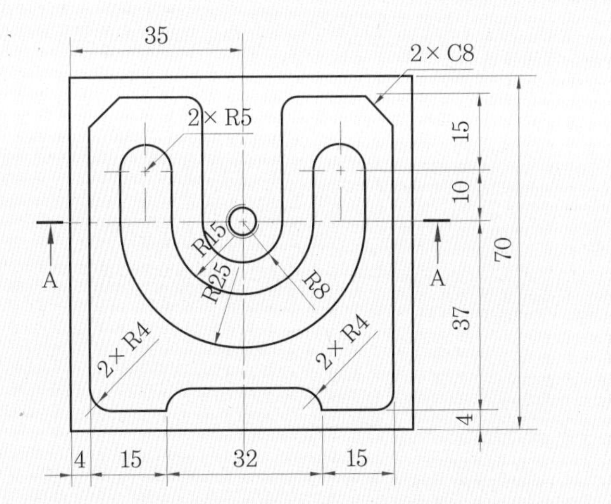

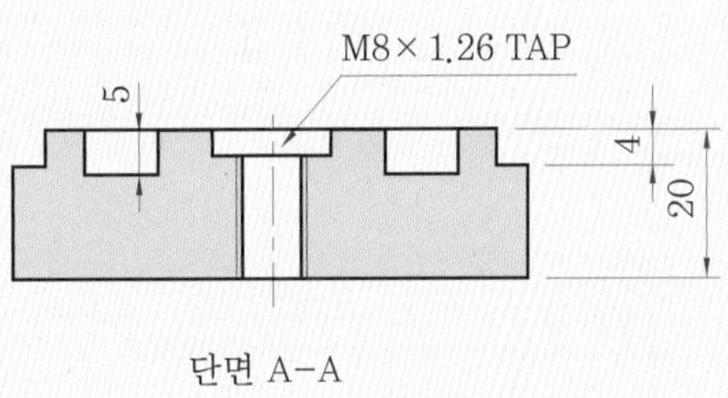

단면 A-A

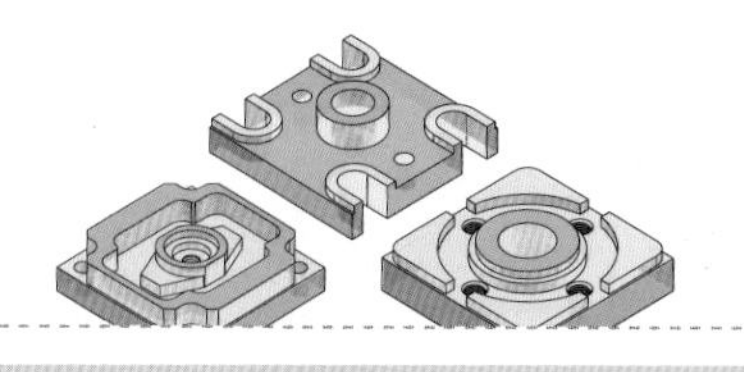

부 록

1. 선반용 인서트 규격
2. 선반용 외경 툴 홀더 규격
3. 선반용 내경 툴 홀더 규격
4. 선반 기술 자료
5. 밀링용 인서트 규격
6. 밀링 기술 자료
7. 엔드밀 기술 자료
8. 드릴 기술 자료
9. 밀링 공구 재종별 절삭 자료

1. 선반용 인서트 규격

C	N	M	G	12	04	08	-	VM
1	2	3	4	5	6	7		8
인서트 형상	여유각	공차	단면 형상	인선의 길이, 내접원 지름	인선 높이	노즈(nose) 반지름		칩브레이커 형상

1 C N M G 12 04 08–VM

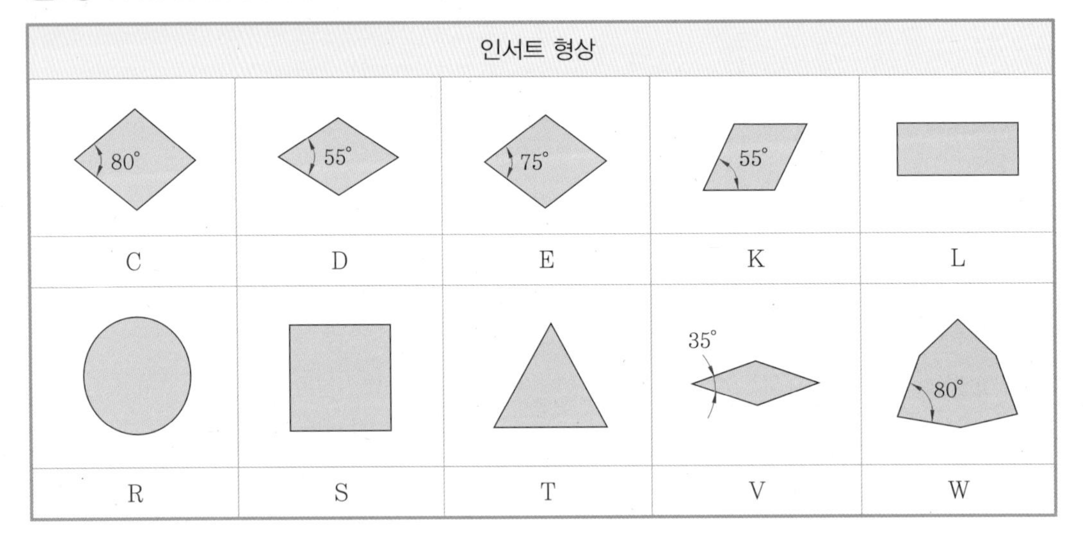

인서트 형상				
80°	55°	75°	55°	
C	D	E	K	L
			35°	80°
R	S	T	V	W

2 C N M G 12 04 08–VM

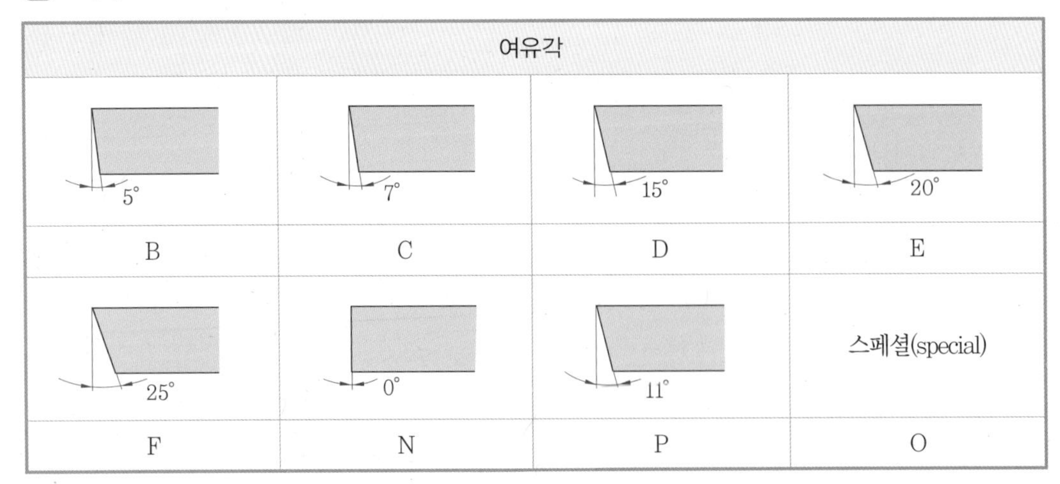

여유각			
5°	7°	15°	20°
B	C	D	E
25°	0°	11°	스페셜(special)
F	N	P	O

3 C N M G 12 04 08-VM

공차

(mm)

급	d	m	t
A	±0.025	±0.005	±0.025
C	±0.025	±0.013	±0.025
H	±0.013	±0.013	±0.025
E	±0.025	±0.025	±0.025
G	±0.025	±0.025	±0.13
J*	±0.05 ~ ±0.15	±0.005	±0.025
K*	±0.05 ~ ±0.15	±0.013	±0.025
L*	±0.05 ~ ±0.15	±0.025	±0.025
M*	±0.05 ~ ±0.15	±0.08 ~ ±0.20	±0.13
N*	±0.05 ~ ±0.15	±0.08 ~ ±0.18	±0.025
U*	±0.08 ~ ±0.25	±0.13 ~ ±0.38	±0.13

❀ 측면은 소결체 기준임.

내접원 C, H, R, T, W형의 공차 정의(예외 항목)

d	d의 공차		m의 공차	
	J, K, L, M, N	U	M, N	U
6.35	±0.05	±0.08	±0.08	±0.13
9.525	±0.05	±0.08	±0.08	±0.13
12.7	±0.08	±0.13	±0.13	±0.20
15.875	±0.10	±0.18	±0.15	±0.27
19.05	±0.10	±0.18	±0.15	±0.27
25.4	±0.13	±0.25	±0.18	±0.38

내접원 D형의 공차의 정의(예외 항목)

d	d의 공차	m의 공차
6.35	±0.05	±0.11
9.525	±0.05	±0.11
12.7	±0.8	±0.15
15.875	±0.10	±0.18
19.05	±0.10	±0.18

4 C N M G 12 04 08–VM

단면 형상		
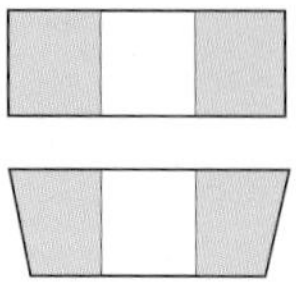	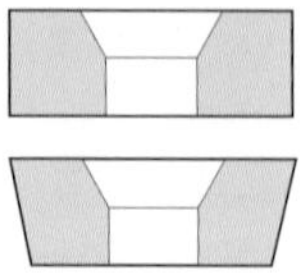 C' Sink 70°~ 90°	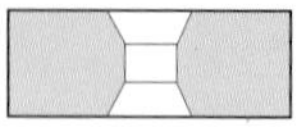 C' Sink 70°~ 90°
A	B	C
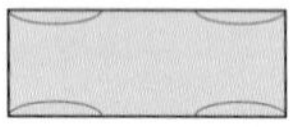	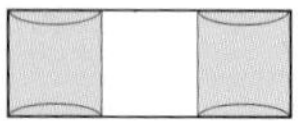	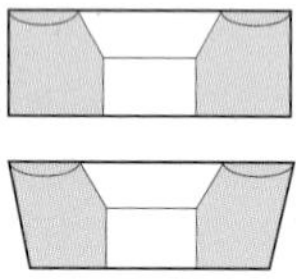 C' Sink 70°~ 90°
F	G	H
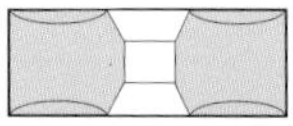 C' Sink 70°~ 90°	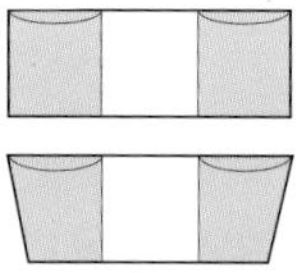	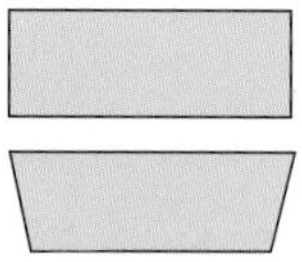
J	M	N
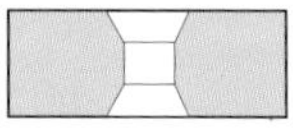 C' Sink 40°~ 60°	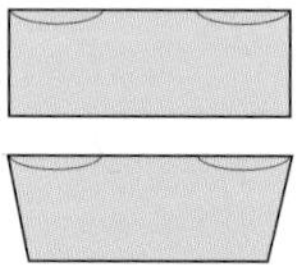	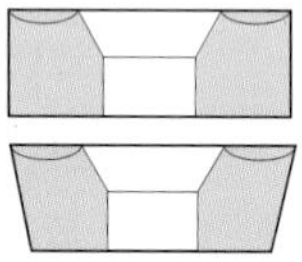 C' Sink 40°~ 60°
Q	R	T
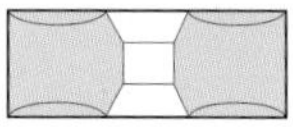 C' Sink 40°~ 60°	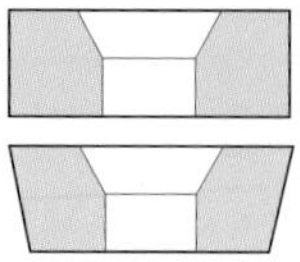 C' Sink 40°~ 60°	특수설계 및 비대칭형의 인서트
U	W	X

5 C N M G **12** 04 08-VM

인선의 길이, 내접원지름								
기호								IC
C	D	S	T	R	V	W		
			메트릭				인치	*d*[mm]
03	04	03	06	03	–	02	1.2(5)	3.97
04	05	04	08	04	08	S3	1.5(6)	4.76
05	06	05	09	05	09	03	1.8(7)	5.56
–	–	–	–	06	–	–	–	6.00
06	07	06	11	06	11	04	2	6.35
08	09	07	13	07	13	05	2.5	7.94
–	–	–	–	08	–	–	–	8.00
09	11	09	16	09	16	06	3	9.525
–	–	–	–	10	–	–	–	10.00
11	13	11	19	11	19	07	3.5	11.11
–	–	–	–	12	–	–	–	12.00
12	15	12	22	12	22	08	4	12.70
14	17	14	24	14	24	09	4.5	14.29
16	19	15	27	15	27	10	5	15.875
–	–	–	–	16	–	–	–	16.00
17	21	17	30	17	30	11	5.5	17.46
19	23	19	33	19	33	13	6	19.05
–	–	–	–	20	–	–	–	20.00
22	27	22	38	22	38	15	7	22.225
–	–	–	–	25	–	–	–	25.00
25	31	25	44	25	44	17	8	25.40
32	38	31	54	31	54	21	10	31.75
–	–	–	–	32	–	–	–	32.00

주 ( ) 소형 기호

6 C N M G 12 04 08-VM

인선 높이

기호		인선 높이(t)	
메트릭	인치	메트릭	인치
01	1(2)	1.59	$\frac{1}{16}$
T0	1.125	1.79	$\frac{9}{128}$
T1	1.2	1.98	$\frac{5}{64}$
02	1.5(3)	2.38	$\frac{3}{32}$
T2	1.75	2.78	$\frac{7}{64}$
03	2	3.18	$\frac{1}{8}$
T3	2.5	3.97	$\frac{5}{32}$
04	3	4.76	$\frac{3}{16}$
05	3.5	5.56	$\frac{7}{32}$
06	4	6.35	$\frac{1}{4}$
07	5	7.94	$\frac{5}{16}$
09	6	9.52	$\frac{3}{8}$
11	7	11.11	$\frac{7}{16}$
12	8	12.70	$\frac{1}{2}$

주 ( ) 소형 기호

7 C N M G 12 04 **08**–VM

노즈(nose) 반지름

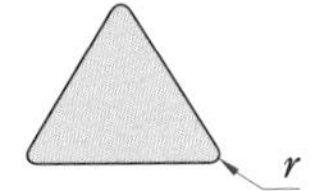

기호		노즈 "r"	
메트릭	인치	메트릭	인치
01	0	0.1	0.004
02	0.5	0.2	0.008
04	1	0.4	$\frac{1}{64}$
08	2	0.8	$\frac{1}{32}$
12	3	1.2	$\frac{3}{64}$
16	4	1.6	$\frac{1}{16}$
20	5	2.0	$\frac{5}{64}$
24	6	2.4	$\frac{3}{32}$
28	7	2.8	$\frac{7}{64}$
32	8	3.2	$\frac{1}{8}$
00	–	원형 인서트(inch 계열)	
M0	–	원형 인서트(metric 계열)	

8 C N M G 12 04 08–VM

칩브레이커 형상			
 VG	 VF	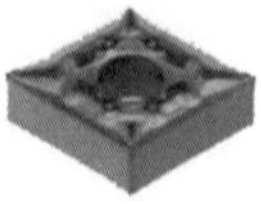 VQ	 VW
 VT	 HU	 HC	 HA
 GS	 GM	 GR	 GH
 HMP	 C25	 AK	 AR
 VM	 VH	 HS	 HR
 B25	 HFP		

2. 선반용 외경 툴 홀더 규격

P	S	K	N	R	25	25	–	M	12
1	2	3	4	5	6	7		8	9
클램핑 방식	인서트 형상	홀더 형상	인서트 여유각	승수	섕크 높이	섕크 폭		홀더 길이	절삭날 길이

1 P S K N R 25 25–M 12

클램핑 방식		
상면 고정	상면 및 구멍 고정	상면 및 구멍 고정
C	D	M
구멍 고정	나사 고정	상면 및 구멍 고정
P	S	W

2 P S K N R 25 25–M 12

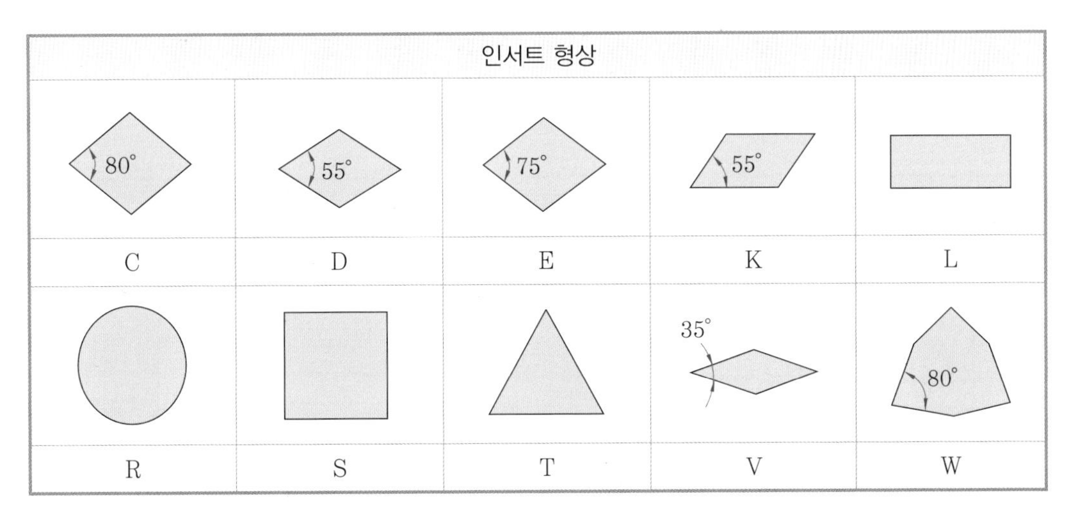

인서트 형상				
80°	55°	75°	55°	
C	D	E	K	L
			35°	80°
R	S	T	V	W

3 P S **K** N R 25 25–M 12

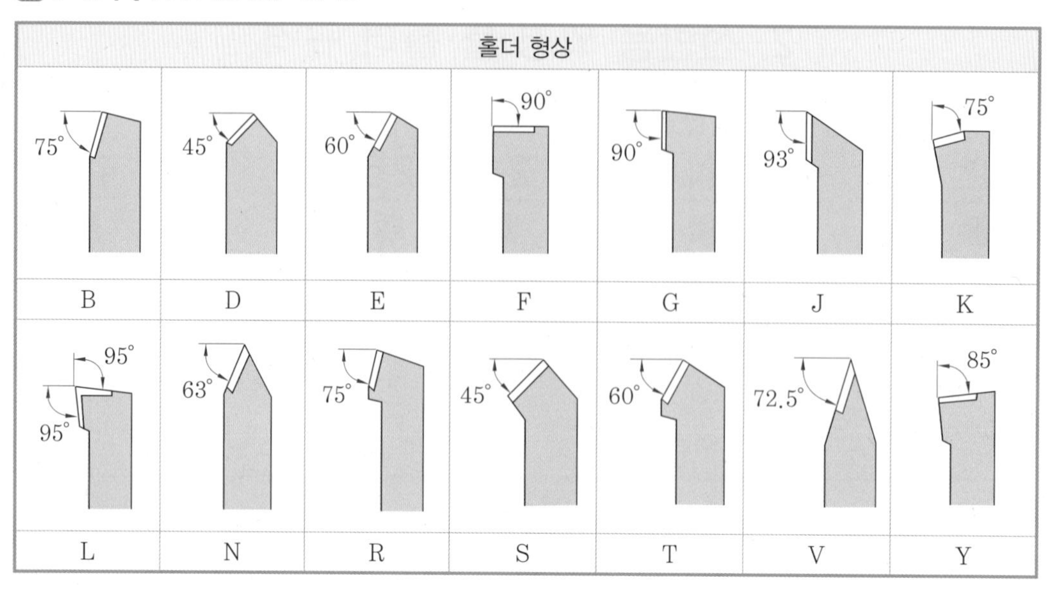

4 P S K **N** R 25 25–M 12

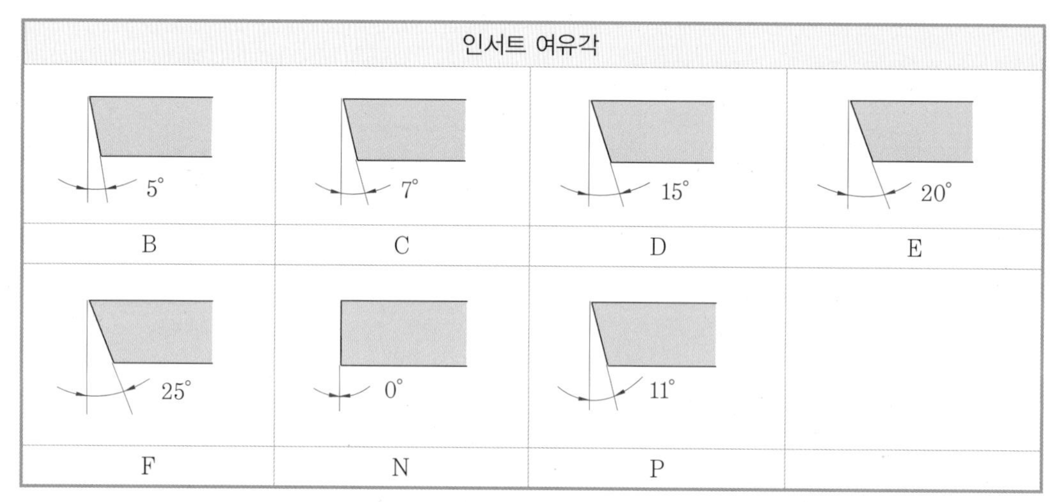

5 P S K N **R** 25 25–M 12

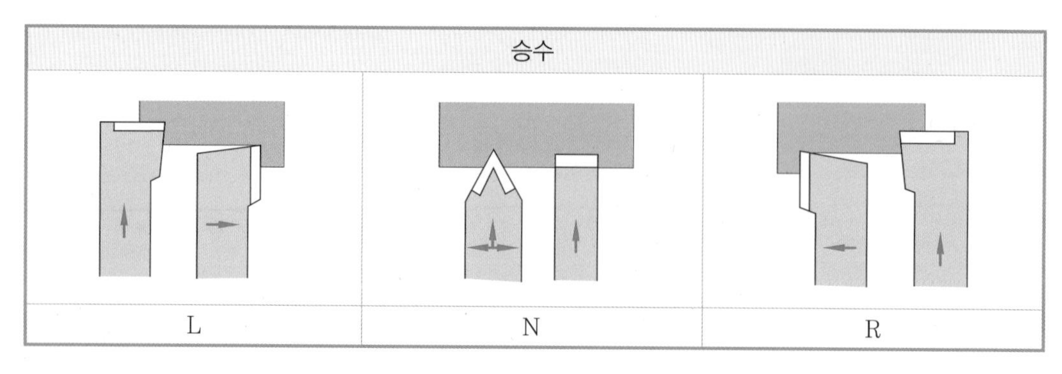

6 P S K N R **25** 25-M 12

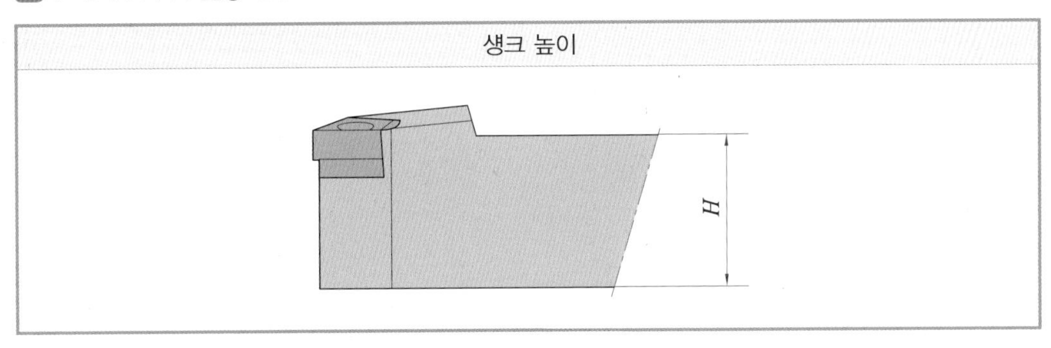

7 P S K N R 25 **25**-M 12

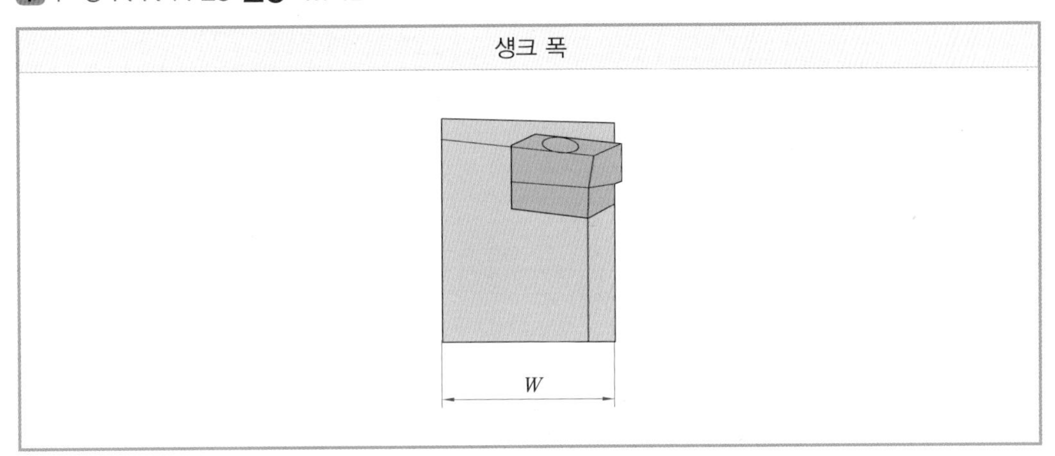

8 P S K N R 25 25-**M** 12

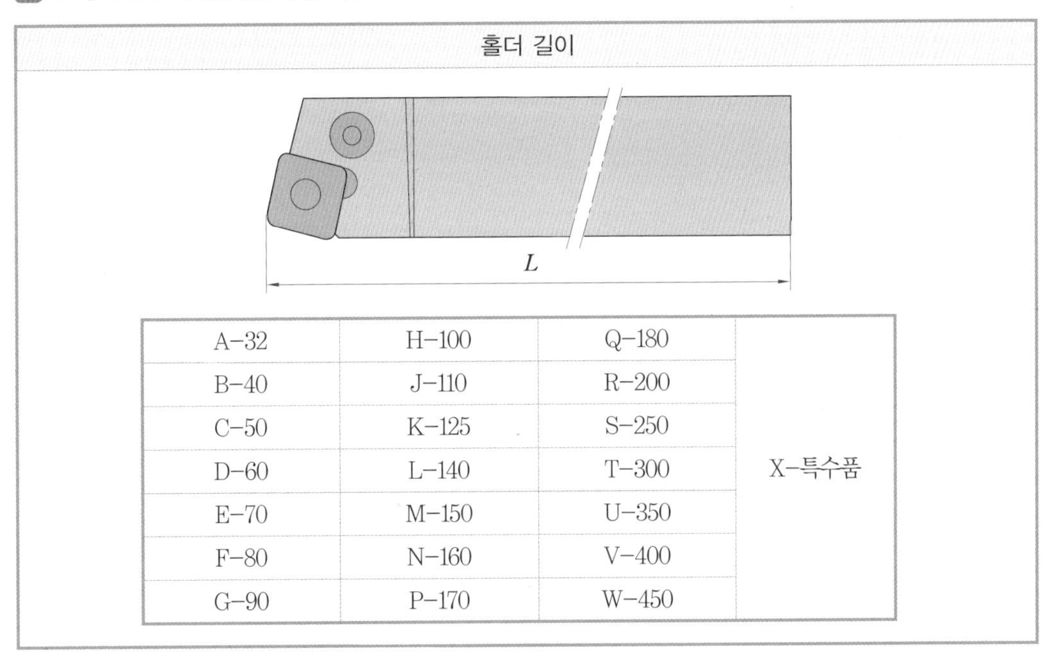

A-32	H-100	Q-180	X-특수품
B-40	J-110	R-200	
C-50	K-125	S-250	
D-60	L-140	T-300	
E-70	M-150	U-350	
F-80	N-160	V-400	
G-90	P-170	W-450	

9 P S K N R 25 25–M **12**

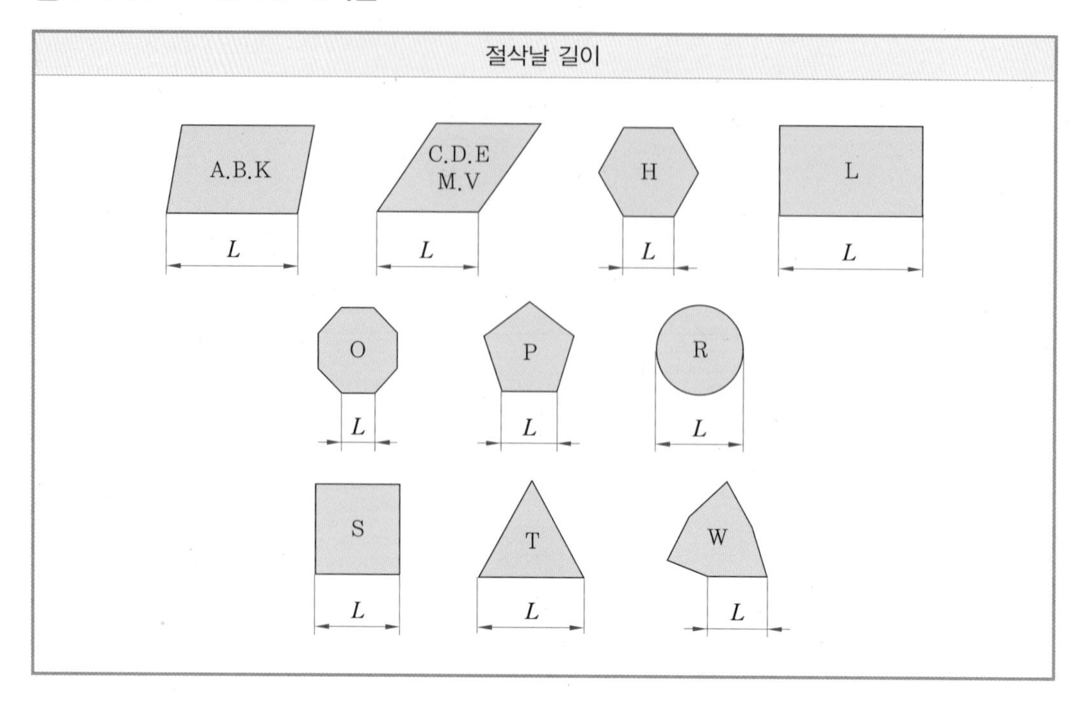

3. 선반용 내경 툴 홀더 규격

1 **S** 12 M–S T F P R–11

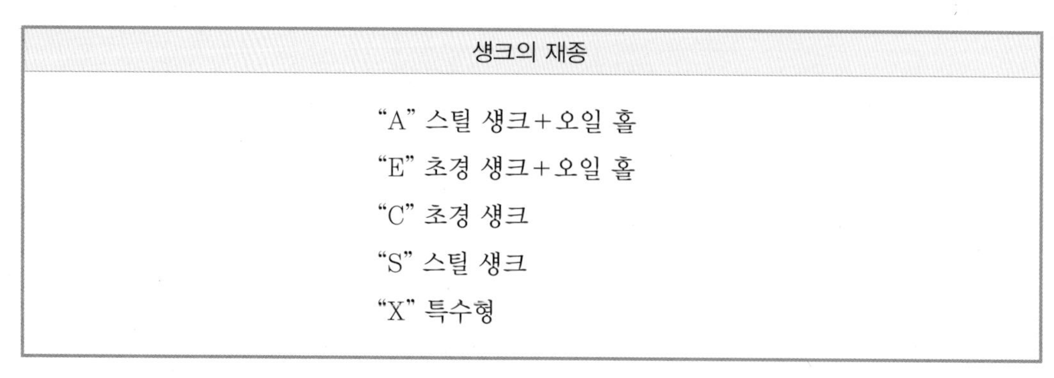

섕크의 재종
"A" 스틸 섕크+오일 홀
"E" 초경 섕크+오일 홀
"C" 초경 섕크
"S" 스틸 섕크
"X" 특수형

2 S **12** M–S T F P R–11

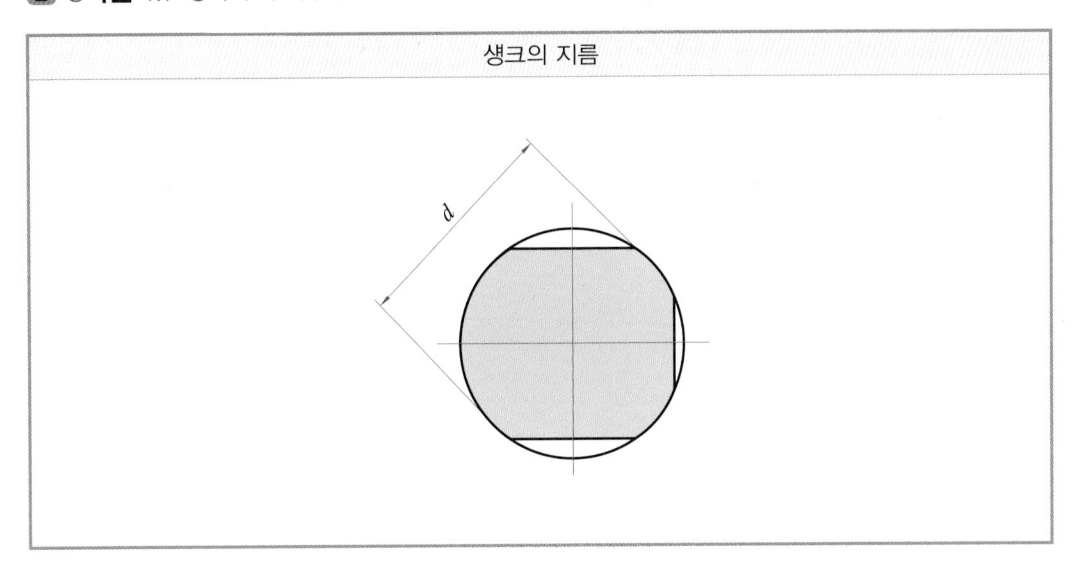

3 S 12 **M**–S T F P R–11

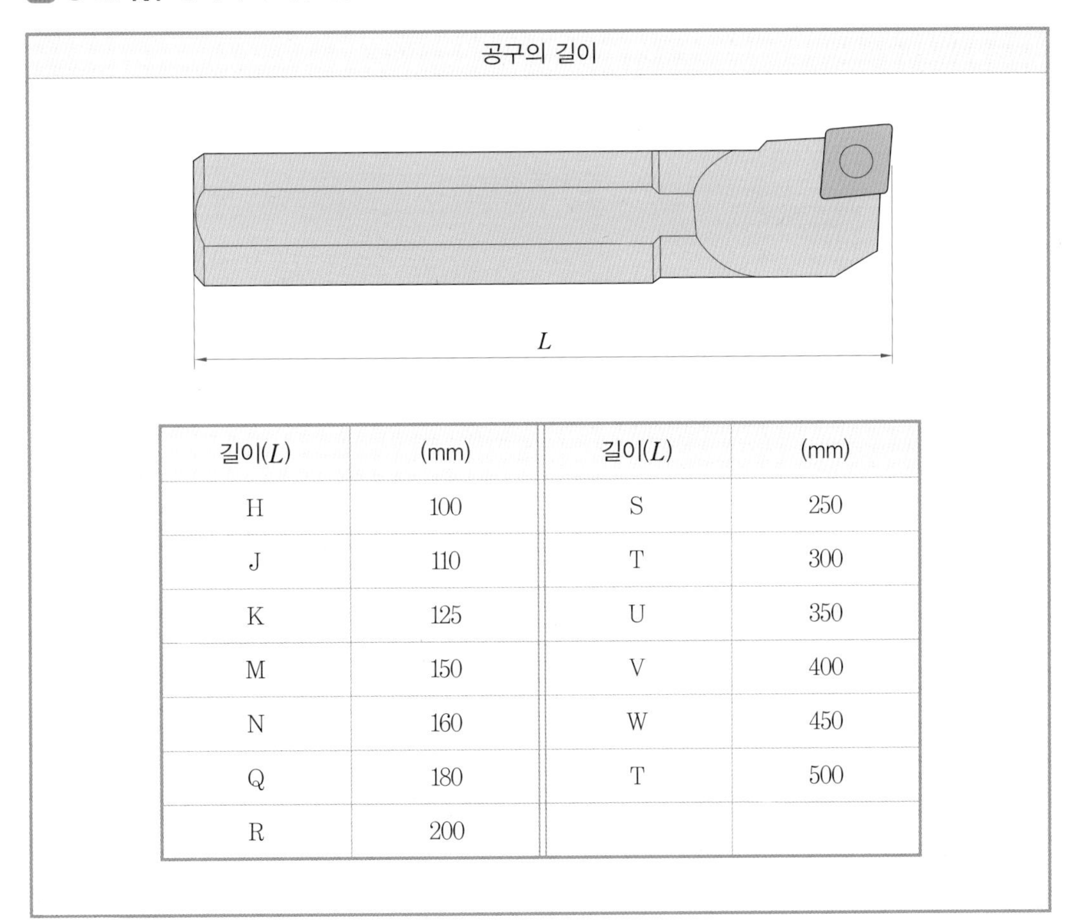

길이(L)	(mm)	길이(L)	(mm)
H	100	S	250
J	110	T	300
K	125	U	350
M	150	V	400
N	160	W	450
Q	180	T	500
R	200		

4 S 12 M-**S** T F P R-11

클램핑 방식		
상면 고정	상면 및 구멍 고정	상면 및 구멍 고정
C	D	M
구멍 고정	나사 고정	
P	S	

5 S 12 M-S **T** F P R-11

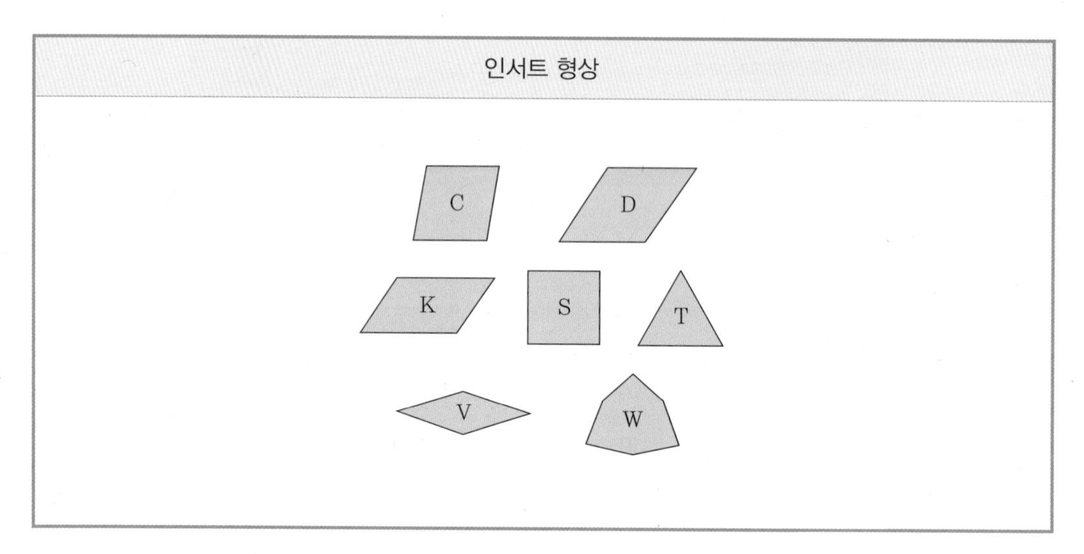

6 S 12 M–S T **F** P R–11

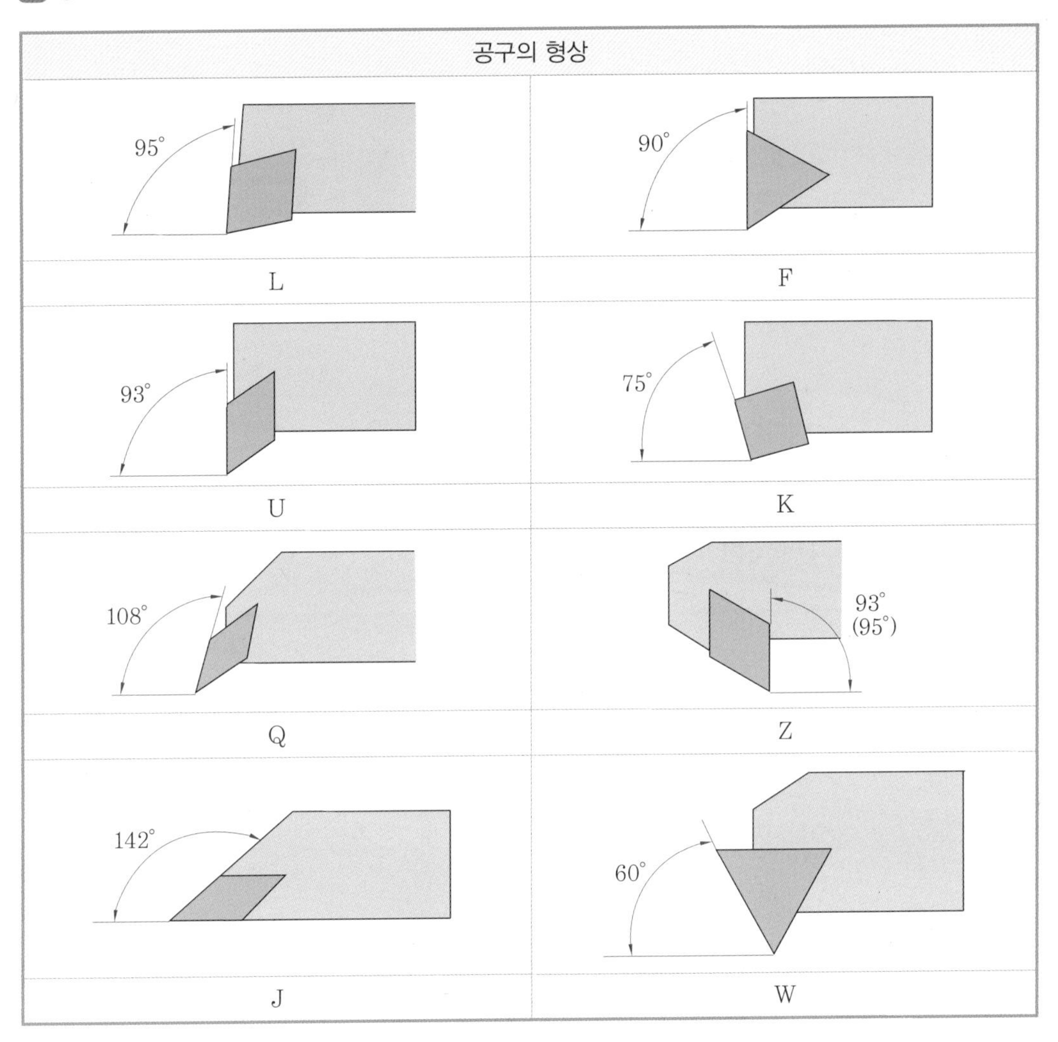

7 S 12 M–S T F **P** R–11

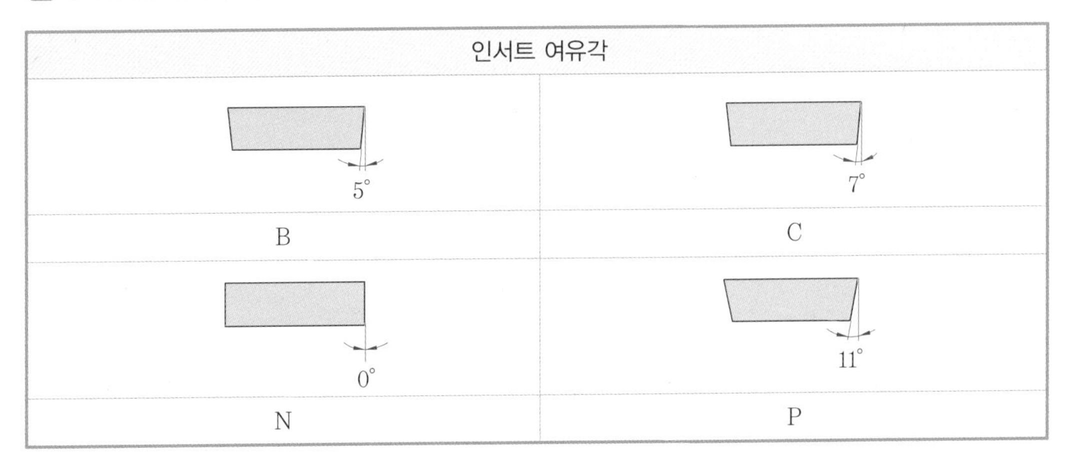

8 S 12 M–S T F P **R**–11

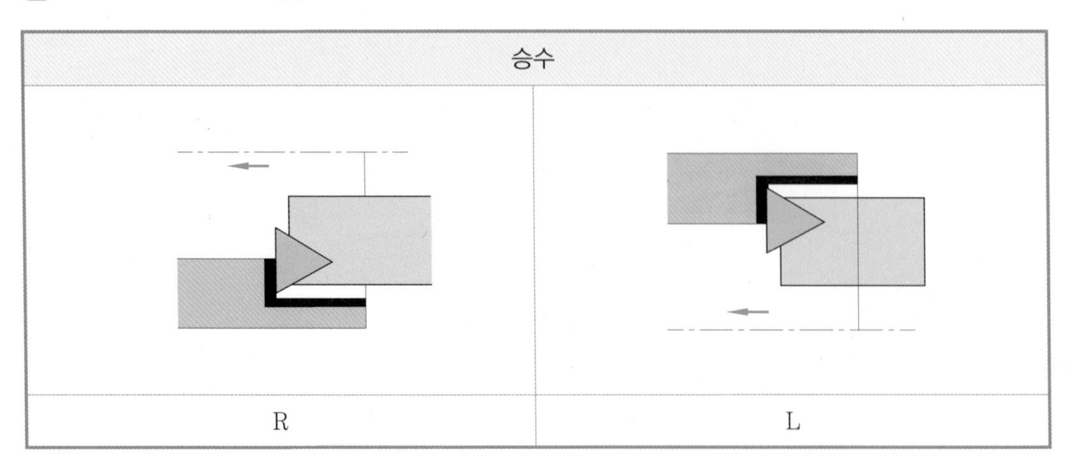

9 S 12 M–S T F P R–**11**

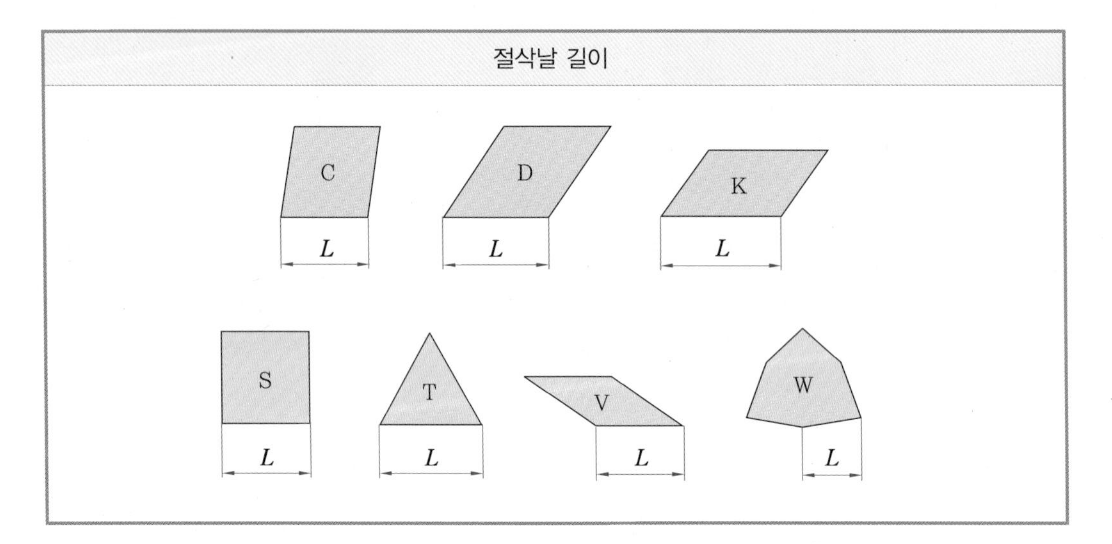

4. 선반 기술 자료

(1) 바이트 형상 및 명칭

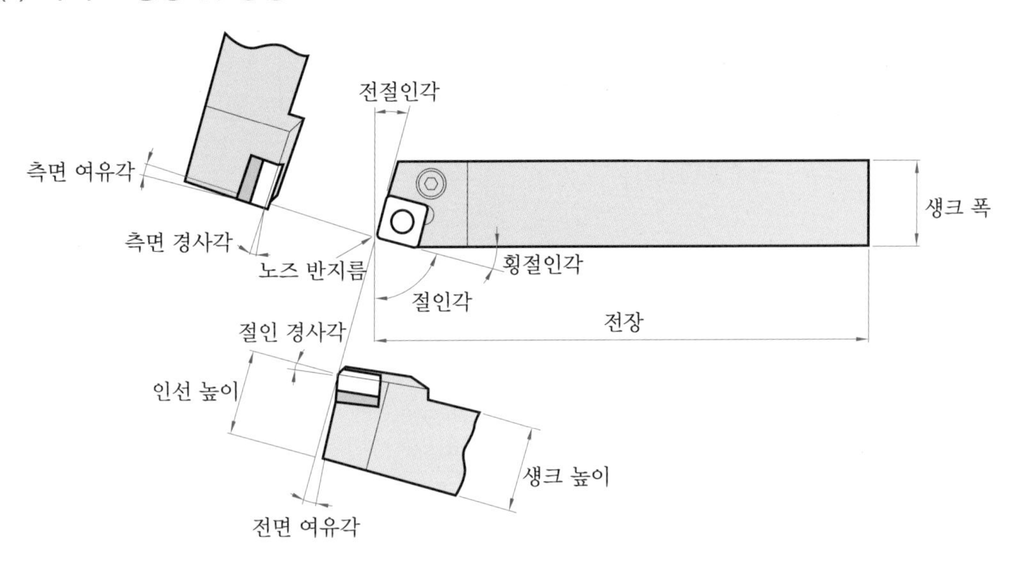

인선각도의 역할

인선 각도	명칭	기능	효과
경사각	측면 경사각 절인 경사각	절삭저항, 절삭열, 칩 배출, 공구 수명에 영향	• (+)로 하면 절삭성이 우수해짐(절삭저항 감소, 인선강도는 떨어짐) • 피삭성이 우수한 재료나 가는 피삭재 가공시에는 (+)로 함 • 흑피 · 단속절삭에서 인선강도를 요구할 경우에는 작게 또는 (−)로 함
여유각	전면 여유각 측면 여유각	절삭날 이외의 부분과 정삭면과의 접촉을 없게 한다.	• 작게 하면 인선강도가 강하게 되지만 여유면 마모가 단시간에 커지게 되고 공구 수명이 짧아짐
절인각	절인각	칩 처리성능과 절삭력 방향에 영향	• 크게 하면 칩 두께는 두꺼워져 칩 처리성능이 향상
	횡절인각	칩 처리성능과 절삭력 방향에 영향	• 크게 하면 칩 두께가 얇아져 칩 처리능력은 나빠지지만 절삭력이 분산되어 인선강도가 향상 • 작게 하면 칩 처리능력이 향상
	전절인각	인선과 절삭면의 마찰을 방지	• 작게 하면 인선강도가 강하게 되지만 여유면 마모가 단시간에 커지게 되고 공구 수명이 짧아짐

(2) 주요 절삭 공식

① 절삭속도

$$v_c = \frac{\pi \cdot D \cdot n}{1000} \text{ [m/min]}$$

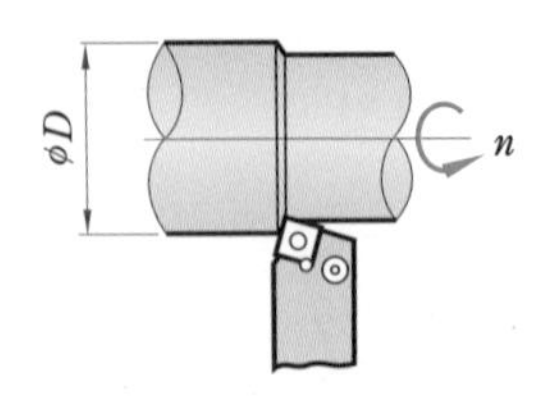

여기서, v_c : 절삭속도(m/min)
n : 주축 회전수(min^{-1})
D : 피삭재 외경(mm)
π : 원주율(3.14)

② 이송

$$f_n = \frac{v_f}{n} \text{ [mm/rev]}$$

여기서, f_n : 1회전당 이송(mm/rev)
n : 주축 회전수(min^{-1})
v_f : 1분당 이송(mm/min)

③ 사상면조도

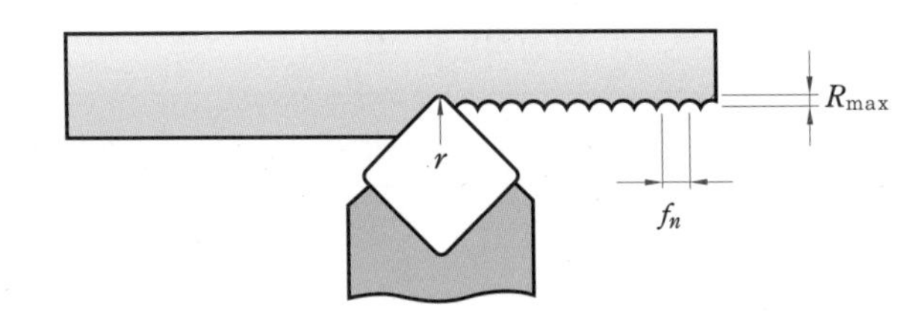

- 이론조도 $R_{max} = \frac{f_n^2}{8r}$ [μm]

- 실제조도

강 : $R_{max} \times (1.5 \sim 3)$ 주철 : $R_{max} \times (3 \sim 5)$

여기서, R_{max} : 최대조도높이(μm), f_n : 이송(mm/rev), r : 노즈 반지름

④ 소요동력

$$P_{kW} = \frac{Q \times k_c}{60 \times 102 \times \eta}, \ P_{HP} = \frac{P_{kW}}{0.75}, \ Q = \frac{v_c \times f_n \times a_p}{1000}$$

여기서, P_{kW} : 소요동력(kW)
k_c : 비절삭 저항(kg/mm^2)
f_n : 1회전당 이송(mm/rev)
a_p : 절입량(mm)
v_c : 절삭속도(m/min)
P_{HP} : 소요동력(마력)[HP]
η : 기계효율(0.7~0.8)

k_c의 대략치		k_c의 대략치	
연강	190	고합금강	245
중탄소강	210	주철	93
고탄소강	240	가단주철	120
저합금강	190	청동·황동	70

⑤ 칩 배출량

$$Q=\frac{v_c \times f_n \times a_p}{1000}$$

여기서, Q : 칩 배출량(cm^3/min)
a_p : 절입량(mm)
v_c : 절삭속도(m/min)
f_n : 1회전당 이송(mm/rev)

⑥ 가공시간

㈎ 외경가공 1

㉠ 회전수 일정의 경우

$$T=\frac{60 \times L}{f_n \times n}$$

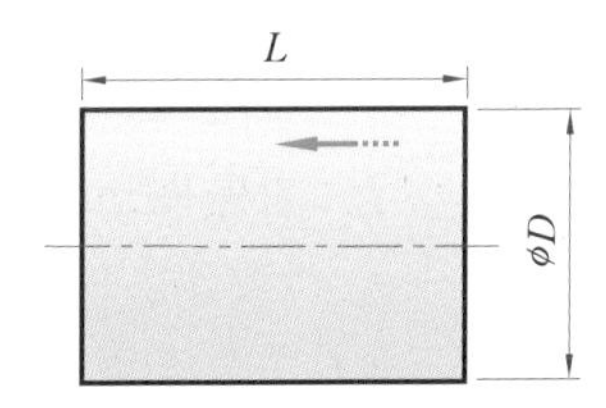

㉡ 절삭속도 일정의 경우

$$T=\frac{60 \times \pi \times L \times D}{1000 \times f_n \times n}$$

여기서, T : 가공시간(초)
L : 가공길이(mm)
f_n : 회전당 이송(mm/rev)
n : 주축 회전수(min^{-1})
D : 피삭재 지름(mm)
v_c : 절삭속도(m/min)

㈏ 외경가공 2

㉠ 회전수 일정의 경우

$$T=\frac{60 \times L}{f_n \times n} \times N$$

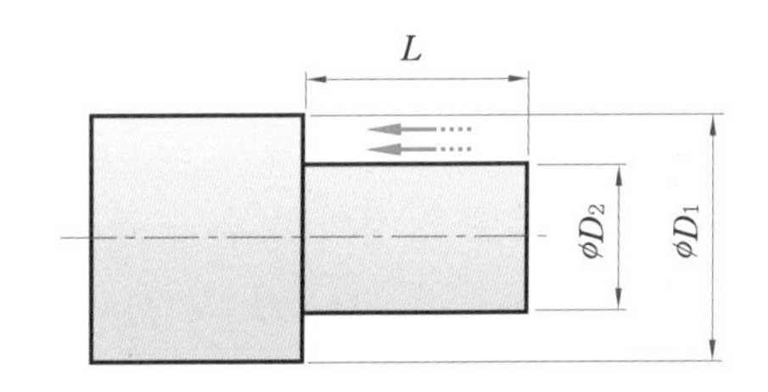

㉡ 절삭속도 일정의 경우

$$T=\frac{60 \times \pi \times L \times (D_1+D_2)}{2 \times 1000 \times f_n \times n}$$

여기서, T : 가공시간(초)

L : 가공길이(mm)

f_n : 1회전당 이송(mm/rev)

n : 주축 회전수(min^{-1})

D_1 : 피삭재 최대 지름(mm)

D_2 : 피삭재 최소 지름(mm)

v_c : 절삭속도(m/min)

$$N : \text{패스 수} = \frac{(D_1-D_2)}{\frac{d}{2}}$$

㈐ 단면가공

㉠ 회전수 일정의 경우

$$T = \frac{60\times(D_1-D_2)}{2\times f_n\times n}\times N$$

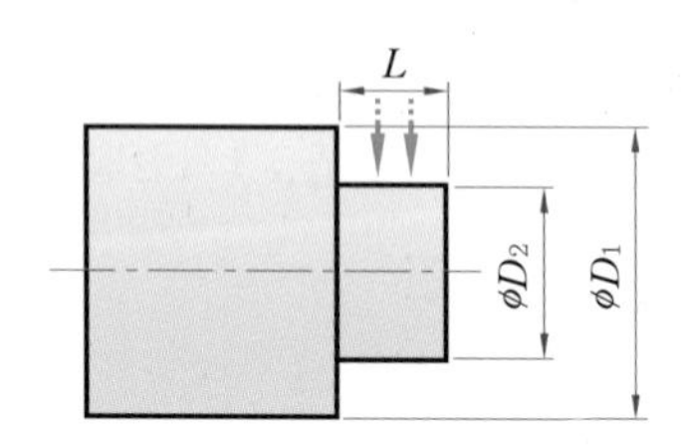

㉡ 절삭속도 일정의 경우

$$T_1 = \frac{60\times\pi\times(D_1+D_2)\times(D_1-D_2)}{4000\times f_n\times v_c}\times N$$

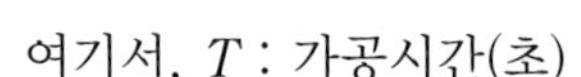

여기서, T : 가공시간(초)

T_1 : 최고 회전수까지 도달하지 않았을 때의 가공시간(초)

L : 가공폭(mm)

f_n : 1회전당 이송(mm/rev)

n : 주축 회전수(min^{-1})

D_1 : 피삭재 최대 지름(mm)

D_2 : 피삭재 최소 지름(mm)

v_c : 절삭속도(m/min)

$$N : \text{패스 수} = \frac{(D_1-D_2)}{\frac{d}{2}}$$

⑦ 홈가공

㈎ 회전수 일정의 경우

$$T = \frac{60\times(D_1-D_2)}{2\times f_n\times n}$$

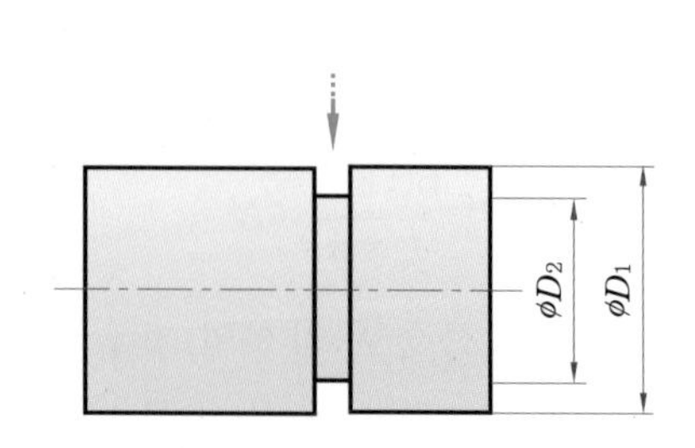

㈏ 절삭속도 일정의 경우

$$T_1 = \frac{60\times\pi\times(D_1+D_2)\times(D_1-D_2)}{4000\times f_n\times v_c}$$

여기서, T : 가공시간(초)

T_1 : 최고 회전수까지 도달하지 않았을 때의 가공시간(초)

L : 가공폭(mm)

f_n : 1회전당 이송(mm/rev)

n : 주축 회전수(min^{-1})

D_1 : 피삭재 최대 지름(mm)

D_2 : 피삭재 최소 지름(mm)

v_c : 절삭속도(m/min)

⑧ 절단가공

㈎ 회전수 일정의 경우

$$T = \frac{60 \times D_1}{2 \times f_n \times n}$$

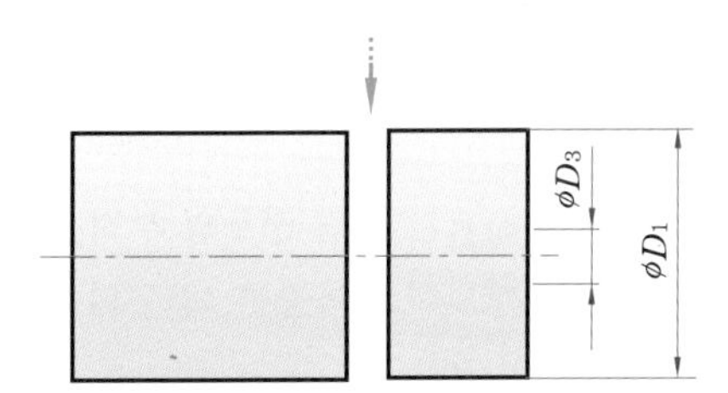

㈏ 절삭속도 일정의 경우

$$T_1 = \frac{60 \times \pi \times (D_1 + D_2) \times (D_1 - D_2)}{4000 \times f_n \times v_c}$$

$$T_3 = T_1 + \frac{60 \times D_3}{2 \times f_n \times n_{max}}$$

여기서, T : 가공시간(초)

T_1 : 최고 회전수까지 도달하지 않았을 때의 가공시간(초)

T_3 : 최고 회전수까지 도달했을 때의 가공시간(초)

f_n : 회전당 이송(mm/rev)

n : 주축 회전수(min^{-1})

n_{max} : 주축 최고 회전수(min^{-2})

D_1 : 피삭재 최대 지름(mm)

D_3 : 최고 회전수에 도달했을 때의 지름(mm)

v_c : 절삭속도(m/min)

(3) 트러블 원인과 대책

트러블 내용	원인	대책															
		절삭조건				공구 재종의 선정			공구형상						기계 장착		
		절삭속도	이송량	절입량	절삭유	보다 단단한 재종으로 변경	인성이 있는 재종으로 변경	내용착성이 좋은 재종으로 변경	칩브레이커 검토	경사각	인선 노즈 반지름	절인강도·호닝	팁 정도 향상 M급→G급	홀더 강성	가공물·공구의 장착	홀더의 오버행	동력·기계의 떨림
치수 정도의 악화 가공치수의 불안정	팁 정도의 부적절												●				
	가공물, 공구의 이탈								●	↑	↓			●	●	●	●
인선 후퇴량이 크다 절삭 중 가공정도가 오버하여 그때마다 조정이 필요하다.	여유면 마모의 증대					●					↑						
	절삭조건의 부적절	↓	↑														
정삭면조도의 악화 공구수명의 중요한 판정기준이 된다.	공구 마모의 증대로 절삭력 약화	↓			습식	●		●	●	↑	↑	↓	●				
	절인 치핑		↓	↓			●		●		↑	↑			●	●	●
	용착 구성인선	↑	↑		습식			●	●	↑		↓	●				
	절삭조건의 부적절	↑	↓	↓	습식												
	공구, 절인 형상의 부적절								●		↑	↓	●				
	진동, 떨림	↓	↓	↓	습식		●		●	↑	↓	↓		●	●	●	●
발열 절삭열에 의해 가공정도 약화, 공구수명 저하	절삭조건의 부적절	↓	↓	↓													
	공구, 절인 형상의 부적절					●			●	↑		↓					
버, 치핑 보풀 강, 알루미늄 (버 발생)	절삭조건의 부적절	↓	↑		습식												
	공구 마모, 절인 형상의 부적절					●		⊙	●	↑	↓	↓					
주철(워크치핑)	절삭조건의 부적절		↓	↓													
	공구 마모, 절인 형상의 부적절					●			●	↑	↑	↓		●	●	●	●
연강(보풀이 생김)	절삭조건의 부적절	↑			습식												
	공구 마모, 절인 형상의 부적절					●		⊙	●	↑		↓					

주 ↑ : 증가, ↓ : 감소, ● : 사용, ⊙ : 올바르게 사용

5. 밀링용 인서트 규격

S	P	K	R	12	03	ED 08	S	R	–MX
1	2	3	4	5	6	7	8	9	10
인서트 형상	주 절삭날 여유각	공차	단면 형상	절삭날 길이	인선 높이	노즈(nose) 반지름	인선 처리	승수	칩브레이커 형상

1 **S** P K R 12 03 ED 08 S R–MX

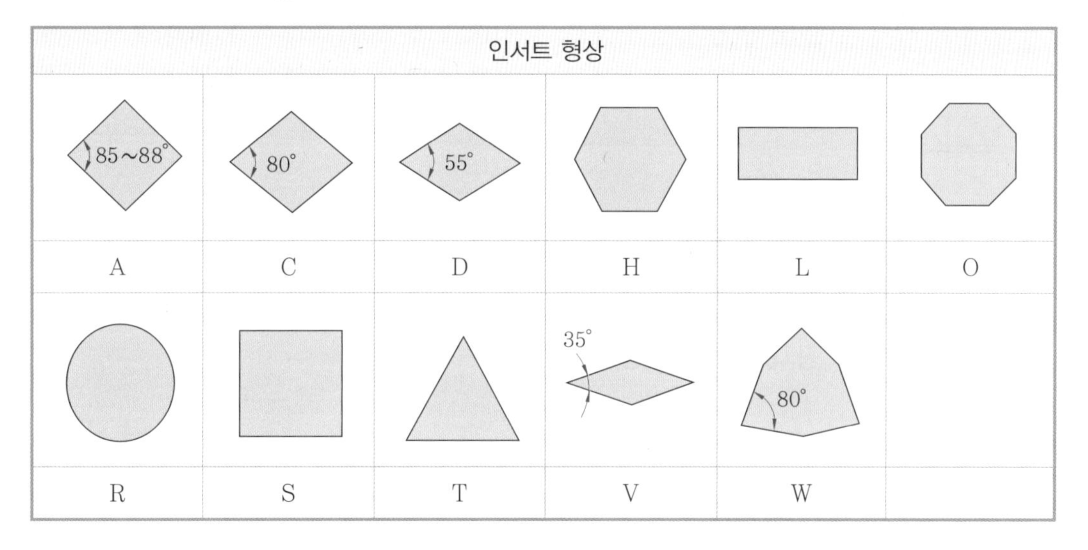

2 S **P** K R 12 03 ED 08 S R–MX

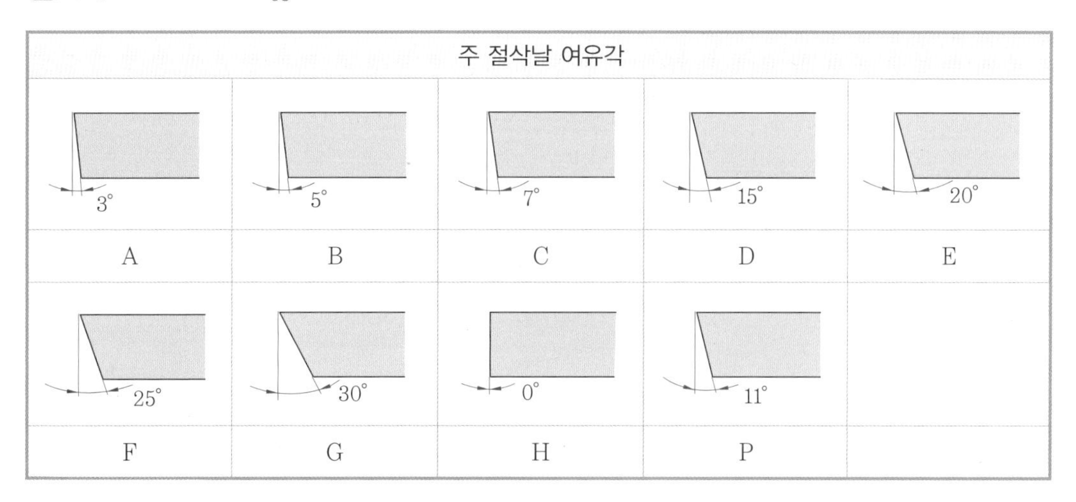

3 S P K R 12 03 ED/08 S R–MX

공차			
d : 내접원 지름 t : 인서트 두께 m : 그림 참조			
급	d	m	t
A	±0.025	±0.005	±0.025
C	±0.025	±0.013	±0.025
H	±0.013	±0.013	±0.025
E	±0.025	±0.025	±0.025
G	±0.025	±0.025	±0.13
J	±0.05～±0.15	±0.005	±0.025
K	±0.05～±0.15	±0.013	±0.025
L	±0.05～±0.15	±0.025	±0.025
M	±0.05～±0.15	±0.08～±0.20	±0.13
U	±0.08～±0.25	±0.13～±0.38	±0.13

❀ 측면은 소결체 기준임.

C, H, R, T, W형의 공차 정의(예외 항목)

d	d의 공차		m의 공차	
	J, K, L, M, N	U	M, N	U
6.35	±0.05	±0.08	±0.08	±0.13
9.525	±0.05	±0.08	±0.08	±0.13
12.7	±0.08	±0.13	±0.13	±0.20
15.875	±0.10	±0.18	±0.15	±0.27
19.05	±0.10	±0.18	±0.15	±0.27
25.4	±0.13	±0.25	±0.18	±0.38

D형의 공차 정의(예외 항목)

d	m	t
6.35	±0.05	±0.11
9.525	±0.05	±0.11
12.7	±0.08	±0.15
15.875	±0.10	±0.18
19.05	±0.10	±0.18

4 S P K R 12 03 ED 08 S R-MX

(mm)

단면 형상		
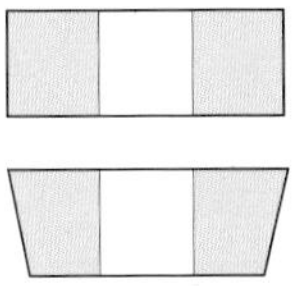	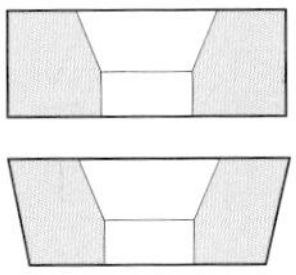 C' Sink 70 ~ 90°	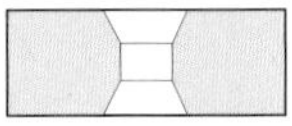 C' Sink 70 ~ 90°
A	B	C
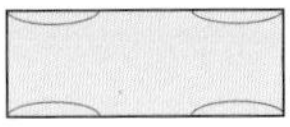	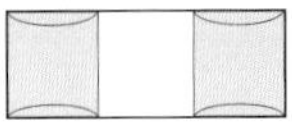	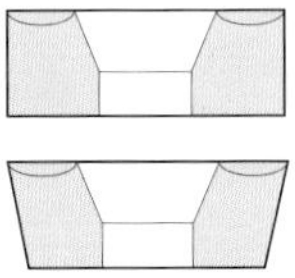 C' Sink 70 ~ 90°
F	G	H
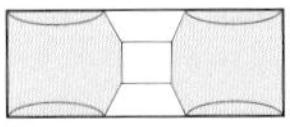 C' Sink 70 ~ 90°	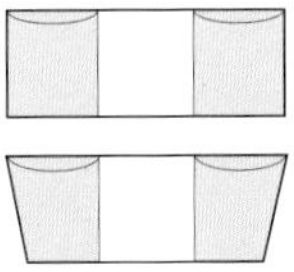	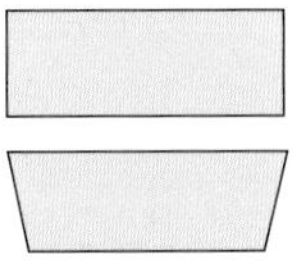
J	M	N
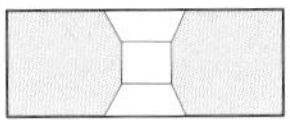 C' Sink 40 ~ 60°	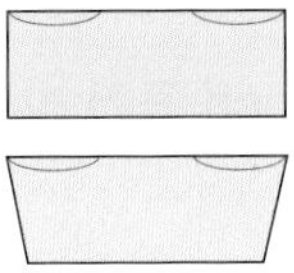	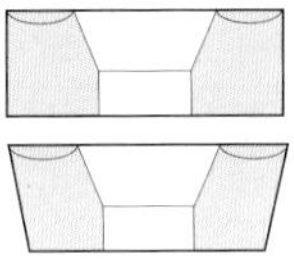 C' Sink 40 ~ 60°
Q	R	T
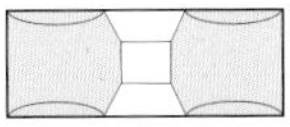 C' Sink 40 ~ 60°	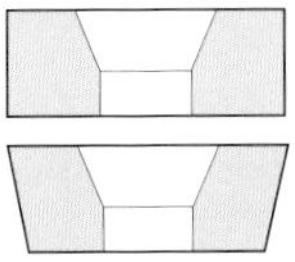 C' Sink 40 ~ 60°	특수설계 및 비대칭형의 인서트
U	W	X

5 S P K R 12 03 ED 08 S R-MX

절삭날 길이

메트릭(mm) 표기 방식

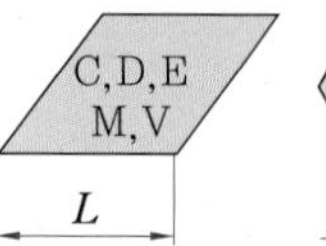

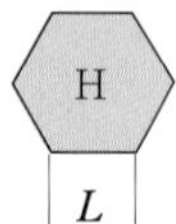

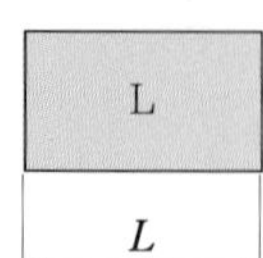

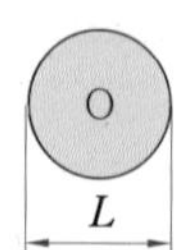

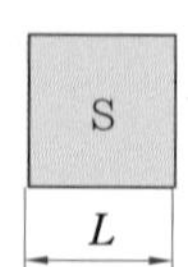

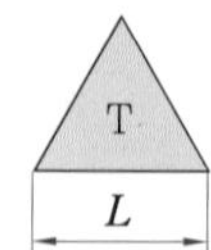

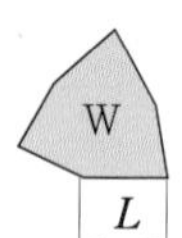

*소수점 이하는 정수만 표기

인치 표기 방식

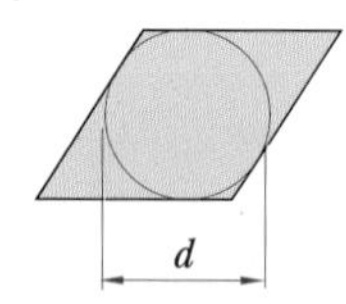

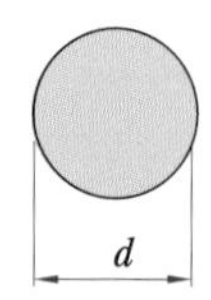

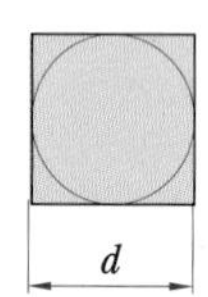

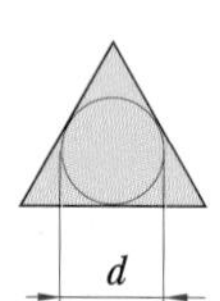

내접원 $< \frac{1}{4}''$ 일 경우는 $\frac{1}{32}''$ 단위로 표기한다.

$\left(d < \frac{1}{4}'' \rightarrow \frac{1}{32}'' \text{ unit}\right)$

내접원 $\geqq \frac{1}{4}''$ 일 경우는 $\frac{1}{8}''$ 단위로 표기한다.

$\left(d \geqq \frac{1}{4}'' \rightarrow \frac{1}{8}'' \text{ unit}\right)$

*사각형 및 마름모꼴의 경우는 내접원 대신 인선(刃先)의 길이를 표기한다.

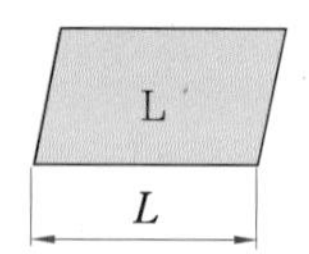

A, B, K
L

주절인의 mm 표기 방식과 내접원의 inch 표기 방식의 대비표

	06	09	11	16	22	27	33	44
	03	05	06	09	12	15	19	25
55°	04	06	07	11	15	19	23	31
80°	03	05	06	09	12	16	19	25
내접원(IC)	$\frac{5}{32}''$	$\frac{7}{32}''$	$\frac{1}{4}''$	$\frac{3}{8}''$	$\frac{1}{2}''$	$\frac{5}{8}''$	$\frac{3}{4}''$	1
인치 표기 방식	5	7	2(8)	3	4	5	6	8

6 S P K R 12 03 ED 08 S R-MX

인선 높이			
기호		인선 높이(t)	
메트릭	인치	메트릭	인치
01	1(2)	1.59	$\frac{1}{16}$
T0	1.125	1.79	$\frac{9}{128}$
T1	1.2	1.98	$\frac{5}{64}$
02	1.5(3)	2.38	$\frac{3}{32}$
T2	1.75	2.78	$\frac{7}{64}$
03	2	3.18	$\frac{1}{8}$
T3	2.5	3.97	$\frac{5}{32}$
04	3	4.76	$\frac{3}{16}$
05	3.5	5.56	$\frac{7}{32}$
06	4	6.35	$\frac{1}{4}$
07	5	7.94	$\frac{5}{16}$
09	6	9.52	$\frac{3}{8}$
11	7	11.11	$\frac{7}{16}$
12	8(16)	12.70	$\frac{1}{2}$

주 ( ) 소형 기호

7 S P K R 12 03 ED 08 S R–MX

노즈(nose) 반지름

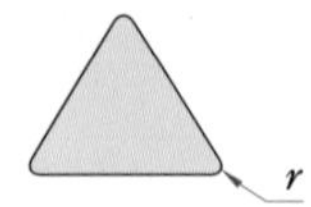

r		기호		r		기호	
메트릭	인치	메트릭	인치	메트릭	인치	메트릭	인치
00	0	0.0		12	3	1.2	$\frac{3}{64}$
02		0.2		15		1.5	
04	1	0.4	$\frac{1}{64}$	16	4	1.6	$\frac{4}{64}$
05		0.5		24	6	2.4	$\frac{6}{64}$
08	2	0.8	$\frac{2}{64}$	32	8	3.2	$\frac{8}{64}$
10		1.0		40		4.0	

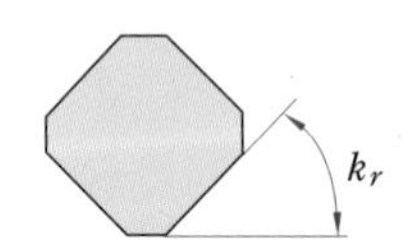

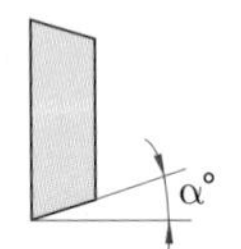

Parallel Land	Relief Angle	
k_r	α°	
A–45°	A–3°	F–25°
D–60°	B–5°	G–30°
E–75°	C–7°	N–0°
F–85°	D–15°	P–11°
P–90°	E–20°	

8 S P K R 12 03 ED 08 **S** R–MX

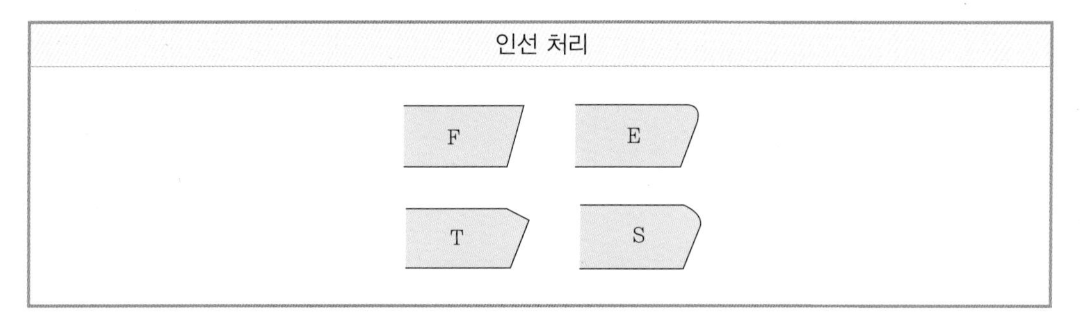

9 S P K R 12 03 ED 08 S **R**–MX

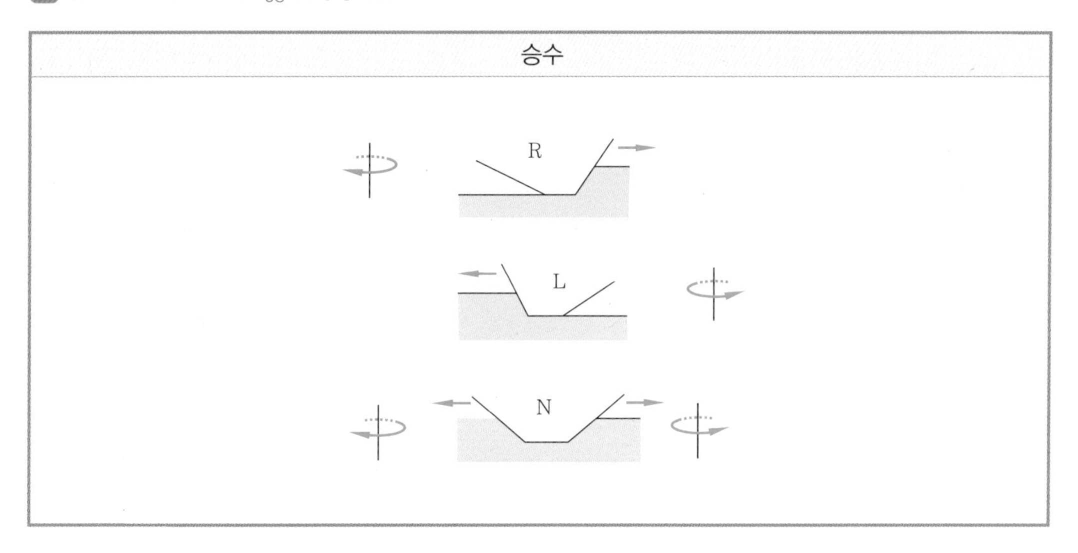

10 S P K R 12 03 ED 08 S R–**MX**

칩브레이커 형상			
MA	MF	MM	MX
MF	MM	MR	MA

6. 밀링 기술 자료

(1) 밀링 커터 형상 및 명칭

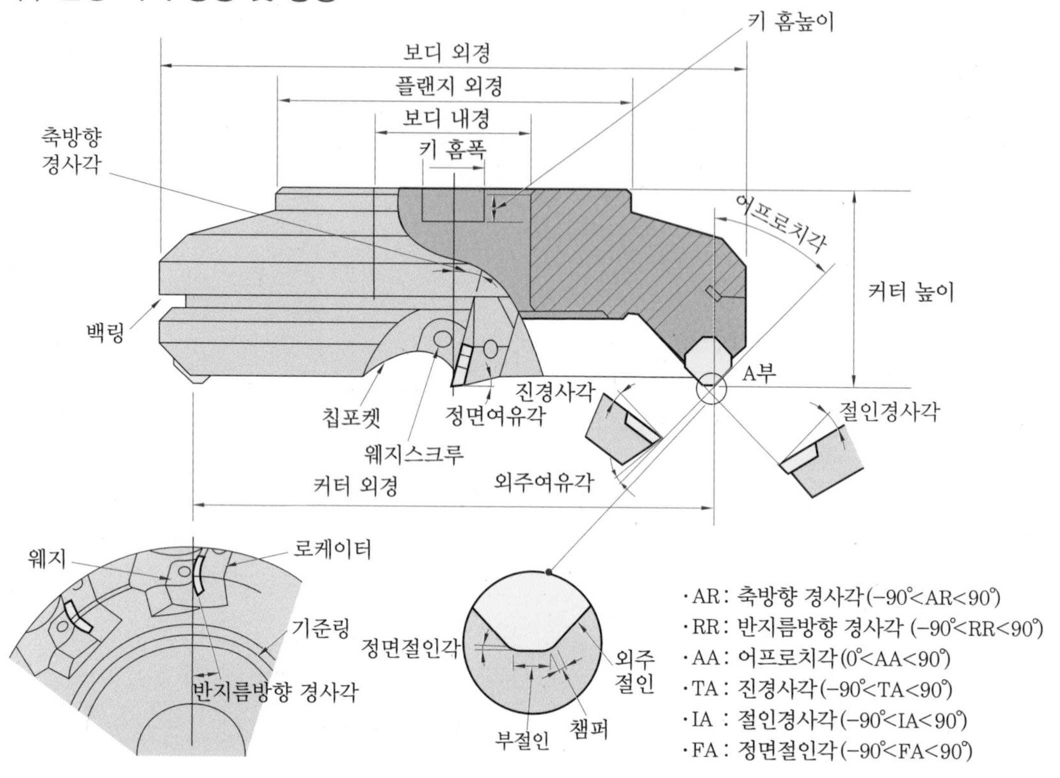

인선각도의 호칭과 기능

	공구 손상	기호	기능	효과
1	축방향 경사각	AR	칩 배출방향, 용착	−
2	반지름방향 경사각	RR	스러스트(thrust)에 영향을 미친다.	−
3	외주절인각	AA	칩 두께, 배출방향을 결정한다.	클 경우 : 칩 두께 감소, 절삭부하 감소
4	진(眞)경사각	TA	실유효 경사각	• 클 경우 : 절삭성 양호, 용착 방지, 인선의 강도 감소 • 작을 경우 : 인선의 강도 증가, 용착 용이
5	절인경사각	IA	칩 배출방향을 결정한다.	클 경우 : 칩 배출 양호, 절삭저항 감소, 코너부 강도 저하
6	정면절인각	FA	사상면의 조도 지배	작을 경우 : 면조도 향상
7	여유각	RA	인선강도, 공구수명, 떨림(chattering) 등을 지배	

(2) 주요 절삭 공식

① 절삭속도

$$v_c = \frac{\pi \cdot D \cdot n}{1000} \text{ [m/min]}$$

여기서, v_c : 절삭속도(m/min)
D : 공구 외경(mm)
n : 주축 회전수(min^{-1})
π : 원주율(3.14)

② 이송

$$f_z = \frac{v_f}{z \cdot n} \text{[mm/t]}$$

여기서, f_z : 날당 이송(mm/t)
n : 주축 회전수(min^{-1})
v_f : 테이블 이송(mm/min)
z : 커터 날수

③ 칩 배출량

$$v_c = \frac{L \times v_f \times a_p}{1000} \text{ [cm}^3\text{/min]}$$

여기서, Q : 칩 배출량(cm^3/min)
v_f : 테이블 이송(mm/min)
L : 절삭 폭(mm)
a_p : 절삭깊이(mm)

④ 소요동력

$$P_{kW} = \frac{Q \times k_c}{60 \times 102 \times \eta}, \quad P_{HP} = \frac{P_{kW}}{0.75}$$

여기서, P_{kW} : 소요동력(kW)
Q : 칩 배출량(cm^3/min)
η : 기계효율(0.5~0.8)
P_{HP} : 소요마력(HP)(mm/min)
k_c : 비절삭저항(kgf/mm^2)

⑤ 가공시간

$$T = \frac{60 \times L_t}{v_f} \text{[s]}$$

여기서, T : 가공시간(s)
L_t : 테이블 이송 총길이(mm)
($=L_w+D+2R$)
L_w : 피삭재 길이(mm)
D : 커터 지름(mm)
v_f : 테이블 이송
R : 여유길이

⑥ 진경사각/절인경사각

진경사각 : $\tan(T) = \tan(R) \times \cos(AA) + \tan(A) \times \sin(C)$

절인경사각 : $\tan(I) = \tan(A) \times \cos(AA) - \tan(R) \times \sin(C)$

(3) 밀링 가공의 트러블 대책

트러블 내용	원인	대책										
		절삭조건				공구 형상					인서트 재종	
		절삭속도	절입량	이송량	절삭유	경사각	여유각	절입각	인선부 떨림	노즈 반지름	인성	경도
플랭크 마모 (여유면 마모)	• 공구재종 부적합 • 절삭조건 부적합 • 진동 발생	↑		↑			↑	↓		↑		↑
크레이터 마모 (경사면 마모)	• 절삭조건 부적합 • 공구재종 부적합	↓	↓	↓	●	↑				↓		↑
치핑	• 팁 인성 부족 • 이송 과다 • 절삭 부하 과다			↓		↓	↓	↓		↑	↑	
구성인선	• 절삭조건 부적합 • 절인 형상 부적합 • 공구재종 부적합	↑	↓	↑		↑				↓		
떨림 발생	• 절삭조건 부적합 • 동시 절삭 날수 부족 • 절인 형상 부적합 • 칩 배출 불량 • 피삭재 고정 불확실		↓	↓	●	↑		↑	↓	↓		
가공면 불량	• 구성인선 발생 • 절삭조건 부적합 • 진동 발생 • 칩 배출 불량	↑	↓	↓	●	↑			↓	↑		
열균열	• 절삭조건 부적합 • 공구재종 부적합	↓	↓	↓	⊙	↑				↑	↑	
결손	• 공구재종 부적합 • 절삭부하 과다 • 칩 배출 불량 • 진동 발생 • 팁의 오버행 과대		↓	↓	●						↑	

주 ↑ : 증가, ↓ : 감소, ● : 사용, ⊙ : 올바르게 사용

7. 엔드밀 기술 자료

(1) 엔드밀의 형상 및 명칭

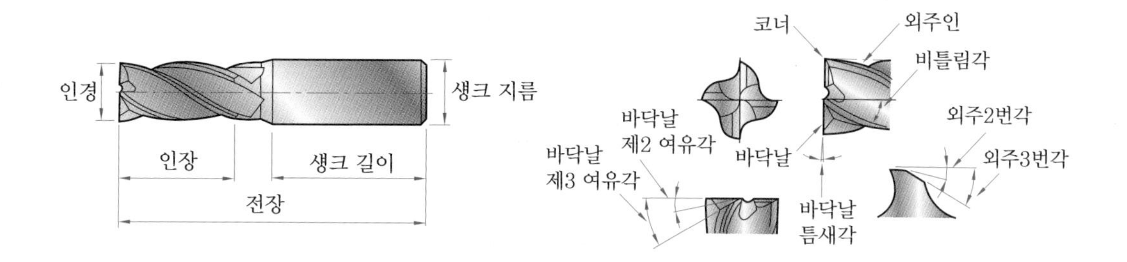

(2) 엔드밀 날수에 따른 비교

항목	주요 특징	2날	4날
공구강성	비틀림강성	○	◎
	굽힘강성	○	◎
가공면조도	면조도	○	◎
	가공면정도	○	◎
칩 처리성	칩 막힘	◎	○
	칩 배출성	◎	○
홈가공	칩 배출성	◎	○
	키 홈가공	◎	○
측면가공	가공면조도	○	◎
	진동	◎	○

주 ◎ : 우수, ○ : 보통

(3) 절삭조건의 계산법

① 절삭속도의 계산법

$$v_c = \frac{\pi \times D \times n}{1000}, \quad n = \frac{1000 \times v_c}{\pi \times D}$$

② 이송속도 계산법

$$v_f = n \times f_n \text{ 또는 } n \times f_z \times z$$

$$f_n = \frac{v_f}{n},\ f_z = \frac{f_n}{z} \text{ 또는 } \frac{v_f}{n \times z}$$

여기서, v_c : 절삭속도(m/min)
π : 원주율(3.14)
D : 공구 외경(mm)
n : 회전속도(rpm, min^{-1})
v_f : 테이블 이송(mm/min)
f_n : 회전당 이송(mm/rev)
f_z : 날당 이송(mm/t)
z : 날수

(4) 볼 엔드밀 절삭속도 산출식

항목	산출식
회전속도	$n = \frac{1000 \times v_c}{\pi \times D}$
절삭속도	$v_c = \frac{\pi \times D \times n}{1000}$
날당 이송	$f_z = \frac{v_f}{n \times z}$
회전당 이송	$f_n = f_z \times z$
테이블 이송	$f_n = f_z \times z \times n$
칩 제거율	$Q = a_e \times a_p \times v_f$
유효지름 D, n, D_{eff}, a_p, −, +, β	$D_{eff} = 2 \times \sqrt{D \times a_p - a_p^2}$ 계산 테이블 별첨 참조 $D_{eff} = D \times \sin\left[\beta \pm \arccos\left(\frac{D - 2a_p}{D}\right)\right]$

(5) 트러블의 원인과 대책

트러블 내용		원인	대책																
			절삭조건					공구 형상						재종		기타			
			절삭속도	이송량	절입량	절삭유	상·하향 절삭	여유각	리드각	인장	날수	호닝	칩포켓	인성	경도	기계 강성	기계 떨림	가공물 고정	오버행
절인의 손상	외주인의 심한 마모	절삭조건 부적합	↓	↑		⊙											↑		
	치핑	절삭조건 부적합 구성인선 발생 공구재종 부적합 공구재종 부적합		↓			↓	↓				⊙		↑			↓	↑	↓
	절삭 중 파손	절삭조건 부적합 절삭부하 과대 오버행 과대		↓	↓					↓			↑			↑		↑	↓
가공면 불량		구성인선 발생	↑	↑		⊙			↑			⊙							
		떨림 발생	↓				↓			↓						↑	↓	↑	↓
		진직도 불량		↓	↓		↑		↑	↓									↓
형상 정밀도 불량(가공치수, 직각도)		절삭조건 부적합 공구 형상 부적합	↑	↓			↓			↓	↑					↑	↓		↓
칩 배출 불량		절삭량 과대 칩포켓 부적합 절삭조건 부적합		↓	↓						↓		↑						

주 ↑ : 증가, ↓ : 감소, ⊙ : 올바르게 사용

8. 드릴 기술 자료

(1) 드릴의 형상 및 명칭

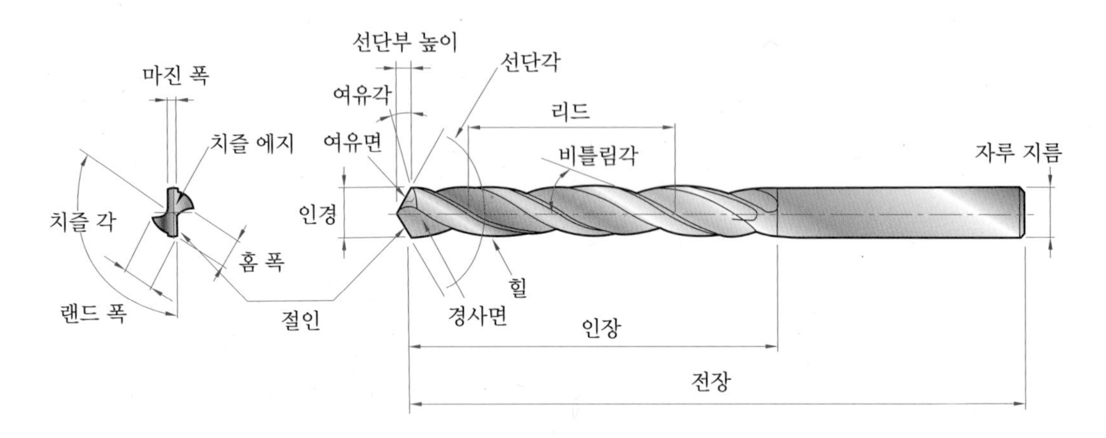

(2) 주요 절삭 공식

절삭속도, 이송속도, 비틀림각, 드릴 가공시간을 구하는 공식은 각각 다음과 같다.

① 절삭속도

$$v_c = \frac{\pi \cdot D \cdot n}{1000} \text{ [m/min]}$$

여기서, v_c : 절삭속도(m/min), D : 드릴 지름(mm)
n : 회전수(min^{-1}), π : 원주율(3.14)

② 이송속도

$$f_n = \frac{v_f}{n} \text{[mm/rev]}$$

여기서, f_n: 이송(mm/rev), v_f: 1분당 가공 깊이(mm/min), n : 회전수(min^{-1})

③ 비틀림각

$$\delta = \tan^{-1}\left(\frac{\pi D}{L}\right)$$

여기서, δ: 비틀림각, D: 드릴 지름(mm), L : 리드(mm), π : 원주율(3.14)

④ 드릴 가공시간

$$t_c = \frac{I_d}{n \cdot f_n} \text{ [min]}$$

여기서, t_c: 가공시간(min), n : 회전수(min^{-1}),
I_d : 드릴 가공 길이(mm), f_n: 이송(mm/rev)

(3) 트러블의 원인과 대책

트러블 내용	원인	대책																
		절삭조건					공구 형상						재종		기타			
		절삭속도	이송량	스텝이송	초기이송	절삭유	여유각	선단각	시닝각	호닝	구폭비	시닝	인성	경도	기계강성	기계떨림	가이드부시	가공물고정
치핑	인선이 너무 날카로움 (여유각이 너무 크다) (시닝날이 너무 날카로움)						↓		↓	↑			↑					
치핑	절삭속도 과대	↓				●												
치핑	구성인선 발생					●	↓		↓	↑			↑					
치핑	진동과 떨림 발생	↓													↑	↓		●
마모	절삭속도 과대 (마진부 이상 마모)	↓				●												
마모	절삭속도 부족 (중심부 이상 마모)					●												
칩	롱칩 발생	↑	↑			●				↓								
칩	접철 발생	↑	↑															
칩	칩이 탄다	↑				●												
구멍정도 버 발생 가공면 불량	공구 장착 정도				↓			↓		↓					↑	↓		●
구멍정도 버 발생 가공면 불량	과대이송, 선단각의 날카로움		↓					↑		↓								
구멍정도 버 발생 가공면 불량	절삭속도 과대 (공구재종대비)	↑				●	↓	⊙						↑				
절손 – 가공 시작 시점에서 파손	가공물의 표면상태가 불량			●	↑												●	
절손 – 가공 시작 시점에서 파손	기계 강성이 부족														↑			●
절손 – 가공 시작 시점에서 파손	절삭조건 부적당	↑	↓															
절손 – 가공 도중 파손	구멍이 굴곡짐	↑						↑				●				↓	●	
절손 – 가공 도중 파손	칩이 막힘		↓	●							↑							

주 ↑ : 증가, ↓ : 감소, ● : 사용, ⊙ : 올바르게 사용

(4) 나사 기초 구멍

① 미터 보통 나사

규격	드릴 지름
M3×0.6	2.4
M3×0.5	2.5
M3.5×0.6	2.9
M4×0.75	3.25
M4×0.7	3.3
M4.5×0.75	3.8
M5×0.9	4.1
M5×0.8	4.2
M5.5×0.9	4.6
M6×1	5
M7×1	6
M8×1.25	6.8
M9×1.25	7.8
M10×1.5	8.5
M11×1.5	9.5
M12×1.75	10.3
M14×2	12
M16×2	14
M18×2.5	15.5
M20×2.5	17.5
M22×2.5	19.5
M24×3	21
M27×3	24
M30×3.5	26.5

② 미터 가는 나사

규격	드릴 지름
M10×1.25	8.8
M10×1	9
M10×0.75	9.3
M11×1	10
M11×0.75	10.3
M12×1.5	10.5
M12×1.25	10.8
M12×1	11
M14×1.5	12.5
M14×1	13
M15×1.5	13.5
M15×1	14
M16×1.5	14.5
M16×1	15
M17×1.5	15.5
M17×1	16
M18×2	16
M18×1.5	16.5
M18×1	17
M20×2	18
M20×1.5	18.5
M20×1	19
M22×2	20
M22×1.5	20.5
M22×1	21
M24×2	22
M24×1.5	22.5
M24×1	23
M25×2	23
M25×1.5	23.5
M25×1	24

9. 밀링 공구 재종별 절삭 자료

(1) 공구 재종별 절삭 자료

공구	피삭재 (H_B 경도)	절삭속도(m/min)			이송 (mm/rev)	비고
		고속도강	초경	코팅		
드릴	주철	30~36	30~36	–	0.05~0.4	
	보통강, 합금강	22~27	22~35	–	0.05~0.25	
	특수강	10~14	16~20	–	0.05~0.25	
	알루미늄	70~90	100~150	–	0.05~0.15	
	동합금, 강화플라스틱	40~100	60~150	–	0.05~0.1	
엔드밀	주철	25~35	45~65	–	0.04~0.25	이송값은 1날당 이송량
	보통강, 합금강	20~25	30~35	–	0.05~0.2	
	공구강, 스테인리스강	10~15	18~25	–	0.05~0.15	
	동, 알루미늄, 플라스틱	60~100	80~150	–	0.1~0.28	
페이스 밀	주철	–	80~150	80~200	0.1~0.5	이송값은 1날당 이송량
	보통강, 합금강	–	100~180	120~200	0.1~0.4	
	주강, 공구강	–	50~90	70~120	0.1~0.35	
	특수강	–	20~60	40~80	0.1~0.25	
	동, 알루미늄, 플라스틱	–	150~500	150~500	0.1~0.55	
보링	구상흑연주철	–	60~140	100~160	0.08~1.0	
	보통강	–	100~180	150~250	0.08~1.0	
	공구강, 스테인리스강	–	80~120	110~160	0.08~1.0	
	알루미늄	–	120~280	200~300	0.08~1.0	
리머	주철	5~10	10~15	–	0.3~1.4	
	보통강	3~6	6~12	–	0.3~0.55	
	동, 알루미늄	10~15	13~18	–	0.2~1.4	
탭	주철	7~9	–	–	피치×회전수	
	보통강	4~9	–	–		
	알루미늄	15~20	–	–		

주 본 자료는 참고값에 불과하며, 절삭속도와 이송속도는 공작물과 공구의 고정 상태, 공구 및 공작물의 재질 등에 따라 사용자가 적절하게 조정한다.

(2) 페이스 밀 절삭 조건표

① 강(SM45C), 구조용 압연강(SS400) 소재를 가공하는 경우

(분당이송=날당이송×회전수)(회전당이송=날당이송×날수)

공구 지름	날수	황삭가공				정삭가공					
		절삭속도 (m/min)	회전수 (rpm)	이송속도(▽)		절삭속도 (m/min)	회전수 (rpm)	이송속도(▽)		이송속도(▽▽▽)	
				날당 이송	분당 이송			날당 이송	분당 이송	날당 이송	분당 이송
80	6	90	360	0.18	380	150	600	0.14	500	0.12	430
100	8	90	290	0.2	460	150	480	0.16	610	0.13	500
125	8	90	230	0.25	460	150	380	0.2	610	0.14	420
160	10	90	180	0.25	450	150	300	0.23	690	0.15	450
200	12	90	140	0.27	520	150	240	0.2	580	0.15	430

② 주철(GC) 소재를 가공하는 경우

공구 지름	날수	황삭가공				정삭가공					
		절삭속도 (m/min)	회전수 (rpm)	이송속도(▽)		절삭속도 (m/min)	회전수 (rpm)	이송속도(▽)		이송속도(▽▽▽)	
				날당 이송	분당 이송			날당 이송	분당 이송	날당 이송	분당 이송
80	6	80	315	0.2	380	110	440	0.15	390	0.12	310
100	8	80	250	0.25	500	110	350	0.16	440	0.13	360
125	8	80	200	0.25	400	110	280	0.18	400	0.14	310
160	10	80	160	0.27	430	110	220	0.18	400	0.15	330
200	12	80	125	0.27	410	110	180	0.18	390	0.15	320

③ 알루미늄 소재를 가공하는 경우

공구 지름	날수	황삭가공				정삭가공					
		절삭속도 (m/min)	회전수 (rpm)	이송속도(▽)		절삭속도 (m/min)	회전수 (rpm)	이송속도(▽)		이송속도(▽▽▽)	
				날당 이송	분당 이송			날당 이송	분당 이송	날당 이송	분당 이송
80	6	160	640	0.2	770	210	840	0.15	760	0.12	600
100	8	160	510	0.25	1020	210	670	0.16	860	0.13	700
125	8	160	410	0.25	820	210	530	0.18	760	0.14	590
160	10	160	320	0.27	860	210	420	0.18	760	0.15	630
200	12	160	250	0.27	810	210	330	0.18	710	0.15	590

(3) Tin-코팅 황삭용 엔드밀(end mill) 절삭 조건표

① 강(SM45C), 주철(GC250) 저탄소강, 연강(SM15C, SS400) 소재를 가공하는 경우

공구 지름	날수	탄소강(SM45C), 주철(GC250)				연강(SM15C), 구조용 압연강(SS400)			
		절삭속도 (m/min)	회전수 (rpm)	이송속도		절삭속도 (m/min)	회전수 (rpm)	이송속도	
				날당 이송	분당 이송			날당 이송	분당 이송
6	4	35	1860	0.03	223	44	2330	0.04	372
8	4	35	1390	0.04	222	44	1750	0.05	350
10	4	35	1110	0.05	222	44	1400	0.06	336
12	4	35	930	0.06	223	44	1170	0.07	327
14	4	35	800	0.07	192	44	1000	0.07	280
16	4	35	700	0.07	196	44	880	0.07	246
20	4	35	560	0.07	156	44	700	0.08	224
24	5	35	460	0.07	161	44	580	0.08	232
30	6	35	370	0.07	155	44	470	0.08	225

② 알루미늄, 특수강 소재를 가공하는 경우

공구 지름	날수	알루미늄				특수강			
		절삭속도 (m/min)	회전수 (rpm)	이송속도		절삭속도 (m/min)	회전수 (rpm)	이송속도	
				날당 이송	분당 이송			날당 이송	분당 이송
6	4	82	4350	0.04	696	15	800	0.03	96
8	4	82	3260	0.05	652	15	600	0.03	72
10	4	82	2610	0.06	626	15	480	0.04	76
12	4	82	2180	0.07	610	15	400	0.04	64
14	4	82	1860	0.08	595	15	340	0.04	54
16	4	82	1630	0.09	586	15	300	0.05	60
20	4	82	1310	0.1	524	15	240	0.05	48
24	5	82	1090	0.1	545	15	200	0.05	50
30	6	82	870	0.1	522	15	160	0.06	57

(4) 고속도강 엔드밀(end mill) 절삭 조건표

① 강(SM45C) 소재를 가공하는 경우

공구 지름	황삭가공					정삭가공				
	날수	절삭속도 (m/min)	회전수 (rpm)	이송속도		날수	절삭속도 (m/min)	회전수 (rpm)	이송속도	
				날당 이송	분당 이송				날당 이송	분당 이송
4	2	23	1830	0.03	110	4	25	1990	0.02	159
6	2	23	1220	0.04	98	4	25	1330	0.03	160
8	2	23	920	0.05	92	4	25	990	0.04	158
10	2	23	730	0.06	88	4	25	800	0.04	128
12	2	23	610	0.06	73	4	25	660	0.05	132
14	2	23	520	0.07	73	4	25	570	0.05	114
16	2	23	460	0.07	64	4	25	500	0.06	100
20	2	23	370	0.07	52	4	25	400	0.06	96
24	2	23	310	0.07	43	4	25	330	0.06	79
30	2	23	240	0.07	34	4	25	270	0.06	65

② 주철(GC) 소재를 가공하는 경우

공구 지름	황삭가공					정삭가공				
	날수	절삭속도 (m/min)	회전수 (rpm)	이송속도		날수	절삭속도 (m/min)	회전수 (rpm)	이송속도	
				날당 이송	분당 이송				날당 이송	분당 이송
4	2	30	2390	0.05	239	4	34	2710	0.02	216
6	2	30	1590	0.06	190	4	34	1800	0.03	216
8	2	30	920	0.07	166	4	34	1350	0.04	216
10	2	30	950	0.08	152	4	34	1080	0.05	216
12	2	30	800	0.09	144	4	34	900	0.05	132
14	2	30	680	0.1	136	4	34	770	0.05	154
16	2	30	600	0.1	120	4	34	680	0.05	136
20	2	30	480	0.1	96	4	34	540	0.06	130
24	2	30	400	0.1	80	4	34	450	0.06	108
30	2	30	320	0.1	64	4	34	360	0.06	86

③ 알루미늄 소재를 가공하는 경우

공구 지름	황삭가공					정삭가공				
	날수	절삭속도 (m/min)	회전수 (rpm)	이송속도		날수	절삭속도 (m/min)	회전수 (rpm)	이송속도	
				날당 이송	분당 이송				날당 이송	분당 이송
4	2	70	5570	0.04	445	4	90	7160	0.03	859
6	2	70	3710	0.05	371	4	90	4770	0.03	572
8	2	70	2790	0.06	334	4	90	3580	0.03	429
10	2	70	2230	0.07	312	4	90	2860	0.03	343
12	2	70	1860	0.08	297	4	90	2390	0.04	382
14	2	70	1590	0.09	286	4	90	2050	0.04	328
16	2	70	1390	0.1	278	4	90	1790	0.04	286
20	2	70	1110	0.1	220	4	90	1430	0.05	286
24	2	70	930	0.1	186	4	90	1190	0.05	238
30	2	70	740	0.1	148	4	90	950	0.05	190

(5) 초경 엔드밀(end mill) 절삭 조건표

① 강(SM45C) 소재를 가공하는 경우

공구 지름	황삭가공					정삭가공				
	날수	절삭속도 (m/min)	회전수 (rpm)	이송속도		날수	절삭속도 (m/min)	회전수 (rpm)	이송속도	
				날당 이송	분당 이송				날당 이송	분당 이송
4	2	30	2390	0.04	191	4	34	2710	0.03	325
6	2	30	1590	0.05	159	4	34	1800	0.03	216
8	2	30	1190	0.06	142	4	34	1350	0.04	216
10	2	30	950	0.06	114	4	34	1080	0.04	172
12	2	30	800	0.06	96	4	34	900	0.04	144
14	2	30	680	0.09	81	4	34	770	0.05	154
16	2	30	600	0.07	84	4	34	680	0.05	136
20	2	30	480	0.07	67	4	34	540	0.05	108
24	2	30	400	0.07	56	4	34	450	0.05	90
30	2	30	320	0.08	51	4	34	360	0.06	86

② 주철(GC) 소재를 가공하는 경우

공구 지름	황삭가공					정삭가공				
	날수	절삭속도 (m/min)	회전수 (rpm)	이송속도		날수	절삭속도 (m/min)	회전수 (rpm)	이송속도	
				날당 이송	분당 이송				날당 이송	분당 이송
4	2	45	3580	0.04	286	4	64	5090	0.03	610
6	2	48	2550	0.05	204	4	68	3600	0.03	432
8	2	48	1910	0.05	191	4	68	2700	0.04	432
10	2	50	1590	0.05	159	4	70	2230	0.04	432
12	2	50	1330	0.05	133	4	70	1860	0.05	372
14	2	50	1340	0.06	160	4	70	1590	0.05	372
16	2	50	990	0.06	118	4	70	1390	0.06	333
20	2	50	800	0.07	112	4	70	1110	0.06	266
24	2	50	660	0.07	92	4	70	930	0.06	223
30	2	50	530	0.08	84	4	70	740	0.06	117

③ 알루미늄 소재를 가공하는 경우

공구 지름	황삭가공					정삭가공				
	날수	절삭속도 (m/min)	회전수 (rpm)	이송속도		날수	절삭속도 (m/min)	회전수 (rpm)	이송속도	
				날당 이송	분당 이송				날당 이송	분당 이송
4	2	85	6760	0.04	540	4	92	7320	0.03	878
6	2	86	4560	0.04	364	4	95	5030	0.03	603
8	2	86	3420	0.05	342	4	98	3890	0.04	622
10	2	88	2800	0.05	280	4	99	3150	0.04	504
12	2	88	2330	0.05	233	4	100	2650	0.05	530
14	2	86	1950	0.06	234	4	120	2720	0.05	544
16	2	90	1790	0.06	214	4	130	2580	0.06	619
20	2	88	1400	0.07	196	4	140	2230	0.06	535
24	2	88	1160	0.07	162	4	140	1850	0.06	444
30	2	87	920	0.08	147	4	145	1540	0.06	369

(6) 고속도강(SKH) 드릴 절삭 조건표

• 강, 주철, 알루미늄 소재를 가공하는 경우

지름	강				주철(H_B 350)				알루미늄			
	절삭 속도	회전수 (rpm)	이송속도		절삭 속도	회전수 (rpm)	이송속도		절삭 속도	회전수 (rpm)	이송속도	
			회전당 이송	분당 이송			회전당 이송	분당 이송			회전당 이송	분당 이송
2	20	3180	0.04	127	23	3660	0.06	219	25	3980	0.06	238
3	24	2550	0.05	127	26	2760	0.08	220	30	3180	0.08	254
4	25	1990	0.06	119	28	2230	0.08	178	40	3180	0.10	318
5	25	1590	0.08	127	28	1780	0.10	178	50	3180	0.10	318
6	25	1330	0.10	133	28	1490	0.12	178	60	3180	0.12	381
7	25	1140	0.10	114	28	1270	0.14	177	65	2950	0.14	413
8	25	990	0.12	118	28	1110	0.16	177	70	2780	0.16	444
9	25	880	0.14	123	28	990	0.20	198	72	2540	0.18	457
10	25	790	0.16	126	28	890	0.24	213	75	2390	0.20	478
12	25	660	0.18	118	28	740	0.24	177	75	1990	0.22	398
14	25	570	0.2	114	28	640	0.26	166	78	1770	0.24	389
16	25	500	0.22	110	28	560	0.30	168	78	1550	0.24	372
18	25	440	0.24	105	28	500	0.34	170	78	1380	0.28	386
20	25	400	0.26	104	28	450	0.40	180	78	1240	0.32	396
22	25	360	0.28	100	28	410	0.40	164	78	1130	0.36	406
24	25	330	0.30	99	28	370	0.40	148	78	1030	0.40	412
26	25	31	0.30	93	28	340	0.40	136	78	950	0.40	380
28	25	280	0.30	84	28	318	0.40	127	78	890	0.40	356
30	25	270	0.30	81	28	300	0.40	120	78	830	0.40	332

(7) 초경 드릴 절삭 조건표

① 강, 주철, 알루미늄 소재를 가공하는 경우

지름	강				주철(H_B 350)				알루미늄			
	절삭속도	회전수(rpm)	이송속도		절삭속도	회전수(rpm)	이송속도		절삭속도	회전수(rpm)	이송속도	
			회전당 이송	분당 이송			회전당 이송	분당 이송			회전당 이송	분당 이송
4	28	2230	0.06	134	28	2230	0.06	134	180	14320	0.08	1146
5	30	1910	0.06	115	28	1780	0.08	142	200	12730	0.10	1273
6	32	1700	0.08	136	30	1590	0.08	127	200	10610	0.10	1061
7	34	1550	0.08	124	32	1460	0.10	146	250	11370	0.12	1364
8	36	1430	0.10	143	34	1350	0.10	135	250	9950	0.12	1194
9	40	1410	0.10	141	36	1270	0.12	152	250	8840	0.14	1238
10	40	1270	0.12	152	40	1270	0.15	191	300	9550	0.14	1337
12	44	1170	0.12	140	40	1060	0.15	159	300	7960	0.16	1274
14	44	1000	0.14	140	16	1050	0.18	189	300	6820	0.16	1091
16	48	950	0.14	133	50	990	0.18	178	300	5970	0.16	955
18	48	850	0.18	153	50	880	0.18	158	300	5310	0.16	850
20	50	800	0.20	160	50	800	0.20	160	300	4770	0.18	859

② 드릴 구멍 깊이에 따른 절삭 조건 감소율

순	구멍 깊이	절삭속도 감소율	이송속도 감소율
1	3×드릴 지름	10%	10%
2	5×드릴 지름	30%	15%
3	8×드릴 지름	40%	20%
4	10×드릴 지름	45%	30%

주 깊은 구멍 가공은 G73, G83 기능을 사용하여 칩(chip) 배출을 원활하게 해야 한다. 일반적으로 깊은 구멍이라 함은 드릴 지름의 3배 이상을 말한다.

(8) 보링(boring) 절삭 조건표(초경 insert tip 사용)

① 강(SM45C) 소재를 가공하는 경우

지름	황삭, 중삭가공				정삭가공			
	절삭속도 (m/min)	회전수 (rpm)	이송속도		절삭속도 (m/min)	회전수 (rpm)	이송속도	
			날당 이송	분당 이송			날당 이송	분당 이송
15	75	1590	0.1	159	100	2120	0.06	127
20	75	1190	0.1	119	100	1590	0.06	95
30	75	800	0.13	104	100	1060	0.07	74
40	75	600	0.13	78	100	800	0.07	56
50	75	480	0.13	62	100	640	0.07	44
60	75	400	0.16	64	100	530	0.08	42
80	75	300	0.16	48	100	400	0.08	32
100	75	240	0.2	48	100	320	0.08	25
120	75	200	0.2	40	100	270	0.1	27
150	75	160	0.2	32	100	210	0.1	21

② 주철(GC) 소재를 가공하는 경우

지름	황삭, 중삭가공				정삭가공			
	절삭속도 (m/min)	회전수 (rpm)	이송속도		절삭속도 (m/min)	회전수 (rpm)	이송속도	
			날당 이송	분당 이송			날당 이송	분당 이송
15	86	1820	0.1	182	115	2440	0.06	146
20	86	1370	0.1	137	115	1830	0.06	109
30	86	910	0.12	109	115	1220	0.06	73
40	86	680	0.12	81	115	920	0.06	55
50	86	550	0.14	77	115	730	0.06	43
60	86	460	0.14	64	115	610	0.07	42
80	86	340	0.16	48	115	460	0.08	32
100	86	270	0.16	43	115	370	0.08	29
120	86	230	0.18	41	115	310	0.08	24
150	86	180	0.18	32	115	240	0.08	19

(9) 탭(tap) 가공 절삭 조건표(탄소공구강 탭)

• **강, 주철, 알루미늄 소재를 가공하는 경우**

규격	피치	드릴 지름	강			주철(GC)			알루미늄		
			절삭 속도 (m/min)	회전 속도 (rpm)	이송 속도 (mm/min)	절삭 속도 (m/min)	회전 속도 (rpm)	이송 속도 (mm/min)	절삭 속도 (m/min)	회전 속도 (rpm)	이송 속도 (mm/min)
M3	0.5	2.5	4.7	500	250	6.7	710	355	16	1700	850
M4	0.7	3.3	5	400	280	7	560	392	17	1350	945
M5	0.8	4.2	5	320	256	7	450	360	18	1150	920
M6	1	5	4.7	250	250	6.9	360	360	18	955	955
M8	1.25	6.8	5	200	250	7	280	350	18	720	900
M10	1.5	8.5	5	160	240	6.9	220	330	18	570	855
M12	1.75	10.2	5	132	231	6.8	180	315	18	480	840
M14	2	12	4.8	110	220	7	160	320	18	410	820
M16	2	14	5	100	200	7	140	280	18	360	720
M18	2.5	15.5	5	90	225	6.8	120	300	18	320	800
M20	2.5	17.5	5	80	200	6.9	110	275	18	290	725
M22	2.5	19.5	4.8	70	175	6.9	100	250	18	260	650
M24	3	21	4.9	65	195	6.8	90	270	18	240	720
M27	3	24	5	60	180	3.6	80	240	18	210	630
M30	3.5	26.4	4.7	50	175	6.6	70	245	18	190	665

주 1. 머신 탭을 사용할 것

2. 알루미늄 소재 탭 가공은 드릴 구멍을 약간 크게 하며, 깊이가 탭 지름의 2배 이상인 경우 절삭성이 크게 나빠진다.

3. 주철용 전용 탭(특수재종)을 사용하여 절삭속도를 14m/min으로 향상할 수 있다.

(10) 고속도강 리머(reamer) 절삭 조건표

• 강, 주철, 알루미늄 소재를 가공하는 경우

규격	강				주철(GC)				알루미늄			
	절삭 속도 (m/min)	회전 속도 (rpm)	이송속도 (mm/min)		절삭 속도 (m/min)	회전 속도 (rpm)	이송속도 (mm/min)		절삭 속도 (m/min)	회전 속도 (rpm)	이송속도 (mm/min)	
			회전당	분당			회전당	분당			회전당	분당
3	4	420	0.2	84	5.7	600	0.3	180	12.5	1230	0.3	366
4	4	320	0.25	80	5.7	450	0.4	180	12.5	990	0.4	396
5	4	250	0.3	75	5.7	360	0.5	180	12.5	800	0.5	400
6	4	210	0.3	63	5.7	300	0.5	150	12.5	660	0.5	330
8	4	160	0.3	48	5.7	230	0.55	126	12.5	500	0.55	275
10	4	130	0.3	39	5.7	180	0.6	108	12.5	400	0.6	240
12	4	110	0.35	38	5.7	150	0.7	105	12.5	330	0.7	231
14	4	90	0.35	31	5.7	130	0.8	104	12.5	280	0.8	224
16	4	80	0.35	28	5.7	110	0.9	99	12.5	250	0.9	225
18	4	70	0.35	24	5.7	100	0.9	90	12.5	220	0.9	198
20	4	60	0.4	24	5.7	90	1	90	12.5	220	1	200
25	4	50	0.4	20	5.7	70	1	70	12.5	160	1	160
30	4	40	0.5	20	5.7	60	1.1	66	12.5	130	1.1	143

주 리머 가공의 주의 사항

1. 리머 가공 시 충분한 절삭유를 주입하여 칩 배출이 원활하게 한다.
2. 리머를 뺄 때 정회전 상태에서 절입 시와 같은 이송속도로 뺀다.
3. 좋은 가공면을 얻기 위하여 낮은 절삭속도로 이송을 빠르게 한다.
4. 기계 리머를 사용한다. (헬리컬 5～45° 리머를 사용하는 것이 좋다.)
5. 지름(ϕ)이 작은 것은 절삭속도(V)를 1/2로 낮추어 적용한다.
6. 구멍 공차가 0.05mm 이하의 경우 리머 가공을 하는 것이 안전하다. (드릴 가공은 0.05mm 이하의 정밀가공에 부적합하다.)

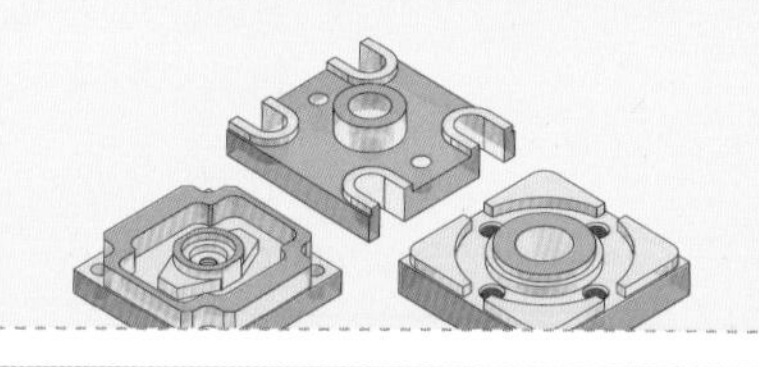

연습문제 풀이

제1편 1장 ▸ CNC 공작기계의 개요

1. NC의 발달 과정을 5단계로 분류하면 NC - CNC - DNC-FMS - CIM이며, 각 단계의 특징은 다음과 같다.
   - 제1단계(NC) : 공작기계 1대를 NC 1대로 단순 제어하는 단계
   - 제2단계(CNC) : 공작기계 1대를 NC 1대로 제어하는 복합 기능 수행 단계
   - 제3단계(DNC) : 여러 대의 CNC 공작기계를 컴퓨터 1대로 제어하는 단계
   - 제4단계(FMS) : CNC 공작기계와 로봇, 자동반송장치 및 자동창고 등 모든 생산 시스템 을 중앙컴퓨터에서 제어하는 단계
   - 제5단계(CIM) : 기술 및 경영관리 시스템까지 통합하여 제어하는 단계

2. 볼 스크루는 서보 모터에 연결되어 있어 서보 모터의 회전운동을 받아 NC 공작기계의 테이블을 직선운동시키는 나사이며, NC 공작기계에서는 높은 정밀도가 요구되는데 보통 스크루(screw)와 너트(nut)는 면과 면의 접촉으로 이루어지기 때문에 마찰이 커지고 회전 시큰 힘이 필요하다. 따라서 부하에 따른 마찰열에 의해 열팽창이 커지므로 정밀도가 떨어지는 단점을 해소하기 위하여 개발된 볼 스크루는 마찰이 적고, 너트를 조정함으로써 백래시(backlash)를 거의 0에 가깝도록 할 수 있다.

3. 반폐쇄회로방식은 서보 모터에 내장된 디지털형 검출기인 로터리 인코더에서 위치정보를 피드백하고, 태코 제너레이터 또는 펄스 제너레이터에서 전류를 피드백하여 속도를 제어하는 방식으로, 볼 스크루의 피치 오차나 백래시(backlash)에 의한 오차는 보정할 수 없지만, 최근에는 높은 정밀도의 볼 스크루가 개발되었기 때문에 정밀도를 충분히 해결할 수 있으므로 현재 CNC 공작기계에 가장 많이 사용되는 방식이다.

4. ① **DNC** : 두 가지 의미인데 첫째는 직접 수치 제어(Direct Numerical Control)의 약어로 CNC 기계가 외부의 컴퓨터에 의해 제어되는 시스템을 말하며, 둘째는 분배 수치 제어(Distributed Numerical Control)의 약어로서 컴퓨터와 CNC 기계들을 근거리 통신망(LAN : Local Area Network)으로 연결하여 1대의 컴퓨터에서 여러 대의 CNC 공작기계에 데이터를 분배하여 전송함으로써 동시에 여러 대의 CNC 공작기계를 운전할 수 있는 방식을 의미한다.

   ② **FMC** : FMS의 특징을 살리면서 저비용으로 중소기업에서도 도입이 가능하도록 소규모화함으로써 인건비 절감은 물론 기계가동률을 향상시켜 생산성 향상에 기여할 수 있는 시스템이다.

   ③ **FMS** : CNC 공작기계와 로봇, APC, ATC, 무인운반차(AGV; Automated Guided Vehicle) 등의 자동이송장치 및 자동창고 등을 중앙 컴퓨터로 제어하면서 공작물의 공급에서부터 가공, 조립, 출고까지를 관리하는 시스템으로 제품과 시장 수요의 변화에 빠르게 대응할 수 있는 유연성을 갖추고 있어 다품종 소량 생산에 적합한 생산 시스템이다.

5. 범용 공작기계는 사람이 기계 조작을 하기 때문에 기계만 있으면 충분히 그 기능을 발휘할 수 있으나, CNC 공작기계는 자동으로 조작되기 때문에 도면의 형상 치수, 가공 기호 등의 정보를 CNC 장치가 이해할 수 있는 표현 형식으로 바꾸는 작업이 필요하다.

6.

위치	절대좌표 지령	증분좌표 지령
P1→E1	X20.0 Y10.0	X-10.0 Y10.0
P2→E1	X20.0 Y10.0	X30.0 Y-10.0
P1→E2	X30.0 Y30.0	X0.0 Y30.0
P2→E2	X30.0 Y30.0	X40.0 Y10.0

7.

N__	G__	X__	Y__	Z__	F__	S__	T__	M__	;
전개 번호	준비 기능	좌표값			이송 기능	주축 기능	공구 기능	보조 기능	EOB

8. 1회 유효 G코드(one shot G-code)는 지령된 블록에 한하여 유효한 기능이고, 연속 유효 G코드(modal G-code)는 동일 그룹의 다른 G코드가 나올 때 까지 유효한 기능이다.

제1편 2장 ▸ CNC 선반의 개요

1. 정밀도가 높고 강성이 큰 커플링(coupling)에 의해 분할되며, 공구 교환은 근접 회전 방식을 채택하여 공구 교환시간을 단축할 수 있도록 되어 있으며, 대부분의 CNC 선반에서 많이 사용한다.

2. 절삭공구가 갖추어야 할 조건은 내마멸성과 인성이며, 가공할 재료의 종류와 절삭조건, 절삭방향, 공작물 형상 및 치수 등을 고려하여 알맞은 공구를 선택해야 한다.

3. **절삭유의 작용**

① 냉각작용 : 절삭공구와 공작물의 온도 상승을 방지한다.

② 세척작용 : 공구 날의 윗면과 칩 사이의 마찰을 감소시킨다.

③ 윤활작용 : 가공 시 발생되는 공작물과 공구 사이에 잔류하는 칩을 제거하여 절삭작업 시 작업자의 가공 시야를 좋게 한다.

4. 절삭유 사용 시 장점

① 절삭저항이 감소하고 공구의 수명을 연장시킨다.

② 공구 끝에 나타나는 구성인선(built-up edge)의 발생을 억제하여 가공 표면의 거칠기를 좋게 한다.

③ 절삭영역의 열팽창 방지로 공작물의 변형을 감소시켜 치수 정밀도를 높여 준다.

④ 칩의 흐름이 좋아지기 때문에 절삭작용을 쉽게 한다.

⑤ 마찰이 감소하므로 칩의 전단각이 증가하여 칩의 두께를 감소시킨다.

제1편 3장 ▸ 머시닝 센터의 개요

1. 머시닝 센터(maching center)는 CNC 밀링에 자동 공구 교환장치(ATC : Automatic Tool Changer)와 자동 팰릿 교환장치(APC : Automatic Pallet Changer)를 부착한 기계를 말한다.

2. 머시닝 센터의 장점

① 직선절삭, 드릴링, 태핑, 보링작업 등을 수동으로 공구 교환 없이 자동 공구 교환장치를 이용하여 연속적으로 가공을 하므로 공구 교환시간이 단축되어 가공시간을 줄일 수 있다.

② 원호가공 등의 기능으로 엔드밀(end mill)을 사용하여도 치수별 보링작업을 할 수 있으므로 특수 치공구 제작이 불필요해 공구관리비를 절약할 수 있다.

③ 주축 회전수의 제어범위가 크고 무단변속을 할 수 있어 요구하는 회전수를 빠른 시간 내에 정확히 얻을 수 있다.

④ 한 사람이 여러 대의 기계를 가동할 수 있기 때문에 인건비를 절감할 수 있다.

3. V는 절삭속도(m/min)이고, D는 커터의 지름(mm)을 의미한다.

4. $N=\frac{1000V}{\pi D}=\frac{1000\times 32}{3.14\times 12}=849\,\text{rpm}$

5. $F=f_z\times Z\times N=0.05\times 4\times 1000=200\,\text{mm/min}$

6. 나사 및 태핑의 경우 이송속도(mm/min)=회전수(rpm)×나사의 피치이다.
따라서, 이송속도=250×1.5=375 mm/min

7. 이송속도=회전수×나사의 피치=200×1.5=300 mm/min

8. 드릴 끝점의 길이(h)=드릴 지름(d)×k=12×0.29=3.48 mm

제2편 1장 ▸ CNC 선반 프로그램 작성하기

1. ① 절대지령 G01 X56.0 Z−45.0 F0.1 ;
   ② 증분지령 G01 U26.0 W−45.0 F0.1 ;
   ③ 혼합지령 G01 X56.0 W−45.0 F0.1 ;
   G01 U26.0 Z−45.0 F0.1 ;

2. $N=\frac{1000V}{\pi D}$이고, 절삭속도 V는 130이므로

   ϕ50일 때는 $V=\frac{1000\times130}{\pi\times50}=828\text{rpm}$

   ϕ35일 때는 $V=\frac{1000\times130}{\pi\times35}=1182\text{rpm}$

   ϕ20일 때는 $V=\frac{1000\times130}{\pi\times20}=2069\text{rpm}$이지만 G50에서 주축 최고회전수를 1300rpm으로 하였기 때문에 주축 최고회전수는 1300rpm이다.

3. 드웰시간을 구하기 위해서 먼저 주축 회전수를 구하면

   $N=\frac{1000V}{\pi D}=\frac{1000\times100}{3.14\times30}\fallingdotseq1062\text{rpm}$

   드웰시간(초)$=\frac{60}{N}\times$재료의 회전수$=\frac{60}{1062}\times2\fallingdotseq0.11$초

   그러므로 G04 X0.11 ; G04 U0.11 ; 또는 G04 P110 ; 으로 지령한다.

4. 측정값과 지령값의 오차=55.94−56=−0.06(0.06만큼 적게 가공됨)
   0.06만큼 적게 가공되었으므로 공구를 X의 +방향으로 0.06만큼 이동하는 보정을 하여야 되며, 기존의 보정값은 0.05이므로
   공구 보정값=기존의 보정값+더해야 할 보정값
   =0.005+0.06=0.065

5. ① G96 : 주축 속도 일정 제어
   ② S130 : 절삭속도가 130mm/min
   ③ M03 : 주축 정회전

6. (1) 공구 기능
   (2) 공구 선택번호
   (3) 공구 보정번호

7. (1) 보조 프로그램 번호, (2) 반복횟수이며 생략하면 1회를 의미

제2편 2장 ▸ CNC 선반 조작하기

1. ① 외관 점검
   - 장비 외관 점검
   - 베드면에 습동유가 나오는지 손으로 확인

   ② 유량 점검
   - air lubricator oil 확인
   - 절삭유 및 유압 탱크 유량 확인

   ③ 척 압력 점검
   - 척의 압력이 명판에 지시된 압력과 일치 확인

   ④ 각 부의 작동 검사
   - 각 축은 윤활하게 급속 이동되는지 확인
   - 주축 회전 정상 여부 점검

2. ① MDI : 프로그램을 작성하여 메모리에 등록하지 않고 기계를 동작시킬 수 있는 기능으로 공구 회전, 주축 회전, 간단한 절삭 이송 등을 지령한다.

   ② MPG
   - 핸들을 이용하여 축을 이동시킬 수 있다.
   - 핸들의 한 눈금은 $\times 100\left(\frac{1}{10}\right)$, $\times 10\left(\frac{1}{100}\right)$, $\times 1\left(\frac{1}{1000}\right)$ 세 종류가 있다.
   - ×100은 1펄스당 0.1mm, ×10은 1펄스당 0.01mm, ×1은 1펄스당 0.001mm이다.

3. ① RAPID OVERRIDE : 급속이송에서 G00의 급속 위치 결정 속도를 외부에서 변화시키는 기능이다.

   ② FEEDRATE OVERRIDE : 자동, 반자동 모드에서 지령된 이송속도(FEED)를 외부에서 변화시키는 기능이다.

4. 나사 공구의 모양이 X축, Z축에 터치가 불가능하므로 공작물의 끝부분에 터치한다.

5. MACHINE LOCK을 꼭 눌러야만 CNC 선반의 공구가 움직이지 않는다.

6. ① S1500을 S1300으로 바꾸려면 커서를 S1500의 위치에 두고 S1300을 키인한 후 ALTER를 누르면 S1300로 바뀐다.

   ② F0.1을 삭제하려면 커서를 F0.1의 위치에 두고 DELETE를 누르면 F0.1이 삭제된다.

   ③ F0.1이 잘못 삭제되어 삽입하려면 커서를 삽입하고자 하는 워드 앞, 즉 X-2.0에 커서를 두고 키보드에서 F0.1을 키인한 후 INSERT를 누르면 F0.1이 삽입된다.

제2편 3장 ▸ CNC 선반 가공하기

1.
```
O1104 ;
G28   U0.0    W0.0 ;
T0100 ;
G50   S1300 ;
G96   S130    M03 ;
G00   X55.0   Z0.1    T0101   M08 ;
G01   X-2.0   F0.2 ;
G00   X52.0   Z2.0 ;
G90   X46.2   Z-64.9 ;
      X43.0   Z-43.9 ;
      X40.0 ;
      X37.0 ;
      X34.0 ;
      X31.0   Z-43.0 ;
      X28.2   Z-42.0 ;
      X25.0   Z-21.9 ;
      X22.0 ;
      X20.2 ;
G00   X150.0  Z150.0  T0100   M09 ;
T0300 ;
G50   S1500 ;
G96   S150    M03 ;
G00   X22.0   Z0.0    T0303   M08 ;
G01   X-2.0   F0.1 ;
G00   X12.0   Z2.0 ;
G01   X20.0   Z-2.0 ;
      Z-22.0 ;
      X28.0 ;
      Z-42.0 ;
G02   X32.0   Z-44.0  R2.0 ;
G01   X42.0 ;
G03   X46.0   W-2.0   R2.0 ;
G01   Z-65.0 ;
G00   X150.0  Z150.0  T0300   M09 ;
T0500 ;
```

```
G97    S500     M03 ;
G00    X30.0    Z-22.0  T0505    M08 ;
G01    X15.0    F0.07 ;
G04    P1500 ;
G00    X30.0 ;
       X150.0   Z150.0  T0500    M09 ;
T0700 ;
G97    S500     M03 ;
G00    X22.0    Z2.0    T0707    M08 ;
G92    X19.3    Z-20.0  F1.5 ;
       X18.9 ;
       X18.62 ;
       X18.42 ;
       X18.32 ;
       X18.22 ;
G00    X150.0   Z150.0  T0700    M09 ;
M05 ;
M02 ;
```

2. O0006 ;

```
G28    U0.0     W0.0 ;
T0100 ;
G50    S1300 ;
G96    S130     M03 ;
G00    X52.0    Z0.1    T0101    M08 ;
G01    X-2.0    F0.2 ;
G00    X52.0    Z2.0 ;
G71    U1.5     R0.5 ;
G71    P10      Q100    U0.2     W0.1     D1500     F0.2 ;
N10    G00      X0.0  ;
G01    G01      Z0.0 ;
G03    X20.0    Z-10.0  R10.0 ;
G01    X28.0 ;
       X32.0    Z-12.0 ;
       Z-35.0 ;
       X36.0 ;
       X48.0    Z-55.0 ;
```

```
N100   Z-70.0 ;
G00    X150.0   Z150.0   T0100   M09 ;
M05 ;
T0300 ;
G50    S1500 ;
G96    S150     M03 ;
G00    X52.0    Z2.0     T0303   M08 ;
G70    P10      Q100     F0.1 ;
G00    X150.0   Z150.0   T0300   M09 ;
M05 ;
T0500 ;
G97    S500     M03 ;
G00    X38.0    Z-35.0   T0505   M08 ;
G01    X26.0    F0.07 ;
G04    P1500 ;
G00    X40.0 ;
       X150.0   Z150.0   T0500   M09 ;
M05 ;
T0700 ;
G97    S500     M03 ;
G00    X34.0    Z-8.0    T0707   M08 ;
G76    P020060  Q50      R30 ;
G76    X30.22   Z-33.0   P890    Q350    F1.5 ;
G00    X150.0   Z150.0   T0700   M09 ;
M05 ;
M02 ;
```

제3편 1장 ▸ 머시닝 센터 프로그램 작성 준비하기

1. 머시닝 센터 사양을 작성하면 다음과 같다.

기계 모델	VMC-15800
3축 행정거리	
X축 행정거리(mm)	1500
Y축 행정거리(mm)	800
Z축 행정거리(mm)	700
가이드 웨이(type)	박스 웨이
스핀들에서 테이블까지 거리(mm)	200-900
스핀들 중심에서 Z축 궤도까지 거리(mm)	815
테이블	
테이블 사이즈	1900×850
테이블 최대적재중량	2200
스핀들	
스핀들 회전속도(ST)(rpm)	기어헤드 6000
스핀들 회전속도(OP)(rpm)	기어헤드 7000
스핀들 테이퍼	#50
스핀들 베어링 직경	ϕ90
스핀들 모터(연속/30분)(kW)	11/15
이송속도	
급속이송(x/y/z)(m/min)	15/15/12
ATC	
공구타입	MAS BT-40
공구수량(ST)(tools)	24tools(cam type)
공구수량(OP)	*32/*40(cam type)
공구교환시간(s)	2.8
기계 사이즈	
너비(mm)	4334
길이(mm)	3640
높이(mm)	3297
무게(kg)	13500

2. SM45C(기계구조용 탄소강)의 비중은 7.89이며, 단위가 mm이므로 cm로 바꾸어 계산을 한다.

$$무게=\frac{반지름^2\times\pi\times 길이\times 비중}{1000}=\frac{3\times3\times3.14\times10\times7.89}{1000}=2.23\,\text{kg}$$

3. GC(주철)의 비중은 7.2이며, 단위가 mm이므로 cm로 바꾸어 계산을 한다.

$$무게=\frac{10\times10\times4\times7.2}{1000}=2.88\,\text{kg}$$

4. 머시닝 센터 가공을 하기 위하여 다음과 같은 가공 계획을 세운다.
   ① 머시닝 센터로 가공하는 범위 결정
   ② 가공물을 머시닝 센터에 고정시키는 방법 및 필요한 치공구 선정
   ③ 가공순서 결정
   ④ 가공할 공구 선정
   ⑤ 절삭 조건 결정 : 주축 회전수, 이송속도, 절삭깊이 등

5. 카운터 싱크는 접시머리 볼트나 나사가 금속 표면 등에 잘 맞을 수 있도록 구멍의 테두리를 넓히는 작업이며, 카운터 보어는 볼트나 작은 나사 머리를 금속 표면 안쪽으로 묻기 위해 뚫어진 구멍을 볼트머리 깊이만큼 도려내는 작업을 말한다.

6. (1) 상향절삭
   ① 장점
   - 이송장치의 뒤틈이 자동적으로 제거되기 때문에 커터가 공작물을 파고들지 않는다.
   - 칩이 날을 방해하지 않는다.
   - 기계에 무리를 주지 않으므로 커터날이 부러질 염려가 작다.
   - 절삭유를 사용하면 다듬질면의 거칠기가 좋아진다.

   ② 단점
   - 커터의 수명이 짧다.
   - 공작물의 고정을 확실히 해야 한다.
   - 동력 낭비가 많다.
   - 가공면이 깨끗하지 못하다.

   (2) 하향절삭
   ① 장점
   - 공작물의 고정이 상향절삭보다 훨씬 간단하다.
   - 커터의 마모가 작고 동력소비가 적다.
   - 가공면이 깨끗하다.
   - 칩이 커터의 뒤에 쌓이므로 가공할 면을 살피는 데 용이하다.

② 단점

- 테이블의 이송장치에 뒤틈 제거장치가 반드시 필요하다.
- 칩이 커터와 공작물 사이에 끼어 절삭을 방해한다.

7. ① 상온에서 고체이며 결정체이다(Hg는 제외).
② 비중이 크고 금속 고유의 광택을 가진다.
③ 가공이 용이하고 전연성이 좋다.
④ 열과 전기의 양도체이다.
⑤ 사용 후 용해하여 재활용이 가능하며, 여러 원소를 합금하여 다양한 금속 재료로 활용한다.

제3편 2장 ▸ 머시닝 센터 프로그램 작성하기

1. (1) 준비 기능
G00 : 위치결정(급속이송), G01 : 위치결정(절삭이송)
G02 : 원호보간(시계방향), G03 : 원호보간(반시계방향)
G17 : X−Y 평면
(2) 보조 기능
M01 : 옵셔널(optional) 정지, M02 : 프로그램 종료
M03 : 주축 시계방향(CW) 회전, M05 : 주축 정지
M08 : 절삭유 정지

2. 절대좌표 지령 G90 G00 X20.0 Y30.0 ;
X50.0 Y90.0 ;
증분좌표 지령 G91 G00 X20.0 Y30.0 ;
X50.0 Y90.0 ;

3. 절대좌표 지령 G90 G00 X20.0 Y20.0 ;
증분좌표 지령 G91 G00 X−20.0 Y10.0 ;

4. 원호보간 지령에서 180° 이하의 원호를 지령할 때는 반지름은 양(+)의 값으로 지령하고 180° 이상의 원호를 지령할 때는 반지름은 음(−)의 값으로 지령한다. 예를 들어 R50.0인 원호를 지령할 때, 180° 이하에서는 R50.0으로 지령하고, 180° 이상에서는 R−50.0으로 지령한다.

5. G28 G91 Z0.0 ;은 자동원점복귀(공구 교환점)로 Z축 복귀를 의미하고, T01 M06 ; 은 1번 공구를 선택하여 공구 교환을 하라는 의미이다.

6. 머시닝 센터에서는 사용하는 공구가 많고 공구의 지름과 길이도 다르다. 그러므로 지름과 길이를 생각하지 말고 프로그래밍하며, 공구의 지름과 길이의 차이를 머시닝 센터의 공구 보정값 입력란에 입력하고 그 값을 불러 보정하여 사용하는데 공구 보정을 의미하는 준비 기능은 다음과 같다.

공구 지름 보정	G40	공구 지름 보정 취소
	G41	공구 지름 보정 좌측
	G42	공구 지름 보정 우측
공구 길이 보정	G43	공구 길이 보정 + 방향
	G44	공구 길이 보정 − 방향

7. • 초기점 복귀(G98) : 구멍가공이 끝나고 공구가 도피하는 위치가 그림과 같이 초기점이 되는데, 이때 초기점까지 복귀는 급속으로 이동한다.
   • R점 복귀(G99) : 구멍가공이 끝나고 공구가 도피하는 위치가 그림과 같이 R점이 되는데, 계속하여 구멍가공을 할 경우에는 이 R점이 가공 시작점이 된다.

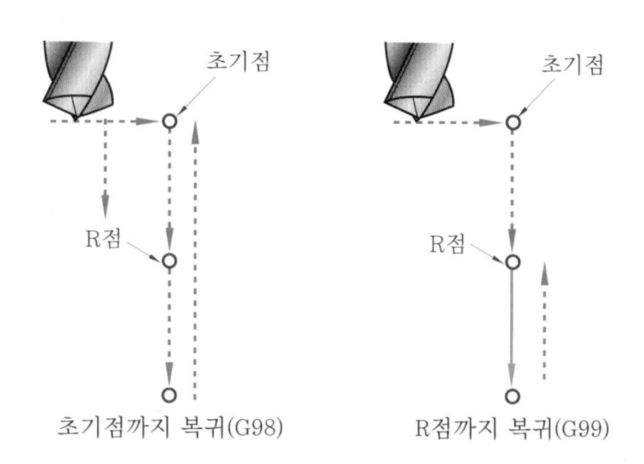

8. 드릴은 표준 드릴(118°)이며 지름이 10 mm이므로 P=드릴 지름×K(단, K=0.29)=10×0.29=2.9이므로 Z−28.0이 된다.

9. 이송속도 $F=n\times f=250\times 1.5=375$ mm/min

10. M98 : 보조 프로그램 호출
    M99 : 보조 프로그램 종료

제3편 3장 ▶ 머시닝 센터 조작하기

1. ① **외관 점검** : 장비 외관 점검, 베드면에 습동유가 나오는지 손으로 확인
   ② **유량 점검** : 습동유 유량 점검, air lubricator oil 확인, 절삭유 유량 확인
   ③ **압력 점검** : 각부의 압력과 명판에 지시된 압력의 일치 확인
   ④ **각 부의 작동 검사** : 각 축은 원활하게 급속 이동되는지 확인, ATC의 원활한 작동 여부 점검, 주축 회전 정상 여부 점검

2. ① MDI : 프로그램을 작성하지 않고 기계를 동작시킬 수 있는 기능으로 공구회전, 주축회전, 간단한 절삭이송 등을 지령한다.
   ② EDIT : 프로그램의 신규 작성 및 MEMORY에 등록된 프로그램을 수정한다.
   ③ SINGLE BLOCK : Start의 작동으로 프로그램을 연속적으로 실행하지만, SINGLE BLOCK 기능이 ON되면 한 블록씩 실행한다.

3. 핸들의 한 눈금에는 $\times 100\left(\frac{1}{10}\right)$, $\times 10\left(\frac{1}{100}\right)$, $\times 1\left(\frac{1}{1000}\right)$의 종류가 있는데 공구와 공작물이 멀리 있을 때는 ×100에 두어 빨리 공구를 이동하고 가까울 때는 ×10 또는 ×1에 둔다.

4. Feed Hold(일시 정지)는 Cycle Start의 실행으로 진행 중인 프로그램을 정지시키는 기능으로 Feed Hold 버튼이 있기 때문에 작업 중 공구와 공작물의 거리를 알 수 있으므로 충돌 없이 가공할 수 있다.

5. OPTIONAL STOP은 선택적 프로그램 정지를 의미하는 보조기능으로 프로그램에 지령된 M01을 선택적으로 실행하게 되는데, 조작 패널(operator panel)의 M01 스위치가 ON일 때는 프로그램 M01의 실행으로 프로그램이 정지하고, OFF일 때는 M01을 실행해도 프로그램이 정지하지 않고 M01이 스킵(skip)된다.

6. 자동원점복귀는 G28 G91 X0.0 Y0.0 Z0.0 ; 으로 하는데 G28은 자동원점복귀를 의미하고, G91은 증분좌표 지령을 의미하는 준비기능이다.

7. MACHINE LOCK은 축 이동을 하지 않게 하는 기능으로 MACHINE LOCK을 꼭 해야만 머시닝 센터의 공구가 움직이지 않고 그래픽을 확인할 수 있다.

8. (1) S1000 M03 ; 에서 S1000을 S1300으로 수정 : 커서를 S1000의 위치에 두고 S1300을 키인한 후 ALTER를 누르면 S1300으로 바뀐다.
   (2) G81 G99 Z−3.0 R5.0 F100 ; 에서 G99를 삭제 : 커서를 G99의 위치에 두고 DELETE를 누르면 G99가 삭제된다.
   (3) G81 Z−3.0 R5.0 F100 ; 에서 삭제된 G99 삽입 : G99가 잘못 삭제되어 삽입을 하려

면 커서를 삽입하고자 하는 워드 앞, 즉 G81에 커서를 두고 키보드에서 G99를 키인 한 후 INSERT를 누르면 G99가 삽입된다.

제3편 4장 ▸ 머시닝 센터 가공하기

1. O0114 ;

```
G40   G49   G80 ;
G28   G91   Z0.0 ;
T02   M06 ;
S1000 M03 ;
G54   G90   G00    X16.0  Y35.0 ;
G43   G01   Z20.0  H03    F500 ;
G99   G81   Z-3.0  R10.0  F100 ;
G80 ;
G49   G00   Z200.0 ;
T03   M06 ;
S1000 M03 ;
G54   G90   G00    X16.0  Y35.0 ;
G43   G01   Z20.0  H03    F500 ;
G99   G73   Z-25.0 Q3.0   R10.0  F100 ;
G80 ;
G49   G00   Z200.0 ;
T04   M06 ;
S200  M03 ;
G54   G90   G00    X16.0  Y35.0 ;
G43   G01   Z20.0  H04    F500 ;
G99   G84   Z-25.0 R10.0  F250 ;
G80 ;
G49   G00   Z200.0 ;
T01   M06 ;
S1000 M03 ;
G54   G90   G00    X-10.0 Y-10.0 ;
G43   G01   Z20.0  F500   H01 ;
G01   Z-4.0 F100 ;
G41   X4.0  Y4.0   D01 ;
Y66.0 ;
X66.0 ;
Y4.0 ;
X9.0 ;
```

드릴 가공

```
X4.0   Y19.0 ;
Y62.0 ;
G02    X8.0   Y66.0   R4.0 ;
G01    X12.0 ;
Y64.0 ;
G03    X18.0  Y58.0   R6.0 ;
G01    X26.0 ;
G03    X32.0  Y64.0   R6.0 ;
G01    Y66.0 ;
X62.0 ;
G02    X66.0  Y62.0   R4.0 ;
G01    Y47.0 ;
X62.0  Y43.0 ;
X58.0 ;
G03    Y27.0  R8.0 ;
G01    X62.0 ;
X66.0  Y23.0 ;
Y11.0 ;
X62.0  Y7.0 ;
X4.0 ;
Z10.0 ;
G40    X16.0  Y35.0 ;
Z-3.0 ;
G41    Y27.0  D01 ;
G03    Y43.0  R8.0 ;
G03    Y27.0  R8.0 ;
G01    X24.0 ;
Y19.0 ;
G03    X29.0  Y14.0   R5.0 ;
G01    X31.0 ;
G03    X36.0  Y19.0   R5.0 ;
G01    Y35.0 ;
G02    X46.0  Y45.0   R10.0 ;
G03    Y59.0  R7.0 ;
G03    X22.0  Y35.0   R24.0 ;
G01    Z20.0 ;
G40    X25.0  Y38.0 ;
Z-3.0 ;
G41    G01    X16.0   D01 ;
G40    G49    G00     Z200.0 ;
```

완성된 제품

```
M05 ;
M02 ;
```

2.
```
O2295 ;
G40   G49   G80 ;
G28   G91   Z0.0 ;
T02   M06;
S1000 M03;
G54   G90   G00    X35.0  Y40.0 ;
G43   G01   Z20.0  H03    F500 ;
G99   G81   Z-3.0  R10.0  F100 ;
G80 ;
G49   G00   Z200.0 ;
T03   M06;
S1000 M03;
G54   G90   G00    X35.0  Y40.0 ;
G43   G01   Z20.0  H03    F500 ;
G99   G73   Z-25.0 Q3.0   R10.0  F100 ;
G80 ;
G49   G00   Z200.0 ;
T04   M06;
S200  M03;
G54   G90   G00    X35.0  Y40.0 ;
G43   G01   Z20.0  H04    F500 ;
G99   G84   Z-25.0 R10.0  F250 ;
G80 ;
G49   G00   Z200.0 ;
T01   M06;
S1000 M03;
G54   G90   G00    X-10.0 Y-10.0 ;
G43   G01   Z20.0  F500   H01 ;
G01   Z-4.0 F100 ;
G41   X4.0  Y4.0   D01 ;
Y66.0 ;
X66.0 ;
Y4.0 ;
X8.0 ;
G02   X4.0  Y8.0   R4.0 ;
G01   Y60.0 ;
X10.0 Y66.0 ;
```

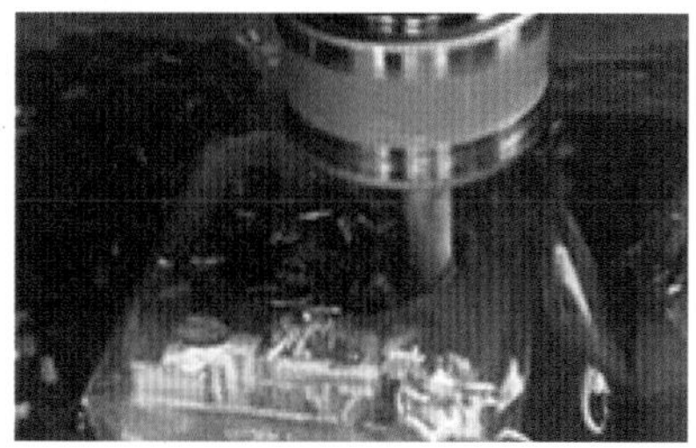

원호 가공

```
X23.0 ;
G02    X27.0  Y62.0   R4.0 ;
G01    Y40.0 ;
G03    X43.0  R8.0 ;
G01    Y62.0 ;
G02    X47.0  Y66.0   R4.0 ;
G01    X60.0 ;
X66.0  Y60.0 ;
Y8.0 ;
G02    X62.0  Y4.0    R4.0 ;
G01    X35.0  Y0.0 ;
G40    X24.0  Y3.0 ;
X46.0 ;
Y0.0 ;
Z10.0 ;
G01    X15.0  Y50.0   F100 ;
Z-5.0 ;
Y41.0 ;
G03    X55.0  R20.0 ;
G01    Y51.0 ;
G49    G00    Z200.0 ;
M05 ;
M02 ;
```

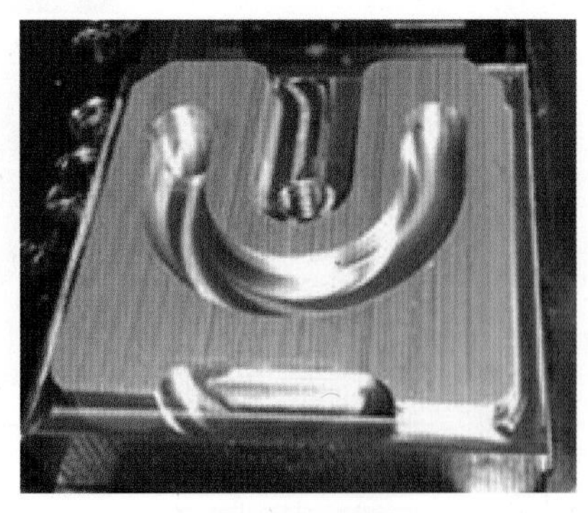

완성된 제품

프로그래밍&가공

CNC 선반/머시닝센터

실기/실습

2021년 1월 10일 1판 1쇄
2023년 3월 25일 1판 2쇄

저자 : 하종국 · 이학재 · 김상훈
펴낸이 : 이정일

펴낸곳 : 도서출판 **일진사**
www.iljinsa.com
(우)04317 서울시 용산구 효창원로 64길 6
대표전화 : 704-1616, 팩스 : 715-3536
이메일 : webmaster@iljinsa.com
등록번호 : 제1979-000009호(1979.4.2)

값 32,000원

ISBN : 978-89-429-1646-7